S. Rachmaninoff

1904.

DIE GRUNDLAGEN

DES

NEUNZEHNTEN JAHRHUNDERTS

II. HÄLFTE

HOUSTON STEWART CHAMBERLAIN

DIE GRUNDLAGEN

DES

NEUNZEHNTEN JAHRHUNDERTS

II. HÄLFTE

V. AUFLAGE

MÜNCHEN

VERLAGSANSTALT F. BRUCKMANN A.-G.

1904

DRUCK VON ALPHONS BRUCKMANN, MÜNCHEN.

ABSCHNITT III

DER KAMPF

———

Your high-engender'd battles.

Shakespeare.

*34

EINLEITENDES

Mit dieser Abteilung betreten wir ein andres Feld: das eigentlich historische. Freilich waren auch das Erbe des Altertums und die
Erben Erscheinungen in der Geschichte, doch konnten wir diese Erscheinungen gewissermassen herauslösen und sie somit zwar im Lichte
der Geschichte betrachten, nichtsdestoweniger aber nicht historisch.
Fortan handelt es sich in diesem Buche um Aufeinanderfolgen und
Entwickelungsprozesse, also um Geschichte. Eine gewisse Übereinー
stimmung in der Methode wird sich trotzdem daraus ergeben, dass
ähnlich, wie wir früher im Strome der Zeit das Beharrende erblickten,
wir nunmehr aus der unübersehbaren Menge der vorübereilenden Ereignisse nur einzelne Punkte herauswählen werden, denen bleibende,
heute noch wirksame, also gewissermassen »beharrende« Bedeutung
zukommt. Der Philosoph könnte einwenden, jeder Impuls, auch der
kleinste, wirke durch die Ewigkeit weiter; doch lässt sich darauf erwidern, dass in der Geschichte fast jede einzelne Kraft ihre individuelle
Bedeutung sehr bald verliert und dann nur den Wert einer Komponente
unter unzählbaren, unsichtbaren, in Wahrheit nur ideell noch vorhandenen anderen Komponenten besitzt, während eine einzige grosse Resul-
tante als wahrnehmbares Ergebnis der vielen widerstrebenden Kräfte-
äusserungen übrig bleibt. Nun aber — um den mechanischen Vergleich
festzuhalten — verbinden sich diese resultierenden Kraftlinien wiederum
zu neuen Kräfteparallelogrammen und erzeugen neue, grössere, augen-
fälligere, in die Geschichte der Menschheit tiefer eingreifende Ereignisse,
von bleibenderer Bedeutung — — — und das geht so weiter, bis
gewisse Höhepunkte der Kraftäusserung erreicht sind, welche nicht
überschritten werden. Einzig die höchsten dieser Gipfelpunkte sollen
uns hier beschäftigen. Die geschichtlichen Thatsachen darf ich von nun
an erst recht als bekannt voraussetzen; hier handelt es sich also ledig-

lich darum, dasjenige deutlich hervorzuheben und zu gruppieren, was
zu einer verständnisvollen Beurteilung unseres Jahrhunderts mit seinen
widerstreitenden Strömungen, seinen einander durchquerenden »Resultierenden«, seinen leitenden Ideen unentbehrlich dünken muss.

Ursprünglich beabsichtigte ich diesen dritten und letzten Abschnitt des ersten Teils »Die Zeit der wilden Gährung« zu nennen,
musste mir aber sagen, dass wilde Gährung viel länger als bis zum
Jahre 1200 gedauert hat, ja, dass um uns herum der Most an manchen
Punkten sich noch heute ganz absurd gebärdet. Auch musste ich
die geplanten drei Kapitel aufgeben — der Kampf im Staat, der
Kampf in der Kirche, der Kampf zwischen Staat und Kirche — da
dies mich viel tiefer ins Historische hineingeführt hätte als mit dem
Zweck meines Werkes vereinbar war. Doch glaubte ich in diesen
einleitenden Worten jenes ersten Planes und der durch ihn bedingten
Studien erwähnen zu sollen, da dadurch die jetzige weitgehende Ver-
einfachung mit der Einteilung in die zwei Kapitel »Religion« und
»Staat« als ein letztes Ergebnis erkannt und gegen etwaige Bedenken
geschützt wird. Zugleich wird begreiflich, inwiefern die Idee des
Kampfes meine Darstellung beherrscht.

Die Anarchie.   Goethe bezeichnet einmal das Mittelalter als einen Konflikt zwischen
Gewalten, welche teils eine bedeutende Selbständigkeit bereits besassen,
teils sie zu erringen strebten, und nennt das Ganze eine »aristokratische
Anarchie«.[1] Für den Ausdruck »aristokratisch« möchte ich nicht ein-
stehen, denn er impliziert stets — auch wenn als Geistesaristokratie
aufgefasst — Rechte der Geburt; wogegen jene mächtige Gewalt,
die Kirche, jedes angeborene Recht leugnet: selbst die von einem
ganzen Volke anerkannte Erbfolge verleiht einem Monarchen die
Legitimität nicht, wenn nicht die Kirche sie aus freien Stücken bestätigt; das war (und ist noch heute) die kirchenrechtliche Theorie
Roms, und die Geschichte bietet uns zahlreiche Beispiele davon, dass
Päpste Nationen von ihrem Treueeid entbunden und zur Empörung
gegen ihren rechtmässigen König aufgefordert haben. In ihrer eigenen
Mitte anerkennt die Kirche keinerlei individuelle Rechte; weder Geburts-
noch Geistesadel besitzen für sie Bedeutung. Und kann man sie auch
gewiss nicht eine demokratische Gewalt nennen, so darf man sie
noch weniger als eine aristokratische auffassen; jede Logokratie war
ihrem tiefsten Wesen nach stets anti-aristokratisch und zugleich anti-

---

[1] *Annalen*, 1794.

demokratisch. Ausserdem regten sich in jener von Goethe aristokratisch genannten Zeit andere, echt demokratische Gewalten. Als
freie Männer waren die Germanen in die Geschichte eingetreten, und
lange Jahrhunderte hindurch besassen ihre Könige ihnen gegenüber
weit weniger Gewalt als über ihre besiegten Unterthanen aus dem
römischen Länderkomplex. Diese Rechte zu schmälern und bald
abzuschaffen, dazu genügte der doppelte Einfluss Roms: als Kirche
und als Gesetz.[1]) Doch ganz unterdrückt konnte der Drang nach
Freiheit nie werden, in jedem Jahrhundert sehen wir ihn sich regen,
einmal im Norden, ein anderes Mal im Süden, bald als Freiheit zu
denken und zu glauben, bald als einen Kampf um städtische Privilegien, um Handel und Wandel, um die Wahrung von Standesrechten,
oder als Empörung gegen solche, bald auch in der Form von Ein-
fällen noch ungebundener Völker in die halb-organisierte Masse der
nachrömischen Reiche. Dass dagegen dieser Zustand eines allseitigen
Kampfes Anarchie bedeute, darin müssen wir Goethe unbedingt
beipflichten. An Gerechtigkeit zu denken, hatte damals selten ein
vereinzelter grosser Mann die Zeit; im Übrigen verfocht jede Gewalt
rücksichtslos ihre eigenen Ziele, ohne die Rechte anderer in Betracht
zu ziehen: das war eine Existenzbedingung. Moralische Bedenken
dürfen hier unser Urteil nicht beeinflussen: je rücksichtsloser eine
Gewalt sich äusserte, um so lebensfähiger erwies sie sich. Beethoven
sagt einmal: »Kraft ist die Moral der Menschen, die sich vor Andern
auszeichnen;« Kraft war ebenfalls die Moral jener Epoche der ersten
wilden Gährung. Erst als die Bildung von Nationalitäten deutlich
zu werden begann, als in Kunst, Wissenschaft und Philosophie der
Mensch seiner selbst wieder bewusst wurde, als er durch Organisation
zur Arbeit, durch die Bethätigung seiner erfinderischen Gaben, durch
das Erfassen idealer Ziele von Neuem in den Zauberkreis echter
Kultur, »in das Tageslicht des Lebens« trat, erst dann fing die
Anarchie an zu weichen, oder vielmehr sie war zu Gunsten einer
endgültige Gestalt annehmenden neuen Welt und neuen Kultur nach
und nach eingedämmt. Dieser Vorgang dauert noch heute fort, wo
wir in jeder Beziehung in einer »mittleren Zeit« leben;[2]) doch ist

---

[1]) Deutlicher als in allgemeinen Geschichtswerken, weil mit anschaulicher Ausführlichkeit, in Savigny's: *Geschichte des römischen Rechts im Mittelalter* zu verfolgen;
siehe namentlich im vierten Kapitel des ersten Bandes die Abschnitte über die Freien
und die Grafen.

[2]) Siehe S. 11.

der Kontrast zwischen der früheren reinen Anarchie und der ge-
mässigten Anarchie unserer Zeit auffallend genug, um den prinzipiellen
Unterschied scharf hervortreten zu lassen. Den Höhepunkt erreichte
die politische Anarchie wohl im 9. Jahrhundert; man vergleiche mit
ihm das 19., und man wird zugeben müssen: trotz unserer Revo-
lutionen und blutigen Reaktionen, trotz Tyrannei und Königsmord,
trotz des ununterbrochenen Gährens hier und dort, trotz der Verschiebungen des Besitzstandes verhielt sich unser Säculum zu jenem
wie der Tag zur Nacht.

In diesem Abschnitt handelt es sich um jene Zeit, wo es fast
einzig Kampf gab. Später, sobald nämlich Kultur dämmerte, findet
eine Verschiebung des Schwerpunktes statt; zwar dauert der äussere
Kampf noch fort und mancher brave Geschichtsforscher erblickt auch
ferner nur Päpste und Könige, Fürsten und Bischöfe, Adel und Innungen,
Schlachten und Verträge; doch steht fortan neben diesen eine neue,
unüberwindliche Gewalt, welche den Geist der Menschheit ummodelt,
ohne dass jene anarchische Kraft-Moral bei ihr zur Anwendung käme;
ohne zu kämpfen, siegt sie. Die Summe von Geistesarbeit, welche
zur Entdeckung des heliozentrischen Weltsystems führte, hat das
Fundament, auf welchem die kirchliche Theologie und damit zugleich
die kirchliche Gewalt ruhte, ein für allemal unterminiert — wie langsam und allmählich sich das auch herausstellen mag;[1] die Einführung
des Papiers und die Erfindung des Druckes haben das Denken zu einer
Weltmacht erhoben; aus dem Schosse der reinen Wissenschaft gehen
jene Entdeckungen hervor, welche, wie Dampf und Elektricität, das
Leben der gesamten Menschheit und auch die rein materiellen Kraft-
verhältnisse der Völker vollkommen umwandeln;[2] der Einfluss der

[1] Augustinus sah das recht wohl ein und gesteht ausdrücklich (*De civitate
Dei* XVI, 9): wenn die Welt rund ist und Menschen leben an den Antipoden, »deren
Füsse den unseren entgegengesetzt sind«, Menschen, durch Oceane von uns getrennt,
deren Entwickelung ausserhalb unserer Geschichte vor sich geht, dann hat die heilige
Schrift »gelogen«. Augustinus muss eben als wahrhaftiger Mann gestehen, dass dann
der Heilsplan, wie ihn die Kirche lehrt, sich als durchaus unzureichend erweist und
darum eilt er zu dem Schlusse: die Annahme solcher Antipoden und unbekannter
Menschenrassen sei absurd, *nimis absurdum est*. Was hätte er erst bei der Feststellung
des heliozentrischen Systems gesagt, sowie bei der Entdeckung, dass ungezählte
Millionen von Welten sich im Raume bewegen?

[2] So z. B. ist die arme Schweiz im Begriff, einer der reichsten Industriestaaten
zu werden, da sie ihre ungeheure Menge Wasserkraft fast kostenlos in Elektricität
umwandeln kann.

Kunst und der Philosophie — z. B. solcher Erscheinungen wie Goethe's und Kant's — ist unberechenbar gross. Hierauf komme ich aber erst in dem zweiten Teil dieser Grundlagen, welcher die Entstehung einer neuen germanischen Welt behandelt, zurück; dieser Abschnitt soll lediglich dem Kampfe der grossen, um Besitz und Vorherrschaft ringenden Gewalten gelten.

Wollte ich nun hier, wie das sonst zu geschehen pflegt, und wie ich es selber ursprünglich geplant hatte, dem Staat die Kirche entgegenstellen, nicht die Religion, und von dem Verhältnis zwischen Staat und Kirche reden, so liefen wir Gefahr, in lauter Schemen uns zu bewegen. Denn die römische Kirche ist selber in allererster Reihe eine politische, d. h. also eine staatliche Macht; sie erbte die römische Imperiumsidee und, im Bunde mit dem Kaiser, vertrat sie die Rechte eines angeblich göttlich eingesetzten, unumschränkt allmächtigen Universalreiches gegen germanische Tradition und germanischen nationalen Gestaltungstrieb. Religion kommt hierbei nur als ein Mittel zur innigen Amalgamierung aller Völker in Betracht. Schon seit uralten Zeiten war in Rom der *pontifex maximus* der oberste Beamte der Hierarchie, *judex atque arbiter rerum divinarum humanarumque,* dem (nach der rechtlichen Theorie) der König und später die Konsuln untergeordnet waren.[1]) Freilich hatte der ausserordentlich entwickelte politische Sinn der alten Römer verhindert, dass der *pontifex maximus* jemals seine theoretische Gewalt als Richter aller göttlichen und menschlichen Dinge missbrauchte, genau so wie die nach der rechtlichen Fiktion unbeschränkte Gewalt des *paterfamilias* über Leben und Tod der Seinigen zu keinen Ausschreitungen Anlass gab;[2]) die Römer waren eben das extremste Gegenteil von Anarchisten gewesen. Jetzt aber, im entfesselten Menschenchaos, lebten der Titel und mit ihm seine Rechtsansprüche wieder auf; denn niemals hat man so viel vom theoretischen »Recht« gehalten, niemals so unaufhörlich auf verbrieften Rechtstiteln herumgeritten, wie in dieser Zeit, wo einzig Gewalt und Tücke regierten. Perikles hatte gemeint, das ungeschriebene Gesetz stehe höher als das geschriebene; jetzt dagegen galt nur das geschriebene Wort; ein Kommentar des Ulpian, eine Glosse des Tribonian — auf ganz andere Verhältnisse berechnet — entschied jetzt in Ewigkeit als *ratio scripta* über die Rechte ganzer Völker; ein Per-

Religion und Staat.

---

[1]) Siehe namentlich Leist: *Graeco-italische Rechtsgeschichte,* § 69.
[2]) Vergl. S. 178.

gament mit einem Siegel daran legalisierte jedes Verbrechen. Die
Erbin, Verwalterin und Verbreiterin dieser staatsrechtlichen Auffassung
war die Stadt Rom mit ihrem *pontifex maximus,* und selbstverständlich nützte sie diese Prinzipien zu ihrem eigenen Vorteil. Zu gleicher
Zeit aber war die Kirche die Erbin der jüdischen hierokratischen Staatsidee, mit dem Hohenpriester als oberster Gewalt; die Schriften der
Kirchenväter vom 3. Jahrhundert ab sind so gesättigt mit den Vorstellungen und Aussprüchen des Alten Testamentes, dass man gar
nicht bezweifeln kann, die Errichtung eines Weltstaates mit Zugrundelegung des jüdischen Priesterregimentes sei ihr Ideal gewesen.[1]) In
diesen Beziehungen ist offenbar, ich wiederhole es, die römische Kirche
als eine rein politische Macht aufzufassen: hier steht nicht eine Kirche
einem Staate gegenüber, sondern ein Staat dem anderen, ein politisches
Ideal einem anderen politischen Ideal.

Doch ausser dem Kampf im Staate, der nirgends so scharf
und unerbittlich wütete, wie in dem Ringen zwischen römisch-
imperialen und germanisch-nationalen Vorstellungen, sowie zwischen
jüdischer Theokratie und christlichem »Gebet Caesar, was Caesar's ist«,
gab es einen anderen, gar bedeutungsschweren Kampf: den um die
Religion selbst. Und dieser ist in unserem 19. Jahrhundert ebensowenig beendet wie jener. In unseren verweltlichten Staaten schienen
zu Beginn des Säculums die religiösen Gegensätze alle Schärfe verloren zu haben, unser Jahrhundert hatte sich als eine Epoche der
unbedingten Toleranz angelassen; doch seit dreissig Jahren sind die
kirchlichen Hetzer wiederum eifrig am Werke, und so finster umhüllt
uns noch die Nacht des Mittelalters, dass gerade auf diesem Gebiete
jede Waffe als gut gilt und sich thatsächlich als gut bewährt, und
sei es auch Lüge, Geschichtsfälschung, politische Pression, gesell-
schaftlicher Zwang. In diesem Kampf um die Religion handelt es
sich in der That um keine Kleinigkeit. Unter einem Dogmenstreit,
so subtil, dass er dem Laien nichtig und insofern gänzlich gleichgültig
dünkt, schlummert nicht selten eine jener für die ganze Lebensrichtung
eines Volkes entscheidenden seelischen Grundfragen. Wie viele Laien
z. B. giebt es in Europa, welche fähig sind, den Gegenstand des Streites
über die Natur des Abendmahles zu verstehen? Und doch war es
das Dogma von der Transsubstantiation (im Jahre 1215 erlassen, genau

---

[1]) Natürlich sind die ältesten, die wie Origenes, Tertullian u. s. w., keine
Ahnung einer möglichen vorherrschenden Stellung des Christentums besassen, aus-
zunehmen.

in dem selben Augenblick, wo die Engländer ihrem König die *Magna Charta* abtrotzten), welches die unausbleibliche Spaltung von Europa in mehrere feindliche Lager herbeiführte. Zu Grunde liegen hier Rassenunterschiede. Doch ist Rasse, wie wir gesehen haben, ein plastisch bewegliches, vielfach zusammengesetztes Wesen, und fast überall ringen in ihr verschiedene Elemente um die Vorherrschaft; nicht selten hat der Sieg eines religiösen Dogmas die Präponderanz des einen Elements über das andere entschieden und damit zugleich die ganze fernere Entwickelung der Rasse oder Nation bestimmt. Das betreffende Dogma selbst hatte vielleicht auch der grösste Doktor nicht verstanden, denn es handelt sich um ein Unaussprechbares, Unausdenkbares; doch bei solchen Dingen ist d i e R i c h t u n g das Entscheidende, mit anderen Worten die Orientierung des Willens (wenn ich mich so ausdrücken darf). Und so begreift man leicht, wie Staat und Religion auf einander wirken können und müssen, und zwar nicht allein in dem Sinne eines Wettstreites zwischen universeller Kirche und nationaler Regierung, sondern auch dadurch, dass der Staat die Mittel besitzt (und bis vor Kurzem fast unbeschränkt besass), eine in der Religion sich äussernde, moralisch-intellektuelle Richtung auszurotten und damit zugleich sein Volk in ein anderes umzuwandeln, oder umgekehrt dadurch, dass der Staat selber, durch eine bis zum end-gültigen Siege durchgedrungene religiöse Anschauung auf völlig neue Bahnen gelenkt wird. Ein unbefangener Blick auf die heutige Karte Europa's wird nicht bezweifeln lassen, dass die Religion ein mächtiger Faktor in der Entwickelung der Staaten und somit auch aller Kultur war und ist.[1]) Nicht allein z e i g t sie Charakter, sie z e u g t ihn auch.

Ich glaube also meinem Zweck gemäss zu handeln, wenn ich aus dieser Epoche des Kampfes als die zwei Hauptzielpunkte alles Kämpfens die Religion und den Staat herausgreife: den Kampf in der Religion und um die Religion, den Kampf im Staate und um den Staat. Nur muss ich mich gegen die Auffassung verwahren, als postulierte ich zwei völlig getrennte Wesenheiten, die nur durch die Fähigkeit, auf einander zu wirken, zu einem Ganzen verbunden würden; vielmehr bin ich der Ansicht, dass die gerade heute so beliebte völlige Absonderung des religiösen Lebens vom staatlichen auf einem be-denklichen Urteilsfehler beruht. In Wahrheit ist sie unmöglich. In

---

[1]) Besonders schön von Schiller am Anfang des I. Teiles seines *Dreissigjährigen Krieges* ausgeführt.

**34

früheren Jahrhunderten pflegte man die Religion die Seele, den Staat
den Leib zu nennen;[1]) doch heute, wo die innige Verknüpfung von
Seele und Leib im Individuum uns immer gegenwärtiger wird, so
dass wir kaum wissen, wo wir eine Grenze annehmen sollen, heute
sollte uns jene Unterscheidung eher stutzig machen. Wir wissen,
dass sich hinter einem Streite über Rechtfertigung durch den Glauben
und Rechtfertigung durch die Werke, der sich ganz und gar im Forum
der Seele abzuspielen scheint, recht »leibliche« Dinge enthüllen können;
der Gang der Geschichte hat es uns gezeigt; und andererseits sehen
wir die Gestaltung und den Mechanismus des staatlichen Leibes in
weitreichendem Masse bestimmend auf die Beschaffenheit der Seele
wirken (z. B. Frankreich seit der Bartholomäusnacht und den Drago-
naden). In den entscheidenden Augenblicken fallen die Begriffe Staat
und Religion völlig zusammen; ohne Metapher kann man behaupten,
dass für den alten Römer sein Staat seine Religion, für den Juden
dagegen seine Religion sein Staat war; und auch heute, wenn der
Soldat sich in die Schlacht stürzt mit dem Rufe: für Gott, König
und Vaterland! so ist das Religion und zugleich Staat. Dennoch,
und trotz der Notwendigkeit einer solchen Verwahrung, dürfte die
Unterscheidung sich als praktisch erweisen, praktisch für eine schnelle
Übersicht jener Gipfelpunkte der Geschichte und praktisch für die
spätere Anknüpfung an die Erscheinungen und Strömungen unseres
Jahrhunderts.

---

[1]) Z. B. Gregor II. in seinem vielgenannten Brief an Kaiser Leo den Isaurier.

SIEBENTES KAPITEL

RELIGION

—————

> Begreifet wohl das Vorwärtsdrängen
> der Religion, thut was an euch liegt, um
> es zu fördern und suchet hierin eure
> Pflicht zu erfüllen.
>
> ZOROASTER.

Schon bei einer früheren Gelegenheit (siehe S. 250) habe ich meine persönliche Überzeugung ausgesprochen, dass das Erdenleben Jesu Christi Ursprung und Quelle, Kraft und — im tiefsten Grund — auch Inhalt alles dessen ausmache, was jemals sich christliche Religion genannt hat. Das Gesagte will ich nicht wiederholen, sondern verweise ein für alle Mal auf das Kapitel über die Erscheinung Jesu Christi. Habe ich nun dort diese Erscheinung gänzlich aus allem historisch gewordenen Christentum herausgelöst, so beabsichtigte ich hier das ergänzende Verfahren anzuwenden, indem ich von der Entstehung und dem Werden der christlichen Religion spreche und einige leitende Grundideen möglichst klar heraus- und hervorzuheben versuche, ohne die unantastbare Gestalt des Gekreuzigten auch nur zu berühren. Diese Scheidung ist nicht nur möglich, sondern notwendig; denn es wäre blasphematorische Kritiklosigkeit, die wunderlichen Strukturen, welche menschlicher Tiefsinn, Scharfsinn, Kurzsinn, Wirrsinn, Stumpfsinn, welche Tradition und Frömmigkeit, Aberglaube, Bosheit, Dummheit, Herkommen, philosophische Spekulation, mystische Versenkung — — — unter nie endendem Zungengezänk und Schwertergeklirr und Feuergeprassel auf dem einen Felsen errichtet haben, mit dem Felsen selbst identifizieren zu wollen. Der gesamte Oberbau der bisherigen christlichen Kirchen steht ausserhalb der Persönlichkeit Jesu Christi. Jüdischer Wille gepaart mit arischem mythischen Denken haben den Hauptstock geliefert; dazu kam noch Manches aus Syrien, Ägypten u. s. w.; die Erscheinung Christi auf Erden war zunächst nur die Veranlassung zu dieser Religionsbildung, das treibende Moment — etwa wie wenn der Blitz durch die Wolken fährt und nun der Regen zur Erde herabfliesst, oder wie wenn auf gewisse Stoffe, die sonst keine Verbindung mit einander eingehen, plötzlich Sonnenstrahlen fallen und jene nunmehr, vom Lichte innerlich umgewandelt, unter zerstörendem Sprengen ihrer bisherigen Raumgrenzen zu einer neuen Substanz verschmelzen. Gewiss wäre es wenig einsichtsvoll,

wollte man den Blitz, wollte man den Sonnenstrahl an diesen seinen
Wirkungen messen und erkennen. Alle, die auf Christus bauten, wollen
wir dafür, dass sie es thaten, verehren, im Übrigen aber uns weder Blick
noch Urteil trüben lassen. Es giebt nicht allein eine Vergangenheit und
Gegenwart, es giebt auch eine Zukunft; für diese müssen wir unsere
volle Freiheit bewahren. Ich zweifle, ob man die Vergangenheit in
ihrem Verhältnis zur Gegenwart überhaupt richtig zu beurteilen vermag, wenn nicht eine lebendige Ahnung der Bedürfnisse der Zukunft
den Geist emporträgt. Auf dem Boden der Gegenwart allein streift
der Blick zu sehr *à fleur de terre,* um die Zusammenhänge übersehen zu können. Ein Christ war es, und zwar einer, welcher der
römischen Kirche sympathisch gegenüberstand, der am Morgen dieses
Jahrhunderts sprach: »Das Neue Testament ist uns noch ein Buch
mit sieben Siegeln. Am Christentum hat man Ewigkeiten zu studieren. In den Evangelien liegen die Grundzüge künftiger Evangelien.«[1] Wer die Geschichte des Christentums aufmerksam betrachtet,
sieht sie überall und immer im Flusse, überall und immer in einem
inneren Kampfe begriffen. Wer dagegen im Wahne lebt, das Christentum habe nunmehr seine verschiedenen endgültigen Gestaltungen angenommen, übersieht, dass selbst die römische Kirche, welche für
besonders konservativ gilt, in jedem Jahrhundert neue Dogmen hervorgebracht hat, während alte (allerdings minder geräuschvoll) zu
Grabe getragen wurden; er übersieht, dass gerade diese so fest gegründete Kirche noch in unserem Jahrhundert Bewegungen, Kämpfe
und Schismen erlebt hat wie kaum eine zweite. Ein Solcher wähnt:
da der Entwickelungsprozess zu Ende sei, so halte er jetzt das Facit
des Christentums in Händen, und aus dieser ungeheuerlichen Annahme konstruiert er in seinem frommen Herzen nicht allein Gegenwart und Zukunft, sondern auch die Vergangenheit. Noch viel ungeheuerlicher ist freilich die Annahme, das Christentum sei eine aus-
gelebte, abgethane Erscheinung, die sich nur noch nach dem Gesetz
der Trägheit auf absehbare Zeiten weiterbewege; und doch schrieb
mehr als ein »Ethiker« in den letzten Jahren den Nekrolog des
Christentums, redete von ihm wie von einem nunmehr abgeschlossenen
geschichtlichen Experiment, an dem sich Anfang, Mitte und Ende
analytisch vordemonstrieren lasse. Der Urteilsfehler, der diesen beiden
entgegengesetzten Ansichten zu Grunde liegt, ist, wie man sieht,

---

[1] Novalis: *Fragmente.*

ungefähr der gleiche, er führt zu ebenfalls gleich falschen Schlüssen.
Vermieden wird er, wenn man den ewig sprudelnden, ewig sich
gleichbleibenden Quell erhabenster Religiosität, die Erscheinung Christi,
von den Notbauten unterscheidet, welche die wechselnden religiösen
Bedürfnisse, die wechselnden geistigen Ansprüche der Menschen und
— was noch weit entscheidender ist — die grundverschiedenen Ge-
mütsanlagen ungleicher Menschenrassen als Gesetz und Tempel für
ihre Andacht errichteten.

Die christliche Religion nahm ihren Ursprung in einer sehr eigen- Das religiöse
Delirium.
tümlichen Zeit, unter Bedingungen so ungünstig wie nur denkbar für die
Errichtung eines einheitlichen, würdigen, festen Baues. Gerade in jener
Gegend, wo ihre Wiege stand, nämlich im westlichsten Asien, nördlichsten Afrika und östlichsten Europa, hatte eine eigentümliche Durchdringung der verschiedenartigsten Superstitionen, Mythen, Mysterien
und Philosopheme stattgefunden, wobei alle an Eigenart und Wert —
wie nicht anders möglich — eingebüsst hatten. Man vergegenwärtige
sich zunächst den damaligen politisch-sozialen Zustand jener Länder.
Was Alexander begonnen, hatte Rom in gründlicherer Weise vollendet: es herrschte in jenen Gegenden ein Internationalismus, von dem
wir uns heute schwer einen Begriff machen können. Die Bevölkerungen der massgebenden Städte am Mittelländischen Meere und in Kleinasien entbehrten jeglicher Rasseneinheit: in Gruppen lebten Hellenen,
Syrier, Juden, Semiten, Armenier, Ägypter, Perser, römische Soldatenkolonien, Gallier u. s. w. u. s. w. durcheinander, von zahllosen halb-
schlächtigen Menschen umgeben, in deren Adern alle individuellen
Charaktere sich zur vollkommenen Charakterlosigkeit gemischt hatten.
Das Vaterlandsgefühl war gänzlich geschwunden, weil jeder Bedeutung
bar; gab es doch weder Nation noch Rasse; Rom war für diese
Menschen etwa, was für unsern Pöbel die Polizei ist. Diesen Zustand
habe ich durch die Bezeichnung Völkerchaos zu charakterisieren
und in dem vierten Kapitel dieses Werkes anschaulich zu machen versucht. Durch dieses Chaos wurde nun ein zügelloser Austausch der
Ideen und Gebräuche vermittelt; eigene Sitte, eigene Art war hin,
fieberhaft suchte der Mensch in einem willkürlichen Durcheinander
fremder Sitten und fremder Lebensauffassungen Ersatz. Wirklichen
Glauben gab es fast gar nicht mehr. Selbst bei den Juden — sonst
inmitten dieses Hexensabbats eine so rühmliche Ausnahme — schwankte
er nicht unbedenklich in weitauseinandergehenden Sekten. Und doch,
noch niemals erlebte die Welt einen derartigen religiösen Taumel,

35*

wie er sich dazumal von den Ufern des Euphrats bis nach Rom fort-
pflanzte. Indischer Mysticismus, der unter allerhand Entstellungen
bis nach Kleinasien eingedrungen war, chaldäische Sternenverehrung,
zoroastrischer Ormuzddienst und die Feueranbetung der Magier, ägyptische Askese und Unsterblichkeitslehre, syrisch-phönizischer Orgias-
mus und Sakramentswahngedanke, samothrakische, eleusinische und
allerhand andere hellenische Mysterien, wunderlich verlarvte Auswüchse
pythagoreischer, empedokleischer und platonischer Metaphysik, mo-
saische Propaganda, stoische Sittenlehre — — — das alles kreiste und
schwirrte durcheinander. Was Religion ist, wussten die Menschen
nicht mehr, versuchten es aber mit allem, von dem einen unklaren
Bewusstsein getrieben, dass ihnen etwas geraubt war, was dem Menschen so nötig ist, wie der Erde die Sonne. In diese Welt fiel das
Wort Christi; von diesen fieberkranken Menschen wurde das sichtbare Gebäude der christlichen Religion zunächst aufgeführt; die Spuren
des Deliriums vermochte noch keiner ihm ganz abzustreifen.

Die zwei
Grundpfeiler.

Die Geschichte der Entstehung der christlichen Theologie ist
denn auch eine der verwickeltsten und schwierigsten, die es überhaupt
giebt. Wer mit Ernst und Freimut daran geht, wird heute viele und
tief-anregende Belehrung empfangen, zugleich aber einsehen müssen,
dass gar Vieles noch recht dunkel und unsicher ist, sobald nicht
theoretisiert, sondern der wirkliche Ursprung einer Idee historisch nachgewiesen werden soll. Eine endgültige Geschichte, nicht der Entwickelung der Lehrmeinungen innerhalb des Christentums, sondern
der Art und Weise, wie aus den verschiedensten Ideenkreisen Glaubens-
sätze, Vorstellungen, Lebensregeln in das Christentum eindrangen und
dort heimisch wurden, kann noch nicht geschrieben werden; doch
ist schon genug geschehen, damit ein Jeder sicher erkenne, dass hier
ein Legieren (wie der Chemiker sagt) der verschiedensten Metalle stattgefunden hat. Der Zweck dieses Werkes gestattet mir nicht, diesen komplizierten Gegenstand einer genauen Analyse zu unterziehen, auch besässe
ich dazu nicht die geringste Kompetenz;[1] zunächst wird es genügen,

---

[1] Besondere Werke namhaft zu machen, kommt mir wohl kaum zu; die
Litteratur ist selbst in ihrem für uns Laien zugänglichen Teile eine grosse; die Haupt-
sache ist, dass man aus verschiedenen Quellen Belehrung schöpfe und sich nicht bei
der Kenntnis der Allgemeinheiten beruhige. So sind z. B. die kurzen Lehrbücher von
Harnack, Müller, Holtzmann etc. in dem *Grundriss der theologischen Wissenschaften*
(Freiburg bei Mohr) unschätzbar, ich habe sie fleissig benützt; doch wird gerade der
Laie viel mehr aus grösseren Werken, wie z. B. aus Neander's *Kirchengeschichte*,
aus Renan's *Origines du Christianisme* u. s. w. lernen. Noch lehrreicher, weil eine

wenn wir die zwei Hauptstämme — das Judentum und das Indoeuropäertum — betrachten, aus denen fast der gesamte Bau auf-
gezimmert worden ist und die das Zwitterwesen der christlichen Religion
von Anfang an bis auf den heutigen Tag bedingen. Freilich wurde später
manches Jüdische und Indoeuropäische durch den Einfluss des Völkerchaos, und zwar namentlich Ägyptens, bis zur Unkenntlichkeit gefälscht,
so z. B. durch die Einführung des Isiskultus (Mutter Gottes) und der
magischen Stoffverwandlung, doch ist auch hier die Kenntnis des Grund-
gebäudes unentbehrlich. Alles Übrige ist im Verhältnis nebensächlich;
so — um nur ein Beispiel zu nennen — die offizielle Einführung der
stoischen Lehren über Tugend und Glückseligkeit ins praktische
Christentum durch Ambrosius, der, in seiner Schrift *De officiis ministrorum* einen Abklatsch von Cicero's *De officiis* gab, welch Letzterer
wiederum vom Griechen Panaetius abgeschrieben hatte.[1] Ohne Bedeutung ist so etwas gewiss nicht; Hatch zeigt z. B. in seinem Vortrag
»über griechische und christliche Ethik«, dass die Moral, die heute in
unserem praktischen Leben Gültigkeit besitzt, viel mehr stoische als
christliche Elemente umfasst.[2] Doch haben wir schon früher gesehen,
dass Religion und Moral ziemlich unabhängig von einander bleiben
(siehe S. 222 u. 456), überall dort wenigstens, wo jene von Christus

grössere Anschaulichkeit vermittelnd, sind die Werke der Specialisten, so z. B. Ramsay:
The Church in the Roman empire before A. D. 170 (1895, auch in deutscher Übersetzung), Hatch: *The influence of Greek ideas and usages upon the Christian Church*
(ed. 1897), Hergenröther's grosses Werk: *Photius, sein Leben, seine Schriften und das
griechische Schisma*, welches mit der Gründung Constantinopel's beginnt und somit
das Werden der griechischen Kirche von Anfang an mit voller Ausführlichkeit darlegt,
Hefele: *Konziliengeschichte* u. s. w. *ad inf.* Unsereiner kann natürlich nur von einem
kleinen Bruchteil dieser Litteratur ausführlich Kenntnis nehmen; doch, ich wiederhole
es, nur aus Detailschilderungen, nicht aus zusammenfassenden Überblicken vermag man
lebendige Ansicht und Einsicht zu schöpfen. (5. Aufl. Eine wichtige Neuerscheinung
ist Adolf Harnack's *Mission und Ausbreitung des Christentums in den ersten drei Jahrhunderten,* 1902.)

[1]) Ambrosius giebt dies auch implicite zu, siehe I, 24. Manches ist ja eine fast
wörtliche Wiederholung. Wie viel bedeutender sind aber auch seine selbständigen Sachen,
wie die Rede auf den Tod des Kaisers Theodosius, mit dem schönen, immer wiederkehrenden Refrain: »*Dilexi!* ich habe ihn geliebt!«

[2]) *The influence of Greek ideas etc.,* p. 139—170. In diesem Vortrag kommt
Hatch auf die genannte Schrift des Ambrosius zu sprechen und meint, sie sei durch
und durch, nicht allein in der Anlage, sondern auch in der Ausführung der Details
stoisch. Zwar werde überall das Christliche hinzugefügt, doch lediglich als Zusatz;
die Grundbegriffe der Weisheit, der Tugend, der Gerechtigkeit, der Mässigkeit seien
ungeschminkte griechisch-römische Lehren aus der vorchristlichen Zeit.

gelehrte »Umkehr« nicht stattgefunden hat; und ist es auch unterhaltend, einen Kirchenvater den Priestern seiner Diöcese die praktischweltbürgerliche (um nicht zu sagen rechtsanwältliche) Moral eines Cicero als Muster vorhalten zu sehen, so greift doch derartiges nicht bis auf den Grund des religiösen Gebäudes. Ähnliches liesse sich über manche andere Zuthat ausführen und wird uns später noch beschäftigen.

Jene beiden Hauptpfeiler nun, auf denen die christlichen Theologen der ersten Jahrhunderte die neue Religion errichteten, sind jüdischer historisch-chronistischer Glaube und indoeuropäische symbolische und metaphysische Mythologie. Wie ich schon früher ausführlich dargethan habe, handelt es sich hier um zwei grundverschiedene Weltanschauungen. [1]) Jetzt wurden diese beiden Anschauungen mit einander amalgamiert. Indoeuropäer — Männer in hellenischer Poesie und Philosophie grossgezogen — gestalteten jüdische Geschichtsreligion so um, wie es ihrem phantasiereichen, nach Ideen dürstenden Geist zusagte; Juden andererseits bemächtigten sich (schon vor der Entstehung des Christentums) der Mythologie und Metaphysik der Griechen, durchtränkten sie mit dem historischen Aberglauben ihres Volkes, und sponnen aus dem Ganzen ein abstraktes dogmatisches Gewebe, ebenso unfassbar wie die erhabensten Spekulationen eines Plato und doch zugleich alles Transscendent-Allegorische zu empirischen Gestalten materialisierend; auf beiden Seiten also das Walten eines unheilbaren Missverständnisses und Unverständnisses, wie es die gewaltsame Ablenkung aus der eigenen Bahn bedingt. Im Christentum diese fremden Elemente zusammenzuschweissen, war das Werk der ersten Jahrhunderte, ein Werk, das natürlich nur unter unaufhörlichem Kampfe gelingen konnte. Auf seinen einfachsten Ausdruck zurückgeführt, ist dieser Kampf ein Wettstreit zwischen indoeuropäischen und jüdischen religiösen Instinkten um die Vorherrschaft. Er bricht sofort nach dem Tode Christi aus zwischen den Judenchristen und den Heidenchristen, wütet Jahrhunderte lang auf das Heftigste zwischen Gnose und Antignose, zwischen Arianern und Athanasiern, wacht in der Reformation wieder auf und wird heute zwar nicht mehr in den Wolken oder auf Schlachtfeldern, jedoch unterirdisch auf das Lebhafteste weitergeführt. Diesen Vorgang kann man sich durch ein Gleichnis deutlich machen. Es ist als nähme man zwei Bäume verschiedener Gattung, köpfte sie und böge sie — ohne sie zu entwurzeln — gegeneinander und verbände sie dann

---

[1]) Siehe namentlich S. 220 fg. und S. 391 fg.

derartig, dass ein jeder das Pfropfreis des anderen würde. Für beide wäre fortan ein Wachstum in die Höhe ausgeschlossen; eine Veredelung träte auch nicht ein, sondern eine Verkümmerung, denn eine organische Verschmelzung ist, wie jeder Botaniker weiss, in einem solchen Falle ausgeschlossen und jeder der beiden Bäume (falls die Operation den Tod nicht herbeigeführt hätte) würde fortfahren, seine eigenen Blätter und Blüten zu tragen, und im Gewirr des Laubes stiesse überall Fremdes unmittelbar auf Fremdes.[1]) Genau also ist es dem christlichen Religionsgebäude ergangen. Unvermittelt stehen jüdische Religionschronik und jüdischer Messiasglaube neben der mystischen Mythologie der hellenischen *Décadence*. Nicht allein verschmelzen sie nicht, sondern in den wesentlichsten Punkten widersprechen sie sich. So z. B. die Vorstellung der Gottheit: hier Jahve, dort die altarische Dreieinigkeit. So die Vorstellung des Messias: hier die Erwartung eines Helden aus dem Stamme David's, der den Juden die Weltherrschaft erobern wird, dort der Fleisch gewordene Logos, anknüpfend an metaphysische Spekulationen, welche die griechischen Philosophen seit 500 Jahren vor Christi Geburt beschäftigten.[2]) Christus, die unleugbare historische Persönlichkeit, wird in beide Systeme hineingezwängt; für den jüdischen historischen Mythus muss er den Messias abgeben, wenngleich sich Keiner weniger dazu eignete; in dem neoplatonischen Mythus bedeutet er die flüchtige, unbegreifliche Sichtbarwerdung eines abstrakten Gedankenschemas — er! das moralische Genie in seiner höchsten Potenz, die gewaltigste religiöse Individualität, die jemals auf Erden gelebt!

Jedoch, wie sehr auch das notwendig Schwankende, Unzulängliche eines solchen Zwitterwesens einleuchten muss, man kann sich kaum vorstellen, wie in jenem Völkerchaos eine Weltreligion ohne das Zusammenwirken dieser beiden Elemente hätte entstehen können. Freilich, hätte Christus zu Indern oder Germanen gepredigt, so hätten wir seinem Worte eine andere Wirkung zu danken gehabt. Nie hat es eine weniger christliche Zeit gegeben — wenn mir das Paradoxon erlaubt ist — als diejenigen Jahrhunderte, in denen die christliche Kirche ent-

---

[1]) Hamann deutet, wie ich nachträglich sehe, diesen Vergleich an: »Gehen Sie in welche Gemeinde der Christen Sie wollen, die Sprache auf der heiligen Stätte und ihr Vaterland und ihre Genealogie verraten, dass sie heidnische Zweige sind, gegen die Natur auf einen jüdischen Stamm gepfropft.« (Vergl. *Römer* XI, 24.)

[2]) Ich sage 500 Jahre, denn über die Identität des Logos und des Nus siehe Harnack: *Dogmengeschichte* § 22.

stand. An ein wirkliches Verständnis der Worte Christi war damals
nicht zu denken. Doch als nun von ihm in jene chaotische, verratene
Menschheit die Anregung zu religiöser Erhebung hineingetragen worden
war, wie hätte man für diese armseligen Menschen einen Tempel
bauen können, ohne Zugrundelegung der jüdischen Chronik und
der jüdischen Anlage, alles konkret-geschichtlich aufzufassen? Diesen
Sklavenseelen, die keinen Halt in sich selbst und in dem sie umgebenden Leben einer echten Nation fanden, war einzig mit etwas durchaus Greifbarem, Materiellem, dogmatisch Sicherem gedient; sie brauchten
ein religiöses Gesetz an Stelle philosophischer Betrachtungen über
Pflicht und Tugend; daher waren ja schon viele zum Judentum über-
getreten. Allein das Judentum — als Willensmacht unschätzbar —
besitzt nur eine sehr geringe, beschränkt-semitische Gestaltungsfähigkeit;
der Baumeister musste also von anderwärts geholt werden. Ohne die
Formfülle und Gestaltungskraft des hellenischen Geistes — sagen wir
einfach, ohne Homer, Plato und Aristoteles, und im weiteren Hinter-
grunde ohne Persien und Indien — hätte das äussere kosmogonisch-
mythologische Gebäude der christlichen Kirche niemals der Tempel eines
weltumspannenden Bekenntnisses werden können. Die frühen Kirchenlehrer knüpfen sämtlich bei Plato an, die späteren ausserdem bei Aristoteles. Über die umfassende litterarische, poetische und philosophische
Bildung der ältesten Väter, nämlich der griechischen, kann man sich
in Kirchengeschichten unterrichten, und man wird dadurch den Wert
dieses Bildungseinflusses für die grundlegenden Dogmen des Christentums hochschätzen lernen. Farbe und Leben konnte freilich die indoeuropäische Mythologie unter so fremden Auspicien nicht erhalten,
erst viel später half hier, soweit es ging, die christliche Kunst nach;
jedoch, dank dem Einflusse des hellenischen Auges, erhielt diese
Mythologie wenigstens eine geometrische und insoferne sichtbare Gestaltung: die uralte arische Vorstellung von der Dreieinigkeit gab den
kunstvoll aufgeführten kosmischen Tempel ab, in welchem der durchaus
neuen Religion Altäre errichtet wurden.

Über die Natur dieser beiden wichtigsten konstruktiven Elemente
der christlichen Religion müssen wir nun durchaus Klarheit besitzen,
sonst giebt es kein Verständnis des unendlich verwickelten Kampfes,
der vom ersten Jahrhundert unserer Ära an bis zum heutigen Tage
— namentlich aber während der ersten Säculi — über die Glaubens-
sätze dieser Religion tobte. Von den verschiedenen führenden Geistern
werden die widersprechendsten Auffassungen und Lehren und Instinkte

des jüdischen und des indoeuropäischen Elementes in den verschiedensten Verhältnissen miteinander gemischt. Betrachten wir also zuerst den mythologisch gestaltenden Einfluss der indoeuropäischen Weltauffassung auf die werdende christliche Religion, sodann den mächtigen Impuls, den sie aus dem positiven, materialistischen Geist des Judentums empfing.

Eine ausführlich begründete Unterscheidung zwischen historischer Religion und mythischer Religion habe ich im fünften Kapitel gegeben;[1] ich setze sie hier als bekannt voraus. Die Mythologie ist eine metaphysische Weltanschauung *sub specie occulorum*. Ihre Besonderheit, ihr Charakter — auch ihre Beschränkung — besteht darin, dass Ungesehenes durch sie auf ein Geschautes zurückgeführt wird. Der Mythus erklärt nichts, giebt von nichts den Grund an, er bedeutet nicht ein Suchen nach dem Woher und Wohin; ebensowenig ist er eine Morallehre; am allerwenigsten ist er Geschichte. Schon aus dieser einen Überlegung erhellt, dass die Mythologie der christlichen Kirche zunächst gar nichts mit alttestamentlicher Chronologie und mit der historischen Erscheinung Christi zu thun hat; sie ist ein neu umgestaltetes und von fremder Hand vielfach verunstaltetes, neuen Bedürfnissen schlecht und recht angepasstes, altarisches Erbstück.[2] Um klare Vorstellungen über die mythologischen Bestandteile des Christentums zu gewinnen, werden wir wohl daran thun, zwischen äusserer und innerer Mythologie zu unterscheiden, d. h. zwischen der mythologischen Gestaltung äusserer und der mythologischen Gestaltung innerer Erfahrung. Dass Phöbus seinen Wagen durch den Himmel fährt, ist der bildliche Ausdruck für ein äusseres Phänomen; dass die Erinnyen den Verbrecher verfolgen, versinnbildlicht eine Thatsache des menschlichen Innern. Auf beiden Gebieten hat die christliche, mythologische Symbolik sehr tief gegriffen, und »die Symbolik ist nicht bloss Spiegel, sie ist auch Quelle des Dogmas«, wie der dem Katholicismus nahestehende Wolfgang Menzel sagt.[3] Symbolik als Quelle des Dogmas ist offenbar mit Mythologie identisch.

Als ein vortreffliches Beispiel der nach äusserer Erfahrung gestaltenden Mythologie möchte ich vor allem die Vorstellung der Drei-

Arische Mythologie.

Äussere Mythologie.

---

[1]) Siehe S. 391 bis 415.

[2]) Man versteht, wie der fromme Tertullian, im Heidentum aufgewachsen, von den Vorstellungen der hellenischen Poeten und Philosophen sagen konnte, sie seien den christlichen *tam consimilia!* (*Apol.* XLVII).

[3]) *Christliche Symbolik* (1854), I, S. VIII.

einigkeit nennen. Dank dem Einfluss hellenischer Denkart ist die Dogmenbildung der christlichen Kirche um jene gefährlichste Klippe, den semitischen Monotheismus (trotz der heftigen Gegenwehr der Juden-christen) glücklich vorbeigesteuert und hat in ihren sonst bedenklich »verjudeten« Gottesbegriff die heilige Dreizahl der Arier hinübergerettet.[1]) Dass die Drei bei den Indoeuropäern überall wiederkehrt, ist allbekannt; sie ist, wie Goethe sagt:

> die ewig unveraltete,
> Dreinamig-Dreigestaltete.

Wir finden sie in den drei Gruppen der indischen Götter, später dann (mehrere Jahrhunderte vor Christo) zu der ausführlichen und ausdrück-lichen Dreieinigkeitslehre, der Trimûrti, ausgebildet: »Er, welcher Vishnu ist, ist auch Çiva, und er, welcher Çiva ist, ist auch Brahma: ein Wesen, aber drei Götter.« Und von dem fernen Osten aus lässt sich die Vorstellung bis an die Küsten des Atlantischen Ozeans verfolgen, wo Patricius das Kleeblatt bei den Druiden als Symbol der Dreieinig-keit vorfand. Bei poetisch-metaphysisch beanlagten Stämmen musste sich diese Dreizahl schon früh aufdrängen, denn gerade sie, und sie allein, ist weder ein Zufall (wie die von den Fingern entnommene Fünf- resp. Zehnzahl), noch eine rabulistisch herausgerechnete Zahl (wie z. B. die von den vermeintlichen sieben Gestirnen entnommene Sieben), sondern sie drückt ein Grundphänomen aus, so zwar, dass die Vorstellung einer Dreieinigkeit fast eher eine Erfahrung als ein Symbol genannt werden könnte. Dass alle menschliche Erkenntnis auf drei Grundformen beruhe — Zeit, Raum, Ursächlichkeit — hatten schon die Verfasser der Upanishaden ausgesprochen, zugleich, dass daraus nicht eine Dreiheit, sondern (um mit Kant zu sprechen) eine »Einheit der Apperception« erfolge; der Raum sowie die Zeit sind unteilbare Einheiten, besitzen jedoch drei Dimensionen. Kurz, die Dreifaltigkeit als Einheit umringt uns auf allen Seiten als ein Urphänomen der Erfahrung und spiegelt sich bis ins Einzelne wieder. So hat z. B. die neueste Wissenschaft bewiesen, dass ausnahmslos jedes Element drei

---

[1]) Dass die Indoeuropäer ebenfalls im tiefsten Grunde Monotheisten sind, habe ich schon früher, dem weitverbreiteten populären Irrtum entgegen, hervorgehoben (siehe S. 224 und 402), man vergleiche auch Jak. Grimm in der Vorrede zu seiner *Deutschen Mythologie* (S. XLIV—XLV) und Max Müller in seinen *Vorlesungen über die Sprachwissenschaft* (II, 385). Die Art dieses Monotheismus bedingt jedoch eine grund-sätzliche Unterscheidung von der semitischen Auffassung.

— aber auch nur drei — Gestalten annehmen kann: die feste, die flüssige, die luftartige; womit nur weiter ausgeführt wird, was das Volk längst wusste, dass unser Planet aus Erde, Wasser und Luft besteht. Wie Homer sich ausdrückt:

Dreifach teilte sich Alles.

Geht man derartigen Vorstellungen mit Absichtlichkeit nach, so artet dies bald (wie bei Hegel) in willkürliche Spielerei aus;[1] durchaus keine Spielerei ist dagegen die unwillkürliche, intuitive Ausgestaltung einer allgemeinen, doch nicht analytisch zergliederten (zugleich physischen und metaphysischen) kosmischen Erfahrung zu einem Mythus. Und aus diesem Beispiel ergiebt sich die tröstliche Gewissheit, dass auch im christlichen Dogma der indoeuropäische Geist seinem eigenen Wesen nicht ganz untreu geworden ist, sondern seine Mythen-schaffende Religion noch immer Natursymbolik blieb, wie das bei den Indoeraniern und bei den Slavokeltogermanen von jeher der Fall gewesen war. Nur ist freilich hier die Symbolik eine äusserst subtile, weil eben die philosophische Abstraktion in den ersten christlichen Jahrhunderten blühte, wogegen die künstlerische Schöpfungskraft darniederlag.[2] Auch das muss betont werden, dass der Mythus von der grossen Masse der Christen nicht als Symbol empfunden wurde; doch das galt bei den Indern und Germanen mit ihren Licht-, Luft- und Wassergöttern ebenfalls; er ist auch nicht bloss Symbol, sondern die gesamte Natur verbürgt uns die innere, transscendente Wahrheit eines derartigen Dogmas und sichert seine Fähigkeit zu lebensvoller Weiterentwickelung.[3]

Solcher äusseren oder, wenn man will, kosmischen Mythologie enthält nun das christliche Dogmengebäude eine grosse Menge.

Zunächst so ziemlich Alles, was als Gotteslehre die Vorstellung der Dreieinigkeit ergänzt: das Fleischwerden des Logos, der Paraklet u. s. w.

---

[1] So z. B. die angeblich notwendige Progression der These, Antithese und Synthese, oder wiederum das Ansichsein des Absoluten als Vater, das Anderssein als Sohn, die Rückkehr zu sich als Geist.

[2] Siehe den ganzen Schluss des ersten Kapitels.

[3] Den ägyptischen Triaden hat man wohl früher einen grösseren Einfluss auf die christliche Dogmenbildung zugesprochen, als ihnen wirklich zukommt. Zwar scheint die Vorstellung des Gott-Sohnes in seinem Verhältnis zum Gott-Vater, der Sohn »nicht gemacht, nicht erschaffen, sondern erzeugt« (buchstäblich wie im Athanasischen Glaubensbekenntnis), spezifisch ägyptisch: wir finden sie in allen verschiedenen Göttersystemen der Ägypter wieder; doch ist die dritte Person die Göttin. (Man vergl. Maspero: *Histoire ancienne des peuples de l'Orient classique*, 1895, I, 151 und Budge: *The Book of the Dead*, p. XCVI.)

Namentlich ist der Mythus von der Menschwerdung Gottes altindisches Stammgut. Er liegt in dem Einheitsgedanken des allerersten Buches des *Rigveda* eingeschlossen, tritt uns philosophisch umgestaltet in der Lehre von der Identität des Âtman mit dem Brahman entgegen, und wurde vollendet anschaulich in der Gestalt des Gottmenschen Krishna, zu deren Erklärung der Dichter des Bhagavadgîtâ Gott sprechen lässt: »Immer wieder und immer wieder, wenn Erschlaffung der Tugend eintritt und das Unrecht emporkommt, dann erzeuge ich mich selbst (in Menschengestalt). Zum Schutze der Guten, den Bösen zum Verderben, um Tugend zu festigen werde ich auf Erden geboren.«[1] Die dogmatische Auffassung des Wesens Buddha's ist nur eine Modifikation dieses Mythus. Auch die Vorstellung, dass der menschgewordene Gott nur aus dem Leibe einer Jungfrau geboren werden konnte, ist ein alter mythischer Zug und gehört entschieden zu der Klasse der Natursymbole. Jene vielverspotteten Scholastiker, welche nicht allein Himmel und Hölle, sondern auch die Dreieinigkeit, die Menschwerdung, die Parthenogenese u. s. w. in Homer angedeutet und bei Aristoteles ausgesprochen finden wollten, hatten gar nicht Unrecht. Der Altar und die Auffassung des heiligen Mahles weisen ebenfalls bei den frühesten Christen eher auf die gemeinsamen arischen Vorstellungen eines symbolischen Naturkultes als auf das jüdische Sühnopfer für den erzürnten Gott (worüber Näheres gegen Schluss des Kapitels). Kurz, kein einziger Zug der christlichen Mythologie kann auf Originalität Anspruch erheben. Freilich erhielten alle diese Vorstellungen im christlichen Lehrgebäude eine weit abweichende Bedeutung — nicht aber weil der mythische Hintergrund ein wesentlich verschiedener gewesen wäre, sondern erstens, weil nunmehr im Vordergrund die historische Persönlichkeit Jesu Christi stand, zweitens, weil Metaphysik und Mythus der Indoeuropäer, von den Menschen aus dem Völkerchaos bearbeitet, meistens bis zur Unkenntlichkeit entstellt wurden. Man hat in unserem Jahrhundert die Erscheinung Christi als Mythus wegerklären wollen;[2] die Wahrheit liegt im genauen Gegenteil: Christus ist das einzige nicht Mythische im Christentum; durch Jesus Christus, durch die kosmische Grösse dieser Erscheinung (dazu der historisch-materialisierende Einfluss des jüdischen Denkens) ist gleichsam Mythus Geschichte geworden.

Entstellung der Mythen.

Ehe ich nun zur »inneren« Mythenbildung übergehe, muss ich kurz jener fremden umgestaltenden Einflüsse auf das sichtbare Religions-

[1] *Bhagavadgîtâ*, Buch IV, § 7 und 8.
[2] Siehe S. 194.

gebäude gedenken, durch welche die uns eigenen, angeerbten mythischen Vorstellungen geradezu gefälscht wurden.

Dass z. B. der menschgewordene Gott aus dem Leibe einer Jungfrau geboren werde, war, wie gesagt, eine alte Vorstellung, doch ist der Kultus einer »Mutter Gottes« dem Christentum durch Ägypten vermittelt worden, wo seit etwa drei Jahrhunderten vor Christus das reiche, plastisch-bewegliche, für alles Fremde sehr empfängliche Pantheon sich dieses Gedankens mit besonderem Eifer angenommen hatte, ihn natürlich, wie alles Ägyptische, zu einem rein empirischen Materialismus umgestaltend. Erst spät gelang es aber dem Isiskultus, sich den Eintritt in die christliche Religion zu erzwingen. Im Jahre 430 wird die Benennung »Mutter Gottes« von Nestorius als eine gotteslästerliche Neuerung erwähnt; sie war soeben erst in die Kirche eingedrungen! In der mythologischen Dogmengeschichte ist nun nichts so klar nachweisbar wie der unmittelbare, genetische Zusammenhang zwischen der christlichen Anbetung der »Mutter Gottes« und der Anbetung der Isis. In den spätesten Zeiten hatte sich nämlich die Religion des in Ägypten hausenden Völkerchaos immer mehr auf die Anbetung des »Gottessohnes« Horus und seiner Mutter, Isis, beschränkt. Hierüber schreibt der berühmte Ägyptolog Flinders Petrie: »Dieser religiöse Brauch übte auf das werdende Christentum einen mächtigen Einfluss aus. Die Behauptung ist nicht zu gewagt, dass wir ohne die Ägypter in unserer Religion keine Madonna gekannt hätten. Der Kultus der Isis hatte nämlich schon unter den ersten Kaisern eine weite Verbreitung gefunden und war im ganzen römischen Reich so zu sagen Mode geworden; als er dann mit jener anderen grossen religiösen Bewegung verschmolz, so dass hinfürder Mode und tiefe Überzeugung Hand in Hand gehen konnten, war ihm der Sieg gesichert, und seitdem blieb bis auf den heutigen Tag die Göttin Mutter die herrschende Gestalt in der Religion Italiens.«[1] Derselbe Verfasser zeigt dann auch, wie die Verehrung des Horus als eines göttlichen Kindes auf die Vorstellungen

---

[1] *Religion and conscience in ancient Egypt*, ed. 1898, p. 46. Alljährlich entdeckt man in den verschiedensten Teilen von Europa neue Beweise von der allgemeinen Verbreitung des Isiskultes an allen Orten, bis wohin der Einfluss des römischen Völkerchaos gedrungen war. Der Glaube an die Auferstehung des Leibes und die Mitteilung des unsterblich machenden Stoffes in einem Sakrament waren schon lange vor Christi Geburt Bestandteile dieser Mysterien. Die zahlreichsten Belege findet man im Musée Guimet vereint, da Gallien (nebst Italien) der Hauptsitz des Isiskult war.

der römischen Kirche überging, so dass aus dem gedankenschweren, männlich reifen Heilverkünder frühester Darstellungen zuletzt der übermütige *bambino* italienischer Bilder wurde.[1] — Man sieht, hier arbeitet neben Indoeuropäertum und Judentum auch das Völkerchaos thätig mit an dem Ausbau des christlichen Kirchengebäudes. Ähnliches finden wir bei den Vorstellungen von Himmel und Hölle, von der Auferstehung, von Engeln und Dämonen u. s. w., und zugleich finden wir, dass der mythologische Wert immer mehr abnimmt, bis zuletzt fast blosser Sklavenaberglaube übrig bleibt, der vor den angeblichen Nägeln eines Heiligen fetischartigen Götzendienst verrichtet. Den Unterschied zwischen Aberglaube und Religion habe ich in der zweiten Hälfte des ersten Kapitels zu bestimmen gesucht; zugleich zeigte ich, wie die Wahnvorstellungen des rohen Volkes im Bunde mit der raffiniertesten Philosophie gegen echte Religion erfolgreich anzustürmen begannen, sobald hellenische, poetische Kraft zur Neige ging; das dort Gesagte ist hier anwendbar und braucht nicht wiederholt zu werden (siehe S. 99 bis 106). Schon seit Jahrhunderten vor Christus waren in Griechenland die sogenannten Mysterien eingeführt, in die man durch Reinigung (Taufe) eingeweiht wurde, um sodann durch den gemeinsamen Genuss des göttlichen Fleisches und Blutes (auf griechisch »Mysterion«, auf lateinisch »sacramentum«) Teilhaber des göttlichen Wesens und der Unsterblichkeit zu werden; doch fanden diese Wahnlehren dort ausschliesslich bei den an Zahl stets zunehmenden »Ausländern und Sklaven« Aufnahme, und erregten bei allen echten Hellenen Abscheu und Verachtung.[2] Je tiefer nun das religiös-schöpferische Bewusstsein sank, um so kecker erhob dieses Völkerchaos das Haupt. Durch das römische Reich vermittelt, fand eine Verschmelzung der verschiedensten Superstitionen statt, und als nun Constantius II., am Ende des 4. Jahrhunderts, die christliche Religion zur Staatskirche proklamiert und somit die ganze Schar der innerlich Nicht-Christen in die Gemeinde der Christen hineingezwungen hatte, da stürzten auch die chaotischen

---

[1] Interessant ist in dieser Beziehung der von demselben Verfasser geführte Nachweis, dass das bekannte, auf alten Monumenten häufige, doch auch heute noch gebräuchliche christliche Monogramm ☧ (angeblich *khi-rho* aus dem griechischen Alphabet) nichts mehr und nichts weniger ist als das in Ägypten übliche Symbol des Gottes Horus!

[2] Siehe namentlich die berühmte Rede des Demosthenes *De corona,* und für eine Zusammenfassung der hierher gehörigen Thatsachen, Jevons: *Introduction to the history of religion,* 1896, Kap. 23.

Vorstellungen des tief entarteten »Heidentums« mit hinein und bildeten fortan — wenigstens für die grosse Mehrzahl der Christen — einen wesentlichen Bestandteil des Dogmas.

Dieser Augenblick bedeutet den Wendepunkt für die Ausbildung der christlichen Religion.

Verzweifelt kämpften edle Christen, namentlich die griechischen Väter, gegen die Verunstaltung ihres reinen einfachen Glaubens, ein Kampf, der nicht seinen wichtigsten, doch seinen heftigsten und bekanntesten Ausdruck in dem langen Streit um die Bilderverehrung fand. Schon hier ergriff Rom, durch Rasse, Bildung und Tradition dazu veranlasst, die Partei des Völkerchaos. Am Ende des 4. Jahrhunderts erhebt der grosse Vigilantius, ein Gote, seine Stimme gegen das pseudo-mythologische Pantheon der Schutzengel und Märtyrer, gegen den Reliquienunfug, gegen das aus dem ägyptischen Serapiskult in das Christentum importierte Mönchswesen; [1]) doch der in Rom gebildete Hieronymus kämpft ihn nieder und bereichert die Welt und den Kalender durch neue Heilige aus seiner eigenen Phantasie. Die »fromme Lüge« war schon am Werke. [2])

Soviel nur zur Veranschaulichung der Entstellungen, welche die äussere Mythengestaltung aus indoeuropäischem Erbe sich hat vom Völkerchaos gefallen lassen müssen. Wenden wir jetzt das Auge auf jene mehr innerliche Mythenbildung, so werden wir hier das indoeuropäische Stammgut in reinerer Gestalt antreffen.

Innere Mythologie.

Den Kern der christlichen Religion, den Brennpunkt, auf den alle Strahlen hinstreben, bildet der Gedanke an eine Erlösung des Menschen: dieser Gedanke ist den Juden von jeher und bis auf den heutigen Tag vollkommen fremd; ihrer gesamten Religionsauffassung gegenüber ist er einfach widersinnig; [3]) denn es handelt sich nicht um eine sichtbare, historische Thatsache, sondern um ein unaussprechliches, inneres Erlebnis. Dagegen bildet dieser Gedanke den Mittelpunkt aller indoeranischen Religionsanschauungen; sie alle drehen sich um die Sehnsucht nach Erlösung, um die Hoffnung auf Erlösung; auch

---

[1]) Pachomius, der Begründer des eigentlichen Mönchtums, war wie sein Vorgänger, der Einsiedler Antonius, Ägypter und zwar Oberägypter, und als »nationalägyptischer Serapisdiener« hat er die Praktiken gelernt, die er später fast unverändert ins Christentum übertrug (vergl. Zöckler: *Askese und Mönchtum,* 2. Aufl.; S. 193 fg.).

[2]) Vergl. S. 308. Über die »Rezeption des Heidentums« siehe auch Müller, a. a. O., S. 204 fg.

[3]) Vergl. S. 393 und auch die auf S. 330 citierte Stelle von Prof. Graetz.

bei den Hellenen lebt der Gedanke an Erlösung in den Mysterien,
ebenso auch als Untergrund zahlreicher Mythen und ist bei Plato sehr
deutlich (z. B. im VII. Buch der *Republik*) zu erkennen, wenn auch,
aus dem im ersten Kapitel angegebenen Grunde, die Griechen der
Blütezeit die innere, moralische und, wie wir heute sagen würden,
pessimistische Seite solcher Mythen wenig hervorkehrten. Der Schwerpunkt lag für sie an anderem Orte:

> Nichts sind gegen das L e b e n die Schätze mir — — —

Und doch zugleich mit dieser Hochschätzung des Lebens, als des herrlichsten aller Güter, das Preislied auf den jung Hinsterbenden:

> Schön ist alles im Tode noch, was auch erscheinet. [1]

Doch wer den tragischen Untergrund der vielgenannten »griechischen
Heiterkeit« erblickt, wird geneigt sein, diese »Erlösung in der schönen
Erscheinung« als engverwandt mit jenen anderen Vorstellungen der
Erlösung zu erkennen; es ist das selbe Thema in einer anderen Tonart,
dur statt moll.

Der Begriff der Erlösung — oder sagen wir lieber die mythische
Vorstellung[2]) der Erlösung — umschliesst zwei andere: diejenige einer
gegenwärtigen Unvollkommenheit und diejenige einer möglichen Vervollkommnung durch irgend einen nicht-empirischen, d. h. also in
einem gewissen Sinne übernatürlichen, nämlich transscendenten Vorgang: die erste wird durch den Mythus der E n t a r t u n g , die zweite
durch den Mythus der von einem höheren Wesen gewährten G n a d e n -
h i l f e versinnbildlicht. Ungemein anschaulich wird der Entartungs-
mythus dort, wo er als Sündenfall dargestellt wird, darum ist dies
das schönste, unvergänglichste Blatt der christlichen Mythologie; wogegen die ergänzende Ahnung der Gnade so sehr ins Metaphysische
hinübergreift, dass sie anschaulich kaum mitteilbar gestaltet werden
kann. Die Erzählung vom Sündenfall ist eine Fabel, durch welche
die Aufmerksamkeit auf eine grosse Grundthatsache des zum Bewusstsein erwachten Menschenlebens gelenkt wird; sie w e c k t Erkenntnis; wogegen die Gnade eine Vorstellung ist, die erst auf eine
Erkenntnis folgt und nicht anders als durch eigene E r f a h r u n g er-

---

[1]) *Ilias* IX, 401 u. XXII, 73.

[2]) Dass bei Homer das Wort »Mythos« dem späteren »Logos« entspricht, also
gewissermassen jede Rede als Dichtung aufgefasst wird (was sie ja auch offenbar ist),
gehört zu jenen Dingen, in denen die Sprache uns die tiefsten Aufschlüsse über unsere
eigene Geistesorganisation giebt.

worben werden kann. [1]) Daher ein grosser und interessanter Unterschied im Ausbau aller echten (mit Ausnahme der semitischen) Religionen je nach der vorwiegenden Begabung der Völker. Dort, wo das Bildende und Bildliche vorwiegt (bei den Eraniern und Europäern, in hohem Masse auch, wie es scheint, bei den Sumero-Akkadiern), tritt die Entartung als »Sündenfall« ungemein plastisch hervor und wird somit zum Mittelpunkt jenes Komplexes innerer Mythenbildung, der um die Vorstellung der Erlösung sich gruppiert;[2]) wogegen dort, wo dies nicht der Fall ist (wie z. B. bei den metaphysisch so hoch beanlagten, als Bildner jedoch mehr phantasiereichen als formgewaltigen arischen Indern) man nirgends den Mythus der Entartung bis zur anschaulichen Deutlichkeit ausgeführt, sondern nur allerhand widersprechende Vorstellungen findet. Andrerseits aber ist die Gnade — bei uns der schwache Punkt des religiösen Lebens, für die allermeisten Christen ein blosses konfuses Wort — die strahlende Sonne indischen Glaubens; sie bildet dort nicht etwa die Hoffnung, sondern das siegreiche Erlebnis der Frommen, und steht dadurch so sehr im Vordergrund alles religiösen Denkens und Fühlens, dass die Erörterungen der indischen Weisen über die Gnade (namentlich auch in ihrem Verhältnis zu den guten Werken) die heftigsten Diskussionen, welche die christliche Kirche vom Beginn an bis zum heutigen Tage entzweit haben, im Vergleich fast kindisch und zuallermeist gänzlich verständnislos erscheinen lassen, wenn man einige wenige Männer — einen Apostel Paulus, einen Martin Luther — ausnimmt. Wer etwa bezweifeln wollte, dass es sich hier um die mythische Gestaltung unaussprechlicher innerer Erfahrungen handle, den würde ich, bezüglich der

---

[1]) Zur Etymologie und somit Erläuterung des Wortes Gn a d e: Grundbedeutung »neigen, sich neigen«. gotisch »unterstützen«, altsächsisch »Huld, Hilfe«, alt-hochdeutsch »Mitleid, Barmherzigkeit, Herablassung«, mittelhochdeutsch »Glückseligkeit, Unterstützung, Huld« (nach Kluge: *Etymologisches Wörterbuch*).

[2]) Der Mythus der Entartung bildet bekanntlich einen Grundbestandteil des Vorstellungskreises der uns bis zum Überdruss als »heiter« gepriesenen Griechen.

> Wäre ich früher gestorben, wo nicht, dann später geboren!
> Denn jetzt lebt ein eisern Geschlecht: und sie werden bei Tage
> Nimmer des Elends frei noch des Jammers, aber bei Nacht auch
> Leiden sie Qual: und der Sorgen Last ist die Gabe der Götter!

So ruft der »heitere« Hesiod aus (*Werke und Tage,* Vers 175 fg.). Und er malt uns ein vergangenes »golden Geschlecht«, dem wir das Wenige verdanken sollen, was unter uns Entarteten noch gut ist, denn als Geister wandeln diese grossen Männer der Vergangenheit noch in unserer Mitte; vergl. S. 113.

Gnade, auf das Gespräch Christi mit Nikodemus verweisen, in welchem das Wort »Wiedergeburt« ebenso sinnlos wäre, wie in der Genesis die Erzählung von der Entartung der ersten Menschen durch den Genuss eines Apfels, handelte es sich nicht dort wie hier lediglich um die Sichtbarmachung eines zwar durchaus wirklichen, gegenwärtigen, doch unsichtbaren und darum dem Verstande zunächst unfassbaren Vorganges. Und bezüglich des Sündenfalles verweise ich ihn auf Luther, welcher schreibt: »Die Erbsünde ist der Fall der ganzen Natur«; und an anderer Stelle: »Es ist ja die Erde unschuldig und trüge viel lieber das Beste; sie wird aber verhindert durch den Fluch, so über den Menschen um der Sünde willen gegangen ist.« Hier wird ja, wie man sieht, Wesensverwandtschaft zwischen dem Menschen in seinem innersten Thun und der ganzen umgebenden Natur postuliert: das ist indoeuropäische mythische Religion in ihrer vollen Entfaltung (siehe S. 221 u. 392), welche — nebenbei gesagt — sobald sie in der Vorstellungsweise der Vernunft sich kundthut (wie z. B. bei Schopenhauer), indoeuropäische metaphysische Erkenntnis bildet.[1]

Durch diese Überlegung gewinnt man die tiefe und sehr wichtige Einsicht, dass unsere indoeuropäische Auffassung von »Sünde« überhaupt mythisch ist, d. h. in ein Jenseits übergreift! Wie ganz und gar die jüdische Auffassung abweicht, so dass dasselbe Wort bei ihnen einen durchaus anderen Begriff bezeichnet, habe ich schon früher hervorgehoben (siehe S. 373); ich habe auch verschiedene moderne jüdische Religionslehren durchgenommen, ohne an irgend einer Stelle eine Erörterung des Begriffes »Sünde« zu finden: wer das »Gesetz« nicht verletzt, ist gerecht; dagegen wird von den jüdischen Theologen das aus dem Alten Testament von den Christen entnommene Dogma von der Erbsünde ausdrücklich und zwar mit äusserster Energie zurückgewiesen.[2] Sinnen wir nun über diese durch ihre Geschichte und Religion durchaus gerechtfertigte Position der Juden nach, so werden wir bald zu der Überzeugung kommen, dass auf unserem abweichenden Standpunkt Sünde und Erbsünde synonyme Ausdrücke sind. Es handelt sich um einen unentrinnbaren Zustand alles Lebens. Unsere Vorstellung der Sündhaftigkeit ist der erste Schritt auf dem Wege zu der Erkenntnis eines transscendenten Zusammenhanges der Dinge; sie bezeugt die be-

---

[1] Luther's Gedanken findet man in ziemlich undeutlicher Vorahnung im 5. Kapitel der *Epistel an die Römer*, ganz ausführlich dagegen in den Schriften des von ihm so besonders verehrten Scotus Erigena (siehe *De div. Nat.*, Buch 5, Kap 36).

[2] Man schlage als Beispiel Philippson's *Israelitische Religionslehre* auf II, 89.

ginnende unmittelbare Erfahrung dieses Zusammenhanges, die in den
Worten Christi: das Himmelreich ist inwendig in euch (siehe S. 199)
ihre Vollendung erfuhr. Definiert Augustinus: »*Peccatum est dictum,
factum vel concupitum contra legem aeternam*«,[1] so ist das nur eine oberflächliche Erweiterung jüdischer Vorstellungen, wogegen Paulus der
Sache auf den Grund ging, indem er die Sünde selbst ein »Gesetz«
nannte, ein Gesetz des Fleisches, oder, wie wir heute sagen würden,
ein empirisches Naturgesetz, und indem er in einer berühmten, für
dunkel gehaltenen und vielfach kommentierten, doch in Wirklichkeit
durchaus klaren Stelle (*Römer* VIII) darthut, das kirchliche Gesetz, jene
angebliche *lex aeterna* des Augustinus, habe über die Sünde, die eine
Thatsache der Natur sei, nicht die geringste Macht, vielmehr könne hier
einzig Gnade helfen.[2] Die genaue Wiedergabe des altindischen Gedankens! Schon der Vedische Sänger »forscht begierig nach seiner
Sünde« und findet sie nicht in seinem Willen, sondern in seinem Zustande, der ihm sogar im Traume Unrechtes vorspiegelt, und zuletzt
wendet er sich an den Gott, der die Einfältigen erleuchtet, »den Gott der
Gnade«.[3] Und in gleicher Weise wie später Origenes, Erigena und
Luther, fasst die Çârîraka-Mîmânsâ alle lebenden Wesen als »der Erlösung
bedürftig, doch einzig die Menschen ihrer fähig« auf.[4] Erst aus dieser
Auffassung der Sünde als eines Zustandes, nicht als der Übertretung
eines Gesetzes, ergiebt sich die Vorstellung der Erlösungsbedürftigkeit,
sowie diejenige der Gnade. Es handelt sich hier um die innerlichsten
Erfahrungen der individuellen Seele, welche, so weit es geht, durch
mythische Bilder sichtbar und mitteilbar gestaltet werden.

Wie unvermeidlich der Kampf auf diesem ganzen Gebiete der
Mythenbildung war, erhellt aus der einfachen Überlegung, dass derartige Vorstellungen der jüdischen Auffassung von Religion direkt wider-

> Der Kampf um die Mythologie.

---

[1] Sünde ist eine Verletzung des ewigen Gesetzes durch Wort, That oder
Begierde.

[2] Man vergl. namentlich Pfleiderer: *Der Paulinismus*, II. Aufl., S. 50 fg. Diese
rein wissenschaftlich-theologische Darstellung weicht von der meinigen natürlich ab,
bestätigt sie aber dennoch, namentlich durch den Nachweis (S. 59), dass Paulus das
Vorhandensein eines Sündentriebes vor dem Falle annahm, was offenbar nichts anderes
bedeuten kann, als ein Hinausrücken des Mythus über willkürliche historische Grenzen;
dann auch durch die klare Beweisführung, dass Paulus — entgegen der augustinischen
Dogmatik — die gemeinsame und immer gleiche Quelle alles sündigen Wesens im
Fleisch erkannte (S. 60).

[3] *Rigveda* VII, 86.

[4] Çankara: *Die Sûtra's des Vedânta*, I, 3, 25.

36*

sprechen. Wo findet man in den heiligen Büchern der Hebräer eine noch so leise Andeutung der Vorstellung eines dreieinigen Gottes? Nirgends. Man beachte auch, mit welchem genialen Instinkte die ersten Träger des christlichen Gedankens dafür sorgen, dass der »Erlöser« in keinerlei Weise dem jüdischen Volke einverleibt werden könne: dem Hause David's war von den Priestern ewige Dauer verheissen worden (II *Samuel* XXIII, 5), daher die Erwartung eines Königs aus diesem Stamme; Christus aber stammt nicht aus dem Hause David;[1] er ist auch nicht ein Sohn Jahve's, des Gottes der Juden, sondern er ist der Sohn des kosmischen Gottes, jenes allen Ariern unter verschiedenen Namen geläufigen »heiligen Geistes« — des »Odems Odem«, wie ihn die Brihadâranyaka benennt, oder, um mit den griechischen Vätern der christlichen Kirche zu reden, des *poietes* und *plaster* der Welt, des »Urhebers des erhabenen Kunstwerks der Schöpfung«.[2] Der Gedanke an eine Erlösung des Menschen ist den Juden von jeher und bis auf den heutigen Tag ebenfalls vollkommen fremd, und mit ihm zugleich (notwendigerweise) die Vorstellungen von Entartung und Gnade. Den treffendsten Beleg liefert die Thatsache, dass, obwohl die Juden den Mythus des Sündenfalls am Anfang ihrer heiligen Bücher selber erzählen, sie niemals von Erbsünde etwas gewusst haben! Ich habe schon früher Gelegenheit gehabt, hierauf hinzuweisen, und wir wissen ja, dass Alles, was die Bibel an Mythen enthält, ohne Ausnahme Lehngut ist, von den Verfassern des Alten Testamentes aus mythologischer Vieldeutigkeit zu der engen Bedeutung einer historischen Chronik zusammengepresst.[3] Darum entwickelte sich aber auch um diesen Mythenkreis der Erlösung ein Streit innerhalb der christlichen Kirche, der in den ersten Jahrhunderten wild tobte und einen Kampf auf Leben und Tod der Religion bedeutete, der aber noch heute nicht geschlichtet ist und nie geschlichtet werden kann — nie, so lange zwei sich widersprechende Weltanschauungen durch hartnäckiges Unverständnis gezwungen werden, nebeneinander als eine und die selbe Religion zu bestehen. Der Jude, wie Professor Darmesteter uns versicherte (S. 399), »hat sich niemals über die Geschichte von dem Apfel und der Schlange den Kopf zerbrochen«; für sein phantasieloses Hirn

---

[1] Man sehe die erdichteten Genealogien in Matthäus I und Lucas II, welche beide auf Joseph — nicht etwa auf Maria — führen.

[2] Siehe Hergenröther: *Photius* III, 428.

[3] Siehe S. 235 u. 397 und 410.

hatte sie keinen Sinn;[1]) dem Griechen dagegen, und später dem Germanen, war sie sofort als Ausgangspunkt der ganzen im Buche Genesis niedergelegten moralischen Mythologie des Menschenwesens aufgegangen. Darum konnten diese nicht umhin, »sich den Kopf darüber zu zerbrechen«. Verwarfen sie gleich den Juden den Sündenfall ganz und gar, so zerstörten sie zugleich den Glauben an die göttliche Gnade, und damit schwand die Vorstellung der Erlösung, kurz, Religion in unserem indoeuropäischen Sinne war vernichtet und es blieb lediglich jüdischer Rationalismus übrig — ohne die Kraft und das ideale Element jüdischer Nationaltradition und Blutsgemeinschaft. Das ist es, was Augustinus deutlich erkannte. Andererseits aber: fasste man diese uralte sumero-akkadische Fabel, welche, wie ich vorhin sagte, Erkenntnis wecken sollte, als die Erkenntnis selber auf, glaubte man sie in jener jüdischen Weise deuten zu müssen, welche alles Mythische als historische, materiell richtige Chronik auffasst, so folgte daraus eine ungeheuerliche und empörende Lehre, oder, wie der Bischof Julianus von Eclanum (Anfang des 5. Jahrhunderts) sich ausdrückt: »ein dummes und gottloses Dogma«. Diese Einsicht war es, welche den frommen Britten Pelagius — und vor ihm, wie es scheint, fast das gesamte hellenische Christentum — bestimmte. Ich habe verschiedene Dogmen- und Kirchengeschichten studiert, ohne die von mir hier dargelegte so einfache Ursache des unvermeidlichen pelagianischen Streites irgendwo auch nur angedeutet zu sehen. Von Augustin's Gnaden- und Sündenlehre meint z. B. Harnack in seiner Dogmengeschichte: »Als Ausdruck psychologisch-religiöser Erfahrung ist sie wahr; aber projiziert in die Geschichte ist sie falsch«, und etwas weiter: »der Bibelbuchstabe wirkte trübend ein«; hier streift er zweimal die Erklärung, doch ohne sie zu erblicken, und so bleibt denn auch die ganze weitere Darlegung eine abstrakt-theologische, aus welcher sich keine klare Vorstellung ergiebt. Denn, wie man sieht, es handelt sich hier (wenn ich mich einer populären Redensart bedienen darf) um eine Zwickmühle. Indem Pelagius die grob-materialistische, konkret-historische Auffassung von Adam's Fall mit Empörung verwirft, beweist er sein tief religiöses Empfinden und bewährt es in glücklicher Erhebung gegen platten Semitismus, zugleich — indem er z. B. den Tod als ein allgemeines, notwendiges Naturphänomen nachweist, welches mit Sünde nichts zu schaffen

---

[1]) Prof. Graetz a. a. O. I, 650 hält die Lehre von der Erbsünde für eine »neue Lehre«, von Paulus erfunden!!

habe — ficht er für Wahrheit gegen Aberglauben, für Wissenschaft gegen Obskurantismus. Andererseits aber ist ihm (und seinen Gesinnungsgenossen) durch Aristotelismus und Hebraismus so sehr der Sinn für Poesie und Mythus abhanden gekommen, dass er selber (wie so mancher Antisemit des heutigen Tages) ein halber Jude geworden ist und das Kind mit dem Bade ausschüttet: er will von Sündenfall überhaupt nichts wissen; das alte, heilige, den Weg zur tiefsten Erkenntnis des menschlichen Wesens weisende Bild verwirft er ganz und gar; dadurch schrumpft aber auch die Gnade zu einem nichtssagenden Wort zusammen, und die Erlösung bleibt als ein so schattenhaftes Gedankending zurück, dass ein Anhänger des Pelagius von einer »Emanzipation des Menschen von Gott durch den freien Willen« reden durfte. Auf diesem Wege wäre man gleich wieder bei platt rationalistischer Philosophie und beim Stoicismus angelangt, mit der nie fehlenden Ergänzung krass-sinnlichen Mysteriendienstes und Aberglaubens, eine Bewegung, die wir in den ethischen und theosophischen Gesellschaften unseres Jahrhunderts beobachten können. Kein Zweifel also, dass Augustinus in jenem berühmten Kampf, in dem er anfangs den grössten und begabtesten Teil des Episkopats, mehr als einmal auch den Papst, gegen sich hatte, die Religion als solche rettete; denn er verteidigte den Mythus. Doch wie allein ward ihm das möglich? Nur dadurch, dass er das enge Nessusgewand angelernter jüdischer Beschränktheit über die herrlichen Schöpfungen ahnungsvoller, intuitiver, himmelwärts strebender Weisheit warf und sumero-akkadische Gleichnisse zu christlichen Dogmen umgestaltete, an deren historische Wahrheit fortan Jeder bei Todesstrafe glauben musste.[1]

Ich schreibe keine Geschichte der Theologie und kann diese Streitfrage nicht näher untersuchen und weiter verfolgen, doch hoffe ich durch diese fragmentarischen Andeutungen den unausbleiblichen Kampf über den Sündenfall veranschaulicht und in seinem Wesen charakterisiert zu haben. Jeder Gebildete weiss, dass der pelagianische Streit noch heute fortdauert. Indem die katholische Kirche die Bedeutung der Werke, dem Glauben gegenüber, betonte, konnte sie nicht umhin, die Bedeutung der Gnade ein wenig herabzusetzen; keine Sophistereien vermögen es, diese Thatsache zu beseitigen, welche dann, weitergespiegelt, auf

---

[1] Schwer genug mag dies Augustinus gefallen sein, der doch selber früher im 27. Kap. des fünfzehnten Buches seines *De civitate Dei* sich dagegen erhoben hatte, dass man das Buch der Genesis »als eine geschichtliche Wahrheit ohne alle Allegorie zu deuten versuche«.

Handeln und Denken von Millionen von Einfluss gewesen ist. Sündenfall und Gnade sind aber so eng zusammengehörige Teile eines einzigen
Organismus, dass die leiseste Berührung des einen auf den anderen
wirkt und so wurde denn auch nach und nach die wahre Bedeutung
des Mythus vom Sündenfall derartig abgeschwächt, dass man heute
allgemein die Jesuiten als Semipelagianer bezeichnet, und dass
sogar sie selber ihre Lehre eine *scientia media* nennen.[1] Sobald der
Mythus angetastet wird, gerät man ins Judentum.

Dass von Anfang an der Kampf noch heftiger um die Vorstellung der Gnade entbrennen musste, ist klar; denn der Sündenfall
fand sich wenigstens, wenn auch nur als unverstandener Mythus, in den
heiligen Büchern der Israeliten vor, wogegen die Gnade nirgends darin
zu finden ist und für ihre Religionsauffassung gänzlich sinnlos ist und
bleibt. Gleich unter den Aposteln loderte der Streit auf, und auch er
ist noch heute nicht geschlichtet. Gesetz oder Gnade: beides zugleich
konnte ebensowenig bestehen, wie der Mensch zur selben Zeit Gott und
dem Mammon dienen kann. »Ich werfe nicht weg die Gnade Gottes;
denn so durch das Gesetz die Gerechtigkeit kommt, so ist Christus vergeblich gestorben« (*Paulus an die Galater* II, 21). Eine einzige solche
Stelle entscheidet; das Ausspielen anderer, angeblich »kanonischer«
Aussprüche gegen sie (z. B. der *Epistel Jakobi* II, 14, 24) ist kindisch;
handelt es sich doch nicht um theologische Wortklauberei, sondern um
eine der grossen Erfahrungsthatsachen des inneren Lebens bei uns Indoeuropäern. »Nur wen die Erlösung wählt, nur von dem wird sie empfangen«, heisst es in der Kâtha-Upanishad. Und welche Gabe ist es,
welche uns dieser metaphysische Mythus durch Gnade empfangen lässt?
Nach den Indoeraniern die Erkenntnis, nach den europäischen Christen
der Glaube: beides eine Wiedergeburt verbürgend, d. h. den Menschen
zu dem Bewusstsein eines andersgearteten Zusammenhanges der Dinge
erweckend.[2] Ich führe wieder jene Worte Christi an, denn es kann
nie zu häufig geschehen: »Das Himmelreich ist inwendig in euch.«
Dies ist eine Erkenntnis oder ein Glaube, gewonnen durch göttliche
Gnade. Erlösung durch Erkenntnis, Erlösung durch Glauben: zwei

---

[1]) Nur einen einzigen, mässig und sicher urteilenden Zeugen will ich anrufen,
Sainte-Beuve. Er schreibt (*Port Royal*, Buch 4, Kap. 1): »*Les Jesuites n'attestent pas
moins par leur méthode d'éducation qu'ils sont sémi-pélagiens tendant au Pélagianisme pur,
que par leur doctrine directe.*«

[2]) Vergl. S. 204 und 413 und den Abschnitt »Weltanschauung« im neunten
Kapitel.

Auffassungen, die nicht so weit voneinander abweichen, wie man wohl
gemeint hat; der Inder (sogar auch Buddha) legte den Nachdruck
auf den Intellekt, der Graecogermane, belehrt durch Jesus Christus,
auf den Willen: zwei Deutungen des selben inneren Erlebnisses. Doch
ist die zweite insofern von grösserer Tragweite, als die Erlösung durch
Erkenntnis, wie Indien zeigt, im letzten Grunde eine Verneinung *pure
et simple* bedeutet, somit kein positives, schaffendes Prinzip mehr abgiebt, indes die Erlösung durch den Glauben das menschliche Wesen
in seinen dunkelsten Wurzeln erfasst und ihm eine bestimmte Richtung, eine kräftige Bejahung abtrotzt:

Ein' feste Burg ist unser Gott!

Der jüdischen Religion sind beide Auffassungen gleich fremd.

Jüdische
Weltchronik.

Soviel zur Orientierung und Verständigung über jene mythologischen Bestandteile der christlichen Religion, welche sicherlich nicht
vom Judentum entlehnt waren. Wie man sieht, ist der Bau ein
wesentlich indoeuropäischer, kein bloss der jüdischen Religion zu Ehren
erbauter Tempel. Dieser Bau ruht auf Pfeilern und diese Pfeiler
wieder auf Fundamenten, die alle nicht jüdisch sind. Jetzt aber erübrigt es, die Bedeutung des vom Judentum empfangenen Impulses
zu würdigen, wodurch zugleich die Natur des Kampfes innerhalb der
christlichen Religion immer deutlicher hervortreten wird.

Nichts wäre falscher, als wenn man die jüdische Mitwirkung
bei der Erschaffung des christlichen Religionsgebäudes lediglich als
eine negative, zerstörende, verderbende betrachten wollte. Es genügt,
sich auf den semitischen Standpunkt zu stellen (mit Zuhilfenahme
jeder beliebigen jüdischen Religionslehre vermag man das leicht),
um die Sache genau umgekehrt zu erblicken: das helleno-arische Element als das auflösende, vernichtende, religionsfeindliche, wie wir das
schon vorhin bei Pelagius beobachteten. Aber auch ohne die uns
natürliche Auffassung zu verlassen, genügt ein vorurteilsfreier Blick,
um den jüdischen Beitrag als sehr bedeutend und zum grossen Teil
als unentbehrlich zu erkennen. Denn in dieser Ehe war der jüdische
Geist das männliche Prinzip, das Zeugende, der Wille. Nichts berechtigt zu der Annahme, dass aus hellenischer Spekulation, aus ägyptischer Askese und aus internationaler Mystik ohne die Glut jüdischen
Glaubenswillens der Welt ein neues Religionsideal und damit zugleich
neue Lebenskraft geschenkt worden wäre. Nicht die römischen Stoiker
mit ihrer edlen, aber kalten, impotenten Morallehre, nicht die ziel-

lose, mystische Selbstvernichtung der aus Indien nach Kleinasien ein-
geführten Theologie, auch nicht die umgekehrte Lösung der Aufgabe,
wie wir sie bei dem jüdischen Neoplatoniker Philo finden, wo der israelitische Glaube mystisch-symbolisch aufgefasst wird, und das hellenische
Denken, greisenhaft verunstaltet, diese sonderbar aufgeputzte jüngste
Tochter Israels umarmen muss (etwa wie David die Abisag) — — —
dies Alles hätte nicht zum Ziele geführt, das liegt ja deutlich vor
Augen. Wie könnte man es sonst erklären, dass gerade um die Zeit, als
Christus geboren wurde, das Judentum selber, so abschliessend seinem
Wesen nach, so abstossend gegen alles Fremde, so streng und freude-
los und schönheitsbar, einen wahren Triumphzug der Propaganda begonnen hatte? Die jüdische Religion ist aller Bekehrung abhold, doch
die Anderen, von Sehnsucht nach Glauben getrieben, traten in Scharen
zu ihr über. Und zwar trotzdem der Jude verhasst war. Man redet
vom heutigen Antisemitismus; Renan versichert uns, diese Bewegung
des Abscheues gegen jüdisches Wesen habe in dem Jahrhundert vor
Christi Geburt viel heftiger gewütet.[1]) Was bildet denn die geheime
Anziehungskraft des Judentums? Sein Wille. Der Wille, der, im religiösen Gebiete schaltend, unbedingten, blinden Glauben erzeugt.
Dichtkunst, Philosophie, Wissenschaft, Mystik, Mythologie — — —
sie alle schweifen weit ab und legen insofern den Willen lahm; sie
zeugen von einer weltentrückten, spekulativen, idealen Gesinnung,
die bei allen Edleren jene stolze Geringschätzung des Lebens hervorruft, welche dem indischen Weisen ermöglicht, sich lebend in sein
eigenes Grab zu legen, welche die unnachahmliche Grösse von Homer's
Achilleus ausmacht, welche den deutschen Siegfried zu einem Typus
der Furchtlosigkeit stempelt, und welche in unserem Jahrhundert
monumentalen Ausdruck sich schuf in Schopenhauer's Lehre von der
Verneinung des Willens zum Leben. Der Wille ist hier gewissermassen nach innen gerichtet. Ganz anders beim Juden. Sein Wille
streckte sich zu allen Zeiten nach aussen; es war der unbedingte
Wille zum Leben. Dieser Wille zum Leben war das erste, was das
Judentum dem Christentum schenkte: daher jener Widerspruch, der
noch heute so Manchem als unlösbares Rätsel auffällt, zwischen einer
Lehre der inneren Umkehr, der Duldung und der Barmherzigkeit und
einer Religion ausschliesslicher Selbstbehauptung und fanatischer Unduldsamkeit.

---

[1]) *Histoire du peuple d'Israël* V, 227.

Zunächst dieser allgemeinen Willensrichtung — und mit ihr untrennbar vereint — ist dann die jüdische rein historische Auffassung
des Glaubens zu nennen. Über das Verhältnis zwischen dem jüdischen
Willensglauben und der Lehre Christi habe ich ausführlich im dritten
Kapitel gesprochen, über sein Verhältnis zur Religion überhaupt im
fünften; beide Stellen setze ich als bekannt voraus.[1]) Hier möchte
ich nur darauf aufmerksam machen, welchen ausschlaggebenden Einfluss jüdischer Glaube als materielle, unerschütterliche Überzeugung
bestimmter historischer Begebnisse gerade in jenem Augenblick der
Geschichte, da das Christentum entstand, ausüben musste. Hatch schreibt
hierüber: »Den jungen christlichen Gemeinden kam vor allem die
Reaktion gegen reine philosophische Spekulation zu Gute, die Sehnsucht nach Gewissheit. Die grosse Mehrzahl der Menschen war
der Theorien überdrüssig; sie forderten Gewissheit; diese versprach
ihnen die Lehre der christlichen Sendboten. Diese Lehre berief sich
auf bestimmte historische Ereignisse und auf deren Augenzeugen. Die
einfache Überlieferung von Christi Leben, Tod und Auferstehung be-
friedigte das Bedürfnis der damaligen Menschheit.«[2]) Das war ein
Anfang. Zunächst richtete sich das Augenmerk einzig und allein auf
Jesus Christus; die heil'gen Schriften der Juden galten als sehr verdächtige Dokumente; Luther berichtet empört über das geringe Ansehen, dessen das Alte Testament bei Männern wie Origenes und selbst
noch (so versichert er) bei Hieronymus genossen habe; die meisten
Gnostiker verwarfen es ganz und gar, Marcion betrachtete es geradezu
als ein Werk des Teufels! Doch sobald eine schmale Schneide jüdischer
historischer Religion Eingang in die Vorstellungen gefunden hatte, konnte
es nicht fehlen, dass der ganze Keil nach und nach eingetrieben wurde.
Man meint, die sogenannten Judenchristen hätten eine Niederlage erlitten, mit Paulus hätten die Heidenchristen den Sieg davongetragen?
Das ist nur sehr bedingt und fragmentarisch wahr. Äusserlich, ja,
ging das jüdische Gesetz mit seinem »Bundeszeichen« völlig in die
Brüche, äusserlich drang zugleich der Indoeuropäer mit seiner Trinität
und sonstigen Mythologie und Metaphysik durch, doch innerlich bildete
sich im Laufe der ersten Jahrhunderte immer mehr zum eigentlichen
Rückgrat der christlichen Religion die jüdische Geschichte aus — jene
von fanatischen Priestern nach gewissen hieratischen Theorien und

---

[1]) Siehe S. 241 fg. und 394 fg.
[2]) *Influence of Greek ideas and usages upon the Christian Church*, 6. Ausg., S. 312.

Plänen umgearbeitete, genial doch willkürlich ergänzte und konstruierte, historisch durch und durch unwahre Geschichte.[1]) Die Erscheinung Jesu Christi, über welche sie wahrhaftige Zeugnisse vernommen hatten, war jenen armen Menschen aus dem Völkerchaos wie eine Leuchte in dunkler Nacht aufgegangen; sie war eine geschichtliche Erscheinung. Zwar stellten erhabene Geister diese historische Persönlichkeit in einem symbolischen Tempel auf; doch was sollte das Volk mit Logos und Demiurgos und Emanationen des göttlichen Prinzips u. s. w.? Sein gesunder Instinkt trieb es dort anzuknüpfen, wo es einen festen Halt fand, und das war in der jüdischen Geschichte. Der Messiasgedanke — trotzdem er im Judentum lange nicht die Rolle spielte, die wir Christen uns einbilden[2]) — lieferte das verbindende Glied in der Kette, und nunmehr besass die Menschheit nicht allein den Lehrer erhabenster Religion, nicht allein das göttliche Bild des Gekreuzigten, sondern den gesamten Weltenplan des Schöpfers von dem Augenblick an, wo er Himmel und Erde schuf, bis zu dem Augenblick, wo er Gericht halten wird, »was in der Kürze geschehen soll«. Die Sehnsucht nach materieller Gewissheit, welche uns als das Charakteristicum jener Epoche geschildert wird, hatte, wie man sieht, nicht eher geruht, als bis jede Spur von Ungewissheit vertilgt worden war. Das bedeutet einen Triumph jüdischer, und im letzten Grunde überhaupt semitischer Weltanschauung und Religion.

Hiermit hängt nun die Einführung der religiösen Unduldsamkeit zusammen. Dem Semiten ist die Intoleranz natürlich, in ihr drückt sich ein wesentlicher Zug seines Charakters aus. Dem Juden insbesondere war der unwankende Glaube an die Geschichte und an die Bestimmung seines Volkes eine Lebensfrage: dieser Glaube war seine einzige Waffe in dem Kampf um das Leben seiner Nation, in ihm hatte seine besondere Begabung bleibenden Ausdruck gefunden, kurz, bei ihm handelte es sich um ein von innen heraus Gewachsenes, um ein durch Geschichte und Charakter des Volkes Gegebenes. Selbst die stark hervortretenden negativen Eigenschaften der Juden, z. B. die bei ihnen seit den ältesten Zeiten bis zum heutigen Tage weitverbreitete Indifferenz und Ungläubigkeit, hatten zur Verschärfung des Glaubenszwanges das ihrige beigetragen. Nun trat aber dieser mächtige Anstoss in eine gänzlich andere Welt. Hier gab es kein Volk, keine Nation, keine Tradition;

---

[1]) Siehe S. 425 und 431.
[2]) Siehe S. 238, Anm.

es fehlte ganz und gar jenes moralische Moment einer furchtbaren nationalen Prüfung, welches dem harten, beschränkten jüdischen Gesetz die Weihe verleiht. Die Einführung des Glaubenszwanges in das Völkerchaos (und sodann unter die Germanen) bedeutete also gewissermassen eine Wirkung ohne Ursache, mit anderen Worten die Herrschaft der Willkür. Was dort bei den Juden ein objektives Ergebnis gewesen war, wurde hier ein subjektiver Befehl. Was dort sich nur auf einem sehr beschränkten Gebiet bewegt hatte, auf dem Gebiete nationaler Tradition und national-religiösen Gesetzes, schaltete hier völlig schrankenlos. Der arische Drang, Dogmen aufzustellen (siehe S. 406) ging eine verhängnisvolle Ehe ein mit der historischen Beschränktheit und der prinzipiellen Unduldsamkeit des Juden. Daher der wildbrausende Kampf um den Besitz der Macht, Dogmen zu verkünden, der die ersten Jahrhunderte unserer Zeitrechnung ausfüllte. Milde Männer wie Irenäus blieben fast einflusslos; je intoleranter, desto gewaltiger war der christliche Bischof. Diese christliche Unduldsamkeit unterscheidet sich aber ebenso von jüdischer Unduldsamkeit wie das christliche Dogma vom jüdischen Dogma: denn diese waren auf allen Seiten eingeschränkt, ihnen waren bestimmte, enge Wege gewiesen, wogegen der christlichen Unduldsamkeit und dem christlichen Dogma das ganze Gebiet des Menschengeistes offen stand; ausserdem hat der jüdische Glaube und die jüdische Unduldsamkeit nie weithinreichende Macht besessen, während die Christen bald mit Rom die Welt beherrschten. Und so erleben wir denn derartige Ungereimtheiten, wie dass ein heidnischer Kaiser (Aurelianus im Jahre 272) das Primat des römischen Bischofs dem Christentum aufzwingt, und dass ein christlicher Kaiser, Theodosius, als rein politische Massregel, den Glauben an die christliche Religion bei Todesstrafe anordnet. Jener anderen Ungereimtheiten ganz zu geschweigen, wie dass die Natur Gottes, das Verhältnis des Vaters zum Sohn, die Ewigkeit der Höllenstrafen u. s. w. *ad inf.* durch Majoritätsbeschlüsse (von Bischöfen, die häufig nicht lesen noch schreiben konnten) bestimmt und für alle Menschen von einem bestimmten Tage an, bindend werden, etwa wie unsere Parlamente uns Steuern durch Stimmenmehrheit auferlegen. — Doch, wie schwer es uns auch werden mag, anders als kopfschüttelnd dieser monströsen Entwickelung eines jüdischen Gedankens auf fremdem Boden zuzusehen, man wird doch wohl zugeben müssen, dass es nie zur vollen Ausbildung einer christlichen Kirche ohne Dogma und ohne Unduldsamkeit gekommen wäre. Auch hier sind wir also dem Judentum für ein Element von Kraft und Ausdauer verpflichtet.

Doch nicht allein das Rückgrat wurde von der werdenden christlichen Kirche dem Judentum entlehnt, sondern vielmehr das ganze innere Knochengerüst. Da wäre in allererster Reihe auf die Begründung des Glaubens und der Tugend hinzuweisen: sie ist im kirchlichen Christentum durch und durch jüdisch, denn sie beruht auf Furcht und Hoffnung: hie ewiger Lohn, dort ewige Strafe. Auch über diesen Gegenstand kann ich mich auf frühere Ausführungen berufen, in denen ich den grundsätzlichen Unterschied hervorhob zwischen einer Religion, welche sich an die rein eigensüchtigen Regungen des Herzens wendet, an Furcht und Begehr, und einer Religion, welche, wie die Brahmanische, »die Verzichtleistung auf einen Genuss des Lohnes hier und im Jenseits« als die erste Stufe zur Einweihung in wahre Frömmigkeit betrachtet.[1]) Ich will mich nicht wiederholen; doch sind wir jetzt in der Lage, jene Einsicht bedeutend zu vertiefen und dadurch wird man erst klar erkennen, welch unausbleiblicher und nie beizulegender Konflikt sich auch hier aus dem gewaltsamen Zusammenschweissen entgegengesetzter Weltanschauungen ergeben musste. Denn die geringste Überlegung wird uns davon überzeugen, dass die Vorstellung der Erlösung und der Willensumkehr, wie sie den Indoeuropäern schon vielfach vorgeschwebt hatte und wie sie durch den Mund des Heilandes ewigen Ausdruck fand, von allen jenen gänzlich abweicht, welche das irdische Thun durch posthume Bestrafung und Belohnung vergelten lassen.[2]) Hier findet nicht allein eine Ab-

---

[1]) Siehe den Exkurs über semitische Religion im fünften Kapitel und vergl. namentlich S. 413 mit S. 426. Vergl. auch die Ausführungen über germanische Weltanschauung im betreffenden Abschnitt des neunten Kapitels (z. B. S. 886).

[2]) Am durchgebildetsten findet sich dieses System bei den Altägyptern, nach deren Vorstellungen das Herz des Gestorbenen auf eine Wage gelegt und gegen das Ideal des Rechtes und der Wahrhaftigkeit abgewogen wird; die Idee einer durch göttliche Gnade bewirkten Umwandlung des inneren Menschen war ihnen vollkommen fremd. Die Juden haben sich nie zu der Höhe der ägyptischen Vorstellung hinaufgeschwungen, der Lohn war für sie früher einfach sehr langes Leben des Individuums und künftige Weltherrschaft der Nation, die Strafe Tod und für die kommenden Geschlechter Elend. In späteren Zeiten nahmen sie jedoch allerhand Superstitionen auf, aus denen sich ein durchaus weltlich gedachtes Gottesreich ergab (siehe S. 449) und als Gegenstück eine recht weltliche Hölle. Aus diesen und anderen, aus den tiefsten Niederungen menschlichen Wahnwitzes und Aberglaubens emporsprossenden Vorstellungen wurde dann die christliche Hölle (von der noch Origenes nichts wusste, ausser in der Form von Gewissensqualen!) gezimmert, während der Neoplatonismus, griechische Dichtung und ägyptische Vorstellungen der »Gefilde der Seligen« (siehe die Abbildungen in Budge: *The book of the dead*) den christlichen Himmel lieferten — doch ohne dass dieser jemals die Deutlichkeit der Hölle erreicht hätte.

weichung statt, sondern es stehen zwei fremde Gebilde nebeneinander,
fremd von der Wurzel bis zur Blüte. Mögen auch die Bäume fest aufeinander gepfropft worden sein, ineinander verschmelzen können sie nie
und nimmer. Und doch war gerade diese Verschmelzung das, was das
frühere Christentum erstrebte und was noch heute für gläubige Seelen
den Stein des Sisyphus bildet. Freilich im Uranfang, d. h. bevor im
4. Jahrhundert das gesamte Völkerchaos gewaltsam ins Christentum
hineingezwängt worden war und mit ihm zugleich seine religiösen Vorstellungen, war das noch nicht der Fall. In den allerältesten Schriften
findet man die Androhung von Strafen fast gar nicht, und auch der
Himmel ist nur das Vertrauen auf ein unaussprechliches Glück,[1]) durch
Christi Tod erworben. Wo jüdischer Einfluss vorherrscht, finden wir
dann noch in jenen frühesten christlichen Zeiten den sogenannten Chilias-
mus, d. h. den Glauben an ein bald einzutretendes tausendjähriges Reich
Gottes auf Erden (lediglich eine der vielen Gestaltungen des von den
Juden erträumten theokratischen Weltreiches); wo dagegen philosophische
Denkart vorübergehend die Oberhand behält, so z. B. bei Origenes,
treten Anschauungen zu Tage, welche von der Seelenwanderung der
Inder und Plato's[2]) kaum zu unterscheiden sind: die Menschengeister
werden als von Ewigkeit geschaffen gedacht, je nach ihrem Thun
steigen sie hinauf und hinab, zuletzt werden ausnahmslos alle verklärt
werden, sogar auch die Dämonen.[3]) In einem solchen System besitzt,
wie man sieht, weder das individuelle Leben selbst, noch die Ver-
heissung von Lohn und die Androhung von Strafe einen Sinn, der mit
der Auffassung der judaeo-christlichen Religion irgendwie sich decken
könnte.[4]) Doch bald siegte auch hier der jüdische Geist, und zwar
indem er, genau so wie beim Dogma und bei der Unduldsamkeit, eine
früher auf dem beschränkten Boden Judäa's ungeahnte Entwickelung
nahm. Höllenstrafen und Himmelsseligkeit, die Furcht vor den einen,
die Hoffnung auf die andere, sind fortan für die gesamte Christenheit

---

[1]) Meist unter missverständnisvoller Anlehnung an Jesaia LXIV, 4.

[2]) Über das Verhältnis zwischen diesen beiden vergl. S. 80 u. 111.

[3]) Ich verweise namentlich auf Kap. 29 der Schrift *Über das Gebet* von Origenes; in der Form eines Kommentars zu den Worten: ›Führe uns nicht in Versuchung‹, entwickelt der grosse Mann eine rein indische Anschauung über die Bedeutung der Sünde als Heilsmittel.

[4]) Übrigens hat Origenes das mythische Element im Christentum ausdrücklich
anerkannt. Nur meinte er, das Christentum sei ›die einzige Religion, die auch in
mythischer Form Wahrheit ist‹ (vergl. Harnack: *Dogmengeschichte*, Abriss, 2. Aufl.
S. 113).

die einzigen wirksamen Triebfedern; was Erlösung ist, weiss bald kaum einer mehr, da die Prediger selber unter »Erlösung« sich meist Erlösung von Höllenstrafen dachten und noch heute denken.[1]) Die Menschen des Völkerchaos verstanden eben keine anderen Argumente; schon ein Zeitgenosse des Origenes, der Afrikaner Tertullian, erklärt freimütig, nur Eines könne die Menschen bessern: »die Furcht vor ewiger Strafe und die Hoffnung auf ewigen Lohn« *(Apol.* 49). Natürlich lehnten sich einzelne auserlesene Geister stets gegen diese Materialisierung und Judaisierung der Religion auf; so könnte z. B. die Bedeutung der christlichen Mystik vielleicht in dem einen Wort zusammengefasst werden, dass sie dies alles bei Seite schob und einzig die Umwandlung des inneren Menschen — d. h. die Erlösung — erstrebte; doch zusammenreimen liessen sich die zwei Anschauungen nie und nimmer, und gerade dieses Unmögliche wurde vom gläubigen Christen gefordert. Entweder soll der Glaube die Menschen »bessern«, wie Tertullian behauptet, oder er soll sie durch eine Umkehrung des gesamten Seelenlebens völlig umwandeln, wie das Evangelium es gelehrt hatte; entweder ist diese Welt eine Strafanstalt, welche wir hassen sollen, was schon Clemens von Rom im 2. Jahrhundert ausspricht[2]) (und nach ihm die ganze offizielle Kirche), oder aber es ist diese Welt der gesegnete Acker, in welchem das Himmelreich gleich einem verborgenen Schatz liegt, wie Christus gelehrt hatte. Die eine Behauptung widerspricht der anderen.

Auf diese Gegensätze komme ich noch im weiteren Verlauf des Kapitels zurück; ich musste aber gleich hier empfinden lassen, wie sehr es sich um wirkliche Gegensätze handelt, und zugleich in welchem Masse das Judentum siegreich und als eminent positiv wirkende Macht durchdrang. Mit dem stolzen Selbstbewusstsein des echten indoeuropäischen Aristokraten hatte Origenes gemeint: »nur für den gemeinen Mann möge es genügen zu wissen, dass der Sünder bestraft wird«; nun waren aber alle diese Männer aus dem Völkerchaos »gemeine Männer«; Sicherheit, Furchtlosigkeit, Bestimmtheit verleihen nur Rasse und Nation; Menschenadel ist ein Kollektivbegriff;[3]) der edelste Vereinzelte — z. B. ein Augustinus — bleibt in den Vorstellungen und Gesinnungen der Ge-

Der unlösbare Zwist.

---

[1]) Man nehme z. B. das *Handbuch für katholischen Religionsunterricht* vom Domkapitular Arthur König zur Hand und lese das Kapitel über die Erlösung. Nikodemus hätte nicht die geringste Schwierigkeit empfunden, diese Lehre zu verstehen.

[2]) Siehe dessen zweiten Brief § 6.

[3]) Vergl. S. 312.

meinen kleben und vermag es nie, sich bis zur Freiheit durchzuringen.
Diese »gemeinen« Menschen brauchten einen Herrn, der zu ihnen wie
zu Knechten redete, nach dem Muster des jüdischen Jahve: ein Amt,
welches die mit römischer Imperialvollmacht ausgestattete Kirche übernahm. Kunst, Mythologie und Metaphysik waren in ihrer schöpferischen
Bedeutung für die damaligen Menschen völlig unbegreiflich geworden;
das Wesen der Religion musste in Folge dessen auf das Niveau herunter-
geschraubt werden, auf dem es sich in Judäa befunden hatte. Diese
Menschen brauchten eine rein geschichtliche, beweisbare Religion,
welche weder in Vergangenheit noch Zukunft, am allerwenigsten in
der Gegenwart für Zweifel und Unerforschliches Raum liess: das
leistete einzig die Judenbibel. Die Antriebe mussten der Sinnenwelt
entnommen sein: körperliche Schmerzen allein konnten diese Menschen
von Frevelthaten abhalten, Verheissungen eines sorglosen Wohlergehens
allein sie zu guten Werken antreiben. Das war ja das religiöse System
der jüdischen Hierokratie (vergl. S. 426). Fortan entschied das vom
Judentum übernommene und weiter ausgebildete System der kirchlichen Befehle autoritativ über alle Dinge, gleichviel ob unbegreifliche
Mysterien oder handgreifliche Geschichtsthatsachen (resp. Geschichts-
lügen). Die im Judentum vorgebildete, doch nie zur erträumten vollen
Machtentfaltung gelangte Unduldsamkeit,[1]) ward das Grundprinzip des
christlichen Verhaltens, und zwar als eine logisch unabweisbare Folgerung aus den soeben genannten Voraussetzungen: ist die Religion eine
Weltchronik, ist ihr Moralprinzip ein gerichtlich-historisches, giebt es
eine geschichtlich begründete Instanz zur Entscheidung jedes Zweifels,
jeder Frage, so ist jegliche Abweichung von der Lehre ein Vergehen
gegen die Wahrhaftigkeit und gefährdet das rein materiell gedachte
Heil der Menschen; und so greift denn die kirchliche Justiz ein und
vertilgt den Ungläubigen oder Irrgläubigen, genau so wie die Juden
jeden nicht streng Orthodoxen gesteinigt hatten.

Ich hoffe, diese Andeutungen werden genügen, um die lebhafte
Vorstellung und zugleich die Überzeugung wachzurufen, dass thatsächlich das Christentum als religiöses Gebäude auf zwei grundverschiedenen, meistens direkt feindlichen Weltanschauungen ruht: auf
jüdischem historisch-chronistischem Glauben und auf indoeuropäischer
symbolischer und metaphysischer Mythologie (wie ich das auf S. 550

---

[1]) Dieser Traum hat seinen vollkommensten Ausdruck in dem Roman *Esther*
gefunden.

behauptet hatte). Mehr als Andeutungen kann ich ja nicht geben, auch jetzt nicht, wenn ich mich anschicke, einen Blick auf den Kampf zu werfen, der sich aus einer so naturwidrigen Verbindung unausbleiblich ergeben musste. Eigentliche Geschichte gewinnt nur dadurch Wahrheit, dass sie möglichst im Einzelnen, möglichst ausführlich zur Kenntnis genommen wird; wo das nicht möglich ist, kann der Überblick gar nicht zu allgemein gehalten werden, denn nur dadurch gelingt es, eine Wahrheit höherer Ordnung, etwas Lebendiges und Unverstümmeltes wirklich ganz zu erfassen; die schlimmsten Feinde geschichtlicher Einsicht sind die Kompendien. In diesem besonderen Falle wird freilich die Erkenntnis des Zusammenhanges der Erscheinungen dadurch erleichtert, dass es sich um Dinge handelt, die noch heute in unserem eigenen Herzen leben. Den in diesem Kapitel angedeuteten Zwist beherbergt nämlich, wenn auch meistens unbewusst, das Herz eines jeden Christen. Tobte der Kampf in den ersten christlichen Jahrhunderten äusserlich heftiger als heute, so gab es doch niemals einen völligen Waffenstillstand; gerade in der zweiten Hälfte unseres 19. Jahrhunderts wurden die hier berührten Fragen immer kritischer zugespitzt, hauptsächlich durch die Thätigkeit der ewig geschäftigen, im Kampfe nie ermüdenden römischen Kirche; es ist auch gar nicht denkbar, dass unsere werdende Kultur jemals eine wahre Reife erlangen kann, wenn nicht die ungetrübte Sonne einer reinen, einheitlichen Religion sie erhellt; dadurch erst würde sie aus dem »Mittelalter« heraustreten. Leuchtet es nun ohne Weiteres ein, dass eine lebendige Kenntnis jener frühen Zeit des offenen, rücksichtslosen Kampfes von grossem Nutzen sein muss, damit wir unsere eigene Zeit verstehen, so hilft uns wiederum ohne Frage der Geist unserer Gegenwart gerade jene allererste Epoche des werdenden, ehrlich und frei suchenden Christentums begreifen. Ich sage ausdrücklich, nur die allererste Epoche lehren uns die Erfahrungen des eigenen Herzens verstehen; denn später wurde der Kampf immer weniger wahrhaft religiös, immer mehr rein kirchlich-politisch. Als das Papsttum den Höhepunkt seiner Macht erklommen hatte (im 12. Jahrhundert unter Innocenz III.), hörte der eigentliche religiöse Impuls (der noch kurz vorher, in Gregor VII., so kräftig gewirkt hatte) auf, die Kirche war fortan gewissermassen säkularisiert; ebensowenig darf die Reformation jemals auch nur einen Augenblick als rein religiöse Bewegung betrachtet und beurteilt werden, ist sie doch offenbar mindestens zur Hälfte eine politische; und unter solchen Bedingungen giebt es bald kein Ver-

ständnis ausser einem pragmatischen, während das rein menschliche auf ein
Mindestmass hinabsinkt. Dagegen hat in unserem Jahrhundert in Folge
der fast gänzlichen Trennung von Staat und Religion in den meisten
Ländern (was durch die Beibehaltung einer oder mehrerer Staatskirchen
in keiner Weise berührt wird) und in Folge der veränderten, nunmehr rein moralischen Stellung des äusserlich machtlos gewordenen
Papsttums, eine merkliche Belebung des religiösen Interesses und aller
Formen sowohl echter wie abergläubischer Religiosität stattgefunden.
Ein Symptom dieser Gährung ist die reiche Sektenbildung unter uns.
In England z. B. besitzen weit über hundert verschieden benamste christliche Verbände behördlich protokollierte Kirchen, resp. Versammlungs-
lokale für den gemeinsamen Gottesdienst. Auffallend ist hierbei, dass
auch die Katholiken in England fünf verschiedene Kirchen bilden, von
denen nur die eine streng orthodox römisch ist. Unter den Juden
ist das religiöse Leben auch sehr rege geworden; drei verschiedene
Sekten haben in London Bethäuser und ausserdem giebt es daselbst
zwei verschiedene Gruppen von Judenchristen. Das erinnert an die
Jahrhunderte vor der religiösen Entartung: am Ende des zweiten Säculums z. B. berichtet Irenäus über 32 Sekten, Epiphanius, zwei Jahrhunderte später, über 80. Darum ist die Hoffnung nicht unberechtigt,
dass wir den Seelenkampf echter Christen um so besser verstehen
werden, je weiter wir zurückgreifen.

Paulus und
Augustinus.

Die lebhafteste Vorstellung des dem Christentum von Beginn an
eigenen Zwitterwesens erlangen wir zunächst, wenn wir es in einzelnen ausserordentlichen Männern, z. B. in Paulus und Augustinus, am
Werke sehen. Bei Paulus alles viel grösser und klarer und heldenhafter,
weil spontan und frei; Augustinus aber dennoch allen Geschlechtern
sympathisch, verehrungswürdig, zugleich Mitleid weckend und Bewunderung gebietend. Wollte man Augustinus einzig mit dem siegreichen
Apostel — vielleicht dem grössten Manne des Christentums — in Parallele
stellen, er könnte keinen Augenblick bestehen; doch mit seiner eigenen
Umgebung verglichen, tritt seine Bedeutung leuchtend hervor. Augustinus ist das rechte Gegenstück zu jenem anderen Kinde des Chaos,
Lucian, den ich im vierten Kapitel als Beispiel heranzog: dort die
Frivolität einer dem Verfall entgegeneilenden Civilisation, hier der
Schmerzensblick, der mitten aus den Trümmern zu Gott hinaufschaut;
dort Geld und Ruhm das Lebensziel, Spott und Kurzweil die Mittel,
hier Weisheit und Tugend, Askese und feierlich ernstes Arbeiten;
dort Herunterreissen glorreicher Ruinen, hier das mühsame Aufzimmern

eines festen Glaubensgebäudes, selbst auf Kosten der eigenen Überzeugungen, selbst wenn die Architektur im Vergleich zu den Ahnungen
des tiefen Gemütes recht rauh ausfällt, gleichviel, wenn nur die arme
chaotische Menschheit einen sicheren, wankellosen Halt, die verirrten
Schafe eine Hürde bekommen.

In zwei so verschiedenen Persönlichkeiten wie Paulus und Augustinus tritt natürlich das Zwitterwesen des Christentums sehr verschieden
zu Tage. Bei Paulus ist alles positiv, alles bejahend; er hat keine unwandelbare theoretische »Theologie«,[1] sondern er ist ein Zeitgenosse
Jesu Christi, dessen göttliche Gegenwart ihn mit Flammen des Lebens
verzehrt. Solange er gegen Christus war, kannte er keine Ruhe, bis er
den letzten seiner Anhänger vertilgt haben würde; sobald er Christum
als den Erlöser erkannt hatte, galt sein Leben einzig der Verbreitung der
»guten Kunde« über die ganze ihm erreichbare Welt; eine Zeit des
Herumtappens, des Erforschens, der Unschlüssigkeit gab es in seinem
Leben nicht. Muss er disputieren, so malt er einige Thesen an den
Himmel hin, von weitem sichtbar; muss er widersprechen, so geschieht
es durch ein paar Keulenschläge, gleich lodert aber die Liebe wieder auf
und er ist, wie sein eigener Sinnspruch es besagt, »Jedermann allerlei«,
unbekümmert ob er zum Juden so, zum Griechen anders, zum Kelten
wieder anders reden muss, wenn er nur »Etliche gewinnt«.[2] Wie
tief auch, bis in die dunkelsten Regionen des Menschenherzens, die
Worte gerade dieses einen Apostels leuchten, es ist nie eine Spur von
mühsamem Konstruieren, von Spintisieren darin, sondern das, was er

---

[1] Diese Behauptung wird vielfachem Widerspruch begegnen; ich will damit
aber nur sagen, dass Paulus seine systematischen Ideen eher als dialektische
Waffen zur Überzeugung seiner Hörer gebraucht, als dass er bestrebt zu sein schiene,
ein zusammenhängendes, allein gültiges und neues theologisches Gebäude zu errichten. Selbst Edouard Reuss, welcher in seinem unvergänglichen Werke: *Histoire
de la Théologie Chrétienne au siècle apostolique* (3e éd.), dem Apostel ein durchaus bestimmtes, einheitliches System vindiziert, giebt doch am Schlusse desselben zu (II, 580),
dass die eigentliche Theologie gerade bei Paulus (und für Paulus) ein untergeordnetes Element bildete, und S. 73 führt er aus, die Absicht des Paulus gehe so ganz
auf das populäre und praktische Wirken, dass er überall, wo Fragen theoretisch-
theologisch zu werden beginnen, das metaphysische Gebiet verlasse, um auf das
ethische überzugehen.

[2] Man muss die ganze Stelle lesen I. *Cor.* IX, 19 fg., will man einsehen, wie
genau der Apostel die spätere Formel *extra ecclesiam nulla salus* im Voraus Lügen
straft. Vergleiche auch den *Brief an die Philipper* I, 18: »Dass nur Christus ver-
kündiget werde allerlei Weise; es geschehe zufallens oder rechter Weise; so freue
ich mich doch darinnen, und will mich auch freuen«.

sagt, ist erlebt und sprudelt frei aus dem Herzen hervor; man sieht
förmlich, wie ihm die Feder nicht rasch genug eilen kann, um dem
Gedanken nachzukommen; »nicht, dass ich es schon ergriffen habe,
ich jage ihm aber nach — — ich vergesse, was dahinten ist, und
strecke mich zu dem, was da vorne ist« (*Phil.* III, 13). Hier wird
sich Widerspruch unverhüllt neben Widerspruch hinstellen; was ver-
fängt's? wenn nur Viele an Christus den Erlöser glauben. Ganz anders
Augustinus. Keine feste Nationalreligion umfriedet seine Jugend wie
die des Paulus; er ist ein Atom unter Atomen im uferlosen Meer des
sich immer weiter auflösenden Völkerchaos. Wo er auch den Fuss
hinsetzt, überall trifft er auf Sand oder Morast; keine Heldengestalt
taucht — wie für Paulus — an seinem Horizonte als eine blendende
Sonne auf, sondern aus einer langweiligen Schrift des Rechtsanwalts
Cicero muss der Arme die Anregung zu seiner moralischen Erweckung
schöpfen, aus Predigten des würdigen Ambrosius die Erkenntnis der
Bedeutung des Christentums. Sein ganzes Leben ist ein mühsamer
Kampf: erst gegen sich und mit sich, bis er die verschiedenen Phasen
des Unglaubens überwunden, und, nach Erprobung von etlichen
Lehrmeinungen, diejenige des Ambrosius angenommen hat, sodann
gegen das, was er selber früher geglaubt und gegen die vielen Christen,
die anders dachten als er. Denn färbte zu Lebzeiten des Apostels
Paulus die lebendige Erinnerung an die Persönlichkeit Christi alle Religion,
so that dies jetzt die Superstition des Dogmas. Paulus hatte von sich
rühmen dürfen: er kämpfe nicht wie Diejenigen, die mit den Armen
in der Luft herumfechten; mit solchem Fechten brachte Augustinus
ein gut Teil seines Lebens zu. Hier greift darum der Widerspruch,
der stets bestrebt ist, sich dem eigenen Auge und dem Auge Anderer
zu verbergen, viel tiefer; er zerreisst das innere Wesen, schüttet immer
wieder Spreu unter das Korn, und führt (in der Absicht, eine feste
Orthodoxie zu gründen) ein so inkonsequentes, lockeres, abergläubisches,
in manchen Punkten geradezu barbarisches Gebäude auf, dass wir
wohl Augustinus mehr als einem andern werden Dank wissen müssen,
wenn eines Tages das ganze Christentum des Chaos zusammenstürzt.

Diese beiden Männer wollen wir uns nun etwas genauer anschauen. Und zwar wollen wir zunächst versuchen, über Paulus
einige Grundideen zu gewinnen, denn hier dürfen wir hoffen, den
Keimpunkt der folgenden Entwickelung blosszulegen.

Paulus.   Ob Paulus ein rassenreiner Jude war, bleibt, trotz aller Beteuerungen, sehr zweifelhaft; ich meine doch, das Zwitterwesen dieses

merkwürdigen, Mannes dürfte zum Teil in seinem Blute begründet
liegen. Beweise liegen nicht vor. Wir wissen nur das Eine, dass er nicht
in Judäa oder Phönizien, sondern ausserhalb des semitischen Umkreises,
in Cilicien, geboren ward, und zwar in der von einer dorischen Kolonie
gegründeten, durchaus hellenischen Stadt Tarsus. Wenn wir nun einerseits bedenken, wie lax die Juden jener Zeit (ausserhalb Judäa's) über
die Mischehen dachten,[1]) andererseits, dass die Diaspora, in der Paulus
geboren wurde, eifrig Propaganda trieb und namentlich viele Weiber
für den jüdischen Glauben gewann,[2]) so erscheint die Vermutung
durchaus nicht unzulässig, dass Paulus zwar einen Juden aus dem
Stamme Benjamin zum Vater (wie er es behauptet, *Römer* XI, 1;
Philipper III, 5), dagegen aber eine hellenische, zum Judentum über-
getretene Mutter gehabt hat. Wenn historische Nachweise fehlen,
hat wohl die wissenschaftliche Psychologie das Recht, ein Wort mitzu-
reden; obige Hypothese würde nun das sonst unbegreifliche Phänomen
erklären, dass ein durchaus jüdischer Charakter (Zähigkeit, Schmieg-
samkeit, Fanatismus, Selbstvertrauen) und eine talmudische Erziehung
dennoch einen absolut unjüdischen Intellekt begleiten.[3]) Wie
dem auch sein mag, Paulus wuchs nicht wie die übrigen Apostel in
einem jüdischen Lande auf, sondern in einem regen Mittelpunkt griechischer Wissenschaft, sowie philosophischer und oratorischer Schulen.
Von Jugend auf sprach und schrieb Paulus griechisch; seine Kenntnis
des Hebräischen soll sogar recht mangelhaft gewesen sein.[4]) Mag er

---

[1]) Siehe z. B. *Apostelgeschichte* XVI, 1.

[2]) Vergl. S. 143, Anmerkung.

[3]) Was man von den Gesetzen der Vererbung weiss, würde sehr für die Annahme
des jüdischen Vaters und der hellenischen Mutter sprechen. Zwar hat die früher beliebte
Gleichung: ein Mann erbt den Charakter von seinem Vater, den Intellekt von seiner
Mutter, sich als viel zu dogmatisch erwiesen; wenn zusammengewachsene Zwillinge
mit einem einzigen Paar Beine durchaus verschiedenen Charakters sein können (vergl.
Höffding: *Psychologie*, 2. Ausg., S. 480), so sieht man, wie vorsichtig man mit solchen
Verallgemeinerungen sein muss. Dennoch giebt es so viele eklatante Fälle gerade bei
den bedeutendsten Männern (ich will nur an Goethe und Schopenhauer erinnern), dass
wir bei Paulus, wo eine so auffallende Inkongruenz wie ein unlösbares Problem vor uns
steht, berechtigt sind, diese geschichtlich durchaus wahrscheinliche Hypothese aufzustellen. (5. Aufl. — Durch Harnack's *Mission etc.*, S. 40, erfahre ich, dass schon in
ältester Zeit die Vermutung ausgesprochen wurde, Paulus stamme von hellenischen Eltern.)

[4]) Graetz behauptet *(Volkstümliche Geschichte der Juden* I, 646): »Paulus hatte
nur geringe Kenntnis vom jüdischen Schrifttum und kannte die heilige Schrift
nur aus der griechischen Übersetzung.« Dagegen beweisen seine Citate aus
Epimenides, Euripides und Aratus seine Vertrautheit mit hellenischer Litteratur.

also fromm jüdisch erzogen worden sein, die Atmosphäre, die den
werdenden Mann umgab, war trotzdem nicht die unverfälscht jüdische,
sondern die anregende, reichhaltige, freigeistige hellenische: ein um so
beachtenswürdigerer Umstand, als empfangene Eindrücke desto tiefer
wirken, je genialer der Mensch ist. Und so sehen wir denn Paulus
im weiteren Verlaufe seines Lebens, nach der kurzen Epoche leidenschaftlich verfolgter pharisäischer Irrwege, die Gesellschaft der echten
Hebräer möglichst vermeiden. Die Thatsache, dass er vierzehn Jahre
lang nach seiner Bekehrung die Stadt Jerusalem mied, obwohl er dort
die persönlichen Jünger Christi angetroffen hätte, dass er sich auch
dann nur notgedrungen und kurz dort aufhielt, dabei seinen Verkehr
möglichst einschränkend, hat eine Bibliothek von Erläuterungen und
Diskussionen veranlasst; das ganze Leben des Paulus zeigt jedoch, dass
Jerusalem und seine Einwohner und deren Denkweise ihm einfach
unerträglich zuwider waren. Seine erste That als Apostel ist die Abschaffung des heiligen »Bundeszeichens« aller Hebräer. Von Anfang
an befindet er sich mit den Judenchristen im Kampfe. Wo er apostolische Sendungen an ihrer Seite unternehmen soll, entzweit er sich
mit ihnen.[1]) Keiner seiner wenigen persönlichen Freunde ist ein unverfälschter palästinischer Jude: Barnabas z. B. ist, wie er selber, aus
der Diaspora und so antijüdisch gesinnt, dass er (als Vorläufer des
Marcion) den alten Bund, d. h. also die privilegierte Stellung des israe-
litischen Volkes, leugnet; Lukas, den Paulus »den geliebten« nennt,
ist nicht Jude (*Col.* IV, 11—14); Titus, der einzige Busenfreund des
Paulus, »sein Geselle und Gehilfe« (II. *Cor.* VIII, 23), ist ein echt
hellenischer Grieche. Auch in seiner Missionsthätigkeit zieht es Paulus
einzig zu den »Heiden« und zwar namentlich überall dorthin, wo
hellenische Bildung blüht. In dieser Beziehung hat die allerneueste
Forschung wertvolle Aufklärung gebracht. Bis vor Kurzem war die
Kenntnis Kleinasiens im ersten christlichen Jahrhundert in geographischer
und wirtschaftlicher Beziehung eine sehr mangelhafte; man meinte,
Paulus habe (namentlich auf seiner ersten Reise) die uncivilisiertesten
Gegenden aufgesucht, die grossen Städte ängstlich vermieden; jetzt ist
diese Ansicht als irrig nachgewiesen worden:[2]) Paulus hat vielmehr

---

[1]) Siehe z. B. die beiden Episoden mit Johannes Marcus *(Apostelgeschichte,*
XIII, 13 und XV, 38—39).

[2]) Namentlich durch die Werke von W. M. Ramsay: *Historical Geography of
Asia Minor, The Church in the Roman Empire before A. D. 170, St. Paul the Traveller
and the Roman Citizen* (alle auch in deutscher Übersetzung).

fast lediglich in den grossen Centren der helleno-römischen Civilisation gepredigt und zwar mit Vorliebe dort, wo die Judengemeinden nicht gross waren. Städte wie Lystra und Derbe, die man in theologischen Kommentaren bisher für unbedeutende, kaum civilisierte Ortschaften erklärte, waren im Gegenteil Mittelpunkte hellenischer Bildung und römischen Lebens. Damit hängt denn auch eine zweite sehr wichtige Entdeckung zusammen: das Christentum hat sich nicht zuerst unter den Armen und Ungebildeten verbreitet, wie man bislang annahm, sondern im Gegenteil unter den Gebildeten und Bestgestellten. »Wo römische Organisation und griechisches Denken sich Bahn gebrochen hatten, dorthin wandte sich Paulus«, berichtet Ramsay,[1]) und Karl Müller bezeugt:[2]) »Die Kreise, die Paulus gewonnen, waren der Haupt-sache nach nie jüdisch gewesen.« — Und dennoch, dieser Mann ist ein Jude; er ist stolz auf seine Abstammung,[3]) er ist von jüdischen Vorstellungen wie durchtränkt, er ist ein Meister rabbinischer Dialektik, und er ist es, mehr als irgend ein anderer, der die historische Denk-weise und die Traditionen des Alten Testamentes zu einem wesent-lichen, bleibenden Bestandteil des Christentums stempelt.[4])

Obwohl mein Thema die Religion ist, habe ich bei Paulus auf diese mehr äusserlichen Momente mit Absicht Nachdruck gelegt, weil mir als einem Laien bei Betreten des theologischen Religionsgebietes die grösste Vorsicht und Zurückhaltung zur Pflicht wird. Gern möchte ich Satz für Satz darlegen, was über Paulus nach meiner Überzeugung zu sagen wäre, doch wie oft dreht sich da alles um den Sinn eines einzigen (womöglich zweifelhaften) Wortes; unsereiner kann nur dann sicher gehen, wenn er tiefer greift, bis dorthin, woher die Worte entfliessen. Dorther ruft uns Paulus beherzt zu: »Ich von Gottes Gnade, die mir gegeben ist, habe den Grund gelegt als ein weiser Baumeister; ein Jeglicher sehe zu, wie er darauf baue!« (I. *Cor.* III, 10). Und sehen wir nun zu — folgen wir der Mahnung des Paulus, diese Sorge nicht Andern zu überlassen — so entdecken wir, auch ohne das Gebiet der gelehrten Diskussionen zu betreten, dass die von Paulus gelegte Grundlage der christlichen Religion aus disparaten Elementen besteht. In seinem tiefsten inneren Wesen, in seiner Auffassung von der Be-

[1]) *The Church etc.* 4th ed., p. 57.
[2]) *Kirchengeschichte* (1892) I, 26.
[3]) Siehe namentlich *Gal.* II, 15: »Wiewohl wir von Natur Juden, und nicht Sünder aus den Heiden sind«, und manche andere Stelle.
[4]) Harnack: a. a. O., S. 15.

deutung der Religion im Menschenleben ist Paulus so unjüdisch, dass
er das Epitheton antijüdisch verdient; das Jüdische an ihm ist zum
grössten Teile bloss Schale, es treten darin lediglich die unausrottbaren Angewohnheiten des intellektuellen Mechanismus zu Tage. Im
Herzen ist Paulus nicht Rationalist, sondern Mystiker. Mystik ist
Mythologie, zurückgedeutet aus den symbolischen Bildern in die innere
Erfahrung des Unaussprechbaren, eine Erfahrung, die inzwischen an
Intensität zugenommen und über ihre eigene Innerlichkeit sich klarer
geworden ist. Die wahre Religion des Paulus ist nicht das Fürwahrhalten einer angeblichen Chronik der Weltgeschichte, sondern sie ist
mythisch-metaphysische Erkenntnis. Solche Dinge wie die Unterscheidung zwischen einem äusseren und einem inneren Menschen,
zwischen Fleisch und Geist: »ich elender Mensch, wer wird mich
erlösen von dem Leibe dieses Todes?«, die vielen Aussprüche wie
folgender: »Wir sind alle Ein Leib in Christo« u. s. w., alles das deutet
auf eine transscendente Anschauung. Noch deutlicher jedoch tritt die
indoeuropäische Geistesrichtung zu Tage, wenn man die grossen zu
Grunde liegenden Überzeugungen überblickt. Da finden wir als Kern
(siehe S. 559) die Vorstellung der Erlösung; das Bedürfnis nach ihr
wird durch die angeborene, unbeschränkt allgemeine Sündhaftigkeit
(nicht durch Gesetzesübertretungen und daraus folgendem Schuldgefühl)
hervorgerufen; bewirkt wird die Erlösung durch die den Glauben
schenkende göttliche Gnade (nicht durch Werke und heiliges Leben).
Und was ist diese Erlösung? Sie ist »Wiedergeburt«, oder, wie Christus
sich ausdrückt, »Umkehr«. [1] Es wäre unmöglich, eine religiöse An-

---

[1] Als Anmerkung einige Belegstellen für den in der Schrift wenig Belesenen.
Die Erlösung bildet den Gegenstand aller paulinischen Epistel. Die Allgemeinheit
der Sünde wird durch die Herbeiziehung des Mythus vom Sündenfall und durch
ihre (unjüdische) Deutung implicite zugegeben, ausserdem finden wir aber solche
Stellen wie *Römer* XI, 32: »Gott hat alle Menschen unter den Ungehorsam beschlossen« und noch charakteristischer *Epheser* II, 3: »Wir alle sind von Natur Kinder
des Zornes.« Über die Gnade ist vielleicht die entscheidenste Stelle folgende: »Denn
Gott ist es, der in euch wirket beides, das Wollen und das Vollbringen, nach seinem
Wohlgefallen« *(Philipper* II, 13). Über die Bedeutung des Glaubens im Gegensatze
zum Verdienst der guten Werke, findet man zahlreiche Stellen, denn dies ist der
Grundpfeiler der Religion des Paulus, hier — und hier vielleicht allein — ist kein
Schatten eines Widerspruches; der Apostel lehrt die reine indische Lehre. Man
sehe namentlich *Römer* III, 27—28, V, 1, die ganzen Kapitel IX und X, ebenfalls
den ganzen Brief *an die Galater* u. s. w. Als Beispiele: »So halten wir es nun,
dass der Mensch gerecht wird ohne des Gesetzes Werke, allein durch den
Glauben« *(Röm.* III, 28). »Wir wissen, dass der Mensch durch des Gesetzes

schauung zu hegen, die einen schärferen Gegensatz zu aller semitischen und speziell jüdischen Religion darstellte. Das ist so wahr, dass Paulus nicht allein zu seinen Lebzeiten von den Judenchristen angefeindet wurde, sondern dass gerade dieser Kern seiner Religion anderthalb Jahrtausende innerhalb des Christentums unter dem überwuchernden Gestrüpp des jüdischen Rationalismus und der heidnischen Superstitionen verborgen blieb — anathematisiert, wenn er in Männern wie Origenes wieder aufzutauchen versuchte, bis zur Unkenntlichkeit zugeschüttet von dem tief religiösen, im Herzen echt paulinischen, doch von dem entgegengesetzten Strom hinweggerissenen Augustinus. Hier mussten Germanen eingreifen; noch heute giebt es ausser ihnen keine echten Jünger des Paulus: ein Umstand, dessen volle Bedeutung Jedem ein-leuchten wird, wenn er erfährt, dass vor zwei Jahrhunderten die Jesuiten berieten, wie man die Briefe des Paulus aus der heiligen Schrift entfernen oder sie korrigieren könnte.[1]) — Doch Paulus selber hatte das Werk des Antipaulinismus begonnen, indem er um diesen so offen-bar aus einer indoeuropäischen Seele hervorgegangenen Kern herum ein durchaus jüdisches Gebäude errichtete, eine Art Gitterwerk, durch welches zwar ein kongeniales Auge überall hindurchzublicken vermag, welches aber für das inmitten des unseligen Chaos werdende Christen-tum so ganz zur Hauptsache ward, dass der Kern von den Meisten so gut wie unbeachtet blieb. Dieses Aussenwerk konnte aber natürlich nicht die lückenlose Konsequenz eines reinen Systems wie des jüdischen oder indischen besitzen. An und für sich ein Widerspruch zu dem

---

Werke nicht gerecht wird, sondern durch den Glauben an Jesum Christum« (*Gal.* II, 16). Gnade aber und Glauben sind nur zwei Phasen, zwei Modi — der göttliche und der menschliche — des selben Vorganges; darum ist in folgender Hauptstelle der Glaube als in der Gnade einbegriffen zu denken: »Ist es aber aus Gnaden, so ist es nicht aus Verdienst der Werke; sonst würde Gnade nicht Gnade sein. Ist es aber aus Verdienst der Werke, so ist die Gnade nichts; sonst wäre Ver-dienst nicht Verdienst« (*Röm.* XI, 6). — Die Wiedergeburt wird in einer der indo-platonischen Auffassung verwandten Weise als »Palingenesia« in dem Brief *an Titus* genannt (III, 5).

[1]) Pierre Bayle: *Dictionnaire;* siehe die letzte Anmerkung zu der Notiz über den Jesuiten Jean Adam, der im Jahre 1650 viel Ärgernis durch seine öffentlichen Kanzelreden gegen Augustinus gab. Dieser Nachricht darf man unbedingtes Ver-trauen schenken, da Bayle den Jesuiten durchaus sympathisch gegenüberstand und bis zu seinem Tode in persönlichem freundschaftlichen Verkehr mit ihnen blieb. Auch der berühmte Père de La Chaise erklärt, »Augustinus dürfe nur mit Vorsicht gelesen werden«, was sich natürlich auf die Paulinischen Bestandteile seiner Religion bezieht (vergl. Sainte-Beuve: *Port-Royal,* 4. éd., II, 134 und IV, 436).

inneren schöpferischen religiösen Gedanken, verwickelte sich dieses
pseudojüdische theologische Gewebe in einen Widerspruch nach dem
anderen in dem Bestreben, logisch überzeugend und einheitlich zu sein.
Wir haben schon gesehen, dass gerade Paulus es war, der in hervorragender Weise das Alte Testament zu der neuen Heilslehre in organische Beziehung zu setzen bestrebt war. Namentlich geschieht dies
in dem am meisten jüdischen seiner Briefe, dem an die Römer. Im
Gegensatz zu anderen Stellen wird hier (V, 12) der Sündenfall als ein
rein historisches Ereignis eingeführt, der dann das zweite historische
Ereignis, die Geburt des zweiten Adam »aus David's Samen« (I, 3)
logisch bedingt. Die ganze Weltgeschichte verläuft darnach in Gemässheit mit einem sehr übersichtlichen, menschlich begreiflichen, sozusagen »empirischen« göttlichen Plane. An Stelle der engen jüdischen Auffassung tritt hier allerdings ein universeller Heilsplan, doch
das Prinzip ist dasselbe. Es ist der nämliche, durchaus menschlich
gedachte Jahve, der da schafft, gebietet, verbietet, zürnt, straft, belohnt;
Israel ist auch das auserwählte Volk, der »gute Oelbaum«, in den
einzelne Zweige des wilden Baumes des Heidentums nunmehr ein-
gepfropft werden (*Röm.* XI, 17 fg.); und auch diese Erweiterung des
Judentums bewirkt Paulus lediglich durch eine Umdeutung der Messias-
lehre, »wie sie in der damaligen jüdischen Apokalyptik ausgebildet
worden war«.[1] Nunmehr ist alles hübsch logisch und rationalistisch
beisammen: die Schöpfung, der zufällige Sündenfall, die Strafe, die
Erwählung eines besonderen Priestervolkes, aus dessen Mitte der Messias
hervorgehen soll, der Tod des Messias als Sühnopfer (genau im alt-
jüdischen Sinne), das letzte Gericht, welches Buch führt über die
Werke der Menschen und darnach Lohn und Strafe austeilt. Jüdischer
kann man unmöglich sein: ein willkürliches Gesetz bestimmt, was
Heiligkeit und was Sünde sei, die Übertretung des Gesetzes wird bestraft, die Strafe kann aber durch die Darbringung eines entsprechenden
Opfers gesühnt werden. Hier ist von einem aller Kreatur angeborenen Erlösungsbedürfnis im indischen Sinne keine Rede, für die
Wiedergeburt, wie sie Christus seinen Jüngern so eindringlich lehrte, ist
kein Platz, der Begriff der Gnade besitzt in einem solchen System gar
keinen Sinn, ebensowenig der Glaube (in der paulinischen Auffassung) [2]

---

[1] Pfleiderer: a. a. O., S. 113.

[2] Mir als Laien sind so enge Grenzen hier gesteckt, dass ich nicht umhin
kann, den Leser zu bitten, er möge sich eingehende Belehrung über diesen so wichtigen Gegenstand bei den Fachleuten holen. Am deutlichsten tritt der doppelte

Zwischen den beiden Religionsauffassungen des Paulus besteht kein bloss organischer Gegensatz, wie alles Leben ihn bietet, sondern ein logischer, d. h. ein mathematischer, mechanischer, unauflösbarer

---

Gedankengang mit seiner unlösbaren Antinomie hervor, wenn man den Endpunkt, das Gericht, scharf ins Auge fasst, und dazu leistet die vorzüglichsten Dienste eine kleine Specialschrift (wo man auch alle wünschenswerten Litteraturnachweise finden wird) von Ernst Teichmann: *Die paulinischen Vorstellungen von Auferstehung und Gericht und ihre Beziehungen zur jüdischen Apokalyptik* (1896). Ausgerüstet mit einer genauen Kenntnis der damaligen jüdischen Litteratur zeigt Teichmann, Satz für Satz, wie buchstäblich alle die neutestamentlichen und speziell die paulinischen Vorstellungen vom letzten Gericht den spätgeborenen apokalyptischen Lehren des Judentums entnommen sind. Dass diese wiederum durchaus nicht hebräischen Ursprungs sind, sondern Lehngut aus Ägypten und Asien, durchsetzt mit hellenischen Gedanken (siehe a. a. O., S. 2 fg., 32 u. s. w.), zeigt nur, aus welchem Hexenkessel der Apostel schöpfte und thut wenig zur Sache, da der kräftige Nationalgeist der Juden alles, was er erfasste, ›jüdisch‹ umgestaltete. Entscheidend ist dagegen der eingehende Nachweis, dass Paulus an anderen Orten (dort nämlich, wo seine wirkliche Religion sich Bahn bricht) die Vorstellung des Gerichtes ausdrücklich aufhebt und vertilgt. Man sehe namentlich den Abschnitt ›Die Aufhebung der Gerichtsvorstellung‹, S. 100 fg. Teichmann schreibt hier: ›Die Rechtfertigung durch den Glauben war eben eine Erkenntnis, die allen früheren Anschauungen diametral entgegenstand. Juden und Heiden wussten es nicht anders, als dass die Thaten, die Werke des Menschen für sein Los nach dem Tode ausschlaggebend seien. Hier aber tritt an die Stelle des ethischen das religiöse Verhalten.‹ Und S. 118 fasst der Autor seine Ausführungen folgendermassen zusammen: ›Dagegen ist der Apostel völlig selbständig, wo er durch die konsequente Ausbildung seiner Pneumalehre die Vorstellung von dem Gericht überhaupt beseitigt. Auf Grund des Glaubens, gnadenweiser Empfang des πνεῦμα (Luther übersetzt Geist, es heisst aber bei Paulus himmlischer, wiedergeborener, göttlicher Geist, so z. B II. *Cor.* III, 17 ὁ κύριος τὸ πνεῦμα ἐστιν: Gott der Herr ist das Pneuma); durch das πνεῦμα mystische Vereinigung mit Christus; in ihr, Anteilnahme an dem Tode des Christus und infolgedessen an seiner δικαιοσύνη (Gerechtigkeit) und seiner Auferstehung, damit aber Erlangung der υἱοθεσία (Kindesannahme, Adoption); das sind die Etappen dieses Ideenfortschrittes. In der so ausgestalteten Lehre vom πνεῦμα haben wir die eigentliche christliche Schöpfung des Apostels.‹ — Teichmann scheint, wie die meisten christlichen Theologen, gar nichts davon zu wissen, dass die Lehre vom Pneuma so alt ist wie indoarisches Denken und dass sie als *Prâna* schon lange vor der Geburt des Paulus alle denkbaren Formen durchlaufen hatte, vom reinsten Geist bis zum feinsten Ätherstoff (vergl. a. a. O., S. 42 fg. die verschiedenen Ansichten über das Pneuma des Paulus); er weiss auch nichts davon, dass die Auffassung der Religion als Erkenntnis (Glaube) und Wiedergeburt, im Gegensatz zum ethischen Materialismus, altes indoeuropäisches Erbgut, organische Geistesanlage ist; doch um so wertvoller ist sein Zeugnis, aus welchem hervorgeht, dass die peinlichste Detailforschung von dem streng beschränkten Standpunkt wissenschaftlicher christlicher Theologie aus zu genau dem selben Ergebnis führt, wie die kühnste Verallgemeinerung.

Widerspruch. Ein solcher Widerspruch führt notwendig zum Kampfe. Nicht notwendigerweise im Herzen des einen Urhebers, denn unser Menschengeist ist reich an automatisch wirkenden Anpassungseinrichtungen; genau so wie die Augenlinse auf verschiedene Entfernungen sich anpasst, wobei das, was das eine Mal scharf erblickt wurde, das andere Mal fast bis zur Unkenntlichkeit verwischt erscheint, genau so wechselt das innere Bild mit dem Augenpunkt, und es kann vorkommen, dass auf den verschiedenen Ebenen unserer Weltanschauung Dinge stehen, die miteinander keineswegs harmonieren, ohne dass wir selber jemals dessen gewahr würden; denn betrachten wir das Eine, so verschwinden die Umrisse des Anderen, und umgekehrt. Wir müssen also unterscheiden zwischen denjenigen logischen Widersprüchen, die vom gemarterten Geist mit vollem Bewusstsein notgedrungen aufgestellt werden, wie z. B. von Augustinus, der immerwährend zwischen seiner Überzeugung und seiner angelernten Rechtgläubigkeit, zwischen seiner Intuition und seinem Wunsche, praktischen Kirchenbedürfnissen zu dienen, hin- und herschwankt, und den unbewussten Widersprüchen eines offenherzigen, völlig naiven Geistes wie Paulus. Doch diese Unterscheidung dient nur zur Erkenntnis der besonderen Persönlichkeit; der Widerspruch als solcher bleibt bestehen. Zwar gesteht Paulus selber, dass er »Jedermann allerlei« wird, und das erklärt wohl einige Abweichungen; die Wurzel geht aber tiefer. In dieser Brust wohnen zwei Seelen: eine jüdische und eine unjüdische, oder vielmehr: eine unjüdische beflügelte Seele angekettet an eine jüdische Denkmaschine. Solange die grosse Persönlichkeit lebte, wirkte sie als Einheit durch die Einheitlichkeit ihres Thuns, durch die Modulationsfähigkeit ihres Wortes. Nach ihrem Tode aber blieb der Buchstabe zurück, der Buchstabe, dessen verhängnisvolle Eigenschaft es ist, alles auf eine und die selbe Ebene zu bringen; der Buchstabe, der alle Plastik der Perspektive vernichtet und nur eine einzige Fläche kennt — die Oberfläche! Hier stand nun Widerspruch neben Widerspruch, nicht wie die Farben des Regenbogens, die ineinander übergehen, sondern wie Licht und Finsternis, die einander ausschliessen. Der Kampf war unvermeidlich. Äusserlich fand er von Anfang an in Dogmen- und Sektenbildung statt; nirgends gewann er gewaltigeren Ausdruck, als in der grossen und durchaus von Paulus inspirierten Reformation, die im 13. Jahrhundert anhob und zu ihrem Wahlspruch die Worte hätte wählen können: »So bestehet nun in der Freiheit und lasst euch nicht wiederum in das knechtische Joch fangen«, *Gal.* V, I; auch heute dauert der

Kampf zwischen der jüdischen und unjüdischen Religion des Paulus
fort. Fast noch verhängnisvoller war und ist der innerliche Kampf
im Busen des einzelnen Christen, von Origenes bis zu Luther, und
von diesem bis zu jedem kirchlich-christlich gesinnten Manne unseres
19. Jahrhunderts. Paulus selber war noch durch keinerlei Dogmen
im Geringsten beschränkt gewesen. Von Christi Leben hat er nachweislich sehr wenig gewusst;[1] dass er bei keinem Menschen, nicht
einmal bei den Jüngern des Heilands, selbst nicht bei denen, »die für
Säulen angesehen werden«, Rat und Belehrung geholt habe, dessen
rühmt er sich ausdrücklich (*Gal.* I und II); weder weiss er irgend
etwas von der kosmischen Mythologie der Dreieinigkeit, noch lässt er
sich auf die metaphysische Hypostase des Logos ein,[2] noch ist er in
der peinlichen Lage, sich mit den Aussprüchen anderer Christen in
Einklang setzen zu müssen. An manchem zu seiner Zeit durch die
ganze Welt verbreiteten Aberglauben, welcher später zu einem christlichen Dogma umgestaltet ward, geht er lächelnd vorüber, wie er
z. B. von den Engeln meint, man habe »nie keins gesehen« (*Col.* II, 18)
und solle sich nicht durch solche Vorstellungen »das Ziel verrücken
lassen«; er gesteht auch freimütig: »unser Wissen ist Stückwerk; wir
sehen jetzt wie in einem Spiegelbild nur Rätselhaftes« (I. *Cor.* XIII,
9, 12), und darum kann es ihm auch gar nicht einfallen, seinen lebendigen Glauben in dogmatisches Stückwerk einzuschrauben: kurz, Paulus
war noch ein freier Mann gewesen. Nach ihm war es keiner mehr.
Denn durch sein eigenes Anknüpfen an das Alte Testament war jetzt
ein Neues Testament entstanden: das alte war offenbare Wahrheit,
das neue folglich ebenfalls; das alte war wohlbezeugte geschichtliche
Chronik, das neue konnte nicht weniger sein. Während das alte aber
in später Zeit zielbewusst zusammengestellt und redigiert worden war,
war das beim neuen nicht der Fall; hier stand der eine Mann unvermittelt neben dem anderen. Lehrt z. B. Paulus überall in zähem Festhalten an dem einen grossen Grundprinzip aller idealen Religion: nicht die
Werke, sondern der Glaube ist das Erlösende, so spricht der unverfälschte
Jude Jakobus gleich darauf das Grunddogma aller materialistischen
Religion aus: nicht der Glaube, sondern die Werke machen selig.
Beides steht im Neuen Testament, beides ist folglich offenbare Wahrheit. Dazu nun jener klaffende Widerspruch bei Paulus selber! Mögen
die Schriftgelehrten sagen, was sie wollen — und zu ihnen müssen

---

[1] Siehe namentlich Pfleiderer: a. a. O., S. III fg.

[2] Eingehend und ungemein präcis bei Reuss: a. a. O., Buch V, Kap. 8.

wir in diesem Falle selbst einen Martin Luther rechnen — die gor-
dischen Knoten, die hier vorliegen (und es sind ihrer mehrere), lassen
sich nicht lösen, sondern nur zerhauen: entweder man ist für Paulus
oder man ist gegen ihn, und entweder man ist für die dogmatisch-
chronistische pharisäische Theologie des einen Paulus, oder man glaubt
mit jenem anderen Paulus an eine transscendente Wahrheit hinter dem
»rätselhaften Spiegelbilde« des empirischen Scheines. Und nur in diesem
letzteren Falle versteht man ihn, wenn er (wie Christus) von dem »Geheimnis« redet, — nicht von einer Rechtfertigung (wie die Juden), sondern
von dem Geheimnis der »Verwandlung« (*I. Cor.* XV, 51). Man begreift
auch diese Verwandlung als etwas nicht Künftiges, sondern Zeitloses,
d. h. Gegenwärtiges: »ihr s e i d selig geworden; er h a t uns in das
himmlische Wesen versetzt — — —« (*Eph.* II, 5, 6). Und »müssen
wir menschlich davon reden, um der Schwachheit willen unseres
Fleisches« (*Röm.* VI, 19), müssen wir mit Worten von jenem Geheimnis reden, das kein Wort erreicht, das wir wohl in Jesus Christus
erblicken, doch nicht denken und darum nicht aussprechen können —
nun so reden wir von Erbsünde, von Gnade, von Erlösung durch
Wiedergeburt, und das alles fassen wir mit Paulus als Glauben zusammen. Lassen wir also selbst die abweichenden Lehren anderer
Apostel bei Seite, sehen wir ab von dem späteren Zuwachs zur
kirchlichen Lehre aus Mythologie, Metaphysik und Superstition, und
halten wir uns an Paulus allein, so zünden wir einen unausgleichbaren
Kampf im eigenen Herzen an, sobald wir uns dazu zwingen wollen,
die beiden Religionslehren des Apostels für gleichberechtigt zu erachten.

Dies ist der Kampf, in welchem sich das Christentum vom ersten
Tage an befand, dies ist die Tragödie des Christentums, gegen welche
die göttliche und lebendige Erscheinung Jesu Christi, der einzige Quell,
aus dem Alles strömt, was jemals im Christentum Religion genannt zu
werden verdiente, bald in den Hintergrund trat. Nannte ich Paulus
speziell, so hat man doch aus mancher eingestreuten Bemerkung ersehen, dass ich weit entfernt bin, ihn als die einzige Quelle aller christlichen Theologie zu betrachten; gar manches in ihr ist spätere Zuthat, und grosse weltbewegende Religionskämpfe, wie z. B. der zwischen
Arianern und Athanasiern, spielen sich fast ganz ausserhalb der paulinischen Vorstellungen ab.[1]) In einem Buche wie dem vorliegenden

---

[1]) Wobei ich nicht übersehe, dass die Arianer sich auf die ziemlich dunkle
Stelle in dem Brief an die Philipper (dessen Authenticität allerdings stark bezweifelt
wird) Kap. II, Vers 6, berufen.

bin ich eben zu einer weitgehenden Vereinfachung gezwungen, sonst
kämen vor lauter Material nur Schattenbilder zu Stande. Paulus ist ohne
alle Frage der mächtigste »Baumeister« des Christentums (wie er sich
selber nennt), und mir lag daran zu zeigen: erstens, dass er durch Einführung des jüdischen chronistischen und materiellen Standpunktes auch
das unduldsam Dogmatische mit begründet und dadurch namenloses
späteres Unheil veranlasst hat, und zweitens, dass selbst wenn wir auf
den reinen, unverfälschten Paulinismus zurückgehen, wir auf unlösbare,
feindliche Widersprüche stossen — Widersprüche, die in der Seele dieses
einen bestimmten Mannes historisch leicht zu erklären sind, die aber, zu
dauernden Glaubenssätzen für alle Menschen gestempelt, notwendiger
Weise Zwist zwischen ihnen säen und den Kampf bis in das Herz des
Einzelnen fortpflanzen mussten. Dieses unselige Zwitterhafte ist denn auch
von Beginn an ein Merkmal des Christentums. Alles Widerspruchsvolle,
Unbegreifliche in den nie endenden Streitigkeiten der ersten christlichen
Jahrhunderte, während welcher das neue Religionsgebäude so schwer
und schwerfällig und inkonsequent und mühevoll und (wenn man von
einzelnen grossen Geistern absieht) im Ganzen so würdelos, Stein für
Stein errichtet wurde, — die späteren Verirrungen des menschlichen
Geistes in der Scholastik, die blutigen Kriege der Konfessionen, die
heillose Verwirrung der heutigen Zeit mit ihrem Babel von Bekenntnissen,
die nur durch das weltliche Schwert vom offenen Kriege gegeneinander
zurückgehalten werden, das Ganze übertönt von der schrillen Stimme
der Blasphemie, während viele der edelsten Menschen sich beide Ohren
zuhalten, da sie lieber gar keine Heilsbotschaft vernehmen, als eine derartig kakophonische — — — das alles hat seine letzte Ursache in dem
zu Grunde liegenden Zwitterhaften des Christentums. Von dem Tage an,
wo (etwa 18 Jahre nach dem Tode Christi) der Streit ausbrach zwischen
den Gemeinden von Antiochien und Jerusalem, ob die Bekenner Jesu
sich müssten beschneiden lassen oder nicht, bis heute, wo Petrus und
Paulus sich viel schärfer gegenüberstehen als damals (siehe *Galater* II, 14),
hat das Christentum hieran gekrankt. Und zwar um so mehr, als von
Paulus bis Pionono Niemand sich dieses einfache, auf der Hand liegende
Verhältnis vergegenwärtigt zu haben scheint: ich meine den Rassen-
antagonismus, sowie die Thatsache, dass hier ewig unvereinbare, sich
gegenseitig ausschliessende Religionsideale nebeneinander liegen. Und
so kam es denn, dass die erste göttliche Offenbarung einer Religion
der Liebe zu einer Religion des Hasses führte, wie sie die Welt noch
niemals erlebt hatte. Die Nachfolger des Mannes, der sich ohne Wehr

gefangen gab und ans Kreuz schlagen liess, ermordeten kaltblütig, als
»frommes Werk«, binnen wenigen Jahrhunderten mehr Millionen
Menschen, als in allen Kriegen des gesamten Altertums gefallen waren;[1)]
die geweihten Priester dieser Religion wurden berufsmässige Henker;
wer irgend einem leeren, von keinem Menschen begriffenen, zum
Dogma gestempelten Begriffe, irgend einem Echo aus einer Mussestunde
des Geistesakrobaten Aristoteles oder des Gedankenkünstlers Plotin
nicht eidlich beizutreten bereit war — das heisst also der begabtere, der
ernstere, der edlere, der freie Mann — musste den qualvollsten Tod
sterben; an Stelle der Lehre, dass nur im Geiste, nicht im Worte
die Wahrheit der Religion liege, trat das Wort zum ersten Mal
in der Weltgeschichte jene entsetzliche Herrschaft an, die wie ein
schwerer Alp noch heute auf unserem armen aufstrebenden »Mittelalter« lastet. — — — Doch genug, ein Jeder versteht mich, ein Jeder
kennt die blutige Geschichte des Christentums, die Geschichte des
religiösen Wahnsinns. Und was liegt dieser Geschichte zu Grunde?
Etwa die Gestalt Jesu Christi? Wahrlich nein! Die Paarung des arischen
Geistes mit dem jüdischen und beider mit Tollheiten des nations- und
glaubenslosen Völkerchaos. Der jüdische Geist, wäre er in seiner Reinheit übernommen worden, hätte lange nicht so viel Unheil angerichtet,
denn die dogmatische Einheitlichkeit hätte dann auf der Grundlage
eines durchaus Begreiflichen geruht und gerade die Kirche wäre die
Feindin des Aberglaubens geworden; so aber fand ein Erguss des
jüdischen Geistes in die hehre Welt indoeuropäischer Symbolik und
freischöpferischer, wechselvoller Gestaltungskraft[2)] statt; wie das Pfeil-
gift der Südamerikaner drang dieser Geist erstarrend in einen Organismus
ein, der einzig in wandelnder Neugestaltung Leben und Schönheit besitzt. Das Dogmatische,[3)] der Buchstabenglaube, die entsetzliche Beschränktheit der religiösen Vorstellungen, die Unduldsamkeit, der Fanatismus, die masslose Selbstüberhebung — — — das Alles ist eine Folge
der historischen Auffassung, der Anknüpfung an das Alte Testament;
es ist dies jener »Wille«, von dem ich vorhin sprach, den das Judentum dem werdenden Christentum schenkte; ein blinder, flammender,
harter, grausamer Wille, jener Wille, welcher früher befohlen hatte,
bei der Einnahme fremder Städte die Köpfe der Säuglinge an den

---

[1)] Siehe S. 452, Anmerkung
[2)] Siehe S. 222.
[3)] Welche andere Bedeutung dem Dogma bei den Juden zukommt, habe ich
S. 405 fg. ausführlich auseinandergesetzt.

Steinen zu zerschmettern. Zugleich bannte dieser dogmatische Geist den dümmsten und widerwärtigsten Aberglauben armseliger Sklavenseelen zu ewigen Bestandteilen der Religion; was früher für den »gemeinen Mann« (wie Origenes meinte) oder für die Sklaven (wie Demosthenes spottet) gut gewesen war, daran mussten nunmehr die Geistesfürsten um ihrer Seele Heil glauben. Ich habe schon in einem früheren Kapitel (siehe S. 306) auf die kindischen Superstitionen eines Augustinus aufmerksam gemacht; Paulus hätte keinen Augenblick geglaubt, dass ein Mensch in einen Esel verwandelt werden kann (wir sehen ja, wie er von den Engeln spricht), Augustinus dagegen findet es recht plausibel. Während also die höchsten religiösen Intuitionen heruntergezogen und bis zur völligen Entartung verzerrt wurden, erhielten zugleich längst abgethane Wahnvorstellungen primitiver Menschen — Zauberei, Hexenwesen u. s. w. — ein offiziell gesichertes Heimatsrecht *in praecinctu ecclesiae*.

Kein Mensch bietet uns ein so edles, doch zugleich so trauriges Beispiel der Zerrissenheit, welche das also organisierte Christentum in den Herzen verursachte, wie Augustinus. Man kann keine Schrift von ihm aufschlagen, ohne von der Glut der Empfindung gerührt und von dem heiligen Ernst des Gedankens gefesselt zu werden; man kann nicht lange darin lesen, ohne es im Herzen beklagen zu müssen, dass ein solcher Geist, auserwählt um ein Jünger des lebendigen Christus zu sein, geschaffen wie nur Wenige, das Werk des Paulus fortzusetzen und der wahren Religion des Apostels im entscheidenden Augenblick zum Siege zu verhelfen, dennoch gegen die Mächte des Völkerchaos, dem er selbst — vaterlandslos, rassenlos, religionslos — entstiegen war, nicht aufzukommen vermag, so dass er zuletzt in einer Art wahnsinniger Verzweiflung das eine einzige Ideal erfasst: die römische Kirche als rettende, ordnende, einigende, weltbeherrschende Macht — koste es, was es wolle, koste es auch das bessere Teil seiner eigenen Religion — organisieren zu helfen. Bedenkt man aber, wie Europa zu Beginn des 5. Jahrhunderts aussah (Augustinus starb 430), hat man sich durch die *Bekenntnisse* dieses Kirchenvaters über den gesellschaftlichen und sittlichen Zustand der sogenannten civilisierten Menschen jener grauenhaften Zeit belehren lassen, vergegenwärtigt man sich, dass dieser »Professor der Rhetorik« — erzogen von seinen Eltern in der »spes litterarum« (*Confessiones* II, 3), wohlbewandert im glatten Cicero und den Subtilitäten des Neoplatonismus — es erleben musste, wie die rauhen Goten, *truculen-*

tissimae et saevissimae mentes (De civ. I, 7), Rom einnahmen, und
wie die wilden Vandalen seine afrikanische Geburtsstätte verwüsteten,
bedenkt man, sage ich, welche schreckenerregende Umgebung auf
diesen hohen Geist von allen Seiten eindrang, so wird man sich nicht
darüber verwundern, dass ein Mann, der in jeder anderen Zeit für
Freiheit und Wahrheit gegen Gewissenstyrannei und Korruption aufgetreten wäre, hier das Gewicht seiner Persönlichkeit in die Wagschale
der Autorität und der unbedingten hierokratischen Gewaltherrschaft
warf. Ähnlich wie bei Paulus fällt es keinem Wissenden schwer,
zwischen der wahren inneren Religion des Augustinus und der ihm
aufgezwungenen zu unterscheiden; hier ist aber, durch die Fort-
entwickelung des Christentums, die Sache viel tragischer geworden,
denn die Unbefangenheit und damit auch die wahre Grösse des Menschen
ist verloren. Nicht frank und frei und sorglos widerspricht sich dieser
Mann, sondern er ist bereits geknechtet, der Widerspruch wird ihm
von fremder Hand aufgenötigt. Es handelt sich hier nicht lediglich
wie bei Paulus um zwei nebeneinander laufende Weltanschauungen;
auch nicht bloss darum, dass ein Drittes inzwischen hinzugekommen
ist: die Mysterien, Sakramente und Ceremonien aus dem Völkerchaos;
sondern Augustinus muss heute das Gegenteil von dem behaupten,
was er gestern sagte: er muss es, um auf Menschen, die ihn sonst
nicht verstehen würden, wirken zu können; er muss es, weil er sein
selbständiges Urteil auf der Schwelle der römischen Kirche ihr zum
Opfer gebracht hat; er muss es, um sich nicht irgend eine spitz-
findige dialektische Sophisterei im Dispute mit angeblichen Sektierern
entgehen zu lassen. Es ist ein tragischer Anblick. Niemand hatte
z. B. klarer als Augustinus eingesehen, welche verhängnisvollen Folgen
der gezwungene Übertritt zum Christentum für das Christentum selber
mit sich führe; schon zu seiner Zeit überwogen in der Kirche (namentlich in Italien) diejenigen Menschen, die in gar keiner innerlichen Beziehung zur christlichen Religion standen und die den neuen Mysterien-
kult an Stelle des alten nur annahmen, weil der Staat es forderte.
Der Eine, berichtet Augustinus, wird Christ, weil sein Dienstgeber
es befiehlt, der Andere, weil er durch die Verwendung des Bischofs
einen Prozess zu gewinnen hofft,[1] der Dritte wünscht eine Anstellung,
ein Vierter erhält dadurch eine reiche Frau. Schmerzerfüllt schaut
Augustinus diesem Vorgang zu, der auch thatsächlich das knochen-

---

[1] Über die Bischöfe als Richter in Civilprozessen, siehe weiter unten.

fressende Gift des Christentums wurde, und er warnt eindrücklich
(wie Chrysostomus es schon früher gethan hatte) gegen die übliche
»Massenbekehrung«: und dennoch ist es dieser selbe Augustinus, der
die Lehre des *compelle intrare in ecclesiam* aufstellt, der das so folgen-
schwere Prinzip sophistisch zu begründen sucht, durch »die Geissel
zeitlicher Leiden« müsse man streben, »schlechte Knechte« zu retten,
der die Todesstrafe für Unglauben und die Anwendung staatlicher
Gewalt gegen Häresie fordert! Der Mann, der von der Religion die
schönen Worte gesprochen hatte: »durch Liebe geht man ihr entgegen,
durch Liebe sucht man sie, die Liebe ist es, die anklopft, die Liebe,
welche Beharren im Offenbaren schenkt«[1] — dieser Mann wird der
moralische Urheber der Inquisitionsgerichte! Zwar hat er nicht Verfolgung und Religionsmord erfunden, denn diese waren dem Christentum von dem Augenblick an eigen gewesen, wo es römische Staatsreligion geworden war, doch hat er sie durch die Macht seiner Autorität
bestätigt und geheiligt; erst durch ihn wurde die Unduldsamkeit nicht
mehr eine bloss politische, sondern eine religiöse Pflicht. Höchst
charakteristisch für den wahren freien Augustinus ist wiederum z. B.
die Art, wie er die Behauptung, Christus habe Petrus im Sinne gehabt, als er sprach: »auf diesen Felsen will ich meine Kirche bauen,«
energisch zurückweist, ja, als etwas Unsinniges, Blasphematorisches
hinstellt, da doch Christus offenbar gemeint habe: auf den Felsen
dieses »Glaubens«, nicht dieses Mannes; weswegen Augustinus auch
scharf zwischen der sichtbaren Kirche, die zum Teil auf Sand stehe,
und der wirklichen Kirche unterscheidet:[2] und doch ist es wiederum
er, mehr als irgend ein Anderer, der die Macht dieser sichtbaren,
römischen, auf Petrus sich berufenden Kirche begründen hilft, der
sie als eine unmittelbar von Gott eingesetzte Institution preist, »*ab
apostolica sede per successiones episcoporum*«;[3] und der diesen rein religiösen Anspruch auf Herrschaft durch den viel entscheidenderen
der politischen Kontinuität — die römische Kirche die legitime Fortsetzung des römischen Reiches — ergänzt. Seine Hauptschrift *De*

---

[1] *De moribus eccl. cath.* I, § 31.

[2] Den Bischof von Rom redet Augustinus in seinen Schreiben einfach als
»Mitbruder« an. Allerdings gebraucht er auch den Ausdruck »deine Heiligkeit«, nicht
aber gegen den Bischof von Rom allein, sondern jedem Priester gegenüber, selbst
wenn er kein Bischof ist; jeder Christ gehörte ja nach damaligem Sprachgebrauch
zur »Gemeinschaft der Heiligen«.

[3] Ep. 93 ad Vincent (nach Neander).

civitate Dei ist ebenso sehr vom römischen Imperiumsgedanken wie von der Apokalypse Johannis eingegeben.

Noch viel grausamer und verhängnisvoller erscheint dieses Leben im Widerspruch, dieses Aufbauen aus den Trümmern des eigenen Herzens, sobald wir das innere Leben und die innere Religion des Augustinus betrachten! Augustinus ist von Natur ein Mystiker. Wer kennt nicht seine *Confessiones?* Wer hätte nicht jene herrliche Stelle, das zehnte Kapitel des siebenten Buches oft und oft wiedergelesen, wo er beschreibt, wie er Gott erst dann gefunden habe, als er ihn im eigenen Herzen suchte?[1]) Wem sollte nicht das Gespräch mit seiner sterbenden Mutter Monika gegenwärtig sein, jene wunderbare Blüte der Mystik, die im Brihadâranyaka-Upanishad gepflückt sein könnte: »Schwiege der Sinne Toben, schwiegen jene Schattengestalten der Erde, des Wassers und der Luft, schwiege das Gewölbe des Himmels, und bliebe auch die Seele schweigsam in sich gekehrt, so dass sie, selbstvergessen, über sich selbst hinausschwebte, schwiegen auch die Träume und die erträumten Offenbarungen, schwiege jede Zunge und jeder Name, schwiege alles was sterbend dahingeht, schwiege das All . . . . . und Er allein redete, nicht aber durch die Geschöpfe, sondern Er selber, und wir hörten seine Worte, nicht als spräche einer mit Menschenzunge, noch durch Engelstimmen, noch im Donner, noch durch das Rätsel der Allegorien . . . . . und dieser Alleinige ergriffe den Schauenden und verzehrte ihn ganz und tauchte ihn in mystische Seligkeit *(interiora gaudia):* sollte nicht das ewige Leben dieser Vorstellung gleichen, wie sie uns ein mit Seufzern herbeigerufener kurzer Augenblick eingab?« (IX, 10). Doch ist Augustinus nicht etwa bloss ein Mystiker des

---

[1]) »Zurück (von den Büchern) wandte ich mich zu meinem eigenen Innern; von dir geführt, betrat ich die tiefsten Tiefen meines Herzens, du halfst mir, dass ich es vermochte. Ich trat ein. So schwach mein Auge auch war, erblickte ich doch deutlich — weit erhaben über dieses mein Seelenauge, erhaben über meine Vernunft — das unwandelbare Licht. Es war nicht jenes gewöhnliche, den Sinnen vertraute Licht, noch unterschied es sich etwa von diesem durch blosse stärkere Leuchtkraft, wie wenn das Tageslicht immer heller und heller geworden wäre, bis es allen Raum erfüllt hätte. Nein, das war es nicht, sondern ein anderes, ein ganz anderes. Auch schwebte es nicht erhaben über meiner Vernunft, wie etwa Öl über Wasser schwebt oder der Himmel über der Erde, sondern erhaben über mich war es, weil es mich selbst geschaffen hatte, und gering war ich als sein Geschöpf. Wer die Wahrheit kennt, kennt jenes Licht, und wer jenes Licht kennt, kennt die Ewigkeit. Die Liebe kennt es. O ewige Wahrheit und wahre Liebe und geliebte Ewigkeit! du bist mein Gott! Tag und Nacht seufze ich nach dir!«

Gemütes (wie das Christentum viele gekannt hat), sondern er ist ein religiöses Genie, der nach der von Christus gelehrten, inneren »Umkehr« strebt und durch die Episteln des Paulus dieser Wiedergeburt teilhaftig wurde; er erzählt uns, wie gerade durch Paulus allein in seine von Leidenschaften zerrissene, durch jahrelange innere Kämpfe und fruchtlose Studien der völligen Verzweiflung verfallene Seele plötzlich Licht, Frieden, Seligkeit eindrang (*Conf.* VIII, 12). Mit vollster Überzeugung, mit tiefem Verständnis erfasst er die grundlegende Lehre von der Gnade, der *gratia indeclinabilis,* wie er sie nennt; sie ist ihm so sehr die Grundlage seiner Religion, dass er die Benennung als »Lehre« für sie abweist (*De gratia Christi,* § 14); und als echter Jünger des Apostels, zeigt er, dass das Verdienst der Werke durch die Vorstellung der Gnade ausgeschlossen sei. Schwankender und mit den indischen Religionslehrern nicht zu vergleichen ist seine Auffassung von der Bedeutung der Erlösung sowie auch der Erbsünde; denn hier trübt die jüdische Chronik sein Urteilsvermögen, doch ist das fast nebensächlich, da er andererseits den Begriff der Wiedergeburt als den unverrückbaren Mittelpunkt des Christentums festhält.[1] Und nun kommt dieser selbe Augustinus und verleugnet fast alle seine innersten Uberzeugungen! Er, der uns gesagt hat, wie er Gott in seiner eigenen innersten Seele entdeckt und wie Paulus ihn zur Religion geführt habe, schreibt nunmehr (in der Hitze des Gefechtes gegen die Manichäer): »Ich würde das Evangelium nicht glauben, wenn nicht die Autorität der katholischen Kirche mich nötigte, es zu thun.«[2] Hier steht also für Augustinus die Kirche — von der er selber bezeugte, sie enthalte wenige wahre Christen — höher als das Evangelium; mit anderen Worten, die Kirche ist Religion. Im Gegensatz zu Paulus, der ausgerufen hatte: ein Jeder sehe zu, wie er auf der Grundlage Christi baue, erklärt Augustinus: nicht die Seele, sondern der Bischof habe den Glauben zu bestimmen; er weigert den ernstesten Christen etwas,

---

[1] Namentlich in *De peccato originali.* Über die Gnade spricht sich Augustinus besonders deutlich in seinem Brief an Paulinus, Abschnitt 6, aus, wo er gegen Pelagius polemisiert: »Die Gnade ist nicht eine Frucht der Werke; wäre sie es, so wäre sie keine Gnade mehr. Denn für Werke wird gegeben, was sie wert sind; die Gnade aber wird ohne Verdienst gegeben.« In Ambrosius hatte er in dieser Beziehung einen guten Lehrer gehabt, denn dieser hatte gelehrt: »nicht aus den Werken, sondern aus dem Glauben ist der Mensch gerechtfertigt.« (Siehe die schöne *Rede auf den Tod des Kaisers Theodosius* § 9; als Beispiel ist hier Abraham herangezogen.)

[2] *Contra epistolam Manichaei* § 6 (nach Neander).

was fast jeder Papst auch später gewährte, nämlich die blosse Untersuchung abweichender Lehren: »sobald die Bischöfe gesprochen,«
schreibt er, »giebt es nichts mehr zu untersuchen, sondern mit
G e w a l t soll die Obrigkeit den Irrglauben unterdrücken.«[1] Wie die
reine Lehre von der Gnade bei ihm nach und nach in die Brüche geht,
muss man in ausführlichen Dogmengeschichten verfolgen; ganz aufgeben konnte Augustinus sie nie, doch betonte er die Werke so vielfältig,
dass wenn sie auch (nach Augustinus' Auffassung) als »Geschenk Gottes«
Bestandteile der Gnade, sichtbare Erfolge derselben blieben, doch gerade
dieses Verhältnis für das gewöhnliche Auge verloren ging. Dem stets
lauernden Materialismus war hiermit Thür und Thor geöffnet. Sobald
Augustinus den Nachdruck darauf legte, dass ohne das Verdienst der
Werke keine Erlösung statthabe, wurde der Vordersatz, dass die Fähigkeit zu diesen Werken ein Geschenk der Gnade, diese also Blüten an
dem Baume des Glaubens seien, bald vergessen. Augustinus kommt
selber so weit, dass er von dem relativen Wert verschiedener Werke
spricht und auch den Tod Christi von diesem Standpunkte eines zu
berechnenden Wertes aus betrachtet![2] Das ist Judentum an Stelle
von Christentum.   Und natürlich veranlasste dieses Wanken und
Schwanken der zu Grunde liegenden Anschauungen ein ebensolches
in Bezug auf alle Nebenfragen. Auf die Abendmahlsfrage, die gerade
jetzt aufzutauchen begann, komme ich noch zurück; meine kurzen
Andeutungen will ich mit einer letzten beschliessen, einem blossen
Beispiel, damit man sehe, wie weitreichende Folgen aus den inneren
Widersprüchen jener werdenden Kirche im Laufe der Jahrhunderte sich
ergeben sollten.   An verschiedenen Orten entwickelt Augustinus mit

---

[1] Eine Lehre, auf welche sich die Kirche später beruft (so z. B. die römische
Synode vom Jahre 680), um von der Civilgewalt zu fordern, sie solle die Orthodoxie
›allherrschend machen und dafür sorgen, dass das Unkraut ausgerissen werde‹ (Hefele:
a. a. O., III, 258).

[2] Alles Nähere über die Gnadenlehre des Augustinus in Harnack's grosser
Dogmengeschichte; der Abriss ist für diese unendlich komplizierte Frage zu kurz.
Doch darf der Laie niemals übersehen, dass, wie verwickelt die Schattierungen auch
sein mögen, die Grundfrage eine ureinfache ist und bleibt. Jene Verwickeltheit ist
einzig eine Folge des spitzfindigen Disputierens und ihre Mannigfaltigkeit ist bedingt
durch die mögliche Mannigfaltigkeit logischer Kombinationen; man gerät hier auf
das Gebiet der Geistesmechanik. Dagegen verhält sich die Religion der Gnade zu
der Religion des Gesetzes und des Verdienstes einfach wie $+$ zu $-$; nicht Jeder
ist im Stande, sich bei allen Subtilitäten der Mathematiker und noch weniger bei
denen der Theologen etwas zu denken, doch zwischen Plus und Minus sollte Jeder
unterscheiden können.

scharfsinniger Dialektik den Begriff von der Transscendentalität der Zeit-
vorstellung (wie wir heute sagen würden); ein Wort für seinen Begriff findet er nicht, so dass er z. B. bei einer langen Diskussion dieses
Gegenstandes im XI. Buch der *Confessiones* zuletzt gesteht: »Was ist
also die Zeit? Solang mich keiner darnach fragt, weiss ich es recht
gut, doch sobald ich es einem Fragenden erklären will, weiss ich es
nicht mehr« (Kap. 14). Wir aber verstehen ihn ganz gut. Er will
zeigen, dass es für Gott, d. h. also für eine nicht mehr empirisch beschränkte Anschauung, keine Zeit nach unserem Begriffe gebe, und
somit darthun, wie gegenstandslos die vielen Diskussionen über vorangegangene und zukünftige Ewigkeit seien. Man sieht, er hat den
Kern echter Religion erfasst; denn seine Beweisführung drängt unab-
wendbar zu der Einsicht, dass aller Chronik der Vergangenheit und
Prophezeiung der Zukunft lediglich bildliche Bedeutung zukomme, wodurch aber auch Lohn und Strafe hinfällig werden. Und das ist der selbe
Mann, der sich später nicht genug hat thun können, um die unbedingte
buchstäbliche Ewigkeit der Höllenstrafen als eine nicht zu be-
zweifelnde, grundlegende, konkrete Wahrheit nachzuweisen und tief ins
Gemüt einzugraben! Ist man also vollkommen berechtigt, in Augustinus
einen Vorläufer Martin Luther's zu erblicken, so wurde er doch zugleich ein thatsächlicher, mächtiger Bahnbrecher für jene antipaulinische
Richtung, die später in Ignatius und seinem Orden und in ihrer
Religion der Hölle unverhüllten Ausdruck fand.[1]

Harnack fasst seine Kapitel Augustinus betreffend folgendermassen
zusammen: »Durch Augustinus wurde die Kirchenlehre nach Umfang
und Bedeutung unsicherer. . . . . Um das alte Dogma, welches
sich in erstarrender Gültigkeit behauptete, bildete sich ein grosser unsicherer Kreis von Lehren, in dem die wichtigsten Glaubensgedanken
lebten, und der doch von Niemandem überschaut und festgefügt werden
konnte.« Obwohl gerade er so unermüdet für die Einheit der Kirche
gewirkt hatte, hinterliess er, wie man sieht, noch mehr Stoff zu Kampf
und Entzweiung, als er vorgefunden hatte. Der stürmische Kampf
im eigenen Herzen hatte eben auch nach seinem Eintritt in die Kirche,

---

[1] Siehe S. 525. Auch der mehrere Jahrhunderte später erst entstandene
Ablassunfug konnte sich insofern auf Augustinus berufen, als gerade aus jener oben
erwähnten relativen Wertschätzung der Werke und namentlich des Todes Christi
sich der Begriff der *opera supererogationis* (Werke über das notwendige Mass hinaus)
ergab, aus welchem überschüssigen Fonds dann durch Vermittlung der Kirche Verdienste vergeben werden.

ihm selber vielleicht vielfach unbewusst, bis an sein Lebensende fort-
gedauert: nicht mehr in der Gestalt eines Ringens zwischen Sinnen-
genuss und Sehnsucht nach edler Reinheit, sondern als Kampf zwischen
einem krass materialistischen, abergläubischen Kirchenglauben und dem
kühnsten Idealismus echter Religion.

Ebensowenig wie ich im zweiten Kapitel eine Rechtsgeschichte
zu schreiben unternahm, ebensowenig werde ich mich jetzt erkühnen,
eine Religionsgeschichte zu skizzieren. Gelingt es mir, eine lebhafte
und zugleich innerlich richtige Vorstellung des Wesens des auf uns
herabgeerbten Kampfes wachzurufen — des Kampfes verschiedener
religiöser Ideale um die Vorherrschaft — so ist mein Zweck erreicht.
Das wirklich Wesentliche ist die Einsicht, dass das historische Christentum — ein Zwitterwesen von allem Anfang an — den Kampf in den
Busen des Einzelnen pflanzte. Mit den beiden grossen Gestalten des
Paulus und des Augustinus versuchte ich das bei aller gedrängter
Kürze deutlich zu machen. Damit sind aber die Hauptelemente des
äusseren Kampfes, nämlich des Kampfes in der Kirche, gegeben. »Der
rechte Grund ist des Menschen Herz«, sagt Luther. Darum eile
ich jetzt dem Ende zu, indem ich aus der schier unermesslichen
Menge der zum »Kampf in der Religion« gehörigen Thatsachen
einige wenige herausgreife, die besonders geeignet sind, aufklärend zu
wirken. Ich beschränke mich auf die allernotwendigste Ergänzung des
bereits genügend Angedeuteten. Auf diese Weise werden wir, hoffe
ich, einen Überblick gewinnen, der uns bis an die Schwelle des
13. Jahrhunderts führt, wo zwar der äussere Kampf erst recht beginnt,
der innere aber ziemlich ausgetobt hat: fortan stehen sich dann getrennte Anschauungen, Prinzipien, Mächte — vor allem getrennte
Rassen gegenüber, die aber mit sich selber verhältnismässig einig sind
und wissen, was sie wollen.

In seinen allerallgemeinsten Umrissen betrachtet, besteht der Kampf
in der Kirche während des ersten Jahrtausends zuerst aus einem Kampf
zwischen Osten und Westen, später aus einem solchen zwischen Süden
und Norden. Freilich darf man diese Begriffsbestimmung nicht rein
geographisch verstehen: der »Osten« war ein letztes Aufflackern
hellenischen Geistes und hellenischer Bildung, der »Norden« war das
beginnende Erwachen der germanischen Seele; einen bestimmten Ort,
einen bestimmten Mittelpunkt gab es für diese beiden Kräfte nicht:
der Germane konnte ein italischer Mönch sein, der Grieche ein

afrikanischer Presbyter. Beiden stand Rom gegenüber. Dessen Arme
reichten bis in den fernsten Osten und bis in den entlegensten Norden;
insofern ist auch dieser Begriff »Rom« nicht bloss örtlich zu fassen;
doch hier bestand ein unverrückbares Centrum, die altgeheiligte Stadt
Rom. Eine spezifisch römische Bildung, der hellenischen entgegen-
zustellen, gab es nicht, alle Bildung war in Rom von jeher hellenisch gewesen und geblieben; von einer irgendwie ausgesprochen individuellen
römischen Seele, der germanischen vergleichbar, konnte noch weniger
die Rede sein, da das altrömische Volk von der Erdoberfläche ent-
schwunden und Rom lediglich der administrative Mittelpunkt eines
nationalitätlosen Gemenges war; wer von »Rom« spricht, redet vom
Völkerchaos. Trotzdem erwies sich Rom nicht als der schwächere
unter den Kämpfenden, sondern als der stärkere. Vollkommen siegte
es allerdings weder im Osten, noch im Norden; sichtbarer als vor
tausend Jahren stehen sich noch heute jene drei grossen »Richtungen«
gegenüber; doch ist die griechische Kirche des Schismas in Bezug auf ihr
religiöses Ideal wesentlich eine römisch-katholische, weder eine Tochter
des grossen Origenes noch der Gnostiker, und die Reformation des
Nordens warf ebenfalls das spezifisch Römische nur teilweise ab und
gebar ausserdem erst so spät ihren Martin Luther, dass bedeutende Teile
von Europa, die einige Jahrhunderte früher ihr gehört hätten, da jener
»Norden« bis in das Herz von Spanien, bis an die Thore Rom's sich
erstreckte, ihr nunmehr — rettungslos romanisiert — verloren gingen.

Ein Blick auf diese drei Hauptrichtungen, in denen ein Ausbau
des Christentums versucht wurde, wird genügen, um die Natur des
Kampfes, der sich auf uns herabgeerbt hat, anschaulich zu machen.

Die bezaubernde Frühblüte des Christentums war eine hellenische. | Der »Osten«.
Stephan, der erste Märtyrer, ist ein Grieche, Paulus — der so energisch
auffordert, man solle sich »der jüdischen Fabeln und Altweibermärchen
entschlagen«[1]) — ist ein von griechischem Denken durchtränkter Geist,
der offenbar auch nur dann ganz er selbst sich fühlt, sobald er zu
hellenisch Gebildeten redet. Doch gesellte sich bald zu dem sokratischen
Ernst und der platonischen Tiefe der Anschauungen ein andrer echt
griechischer Zug, der zur Abstraktion. Diese hellenische Geistesrichtung
hat die Grundlage der christlichen Dogmatik geschaffen, und nicht
die Grundlage allein, sondern in allen jenen Dingen, welche ich oben
die äussere Mythologie genannt habe — wie die Lehre von der Drei-

---

[1]) I *Tim.* IV, 7 und *Tit.* I, 14. (Nachtrag 4. Aufl.: diese Briefe sollen nicht
von Paulus sein.)

einigkeit, von dem Verhältnis des Sohnes zum Vater, des Logos zur
Menschwerdung u. s. w. — auch das ganze Dogma. Der Neoplatonismus und das, was man berechtigt wäre, den Neoaristotelismus zu
nennen, standen damals in hoher Blüte; alle hellenisch Gebildeten,
gleichviel welcher Nationalität angehörig, befassten sich mit pseudo-
metaphysischen Spekulationen. Paulus zwar ist sehr vorsichtig in der
Anwendung philosophischer Argumente; nur als eine Waffe, zur Uber-
zeugung, zur Widerlegung gebraucht er sie; dagegen fügt der Verfasser des Evangeliums Johannis ohne Weiteres das Leben Jesu Christi
und die mythische Metaphysik des späten Hellenentums ineinander. Von
diesem Beginn an ist während zwei Jahrhunderte die Geschichte christlichen Denkens und christlicher Glaubensgestaltung eine ausschliesslich
griechische; dann dauerte es noch ungefähr zweihundert Jahr, bis mit
der nachträglichen Anathematisierung des grössten hellenischen Christen,
Origenes, auf der konstantinopolitanischen Synode des Jahres 543, die
hellenische Theologie endgültig zum Schweigen gebracht wurde. Judai-
sierenden Sekten aus jener Zeit, wie den Nazarenern, Ebionitern u. s. w.
kommt keine bleibende Bedeutung zu. Rom, als Mittelpunkt des
Reiches und alles Verkehrs, gab natürlich und notwendig sofort den
organisatorischen Mittelpunkt, wie für alles Übrige im römischen
Reiche, so auch für die Sekte der Christen ab; theologische Gedanken
sind aber charakteristischer Weise keine daher gekommen; als endlich, zu Beginn des 3. Jahrhunderts, eine »lateinische Theologie« entstand, so geschah das nicht in Italien, sondern in Afrika, und eine
recht störrische, für Rom unbequeme Kirche und Theologie war das,
bis die Vandalen und später die Araber sie vernichtet hatten. Die
Afrikaner wirkten aber im letzten Ende doch für Rom, ebenso wie auch
alle diejenigen Griechen, welche — wie Irenäus — in den Bannkreis
dieser übermächtigen Gewalt hineingerieten. Nicht allein betrachteten
sie den Vorrang Rom's als etwas Selbstverständliches, sondern sie be-
kämpften alle jene hellenischen Vorstellungen, welche das lediglich auf
Politik und Verwaltung ausgehende Rom für schädlich halten musste, vor
allem also den hellenischen Geist überhaupt in seinem ganzen Eigen-
wesen, welches jedem Krystallisationsprozess abhold war und in Forschung, Spekulation und Neugestaltung stets ins Unbeschränkte strebte.

　　Im Grunde genommen handelt es sich hier um einen Kampf
zwischen dem gänzlich entseelten, doch in administrativer Hinsicht bis
zur höchsten Virtuosität ausgebildeten, kaiserlichen Rom, und dem zum
letzten Mal aufflackernden alten Geist des schöpferischen Hellenen-

tums — einem Geist, der freilich vielfach bis zur Unkenntlichkeit von anderen Elementen durchsetzt und getrübt war und von seiner früheren Kraft und Schönheit viel eingebüsst hatte. Dieser Kampf wurde hartnäckig und schonungslos, nicht mit Argumenten allein, sondern mit allen Mitteln der List, der Vergewaltigung, der Bestechung, der Ignoranz, sowie namentlich mit kluger Benützung aller politischen Konjunkturen geführt. Dass in einem solchen Kampf Rom siegen musste, ist klar; namentlich da in jenen frühen Zeiten (bis zum Tode des Theodosius) der Kaiser das thatsächliche Oberhaupt der Kirche auch in dogmatischen Dingen war, und die Kaiser — trotz des Einflusses, den grosse und heilige Metropolitane in Byzanz vorübergehend auf sie ausübten — stets mit dem unfehlbaren Urteil erfahrener Politiker empfanden, einzig Rom sei fähig, Einheit, Organisation, Disziplin durchzuführen. Wie hätte metaphysisches Grübeln und mystische Versenkung gegen praktisch-systematische Politik siegen sollen? So war es z. B. Konstantin I. — der noch nicht getaufte Gattin- und Kindermörder, der selbe Mann, der durch besondere Erlässe die Stellung der heidnischen Auguren im Reiche befestigte — Konstantin war es, der die erste ökumenische Synode zusammenberief (325 in Nicäa), und der gegen die erdrückende Mehrheit der Bischöfe seinen Willen, d. h. die Lehren seines ägyptischen Schützlings, Athanasius, durchsetzte.[1] So entstand das sogenannte nicänische Glaubensbekenntnis: auf der einen Seite die kluge Berechnung eines zielbewussten, gewissenlosen, gänzlich unchristlichen Politikers, der sich nur die eine Frage vorlegte: wie knechte ich meine Unterthanen am vollkommensten; auf der anderen die feige Unaufrichtigkeit eingeschüchterter Prälaten, die ihre Unterschrift unter etwas, was sie für falsch hielten, setzten, und sobald sie in ihre Diözese zurückgekehrt waren, dagegen zu agitieren begannen. Bei weitem das Interessanteste in Bezug auf dieses erste und grundlegende Kirchenkonzil ist für uns Laien die Thatsache, dass die Mehrzahl der Bischöfe, als echte Schüler des Origenes, überhaupt gegen alle Einsperrung des Gewissens in derartige geistige Zwangsjacken waren und eine Glaubensformel verlangt hatten, weit genug, um in den Dingen, die den menschlichen Verstand übersteigen, freien Spielraum zu lassen, und somit

---

[1] Wie ausschliesslich von politischen, gar nicht von religiösen Rücksichten Konstantin sich hierbei leiten liess, indem er nämlich, durch seine Umgebung für Arius eingenommen, dennoch die Gegenpartei ergriff, sobald er merkte, dass diese stärkere Bürgschaften kräftiger Organisation, kurz mehr Hoffnung auf politischen Bestand bot, kann man in Bernouilli: *Das Konzil von Nicäa* lesen.

wissenschaftlicher Theologie und Kosmologie das Existenzrecht zu
sichern.[1]) Was diese hellenischen Christen also erstrebten, war ein
Zustand von Freiheit innerhalb der Orthodoxie, demjenigen vergleichbar, der in Indien geherrscht hat.[2]) Gerade das aber war es, was Rom
und der Kaiser verhüten wollten: es sollte nichts mehr schwankend,
nichts mehr unsicher bleiben, sondern wie auf jedem andern Gebiete,
so sollte auch auf dem der Religion fortan absolute Einförmigkeit im
ganzen römischen Reiche Gesetz sein. Wie unerträglich dem hochgebil-
deten hellenischen Geist das beschränkte und »beschränkende« Dogmatisieren war, erhellt zur Genüge aus der einen Thatsache, dass Gregor von
Nazianz, ein Mann, den die römische Kirche seiner Rechtgläubigkeit
wegen zu ihren Heiligen zählt, noch im Jahre 380 (also lange
nach dem nicänischen Konzil) schreiben konnte: »Einige unserer
Theologen halten den heiligen Geist für eine gewisse Wirkungsweise
Gottes, Andere für ein Geschöpf Gottes, Andere für Gott selbst;
Andere sagen, sie wüssten selbst nicht, welches sie annehmen sollten,
aus Ehrfurcht vor der heiligen Schrift, die sich nicht deutlich darüber
erkläre.«[3]) Doch das kaiserlich-römische Prinzip konnte nicht vor der
heiligen Schrift abdanken; ein Tüttelchen Gedankenfreiheit und ihre
unbeschränkte Autorität wäre gefährdet gewesen. Darum wurde auf
der zweiten allgemeinen Synode zu Constantinopel (im Jahre 381)
das Glaubensbekenntnis noch ergänzt, in der Absicht, die letzten
Luken zu verstopfen, und auf der dritten allgemeinen Synode, gehalten
zu Ephesus im Jahre 431, wurde ausdrücklich bestimmt, »es dürfe
diesem Bekenntnis bei Strafe der Exkommunikation nichts hinzugefügt
und nichts von ihm weggenommen werden.«[4]) So wurde die geistige
Bewegung des sterbenden Hellenentums, die über drei Jahrhunderte
gedauert hatte, endgültig zum Stillstand gebracht. Wie das im Einzelnen
geschehen war, mag man in Geschichtswerken nachlesen; doch sind
die Werke der Theologen (aller Kirchen) mit grosser Vorsicht zu gebrauchen, denn ein sehr natürliches Schamgefühl lässt sie über die begleitenden Umstände der einzelnen Konzilien, in denen der dogmatische
Glaube des Christentums angeblich »für ewige Zeiten« festgestellt wurde,

---

[1]) Karl Müller: *Kirchengeschichte* I, 181.

[2]) Vergl. S. 406 fg.

[3]) Nach Neander: *Kirchengeschichte* IV, 109. Nach Hefele: *Konziliengeschichte,* II, 8
hat es auch den Anschein, als ob Gregor von Nazianz das erweiterte Symbolum von
Constantinopel (im Jahre 381) nicht mitberaten und nicht mitunterschrieben hätte.

[4]) Hefele: *Konziliengeschichte* II, 11 fg., 372.

schnell hinweggleiten.[1]) Das eine Concilium verlief allerdings derartig, dass es selbst in römisch-katholischen Werken als die »Räubersynode« bezeichnet wird; doch fiele es einem Unparteiischen schwer, zu entscheiden, welche Synode diesen Ehrentitel am meisten verdient hat. Nirgends ging es würdeloser zu als gerade auf dem berühmten dritten ökumenischen Konzil zu Ephesus, wo die Partei der sogenannten Orthodoxie, d. h. diejenige, welche alles weitere Denken knebeln wollte, eine ganze Armee von bewaffneten Bauern, Sklaven und Mönchen in die Stadt brachte, um die gegnerischen Bischöfe einzuschüchtern, niederzuschreien und im Notfalle totzuschlagen. Das war freilich eine andere Art, Theologie und Kosmologie zu betreiben, als die hellenische! Vielleicht war es die richtige für diese jämmerliche Zeit und für diese jämmerlichen Menschen. Wozu noch eine wichtige Erwägung kommt: ich wenigstens für meine Person, und trotz meiner Abneigung gegen jenes in Rom verkörperte Völkerchaos, glaube, dass Rom durch die Betonung des Konkreten dem Abstrakten gegenüber der Religion einen Dienst geleistet und vor der Gefahr gänzlicher Verflüchtigung und Zersplitterung gerettet hat. Dennoch wäre es lächerlich, eine besondere Bewunderung für so borniertе und gemeine Charaktere wie Cyrillus, den Mörder der edlen Hypatia, und eine besondere Ehrfurcht vor Konzilien wie dem von ihm präsidierten zu Ephesus zu empfinden, welches der Kaiser selbst (Theodosius der Jüngere) als eine »schmähliche und unheilvolle Versammlung« bezeichnete, und welches er eigenmächtig auflösen musste, um den gegenseitigen Injurien und den rohen Gewaltthätigkeiten der heiligen Hirten ein Ende zu machen.

Schon auf diesem ökumenischen Konzil zu Ephesus stand das eigentliche hellenische Thema, die mythologische Mystik, nicht mehr im Vordergrund; denn nun hatte die specifisch römische Dogmenbildung begonnen und zwar mit der Einführung des Marienkultus und des Kultus des Christkindes. Dass dies ein ägyptischer Import war und im ganzen Bereich des römischen Imperiums, namentlich aber in Italien schon längst eingebürgert, habe ich oben erwähnt.[2]) Gegen die erst zu Beginn des 5. Jahrhunderts innerhalb des Christentums in Gebrauch gekommene Benennung »Mutter Gottes« (statt Mutter Christi) war der edle und fast fanatisch rechtgläubige Nestorius auf-

---

[1]) Trotz aller neuen Werke möchte ich dem Ungelehrten noch immer Kapitel 47 aus Gibbon's *Roman Empire* mindestens für eine vorläufige Übersicht als unerreicht empfehlen.

[2]) Siehe S. 557.

getreten; er erblickte darin — und nicht mit Unrecht — die Wiedergeburt des Heidentums. Sehr konsequenter Weise waren es gerade
der Bischof von Ägypten und die ägyptischen Mönche, also die unmittelbaren Erben des Isis- und Horuskult, welche mit Leidenschaft
und Wut, unterstützt vom Pöbel und von den Weibern, für diese
uralten Gebräuche eintraten. Rom schloss sich der ägyptischen Partei
an; der Kaiser, der Nestorius liebte, wurde nach und nach gegen
ihn aufgewiegelt. Hier handelt es sich aber, wie man sieht, nicht
um die eigentliche hellenische Sache, sondern vielmehr um den Beginn
einer neuen Periode: derjenigen der Einführung heidnischer Mysterien
in die christliche Kirche. Sie zu bekämpfen, war Sache des Nordens;
denn jetzt handelte es sich weniger um Metaphysik als um Gewissen
und Sittlichkeit; somit erscheint auch die mehrfache Behauptung,
Nestorius (aus der römischen Soldatenkolonie Germanicopolis gebürtig)
sei von Geblüt ein Germane gewesen, recht glaubwürdig; jedenfalls
war er ein Protestant. (Siehe die Nachträge.)

Ein Wort aber noch über den Osten, ehe wir zum Norden
übergehen.

Zu ihrer Blütezeit hatte, wie schon hervorgehoben, die hellenische
Theologie sich der Hauptsache nach um jene Fragen gedreht, welche
auf der Grenze zwischen Mythik, Metaphysik und Mystik schweben.
Darum ist es auch beinahe unmöglich, in einem populären Werke
näher darauf einzugehen. Schon am Schlusse des ersten Kapitels habe
ich, bei Besprechung unseres hellenischen Erbes, darauf hingewiesen,
wie viel abstrakte Spekulation griechischen Ursprunges — doch meist
arg verunstaltet — in unser religiöses Denken übergegangen ist.[1]
Solange ein derartiges Denken im Flusse blieb, wie das im vorchristlichen Griechenland der Fall war, wo der Wissbegierige von einer
»Häresie«, d. h. von einer »Schule« zur anderen über die Strasse
hinüber wandeln konnte, da bildeten diese Abstraktionen eine Ergänzung des intellektuellen Lebens, die vielleicht um so willkommener
war, als das griechische Leben sonst so ganz im künstlerischen Schauen
und in der wissenschaftlichen Beschäftigung mit der empirischen Welt
aufging. Die metaphysische Anlage des Menschen rächte sich durch
bodenlos kühne Phantasien. Betrachtet man jedoch das Leben und
die Worte Jesu Christi, so kann man nicht anders als empfinden, dass
vor ihnen diese stolzen Spekulationen keinen Bestand haben, sondern

---

[1] Siehe S. 98 fg.

vielmehr in ein Nichts sich auflösen. Die Metaphysik ist eben doch
noch eine Physik; Christus dagegen ist Religion. Ihn Logos, Nus,
Demiurgos nennen, mit Sabellius lehren, der Gekreuzigte sei nur
»eine vorübergehende Hypostasierung des Wortes«, oder dagegen
mit Paul von Samosata, er sei »nach und nach Gott geworden«,
das alles heisst eine lebendige Persönlichkeit in eine Allegorie ver-
wandeln, und zwar in eine der schlimmsten Art, nämlich in eine
abstrakte Allegorie.[1]) Und wird nun gar diese abstrakte Allegorie in
eine jüdische Wüstenchronik hineingezwängt, mit krassmaterialistischen
Mysterien verschmolzen, zu einem allein seligmachenden Dogma fest-
gebannt, dann mag man wohl froh sein, wenn praktische Menschen
nach drei Jahrhunderten sagten: jetzt ist's aber genug! nunmehr darf
nichts mehr hinzugefügt werden! Man begreift recht gut, wie Ignatius
von Antiochien, über die Authenticität dieses und jenes Schriftwortes
befragt, erwidern konnte: ihm gölten als die unverfälschten Urkunden
Jesu Christi dessen Leben und Tod[2]) Wir müssen gestehen, dass
die hellenische Theologie, sehr weitherzig und geistvoll in ihrer Deutung
des Schriftwortes, weit entfernt von der knechtischen Gesinnung west-
licher Theologen, doch geneigt war, diese »unverfälschten Urkunden«,
nämlich die thatsächliche Erscheinung Jesu Christi, aus den Augen zu
verlieren.

Doch neben der Kritik ist für die Bewunderung Platz, und zugleich für ein tiefes Bedauern, wenn wir gewahren, wie gerade alles
Grösste und Wahrste, was hier blühte, von Rom verworfen wurde.
Ich will mich nicht ins Theologische hineinstürzen und die Geduld
des Lesers auf die Probe stellen; vielmehr will ich mich mit einem
einzigen Satz des Origenes bescheiden; er wird ahnen lassen, was die

---

[1]) Wenn selbst ein so scharfer, intuitionskräftiger Denker wie Schopenhauer
behauptet: »Das Christentum ist eine Allegorie, die einen wahren Gedanken abbildet«,
so kann man nicht energisch genug einen so offenbaren Irrtum zurückweisen. Man
könnte alles Allegorische der christlichen Kirche über Bord werfen und es bliebe die
christliche Religion bestehen. Denn sowohl das Leben Christi wie auch die von
ihm gelehrte Umkehr des Willens sind Wirklichkeit, nicht Bild. Dass weder die
Vernunft das, was hier vorliegt, ausdenken, noch der schauende Verstand es deuten
kann, macht es nicht weniger wirklich. Vernunft und Verstand werden sich freilich
in letzter Instanz immer gezwungen finden, allegorisch zu Werke zu gehen, doch
Religion ist nichts, wenn nicht ein unmittelbares Erlebnis.

[2]) *Brief an die Philadelphier*, § 8. Freilich hatte Ignatius zu den Füssen des
Apostels Johannes gesessen, ja, nach einer Tradition als Kind den Heiland selbst
gesehen!

christliche Religion durch diesen Sieg des Westens über den Osten
verlor.[1])

Im 29. Kapitel seines schönen Buches *Vom Gebete* spricht Origenes
von dem Mythus des Sündenfalles und bemerkt dazu: »Wir können
nicht anders als einsehen, dass die Leichtgläubigkeit und Unbeständigkeit der Eva nicht erst in dem Augenblicke anhob, als sie Gottes
Wort missachtete und auf die Schlange hörte, sondern offenbar
schon früher vorhanden war, da die Schlange doch deswegen
an sie sich wendete, weil sie in ihrer Schlauheit die Schwäche
Eva's schon bemerkt hatte.« Mit diesem einen Satz ist der —
von den Juden, wie Renan so richtig bemerkte (siehe S. 397), zu
einem dürren, historischen Faktum komprimierte — Mythus zu vollem
Leben neu erweckt. Zugleich mit dem Mythus tritt auch die Natur
in ihre Rechte. Das, was man, sobald man nach einem Höheren strebt,
Sünde nennen darf, gehört uns, wie schon Paulus gesagt hatte, »von
Natur«; mit den Fesseln der Chronik werfen wir die Fesseln der
gläubigen Superstition ab, wir stehen nicht mehr der gesamten Natur
wie ein Fremdes, höher Geborenes und tiefer Gefallenes gegenüber,
vielmehr gehören wir ihr an, und das Gnadenlicht, das in unser
Menschenherz fiel, werfen wir auf sie zurück. Indem Origenes hier
den Paulinischen Gedanken weiter dachte, hatte er zu gleicher Zeit
die Wissenschaft befreit und den Riegel zurückgeschoben, der das
Herz gegen wahre, unmittelbare Religion verschloss.

Das war diejenige hellenische Theologie, die im Kampfe erlag.[2])

Der »Norden«.   Betrachten wir nun die zweite antirömische Strömung, diejenige,
die ich unter dem Ausdruck »Norden« vorhin zusammenfasste, so
werden wir sofort gewahr, dass sie einer durchaus anderen Geistesverfassung entstammt und unter gänzlich geänderten Zeitumständen
sich Geltung zu verschaffen hatte. Im Hellenentum hatte Rom eine
höhere und ältere Kultur als die seinige bekämpft; dagegen handelte es
sich bei diesem Norden zunächst und zuvörderst nicht um spekulative

---

[1]) Für Näheres verweise ich den Leser vor Allem auf das kleine, schon citierte
Werk von Hatch: *The influence of Greek ideas and usages upon the christian church*
(deutsch von Preuschen und Harnack 1892); dieses Buch ist ein Unikum, zugleich
grundgelehrt, so dass es unter Fachleuten Autorität besitzt, und doch für jeden gebildeten Denker, auch ohne theologische Schulung, lesbar.

[2]) Dass diese Theologie im 9. Jahrhundert, in der Person des grossen Scotus
Erigena, des wirklichen Vorläufers einer echt christlichen Religion, wieder auflebte,
ist schon oben kurz angedeutet worden und kommt weiter unten, sowie im neunten
Kapitel noch zur Sprache.

Lehren, sondern um eine Gesinnung, und die Vertreter dieser Gesinnung standen zumeist auf einer bedeutend tieferen Kulturstufe als die Vertreter des römischen Gedankens; [1]) erst nach Jahrhunderten glich sich dieser Unterschied aus. Dazu kam noch ein weiterer Umstand. Hatte in dem früheren Kampfe die noch embryonische römische Kirche die Autorität des Kaisers für ihre Sache zu gewinnen suchen müssen, so stand sie jetzt als fertig organisierte, mächtige Hierarchie da, deren unbedingte Autorität Keiner ohne Lebensgefahr anzweifeln konnte. Kurz, der Kampf ist ein anderer und er wird unter anderen Bedingungen ausgefochten. Ich sage »ist« und »wird«, denn in der That: der Kampf zwischen Ost und West wurde bereits vor tausend Jahren beendet, Mohammed erdrückte ihn; das Schisma blieb als Cenotaph, doch nicht als lebendige Weiterentwickelung; hingegen dauert der Kampf zwischen Nord und Süd noch unter uns fort und wirft bedrohliche Schatten auf unsere nächste Zukunft.

Worin diese Empörung des Nordens bestand, habe ich schon am Schluss des vierten Kapitels und zu Beginn und Ende des sechsten Kapitels wenigstens in einigen Hauptzügen zu erwähnen Gelegenheit gehabt. [2]) Hier bedarf es also nur einer kurzen Ergänzung.

Zunächst die Bemerkung, dass ich den Ausdruck »Norden« gebraucht habe, weil das Wort »Germanentum« den Erscheinungen nicht entsprechen würde oder besten Falles einer tollkühnen Hypothese gleichkäme. Gegner des staatlichen und kirchlichen Ideals, welches in Rom seine Verkörperung fand, treffen wir überall und zu allen Zeiten; tritt die Bewegung erst als sie von Norden herankommt, mächtig auf, so ist das, weil hier, im Slavokeltogermanentum, ganze Nationen einheitlich dachten und fühlten, während es unten im Chaos ein Zufall der Geburt war, wenn ein Einzelner Freiheit liebend und innerlich religiös zur Welt kam. Doch das, was man »protestantische« Gesinnung nennen könnte, findet sich seit den frühesten Zeiten: ist dies nicht die Atmosphäre, welche die evangelischen Berichte in jeder Zeile atmen? stellt man sich den Freiheitsapostel des Briefes an die Galater vor, das Haupt gebeugt, weil ein *pontifex maximus* auf kurulischem

---

[1]) Der Einzelne aus dem barbarischen Norden konnte natürlich weit hervorragen und der Bewohner des Imperiums war gewiss meist ein recht roher Mensch; doch bezeichnet ›Kultur‹ einen Kollektivbegriff, wir sahen das namentlich bei Griechenland (S. 70), und da kann man ohne Frage behaupten, dass in germanischen Ländern eine wirkliche Kultur kaum vor dem 13. Jahrhundert zu entstehen begann.

[2]) Siehe S. 317, 477 fg., 513 fg.

Stuhle irgend eine dogmatische Entscheidung verlautbart hätte? lesen wir nicht in jenem mit Recht berühmten Briefe des Anonymen an Diognet, aus den urältesten christlichen Zeiten: »Unsichtbar ist die Religion der Christen?«[1]) Renan sagt: »*Les chrétiens primitifs sont les moins superstitieux des hommes . . . . chez eux, pas d'amulettes, pas d'images saintes, pas d'objet de culte.*«[2]) Hand in Hand hiermit geht eine grosse religiöse Freiheit. Im 2. Jahrhundert bezeugt Celsus, die Christen wichen weit von einander ab in ihren Deutungen und Theorien, alle nur durch das eine Bekenntnis geeinigt: »durch Jesus Christus ist mir die Welt gekreuziget und ich der Welt!«[3]) Grösst-mögliche Innerlichkeit der Religion, weitestgehende Vereinfachung ihrer äusseren Kundgebung, Freiheit des individuellen Glaubens: das ist der Charakter des frühen Christentums überhaupt, das ist keine spätere, von Germanen erfundene Verklärung. Diese Freiheit war so gross, dass selbst im Abendlande, wo doch Rom von Beginn an vorherrschte, Jahrhunderte hindurch jedes Land, ja oft jede Stadt mit ihrem Sprengel ein eigenes Glaubensbekenntnis besass.[4]) Wir nordischen Männer waren viel zu praktisch-weltlich angelegt, zu viel mit staatlichen Organisationen und Handelsinteressen und Wissenschaften beschäftigt, um jemals auf diesen echtesten Protestantismus aus der vorrömischen Zeit zurückzugreifen. Ausserdem hatten diese frühen Christen es auch besser gehabt als wir: der Schatten des theokratisch umgestalteten römischen Imperialgedankens war noch gar nicht über sie gefallen. Dagegen war es gerade eine verhängnisvolle Charakteristik der nordischen Bewegung, dass sie zu-nächst immer als Reaktion auftreten, dass sie immer niederreissen musste, ehe sie ans Aufbauen denken konnte. Gerade dieser negative Charakter gestattet jedoch eine schier unübersehbare Menge sehr ver-schiedenartiger historischer Thatsachen unter den einen Begriff zu ver-einigen: Empörung gegen Rom. Von dem Auftreten des Vigi-lantius an, im 4. Jahrhundert (gegen den die Wohlfahrt der Völker bedrohenden Unfug des Mönchtums), bis zu Bismarck's Kampf gegen die Jesuiten: ein Zug der Verwandtschaft verbindet alle diese Be-wegungen; denn wie verschieden auch der Impuls sein mag, der zur

---

[1]) § 6.

[2]) *Origines du Christianisme,* 7 éd., VII, 629.

[3]) Vergl. Origenes: *Gegen Celsus* V, 64.

[4]) Vergl Harnack: *Das apostolische Glaubensbekenntnis,* 27. Auflage, S. 9. Die Abweichungen sind nicht unbedeutend. Das jetzige sogenannte »apostolische Sym-bolum« kam erst im 9. Jahrhundert in Gebrauch.

Empörung treibt, Rom selber stellt eine einheitliche, so eisern logische, so massiv festgestaltete Idee dar, dass alle Gegnerschaft gegen sie eine besondere, einigermassen gleichartige Färbung dadurch erhält.

Halten wir also im Interesse einer klaren Zusammenfassung diesen Begriff der »Empörung gegen Rom« fest. Doch muss innerhalb seiner ein wichtiger Unterschied beachtet werden. Unter dem einheitlichen Äusseren beherbergt nämlich der Begriff »Rom« zwei grundverschiedene Tendenzen: die eine fliesst aus einem christlichen Quell, die andere aus einem heidnischen, die eine strebt einem kirchlichen Ideal zu, die andere einem politischen. Rom ist, wie Byron sagt, »*an hermaphrodite of empire*«.[1]) Auch hier wieder das unselige Zwitterhafte, das uns im Christentum auf Schritt und Tritt begegnet! Und zwar stehen nicht allein zwei Ideale — ein politisches und ein kirchliches — neben einander, sondern das politische Ideal Rom's, jüdisch-heidnisch in Fundamenten und Aufbau, birgt einen so grossartigen socialen Traum, dass es zu allen Zeiten selbst mächtige Geister berückt hat, während das eigentliche religiöse Ideal, durchdrungen wie es auch sein mag von der Gegenwart Christi (so dass manche hohe Seele in dieser Kirche nur Christum erblickt), direkt antichristliche Vorstellungen und Lehren ins Christentum eingeführt und nach und nach gross gezogen hat. Manchen Mann von gutem Urteil bedünkte darum das politische Ideal Rom's religiöser als sein kirchliches! Erhielt nun die Auflehnung gegen Rom eine gewisse Einheitlichkeit durch den Umstand, dass das Grundprinzip Rom's auf beiden Gebieten (dem politischen und dem religiösen) die absolute Despotie ist, somit jeglicher Widerspruch Aufruhr bedeutet, so begreift man dennoch leicht, dass in Wirklichkeit die Gründe zur Empörung für verschiedene Menschen sehr verschieden waren. So nahmen z. B. die germanischen Fürsten der früheren Zeit die religiöse Lehre meistens ohne weiteres an, wie Rom sie predigte, unbekümmert ob sie christlich oder unchristlich war, verfochten aber zugleich ihre eigenen politischen Rechte gegen das aller römischen Religion zu Grunde liegende politische Ideal, mit seinem grossartigen Traum der »Gottesstadt« auf Erden, und gaben nur in äusserster Not einiges Wenige von ihren nationalen Ansprüchen preis; wogegen der byzantinische Kaiser Leo in keinem politischen Rechte bedroht war und aus rein christlich-religiöser Überzeugung, um nämlich dem hereinbrechenden heidnischen Aberglauben Einhalt zu thun, gegen den Bilder-

---

[1]) *The Deformed transformed,* I, 2.

39*

dienst und damit zugleich gegen Rom den Kampf aufnahm.[1]) Wie
kompliziert sind aber schon diese beiden soeben genannten Beispiele, sobald man sie aufmerksam betrachtet! Denn jene germanischen Fürsten
bestritten zwar die weltlichen Ansprüche des Papstes und die kirchliche Vorstellung der *civitas Dei,* benützten aber die päpstliche Autorität,
sobald ihnen Vorteil daraus erwuchs; und andererseits verfielen solche
Menschen, die wie Vigilantius und Leo der Isaurier aus rein religiösem
Interesse gegen Dinge loszogen, die sie für unchristlichen Unfug hielten,
ebenfalls in eine grosse Inkonsequenz, da sie die Autorität Rom's im
Prinzip nicht bestritten, sich ihr somit logischer Weise hätten unterwerfen sollen. Die hier nur leise angedeutete Konfusion wird immer
grösser, je genauer man die Sache untersucht. Wer über weitaus-
gedehntes Wissen verfügte und sich der Darstellung dieses einen Gegenstandes, der Empörung gegen Rom, widmete (etwa vom 9. bis zum
19. Jahrhundert), würde das merkwürdige Ergebnis zu Tage fördern,

---

[1]) Man lese in Bischof Hefele's *Konziliengeschichte,* Bd. III, die ausführliche
und aggressiv parteiische Darstellung des Bilderstreites; man wird sehen, dass Leo
der Isaurier und seine Ratgeber einzig und allein dem rapiden Niedergang des religiösen Bewusstseins durch die Einführung abergläubischer unchristlicher Gewohnheiten
zu steuern versucht haben. Ein dogmatischer Streit liegt nicht vor, ebensowenig
ein politisches Interesse; im Gegenteil, durch sein mutiges Handeln reizt der Kaiser
sein ganzes Volk, geführt von dem unabsehbaren Heer der ignoranten Mönche, gegen
sich auf, und Hefele's psychologische Erklärung, es habe dem Kaiser an ästhetischem
Gefühl gefehlt, ist wirklich zu kindisch naiv, um eine Widerlegung zu verdienen.
Dagegen sieht man täglich mehr ein, wie Recht Leo mit seiner Behauptung hatte,
die Bilderverehrung bedeute einen Rückfall ins Heidentum. In Kleinasien verfolgt
die Archäologie heute von Ort zu Ort die Umwandlung der früheren Götter in
Mitglieder des christlichen Pantheons, die nach wie vor Lokalgötter blieben, zu
denen man nach wie vor hinpilgerte und noch heute pilgert. So z. B. wurde
aus der Riesen tötenden Athena von Seleucia eine ›heilige Thekla von Seleucia‹;
die Altäre der Jungfrau Artemis wurden nur umgetauft zu Altären der ›Jungfrau
Mutter Gottes‹; der Gott von Colossus galt fortan als Erzengel Michael — — —
Für die Bevölkerungen war der Unterschied kaum bemerkbar (siehe Ramsay: *The
church in the Roman Empire,* S. 466 fg.). Mit diesen uralten volksmässigen, durchaus
unchristlichen und antichristlichen Superstitionen hing nun der ganze Bilderkult zusammen; die Kirche konnte so viele ›*distinguo*‹ einführen wie sie wollte, das Bild
blieb doch, wie der Stein zu Mekka, ein mit magischen Kräften begabter Gegenstand. Solchen Thatsachen gegenüber, die nicht nur in Kleinasien, sondern in ganz
Europa die Fortdauer des Glaubens an lokale wunderwirkende Gottheiten bis auf
den heutigen Tag (so weit Rom's Einfluss reicht) bewirkten (man vergl. Renan:
Marc-Aurèle, ch. 34), nehmen sich die ›Beweise‹, die Gregor II. in seinen Briefen
an Leo für die Bilderverehrung vorbringt, sehr drollig aus. Zwei sind es namentlich,
welche schlagend wirken sollen. Die von Christus (*Matth.* IX, 20) geheilte Frau

dass Rom die ganze Welt gegen sich gehabt hat, und seine unvergleichliche Macht lediglich der zwingenden Gewalt einer unerbittlich logischen
Idee verdankt. Niemand verfuhr jemals logisch gegen Rom; Rom war
stets rücksichtslos logisch für sich. Dadurch besiegte es ebensowohl den
offenen Widerstand wie auch die zahlreichen inneren Versuche, ihm eine
andere Richtung aufzuzwingen. Nicht Leo der Isaurier allein, der von
aussen angriff, scheiterte, es scheiterte eben so sehr der heilige Franziskus
von Assisi in seinem Bestreben, die *ecclesia carnalis*, wie er sie nannte,
von innen zu reformieren;[1] es scheiterte der apostolische Feuergeist,
Arnold von Brescia, in seinem Wahne, die Kirche ihren weltlichen Zielen
zu entrücken; es scheiterten die Römer in ihren wiederholten, verzweifelten Empörungen gegen die Tyrannei der Päpste; es scheiterte
Abälard — ein Fanatiker für das römische Religionsideal — in seinem Versuch, rationelleres, höheres Denken mit ihm zu verbinden; es scheiterte
Abälard's Gegner, Bernhard, der Reformator des Mönchtums, der gern
dem Papste und der ganzen Kirche seine mystische Religionsauffassung

---

habe an jenem Orte, wo sie geheilt wurde, ein Standbild Christi errichtet, und
Gott, weit entfernt zu zürnen, habe am Fusse der Bildsäule ein bisher unbekanntes
Heilkraut hervorwachsen lassen! Das ist der erste Beweis, der zweite ist noch
schöner. Abgar, Fürst von Edessa, ein Zeitgenosse des Heilands, habe einen Brief an
Christus gerichtet, und dieser ihm zum Dank sein Porträt gesandt!! (Hefele: a. a. O.,
S. 383 und 395). — Sehr merkwürdig und für die Beurteilung des römischen Standpunktes höchst lehrreich ist die Thatsache, dass der Papst dem Kaiser vorwirft (siehe
a. a. O., S. 400), er habe den Menschen die Bilder geraubt und ihnen dafür ›thörichte
Reden und musikalische Possen‹ gegeben. Das heisst also, Leo hat, genau so, wie
wenige Jahre später Karl der Grosse es that, die Predigt wieder in die Kirche eingeführt und für Erhebung des Gemütes durch Musik gesorgt! Dies Beides dünkte
dem römischen Mönch ebenso überflüssig wie der Bilderdienst ihm unerlässlich
schien. Bedenkt man nun, dass Germanicia, die Heimat Leo's, an den Grenzen
Isaurien's, eine jener erst spät von den Kaisern gegründeten Veteranenkolonien war
(Mommsen: *Römische Geschichte*, 3. Aufl., V, 310), bedenkt man, dass zahlreiche Germanen im Heere dienten, bedenkt man ferner, dass Leo der Isaurier ein Mann aus
dem Volke war, der also nicht vermöge seiner Bildung, sondern vermöge seines
Charakters sich hat von den echten Kleinasiaten so weit unterscheiden können, um
das gerade zu hassen, was diese liebten, so dürfte die Frage wohl in uns aufkeimen,
ob dieser Ansturm auf römisch-heidnischen Materialismus, wenngleich südlich von
Rom zur Welt gekommen, nicht doch aus nordischer Seele geboren war? Manche
Hypothese ruht auf schwächeren Füssen.

[1] Dass die geistige Entwickelung dieses bewundernswerten Mannes höchst
wahrscheinlich unter dem direkten Einfluss der Waldenser stand, ist in neuerer Zeit
gezeigt worden und verdient die grösste Beachtung (vergl. Thode: *Franz von Assisi*,
1885, S. 31 fg.).

aufgezwungen und »den unvergleichlichen Doktoren der Vernunft« (wie er sie spottend nennt) mit Gewalt den Mund geschlossen hätte; es scheiterte der fromme Abt Joachim in seinem Kampf gegen »die Vergötterung der römischen Kirche« und gegen die »fleischlichen Vorstellungen« der Sakramente; es scheiterte Spanien, das trotz seiner Katholizität die Beschlüsse des Tridentiner Konzils anzunehmen sich geweigert hatte; es scheiterte das devote österreichische Haus, sowie das bayerische, welche als Belohnung für ihre gesinnungslose Unterwürfigkeit noch bis ins 17. Jahrhundert um die Beibehaltung des Laienkelches und der Priesterehe in ihren Staaten kämpften;[1]) es scheiterte Polen in seinen kühnen Reformationsversuchen;[2]) es scheiterte Frankreich, trotz aller Zähigkeit, in seinem Versuch, sich den Schatten einer halb unabhängigen gallikanischen Kirche zu bewahren — — — vor allem aber scheiterten, von Augustinus bis Jansenius, stets alle diejenigen, welche die apostolische Lehre vom Glauben und von der Gnade in ihrer reinen Unverfälschtheit in das römische System einzuführen suchten, sowie, von Dante bis Lamennais und Döllinger, alle diejenigen, welche die Trennung von Kirche und Staat und die Religionsfreiheit des Individuums forderten. Alle diese Männer und Bewegungen — und ihre Zahl ist in allen Jahrhunderten Legion — verfuhren, ich wiederhole es, unlogisch und inkonsequent; denn entweder wollten sie die zu Grunde liegende römische Idee reformieren, oder sie wollten sich innerhalb dieser Idee ein gewisses Mass von persönlicher, resp. nationaler Freiheit ausbedingen: beides eine offenbare Ungereimtheit. Denn das Grundprinzip Rom's ist (nicht bloss seit 1870, sondern seit jeher) seine göttliche Einsetzung und daraus folgende Unfehlbarkeit; ihm gegenüber kann Freiheit der Meinung nur frevelhafte Willkür sein; und was seine Reform anbelangt, so ist darauf zu erwidern, dass die römische Idee, so verwickelt sie sich bei näherer Betrachtung uns auch erweist, doch ein organisches Produkt ist, ruhend auf den festen Grundlagen mehrtausendjähriger Geschichte und weiter aufgebaut unter genauer Berücksichtigung des Charakters und der Religionsbedürfnisse aller jener Menschen, welche in irgend einer Beziehung dem Völkerchaos angehören — und wie weit dessen Bereich sich erstreckt, wissen wir ja.[3]) Wie konnte ein Mann

---

[1]) Für diese Behauptung und die vorangehende vergl. des Stiftsherrn Smets bischötlich approbierte Ausgabe der *Concilii Tridentini canones et decreta* mit geschichtlicher Einleitung, 1854, S. XXIII.

[2]) Siehe S. 480.

[3]) Vergl. S. 297 u. 319.

von Dante's Geistesschärfe sich als orthodoxer römischer Katholik betrachten und dennoch die Scheidung der weltlichen und der geistlichen Gewalt, sowie die Unterordnung dieser unter jene verlangen? Rom ist ja gerade der Erbe der höchsten weltlichen Gewalt; nur als seine *mandatarii* führen die Fürsten das Schwert, und Bonifaz VIII. erstaunte die Welt nur durch seine Unumwundenheit, nicht durch die Neuheit seines Standpunktes, als er ausrief: *ego sum Caesar! ego sum Imperator!* Sobald Rom diesen Anspruch aufgäbe (und sei er den thatsächlichen Verhältnissen gegenüber noch so theoretisch), so hätte es sich den Todesstoss versetzt. Man vergesse nie, dass die Kirche ihre ganze Autorität aus der Annahme schöpft, sie sei die Vertreterin Gottes; wie Antonio Perez mit echt spanischem Humor sagt: »*El Dios del cielo es delicado mucho en suffrir compañero in niguna cosa,*« der Gott des Himmels ist viel zu eifersüchtig, als dass er in irgend einem Dinge einen Nebenbuhler dulden würde.[1] Und in diesem Zusammenhange übersehe man auch nicht, dass alle Ansprüche Rom's historische sind, die religiösen sowohl wie die politischen; auch sein apostolisches Primat leitet sich von einer historischen Einsetzung — nicht von irgend einer geistigen Überlegenheit — ab.[2] Sobald Rom an irgend einem Punkte die lückenlose, historische Kontinuität preisgäbe, könnte es nicht ausbleiben, dass das ganze Gebäude bald einstürzte; und zwar wäre der gefährlichste Punkt gerade die Anknüpfung an die Suprematie des römischen weltlichen Imperiums, nunmehr zu einem göttlichen Imperium erweitert; denn die rein religiöse Einsetzung ist so sehr bei den Haaren herbeigezogen, dass noch Augustinus sie bestritt,[3] wogegen das thatsächliche Imperium eine der massivsten grundlegenden Thatsachen der Geschichte ist und auch seine Auffassung als »göttlichen Ursprungs« (und darum

---

[1] Von Humboldt in einem Brief an Varnhagen von Ense vom 26. September 1845 citiert.

[2] Gerade gegen Petrus hat Christus Worte gerichtet, wie sonst gegen keinen Apostel: »Hebe dich, Satan, von mir, du bist mir ärgerlich, denn du meinest nicht was göttlich, sondern was menschlich ist« (*Matth.* XVI, 23). Und nicht allein das dreimalige Verleugnen Christi, sondern auch das von Paulus als »Heuchelei« gegeisselte Benehmen in Antiochien (*Gal.* II, 13) lassen uns in Petrus einen zwar heftigen, doch schwachen Charakter erkennen. Nimmt man also an, er habe wirklich das Primat erhalten, so geschah es jedenfalls nicht seines Verdienstes wegen, auch nicht um das natürliche Übergewicht seiner hervorragenden Grösse sicher zu stellen, sondern in Folge einer von Gott beliebten, historisch vollzogenen Einsetzung.

[3] Siehe oben S. 595.

unumschränkt) weiter zurückreicht und fester wurzelt als irgend eine evangelische Tradition oder Lehre. Keiner nun von jenen obengenannten wirklichen Protestanten — denn sie, und nicht die aus der römischen Kirche Ausgetretenen verdienen diese negative Bezeichnung — keiner übte irgend einen dauernden Einfluss aus; innerhalb dieses festgefügten Rahmens war es ein Ding der Unmöglichkeit. Nimmt man ausführlichere Kirchengeschichten zur Hand, so ist man erstaunt über die grosse Anzahl hervorragender katholischer Männer, welche ihr ganzes Leben der Verinnerlichung der Religion, dem Kampf gegen materialistische Auffassungen, der Verbreitung augustinischer Lehren, der Abschaffung priesterlichen Unfugs u. s. w. widmeten; doch ihr Wirken blieb spurlos verloren. Um innerhalb dieser Kirche Dauerndes zu leisten, mussten bedeutende Persönlichkeiten entweder, wie Augustinus, sich selber widersprechen, oder, wie Thomas von Aquin, den spezifisch römischen Gedanken bei der Wurzel erfassen und die eigene Individualität resolut von Jugend auf darnach umbilden. Sonst blieb nur ein einziger Ausweg: die völlige Emanzipation. Wer mit Martin Luther ausrief: »Es ist aus mit dem römischen Stuhl!«[1] — der gab den hoffnungslosen, widerspruchsvollen Kampf auf, in welchem zuerst der hellenische Osten, nachher der ganze Norden, soweit er in ihm verharrte, besiegt zu Grunde ging: zugleich ermöglichte er, und er allein, nationale Wiedergeburt, da wer von Rom sich lossagt, zugleich den Imperiumsgedanken abschüttelt.

So weit kam es in der Zeit, die uns hier beschäftigt — mit alleiniger Ausnahme der beginnenden Waldenserbewegung — nicht. Der Kampf zwischen Nord und Süd war und blieb ein ungleicher, innerhalb einer für autoritativ gehaltenen Kirche ausgefochtener. Sekten gab es unzählige, doch zumeist rein theologische; allenfalls hätte das Arianertum ein spezifisch germanisches Christentum abgeben können, doch fehlten seinen Bekennern die kulturellen Voraussetzungen, um propagandistisch wirken und ihren Standpunkt vertreten zu können; dagegen haben sich die armen Waldenser, trotzdem Rom sie zu wiederholten Malen (zuletzt im Jahre 1685) alle — soweit man ihrer habhaft werden konnte — hinschlachten liess, bis zum heutigen Tage erhalten und besitzen nunmehr in Rom selbst eine eigene Kirche: ein Beweis, dass, wer eben so konsequent ist wie Rom, Bestand hat, und sei er noch so schwach.

---

[1]) Sendschreiben des Jahres 1520 an Papst Leo X.

Bisher war ich gezwungen, diesen Kampf gewissermassen *à rebours* zu zeichnen, eben wegen der Zersplitterung und Inkonsequenz der nordischen Männer ihrem einheitlichen Gegner gegenüber. Ausserdem waren es wiederum natürlich nur Andeutungen; Thatsachen sind wie die Mücken: sobald ein Licht angezündet ist, fliegen sie von selbst zu Tausenden zu den Fenstern herein. Darum will ich auch hier, zur Ergänzung des schon Angedeuteten über den Kampf zwischen Nord und Süd, nur zwei Männer als Beispiele herausgreifen: einen Realpolitiker und einen Idealpolitiker, beide eifrige Theologen in ihren Mussestunden und begeisterte Kinder der römischen Kirche allezeit; ich meine Karl den Grossen und Dante. [1])

Wenn ein Mann sich ein Recht erworben hatte, auf Rom Einfluss zu nehmen, so war es Karl; er hätte das Papsttum vernichten können, er hat es gerettet und auf tausend Jahre inthronisiert; er — wie Niemand vor ihm oder nach ihm — hätte die Macht besessen, wenigstens die Deutschen definitiv von Rom zu scheiden, er that im Gegenteil das, was das Imperium in seinem höchsten Glanze nicht vermocht hatte, und verleibte sie samt und sonders einem »heiligen« und »römischen« Reiche ein. Dieser so verhängnisvoll eifrige Römling war aber dennoch ein guter deutscher Mann und nichts lag ihm mehr am Herzen als diese Kirche, die er als Ideal so leidenschaftlich hoch schätzte, von oben bis unten zu r e f o r m i e r e n und aus den Klauen des Heidentums loszureissen. An den Papst richtet er ziemlich grobe Briefe, in denen er über alles Mögliche polemisiert und kirchlich anerkannte Konzilien *ineptissimae synodi* nennt; und von dem apostolischen Stuhle aus erstreckt sich seine Sorgfalt bis zu der Untersuchung, wie viele Konkubinen sich die Landpfarrer halten! Namentlich sorgt er mit Eifer dafür, dass die heilige Schrift, welche unter dem Einfluss Rom's fast ganz in Vergessenheit geraten war, den Priestern oder zumindest den Bischöfen von Neuem bekannt werde; er wacht

Karl
der Grosse.

---

[1]) Dante wurde im Jahre 1265 geboren, also innerhalb des grossen Grenzjahrhunderts; ausser dieser formellen Berechtigung, ihn hier zu nennen, ergiebt sich eine weitere aus dem Umstand, dass das Auge dieses grossen Poeten nicht allein voraus-, sondern auch zurückschaute. Dante ist mindestens eben so sehr ein Ende wie ein Anfang. Hebt eine neue Zeit von ihm an, so liegt das nicht zum wenigsten darin, dass er eine alte zum Abschluss gebracht hat; namentlich in Bezug auf seine Anschauungen über das Verhältnis zwischen Staat und Kirche ist er ganz und gar in karlinisch-ottonischen Anschauungen und Träumereien befangen und bleibt eigentümlich blind für die grosse politische Umwälzung Europa's, die um ihn herum so stürmisch sich ankündet.

streng darüber, dass die Predigt wieder eingeführt werde und zwar
so, »dass sie das Volk verstehen kann«; er verbietet den Priestern,
das geweihte Salböl als Zaubermittel zu verkaufen; er verordnet, dass in
seinem Reiche keine neuen Heiligen angerufen werden dürfen, u. s. w.
Kurz, Karl bewährt sich in zweifacher Beziehung als germanischer
Fürst: erstens, er und nicht der Bischof, auch nicht der Bischof von
Rom, ist der Herr in seiner Kirche, zweitens, er erstrebt jene Verinnerlichung der Religion, welche dem Indoeuropäer eigen ist. Am
deutlichsten tritt das beim Bilderstreit hervor. In den berühmten, an
den Papst gerichteten *libri Carolini* verurteilt Karl zwar den Ikono-
klasmus, ebensosehr aber die Ikonodulie. Bilder zum Schmuck und
zur Erinnerung zu haben, sei statthaft und gut, meint er, doch sei es
v o l l k o m m e n g l e i c h g ü l t i g, ob man sie habe oder nicht, und keinesfalls dürfe einem Bilde auch nur Verehrung, geschweige Anbetung
gezollt werden. Hiermit stellte sich Karl in Widerspruch zu Lehre
und Praxis der römischen Kirche, und zwar mit vollem Bewusstsein
und indem er ausdrücklich die Beschlüsse der Synoden und die Autorität
der Kirchenväter verwarf. Man hat versucht und versucht noch in
den modernsten Kirchengeschichten die Sache als ein Missverständnis
darzustellen; das griechische Wort *proskynesis* sei fälschlich durch
adoratio übersetzt; dadurch Karl irregeführt worden u. s. w. Doch
liegt der Schwerpunkt gar nicht in der kasuistischen Unterscheidung
zwischen *adorare, venerari, colere, etc.*, welche noch heute eine so
grosse Rolle in der Theorie und eine so kleine in der Praxis spielt;
sondern es stehen zwei Anschauungen einander gegenüber: der Papst
Gregor II. hatte gelehrt, gewisse Bilder sind wunderwirkend;[1] Karl
dagegen behauptet, alle Bilder besitzen nur Kunstwert, an und für
sich sind sie gleichgültig, die gegenteilige Annahme ist blasphema-
torischer Götzendienst; die siebente allgemeine Synode zu Nicäa hatte
im Jahre 787, in ihrer siebenten Sitzung bestimmt: »den Bildern
und anderen heiligen Geräten seien Weihrauch und Lichter zu ihrer
Verehrung darzubringen;« Karl erwidert darauf wörtlich: »Es ist
thöricht, vor den Bildern Lichter und Weihrauch anzuzünden.«[2] Und
so liegt die Sache ja noch heute. Gregor I. hatte (um das Jahr 600)

---

[1] Vergl. S. 613 Anm.

[2] Siehe die aktenmässige Darstellung in Hefele: *Konziliengeschichte* III, 472
und 708. Es gehört wirklich Keckheit dazu, uns Laien einreden zu wollen, hier
liege einfach ein unschuldiges Missverständnis vor; hier stehen im Gegenteil zwei
getrennte Weltanschauungen, zwei Rassen einander gegenüber.

den Missionären ausdrücklich befohlen, sie sollten die heidnischen Lokalgötter, sowie die zauberkräftigen Wasserquellen und dergleichen unangetastet lassen und sich damit begnügen, sie christlich umzu-taufen; [1] noch am Ausgang unseres 19. Jahrhunderts wird sein Rat befolgt; verzweifelt, doch ohne irgend einen dauernden Erfolg, kämpfen noch heute edle katholische Prälaten gegen das von Rom prinzipiell grossgezogene Heidentum. [2] In jeder römischen Wallfahrtskirche be-finden sich bestimmte Bilder, bestimmte Statuen, kurz Artefakten, denen eine meist ganz bestimmte, beschränkte Wirkung zugesprochen wird; oder es ist ein Brunnen, der an einer Stelle hervorquoll, wo die Mutter Gottes erschienen war u. s. w.: dies ist uralter Fetischismus, der im Volke nie ausstarb, von den kultivierten Europäern aber schon zu Zeiten Homer's vollständig überwunden gewesen war. Diesen Fetischismus hat Rom neu gestärkt und grossgezogen — vielleicht mit Recht, vielleicht von dem Instinkt geleitet, dass hier ein wahres und idealisier-bares Moment vorlag, etwas, was diejenigen Menschen, welche noch nicht »ins Tageslicht des Lebens eingetreten sind«, nicht entbehren können? — und gegen ihn erhob sich Karl. Der Widerspruch ist offenbar.

Was hat nun Karl in seinem Kampfe gegen Rom ausgerichtet? Im Augenblick Manches, auf die Dauer gar nichts. Rom gehorchte, wo es musste, widerstand, wo es konnte, und ging seinen Weg ruhig weiter, sobald die machtvolle Stimme für ewig verstummt war. [3]

Noch weniger wenn möglich als gar nichts richtete Dante aus, dessen Reformideen weitgreifender waren und von dem sein neuester und verdienter römisch-katholischer Biograph rühmt: »Dante hat nicht nach Art der Häresie eine Reform g e g e n die Kirche, sondern d u r c h

Dante.

---

[1] *Greg. papae Epist.* XI, 71 (nach Renan).

[2] Aus der Fülle der Belege einen einzigen: im Jahre 1825 bezeugt der Erz-bischof von Köln, Graf Spiegel zum Desenberg, in seinem Erzbistum sei »die wirk-liche Jesus-Religion in krassen Bilderdienst übergegangen« (Briefe an Bunsen, 1897, S. 76). Was würde der hochwürdige Herr erst heute sagen!

[3] Tausend Jahre nach Karl dem Grossen wird der Verkauf des »heiligen Öls« als häusliches Zaubermittel mit Schwung betrieben; so zeigt z. B. eine in München bei Abt erscheinende Zeitung: *Der Armen-Seelen Freund, Monatsschrift zum Troste der leidenden Seelen im Fegfeuer,* im 4. Heft des Jahrganges 1898, »heiliges Öl aus der Lampe des Herrn Dupont in Tours« à 30 Pfennig die Flasche an! Dieses Öl wird als besonders wirksam gegen Entzündungen gepriesen! (Der Herausgeber dieser Zeitschrift ist ein katholischer Stadtpfarrer; die Zeitschrift steht unter bischöflicher Censur. Der Hochadel soll Herrn Dupont's beste Kundschaft sein.)

die Kirche ins Auge gefasst und erhofft, er ist katholischer, nicht
häretischer oder schismatischer Reformator.«[1]) Gerade darum hat er
aber auch auf die Kirche — trotz seines gewaltigen Genies — nicht
den geringsten Einfluss ausgeübt, weder im Leben noch im Tode.
»Katholischer Reformator« ist eine *contradictio in adjecto*, denn die
Bewegung der römischen Kirche kann nur darin bestehen, worin sie
auch thatsächlich bestanden hat, dass ihre Grundsätze immer klarer,
immer logischer, immer unnachgiebiger entwickelt und ausgeübt werden.
Ich möchte wissen, welcher Bannfluch heute den Mann treffen würde,
der es wagte, als Katholik, den Vertreter Christi auf Erden an-
zuherrschen:

> *E che altro è da voi all' idolatre,*
> *Se non ch'egli uno, e voi n'orate cento?*[2])

und der, nachdem er die römische Priesterschaft als ein unchristliches,
»unevangelisches Gezücht« gebrandmarkt und verhöhnt hat, fortfährt:

> *Di questo ingrassa il porco, sant' Antonio,*
> *Ed altri assai, che son peggio che porci,*
> *Pagando di moneta senza conio.*[3])

Wie gänzlich alle diejenigen nordischen Männer,[4]) welche von einer
Reform »nicht gegen die Kirche, sondern durch die Kirche« geträumt
hatten, unterlegen sind, ersehen wir gerade daraus, dass heute keiner
diese Sprache zu führen wagen würde.[5]) Auch Dante's Betonung
des Glaubens den Werken gegenüber:

> *La fé, senza la qual ben far non basta*

(siehe z. B. *Purgatorio* XXII etc.) würde heute kaum geduldet werden.
Doch das, worauf ich hier die Aufmerksamkeit besonders hinlenken

---

[1]) Kraus: *Dante* (1897), S. 736.

[2]) *Inferno*, Canto XIX. »Was unterscheidet Euch denn von einem Götzen-
diener, wenn nicht, dass er einen einzigen und Ihr hundert Götzen anbetet?«

[3]) *Paradiso*, Can. XXIX. »Aus dem Ertrag (der geschilderten Irreführung des
»dummen Volkes«) mästet der heilige Antonius sein Schwein, und das selbe thun
viele Andere, die schlimmer als die Schweine sind und mit ungestempelter Münze
(d. h. mit Ablässen) bezahlen.« Die Italiener scheinen zu keiner Zeit eine besondere
Bewunderung für ihre römischen Priester gefühlt zu haben, auch Boccaccio nennt
sie »Schweine, die sich dahin flüchten, wo sie ohne Arbeit zu essen bekommen«
(*Decamerone*, III, 3).

[4]) Siehe S. 499 Anm.

[5]) Dante würde es ergehen wie jenen »Kirchenvätern und Heiligen«, von denen
Balzac in *Louis Lambert* schreibt: »heute würde sie die Kirche als Häretiker und
Atheisten brandmarken.«

möchte, ist, dass Dante's Ansichten über das rein geistige, der weltlichen Macht untergeordnete Amt der Kirche durch die Absätze 75
und 76 des Syllabus vom Jahre 1864 einem zweifachen Anathema
verfallen sind. Und zwar ist dies durchaus logisch, da, wie ich oben
gezeigt habe, die Kraft Rom's in seiner Folgerichtigkeit und besonders
darin liegt, dass es unter keiner Bedingung seine zeitlichen Ansprüche
aufgiebt. Wahrlich, es ist eine lendenlahme, einsichtslose Orthodoxie,
welche Dante heute weisszuwaschen sucht, anstatt offen zuzugeben, dass
er zu der gefährlichsten Klasse der echten Protestler gehörte. Denn
Dante ging weiter als Karl der Grosse. Diesem hatte eine Art Cäsaro-
papismus vorgeschwebt, in welchem er, der Kaiser, wie Konstantin
und Theodosius, die doppelte Gewalt besitzen sollte, im Gegensatz zur
Papocäsarie, die der römische *pontifex maximus* erstrebte; er blieb also
wenigstens innerhalb des echten römischen Weltherrschaftsgedankens.
Dante dagegen forderte die gänzliche Trennung von Kirche und Staat:
das aber wäre der Ruin Rom's, was die Päpste besser verstanden
haben, als Dante und sein neuester Biograph. Dante schimpft Konstantin die Ursache alles Übels, weil er den Kirchenstaat gegründet habe:

> *Ahi, Costantin! di quanto mal fu matre,*
> *Non la tua conversion, ma quella dote*
> *Che da te prese il primo ricco patre!*[1]

Und zwar verdient nach ihm Konstantin doppelten Tadel, einmal
weil er die Kirche auf Irrwege geleitet, sodann weil er sein eigenes
Reich geschwächt habe. Im 55. Vers des 20. Gesanges des *Paradiso*
sagt er, Konstantin habe, indem er der Kirche Macht verlieh, »die
Welt vernichtet«. Und verfolgt man diese Idee nun in Dante's Schrift
De Monarchia, so stellt es sich heraus, dass hier eine durchaus
heidnisch-historische Lehre vorliegt: die Vorstellung, dass die Weltherrschaft das rechtmässige Erbe des römischen Reiches sei![2] Wie ist es
möglich, so nahe an der Grundidee von Rom's Kirchenmacht vorbei-
zustreifen und sie doch nicht zu fassen? Denn gerade die Kirche ist
ja die Erbin jener Weltmacht! Durch ihre Besitzergreifung entstand

---

[1] *Inferno,* XIX. »O Constantin! wie vielen Übels ist Ursache nicht zwar deine
Bekehrung, das Geschenk aber, welches der erste reiche Vater von dir empfing.«

[2] *De Monarchia,* das ganze zweite Buch. Siehe aber namentlich Kap. 3, in
welchem die »göttliche Vorherbestimmung« des römischen Volkes zur Weltregierung
nicht etwa aus Deutungen alttestamentlicher Propheten oder gar aus der Einsetzung
Petri hergeleitet, sondern aus dem Stammbaum des Äneas und der Kreusa nachgewiesen
wird! Rasse nicht Religion entscheidet bei Dante!

erst die *civitas Dei*. Schon längst hatte Augustinus mit einer Gewalt
der Logik, die man Dante und seinen Apologeten wünschen möchte,
dargethan, die Macht des Staates beruhe auf der Macht der Sünde;
nunmehr, da durch Christi Tod die Macht der Sünde gebrochen sei,
habe der Staat sich der Kirche zu unterwerfen, mit anderen Worten,
die Kirche stehe fortan an der Spitze des staatlichen Regimentes. Der
Papst ist nach der orthodoxen Lehre der Vertreter Gottes, *vicarius
Dei in terris;*[1] wäre er bloss der »Vertreter Christi« oder der »Nachfolger Petri«, so liesse sich allenfalls das Amt als ein ausschliesslich
seelsorgerisches auffassen, denn Christus sprach: Mein Reich ist nicht
von dieser Welt; doch wer sollte sich über den Vertreter der allmächtigen Gottheit auf Erden irgend eine Autorität anmassen? wer
dürfte leugnen, dass das Zeitliche Gott ebenso untersteht, wie das
Ewige? wer es wagen, ihm in irgend einer Beziehung die Suprematie
zu verweigern? Mag also immerhin Dante in theologischen Glaubensdingen ein streng orthodoxer Katholik gewesen sein, der »an dem
untrüglichen Lehramt der Kirche« nicht zweifelte[2] — auf solches

---

[1] *Concilium Tridentinum, decretum de reformatione,* c. I.

[2] Kraus a. a. O., S. 703 fg., scheint seine These siegreich zu verfechten, doch
nicht zu ahnen, wie wenig solche formale Rechtgläubigkeit bedeutet und wie gefährlich
sein eigener Standpunkt für die römische Kirche ist. Ich kann mich ausserdem nicht
enthalten, die Aufmerksamkeit darauf zu lenken, dass Dante's berühmtes Glaubensbekenntnis am Schlusse des XXIV. Gesanges des *Paradiso* geradezu betrübend abstrakt ist. Kraus betrachtet als den endgültigen Beweis von Dante's Orthodoxie ein
Credo, welches den Namen Jesu Christi gar nicht ausspricht! Mir fällt im Gegenteil
auf, dass Dante sich lediglich an das allgemeine Mythologische hält. Und lasse ich
nun eine Reihe anderer Aussprüche im Gedächtnis vorbeiziehen, so erhalte ich den
Eindruck, dass Dante überhaupt (wie manche andere Männer seiner Zeit) kaum ein
Christ zu nennen ist. Der grosse kosmische Gott im Himmel und die römische
Kirche auf Erden: alles intellektuell und politisch, oder sittlich und abstrakt. Man
fühlt eine unendliche Sehnsucht nach Religion, doch die Religion selbst, jener Himmel,
der nicht mit äusserlichen Geberden kommt, war dem edlen Geiste in der Wiege
gestohlen worden. Dante's poetische Grösse liegt nicht zum wenigsten in dieser
furchtbaren Tragik des 13. Jahrhunderts, des Jahrhunderts Innocenz III. und des
Thomas von Aquin! Seine Hoffnung bescheidet sich mit der *luce intellettual (Par. XXX)*,
und sein wahrer Führer ist weder Beatrice noch der heilige Bernard, sondern der
Verfasser der *Summa theologiae,* der das fast gänzlich entchristlichte Christentum und
die Nacht einer — jedem Wissen und jeder Schönheit feindlichen — Zeit durch das
reine Licht der Vernunft zu beleuchten und zu idealisieren suchte. Thomas von
Aquin bedeutet die rationalistische Ergänzung einer materialistischen Religion; ihm
warf sich Dante in die Arme. (Siehe das interessante, freilich eine ganz andere
These verfechtende Buch eines englischen Katholiken, E. G. Gardner, *Dante's Ten
Heavens,* 1898.)

dogmatische Fürwahrhalten kommt wenig an, sondern es kommt darauf an zu wissen, was ein Mensch von Hause aus, durch die ganze Anlage seiner Persönlichkeit ist und sein muss, was ein Mensch will und wollen muss, und Dante trieb es dazu, nicht bloss in heftigen Worten über die unantastbare Person des *pontifex maximus* herzufallen und alle Diener der Kirche fast unausgesetzt zu geisseln, sondern die Grundvesten der römischen Religion zu untergraben.

Auch dieser Angriff prallte spurlos von den mächtigen Mauern Rom's ab.

Mit Absicht habe ich den Kampf zwischen Nord und Süd nur in seiner Erscheinung innerhalb der römischen Kirche betont, und zwar nicht allein, weil ich von anderen Erscheinungen schon zu sprechen Gelegenheit hatte oder weil sie erst in die nächste Kulturepoche zeitlich und historisch gehören, sondern weil mich dünkt, dass gerade diese Seite der Betrachtung meist ausser Acht gelassen wird und dass gerade sie für das Verständnis unserer Gegenwart von grosser Bedeutung ist. Durch die Reformation erstarkte später die katholische Kirche; denn durch sie schieden unassimilierbare Elemente aus ihrer Mitte aus, die ihr in der Gestalt unterwürfiger und dennoch aufrührerischer Söhne — nach Art Karl's des Grossen und Dante's — weit mehr Gefahr brachten, als wären sie Feinde gewesen, Elemente, welche innerlich die logische Entwickelung des römischen Ideals hemmten und äusserlich sie wenig oder gar nicht fördern konnten. Ein Karl der Grosse mit einem Dante als Reichskanzler hätte die römische Kirche in den Grund gebohrt; ein Luther dagegen klärt sie dermassen über sich selbst auf, dass das Konzil von Trient den Morgen eines neuen Tages für sie bedeutet hat.

Auf die schon früher berührten Rassenunterschiede will ich hier nicht zurückkommen, wenngleich sie dem Kampf zwischen Nord und Süd zu Grunde liegen; Evidentes braucht ja nicht erst erwiesen zu werden. Doch will ich diese kurze Betrachtung über die nordische Kraft im christlichen Religionskampf nicht abbrechen und zu »Rom« übergehen, ohne den Leser gebeten zu haben, irgend ein gutes Geschichtswerk zur Hand zu nehmen, z. B. den ersten Band von Lamprecht's *Deutscher Geschichte;* ein aufmerksames Studium wird ihn überzeugen, wie tief eingewurzelt im germanischen Volkscharakter gewisse Grundüberzeugungen sind; zugleich wird er einsehen lernen, dass wenn auch Jakob Grimm mit seiner Behauptung — »germanische Kraft habe den Sieg des

Religiöse
Rasseninstinkte.

Christentums entschieden«[1]) — Recht haben mag, dieses Christentum sich von dem des Völkerchaos von Hause aus wesentlich unterscheidet. Es handelt sich gleichsam um Falten des Gehirns:[2]) was auch hineingelegt wird, es muss sich nach ihnen biegen und schmiegen. Gleichwie ein Boot, dem scheinbar einförmigen Elemente des Ozeans anvertraut, weit abweichende Wege wandern wird, je nachdem der eine Strom oder der andere es ergreift, ebenso legen die selben Ideen in verschiedenen Köpfen verschiedene Bahnen zurück und geraten unter Himmelsstriche, die wenig Gemeinsames miteinander haben. Wie unendlich bedeutungsvoll ist z. B. bei den alten Germanen der Glaube an ein »allgemeines, unabänderliches, vorausbestimmtes und vorausbestimmendes Schicksal«.[3]) Schon in dieser einen, allen Indoeuropäern gemeinsamen »Hirnfalte« liegt — vielleicht neben manchem Aberglauben — die Gewähr einer reichen geistigen Entwickelung nach den verschiedensten Richtungen und auf genau bestimmten Wegen. In der Richtung des Idealismus wird der Glaube an ein Schicksal mit Naturnotwendigkeit zu einer Religion der Gnade führen, in der Richtung der Empirie zu streng induktiver Wissenschaft. Denn streng empirische Wissenschaft ist nicht, wie häufig behauptet wird, eine geborene Feindin aller Religion, noch weniger der Lehre Christi; sie hätte sich, wie wir sahen, mit Origenes vortrefflich vertragen, und im neunten Kapitel werde ich zeigen, dass Mechanismus und Idealismus Geschwister sind; Wissenschaft kann aber ohne den Begriff der lückenlosen Notwendigkeit nicht bestehen, und darum ist, wie selbst ein Renan zugeben muss: »jeder semitische Monotheismus von Hause aus ein Gegner aller physischen Wissenschaft«.[4]) Das Judentum, sowie das unter römischem Einfluss entwickelte Christentum postulieren als Grunddogma die unbeschränkte schöpferische Willkür; daher der Antagonismus und der nie endende Kampf zwischen Kirche und Wissenschaft; bei den Indern bestand er nicht; den Germanen ist er nur künstlich aufgenötigt worden.[5]) Ebenso bedeutend ist die Thatsache, dass für die alten Germanen — genau so wie bei den Indern und Griechen — die sittliche Betrachtung sich nicht in die Frage nach Gut und Böse zu-

---

[1]) *Geschichte der deutschen Sprache,* 2. Aufl., S. IV und 550.

[2]) Vergl. S. 450.

[3]) A. a. O., 2. Auflage I, 191. Wozu man meine Ausführungen Kap. 3, S. 242 vergleichen möge.

[4]) *Origines du Christianisme,* VII, 638.

[5]) Siehe S. 407.

spitzte.[1]) Hieraus musste sich mit der selben Notwendigkeit die Religion des Glaubens im Gegensatz zur Religion der Werke entwickeln, d. h. Idealismus im Gegensatz zu Materialismus, innerliche, sittliche Umkehr im Gegensatz zu semitischer Gesetzesheiligkeit und römischem Ablasskram. Hier halten wir übrigens ein vorzügliches Beispiel von der Bedeutung der blossen Richtung, d. h. also der blossen Orientierung im geistigen Raume. Denn nie hat irgend ein Mensch gelehrt, ein Leben könne gut sein ohne gute Werke,[2]) und umgekehrt ist es die stillschweigende Voraussetzung des Judentums und ein Religionssatz der Römer, dass gute Werke ohne Glauben unnütz sind; an und für sich ist also jede der beiden Auffassungen gleich edel und moralisch; je nachdem aber das Eine oder das Andere betont wird, gelangt man dazu, das Wesen der Religion in die innerliche Umwandlung des Menschen, in seine Gesinnung, in seine ganze Art, zu denken und zu fühlen zu legen, oder aber es treten äussere Observanzen, äusserlich bewirkte Erlösung, Buchführung über gute und böse Thaten und die Berechnung der Sittlichkeit nach Art eines Guthabens ein.[3]) Kaum minder be-

---

[1]) Lamprecht, a. a. O., S. 193. Lamprecht selber hat, wie die meisten unserer Zeitgenossen, keine Ahnung von dem Sinn dieser Erscheinung (die ich im neunten Kapitel ausführlich erörtere). Er meint: »der sittliche Individualismus schlummerte noch«!

[2]) Unglaublich ist es, wie noch heutigen Tages selbst in wissenschaftlichen römischen Werken gelehrt wird (siehe z. B. Brück: *Lehrbuch der Kirchengeschichte*, 6. Auflage, S. 586), Luther habe gepredigt, wer glaube, möge nur lustig darauf lossündigen. Auf diese lasterhafte Dummheit genüge folgendes Citat als Erwiderung: »Wie nun die Bäume müssen eher sein denn die Früchte, und die Früchte nicht die Bäume weder gut noch böse machen, sondern die Bäume machen die Früchte, also muss der Mensch in der Person zuvor fromm oder böse sein, ehe er gute oder böse Werke thut. Und seine Werke machen ihn nicht gut oder böse, sondern er macht gute oder böse Werke. Desgleichen sehen wir in allen Handwerken: ein gutes oder böses Haus macht keinen guten oder bösen Zimmermann, sondern ein guter oder böser Zimmermann macht ein böses oder gutes Haus; kein Werk macht einen Meister, danach das Werk ist, sondern wie der Meister ist, danach ist sein Werk auch« *(Von der Freiheit eines Christenmenschen)*.

3) Schon in alten Zeiten war bei den Israeliten »die ganze Idee von Gut und Böse auf einen Geldtarif zurückgeführt« (R. Smith: *Prophets of Israel*, p. 105), so dass Hosea klagen musste: »Die Priester fressen die Sündopfer meines Volkes, und sind begierig nach ihren Sünden« (IV, 8). Ich erinnere mich, in Italien einem wortbrüchigen Mann mit seinen eigenen Gewissensbissen gedroht zu haben: »ach was! bester Herr«, erwiderte er, »das war ja nur eine kleinere (!) Lüge; sieben Jahre Fegfeuer, zehn Soldi wird mich das kosten!« Ich dachte, er habe mich zum Besten, und als die beiden Franziskaner das nächste Mal an meine Thüre klopften,

merkenswert sind solche Dinge, wie z. B. die Unmöglichkeit, den
alten Germanen den Begriff »Teufel« beizubringen; Mammon über-
setzte Wulfila mit »Viehgedräng«, doch Beelzebub und Satan musste
er unübersetzt lassen.[1]) Die glücklichen Menschen! Und wie viel
giebt das zu denken, wenn man sich an die jüdische Religion der
Furcht und an des Basken Loyola stete Betonung von Teufel und
Hölle erinnert![2]) Andere Dinge wieder sind von rein historischem
Interesse, wie z. B. die Thatsache, dass die Germanen kein berufs-
mässiges Priestertum besassen, jegliche Theokratie ihnen folglich fremd
war, was übrigens, wie Wietersheim zeigt, das Eindringen des römischen
Christentums sehr erleichtert hat.[3]) Doch will ich diese Nachforschungen
über angeborene Religionsrichtungen dem Leser überlassen, damit mir
noch der nötige Raum bleibt, um über die dritte grosse Macht
im Kampfe noch einiges vorbringen zu können in Ergänzung dessen,
was bei Besprechung von Ost und Nord schon angedeutet werden
musste.

Rom.   Die Kraft Rom's lag vor Allem in der Fortdauer des Imperium-
gedankens, ja, ursprünglich in der thatsächlichen Fortdauer der kaiserlichen Gewalt. Ein heidnischer Kaiser war es, wie wir gesehen haben
(S. 572), der zuerst einen Streit zwischen Christen dadurch schlichtete,

---

fragte ich die ehrwürdigen Herren, wie der Himmel eine ›kleinere‹ Lüge bestrafe:
›sieben Jahre Fegfeuer!‹ war die sofortige einstimmige Antwort, ›doch Ihr seid ein
Wohlthäter von Assisi, es wird Euch vieles erlassen werden‹. — Interessant ist es
zu sehen, wie die Westgoten bereits im 6. Jahrhundert gegen ›die Unordnung im
Busswesen, dass man nach Belieben sündigt und immer wieder vom Priester die
Rekonciliation verlangt‹ ankämpfen (Hefele: a. a. O., III, 51): immer wieder Symptome
des Kampfes der Germanen gegen eine innerlich fremde Religion. Einzelheiten über
den Tarif für Ablass an Geld oder an Geisselhieben kurz vor dem ersten Kreuzzug
findet man in Gibbon's *Roman Empire,* Kap. LVIII.

[1]) Lamprecht: a. a. O., S. 359.

[2]) Siehe S. 228 und 525. Dieser *timor servilis* blieb auch fernerhin die Grund-
veste aller Religion in Loyola's Orden. Sehr unterhaltend ist in dieser Beziehung
ein von Parkman: *Die Jesuiten in Nord-Amerika,* S. 148, mitgeteilter Brief eines
kanadensischen Jesuiten, der für seine junge Gemeinde Bilder bestellt: 1 Christus,
1 *âme bienheureuse,* mehrere heilige Jungfrauen, eine ganze Auswahl verdammter Seelen!
Man wird hierbei an die von Tylor *(Anfänge der Kultur,* II, 337) erzählte Anekdote
erinnert. Ein Missionär disputierte mit einem Indianerhäuptling und sagte ihm:
›Mein Gott ist gut, aber er bestraft die Gottlosen‹; worauf der Indianer entgegnete:
›Mein Gott ist auch gut, aber er bestraft Niemanden, zufrieden damit, Allen Gutes
zu thun.‹

[3]) *Völkerwanderung,* 2. Ausgabe, II, 55.

dass er die Stimme des römischen Bischofs als ausschlaggebend bezeichnete, und der wahre Begründer des römischen Christentums als
Weltmacht ist nicht irgend ein Papst oder Kirchenvater oder ein
Concilium, sondern Kaiser Theodosius. Theodosius war es, der aus
eigener Machtvollkommenheit durch sein Edikt vom 10. Januar 381
verordnete, alle Sekten ausser der von ihm zur Staatsreligion erhobenen
seien untersagt, und der sämtliche Kirchen zu Gunsten Roms kon-
fiszierte; er war es, der das Amt eines »Reichsinquisitors« gründete,
und jede Abweichung von der von ihm anbefohlenen Orthodoxie mit
dem Tode bestrafte. Wie sehr aber die ganze Auffassung des Theodosius eine »imperiale«, nicht eine religiöse oder gar apostolische war,
geht zur Genüge aus der einen Thatsache hervor, dass Irrglaube und
Heidentum juristisch als Majestätsverbrechen bezeichnet wurden.[1]
Die volle Bedeutung dieses Sachverhalts versteht man erst, wenn man
zurückblickt und gewahrt, dass zwei Jahrhunderte früher selbst ein so
feuriger Geist wie Tertullian allgemeine Duldsamkeit gefordert hatte, indem er meinte, ein Jeder solle Gott seiner eigenen Überzeugung gemäss
verehren, eine Religion könne der andern nichts schaden, und wenn
man ferner sieht, dass hundertundfünfzig Jahre vor Theodosius Clemens
von Alexandrien das griechische »hairesis« noch im alten Sinne gebraucht,
nämlich zur Bezeichnung einer besonderen Schule im Gegensatz zu
anderen Schulen, ohne dass diesem Begriff ein Tadel innegewohnt
hätte.[2] Die Häresie als Verbrechen ist, wie man sieht, ein Erbstück
des römischen Imperialsystems; der Gedanke kam erst auf, als die
Kaiser Christen geworden waren, und er beruht, ich wiederhole es,
nicht auf religiösen Voraussetzungen, sondern auf der Vorstellung, es
sei Majestätsbeleidigung, anders zu glauben als der Kaiser glaubt.
Dieses kaiserliche Ansehen erbte später der *pontifex maximus*.

Sowohl über die Gewalt des echten römischen Staatsgedankens, wie
ihn die Geschichte des nur zu früh entschwundenen unvergleichlichen
Volkes klar hinstellt, wie auch über die tief eingreifenden Modifikationen,
welche diese Idee gewissermassen in ihr Gegenteil verkehrten, sobald
ihr Schöpfer, das Volk der Römer, verschwunden war, habe ich aus-

---

[1] Ich nenne Theodosius, weil er neben dem Willen die Macht besass; doch
sein Vorgänger Gratian war es, der den Begriff der »Orthodoxie« zuerst aufgestellt
hatte und zwar ebenfalls als rein staatliche Angelegenheit; wer nicht rechtgläubig
war, verlor sein Staatsbürgerrecht.

[2] Tertullian: *Ad. Scap.* 2; Clemens *Stromata* 7, 15 (beides nach Hatch: a. a. O.,
S. 329).

führlich im zweiten Kapitel gesprochen und verweise hier darauf.[1]) Die
Welt war gewohnt, von Rom Gesetze zu erhalten, und zwar nur von
Rom; sie war es so gewohnt, dass selbst das getrennte byzantinische
Reich sich noch »römisch« nannte. Rom und Regieren waren synonyme
Ausdrücke geworden. Für die Menschen des Völkerchaos — das ver-
gesse man nicht — war Rom das Einzige, was sie zusammenhielt,
die einzige organisatorische Idee, der einzige Talisman gegen die hereinbrechenden Barbaren. Die Welt wird eben nicht allein von Interessen
regiert (wie mancher neueste Geschichtsschreiber lehrt), sondern vor
Allem von Ideen, selbst dann noch, wenn diese Ideen zu Worten sich
verflüchtigt haben; und so sehen wir denn das verwaiste, kaiserlose
Rom doch noch ein Prestige behalten, wie keine zweite Stadt Europa's.
Seit jeher hatte Rom für die Römer »die heilige Stadt« geheissen; dass
wir sie noch heute so nennen, ist keine christliche Gewohnheit, sondern
ein heidnisches Erbe; den alten Römern war eben, wie schon an
früherer Stelle (S. 136) hervorgehoben, das Vaterland und die Familie
das Heilige im Leben gewesen. Nunmehr freilich gab es keine Römer
mehr; dennoch blieb Rom die heilige Stadt. Bald gab es auch keinen
römischen Kaiser mehr (ausser dem Namen nach), doch ein Bruchstück der kaiserlichen Gewalt war zurückgeblieben: der *Pontifex
maximus*. Auch hier war etwas vorgegangen, was mit der christlichen
Religion ursprünglich in keinerlei Zusammenhang stand. Früher, in
vorchristlichen Zeiten, war die vollständige Unterordnung des Priestertums unter die weltliche Macht ein Grundprinzip des römischen Staates
gewesen, man hatte die Priester geehrt, ihnen aber keinen Einfluss
auf das öffentliche Leben gestattet; einzig in Gewissenssachen hatten
sie Jurisdiction besessen, d. h. dass sie einem Selbstankläger (Beichte!)
eine Strafe zur Sühne seiner Schuld (Busse!) auferlegen, oder eventuell
ihn von dem öffentlichen Kult ausschliessen, ja, sogar mit dem göttlichen Bannfluch belegen konnten (Exkommunikation). Doch als der
Kaiser alle Ämter der Republik in seinen Händen kumuliert hatte,
wurde es mehr und mehr Sitte, das Pontifikat als seine höchste Würde
zu betrachten, wodurch nach und nach der Begriff des *Pontifex* eine
Bedeutung erhielt, die er früher nie besessen hatte. Caeser war ja kein
Titel, sondern nur ein Eponym; *pontifex maximus* bezeichnete dagegen
fortan das höchste (und seit jeher das einzige lebenslängliche) Amt;
als *pontifex* war jetzt der Kaiser eine »geheiligte Majestät«, und vor

---

[1]) Siehe namentlich S. 145 fg.

diesem »Vertreter des Göttlichen auf Erden«[1]) musste Jeder anbetend
sich verneigen — ein Verhältnis, an welchem durch den Übertritt
der Kaiser zum Christentum zunächst nichts geändert wurde. Doch
hierzu kommt noch ein Anderes. An diesem heidnischen *pontifex
maximus* hing eine weitere wichtige Vorstellung und zwar ebenfalls
schon seit den ältesten Zeiten: nicht sehr einflussreich nach aussen,
war er innerhalb der Geistlichkeit das unbeschränkte Oberhaupt; die
Priester waren es, die ihn wählten, sie erwählten aber in ihm ihren
lebenslänglichen Diktator; er allein ernannte die *pontifices* (die Bischöfe,
wie wir heute sagen würden), er allein besass in allen Fragen die
Religion betreffend das endgültige Entscheidungsrecht.[2]) Hatte nun
der Kaiser sich das Amt des *pontifex maximus* angemasst, so durfte
später der *pontifex maximus* des Christentums mit noch grösserem
Recht sich seinerseits als *Caesar et Imperator* betrachten (siehe S. 615),
da er inzwischen thatsächlich das alles vereinigende Oberhaupt Europa's
geworden war.

Das ist der »Stuhl« (die seit den Tagen Numa's berühmte *sella*), den
der christliche Bischof im kaiserleeren Rom überkam, das ist die reiche
Erbschaft an Ansehen, Einfluss, Vorrechten, tausendjährig festgemauert,
die er antrat. Der arme Apostel Petrus hat wenig Verdienst daran.

Rom besass also, wenn nicht Bildung und Nationalcharakter, so
doch die unermesslichen Vorzüge fester Organisation und altgeheiligter
Tradition. Es dürfte unmöglich sein, den Einfluss der Form in menschlichen Dingen zu überschätzen. Eine solche scheinbare Nebensache
z. B. wie die Auflegung der Hände zur Wahrung der materiellen,
sichtbaren, historischen Kontinuität ist etwas von so unmittelbarer
Wirkung auf die Phantasie, dass sie bei den Massen mehr wiegt, als
die tiefsten Spekulationen und die heiligsten Lebensbeispiele. Und das
alles ist altrömische Schule, altrömische Erbschaft aus der vorchristlichen
Zeit. Die alten Römer — sonst erfindungsarm — waren Meister in
der dramatischen Gestaltung wichtiger, symbolischer Handlungen gewesen;[3]) die Neurömer bewahrten diese Traditionen. Und so fand denn
hier, und hier allein, das junge Christentum eine schon bestehende

---

[1]) Dass diese aus uralter heidnischer Zeit datierende römische Formel später
vom *Concilium Tridentinum* für den christlichen Papst aufgenommen wurde, haben
wir oben gesehen.

[2]) Diese Ausführungen nach Mommsen: *Römisches Staatsrecht* und mit Benützung von Esmarch: *Römische Rechtsgeschichte*. (Siehe die Nachträge.)

[3]) Siehe S. 166.

Form, eine schon bestehende Tradition, eine schon geübte staatsmännische Erfahrung, an die es sich anlehnen, in denen es zu fester,
dauernder Gestalt sich herauskrystallisieren konnte. Es fand nicht allein
die staatsmännische Idee, sondern ebenfalls die geübten Staatsmänner.
Tertullian z. B., der den ersten tödlichen Schlag gegen das frei-spekulative
hellenische Christentum that, indem er die lateinische Sprache an Stelle
der griechischen in die Kirche einführte — eine Sprache, in der jede
Metaphysik und Mystik unmöglich ist und in welcher die paulinischen
Briefe ihrer tiefen Bedeutung entkleidet werden — Tertullian war ein
Rechtsanwalt und begründete »die Richtung der abendländischen Dogmatik auf das Juristische«, einmal durch die Betonung des materiell
gerichtlichen Moments in den religiösen Vorstellungen, sodann, indem
er juristisch gefärbte, der lateinischen praktischen Welt angepasste Begriffe
in die Vorstellungen von Gott, von den »zwei Substanzen« Christi,
von der Freiheit des (als juristisch verklagt gedachten) Menschen u. s. w.
einführte. [1]) Neben dieser theoretischen Bethätigung praktischer Männer
gab es ihre organisatorische. Ambrosius z. B., die rechte Hand des
Theodosius, war ein Civilbeamter und wurde zum Bischof gemacht,
ehe er noch getauft worden war! Er selber erzählt freimütig, wie
er »vom Tribunal fortgeholt wurde«, weil der Kaiser ihn an anderer
Stelle, nämlich in der Kirche, zu dem grossen Werk der Organisation
verwenden wollte, und wie er dadurch in die peinliche Lage geriet,
Andere über das Christentum belehren zu müssen, ehe er selber
darüber Bescheid wusste. [2]) Von solchen Männern sind die Grundlagen
der römischen Kirche gelegt worden, nicht von den Nachfolgern Petri
in Rom, deren Namen in den ersten Jahrhunderten kaum bekannt sind.
Von unberechenbarem Wert für die Einflussnahme der Bischöfe war
z. B. die Verfügung Konstantin's, wonach in der altrömischen Rechts-
einrichtung des *receptum arbitrii* (Schiedsgericht) bestimmt wurde, sobald der Bischof Schiedsrichter sei, bleibe sein Urteil rechtskräftig und
ohne höhere Instanz; für die Christen war es in vielen Fällen religiöse
Pflicht, sich an den Bischof zu wenden; nunmehr war dieser auch civil-
rechtlich ihr oberster Richter. [3]) Aus diesem selben, rein staatlichen,

---

[1]) Vergl. Harnack: a. a. O., S. 103. Über die unausbleiblich hemmende Wirkung
der lateinischen Sprache auf alle Spekulation und Wissenschaft siehe Goethe's Bemerkungen in seiner *Geschichte der Farbenlehre*.

[2]) Vergl. den Anfang von *De officiis ministrorum*.

[3]) Auch dies war keine neue, christliche Erfindung; schon von Alters her hatte
es in Rom im Gegensatz zum *jus civile* ein *jus pontificium* gegeben; nur hatte der

durchaus nicht religiösen Ursprung stammt auch die imponierende Idee strengster Einheitlichkeit in Glauben und Kultus. Ein Staat muss offenbar eine einzige, überall gültige, logisch ausgearbeitete Verfassung besitzen; die Individuen im Staate können nicht nach Belieben Recht sprechen, sondern müssen, ob sie wollen oder nicht, dem Gesetz unterthan sein; das alles verstanden diese rechtsanwältlichen Kirchendoktoren und rechtskundigen Bischöfe sehr gut, und das galt ihnen auch auf religiösem Gebiete als Norm. Dieser enge Zusammenhang der römischen Kirche mit dem römischen Recht fand darin sichtbaren Ausdruck, dass die Kirche Jahrhunderte lang unter der Jurisdiktion dieses Rechtes stand und alle Priester in allen Ländern *eo ipso* als R ö m e r betrachtet wurden und die vielen Privilegien genossen, die an dieses rechtliche Verhältnis geknüpft waren.[1]) Die Bekehrung der europäischen Welt aber zu diesem politischen und juristischen Christentum geschah nicht, wie so häufig behauptet, durch ein göttliches Wunder, sondern auf dem nüchternen Wege des Zwanges. Schon der fromme Eusebius (der lange vor Theodosius lebte) klagt über »die unaussprechliche Heuchelei und Verstellung der angeblichen Christen«; sobald das Christentum die offizielle Religion des Reiches geworden war, brauchte man nicht einmal mehr zu heucheln; man ward Christ, wie man seine Steuern zahlt, und »römischer Christ«, weil man dem Kaiser geben muss, was des Kaisers ist; jetzt war ja die Religion ebenso wie der Erdboden des Kaisers Eigentum geworden.

Das Christentum als obligatorische Weltreligion ist also nachweisbar ein römischer Imperialgedanke, nicht eine religiöse Idee. Als nun das weltliche Imperium verblasste und hinschwand, blieb dieser Gedanke zurück; die von den Kaisern dekretierte Religion sollte den Kitt abgeben für die aus den Fugen geratene Welt; allen Menschen geschah dadurch eine Wohlthat und darum gravitierten die Vernünftigeren immer wieder nach Rom zu, denn dort allein fand man nicht blossen religiösen Enthusiasmus, sondern eine schon bestehende, praktische Organisation, die sich auch nach allen Seiten unermüdet bethätigte, jede Gegenbewegung mit allen Mitteln niederzuschlagen bestrebt war, Menschenkenntnis, diplomatische Gewandtheit und vor Allem eine mittlere, unverrückbare Achse besass — Bewegung nicht ausschliessend, doch Bestand verbürgend — nämlich, das unbedingte Primat Rom's,

---

gesunde Sinn des freien römischen Volkes diesem nie gestattet, praktischen Einfluss zu gewinnen. (Siehe Mommsen: a. a. O., S. 95.)

[1]) Savigny: *Römisches Recht im Mittelalter,* Band I, Kap. 3.

d. h. des *pontifex maximus*. Hierin lag zunächst und zuvörderst die
Kraft des römischen Christentums, sowohl gegen Osten, wie gegen
Norden. Dazu kam noch als Weiteres die Thatsache, dass Rom, im
geographischen Mittelpunkt des Völkerchaos gelegen und zudem fast
ausschliesslich weltlich und staatsmännisch beanlagt, den Charakter
und die Bedürfnisse der Mestizenbevölkerung genau kannte und durch
keine tiefeingewurzelten nationalen Anlagen und nationalen Gewissens-
postulate (wenn ich mich so ausdrücken darf) daran verhindert war,
nach allen Seiten Entgegenkommen zu zeigen: unter dem einen Vor-
behalt, dass sein Oberherrnrecht unbedingt anerkannt und gewahrt
blieb. Rom war also nicht allein die einzige festgefügte kirchliche
Macht des ersten Jahrtausends, sondern auch die am meisten elastische.
Nichts ist halsstarriger als ein religiöser Fanatiker; selbst der edelste
Religionsenthusiasmus wird sich nicht leicht an eine abweichende Auffassung anpassen. Rom dagegen war streng und, wenn es sein musste,
grausam, doch niemals wirklich fanatisch, wenigstens nicht in religiösen
Dingen und in früheren Zeiten. Die Päpste waren so tolerant, so sehr
bestrebt, Alles auszugleichen und die Kirche allen Schattierungen an-
nehmbar zu machen, dass später einige von ihnen, die schon lange das
Zeitliche gesegnet hatten, im Grabe exkommuniziert werden mussten,
der Einheitlichkeit der Doktrin zuliebe![1]) Augustinus z. B. hatte seine
Not mit Papst Zosimus, der das Dogma des *Peccatum originale* nicht
für wichtig genug hielt, um dessentwegen den gefährlichen Kampf
mit den Pelagianern heraufzubeschwören, zumal diese gar nicht antirömisch gesinnt waren, sondern im Gegenteil dem Papst mehr Rechte
zugestanden als ihre Gegner.[2]) Und wer von hier an die Kirchengeschichte verfolgt bis zu dem grossen Streit über die Gnade zwischen
den Jesuiten und den Dominikanern im 17. Jahrhundert (im Grunde
genommen, die selbe Sache wie dort, nur am anderen Ende angefasst
und ohne einen Augustinus, um dem Materialismus den Riegel vor-
zuschieben), und sieht, wie der Papst den Streit dadurch beizulegen
suchte, »dass er beide Systeme tolerierte (!) und den Anhängern derselben verbot, sich gegenseitig zu verketzern«,[3]) wer, sage ich, mit
prüfendem Auge diese Geschichte verfolgt, wird finden, dass Rom von

---

[1]) Von mindestens einem Papste, Honorius, ist das nunmehr endgültig erwiesen
(siehe Hefele, Döllinger u. s. w.).

[2]) Siehe Hefele: *Konziliengeschichte*, 2. Aufl. II, 114 ff. und 120 fg.

[3]) Brück: *Lehrbuch der Kirchengeschichte*, 6. Aufl., S. 744 (orthodox römisch-
katholisch).

seinen Machtansprüchen nie ein Jota preisgab, sonst aber so duldsam
war, wie keine andere Kirchenorganisation. Erst die religiösen Heiss-
sporne in seiner Mitte, namentlich die vielen inneren Protestanten,
sowie die heftige Opposition von aussen zwangen nach und nach dem
päpstlichen Stuhle eine immer bestimmtere, immer einseitiger werdende
dogmatische Richtung auf, bis zuletzt ein unüberlegter *pontifex maximus*
unseres Jahrhunderts der gesamten europäischen Kultur in seinem
Syllabus den Krieg erklärte. Das Papsttum war früher weiser; der
grosse Gregor beklagt sich bitter über die Theologen, die mit der
Natur der Gottheit und anderen »unbegreiflichen Dingen« sich und
Andere quälen, anstatt dass sie sich praktischen und wohlthätigen
Aufgaben widmen. Rom wäre froh gewesen, wenn es gar keine
Theologen gegeben hätte. Wie Herder richtig bemerkt: »Ein Kreuz,
ein Marienbild mit dem Kinde, eine Messe, ein Rosenkranz thaten zu
seinem Zwecke mehr, als viel feine Spekulationen würden gethan
haben.«[1])

Dass diese Laxheit mit ausgesprochener Weltlichkeit Hand in
Hand ging, ist selbstverständlich. Und auch das war ein Element
der Kraft. Der Grieche grübelte und »sublimierte« zu viel, der
religiöse Germane meinte es zu ernst; Rom dagegen wich niemals
vom goldenen Mittelweg ab, auf welchem die ungeheure Mehrzahl
der Menschen am liebsten wandelt. Man braucht nur die Werke des
Origenes zu lesen (als ein Muster dessen, was der Osten erstrebte)
und dann etwa im scharfen Gegensatz hierzu Luther's *Von der Freiheit
eines Christenmenschen* (als Zusammenfassung dessen, was der Norden
sich unter Religion dachte), um sofort zu begreifen, wie wenig das
eine und das andere für die Menschen des Völkerchaos passen konnte —
und nicht für sie allein, sondern für Alle, die irgendwie von dem Gifte
der *promiscua connubia* angesteckt waren. Ein Luther setzt Menschen
voraus, die in sich selbst einen starken Halt finden, Menschen, fähig
innerlich so zu kämpfen, wie er gekämpft hat; ein Origenes bewegt
sich auf Höhen der Erkenntnis, wo die Inder heimisch waren, doch
wahrlich nicht die Einwohner des römischen Reiches, nicht einmal
ein Mann wie Augustinus.[2]) Rom dagegen verstand auf das Genaueste,

---

[1]) *Ideen zur Geschichte der Menschheit* XIX. 1, 1. (Siehe die Nachträge.)

[2]) Dass Augustinus das hellenische Denken nicht begriff, wurde ihm schon
von Hieronymus vorgeworfen. Wie sehr das von der ganzen römischen Kirche
galt, kann Jeder leicht einsehen lernen, der sich die Mühe nimmt, in Hefele:
Konziliengeschichte, Bd. II, S. 255 fg. das Edikt des Kaisers Justinian gegen Origenes.

wie ich soeben bemerkte, den Charakter und die Bedürfnisse jener buntgemischten Bevölkerung, welche Jahrhunderte hindurch Träger und Vermittler der Civilisation und der Kultur sein sollte. Rom forderte weder Charaktergrösse noch selbständiges Denken von seinen Anhängern, das nahm ihnen die Kirche selber ab; für jede Begabung, für jede Schwärmerei hatte es zwar Platz — unter der einen Bedingung des Gehorsams —, doch bildeten solche begabte und schwärmerische Menschen nur Hilfstrupppen; denn das Augenmerk blieb unverrückt der grossen Menge zugewandt und für sie wurde nun die Religion so vollständig aus Herz und Kopf in die sichtbare Kirche verlegt, dass sie Jedem zugänglich, Jedem verständlich, Jedem zum Greifen deutlich gemacht war.[1]) Niemals hat eine Institution eine so bewundernswerte, zielbewusste Kenntnis des mittleren Menschenwesens gezeigt wie jene Kirche, welche sich schon sehr zeitig um den römischen *pontifex maximus* als Mittelpunkt zu organisieren begann. Von den Juden nahm sie die Hierokratie, die Unduldsamkeit, den geschichtlichen Materialismus — hütete sich jedoch sorgsam vor den unerbittlich strengen, sittlichen Geboten und der erhabenen Einfachheit des allem Aberglauben

---

und die fünfzehn Anathematismen der constantinopolitanischen Synode des Jahres 543 über ihn zu lesen. Was diese Leute übersahen, ist für die Beurteilung ihrer Geistesanlagen ebenso lehrreich wie das, was sie des Anathemas würdig fanden. Dass z. B. Origenes das *peccatum originale* als schon vor dem sogenannten Sünden-falle bestehend annimmt, haben die Eiferer gar nicht bemerkt, und doch ist das, wie ich oben zeigte, der Mittelpunkt seiner durch und durch antirömischen Religion. Dagegen war es ihnen ein höchster Greuel, dass dieser klare hellenische Geist die Mehrheit der bewohnten Welten als ein Selbstverständliches voraus-setzte und dass er lehrte, die Erde müsse nach und nach im Laufe eines Ent-wickelungsprozesses geworden sein! Am entsetzlichsten fanden sie aber, dass er die Vernichtung des Körpers im Tode als eine Befreiung pries (wogegen diese von Rom geleiteten Menschen des Völkerchaos sich die Unsterblichkeit nicht anders denn als das ewige Leben ihres elenden Leibes denken konnten). U. s. w., u. s. w. Manche Päpste, z. B. Cölestin, der Zermalmer des Nestorius, verstanden kein Wort Griechisch und verfügten überhaupt nur über eine geringe Bildung, was Niemand wundern wird, der durch Hefele's Konziliengeschichte belehrt worden ist, dass gar mancher jener Bischöfe, die durch ihre Majoritätsbeschlüsse das christliche Dogma begründeten, weder lesen noch schreiben, nicht einmal den eigenen Namen unter-schreiben konnte.

[1]) Die temperamentvolle afrikanische Kirche war hier, wie in so manchen Dingen, der römischen mit gutem Beispiel vorangegangen und hatte in ihr Glaubens-bekenntnis die Worte aufgenommen: ›Ich glaube Sündenvergebung, Fleisches-auferstehung und ewiges Leben durch die heilige Kirche‹ (siehe Harnack: *Das apostolische Glaubensbekenntnis*, 27. A., S. 9).

feindlichen Judentums (denn hiermit hätte sie sich das Volk, welches immer mehr abergläubisch als religiös ist, verscheucht); der germanische Ernst war ihr willkommen, sowie die mystische Entzückung — doch wachte sie darüber, dass strenge Innerlichkeit den Weg des Heils nicht zu dornenvoll für schwache Seelen gestaltete, und dass mystischer Hochflug nicht von dem Kultus der Kirche emanzipiere; die mythischen Spekulationen der Hellenen wies sie nicht gerade zurück, sie begriff ihren Wert für die menschliche Phantasie, doch entkleidete sie den Mythus seiner plastischen, nie auszudenkenden, entwickelungsfähigen und darum ewig revolutionären Bedeutung und bannte ihn zu bleibender Regungslosigkeit gleich einem anzubetenden Idol. Dagegen nahm sie in weitherzigster Weise die Ceremonien und namentlich die Sakramente des prachtliebenden, in Zauberei seine Religion suchenden Völkerchaos in sich auf. Dies ist ja ihr eigentliches Element, das einzige, welches das Imperium, das heisst also Rom, selbständig zum Bau des Christentums beitrug; und dadurch wurde bewirkt, dass — während heilige Männer nicht müde wurden, im Christentum den Gegensatz zum Heidentum aufzuzeigen — die grosse Masse ohne einen sonderlichen Unterschied zu merken aus dem einen ins andere übertrat: sie fanden ja die prächtig gekleidete Klerisei wieder, die Umzüge, die Bilder, die wunderwirkenden Lokalheiligtümer, die mystische Verwandlung des Opfers, die stoffliche Mitteilung des ewigen Lebens, die Beichte, die Sündenvergebung, den Ablass — — — alles, was sie längst gewohnt waren.

Über diesen unverhohlenen, feierlichen Eintritt des Geistes des Völkerchaos in das Christentum muss ich zum Schluss einige Worte der Erläuterung sagen; er verlieh dem Christentum eine besondere Färbung, die bis zum heutigen Tage in allen Konfessionen (auch in den von Rom losgetrennten) mehr oder weniger vorherrscht, und er erhielt seinen formellen Abschluss am Ende der Periode, die uns hier beschäftigt. Die Verkündigung des Dogmas der Transsubstantiation, im Jahre 1215, bedeutet die Vollendung einer tausendjährigen Entwickelung nach dieser Richtung hin.[1]

Die Anknüpfung an die äussere Religion des Paulus (im Gegensatz zu seiner inneren) bedingte ja auf alle Fälle eine der jüdischen

Der Sieg des Völkerchaos.

---

[1] Die endgültige formelle Vollendung erfolgte einige Jahre später, erstens durch die Einführung der obligatorischen Adoration der Hostie im Jahre 1264, zweitens durch die allgemeine Einführung des Fronleichnamsfestes im Jahre 1311, zur Feier der wunderbaren Verwandlung der Hostie in den Leib Gottes.

analoge Auffassung des Sühnopfers; doch verdient gerade der Jude
für nichts aufrichtigere Bewunderung, als für seinen unablässigen Kampf
gegen Aberglauben und Zauberwesen; seine Religion war Materialismus,
doch, wie ich in einem früheren Kapitel ausführte, abstrakter Materialismus, nicht konkreter.[1]) Dagegen hatte sich bis gegen Ende des
2. Jahrhunderts unserer Ära ein durchaus konkreter, wenn auch mystisch
gefärbter Materialismus wie eine Pest durch das ganze römische Reich
verbreitet. Dass dieses plötzliche Aufflammen alter Superstitionen von
Semiten ausging, von denjenigen Semiten nämlich, die nicht unter
dem wohlthätigen Gesetze Jahve's standen, ist erwiesen;[2]) hatten doch
die jüdischen Propheten selber Mühe genug gehabt, den immer von
Neuem auftauchenden Glauben an die magische Wirkung genossenen
Opferfleisches zu unterdrücken;[3]) und gerade dieser unter den geborenen
Materialisten weitverbreitete Glaube war es, der jetzt wie ein Lauffeuer
durch alle Länder des stark semitisierten Völkerchaos flog. Ewiges Leben
verlangten diese elenden Menschen, die wohl empfinden mochten, wie
wenig Ewigkeit ihr eigenes Dasein umfasste. Ewiges Leben versprachen
ihnen die Priester der neu umgestalteten Mysterien durch die Teilnahme
an »Agapen«, gemeinsamen, feierlichen Mahlen, in denen Fleisch und
Blut, magisch umgewandelt zu göttlicher Substanz, genossen, und durch
die unmittelbare Mitteilung dieses die Unsterblichkeit verleihenden
Ewigkeitsstoffes, der Leib des Menschen ebenfalls umgewandelt
wurde, um nach dem Tode zu ewigem Leben wieder aufzuerstehen.[4])
So schreibt z. B. Apulejus über seine Einweihung in die Isismysterien,
er dürfe das Verborgene nicht verraten, nur so viel könne er sagen:
er sei bis an die Grenzen des Todesreiches gelangt, habe die Schwelle
der Proserpina betreten, und sei von dort »in allen Elementen neugeboren« zurückgekehrt.[5]) Auch die Mysten des Mythraskultus hiessen
in aeternam renati, auf ewig Wiedergeborene.[6])

Dass wir hierin eine Neubelebung der urältesten allgemeinsten
totemistischen Wahnvorstellungen erblicken müssen, Vorstellungen,
gegen welche die Edelsten aller Länder seit lange und mit Erfolg an-

---

[1]) Siehe S. 230 fg.

[2]) Siehe namentlich Robertsohn Smith: *Religion of the Semites* (1894) p. 358.
Für diese ganze Frage lese man die Vorträge 8, 9, 10 und 11.

[3]) Siehe Smith a. a. O. und zur Ergänzung Cheyne: *Isaiah*, p. 368.

[4]) Rohde: *Psyche*, 1. Aufl., S. 687.

[5]) *Der goldene Esel*, Buch XI.

[6]) Rohde: a. a. O.

gekämpft hatten, unterliegt heute keinem Zweifel. Ob die Vorstellung in dieser besonderen semitischen Form der ägypto-römischen Mysterien bei den Indoeuropäern je bestanden hat, erscheint mir allerdings sehr zweifelhaft; doch hatten gerade die Indoeuropäer inzwischen eine andere Idee bis zu lichtvoller Klarheit ausgebildet, diejenige nämlich der Stell-vertretung bei Opfern: *in sacris simulata pro veris accipi.*[1]) So sehen wir z. B. schon die alten Inder gebackene Kuchen in Scheiben-form (Hostien) als symbolische Vertreter der zu schlachtenden Tiere verwenden! In dem römischen Chaos nun, wo alle Gedanken un-organisch untereinander gemischt, sich herumtrieben, fand eine Ver-schmelzung jener semitischen Vorstellung des im Menschen magisch bewirkten Stoffwechsels mit dieser arischen symbolischen Vorstellung der *simulata pro veris* statt, welche in Wahrheit nichts weiter bezweckt hatte, als die Verlegung des früher buchstäblich aufgefassten Dank-opfers in das Herz des Opfernden.[2]) So genoss man denn in den Opfer-mahlen der vorchristlichen römischen Mysterienkulte nicht mehr Fleisch und Blut, sondern Brot und Wein — magisch umgewandelt. Eine wie grosse Rolle diese Mysterien spielten, ist bekannt: ein Jeder wird sich zum wenigsten erinnern bei Cicero: *De legibus* II, 14 gelesen zu haben, erst diese Mysterien (schon damals aus einer »Taufe« und einem »Liebesmahl« bestehend) hätten den Menschen »im Leben Verstand und im Tode Hoffnung geschenkt.« Niemandem wird es aber entgehen, dass wir hier, in diesen *renati,* eine Auffassung der Wiedergeburt vor uns haben, der von Christus gelehrten und gelebten direkt entgegen-gesetzt. Christ und Antichrist stehen sich gegenüber. Dem absoluten Idealismus, der eine völlige Umwandlung des inneren Menschen, seiner Motive und seiner Ziele erstrebt, stellt sich hier ein bis zum Wahnsinn gesteigerter Materialismus entgegen, der durch den Genuss einer ge-heimnisvollen Speise eine magische Umwandlung des vergänglichen Individuums zu einem unsterblichen Leibe erhofft. Es bedeutet diese Vorstellung einen moralischen Atavismus, wie ihn einzig eine Zeit des absoluten Verfalles hervorbringen konnte.

Wie auf Anderes, so auch auf diese Mysterien wirkte das frühe, echte Christentum idealisierend und benutzte die Formen seiner Zeit, um sie mit einem neuen Inhalt zu füllen. In der ältesten nachevangelischen

---

[1]) Siehe Leist: *Gräco-italische Rechtsgeschichte* S. 267 fg. Jhering: *Vorgeschichte der Indoeuropäer,* S. 313; u. s. w.

[2]) So fasst es in seinen guten Stunden auch Augustinus auf: »*nos ipsi in cordibus nostris invisibile sacrificium esse debemus*« (*De civ. Dei,* X, 19).

Schrift, der im Jahre 1883 aufgefundenen *Lehre der zwölf Apostel*
aus dem ersten christlichen Jahrhundert, ist das mystische Mahl lediglich
ein Dankopfer (Eucharistie). Beim Kelch spricht die Gemeinde: »Wir
danken dir, unser Vater, für den heiligen Weinstock deines Dieners
David, den du uns kund gethan hast durch deinen Diener Jesus; dir
sei Ehre in Ewigkeit.« Beim Brot spricht sie: »Wir danken dir, Vater,
für das Leben und die Erkenntnis, die du uns kund gethan hast durch
deinen Diener Jesus; dir sei Ehre in Ewigkeit.« [1] — In den etwas
späteren sogenannten *Apostolischen Konstitutionen* werden das Brot
und der Wein als »Gaben zu Ehren Christi« bezeichnet.[2] Von einer
Verwandlung der Elemente in Leib und Blut Christi weiss damals
kein Mensch etwas. Es ist geradezu charakteristisch für die frühesten
Christen, dass sie das zu ihren Zeiten so gebräuchliche Wort »Mysteria«
(welches lateinisch durch *sacramentum* wiedergegeben wurde) vermeiden.
Erst im 4. Jahrhundert (d. h. also erst, als das Christentum die offizielle,
obligatorische Religion des durch und durch unchristlichen Kaiserreichs
geworden war) tritt das Wort auf, zugleich als zweifelloses Symptom
eines neuen Begriffes. [3] Doch kämpften die besten Geister unaufhörlich gegen diese allmähliche Einführung des Materialismus und der
Zauberei in die Religion. Origenes z. B. meint, nicht allein sei es
lediglich »bildlich« zu verstehen, wenn man vom Leibe Christi bei der
Eucharistie spreche, sondern dieses Bild passe »nur für die Einfältigen«;
in Wahrheit finde eine »geistige Mitteilung« statt. Darum ist es auch
nach Origenes gleichgültig, wer an dem Abendmahle teilnimmt,
dessen Genuss nütze nichts und schade nichts an und für sich,
sondern es komme einzig auf die Gesinnung an.[4] — Augustinus hat
bereits einen viel schwereren Stand, denn er lebt inmitten einer so
roh versinnlichten Welt, dass er in der Kirche die Vorstellung verbreitet findet, der blosse Genuss des Brodes und des Weines mache
zum Mitglied der Kirche und sichere die Unsterblichkeit, gleichviel
ob Einer im Verbrechen lebe oder nicht, — eine Vorstellung, gegen
die er häufig und heftig ankämpft.[5] Auch angesehene Kirchenlehrer,
z. B. Chrysostomus, hatten damals schon die Behauptung aufgestellt,
durch die geweihte Speise werde der Leib des Geniessenden seinem

---

[1]) Nach der Ausgabe des römisch-katholischen Professors Narcissus Liebert.
[2]) Buch VIII, Kap. 12.
[3]) Hatch: a. a. O., S. 302. Vergl. auch das oben S. 558 Gesagte.
[4]) Nach Neander: *Kirchengeschichte*, 4. Aufl., II, 405.
[5]) Vergl. z. B. Buch XXI, Kap. 25 des *De civitate Dei*.

Wesen nach verändert. Trotzdem hält Augustinus den Standpunkt fest, alle Sakramente seien stets nur Symbole. *Sacrificia visibilia sunt signa invisibilium, sicut verba sonantia signa rerum.* [1]) Die Hostie verhält sich also, nach Augustinus, zum Leibe Christi wie das Wort zum Ding. Wenn er nichtsdestoweniger beim Abendmahl eine thatsächliche Mitteilung des Göttlichen lehrt, so handelt es sich folglich um eine Mitteilung an das Gemüt und durch das Gemüt. Eine so klare Aussage lässt zu gar keinen Deutungen Platz und schliesst die spätere römische Lehre des Messopfers aus.[2]) — Schon diese äusserst flüchtigen Bemerkungen werden genügen, damit selbst ein gänzlich Uneingeweihter einsehen lerne, dass für die Auffassung der Eucharistie zwei Wege offen standen: der eine war durch die idealeren, auf das Geistige gerichteten Mysterien der reineren Hellenen gewiesen (nunmehr durch das Leben Christi mit einem konkreten Inhalt als »Erinnerungsfest« erfüllt), der andere schloss sich den semitischen und ägyptischen Zauberlehren an, wollte in dem Brot und dem Wein den thatsächlichen Leib Christi erblicken und durch seinen Genuss eine magische Umwandlung bewirken lassen.

Diese zwei Richtungen [3]) gingen nun Jahrhunderte lang nebeneinander her, ohne dass es jemals zu einem entscheidenden dogmatischen Kampfe gekommen wäre. Das Gefühl einer unheimlichen Gefahr mag wohl zu Vermeidung dessen beigetragen haben; ausserdem wusste

---

[1]) *De civitate Dei*, Buch X, Kap. 19. Diese Lehre wurde später von Wyclif — der eigentliche Brunnquell der Reformation — fast wörtlich aufgenommen; denn er schreibt von der Hostie: »*non est corpus dominicum sed efficax ejus signum*«.

[2]) Erst Gregor der Grosse (um das Jahr 600) lehrte, die Messe bedeute eine thatsächliche Wiederholung des Opfers Christi am Kreuz, wodurch das Abendmahl ausser der sakramentalen (heidnischen) Bedeutung noch eine sakrifizielle (jüdische) erhielt.

[3]) In Wirklichkeit giebt es nur zwei. Wer den geringsten Einblick in den Hexenkessel theologischer Sophistik gethan hat, wird mir Dank wissen, dass ich durch die äusserste Vereinfachung nicht allein Klarheit, sondern auch Wahrhaftigkeit in diesen verworrenen Gegenstand hineinzubringen suche, der teils in Folge der klügsten Berechnung habgieriger Pfaffen, teils durch den religiösen Wahn aufrichtiger doch schlecht equilibrierter Geister der eigentliche Fechtboden geworden ist für alle spitzfindigen Narrheiten und tiefsinnigen Undenkbarkeiten. Hier namentlich liegt die Erbsünde aller protestantischen Kirchen; denn sie empörten sich gegen die römische Lehre vom Messopfer und von der Transsubstantiation, und hatten dennoch nie den Mut, mit den völkerchaotischen Superstitionen aufzuräumen, sondern nahmen ihre Zuflucht zu elenden Sophistereien und schwankten bis zum heutigen Tage in charakterloser Unentschiedenheit hin und her auf dialektischen Nadelspitzen, ohne je festen Boden zu betreten.

Rom, welches schon längst stillschweigend den zweiten Weg gewählt,
dass es die bedeutendsten Kirchenväter gegen sich hatte, sowie die älteste
Tradition. Wiederum war es der allzu gewissenhafte Norden, der die
Brandfackel in diese idyllische Ruhe warf, wo unter der Stola einer
einzigen universellen und unfehlbaren Kirche die Menschen zwei verschiedenen Religionen lebten. Im 9. Jahrhundert lehrte zum ersten Male
als unumstössliches Dogma der Abt Radbert in seinem Buche *Liber de
corpore et sanguine Domini* die magische Verwandlung des Brotes in den
objektiv vorhandenen Leib Christi, der auf Alle, welche ihn genössen —
auch auf Unwissende und Ungläubige — eine magische, Unsterblichkeit
verleihende Wirkung ausübe. Und wer nahm den Handschuh auf?
Nicht in der rapidesten Übersicht darf eine derartige Thatsache über-
gangen werden: es war der König der Franken! später unterstützt
vom König von England! Wie immer, war der erste Instinkt der
richtige; die germanischen Fürsten ahnten sofort, es gehe an ihre
nationale Unabhängigkeit.[1]) Im Auftrage Karl's des Kahlen widerlegte
zuerst Ratramnus, später der grosse Scotus Erigena diese Lehre Radbert's.
Dass es sich hier nicht um eine beliebige theologische Disputiererei
handelte, ersehen wir daraus, dass jener selbe Scotus Erigena ein
ganzes origenistisch angehauchtes System, eine Idealreligion vorträgt,
in welcher die heilige Schrift und ihre Lehren als »Symbolik des
Unaussprechlichen« (*res ineffabilis, incomprehensibilis*) aufgefasst, der
Unterschied zwischen Gut und Böse als metaphysisch unhaltbar nachgewiesen wird u. s. w.; und dass genau in dem selben Augenblick der
bewundernswerte Graf Gottschalk, im Anschluss an Augustinus, die
Lehre von der göttlichen Gnade und von der Prädestination entwickelt.
Jetzt liess sich der Streit nicht mehr diplomatisch beilegen. Der germanische Geist begann zu erwachen; Rom durfte ihn nicht gewähren
lassen, sonst war seine Macht bald dahin. Gottschalk wurde von
den kirchlichen Machthabern öffentlich fast zu Tode gegeisselt und
sodann lebenslänglichen Kerkerqualen übergeben; Scotus, der recht-
zeitig in seine englische Heimat geflüchtet war, wurde im Auftrag
Rom's von Mönchen meuchlerisch ermordet. Auf diese Weise wurde
nun während Jahrhunderte über die Natur des Abendmahles verhandelt. Die Päpste verhielten sich persönlich allerdings noch immer
sehr reserviert, fast zweideutig; ihnen lag mehr am Zusammenhalten

---

[1]) Höchst bemerkenswert ist es, dass bei den alten Mysterien die Teilnahme
daran die Angehörigkeit zur angestammten Nation ausdrücklich aufhob! Die Ein-
geweihten bildeten eine internationale, extranationale Familie.

aller Christen unter ihrem oberhirtlichen Stabe, als an Diskussionen, welche die Kirche in ihren Grundfesten erschüttern konnten. Doch als im 11. Jahrhundert der Feuergeist Berengar von Tours wiederum die Religion des Idealismus durchs ganze Frankenreich zu tragen begonnen hatte, konnte die Entscheidung nicht länger ausbleiben. Jetzt sass auf dem päpstlichen Stuhle ein Gregor VII., der Verfasser des *Dictatus papae*,[1]) in welchem zum ersten Mal unumwunden erklärt worden war, Kaiser und Fürsten seien dem Papst unbedingt unterthan; es war derjenige *pontifex maximus,* der zuerst sämtlichen Bischöfen der Kirche den Vasalleneid widerspruchsloser Treue gegen Rom auferlegt hatte, ein Mann, dessen reine Gesinnung seine ohnehin grosse Kraft verzehnfachte; jetzt fühlte sich Rom auch stark genug, seine Anschauung in Bezug auf das Abendmahl durchzusetzen. Von einem Gefängnis ins andere, von einem Konzil zum andern gejagt, musste Berengar zuletzt, um sein Leben zu retten, im Jahre 1059 in Rom vor einer Versammlung von 113 Bischöfen,[2]) seine Lehre widerrufen und sich zum Glauben bekennen: »das Brot sei nicht bloss ein Sakrament, sondern der wahre Leib Christi, der von den Zähnen zerkaut werde.« — Dennoch dauerte

---

[1]) In neuerer Zeit wird die Autorschaft des Papstes in Frage gestellt, doch geben die wissenschaftlich ernst zu nehmenden römischen Katholiken zu, dass diese Darlegung der vermeintlichen ›Rechte‹ Rom's, wenn nicht von dem Papste selbst, so doch aus dem Kreise seiner intimsten Verehrer stamme und somit wenigstens in der Hauptsache die Meinungen Gregor's richtig wiedergebe, was ja ohnehin durch seine Handlungen und Briefe bestätigt wird (siehe z. B. Hefele: a. a. O., 2. Ausg., V, 75). Höchst komisch nimmt sich dagegen das sich Hin- und Herwinden der unter jesuitischem Einfluss Geschichte schreibenden Gelehrten aus; von dem grossen Gregor haben sie manches entnommen, nicht aber seine Aufrichtigkeit und Wahrheitsliebe, und so verballhornen sie die Thaten und Worte gerade desjenigen Papstes, unter welchem die römische Staatsidee ihre edelste, reinste, uneigennützigste Form und darum auch ihren grössten moralischen Einfluss erreichte. Man sehe z. B., welche Mühe der Seminarprofessor Brück (a. a. O., § 114) sich giebt, um darzuthun, Gregor habe ›keine Universalmonarchie gewollt‹, er habe die Fürsten ›nicht als seine Vasallen betrachtet‹ u. s. w., wobei Brück aber doch nicht ganz verschweigen kann, dass Gregor von einem *imperium Christi* geredet und alle Fürsten und Völker ermahnt habe, in der Kirche ihre ›Vorgesetzte und Herrin anzuerkennen‹. Derartige Spiegelfechterei den grossen Grundthatsachen der Geschichte gegenüber ist ebenso unwürdig wie unfruchtbar; die römische hierokratische Weltstaatsidee ist grossartig genug, dass man sich ihrer nicht zu schämen braucht.

[2]) ›Wilde Tiere‹ nennt er sie in einem Brief an den Papst, die zu brüllen anhüben bei dem blossen Wort ›geistige Gemeinschaft mit Christus‹ (siehe Neander: a. a. O., VI, 317). Später nannte Berengar den päpstlichen Stuhl *sedem non apostolicam, sed sedem satanae.*

der Kampf noch immer fort, ja, jetzt erst wurde er allgemein. In der
zweiten Hälfte des 13. Jahrhunderts fand ein Erwachen des religiösen
Bewusstseins in allen Ländern statt, wohin germanisches Blut gedrungen
war, von Spanien bis nach Polen, von Italien bis England,[1]) wie man
ein solches seither vielleicht nicht wieder gesehen hat; es bedeutete
dies das erste Dämmern eines neuen Tages und trat zunächst als
eine Reaktion gegen die aufgezwungene, unassimilierbare Religion des
Völkerchaos auf. Überall entstanden Bibelgesellschaften und andere
fromme Vereine, und überall, wo die Kenntnis der heiligen Schrift
sich im Volke verbreitet hatte, erfolgte, wie mit mathematischer
Notwendigkeit, die Verwerfung der weltlichen und geistlichen Ansprüche Rom's und vor Allem die Verwerfung der Brotverwandlung,
sowie überhaupt der römischen Lehre des Messopfers. Die Lage wurde
täglich kritischer. Wäre die politische Situation eine günstigere gewesen,
anstatt der trostlosesten, die Europa je gekannt hat, so hätte eine
energische und endgültige Losreissung von Rom damals bis südlich
der Alpen und der Pyrenäen stattgefunden. Reformatoren gab es
genug; es bedurfte ihrer gewissermassen gar nicht. Das Wort Antichrist als Bezeichnung für den römischen Stuhl war in Aller Mund.
Dass viele Ceremonien und Lehren der Kirche unmittelbar dem Heidentum entlehnt waren, wussten selbst die Bauern, es war ja damals noch
unvergessen. Und so fand eine weitverbreitete innere Empörung statt
gegen die Veräusserlichung der Religion, gegen die Werkheiligkeit und
ganz besonders gegen den Ablass. Doch Rom stand in jenem Augenblick auf dem Zenith seiner politischen Macht, es verschenkte Kronen
und es entthronte Könige, die Fäden aller diplomatischen Intriguen liefen
durch seine Hände. Damals bestieg gerade jener Papst den kurulischen
Stuhl, der die denkwürdigen Worte gesprochen hat: *ego sum Caesar! ego
sum imperator!* Anders als er zu glauben, wurde wieder, wie zu Zeiten
des Theodosius, Majestätsbeleidigung. Hingeschlachtet wurden die Wehr-
losen; eingekerkert, eingeschüchtert, demoralisiert Diejenigen, gegen
welche Rücksichten geboten erschienen; gekauft, wer zu kaufen war.
Es begann das Regiment des römischen Absolutismus, auch auf dem
bisher verhältnismässig tolerant gehandhabten Gebiet der allerinnersten

---

[1]) Um das Jahr 1200 gab es waldensische Gemeinden »in Frankreich, Ara-
gonien, Catalonien, Spanien, England, den Niederlanden, Deutschland, Böhmen,
Polen, Lithauen, Österreich, Ungarn, Kroatien, Dalmatien, Italien, Sizilien u. s. w.«
(Siehe die treffliche Schrift von Ludwig Keller: *Die Anfänge der Reformation und die
Ketzerschulen,* 1897.)

Religionsüberzeugung. Und zwar wurde es eingeleitet durch zwei Massnahmen, deren Zusammengehörigkeit im ersten Augenblick nicht ein-
leuchtet, jedoch aus obiger Darstellung klar erhellt: Das Übersetzen
der Bibel in die Volkssprachen ward verboten (auch das Lesen in
der lateinischen Vulgata seitens gebildeter Laien); das Dogma der
Transsubstantiation wurde erlassen.[1])

Hiermit war das Gebäude vollendet, und zwar durchaus logisch.
Freilich hatten die *Apostolischen Konstitutionen* gerade dem Laien ein-
geschärft, »wenn er zu Hause sitze, solle er fleissig das Evangelium
durchforschen«,[2]) und in der Eucharistie solle er eine »Darbringung von
Gaben zu Ehren Christi« erblicken; doch wer wusste damals noch etwas

---

[1]) Innocenz verbot schon im Jahre 1198 das Lesen der Bibel, die Synode
von Toulouse im Jahre 1229 und andere Konzilien schärften das Verbot immer von
Neuem ein. Die Synode von Toulouse verbot auf das Strengste, dass Laien auch
nur irgend ein Bruchstück des Alten oder des Neuen Testaments läsen, mit
alleiniger Ausnahme der Psalmen (c. XIV.). Wenn also kurz vor Luther's Zeiten
die Bibel in Deutschland sehr verbreitet war, so heisst es doch Sand in die Augen
streuen, wenn man, wie Janssen und andere katholische Schriftsteller, diese Thatsache als einen Beweis des freiheitlichen Sinnes des römischen Stuhles hinstellt.
Die Erfindung des Druckes hatte eben schneller gewirkt, als die immer langsame
Kurie gegenwirken konnte, ausserdem zog es den Deutschen allezeit instinktiv zum
Evangelium, und wenn ihm etwas sehr am Herzen lag, pflegte er Verbote nicht
mehr als nötig zu achten. Übrigens brachte das Tridentiner Konzil bald Ordnung
in diese Angelegenheit und im Jahre 1622 verbot der Papst überhaupt und ohne
Ausnahme alles Lesen in der Bibel ausser in der lateinischen Vulgata. Erst in
der zweiten Hälfte des vorigen Jahrhunderts wurden päpstlich approbierte, vorsichtig redigierte Übersetzungen, und zwar nur insofern sie mit ebenfalls appro-
bierten Anmerkungen versehen sind, gestattet, — eine Zwangsmassregel gegen die
Verbreitung der heiligen Schrift in den wortgetreuen Ausgaben der Bibelgesellschaften. — Wie es dagegen im 13. Jahrhundert mit den Bibelstudien des römischen
Klerus aussah, findet eine humorvolle Illustration in der Thatsache, dass auf der
Synode zu Nympha, im Jahre 1234, bei welcher römische und griechische Katholiken
behufs Anbahnung einer Wiedervereinigung zusammentrafen, weder bei den einen,
noch bei den anderen, noch in den Kirchen und Klöstern der Stadt und Umgebung
ein Exemplar der Bibel aufzutreiben war, so dass die Nachfolger der Apostel über
den Wortlaut eines fraglichen Citats zur Tagesordnung übergehen und sich wieder
einmal, statt auf die heilige Schrift, auf Kirchenväter und Konzilien stützen mussten
(siehe Hefele: a. a. O., V, 1048). Genau in dem selben Augenblick berichtet der zur
Verfolgung der Waldenser entsandte Dominikaner Rainer, alle diese Häretiker seien
in der heiligen Schrift vortrefflich bewandert und er habe ungebildete Bauern gesehen, welche das ganze Neue Testament auswendig hersagen konnten (citiert bei
Neander: a. a. O., VIII, 414).

[2]) Erstes Buch *Von den Laien,* Abschnitt 5.

vom frühen, unverfälschten Christentum! Ausserdem steht Rom von
Anfang an, wie ich zu zeigen versucht habe, nicht auf einem spezifisch
religiösen oder gar spezifisch evangelischen Standpunkt; darum haben
auch Diejenigen Unrecht, die ihm seit Jahrhunderten den Mangel an
evangelischem Geist zum Vorwurf machen. Indem Rom das Evangelium aus dem Hause und Herzen des Christen verbannte, und indem
es im selben Augenblick den magischen Materialismus, an welchem
das hinsterbende Völkerchaos sich aufgerichtet hatte, sowie die jüdische
Opfertheorie, durch welche der Priester ein unentbehrlicher Vermittler
wird, offiziell zur Grundlage der Religion machte, hat es einfach Farbe
bekannt. Auf der selben vierten Lateransynode, welche im Jahre 1215
das Dogma von der magischen Verwandlung verkündete, wurde das
Inquisitionsgericht als bleibende Einrichtung organisiert. Nicht die Lehre
allein, auch das System war also fortan ein aufrichtiges. Die Synode
von Narbonne stellte im Jahre 1227 das Prinzip auf: »Personen und
Güter der Häretiker werden Jedem überlassen, der sich ihrer bemächtigt«;[1]
haeretici possunt non solum excommunicari, sed et juste occidi, lehrte kurz
darauf der erste wirklich ganz römische unter den Kirchendoktoren,
Thomas von Aquin. Diese Prinzipien und Lehren sind nicht etwa
inzwischen abgeschafft worden; sie sind eine logische, unabweisbare
Konsequenz der römischen Voraussetzungen und bestehen noch heute
zu Recht; in den letzten Jahren unseres Jahrhunderts hat ein hervorragender römischer Prälat, Hergenröther, dies bestätigt und hinzugefügt: »Nur wenn man nicht anders kann, giebt man nach.«[2]

Heutige Lage.   Zu Beginn des 13. Jahrhunderts hatte also der fast tausendjährige
Kampf mit dem scheinbar unbedingten Siege Rom's und mit der vollkommenen Niederlage des germanischen Nordens geendet. Jenes vorhin
genannte Erwachen des germanischen Geistes auf religiösem Gebiete
war aber nur das Symptom eines allgemeinen Sichfühlens und -fassens
gewesen; bald drang es in das bürgerliche und politische und intellektuelle Leben hinein; nun handelte es sich nicht mehr allein und vorzüglich um Religion, sondern es entstand eine alles Menschliche umfassende Empörung gegen die Prinzipien und Methoden Rom's überhaupt.
Der Kampf entbrannte von Neuem, doch mit anderen Ergebnissen.
Dürfte die römische Kirche duldsam sein, so könnte er heute als beendet gelten; sie darf es aber nicht, es wäre Selbstmord; und so wird

---

[1]) Hefele: a. a. O., V, 944.
[2]) Vergl. Döllinger: *Das Papsttum* (1892,) S. 527.

denn unablässig der von uns Nordländern mühsam genug und unvollkommen genug erkriegte geistige und materielle Besitzstand untergraben und angeätzt. Ausserdem besitzt Rom, ohne dass es sie zu suchen und sich ihnen zu verdingen brauchte, in allen Feinden des Germanentums geborene Verbündete. Findet nicht bald unter uns eine mächtige, gestaltungskräftige Wiedergeburt idealer Gesinnung statt, und zwar eine spezifisch religiöse Wiedergeburt, gelingt es uns nicht bald, die fremden Fetzen, die an unserem Christentum wie Paniere obligatorischer Heuchelei und Unwahrhaftigkeit noch hängen, herunterzureissen, besitzen wir nicht mehr die schöpferische Kraft, um aus den Worten und dem Anblick des gekreuzigten Menschensohnes eine vollkommene, vollkommen lebendige, der Wahrheit unseres Wesens und unserer Anlagen, dem gegenwärtigen Zustand unserer Kultur entsprechende Religion zu schaffen, eine Religion, so unmittelbar überzeugend, so hinreissend schön, so gegenwärtig, so plastisch beweglich, so ewig wahr und doch so neu, dass wir uns ihr hingeben müssen, wie das Weib ihrem Geliebten, fraglos, sicher, begeistert, eine Religion, so genau unserem besonderen germanischen Wesen angepasst — diesem hochbeanlagten, doch besonders zarten und leicht verfallenden Wesen —, dass sie die Fähigkeit besitzt, uns im Innersten zu erfassen und zu veredeln und zu kräftigen: gelingt das nicht, so wird aus den Schatten der Zukunft ein zweiter Innocenz III. hervortreten und eine erneute vierte Lateransynode, und noch einmal werden die Flammen des Inquisitionsgerichtes prasselnd gen Himmel züngeln. Denn die Welt — und auch der Germane — wird sich noch immer lieber syro-ägyptischen Mysterien in die Arme werfen, als sich an den faden Salbadereien ethischer Gesellschaften und was es dergleichen mehr giebt, erbauen. Und die Welt wird Recht daran thun. Andererseits ist ein abstrakter, kasuistisch-dogmatischer, mit römischem Aberglauben infizierter Protestantismus, wie ihn uns die Reformation in verschiedenen Abarten übermacht hat, keine lebendige Kraft. Er birgt eine Kraft, gewiss! eine grosse: die germanische Seele; doch bedeutet dieses Kaleidoskop vielfältiger und innerlich inkonsequenter Unduldsamkeiten ein Hemmnis für diese Seele, nicht eine Förderung; daher die tiefe Gleichgültigkeit der Mehrheit seiner Bekenner und ein bejammernswertes Brachliegen der grössten Herzensgewalt: der religiösen. Rom mag dagegen als dogmatische Religion schwach sein, seine Dogmatik ist wenigstens konsequent; ausserdem ist gerade diese Kirche — sobald ihr nur gewisse Zugeständnisse gemacht werden — eigentümlich tolerant und weitherzig, sie ist allumfassend wie sonst einzig der

Buddhismus, und versteht es, allen Charakteren, allen Geistes- und Herzensanlagen eine Heimat, eine *civitas Dei* zu bereiten, in welcher der Skeptiker, der (gleich manchem Papste) kaum Christ zu nennen ist,[1] Hand in Hand geht mit dem in heidnischen Superstitionen befangenen Durchschnittsgeist und mit dem innigsten Schwärmer, z. B. einem Bernard von Clairvaux, »dessen Seele sich berauscht in der Fülle des Hauses Gottes und neuen Wein mit Christo im Reiche seines Vaters trinkt«.[2] Wozu dann noch der verführerisch hinreissende Welt- und Staatsgedanke kommt, der schwer in die Wagschale fällt; denn als organisatorisches System, als Macht der Überlieferung, als Kenner des Menschenherzens ist Rom gross und bewundernswert, mehr fast als man in Worten sagen kann. Selbst ein Luther soll erklärt haben (*Tischreden*): »Was das äusserliche Regiment anbelangt, ist des Papstes Reich am besten für die Welt.« Ein einzelner David — stark in der unschuldigreinen Empörung eines echten Indoeuropäers gegen die unserem Menschenstamme angethane Schmach — könnte vielleicht solchen Goliath zu Boden strecken, doch nicht ein ganzes Heer von philosophierenden Liliputanern. Auch wäre sein Tod auf keinen Fall zu wünschen; denn unser germanisches Christentum wird und kann nicht die Religion des Völkerchaos sein; der Wahngedanke einer Weltreligion ist schon an und für sich chronistischer und sakramentaler Materialismus; er haftet der protestantischen Kirche aus ihrer römischen Vergangenheit wie ein Siechtum an; nur in der Beschränkung können wir zum Vollbesitz unserer idealisierenden Kraft erwachsen.

Ein klares Verständnis der folgenschweren Kämpfe auf dem Gebiete der Religion in unserem Jahrhundert und in der heraneilenden Zukunft ist unmöglich, wenn der Vorstellung nicht ein in seinen

---

[1] In dem posthumen Prozess gegen Bonifaz VIII. wurde von vielen kirchlichen Würdenträgern eidlich erhärtet, dieser mächtigste aller Päpste habe über die Vorstellung von Himmel und Hölle gelacht und von Jesus Christus gesagt, er sei ein sehr kluger Mensch gewesen, weiter nichts. Hefele ist geneigt, gerade diese Beschuldigungen für nicht unbegründet zu halten (siehe a. a. O., VI, 461 und die vorangehende Darstellung). Und dennoch — oder vielmehr deswegen — hat gerade Bonifaz VIII. so klar wie fast keiner vor oder nach ihm den Kern des römischen Gedankens erfasst und in seiner berühmten Bulle *Unam sanctam,* auf welcher der heutige Katholizismus wie auf einem Grundstein ruht, zum Ausdruck gebracht. (Über diese Bulle Näheres im folgenden Kapitel.) Übrigens weist Sainte-Beuve in seinem *Port-Royal* (livre III, ch. 3) überzeugend nach, man könne »ein sehr guter Katholik und zugleich kaum ein Christ sein«.

[2] Helfferich: *Christliche Mystik,* 1842, II, 231.

Hauptzügen richtiges und lebhaft gefärbtes Bild des Kampfes im frühen Christentum, bis zum Jahre 1215, vorschwebt. Was später kam — die Reformation und Gegenreformation — ist viel weniger wichtig in rein religiöser Beziehung, viel mehr mit Politik durchsetzt und von Politik beherrscht, ausserdem bleibt es rätselhaft, wenn die Kenntnis des Vorangegangenen fehlt. Diesem Bedürfnis habe ich in dem vorliegenden Kapitel zu entsprechen versucht. (Siehe die Nachträge.)

Sollte man der obigen Darstellung Parteilichkeit vorwerfen, so würde ich erwidern, dass mir die wünschenswerte Gabe der Lüge nicht zuteil wurde. Was hat die Welt von »objektiven« Phrasen? Auch der Gegner weiss aufrichtige Offenheit zu preisen. Gilt es die höchsten Güter des Herzens, so ziehe ich lieber, wie die alten Germanen, nackend in die Schlacht, mit der Gesinnung, die Gott mir gegeben hat, als angethan mit der kunstvollen Rüstung einer Wissenschaft, die gerade hier nichts beweist, oder gar in die Toga einer leeren, alles ausgleichenden Rhetorik gehüllt.

Oratio pro domo.

Nichts liegt mir ferner, als die Einzelnen mit ihren Kirchen zu identifizieren. Unsere heutigen Kirchen einen und trennen nach wesentlich äusserlichen Merkmalen. Lese ich die *Memorials* des Kardinals Manning, und sehe ihn den Jesuitenorden den Krebsschaden des Katholizismus nennen, höre ich ihn die gerade in unseren Tagen so eifrig betriebene Ausbildung des Sakramentes zu einem förmlichen Götzendienste heftig beklagen, die Kirche deswegen eine »Krämerbude« und einen »Wechslermarkt« schelten, sehe ich ihn eifrig für die Verbreitung der Bibel wirken und öffentlich gegen die römische Tendenz, sie zu unterdrücken (die er als vorherrschend zugiebt) ankämpfen, oder nehme ich wieder solche vortreffliche, echt germanische Schriften zur Hand, wie Prof. Schell's: *Der Katholizismus als Prinzip des Fortschrittes,* so empfinde ich lebhaft, dass ein einziger göttlicher Sturmwind genügen würde, um das verhängnisvolle Gaukelspiel angeerbter Wahnvorstellungen aus der Steinzeit hinwegzufegen, die Verblendungen des verfallenen Mestizenimperiums wie Nebelhüllen zu zerstreuen und uns Germanen alle — gerade in der Religion und durch die Religion — in Blutbrüderschaft zu einen.

Ausserdem blieb ja in meiner Schilderung eingestandenermassen der Mittelpunkt alles Christentums — die Gestalt des Gekreuzigten — unberührt. Und gerade sie ist das Einigende, das, was uns alle an-

einander bindet, wie tief auch Denkweise und Rassenanlage uns voneinander scheiden mögen. Ich habe, zu meinem Glück, mehrere gute
und treue Freunde unter der katholischen Geistlichkeit gezählt und
bis zum heutigen Tage keinen verloren. Und ich erinnere mich,
wie ein sehr begabter Dominikaner, der gerne mit mir diskutierte
und dem ich manche Belehrung über theologische Dinge verdanke, einmal voller Verzweiflung ausrief: »Aber Sie sind ja ein schrecklicher
Mensch! nicht einmal der heilige Thomas von Aquin könnte mit
Ihnen fertig werden!« Und dennoch entzog mir der hochwürdige
Herr sein Wohlwollen nicht, ebenso wenig wie ich ihm meine Verehrung. Was uns einte, war eben doch grösser und mächtiger als
das Viele, was uns trennte; es war die Gestalt Jesu Christi. Mochte
ein Jeder von uns den Anderen dermassen im verderblichen Irrtum
befangen glauben, dass er, in die Arena der Welt versetzt, keinen
Augenblick gezögert hätte, ihn rücksichtslos anzugreifen, in der Stille
des Klosters, wo ich den Pater zu besuchen pflegte, fühlten wir
uns immer wieder zu jenem Zustande hingezogen, den Augustinus
(siehe S. 596) so herrlich schildert, wo Alles — selbst die Stimme
der Engel — schweigt und nur der Eine redet; da wussten wir uns
vereint und mit gleicher Überzeugung bekannten wir Beide: »Himmel
und Erde werden vergehen, doch Seine Worte werden nicht vergehen.«

ACHTES KAPITEL

STAAT

———

Methinks I see in my mind a noble and puissant n a t i o n rousing herself like a strong man after sleep, and shaking her invincible locks: methinks I see her as an eagle mewing her mighty youth, and kindling her undazzled eyes at the full midday beam; purging and unscaling her long-abused sight at the fountain itself of heavenly radiance; while the whole noise of timorous and flocking birds, with those also that love the twilight, flutter about, amazed at what she means, and in their envious gabble would prognosticate a year of sects and schisms.

Milton.

Wäre es meine Aufgabe, den Kampf im Staate bis zum 13. Jahrhundert historisch zu schildern, so könnte ich nicht ermangeln, bei
zwei Dingen mit besonderer Ausführlichkeit zu verharren: bei dem
Kampfe zwischen Papsttum und Kaisertum und bei jener allmählichen
Umgestaltung, durch welche aus der Mehrzahl der freien germanischen
Männer Leibeigene wurden, während andere unter ihnen zu der
mächtigen, sowohl nach oben wie nach unten bedrohlichen Klasse
des erblichen Adels sich hinaufschwangen. Doch habe ich hier einzig
das 19. Jahrhundert im Auge zu behalten, und weder jener verhängnisvolle Kampf noch die wunderlich bunten Verwandlungen, welche die gewaltsam hin und her geworfene Gesellschaft durchmachte, besitzt heute
mehr als ein historisches Interesse. Das Wort »Kaiser« ist für uns so
bedeutungslos geworden, dass eine ganze Reihe europäischer Fürsten
es sich zum Schmuck ihrer Titulatur beigelegt haben, und die »weissen
Sklaven Europa's« (wie sie ein englischer Schriftsteller unserer Tage,
Sherard, nennt) sind nicht die überlebenden Zeugen eines vergangenen
Feudalsystemes, sondern die Opfer einer neuen wirtschaftlichen Entwickelung.[1]) Sobald wir dagegen tiefer greifen, werden wir finden,
dass jener Kampf im Staate, so verwirrt er auch scheint, im letzten
Grund ein Kampf um den Staat war, ein Kampf nämlich zwischen
Universalismus und Nationalismus. Diese Einsicht erhellt unser Ver-
ständnis der betreffenden Ereignisse ganz ungemein, und, ist das erst
geschehen, so fällt wiederum von jener Zeit auf die unsere ein helles
Licht zurück und lehrt uns somit in manchen Vorgängen der heutigen
Welt klarer sehen als es sonst der Fall sein könnte.

Aus dieser Erwägung ergiebt sich ohne Weiteres der Plan des
vorliegenden Kapitels. Doch muss ich noch eine Bemerkung vorausschicken.

Das römische Reich hatte man mit Recht ein »Weltreich« nennen
können; *orbis romanus,* die römische Welt, war die übliche Bezeichnung.

---

[1]) Siehe im Kapitel 9 den Abschnitt »Wirtschaft«.

Doch, man merke es wohl, die »römische« pflegte man zu sagen, nicht die Welt kurzweg. Denn wenn auch der bezahlte Hofdichter, auf der Jagd nach weithin schallenden Hexametern, die oft citierten Worte schrieb

Tu regere imperio populus, Romane, memento!

so ist doch die selbst von manchen ernsten Historikern gedankenlos gemachte Voraussetzung, hiermit sei das römische Programm ausgesprochen, durchaus hinfällig. Wie ich in meinem zweiten Kapitel gezeigt habe: der politische Grundgedanke des alten Rom war nicht Expansion, sondern Konzentration. Darüber sollten die hohlen Phrasen eines Virgil Niemanden täuschen. Durch die geschichtlichen Ereignisse ist Rom gezwungen worden, sich um seinen festen Mittelpunkt herum auszubreiten, doch auch in den Tagen seiner ausgedehntesten Gewalt, von Trajan bis Diocletian, wird jedem aufmerksamen Beobachter nichts mehr auffallen als die strenge Selbstbeherrschung und Selbstbeschränkung. Das ist das Geheimnis römischer Kraft; dadurch bewährt sich Rom als die wahrhaft politische Nation unter allen. Doch, so weit diese Nation reicht, vernichtet sie Eigenart, schafft sie einen *orbis romanus;* ihre Wirkung nach aussen ist eine nivellierende. Und als es keine römische Nation mehr gab, nicht einmal mehr in Rom einen Caesar, da blieb nur das Prinzip des Nivellierens, der Vernichtung jeder Eigenart als »römisch« übrig. Hierauf pflanzte nun die Kirche den echten Universalgedanken, den das rein politische Rom nie gekannt hatte. Kaiser waren es gewesen, in erster Reihe Theodosius, welche den Begriff der römischen Kirche geschaffen hatten, wobei ihnen zunächst gewiss nur der *orbis romanus* und dessen bessere Disziplin vorgeschwebt hat; doch war hierdurch an Stelle eines politischen Prinzips ein religiöses getreten, und während das erstere von Natur begrenzt war, war das letztere von Natur grenzenlos. Die Bekehrung zum Christentum ward jetzt eine moralische Verpflichtung, da von ihr das ewige Heil der Menschen abhing; Grenzen konnte es für eine derartige Überzeugung nicht geben.[1] Andererseits war es staatliche Verpflichtung, der römischen Kirche mit Ausschluss jeder anderen Gestaltung der christlichen

---

[1] Siehe z. B. den wundervollen Brief Alcuin's an Karl den Grossen (in Waitz: *Deutsche Verfassungsgeschichte,* II, 182), worin der Abt den Kaiser mahnt, er solle das Imperium über die ganze Welt ausdehnen, nicht aus politischem Ehrgeiz, sondern weil er hierdurch die Grenzen des katholischen Glaubens immer weiter rücke.

Idee anzugehören; die Kaiser hatten es bei strengster Strafe befohlen. Auf diese Art erweiterte sich der frühere, grundsätzlich beschränkte römische Gedanke zu dem eines Universalimperiums; und da zwar die Politik den Organismus abgab, die Kirche aber die gebieterische Idee der Universalität, so ist es wohl nur natürlich, dass nach und nach aus dem Imperium eine Theokratie wurde und der Hohepriester bald sich das *Diadema imperii* aufs Haupt setzte.[1])

Worauf ich nun gleich zu Beginn die Aufmerksamkeit lenken möchte, ist, dass es doch nicht angeht, in irgend einem Kaiser — und sei er auch ein Heinrich IV. — den Vertreter und Verfechter der weltlichen Gewalt im Gegensatz zur kirchlichen zu erblicken. Die Essenz des christlich-römischen Kaisertums ist die Idee der Universalgewalt. Nun stammt aber, wie wir sahen, diese Idee nicht vom alten Rom; die Religion war es, die das neue Prinzip gebracht hatte: die offenbarte Wahrheit, das Reich Gottes auf Erden, eine rein ideale, nämlich auf Ideen gegründete, durch Ideen die Menschen beherrschende Gewalt. Freilich hatten die Kaiser dieses Prinzip im Interesse ihrer Herrschaft gewissermassen säkularisiert, doch sobald sie es überhaupt aufnahmen, hatten sie sich ihm zugleich verdungen. Ein Kaiser, der nicht ein Angehöriger der römischen Kirche, der nicht ein Haupt und Hort des Universalismus der Religion gewesen wäre, wäre kein Kaiser gewesen. Ein Streit zwischen Kaiser und Papst ist also immer ein Streit innerhalb der Kirche; der eine will dem *Regnum,* der andere dem *Sacerdotium* mehr Einfluss eingeräumt wissen; doch bleibt der Traum des Universalismus ihnen beiden gemeinsam, ebenso die Treue gegen jene kaiserlich-römische Kirche, welche berufen sein sollte, den allverbindenden Seelenkitt des Weltreiches abzugeben. Einmal ernennt der Kaiser den Papst »aus kaiserlicher Machtvollkommenheit« (wie 999 Otto III. Sylvester II.), ist also er unbestrittener Autokrat; ein anderes Mal krönt der Papst den Kaiser »aus der Fülle päpstlicher Macht« (wie 1131 Innocenz II. Lothar); ursprünglich ernennen die Kaiser (resp. die Landesfürsten) alle Bischöfe, später beanspruchen die Päpste dieses

---

[1]) Welcher Papst den Doppelreifen zuerst um die Tiara geschlungen hat, ist noch eine strittige Frage; jedenfalls geschah es im 11. oder 12. Jahrhundert. Der eine Ring trug die Inschrift: *Corona regni de manu Dei,* der andere: *Diadema imperii de manu Petri.* Heute trägt die päpstliche Krone einen dritten Goldreifen; nach dem zum Katholizismus neigenden Wolfgang Menzel (*Christliche Symbolik,* 1854, I, 531) wird durch diese drei Reifen die Herrschaft der römischen Kirche über Erde, Hölle und Himmel symbolisiert. Weiter kann kein Imperialismus reichen.

Recht; auch konnte es vorkommen, dass das Concilium der Bischöfe
sich die höchste Macht zumass, sich ausdrücklich für »unfehlbar« erklärte und den Papst absetzte und einsperrte (wie in Konstanz 1415),
während der Kaiser als machtloser Zuschauer unter den Prälaten sass,
nicht einmal fähig, einen Hus vor dem Tode zu schützen.   Und so
weiter.   Offenbar handelt es sich bei allen diesen Dingen um Kom-
petenzstreitigkeiten innerhalb der Kirche, d. h. innerhalb der uni-
versalistisch gedachten Theokratie.   Wenn die deutschen Erzbischöfe
das Heer befehligen, welches Friedrich I. 1167 gegen Rom und den
Papst entsendet, wäre es doch sonderbar, hierin eine wirkliche Auflehnung der weltlichen Gewalt gegen die kirchliche erblicken zu wollen.
Ebenso sonderbar wäre es, wenn man die Absetzung Gregor's VII.
durch die Wormser Synode des Jahres 1076 als antikirchliche Regung
Heinrich's IV. deuten wollte, wo doch fast sämtliche Bischöfe Deutschlands und Italiens das kaiserliche Dekret unterschrieben hatten und
zwar mit der Begründung: »der Papst masse sich eine bisher ganz
unbekannte Gewalt an, während er die Rechte anderer Bischöfe vernichte.«[1])   Natürlich bin ich weit entfernt, die hohe politische Bedeutung aller dieser Vorgänge, sowie namentlich ihre Rückwirkung
auf das erstarkende Nationalbewusstsein leugnen zu wollen, ich stelle
aber fest, dass es sich hier lediglich um Kämpfe und Ränke innerhalb
des damals vorherrschenden Universalsystems der Kirche handelt,
während derjenige Kampf, der über den ferneren Gang der Weltgeschichte entschied, im Gegensatz zugleich zu Kaiser und zu Papst
— im Gegensatz heisst das also zum kirchlichen Staatsideal — von
Fürsten, Adel und Bürgertum geführt wurde.   Es bedeutet dies einen
Kampf gegen den Universalismus, und, stützte er sich zunächst nicht
auf Nationen, da solche noch nicht existierten, so führte er mit Notwendigkeit zu ihrer Bildung, denn die Nationen sind das Bollwerk
gegen die Despotie des römischen Weltreichgedankens.

Die »duplex
potestas«.

So viel musste ich vorausschicken, damit von vornherein festgestellt werde, welcher Kampf allein uns in diesem Buche beschäftigen
kann und soll.   Der Kampf zwischen Kaiser und Papst um den Vorrang
gehört der Vergangenheit an, der Kampf zwischen Nationalismus und
Universalismus dauert heute noch fort.

Doch möchte ich, ehe wir zu unserem eigentlichen Gegenstand
übergehen, noch eine Betrachtung bezüglich jenes Wettstreites innerhalb

---

[1]) Hefele: *Konziliengeschichte,* V, 67.

des universalistischen Ideals hinzufügen. Zwar ist sie nicht unentbehrlich für die Beurteilung des 19. Jahrhunderts, die Sache wurde aber gerade in unseren Tagen viel besprochen und zwar vielfach zum Nachteil des gesunden Menschenverstandes; immer wieder wird sie von der universalistischen, d. h. von der römischen Partei aufgefrischt; und manche sonst gute Urteilskraft wird durch das geschickt dargestellte, doch gänzlich unhaltbare Paradoxon irregeführt. Ich meine die Theorie der *duplex potestas,* der zweiköpfigen Gewalt. Den meisten Gebildeten ist sie hauptsächlich aus Dante's *De Monarchia* bekannt, wenngleich sie früher und gleichzeitig und auch später von Anderen vorgetragen wurde. Bei aller Verehrung für den gewaltigen Dichter glaube ich kaum, dass ein politisch urteilsfähiger und nicht von Parteileidenschaft geblendeter Mensch diese Schrift aufmerksam lesen kann, ohne sie einfach ungeheuerlich zu finden. Grossartig wirkt allerdings die Konsequenz und der Mut, womit Dante dem Papste jede Spur von weltlicher Gewalt und weltlichem Besitz abspricht; doch indem er die Fülle dieser Gewalt einem Anderen überträgt, indem er der Macht dieses Anderen die rein theokratische Quelle unmittelbar göttlicher Einsetzung vindiziert, hat er nur einen Tyrannen an die Stelle eines Anderen gesetzt. Von den Kurfürsten meint er, man dürfe sie nicht »Wähler« nennen, sondern vielmehr »Verkündiger der göttlichen Vorsehung« (III, 16); das ist ja die ungeschminkte papale Theorie! Dann aber kommt erst die Ungeheuerlichkeit: neben diesem unumschränkten, von Gott selbst »ohne irgend einen Vermittler« eingesetzten Alleinherrscher giebt es noch einen, ebenfalls von Gott selbst eingesetzten, ebenfalls unumschränkten Alleinherrscher, den Papst! Denn »des Menschen Natur ist eine doppelte und bedarf darum einer doppelten Leitung«, nämlich »des Papstes, der in Gemässheit der Offenbarung das Menschengeschlecht zum ewigen Leben führt, und des Kaisers, der im Anschluss an die Lehren der Philosophen die Menschen zur irdischen Glückseligkeit leiten soll«. Schon philosophisch ist dieser Gedanke eine Ungeheuerlichkeit; denn nach ihm soll das Streben nach einem diesseitigen, rein irdischen Glück Hand in Hand mit der Erlangung eines jenseitigen ewigen Glückes gehen; praktisch bedeutet er die unhaltbarste Wahnvorstellung, die jemals ein Dichterhirn ausbrütete. Wir dürfen als ursätzliche Wahrheit annehmen, dass Universalismus Absolutismus mit sich führt, d. h. Unbedingtheit; wie könnten denn z w e i unbedingte Herrscher nebeneinander stehen? Nicht einen Schritt kann der Eine machen, ohne den Anderen zu »bedingen«. Wo soll man eine Grenze zwischen der Jurisdiktion

des »philosophischen« Kaisers, des unmittelbaren Vertreters Gottes als
Weltweisen, und der Jurisdiktion des theologischen Kaisers, des Ver-
mittlers des ewigen Lebens ziehen? Bildet jene »Doppelnatur« des
Menschen, von der Dante viel spricht, nicht dennoch eine Einheit?
Vermag sie es, sich fein säuberlich in zwei zu teilen, und — im
Widerspruch mit dem Worte Christi — zweien Herren zu dienen?
Schon das Wort Mon-archie bedeutet die Regierung durch einen
Einzigen, und jetzt soll die Monarchie zwei Alleinherrscher besitzen?
Die Praxis kennt eine derartige zwiespältige Idee gar nicht. Die ersten
Kaiser christlicher Konfession waren unumschränkte Herren auch innerhalb der Kirche; hin und wieder beriefen sie die Bischöfe zu Beratungen,
doch erliessen sie die Kirchengesetze aus autokratischer Machtfülle und
in dogmatischen Fragen entschied ihr Wille. Theodosius konnte wohl
für seine Sünden Busse thun vor dem Bischof von Mailand, wie er
es vor jedem anderen Priester gethan hätte, doch von einem Wett-
bewerber um die unumschränkte Machtvollkommenheit wusste er
nichts und hätte nicht gezaudert, ihn zu zermalmen. Genau ebenso
empfand Karl (siehe S. 617), wenn auch seine Position natürlich nicht
so stark sein konnte wie die des Theodosius; doch errang später Otto
der Grosse thatsächlich genau die selbe Einherrschergewalt und sein
kaiserlicher Wille genügte, um den Papst abzusetzen: so sehr verlangt
die Logik des universalistischen Ideals, dass alle Macht in einer Hand
liege. Nun kamen allerdings in Folge endloser politischer Wirren, und
auch weil die Hirne der damaligen Menschen durch Fragen des abstrakten
Rechtes vertrackt geworden waren, manche unklare Ideen auf, und
zu ihnen gehörte jener Satz des alten Kirchenrechtes von den beiden
Schwertern des Staates, *de duobus universis monarchiae gladiis;*
doch hat, wie obiger Satz mit seinem Genitiv der Einzahl beweist,
der praktische Politiker sich die Sache nie so ungeheuerlich dargestellt
wie der Dichter; für ihn gab es doch nur eine Monarchie und ihr
dienen beide Schwerter. Diese eine Monarchie ist die Kirche: ein
weltliches und zugleich überweltliches Imperium. Und weil die Idee
dieses Imperiums eine so durch und durch theokratische ist, kann es
uns nicht wundern, wenn die höchste Gewalt allmählich vom König
auf den *pontifex* übergeht. Dass beide gleich hoch stehen sollten,
ist durch die Natur des Menschen völlig ausgeschlossen; selbst Dante
sagt am Schlusse seiner Schrift, der Kaiser solle »dem Petrus Ehr-
erbietung bezeigen« und sich von dessen Licht »bestrahlen lassen«;
er giebt also implicite zu, der Papst stehe über dem Kaiser. Endlich

hellte ein starker, klarer Geist, politisch und juristisch hochgebildet, diese Wirrnis geschichtlicher Trugschlüsse und abstrakter Hirngespinste auf; es geschah gerade an der Grenze der Epoche, von der ich hier spreche, am Schlusse des 13. Jahrhunderts.[1]) Schon in seiner Bulle *Ineffabilis* hatte Bonifaz VIII. die unbedingte Freiheit der Kirche gefordert: bedingungslose Freiheit heisst unbeschränkte Macht. Doch die Lehre von den beiden Schwertern hatte schon so arge Verwüstungen in der Denkkraft der Fürsten angerichtet, dass sie gar nicht mehr daran dachten, das zweite Schwert sei bestenfalls in der unmittelbaren Gewalt des Kaisers; nein, jeder einzelne Fürst wollte es unabhängig führen und die göttliche Monarchie artete dadurch in eine um so bedenklichere Polyarchie aus, als jeder Principiculus sich die kaiserliche Theorie angeeignet hatte und sich als einen direkt von Gott eingesetzten unumschränkten Gewalthaber betrachtete. Man kann mit den Fürsten sympathisieren, denn sie bereiteten die Nationen, doch ihre Theorie des »Gottesgnadentums« ist einfach absurd, absurd, wenn sie innerhalb des römischen Universalsystems, d. h. also in der katholischen Kirche verblieben, und doppelt absurd, wenn sie sich von dem grossartigen Gedanken der einen einzigen von Gott gewollten *civitas Dei* lossagten. Dieser Konfusion suchte nun Bonifaz VIII. durch seine ewig denkwürdige Bulle, *Unam sanctam*, ein Ende zu bereiten. Jeder Laie sollte sie kennen, denn was auch inzwischen geschehen sein oder in Zukunft noch geschehen mag, die Logik der universal-theokratischen Idee[2]) wird die römische Kirche immer mit Notwendigkeit zu der Auffassung der unbeschränkten Gewalt der Kirche und ihres geistlichen Oberhauptes zurückführen. Zuerst setzt Bonifaz auseinander, es könne nur eine Kirche geben — dies wäre derjenige Punkt, wo man ihm gleich widersprechen müsste, denn aus ihm folgt alles Übrige mit logischer Notwendigkeit. Dann kommt das entscheidende und, wie die Geschichte lehrt, wahre Wort: »Diese eine Kirche hat nur e in H a u p t, n i c h t z w e i K ö p f e g l e i c h e i n e m M o n s t r u m!« Hat sie aber nur ein Haupt, so müssen ihm beide Schwerter, das geistliche und das weltliche, unterthan sein: »Beide Schwerter sind also in der Gewalt der Kirche, das geistliche und das weltliche; dieses muss f ü r die Kirche, jenes v o n der Kirche gehandhabt werden; das eine von der Priesterschaft, das andere von den Königen

---

[1]) Dante hat es folglich erlebt, doch wie es scheint, nicht zu würdigen, noch daraus die notwendigen Konsequenzen zu ziehen gewusst.

[2]) Nicht zu verwechseln mit dem National-Theokratismus, für den die Geschichte manche Beispiele (in erster Reihe das Judentum) bietet.

und Kriegern, a b e r n a c h d e m W i l l e n d e s P r i e s t e r s und s o l a n g e
e r e s d u l d e t. Es muss aber ein Schwert über dem andern, die weltliche
Autorität der geistlichen unterworfen sein. — — — Die göttliche Wahrheit bezeugt, dass die geistliche Gewalt die zeitliche einzusetzen und über
sie zu urteilen hat, wenn sie nicht gut ist.«[1]) Damit war die notwendige
Lehre der römischen Kirche endlich klar, logisch und ehrlich entwickelt. Man sieht einem derartigen Gedanken nicht auf den Grund,
wenn man von priesterlichem Ehrgeiz, von dem unersättlichen Magen
der Kirche, u. s. w. redet: zu Grunde liegt hier vielmehr die gross-
artige Idee eines universellen Imperiums, welches nicht allein alle
Völker unterwerfen und hierdurch ewigen Frieden schaffen soll,[2])
sondern auch jeden einzelnen Menschen ebenfalls von allen Seiten eng
umfassen will mit seinem Glauben, Handeln und Hoffen. Es ist
Universalismus in seiner höchsten Potenz, äusserer und innerer, so
dass auch Einheit der Sprache z. B. mit allen Mitteln erstrebt wird.
Der Fels, auf dem dieses Reich ruht, ist der Glaube an göttliche Einsetzung, nichts Geringeres vermöchte ein derartiges Gebäude zu halten;
folglich ist dieses Imperium notwendiger Weise eine Theokratie; in
einem theokratischen Staate nimmt die Hierarchie den ersten Platz ein;
ihr priesterliches Haupt ist somit das natürliche Oberhaupt des Staates.
Dieser logischen Deduktion kann man kein einziges vernünftiges Wort
entgegenstellen, sondern nur fadenscheinige Sophismen. Hatte doch im
weltlichsten aller Staaten, in Rom, der Imperator sich den Titel und
das Amt eines *Pontifex maximus* als höchste Würde, als unübertreff-
bare Gewähr der göttlichen Berechtigung beigelegt (*Caesar Divi genus* —
denn auch dieser Gedanke ist nicht etwa ein christlicher)! Und sollte
nicht im christlichen Staate, jenem Staate, dem erst die Religion Universalität und Allgewalt geschenkt hatte, der *Pontifex maximus* sich
nun umgekehrt berechtigt und genötigt fühlen, sein Amt als das eines
Imperators aufzufassen?[3])

So viel nur über die *duplex potestas.*

Diese beiden Ausführungen: die erste über die grundsätzliche Identität zwischen Kaisertum und Papsttum (beide nur Glieder und Mani-

---

[1]) Siehe die Bulle *Ineffabilis* in Hefele: *Konziliengeschichte,* 2. Ausg. VI, 297 fg., und
die Bulle *Unam sanctam,* ebenda, S. 347 fg. Ich citiere nach der Hefele'schen Übersetzung
ins Deutsche, also nach einer orthodox katholischen und zugleich autoritativen Quelle.

[2]) Dieser Gedanke kehrt bei den alten Schriftstellern immer wieder.

[3]) Man vergleiche das treffliche Wort des spanischen Staatsmannes Antonio
Perez, im vorigen Kapitel, S. 615, angeführt.

festationen desselben Gedankens eines heiligen römischen Universalreiches), die zweite über den Kampf zwischen den verschiedenen
regierenden Elementen innerhalb dieser natürlich sehr komplizierten
Hierarchie, sollen weniger als Vorwort zu dem Folgenden gedient
haben, denn als Entledigung eines Ballastes, der unsere Schritte vielfach gehemmt und irregeführt hätte; denn, wie gesagt, der wahre
»Kampf im Staat« liegt tiefer, und gerade er bietet noch gegenwärtiges,
ja, leidenschaftliches Interesse und fördert das Verständnis unseres
eigenen Jahrhunderts.

———————

Savigny, der grosse Rechtslehrer, schreibt: »die Staaten, in welche   Universalismus
sich das römische Reich auflöste, weisen zurück auf den Zustand des   gegen
Reiches vor dieser Auflösung.« Der Kampf, von dem ich hier zu   Nationalismus.
sprechen habe, steht also sowohl formell wie ideell in starker Abhängigkeit vom entschwundenen Imperium. Gleichwie die Schatten
länger werden, je tiefer die Sonne sinkt, so warf Rom, dieser erste
wahrhaft grosse Staat, seinen Schatten weit über kommende Jahrhunderte hin. Denn, wohl betrachtet, ist der nun entbrennende Kampf
im Staat ein Kampf der Völker um ihre persönliche Daseinsberechtigung
gegen eine erträumte und erstrebte Universalmonarchie, und Rom
hinterliess nicht allein die Thatsache eines nationalitätlosen Polizei-
staates mit Gleichförmigkeit und Ordnung als politischem Ideal, sondern
auch die Erinnerung an eine grosse Nation. Ausserdem hinterliess Rom
jene geographische Skizze zu einer möglichen und in vielen Zügen
dauernd bewährten politischen Aufteilung des chaotischen Europa in
neue Nationen, sowie Grundprinzipien der Gesetzgebung und der Verwaltung, an denen die individuelle Selbständigkeit dieser neuen Gebilde
wie die junge Rebe an dem dürren Pfahl emporwachsen und erstarken
konnte. Beiden Idealen, beiden Politiken lieferte also das alte Rom
die Waffen, sowohl dem Universalismus wie dem Nationalismus. Jedoch,
es kam auch Neues hinzu, und dieses Neue war das Lebendige, der Saft,
welcher Blüten und Blätter trieb, die Hand, welche die Waffe führte:
neu war das religiöse Ideal der Universalmonarchie und neu war der
die Nationen gestaltende Menschenschlag. Neu war es, dass die
römische Monarchie nicht mehr eine weltliche Politik, sondern eine
zum Himmel vorbereitende Religion, dass ihr Monarch nicht ein
wechselnder Caesar, sondern ein unsterblicher, ans Kreuz geschlagener
Gott sein sollte, und ebenso neu war es, dass an Stelle der ver-

42*

schwundenen Nationen der früheren Geschichte eine bisher unbekannte Menschenrasse auftrat, gleich schöpferisch und individualistisch (folglich von Natur staatenbildend) wie die Hellenen und die Römer, dabei im Besitz einer bedeutend breiteren, zeugungsfähigeren und darum auch plastischeren, vielgestaltigen Masse: die Germanen.

Die politische Situation während des ersten Jahrtausends von Konstantin an gerechnet ist also, trotz des unübersehbaren Wirrsals der Geschehnisse, durchaus deutlich, deutlicher vielleicht als die heutige. Auf der einen Seite die bewusste, wohl durchdachte, aus Erfahrung und aus vorhandenen Verhältnissen entlehnte Vorstellung einer imperial-hieratischen, unnationalen Universalmonarchie, auf Gottes Gebot von den römischen Heiden (unbewusst) vorbereitet,[1] nunmehr in ihrer Göttlichkeit offenbart und daher allumfassend, allgewaltig, unfehlbar, ewig, — auf der anderen Seite die naturnotwendige, durch Rasseninstinkt geforderte Bildung von Nationen seitens der germanischen und der mit Germanen in meinem weiteren Sinne (siehe Kap. 6) stark vermischten Völker, zugleich eine unüberwindliche Abneigung ihrerseits gegen alles Beharrende, die stürmische Auflehnung gegen jede Beschränkung der Persönlichkeit. Der Widerspruch war flagrant, der Kampf unausbleiblich.

Das ist kein willkürliches Verallgemeinern; im Gegenteil: nur wenn man die anscheinenden Willkürlichkeiten aller Geschichte so liebevoll aufmerksam betrachtet wie der Physiograph das von ihm sorgfältig polierte Gestein, nur dann wird die Chronik der Weltbegebenheiten durchsichtig, und was das Auge nunmehr erblickt, ist nicht etwas Zufälliges, sondern das zu Grunde Liegende, gerade das einzige nicht Zufällige, die bleibende Ursache notwendiger, doch bunter, unberechenbarer Ereignisse. Dergleichen Ursachen erzwingen nämlich bestimmte Wirkungen. Wo weithin blickendes Bewusstsein vorhanden ist, wie z. B. (für den Universalismus) bei Karl dem Grossen und Gregor VII., oder andrerseits (für den Nationalismus) bei König Alfred oder Walther von der Vogelweide, da gewinnt die notwendige Gestaltung der Geschichte bestimmtere, leichter erkennbare Umrisse; doch war es durchaus nicht nötig, dass jeder Vertreter der römischen Idee oder des Prinzips der Nationalitäten klare Begriffe über Art und Umfang dieser Gedanken besass. Die römische Idee war zwingend genug, war eine unabänderliche Thatsache, nach welcher jeder Kaiser und jeder Papst,

---

[1] Augustinus: *De civitate Dei V*, 21, etc.

mochte er sonst auch denken und beabsichtigen was er wollte, genötigt war sich zu richten. Auch ist die übliche Lehre, hier habe eine Entwickelung stattgefunden, der kirchliche Ehrgeiz sei nach und nach immer umfassender geworden, nicht wohlbegründet, nicht wenigstens in dem heutigen flachen Verstand, wonach durch Evolution aus einem X ein U wird; eine Entfaltung hat es gegeben, ein Anschmiegen an Zeitverhältnisse u. s. w., doch handelte Karl der Grosse nach genau den selben Grundsätzen wie Theodosius und stand Pius IX. auf genau dem selben Boden wie Bonifaz VIII. Weit weniger noch postuliere ich ein bewusstes Erstreben nationaler Bildungen. Die spätrömische Idee einer Universaltheokratie konnte allenfalls von ausserordentlichen Männern bis ins Einzelne ausgedacht werden, denn sie beruhte auf einem vorhandenen Imperium, an das sie unmittelbar anknüpfte und auf der festgegründeten jüdischen Theokratie, aus der sie sich lückenlos herleitete; wie sollte man dagegen an ein Frankreich, ein Deutschland, ein Spanien gedacht haben, ehe sie da waren? Hier handelte es sich um schöpferische Neubildungen, die auch heute Sprossen treiben und noch ferner treiben werden, solange es Leben giebt. Unter unseren Augen finden Verschiebungen des Nationalbewusstseins statt, und noch jetzt können wir das Nationalitäten bildende Prinzip überall am Werke betrachten, wo der sogenannte Partikularismus sich regt: wenn der Bayer den Preussen nicht leiden mag und der Schwabe mit einer gelinden Geringschätzung auf Beide herabblickt, wenn der Schotte von »seinen Landsleuten« spricht, um sie vom Engländer zu unterscheiden, und der Einwohner von New-York den *Yankee* von Neuengland als ein nicht ganz so vollendetes Wesen wie er selber ist, betrachtet, wenn örtliche Sitte, örtlicher Brauch, unausrottbare, durch keine Gesetzgebung ganz zu tilgende örtliche Rechtsgewohnheiten einen Gau vom anderen scheiden — — — so haben wir in allen diesen Dingen Symptome eines lebendigen Individualismus zu erblicken, Symptome der Fähigkeit eines Volkes, sich seiner Eigenart im Gegensatz zu der Anderer bewusst zu werden, der Fähigkeit zu organischer Neubildung. Schüfe der Gang der Geschichte die äusseren Bedingungen dazu, wir Germanen brächten noch ein Dutzend neue, charakteristisch unterschiedene Nationen hervor. In Frankreich wurde inzwischen diese schöpferische Beanlagung durch die fortschreitende »Romanisierung« geschwächt, ausserdem durch den Fuss des rohen Korsen fast ganz zertreten; in Russland ist sie in Folge des Vorwaltens untergeordneten, ungermanischen Blutes verschwunden, trotzdem früher unsere echten

slavischen Vettern für individuelle Neubildungen — ihre Sprachen und
Litteraturen beweisen es — reich begabt waren. Diese Gabe nun,
welche wir bei den Einen nicht mehr, bei den Anderen noch heute
vorhanden finden, ist es, die wir in der Geschichte am Werke sehen,
nicht bewusst, nicht als Theorie, nicht philosophisch bewiesen, nicht
auf juristischen Institutionen und göttlichen Offenbarungen aufgebaut,
doch mit der Unbezwingbarkeit eines Naturgesetzes alle Hindernisse
überwindend, zerstörend, wo es zu zerstören galt — denn woran sind
die ungesunden Bestrebungen des römischen Kaisertums germanischer
Könige zu Grunde gegangen, als an der stets wachsamen Eifersucht
der Stämme? — und zugleich auf allen Seiten unbemerkt, emsig auf-
bauend, so dass die Nationen dastanden, lange ehe die Fürsten sie in
die Landkarte eingetragen hatten. Während gegen das Ende des
12. Jahrhunderts der Wahn eines *imperium romanum* einen Friedrich
Barbarossa noch bethörte, konnte der deutsche Dichter schon singen:

> übel müeze mir geschehen,
> künde ich ie mîn herze bringen dar,
> daz im wol gevallen
> wolte fremeder site:
> tiuschiu zuht gât vor in allen!

Und als im Jahre 1232 der mächtigste aller Päpste den Feind des
römischen Einflusses in England, den Oberrichter Hubert de Burgh,
durch Vermittlung des Königs hatte gefangen nehmen lassen, fand
sich im ganzen Lande kein Schmied, der ihm Handschellen hätte anschmieden wollen; trotzig antwortete der Geselle, dem man mit der
Folter drohte: »Lieber jeden Tod sterben, als dass ich je Eisen an-
legen sollte dem Manne, der England vor dem Fremden verteidigt
hat!« Der fahrende Sänger wusste, dass es ein deutsches Volk, der
Hufeisenbeschläger, dass es ein englisches Volk gebe, als es manche
grosse Herren der Politik kaum erst zu ahnen begannen.

Das Gesetz der
Begrenzung.
Man sieht, es handelt sich nicht um Windeier, gelegt von einer
geschichtsphilosophischen Henne, sondern um die allerrealsten Dinge.
Und da wir nun wissen, dass wir mit dieser Gegenüberstellung von
Universalismus und Nationalismus die Hand auf konkrete Grundthat-
sachen der Geschichte gelegt haben, möchte ich gern dieser Sache
einen allgemeineren, mehr innerlichen Ausdruck abgewinnen. Damit
steigen wir in die Tiefen der Seele hinab und erwerben uns eine
Einsicht, die gerade für die Beurteilung unseres eigenen Jahrhunderts

von Wert sein wird; denn jene beiden Strömungen sind noch unter uns vorhanden, und zwar nicht allein in der sichtbaren Gestalt des *pontifex maximus,* der im Jahre des Heiles 1864 seine zeitliche Allgewalt noch einmal feierlich behauptete,[1]) sowie andrerseits in den immer schärfer hervortretenden nationalen Gegensätzen der Gegenwart, sondern in gar vielen Ansichten und Urteilen, die wir auf dem Lebenspfade auflesen, ohne zu ahnen, woher sie stammen. Im tiefsten Grunde handelt es sich eben um zwei Weltauffassungen, die sich gegenseitig so gänzlich ausschliessen, dass die eine unmöglich neben der andren bestehen könnte und es einen Kampf auf Leben und Tod zwischen ihnen geben müsste — trieben die Menschen nicht so ohne Besinnung dahin, gleich vollbesegelten doch steuerlosen Schiffen, ziellos, gedankenlos dem Winde gehorchend. Ein Wort des erhaben grossen Germanen, Goethe, wird auch hier wieder das psychologische Rätsel aufhellen. In seinen Sprüchen in Prosa schreibt er von der lebendigbeweglichen Individualität, sie werde sich selbst gewahr »als innerlich Grenzenloses, äusserlich Begrenztes«. Das ist ein bedeutungsschweres Wort: äusserlich begrenzt, innerlich grenzenlos. Hiermit wird ein Grundgesetz alles geistigen Lebens ausgesprochen. Für das menschliche Individuum heisst nämlich äusserlich begrenzt so viel wie Persönlichkeit, innerlich grenzenlos so viel wie Freiheit; für ein Volk ebenfalls. Verfolgt man nun diesen Gedanken, so wird man finden, dass die beiden Vorstellungen sich gegenseitig bedingen. Ohne die äussere Begrenzung kann die innere Grenzenlosigkeit nicht statthaben; wird dagegen äussere Unbegrenztheit erstrebt, so wird die Grenze innerlich gezogen werden müssen. Dies Letztere ist denn auch die Formel des neurömischen kirchlichen Imperiums: innerlich begrenzt, äusserlich grenzenlos. Opfere mir deine menschliche Persönlichkeit und ich schenke dir Anteil an der Göttlichkeit, opfere mir deine Freiheit und ich schaffe ein Reich, welches die ganze Erde umfasst und in welchem ewig Ordnung und Friede herrschen, opfere mir dein Urteil und ich offenbare dir die absolute Wahrheit, opfere mir die Zeit und ich schenke dir die Ewigkeit. Denn in der That, die Idee der römischen Universalmonarchie und der römischen Universalkirche zielt auf ein äusserlich Unbegrenztes: dem Oberhaupt des Imperiums sind *omnes humanae creaturae,* d. h. sämt-

---

[1]) Siehe den Syllabus § 19 fg., 54 fg., 75 fg., sowie die vielen Artikel gegen jede Gewissensfreiheit, namentlich § 15: »Wer behauptet, ein Mensch dürfe diejenige Religion annehmen und bekennen, die er nach bestem Wissen für wahr hält: der sei gebannt.«

liche menschliche Wesen ohne Ausnahme unterworfen,[1]) und die
Gewalt der Kirche erstreckt sich nicht allein über die Lebendigen,
sondern auch über die Toten, welche sie noch nach Jahrhunderten
mit Bann und Höllenqualen bestrafen oder aus dem Fegfeuer zur
himmlischen Seligkeit befördern kann. Dass dieser Vorstellung Grossartigkeit innewohnt, bestreite ich nicht; ich diskutiere sie hier nicht,
sondern mir liegt daran, zu zeigen, dass jedes Hinzielen auf derartig
äusserlich Unbegrenztes die innerliche Begrenzung des Individuums voraussetzt und bedingt. Von Konstantin an, dem ersten, der die Imperiumsidee konsequent neurömisch erfasste, bis zu Friedrich II., dem Hohen-
staufen, dem letzten Herrscher, den der wahrhafte Universalgedanke be-
seelte, hat kein Kaiser ein Atom persönlicher oder auch Landesfreiheit
geduldet (ausser insofern Schwäche ihn dazu zwang, den Einen Zugeständnisse zu machen, um die Anderen matt zu setzen). *Quod principi placuit,
legis habet vigorem*, liess sich der Rotbart von den Juristen byzan-
tinischer Schulung belehren, ging hin und zerstörte die in trotziger
Freiheit und bürgerlichem Fleisse aufblühenden Städte der Lombardei
und streute Salz auf die rauchenden Trümmer Mailand's. Minder gewaltthätig, doch von der selben Grundanschauung getragen, vernichtete
der zweite Friedrich die unter den Landesfürsten aufkeimenden Freiheiten des deutschen Bürgertums. Wie unverrückbar eng der *Pontifex*
die »inneren Grenzen« zieht, braucht nicht erst dargethan zu werden.
Das Wort *Dogma* hatte bei den alten Griechen eine Meinung, ein
Dafürhalten, eine philosophische Lehre bezeichnet, im römischen Reich
bezeichnet es eine kaiserliche Verordnung, jetzt aber, in der römischen
Kirche, hiess es ein göttliches Gesetz des Glaubens, dem sämtliche
menschliche Wesen bei ewiger Strafe sich bedingungslos zu unterwerfen hatten. Man mache sich keine Illusion hierüber, man lasse
sich nicht durch Trugschlüsse irreführen: dem Individuum kann dieses
System kein Tüttelchen freier Selbstbestimmung lassen, es ist unmöglich, und zwar aus dem einfachen Grunde — gegen den keine Ka-
suistik und keine noch so gute Absicht etwas vermag — weil, wer
»äusserlich grenzenlos« sagt, »innerlich begrenzt« hinzufügen muss,
er mag wollen oder nicht. Nach aussen wird das Opfer der Persönlichkeit, nach innen das Opfer der Freiheit gefordert. Ebensowenig kann dieses System nationale Individuen in ihrer Eigenart und
als Grundlage geschichtlichen Geschehens anerkennen; sie sind ihm

---

[1]) Siehe die Bulle *Unam sanctam*.

höchstens ein unvermeidliches Übel; denn sobald eine scharfe äussere Grenze gezogen ist, wird sich die Tendenz zur innerlichen Grenzenlosigkeit kundthun; nie wird die echte Nation sich dem Imperium unterwerfen.

Das staatliche Ideal der römischen Hierokratie ist die *civitas Dei* auf Erden, ein einziger unteilbarer Gottesstaat: jede Gliederung, welche äussere Grenzen schafft, bedroht das unbegrenzte Ganze, denn sie erzeugt Persönlichkeit. Darum gehen die Freiheiten der germanischen Völkerschaften, die Königswahl, die besonderen Rechte u. s. w. unter römischem Einfluss verloren; darum organisieren die Predigermönche, sobald zu Anfang des 13. Jahrhunderts die Nationalitäten deutlich hervorzutreten beginnen, einen wahren Feldzug gegen den *amor soli natalis*, die Liebe zur heimatlichen Scholle; darum sehen wir die Kaiser auf die Schwächung der Fürsten bedacht, und die Päpste während Jahrhunderte unermüdlich thätig, die Bildung der Staaten zu hindern und — sobald hier kein Erfolg mehr zu hoffen — ihre freiheitliche Entwickelung hintanzuhalten (bei welchem Bestreben namentlich die Kreuzzüge ihnen lange Zeit zu gute kamen); darum sorgen die Konstitutionen des Jesuitenordens an erster Stelle dafür, dass dessen Mitglieder gänzlich »entnationalisiert« werden und einzig der universellen Kirche angehören; [1] darum lesen wir in den allerneuesten, streng

---

[1] Jedes Gespräch über einzelne Nationen ist den Jesuiten aufs Strengste verboten; das Ideal des Ignatius war, sagt Gothein (*Ignatius von Loyola*, S. 336), »alle Nationen durcheinander zu werfen«; nur wo die Staaten es zur Bedingung machten, liess er den Unterricht durch Eingeborene geben, sonst war es sein stehendes Prinzip, jedes Mitglied aus seinem Vaterlande zu entfernen, wodurch zugleich erreicht wurde, dass kein Jesuitenschüler durch ein Mitglied seiner eigenen Nation herangebildet wurde. Das System ist seither nicht geändert. Buss, der ultramontane Verfasser der *Geschichte der Gesellschaft Jesu*, rühmt ihr vornehmlich nach: »sie hat keinen Charakter haftend an dem Genie einer Nation oder in der Eigentümlichkeit eines einzelnen Landes.« Der französische Jesuit Jouvancy warnt in seiner *Lern- und Lehrmethode* die Ordensmitglieder ganz besonders vor dem »zu vielen Lesen in Werken der Muttersprache«, denn, so fährt er fort: »dabei wird nicht nur viel Zeit verloren, sondern man leidet auch leicht Schiffbruch an der Seele.« Schiffbruch an der Seele durch Vertrautheit mit der Muttersprache! Und der bayrische Jesuit Kropf stellt im vorigen Jahrhundert als erstes Prinzip für die Schule auf, dass »der Gebrauch der Muttersprache niemals gestattet werde«. Man durchsuche das ganze Buch (ein othodox-römisch-jesuitisches), aus dem ich diese Citate entnehme: *Erläuterungsschriften zur Studienordnung der Gesellschaft Jesu*, 1898, bei Herder (für Obiges S. 229 und 417), man wird das Wort Vaterland nicht ein einziges Mal finden! — (Nachtrag: Während der Drucklegung dieses Kapitels lerne ich die vortreffliche Schrift von Georg Mertz, *Die Pädagogik der Jesuiten*, Heidelberg 1898,

wissenschaftlichen Lehrbüchern des katholischen Kirchenrechts (siehe z. B. das von Phillips, 3. Aufl., 1881, S. 804) noch immer von dem Durchdringen des »Nationalitätsprinzips innerhalb der Einen und Allgemeinen Kirche Gottes« als von einem der bedauerlichsten Vorgänge der Geschichte Europa's. Dass die grosse Mehrzahl der römischen Katholiken dennoch vortreffliche Patrioten sind, ist ein Mangel an Konsequenz, der ihnen zur Ehre gereicht; ähnlich hat ja gerade Karl der Grosse, der sich *a Deo coronatus imperator, Romanum gubernans imperium* nannte, durch seine kulturelle Thätigkeit und seine germanische Gesinnung mehr als ein Anderer zur Entfesselung der Nationalitäten und zur Knebelung des folgerechten römischen Gedankens beigetragen; doch wird durch derartige Inkonsequenzen die einzig richtige Lehre der theokratischen Universalkirche in keiner Weise berührt, und es ist unmöglich, dass diese Lehre und dieser Einfluss sich jemals anders als in antinationaler Richtung geltend mache. Denn ich wiederhole es, hier handelt es sich nicht um dieses eine bestimmte Kirchen- und Imperiumsideal, sondern um ein allgemeines Gesetz menschlichen Wesens und Thuns.

Damit dieses Gesetz recht klar erkannt werde, wollen wir jetzt kurz die entgegengesetzte Weltauffassung betrachten: äusserlich begrenzt, innerlich grenzenlos. Nur in der Gestalt des äusserlich scharf Abgegrenzten, keinem andern Menschen Gleichen, das Gesetz seines besonderen Seins sichtbar zur Schau Tragenden tritt uns die hervorragende Persönlichkeit entgegen; nur als streng begrenzte individuelle Erscheinung offenbart uns das Genie die grenzenlose Welt seines Innern. Hiervon war in meinem ersten Kapitel (über hellenische Kunst) so eindringlich die Rede, dass ich es jetzt nicht noch einmal auszuführen brauche; im zweiten Kapitel, dem über Rom, sahen wir dann das selbe

---

kennen, in welcher streng aktenmässig und mit wissenschaftlicher Unparteilichkeit dieses ganze Erziehungssystem dargelegt wird. Wer diese trockene, nüchterne Darstellung aufmerksam liest, wird nicht bezweifeln, dass jede Nation, welche ihre Schulen den Jesuiten öffnet, einfach Selbstmord begeht. Ich verdächtige durchaus nicht die guten Absichten der Jesuiten und bestreite nicht, dass sie einen gewissen pädagogischen Erfolg erzielen; doch bezweckt dieses ganze System die grundsätzliche Vernichtung der Individualität — der persönlichen sowohl wie der nationalen. Andrerseits muss aber zugegeben werden, dass dieses frevelhafte Attentat auf alles Heiligste im Menschen, diese grundsätzliche Heranbildung eines Geschlechtes, das »aus dem Hellen ins Dunkle strebt«, die streng logische Anwendung der römischen Postulate ist; in der starren und erstarrenden Folgerichtigkeit liegt die Kraft des Jesuitismus.)

Gesetz schärfster Abgrenzung nach Aussen eine innerlich unerhört
mächtige Nation schaffen. Und ich möchte wissen, wo man mehr
als bei dem Anblick des Gekreuzigten berechtigt wäre, auszurufen:
äusserlich begrenzt, innerlich grenzenlos? und aus welchen Worten
diese Wahrheit deutlicher herübergetönt wäre, als aus jenen: Das
Himmelreich ist nicht auswendig, in der Welt der begrenzten Gestalten,
sondern innerlich, in euren Herzen, in der Welt des Grenzenlosen?
Diese Lehre ist das genaue, antipodische Gegenteil der Kirchenlehre.
Die Geschichte als Beobachtungswissenschaft lehrt, dass nur begrenzte,
zu nationaler Eigenartigkeit aus- und eingewachsene Völker Grosses
geleistet haben. Die stärkste Nation der Welt — Rom — verschwand
und mit ihr verschwanden ihre Tugenden, sobald sie »universal« zu
werden strebte. Ähnlich überall. Lebhaftestes Rassenbewusstsein und
allerengste Stadtorganisation waren die notwendige Atmosphäre für
die unvergänglichen Grossthaten des Hellenentums; die Weltmacht
Alexander's hat nur die Bedeutung einer mechanischen Ausbreitung
von hellenischen Bildungselementen. Die ursprünglichen Perser waren
eine der lebhaftesten, thatkräftigsten, in Bezug auf Poesie und
Religion am tiefsten beanlagten Völker der Geschichte: als sie den
Thron einer Weltmonarchie erstiegen hatten, schwand ihre Persönlichkeit und damit auch ihr Können dahin. Selbst die Türken verloren
als internationale Grossmacht ihren bescheidenen Schatz an Eigenschaften, während ihre Vettern, die Hunnen, durch rücksichtslose Betonung des einen einzigen nationalen Momentes und durch gewalt-
sames Einschmelzen ihres reichen Schatzes an tüchtigen deutschen
und slavischen Elementen, im Begriffe sind, unter unseren Augen zu
einer grossen Nation heranzuwachsen.

Aus dieser zwiefachen Betrachtung geht hervor, dass die Beschränkung ein allgemeines Naturgesetz ist, ein ebenso allgemeines
wie das Streben nach dem Schrankenlosen. Ins Unbegrenzte muss
der Mensch hinaus, seine Natur fordert es gebieterisch; um dies zu
können, muss er sich begrenzen. Hier findet nun der Widerstreit der
Grundsätze statt: begrenzen wir uns äusserlich — in Bezug auf Rasse,
Vaterland, Persönlichkeit, — so scharf, so resolut wie möglich, so
wird uns, wie den Hellenen und den brahmanischen Indern, das innerliche Reich des Grenzenlosen aufgehen; streben wir dagegen äusserlich
nach Unbegrenztem, nach irgend einem Absoluten, Ewigen, so müssen
wir auf der Grundlage eines engbegrenzten Innern bauen, sonst ist
jeder Erfolg ausgeschlossen: das zeigt uns jedes grosse Imperium, das

zeigt uns jedes sich als absolut und alleingültig gebende philosophische und religiöse System, das zeigt uns vor Allem jener grossartigste Versuch einer universellen Weltdeutung und Weltregierung, die römisch-katholische Kirche.

Der Kampf um den Staat.

Der Kampf im Staat während der ersten zwölf Jahrhunderte unserer Zeitrechnung war nun in seinem tiefsten Grunde ein Kampf zwischen den genannten zwei Prinzipien der Begrenzung, die auf allen Gebieten sich feindlich gegenüberstehen und deren Gegenüberstellung hier, auf politischem Gebiete, zu einem Kampfe zwischen Universalismus und Nationalismus führt. Es handelt sich um die Daseinsberechtigung unabhängiger Nationalitäten. Um das Jahr 1200 herum konnte der zukünftige Sieg des nationalbeschränkten, d. h. also des äusserlich begrenzenden Grundsatzes kaum mehr zweifelhaft sein. Zwar stand das Papsttum auf seiner höchsten Höhe — so versichern wenigstens die Geschichtsschreiber, übersehen jedoch, dass diese »Höhe« nur den Sieg über den internen Konkurrenten um die Weltmonarchie, den Kaiser, bedeutet, und dass gerade dieser Wettstreit innerhalb der Imperiumsidee und dieser Sieg des Papstes den endgültigen Bankrott des römischen Plans herbeigeführt hat. Denn inzwischen waren Völker und Fürsten erstarkt: der innere Abfall von den kirchlichen »Grenzen« hatte schon im ausgedehntesten Masstabe begonnen, und der äussere Abfall von dem vermeintlichen *princeps mundi* wurde gerade von den frömmsten Fürsten mit beneidenswerter Inkonsequenz durchgeführt. So nahm z. B. Ludwig der Heilige offen Partei für den exkommunizierten Friedrich und erklärte dem Papst gegenüber: »*les roys ne tiennent de nullui, fors de Dieu et d'eux-mêmes*«; und auf ihn folgte bald ein Philipp der Schöne, der einen widerspenstigen *pontifex* einfach gefangen nehmen liess und dessen Nachfolger zwang, in Frankreich, unter seinen Augen zu residieren und die gewünschten gallikanischen Sonderrechte zu bestätigen. Der Kampf ist hier ein anderer als der zwischen Kaiser und Papst: denn die Fürsten bestreiten das Existenzrecht des römischen Universalismus; in weltlichen Dingen wollen sie vollkommen unabhängig und in kirchlichen Dingen die Herren im eigenen Lande sein. Hinfürder musste der Vertreter der römischen Hierokratie auch in seinen glanzvollen Tagen mühsam lavieren und, um sich die Glaubensdinge möglichst unterthan zu halten, seine politischen Ansprüche einen nach dem andern (einstweilen) preisgeben; dem sogenannten »römischen Kaiser deutscher Nation« (wohl die blödsinnigste *contradictio in adjecto,* die jemals ersonnen wurde) ging es noch schlechter, sein Titel war ein blosser Spott, und doch musste er ihn so teuer bezahlen, dass heute, am Schlusse des 19. Jahrhunderts, sein Nachfolger der einzige Monarch Europa's ist, der nicht an der Spitze einer Nation, sondern eines ungestalteten Menschenhaufens steht. Wogegen der mächtigste moderne Staat dort entstand, wo die antirömische Tendenz einen so unzweideutigen Ausdruck gefunden hatte, dass man behaupten darf: »der dynastische und der protestantische Gedanke durchdringen einander so, dass sie kaum unterschieden werden können«.[1]) Inzwischen war eben die Losung ausgegeben worden, die da lautete: weder Kaiser noch Papst, sondern Nationen.

In Wahrheit jedoch ist dieser Kampf noch heute nicht beendet; denn wenn auch der Grundsatz der Nationen siegte, die Macht, welche den entgegengesetzten Grundsatz vertritt, hat nie entwaffnet, ist heute in gewissen Beziehungen stärker als je, verfügt über eine weit besser disziplinierte, mehr bedingungslos unterworfene Beamtenschar als in irgend einem früheren Jahrhundert, und wartet nur auf die Stunde, wo sie rücksichtslos hervortreten kann. Ich habe nie verstanden, warum gebildete Katholiken sich bemühen, die Thatsache zu leugnen, oder hinweg zu deuten, dass die römische Kirche nicht allein eine Religion, sondern auch ein weltliches Regierungssystem ist, und dass die Kirche als Vertreterin Gottes auf Erden *eo ipso* in allen Dingen dieser Welt unbeschränkte Herrschaft beanspruchen darf und allezeit beansprucht hat. Wie kann man das glauben, was die römische Kirche als Wahrheit lehrt und trotzdem von einer Selbständigkeit der weltlichen Gewalt reden — wie das, um nur ein Beispiel aus beliebig vielen zu nennen, Professor Phillips in seinem *Lehrbuch des Kirchenrechts*, § 297, thut, wo er doch in dem selben Paragraphen auf der vorangehenden Seite ausgeführt hat: »Es ist nicht Sache des Staates, zu bestimmen, welche Rechte der Kirche zustehen, noch die Ausübung derselben von seiner Genehmigung abhängig zu machen«? Wenn aber der Staat die Rechte der Kirche nicht bestimmt, so folgt daraus mit unwidersprechlich logischer Notwendigkeit, dass die Kirche die Rechte des Staates bestimmt. Und was hier mit einer verblüffenden »wissenschaftlichen« Naivetät geschieht, wird in hundert anderen Büchern und in immer erneuten Beteuerungen hochgestellter Prälaten wiederholt und die Kirche als ein in staatlichen Dingen unwissendes, unschuldiges Lamm hingestellt — was ohne systematische Unterdrückung

---

[1]) Ranke: *Genesis des preussischen Staates*, Ausg. 1874, S. 174.

der Wahrheit nicht angeht. Wäre ich römischer Katholik, ich würde,
weiss Gott, anders Farbe bekennen und mir die Mahnung Leo's XIII.
zu Herzen nehmen, dass man »nicht wagen solle, Unwahres zu sagen,
noch Wahres zu verschweigen«.[1]) Und die Wahrheit ist, dass die
römische Kirche von Anfang an — d. h. also von Theodosius an, der
sie begründete — stets die unbedingte, unbeschränkte Herrschaft über
die weltlichen Dinge beansprucht hat. Ich sage, »die Kirche« hat sie
beansprucht, ich sage nicht »der Papst«; denn darüber, wer die welt-

[1]) In seinem Breve *Saepenumero* vom 18. August 1883. Diese Warnung
richtet sich ausdrücklich »an die Historiker«, und der heilige Vater scheint eine
ganze Sammlung neukatholischer Bücher der von mir gerügten Art vor sich liegen
gehabt zu haben, denn er seufzt, ihn dünke die neuere Geschichtsschreibung eine
»*conjuratio hominum adversus veritatem*« geworden zu sein, worin ihm Jeder, der
einige Kenntnis von dieser Litteratur besitzt, von Herzen beistimmen wird. *Nomina
sunt odiosa*, doch erinnere ich, dass schon in einer Anmerkung zum vorigen Kapitel
(S. 643) darauf hingewiesen wurde, wie selbst Janssen, dessen *Geschichte des deutschen
Volkes* so grosse Beliebtheit und so viel Ansehen geniesst, zu dieser »Verschwörung
gegen die Wahrheit« gehört. So lässt er z. B. die grosse Verbreitung der Bibel in
Deutschland am Ende des 15. Jahrhunderts ein Verdienst der römischen Kirche sein!
Wo er doch sehr gut weiss: erstens, dass das Lesen der Bibel damals seit zwei Jahr-
hunderten von Rom aus streng verboten war und nur die grossen Wirrnisse in der
Kirche jener Zeit eine Laxheit der Disziplin verschuldeten, zweitens, dass gerade in
jenem Augenblick das Bürgertum und der Kleinadel von ganz Europa bis ins innerste
Herz antirömisch waren und sich d e s w e g e n mit solcher Leidenschaft auf das
Studium der Bibel warfen! Wie sehr relativ diese angebliche »Verbreitung« war,
geht übrigens aus der einen Thatsache hervor, dass Luther mit 20 Jahren noch nie
eine Bibel gesehen hatte und mit Mühe ein Exemplar in der Universitätsbibliothek
zu Erfurt auftrieb. Dieses eine Beispiel von Geschichtsfälschung ist typisch; in ähnlicher Weise »wagt« Janssen's Buch an hundert Stellen »Unwahres zu sagen und
Wahres zu verschweigen«, und doch gilt es als ein ernst wissenschaftliches. Was
müsste man erst zu jener neuesten, wie Pilze aus vermodertem Boden hervorsprossen-
den Litteratur sagen, die sich die planmässige Besudelung aller nationalen Helden zum
Ziel gesetzt hat, von Martin Luther bis Bismarck, von Shakespeare bis Goethe? Einzig
Verachtung ist hier angebracht. Ein bekanntes Sprichwort sagt: Lügen haben kurze
Beine, und ein weniger bekanntes: Dem Lügner sieht man so tief ins Maul als dem
Wahrsager. Mögen die Völker Europas bald so weit erwacht sein, dass sie dieser Rotte
tief ins Maul sehen! Doch darf keine Empörung dazu verleiten, den grossartigen
Universalgedanken eines Theodosius und eines Carolus Magnus, eines Gregor I. und
eines Gregor VII., eines Augustinus und eines Thomas von Aquin mit derartigen
modernen Schuftigkeiten auf gleiche Stufe zu stellen. Der wahre römische Gedanke
ist ein echter Kulturgedanke, der im letzten Grunde auf dem Werk und den Traditionen
der grossen Kaiserepoche von Tiberius bis Marc Aurel ruht; dagegen knüpft das Ideal
der genannten Herren bekanntlich (siehe S. 525) an die kulturbare Steinzeit an, und
das selbe gilt von ihrer tückischen Kampfesweise.

liche, sowie auch darüber, wer die höchste religiöse Gewalt thatsächlich ausüben sollte, hat es zu verschiedenen Zeiten verschiedene Auffassungen und manchen Streit gegeben, doch dass diese Gewalt der Kirche als einer göttlichen Institution innewohne, ist stets gelehrt worden und diese Lehre bildet, wie ich es im vorigen Kapitel zu zeigen versuchte (S. 615 fg.), ein so grundlegendes Axiom der römischen Religion, dass das ganze Gebäude einstürzen müsste, wenn sie je diesen Anspruch im Ernst aufgeben wollte. Gerade dies ist ja der bewundernswerteste und — sobald er sich in einem schönen Geiste wiederspiegelt — heiligste Gedanke der römischen Kirche: diese Religion will nicht bloss für die Zukunft, sondern auch für die Gegenwart sorgen, und zwar nicht allein, weil das irdische Leben nach ihrer Meinung für den Einzelnen die Schule des ewigen Lebens bedeutet, sondern weil sie Gott zu Ehren und als Vertreterin Gottes schon diese zeitliche Welt zu einem herrlichen Vorhof der himmlischen gestalten will. Wie der tridentinische Katechismus sagt: *Christi regnum in terris inchoatur, in coelo perficitur;* das Reich Christi erreicht im Himmel seine Vollendung, doch beginnt es auf Erden.[1]) Wie flach muss ein Denken sein, welches die Schönheit und die unermessliche Kraft einer derartigen Vorstellung nicht empfindet! Und wahrlich, ich erträume sie mir nicht; dazu besässe ich nicht die Phantasie. Doch ich schlage Augustinus: *De civitate Dei,* Buch XX, Kap. 9, auf und lese: »*Ecclesia et nunc est regnum Christi, regnumque coelorum.*« Zweimal innerhalb weniger Zeilen wiederholt Augustinus, die Kirche sei jetzt schon das Reich Christi. Auch sieht er (im Anschluss an die Apokalypse) Männer auf Thronen sitzen, und wer sind sie? diejenigen, welche jetzt die Kirche regieren. Diese Auffassung setzt eine politische Regierung voraus, und selbst wo der Kaiser diese ausübt, selbst wo er sie gegen den Papst anwendet, ist doch er, der Kaiser, ein Glied der Kirche, *a Deo coronatus,* dessen Gewalt auf religiösen Voraussetzungen beruht, so dass von einer wirklichen Trennung zwischen Staat und Kirche nicht die Rede sein kann, sondern höchstens (wie schon im Vorwort zu diesem Kapitel ausgeführt) von einem Kompetenzstreit innerhalb der Kirche. Die religiöse Grundlage dieser Auffassung

---

[1]) Um Missverständnissen vorzubeugen, will ich anmerken, dass auch nach lutherischer Lehre der Gläubige schon hier das ewige Leben hat; doch ist das eine Auffassung, welche (wie ich in den Kap. 5, 7 und 9 ausführlich dargethan habe) *in toto* von der jüdisch-römischen abweicht, da sie nicht auf chronistischer Aufeinanderfolge, sondern auf gegenwärtiger Erfahrung (wie bei Christus) fusst.

reicht bis auf Christus selber zurück; denn, wie ich im dritten Kapitel
dieses Buches bemerkte: Leben und Lehren Christi deuten unverkennbar
auf einen Zustand, der nur durch Gemeinsamkeit verwirklicht werden
kann.[1]) Genau hier ist der Punkt, wo das alternde Kaisertum und
das jugendliche Christentum eine gewisse Verwandtschaft miteinander
entdeckten oder zu entdecken wähnten. Ohne Zweifel war ein Jeder
der beiden Kontrahierenden von sehr verschiedenen Beweggründen
geleitet, der eine von politischen, der andere von religiösen; ver-
mutlich täuschten sich beide; das Kaisertum wird nicht geahnt haben,
dass es seine weltliche Gewalt auf ewig preisgab, das reine Christentum der alten Zeit wird nicht bedacht haben, dass es sich dem Heidentum in die Arme warf und sofort von ihm werde überwuchert werden;
doch gleichviel: aus ihrer Vereinigung, aus ihrer Verschmelzung und
gegenseitigen Durchdringung entstand die römische Kirche. Nun
umfasst die Kirche nach der als orthodox anerkannten Definition des
Augustinus sämtliche Menschen der Erde,[2]) und jeder Mensch, gleichviel ob er »Fürst oder Knecht, Kaufmann oder Lehrer, Apostel oder
Doktor sei«, hat seine Thätigkeit hier auf Erden als ein ihm in der
Kirche angewiesenes Amt zu betrachten, *in hac ecclesia suum
munus*.[3]) Durch welches Schlupfloch hier ein »Staat« oder gar eine
»Nation« sich sollte herausretten können, um als selbständiges Wesen
sich der Kirche gegenüber aufzurichten und ihr zuzurufen: du, kümmere
dich hinfürder um deine Angelegenheiten, ich werde in den Dingen
dieser Welt nach eigenem Belieben herrschen! — ist nicht ersicht-
lich; eine derartige Annahme ist unlogisch und unsinnig, sie hebt
die Idee der römischen Kirche auf. Diese Idee gestattet offenbar
keinerlei Einschränkung, weder geistig noch materiell, und wenn der
Papst in seiner Eigenschaft als Vertreter der Kirche, als deren *pater
ac moderator,* das Recht fordert, in weltlichen Dingen das entscheidende
Wort zu sprechen, so ist das eben so berechtigt und logisch, wie wenn
Theodosius in seinem berühmten Dekret gegen die Häretiker behauptet,

---

[1]) Siehe S. 247.

[2]) *Ecclesia est populus fidelis per universum orbem dispersus,* aufgenommen in I,
10, 2 des *Catechismus ex decreto Concilii Tridentini.* Da nun aber schon von Theodosius an der Glaube von Allen erzwungen werden sollte und der Unglaube oder
Irrglaube ein Majestätsverbrechen bildete, da ausserdem die Schismatiker und Häretiker
dennoch »unter der Gewalt der Kirche stehen« (a. a. O., I, 10, 9), so umfasst diese
Definition sämtliche Menschen ohne Ausnahme, *omnes humanae creaturae,* wie Bonifaz
in der oben angeführten Stelle richtig sagte.

[3]) *Cat. Trid.* I, 10, 25.

er, der Kaiser, sei »von himmlischer Weisheit« geleitet oder wenn Karl der Grosse aus eigener Machtvollkommenheit über dogmatische Fragen entscheidet. Denn die Kirche umfasst Alles, Leib und Seele, Erde und Himmel, ihre Gewalt ist unbegrenzt und wer sie vertritt — gleichviel wer er sei — gebietet folglich unumschränkt. Schon Gregor II., kein überspannter Kirchenfürst, verglich den Papst einem »Gott auf Erden«; Gregor VII. führt aus, »die weltliche Gewalt müsse der geistlichen (d. h. der römischen Kirche) gehorchen«; an Wilhelm den Eroberer schreibt er, die apostolische Gewalt müsse vor Gott Rechenschaft abgeben über alle Könige; Gregor IX. schreibt in einem Briefe vom 23. Oktober 1236 (in welchem er besonders betont, dass die Rechte des Kaisers nur von der Kirche »übertragen« seien): »Wie der Stellvertreter Petri die Herrschaft über alle Seelen hat, so besitzt er auch in der ganzen Welt ein Prinzipat über das Zeitliche und die Leiber und regiert auch das Zeitliche mit dem Zügel der Gerechtigkeit«; Innocenz IV. führt aus, man könne der Kirche das Recht nicht bestreiten, *spiritualiter de temporalibus* zu richten. Und da diese Worte, so unzweideutig sie auch sind, doch mancher kasuistischen Haarspalterei Raum liessen, zerstreute der ehrliche und fähige Bonifaz VIII. jedes Missverständnis durch eine Bulle *Ausculta fili* vom 5. Dezember 1301 (an den König von Frankreich gerichtet), in welcher er schreibt: »Gott hat uns unerachtet unserer geringen Verdienste über die Könige und Reiche gesetzt und uns das Joch apostolischer Knechtschaft auferlegt, um in seinem Namen und nach seiner Anweisung auszureissen, niederzureissen, zu zerstören, zu zerstreuen, aufzubauen und zu pflanzen .... Lass Dir also, geliebtester Sohn, von Niemandem einreden, dass Du keinen Obern habest und dem höchsten Hierarchen der kirchlichen Hierarchie nicht untergeben seiest. Wer dies meint, ist ein Thor; wer es hartnäckig behauptet, ist ein Ungläubiger und gehört nicht zum Schafstall des guten Hirten.« Weiter unten bestimmt dann Bonifaz, es sollen mehrere französische Bischöfe nach Rom kommen, damit der Papst mit ihnen bestimme, was »zur Besserung der Misstände und zum Heil und zur guten Verwaltung des Reiches erspriesslich ist« — wozu der römisch-katholische Bischof Hefele sehr richtig bemerkt: »Wer aber das Recht besitzt, in einem Reiche zu ordnen, auszureissen, zu bauen und für gute Verwaltung zu sorgen, ist der wirkliche Obere desselben.«[1]) Es ist ebenfalls nur konsequent, da sämtliche Menschen

---

[1]) *Konziliengeschichte,* VI, 331. Der lateinische Text der Kirchenrechte lautet: *ad evellendum, destruendum, disperdendum, dissipandum, aedificandum, atque plantandum ;*

des Erdbodens der Kirche unterstehen und ihr einverleibt sind, dass
auch die letzte Verfügung über sämtliche Länder ihr zukomme. Über
gewisse Reiche, wie z. B. Spanien, Ungarn, England u. s. w. beanspruchte
die Kirche ohne Weiteres die Oberlehensherrlichkeit;[1]) bei allen übrigen
behielt sie sich die Bestätigung und Krönung der Könige vor, sie setzte
sie ab und ernannte neue Könige an Stelle der abgesetzten (wie z. B.
bei den Karlingern) — — denn, wie Thomas von Aquin in seinem
De regimine principum ausführt: »Wie der Körper Kraft und Fähigkeit
erst von der Seele erhält, ebenso entfliesst die zeitliche Autorität der
Fürsten aus der geistlichen des Petrus und seiner Nachfolger.«[2]) Das
königliche Amt ist eben, wie schon oben gezeigt, nichts mehr und
nichts weniger als ein *munus* innerhalb der Kirche, innerhalb der
civitas Dei. Daher ist auch kein Häretiker rechtmässiger König. Schon
1535 wurden von Paul III. alle englischen Unterthanen des Gehorsams
gegen ihren König feierlich entbunden,[3]) und im Jahre 1569 wurde
von Pius V. diese Massregel noch verschärft, indem die grosse Königin
Elisabeth nicht nur abgesetzt und »jeglichen Eigentums« entblösst,
sondern jeder Engländer, der es wagen sollte, ihr zu gehorchen, mit
Exkommunikation bedroht wurde.[4]) In Folge dessen besteht die ganze
politische Entwickelung Europa's seit der Reformation für die Kirche
nicht zu Recht; sie fügt sich in das Unvermeidliche, doch erkennt sie
es nicht an: gegen den Augsburger Religionsfrieden hat sie protestiert,
gegen den westfälischen Frieden erhob sie mit noch grösserer Feierlich-
keit Einspruch und erklärte ihn »für alle Zukunft null und nichtig«,[5])

---

später *ordinare . . . . ad bonum et prosperum regimen regni*. Die früheren Citate sind
dem selben Werke entnommen, V, 163, 154, 1003, 1131, VI, 325—327.

[1]) Das Eigentumsrecht auf Ungarn stützt sich auf eine angebliche Schenkung
des Königs Stephan, Spanien und England (wohl auch Frankreich?) werden als in
der gefälschten konstantinischen Schenkung inbegriffen betrachtet, nach welcher dem
päpstlichen Stuhle »die königliche Gewalt in sämtlichen Provinzen Italiens s o w i e in
den w e s t l i c h e n Gegenden (*in partibus occidentalibus*)« sollte überlassen worden
sein (vergl. Hefele V, 11).

[2]) Ich citiere nach Bryce: *Le Saint Empire Romain Germanique*, S. 134.

[3]) Hergenröther: Hefele's *Konziliengeschichte* fortgesetzt IX, 896.

[4]) Green: *History of the English people* (Eversley ed.) IV, 265, 270.

[5]) Phillips: *Lehrbuch des Kirchenrechts*, S. 807, und die dort genannte Bulle
Zelo domus. — Übrigens hat hier nicht allein der römische Papst, sondern auch
der römische Kaiser protestiert, indem er seine sogenannten »Reservatrechte« sich
vorbehielt, sich aber zugleich weigerte, zu erklären, was er darunter verstünde; was
er sich damit wahrte, war aber ganz einfach der nie aufgegebene Anspruch auf die
potestas universalis, d. h. auf die unbeschränkte Allgewalt, mit anderen Worten, der

den Akten des Wiener Kongresses hat sie ihre Zustimmung versagt. — — — Auch über die aussereuropäische Welt hat die Kirche mit lobenswerter Konsequenz die alleinige Verfügung beansprucht und z. B. Spanien durch zwei Bullen vom 3. und 4. Mai 1493 »im Namen Gottes« alle entdeckten oder noch zu entdeckenden Länder westlich des 25. Längengrades (westlich von Greenwich) auf ewige Zeiten geschenkt, den Portugiesen Afrika, u. s. w.[1])

Mit Absicht beschränke ich mich auf diese wenigen Andeutungen und Citate, den Büchern entnommen, die meine bescheidene Büchersammlung umfasst; ich brauchte nur in eine öffentliche Bibliothek zu gehen, um hunderten von vielleicht noch treffenderen Belegen auf die Spur zu kommen; so entsinne ich mich z. B., dass in späteren Bullen der Satz, der Papst besitze »über alle Völker, Reiche und Fürsten die Fülle der Gewalt«, mit geringen Abweichungen in fast formelhafter Weise wiederkehrt; doch bin ich weit entfernt, einen wissenschaftlichen Beweis erbringen zu wollen, ganz im Gegenteil möchte ich dem Leser die Überzeugung geben, dass es hier gar nicht darauf ankommt, was

---

Kaiser blieb der römisch-universalistischen Vorstellung treu. (Man lese hierüber die Ausführungen in Siegel: *Deutsche Rechtsgeschichte,* § 100.)

[1]) Papst Alexander VI. sagt in diesen Bullen, die Schenkung geschehe »aus reiner Freigebigkeit« und »kraft der Autorität des allmächtigen Gottes, ihm durch den heiligen Petrus übergeben«. (Vergl. die Anmerkung auf S. 653.) Weiter kann die unbedingte Verfügung über alles Zeitliche nicht gehen, es sei denn, dass Jemand sich die Allgewalt beilegte, auch den Mond zu verschenken. — Die Bulle *Inter Cetera* vom 4. Mai 1493 findet man abgedruckt *in extenso* in Fiske's *Discovery of America,* 1892, II., 580 fg. Daselbst im ersten Bande, S. 454 fg., findet man eine ausführliche Darlegung der begleitenden Umstände u. s. w., zugleich eine eingehende Erörterung der durch die Undeutlichkeit des päpstlichen Textes entstandenen Schwierigkeiten. Der *Pontifex maximus* nämlich, obwohl er erklärt »*ex certa scientia*« zu reden, verleiht den Spaniern alle entdeckten und noch zu entdeckenden Länder *(omnes insulas et terras firmas inventas et inveniendas, detectas et detegendas),* welche westlich und südlich *(versus Occidentem et Meridiem)* eines bestimmten Längengrades liegen; nun hat aber bisher kein Mathematiker entdecken können, welche geographische Gegend »südlich« von einem »Längengrad« liegt; und dass der Papst wirklich einen Längengrad meint, kann nicht in Frage gestellt werden, da er mit naiver Umständlichkeit sagt: »*fabricando et construendo unam lineam a polo Arctico ad polum Antarcticum*«. Diese von einer krass unwissenden Kurie verfügte Schenkung übte übrigens eine von ihr gar nicht vorhergesehene Wirkung aus, indem sie die Spanier zwang, immer weiter nach Westen zu suchen, bis sie die Magalhāesstrasse fanden, die Portugiesen aber nötigte, den Ostweg nach Indien um das Vorgebirge der Guten Hoffnung herum zu entdecken. Näheres hierüber in dem Abschnitt »Entdeckung« des folgenden Kapitels.

dieser und jener Papst oder Kaiser, diese oder jene Kirchenversammlung
oder Rechtsautorität gesagt hat (worüber schon so viel Papier geschwärzt
und Zeit verloren worden ist), sondern dass das Zwingende in der Idee
selbst, in dem Streben nach Absolutem, Unbegrenztem liegt. Diese
Einsicht erleuchtet das Urteil ganz ausserordentlich; sie macht gerechter
gegen die römische Kirche und gerechter gegen ihre Gegner; sie lehrt die
wahre politische und überhaupt moralisch entscheidende Entwickelung
dort suchen, wo — an unzähligen Orten und bei unzähligen Gelegen-
heiten — Nationalismus und überhaupt Individualismus sich zeigte und
sich im Gegensatz zum Universalismus und Absolutismus behauptete.
Als Karl der Einfältige sich weigerte, Kaiser Arnulf den Lehenseid zu
leisten, schlug er eine tiefe Bresche in das *Romanum imperium*, eine
so tiefe, dass in keinem späteren Kaiser, die bedeutendsten nicht aus-
genommen, der echte Universalplan Karl's des Grossen ungeschmälert
wieder aufzuleben vermochte.   Wilhelm der Eroberer, ein recht-
gläubiger, kirchlich frommer Fürst, um die strenge Kirchenzucht wie
wenige verdient, erwiderte dessenungeachtet, als der Papst das neu
erworbene England als Kirchengut beanspruchte und ihn damit be-
lehnen wollte: »Nie habe ich einen Lehenseid geleistet, noch werde
ich es jemals thun.« Das sind die Menschen, welche die weltliche
Macht der Kirche nach und nach gebrochen haben. Sie glaubten an
die Dreieinigkeit, an die Wesensgleichheit des Vaters und des Sohnes,
an das Fegfeuer, an Alles, was die Priester wollten — das römische
politische Ideal aber, die theokratische *civitas Dei,* lag ihnen welten-
fern; ihre Vorstellungskraft war noch zu roh, ihr Charakter zu unabhängig, ihre Gemütsart eine zu ungebrochen, ja meist wild persönliche, als dass sie es auch nur hätten verstehen können. Und solcher
germanischer Fürsten war Europa voll. Geraume Zeit vor der Reformation hatte die Unbotmässigkeit der kleinen spanischen Königreiche
trotz aller katholischen Bigotterie der Kurie viel zu schaffen gegeben
und hatte Frankreich, der älteste Sohn der Kirche, seine pragmatische
Sanktion, den Beginn einer reinlichen Scheidung zwischen kirchlichem
Staat und weltlichem Staat, durchgesetzt.

Das war der wahre Kampf im Staate.

Und wer das begreift, muss einsehen, dass Rom auf der ganzen
Linie geschlagen wurde. Die katholischen Staaten haben sich nach
und nach nicht minder emanzipiert als die anderen. Allerdings haben
sie in Bezug auf die Investitur der Bischöfe u. s. w. wichtige Vorrechte
preisgegeben, doch nicht alle, und dafür haben die meisten die religiöse

Duldsamkeit bereits so weit getrieben, dass sie mehrere Bekenntnisse zugleich als Staatsreligion anerkennen und ihre Geistlichen besolden. Schärfer kann der Gegensatz zum römischen Ideal gar nicht gefasst werden. Bezüglich des Staates ist folglich eine Statistik von »Katholiken« und »Protestanten« heute bedeutungslos. Mit diesen Worten wird fast lediglich der Glaube an bestimmte unbegreifliche Mysterien ausgesprochen, und man darf behaupten, dass der grosse praktische und politische Gedanke Rom's, jenes durch die Religion verklärte, lückenlos absolutistische Imperium, der überwiegenden Mehrzahl der heutigen römischen Katholiken ebenso unbekannt ist und, wenn er bekannt würde, bei ihnen eben so wenig Zustimmung fände wie bei den Nichtkatholiken. Und eine natürliche Folge hiervon — und, das merke man wohl, nur hiervon! — ist, dass auch die religiösen Gegensätze verschwunden sind.[1]) Denn sobald das römische Ideal lediglich ein *Credo* ist, steht es auf der selben Stufe wie andere christliche Sekten; eine jede glaubt ja im Besitze der alleinigen und ganzen Wahrheit zu sein; keine hat meines Wissens die also verstandene Katholizität aufgegeben; die verschiedenen protestantischen Lehren sind durchaus nicht ein grundsätzlich Neues, sondern lediglich ein Zurückgreifen auf den früheren Bestand des christlichen Glaubens, ein Abwerfen der heidnischen Einsickerungen; nur wenige Sekten erkennen das sogenannte Apostolische Glaubensbekenntnis nicht an, welches gar nicht einmal aus Rom stammt, sondern aus Gallien und somit dem Kaisertum, nicht dem Papsttum seine Einführung verdankt.[2]) Die römische Kirche ist also, sobald sie lediglich als religiöses Bekenntnis betrachtet wird, im besten Fall ein *primus inter pares,* der heute schon nicht mehr die Hälfte der Christen die seinen nennt und, wenn keine Umwälzung stattfindet, in hundert Jahren kaum noch ein Drittel umfassen wird.[3]) Hat nun auch — in

---

[1]) Verschwunden, meine ich, überall, wo nicht neuerdings durch die Thätigkeit der einen einzigen Gesellschaft Jesu Hass und Verachtung gegen anders denkende Mitbürger gesäet worden ist.

[2]) Siehe Adolf Harnack: *Das apostolische Glaubensbekenntnis,* 27. Auflage (namentlich S. 14 fg.: »Das Reich Karl's des Grossen hat Rom sein Symbol gegeben«).

[3]) Mit Absicht richte ich mich hier nach einer äusserst mässigen Schätzung. Nach den Berechnungen Ravenstein's hat die Zahl der Protestanten sich im Laufe unseres Jahrhunderts fast verfünffacht, die der römischen Katholiken sich nicht verdoppelt. Der Hauptgrund liegt in der schnelleren Vermehrung der protestantischen Völker; dazu kommt aber, dass die Übertritte zum Katholizismus nicht ein Zehntel der Austritte aus dieser Kirche erreichen, wodurch z. B. bewirkt wird, dass in den

getreuer Nachahmung römischer Auffassung — Luther im Gegensatz
zu Erasmus die grundsätzliche Unduldsamkeit gelehrt und Calvin
eine Schrift veröffentlicht, um darzuthun, *»jure gladii coërcendos esse
haereticos«*, der Laie, der in einem rein weltlichen Staate lebt, wird
das nie verstehen, nie zugeben, gleichviel welcher Konfession er angehört. Unsere Vorfahren waren nicht unduldsam, wir sind es auch
nicht, — nicht von Natur. Die Unduldsamkeit ergiebt sich nur aus dem
Universalismus: wer ein äusserlich Unbegrenztes erstrebt, muss innerlich die Grenzen immer enger ziehen. Dem Juden — den man einen
geborenen Freidenker nennen möchte — war eingeredet worden, er
besitze die ganze unteilbare Wahrheit und mit ihr ein Anrecht auf
Weltherrschaft: dafür musste er seine persönliche Freiheit zum Opfer
bringen, seine Begabung knebeln lassen und Hass statt Liebe im Herzen
grossziehen. Friedrich II., vielleicht der wenigst orthodoxe Kaiser,
der je gelebt hat, musste dennoch, von dem Traum eines römischen
Universalreiches dazu verleitet, verordnen: alle Häretiker seien für
infam und in die Acht zu erklären, ihre Güter sollen eingezogen, sie
selbst verbrannt oder, im Falle des Widerrufs, mit lebenslänglichem
Kerker bestraft werden; zugleich hiess er die Fürsten, die gegen seine
vermeintliche kaiserliche Gerechtsame sich vergangen hatten, blenden
und lebendig begraben.

Der Wahn des
Unbegrenzten.
Wenn ich nun für den Kampf zwischen Nationalismus und
Universalismus, für den Kampf gegen das spätrömische Erbe — welcher
über ein Jahrtausend ausfüllt, um erst dann dem Kampf um die innere
Gestaltung des Staates freien Spielraum zu lassen — wenn ich für
diesen Kampf einen allgemeineren Ausdruck gesucht habe, so geschah
das hauptsächlich mit Rücksicht auf unser Jahrhundert. Und wenn
es auch hier noch nicht der Ort ist, näher auf unser Säculum einzugehen, so möchte ich doch wenigstens auf diesen Zusammenhang
hindeuten. Es wäre nämlich ein verhängnisvoller Irrtum, zu wähnen,
der Kampf habe damit aufgehört, dass das alte politische Ideal in die
Brüche ging. Wohl werden die Gegner des Universalismus nicht
mehr lebendig begraben, noch wird man heute dafür verbrannt, wenn
man mit Hus (im Anschluss an Augustinus) behauptet: Petrus war
nicht und ist nicht das Haupt der Kirche; Fürst Bismarck konnte
auch Gesetze erlassen und Gesetze wieder zurückziehen, ohne that-

---

Vereinigten Staaten Nordamerikas, trotz der beständigen Einwanderung von Katholiken
und der Zunahme ihrer Gesamtzahl, doch ihre Relativzahl schnell abnimmt. Meine
obige Schätzung ist also eine äusserst vorsichtige.

sächlich nach Canossa gehen und dort drei Tage lang im Büsserhemde
vor dem Thore stehen zu müssen. Die alten Formen werden nie
wiederkehren. Doch regen sich die Ideen des unbegrenzten Absolutismus noch mächtig in unserer Mitte, sowohl innerhalb des alt-
geheiligten Rahmens der römischen Kirche, wie auch ausserhalb.
Und wo wir sie auch am Werke sehen — ob als Jesuitismus oder
als Sozialismus, als philosophische Systematik oder als industrielles
Monopol — da müssen wir erkennen (oder wir werden es später auf
unsere Kosten erkennen lernen): das äusserlich Grenzenlose fordert
das Doppelopfer der Persönlichkeit und der Freiheit.

Was die Kirche anbelangt, so wäre es wahrlich wenig einsichtsvoll, wollte man die Macht eines so wunderbaren Organismus wie
der römischen Hierarchie in irgend einer Beziehung geringschätzen.
Niemand vermag vorauszusagen, bis wohin sie es unter einem für
sie günstigen Stern noch bringen kann. Als im Jahre 1871 gegen
Döllinger die *excommunicatio major* »mit allen daran hängenden
kanonischen Folgen« ausgesprochen worden war, musste die Polizei-
direktion in München besondere Massregeln ergreifen, um das Leben
des Gebannten zu schützen; eine einzige derartige Thatsache leuchtet
in Abgründe des fanatischen Universalwahnes, die sich einmal in
ganz anderem Umfang vor unseren Füssen aufthun könnten.[1]) Doch
möchte ich auf derlei Dinge nicht viel Gewicht legen, ebensowenig
wie auf die Quertreibereien der obengenannten Verschwörung der
Hetzkapläne und ihrer Kreaturen; im Guten, nicht im Bösen liegt die
Quelle aller Kraft. In dem Gedanken an Katholizität, Kontinuität,
Unfehlbarkeit, göttliche Einsetzung, allumfassende, fortdauernde Offenbarung, Gottes Reich auf Erden, Gottes Vertreter als obersten Richter,
jede irdische Laufbahn die Erfüllung eines kirchlichen Amtes — in
dem allen liegt soviel Gutes und Schönes, dass der aufrichtige Glaube

---

[1]) Der Gebannte ist nämlich nach katholischem Kirchenrecht vogelfrei. In
Gratian findet man *(Causa* 23, p. 5, c. 47 nach Gibbon) den Satz aufgestellt: *Homi-
cidas non esse qui excommunicatos trucidant.* Doch hatte die Kirche in früheren
Jahrhunderten (laut Decretale von Urban II.) dem Mörder eines Exkommunizierten
eine Busse auferlegt »für den Fall, dass seine Absicht bei dem Morde eine nicht
ganz lautere gewesen sei«. (!) Unser liebes 19. Jahrhundert ist aber noch weiter
gegangen, und Kardinal Turrecremata, »der vornehmste Begründer der päpstlichen
Unfehlbarkeitslehre«, hat in seinem Kommentar zu Gratian sich dahin ausgesprochen:
nach der orthodoxen Lehre braucht der Mörder eines Exkommunizierten keine Busse
zu thun! (Man vergl. Döllinger: *Briefe und Erklärungen über die vatikanischen Dekrete,*
1890, S. 103, 131 und 140.)

daran Kraft verleihen muss. Und dieser Glaube, wie ich hoffe überzeugend dargethan zu haben, gestattet keine Scheidung zwischen Zeit-
lichem und Ewigem, Weltlichem und Himmlischem. Das Unbegrenzte
liegt in dem Wesen dieser Willensrichtung, es dient ihrem Gebäude
als Untergrund; jede Begrenzung ist eine Störung, ein Aufenthalt, ein
sobald als thunlich zu überwindendes Übel; denn die Begrenzung —
sobald sie als zu Recht bestehend anerkannt würde — könnte nichts
Geringeres bedeuten als das Preisgeben der Idee selbst. Καθολικός
bedeutet universell, das heisst: eine Alles enthaltende Einheit. Jeder
wahrhaft gläubige, denkfähige Katholik ist darum — wenn auch nicht
heute und thatsächlich, so doch virtualiter — ein Universalist, und
das heisst ein Feind der Nationen sowie jeder individuellen Freiheit.
Die Allermeisten wissen es nicht und Manche werden es empört
leugnen, doch steht die Thatsache trotzdem fest; denn die grossen,
allgemeinen Ideen, die mathematisch notwendigen Gedankenfolgerungen
und Thatenfolgen sind ungleich gewaltiger als der Einzelne mit seinem
guten Willen und seinen guten Absichten; hier walten Naturgesetze.
Gerade so wie aus jedem Schisma eine weitere Fraktionierung in neue
Schismen mit zwingender Notwendigkeit hervorgehen muss, weil
hier die Freiheit des Individuums zu Grunde liegt, ebenso übt jeglicher
Katholizismus eine unüberwindbare Gewalt der Integrierung aus; der
Einzelne kann ihr ebenso wenig widerstehen wie ein Eisenspan dem
Magneten. Ohne die für damalige Verkehrsmittel grosse Entfernung
zwischen Rom und Konstantinopel hätte das orientalische Schisma
nie stattgefunden; ohne die übermenschlich gewaltige Persönlichkeit
Luther's wäre es auch Nordeuropa kaum gelungen, sich von Rom
loszureissen. Cervantes, ein gläubiger Mann, führt gern das Sprichwort an: »Hinter dem Kreuze steckt der Teufel.« Das deutet wohl
darauf hin, dass der Geist, einmal in diese Bahn der absoluten Religion,
des blinden Autoritätsglaubens geworfen, keine Grenze und kein Auf-
halten kennt. Dieser Teufel hat ja inzwischen die edle Nation des
Don Quixote zu Grunde gerichtet. — Und wenn wir nun des Weiteren
bedenken, dass die universalistischen und absolutistischen Ideen, aus
denen die Kirche hervorging, ein Produkt des allgemeinen Verfalles,
eine letzte Hoffnung und ein wirklicher Rettungsanker für ein rassen-
loses, chaotisches Menschenbabel waren (siehe S. 570, 593, 634), so
werden wir uns schwerlich des Gedankens erwehren können, dass
aus ähnlichen Ursachen auch jetzt wieder ähnliche Wirkungen erfolgen
würden, und dass demnach in unserem heutigen Weltzustande manches

geeignet wäre, die universelle Kirche in ihren Ansprüchen und Plänen neu zu bestärken. Dem gegenüber dürfte seitens Derjenigen, die mit Goethe die »innerliche Grenzenlosigkeit« erstreben, die stärkste Betonung der äusserlichen Grenzen, d. h. der freien Persönlichkeit, der reinen Rasse, der unabhängigen Nation am Platze sein. Und während Leo XIII. unsere Zeitgenossen mit vollem Recht (von seinem Standpunkt aus) auf Gregor VII. und Thomas von Aquin hinweist, werden solche Männer mit ebenso grossem Recht auf Karl den Einfältigen und Wilhelm den Eroberer, auf Walther von der Vogelweide und Petrus Waldus, auf jenen Schmiedegesellen, der dem »fremden« Papst nicht gehorchen wollte, hinweisen, sowie auf die grosse schweigende Bewegung der Innungen, der Städtebünde, der weltlichen Universitäten, die an der Grenze der Epoche, von der ich hier spreche, als erstes Anzeichen einer neuen, nationalen, antiuniversellen Gestaltung der Gesellschaft, einer neuen, durchaus antirömischen Kultur sich in ganz Europa bemerkbar zu machen begann.

Nun handelt es sich bei diesem Kampf aber durchaus nicht lediglich um den nationalen weltlichen Staat in seinem Gegensatz zum universellen kirchlichen Staate, sondern wo auch immer wir Universalismus antreffen, ist Antinationalismus und Antiindividualismus sein notwendiges Korrelat. Es braucht auch gar nicht bewusster Universalismus zu sein, es genügt, dass eine Idee auf Absolutes, auf äusserlich Unbegrenztes hinzielt. So führt z. B. jeder konsequent durchdachte Sozialismus auf den absoluten Staat. Die Sozialisten kurzweg als eine »staatsgefährliche Partei« bezeichnen, wie das gewöhnlich geschieht, heisst eine jener Konfusionen hervorrufen, wie unsere Zeit sie besonders lieb hat. Freilich bedeutet der Sozialismus eine Gefahr für die einzelnen nationalen Staaten, wie überhaupt für den Grundsatz des Individualismus, doch nicht für die Idee des Staates. Er bekennt ehrlich seinen Internationalismus, bekundet jedoch sein Wesen nicht im Auflösen, sondern in einer fabelhaft durchgeführten, gleichsam den Maschinen abgeguckten Organisation. In beiden Dingen verrät er die Verwandtschaft mit Rom. In der That, er vertritt die selbe katholische Idee wie die Kirche, wenngleich er sie am anderen Ende anfasst. Darum ist in seinem System ebenfalls für individuelle Freiheit und Mannigfaltigkeit, für persönliche Originalität kein Raum. Wer die äusseren Grenzen niederreisst, richtet innere Grenzen auf. Sozialismus ist verkappter Imperialismus; ohne Hierarchie und Primat wird er sich schwerlich durchführen lassen; in der katholischen Kirche findet er

ein Muster sozialistischer, antiindividualistischer Organisation. Einer ganz
entsprechenden Bewegung ins Unbegrenzte mit der selben unausbleiblichen Folge einer Unterdrückung des Einzelnen begegnen wir im Gross-
handel und in der Grossindustrie. Man lese nur in der *Wirtschafts-
und handelspolitischen Rundschau* für das Jahr 1897 von R. E. May
die Mitteilungen über die Zunahme des Syndikatwesens und über
die daraus sich ergebende »internationale Centralisation der
Produktion, wie des Kapitals« (S. 34 fg.). Es bedeutet diese Entwickelung
zur Anonymität und Massenproduktion durch Syndikate einen Krieg bis
aufs Messer gegen die Persönlichkeit, welche nur innerhalb eng gezogener Schranken sich zur Geltung bringen kann — und sei es auch
als Kaufmann oder Fabrikant. Und von der einzelnen Person dehnt
sich diese Bewegung, wie man sieht, auch auf die Persönlichkeit der
Nationen aus. In einer Posse, die ich vor einigen Jahren sah, kommt
ein Kaufmann vor, der jedem Neueintretenden stolz erzählt: »Wissen
Sie schon? ich bin in eine anonyme Aktiengesellschaft umgewandelt!«
Bliebe diese wirtschaftliche Tendenz ohne Gegengewicht — bald könnten
die Völker von sich melden: »Wir sind in eine internationale anonyme
Aktiengesellschaft umgewandelt.« Und wenn ich mit einem *salto
mortale* auf ein vom Wirtschaftlichen weit abliegendes Gebiet hinüber-
springen darf, um mir dort ein weiteres Beispiel der Bemühungen des
Universalismus unter uns zu suchen, so möchte ich auf die grosse
thomistische Bewegung aufmerksam machen, welche durch die päpstliche Encyklika *Aeternis Patris* vom Jahre 1879 hervorgerufen wurde
und jetzt zu solchem Umfang angeschwollen ist, dass selbst wissenschaftliche Bücher aus einem gewissen Lager sich bereits erdreisten,
Thomas von Aquin für den grössten Philosophen aller Zeiten zu
erklären, alles niederzureissen, was seitdem — der Menschheit zu
ewigem Ruhme — von den grossen germanischen Denkern gedacht
worden ist, und so die Menschen ins 13. Jahrhundert zurückzuführen und ihnen die intellektuellen und moralischen Ketten wieder
anzuschmieden, die sie inzwischen nach und nach, in hartnäckigem
Kampfe um die Freiheit, zerbrochen und abgeworfen hatten. Und
was wird denn an Thomas gelobt? Seine Universalität! die Thatsache, dass er ein allumfassendes System aufgestellt hat, in welchem
alle Gegensätze ihre Versöhnung, alle Antinomieen ihre Auflösung,
alle Fragezeichen der menschlichen Vernunft ihre Beantwortung finden.
Ein zweiter Aristoteles wird er genannt; »was Aristoteles nur ahnend
stammelt, dem leiht Thomas mit voller Klarheit beredten Aus-

druck.«[1]) Wie der Stagirit, weiss er über alles Bescheid, von der Natur
der Gottheit an bis zu der Natur der irdischen Körper und bis zu den
Eigenschaften des wiederauferstandenen Leibes; als Christ weiss er
jedoch viel mehr als jener, denn er besitzt die Offenbarung als Grundlage. Nun wird gewiss kein Denker geneigt sein, die Leistung eines
Thomas von Aquin geringzuschätzen; es wäre Selbstüberhebung, wollte
ich es wagen ihn zu loben, doch darf ich gestehen, dass ich mit
staunender Bewunderung Berichte über sein Gesamtsystem gelesen
und mich in einzelne seiner Schriften vertieft habe. Aber was ist
für uns praktische Menschen — namentlich in dem Zusammenhang
dieses Kapitels — das Entscheidende? Folgendes. Thomas baut sein
»wie kein anderes allseitiges« System auf zwei Voraussetzungen auf:
die Philosophie muss sich bedingungslos unterwerfen und *ancilla
ecclesiae*, d. h. eine Magd der Kirche werden; ausserdem muss sie
sich zur *ancilla Aristotelis*, zur Magd des Aristoteles erniedrigen. Man
sieht, es ist immer das selbe Prinzip: lass' dir Hände und Füsse fesseln,
und du sollst Wunder erleben! Hänge dir bestimmte Dogmen vor
die Augen (welche durch Majoritätsbeschluss von Bischöfen, die vielfach nicht lesen und schreiben konnten, in den Jahrhunderten der
tiefsten Menschenschmach dekretiert wurden) und setze ausserdem
voraus, dass die ersten tastenden Versuche eines genialen aber erwiesenermassen sehr einseitigen hellenischen Systematikers die ewige,
absolute, ganze Wahrheit zum Ausdruck bringen, und ich schenke
dir ein universelles System! Das ist ein Attentat, ein gefährliches
Attentat auf die innerste Freiheit des Menschen! Anstatt dass, wie
Goethe es wollte, er innerlich grenzenlos wäre, sind ihm nun von
fremder Hand zwei enge Reifen um die Seele und um das Hirn
geschmiedet: das ist der Preis, den wir Menschen für »universelles
Wissen« zu bezahlen haben. Übrigens war schon lange ehe Leo XIII.
seine Encyklika erliess, der protestantischen Kirche ein auf ähnlichen
Prinzipien ruhendes universelles System entwachsen, dasjenige von
Georg Friedrich Wilhelm Hegel. Ein protestantischer Thomas von

---

[1]) Fr. Abert (Professor der Theologie an der Universität Würzburg): *Sancti
Thomae Aquinatis compendium theologiae*, 1896, S. 6. Der angeführte Satz ist die
panegyrische Paraphrase eines ganz anders gemeinten Urteils aus alter Zeit. Bei aller
Anerkennung für die Leistung des Thomas ist seine Gleichstellung mit dem bahnbrechenden Ordner und Gestalter Aristoteles (S. 82) ein ungeheuerlicher Urteilsfehler,
wenn nicht eine verdammenswerte Irreführung.

Aquin: das sagt Alles! Und inzwischen hatte doch Immanuel Kant, der Luther der Philosophie, der Zerstörer des Scheinwissens, der Vernichter aller Systeme gelebt und hatte uns auf »die Grenzen unseres Denkvermögens« aufmerksam gemacht und uns gewarnt, »uns niemals mit der spekulativen Vernunft über die Erfahrungsgrenze hinauszuwagen«; dann aber, nachdem er uns äusserlich so scharf und bestimmt begrenzt, hatte er die Thore zu der inneren Welt des Grenzenlosen wie kein früherer europäischer Philosoph weit geöffnet, die Heimat des freien Mannes erschliessend.[1])

Die grundsätzliche Begrenzung.

Diese flüchtigen Andeutungen sollen nur als Fingerzeig dienen, auf wie vielen Gebieten der Kampf zwischen Individualismus und Antiindividualismus, Nationalismus und Antinationalismus (Internationalismus ist ein anderes Wort für das selbe Ding), Freiheit und Unfreiheit noch heute wütet und wohl ewig wüten wird. Erst im zweiten Band wäre auf die hier kaum berührten Themata, insofern sie die Gegenwart betreffen, näher einzugehen. Doch möchte ich nicht, dass man mich inzwischen für einen Schwarzseher hielte. Selten hat sich das Rassenbewusstsein und das Nationalgefühl und die argwöhnische Wahrung der Rechte der Persönlichkeit so kräftig geregt wie gerade in unseren Tagen: durch die Völker weht am Schlusse unseres Jahrhunderts eine Stimmung, die an den dumpfen Schrei des gehetzten Wildes erinnert, wenn das edle Tier sich plötzlich umwendet, entschlossen, für sein Leben zu kämpfen. Und hier bedeutet der Entschluss den Sieg. Denn die grosse Anziehungskraft alles Universalistischen liegt in der menschlichen Schwäche; der starke Mann wendet sich ab davon und findet im eigenen Busen, in der eigenen Familie, im eigenen Volk ein Grenzenloses, welches er für den gesamten Kosmos mit seinen ungezählten Sternen nicht hingäbe. Goethe, dem ich den Leitfaden für dieses Kapitel entnahm, hat an einer anderen Stelle sehr schön ausgesprochen, inwiefern das Unbegrenzte, das katholisch Absolute einer trägen Gemütsart entspricht:

---

[1]) Näheres über Thomas von Aquin und Kant im Abschnitt »Weltanschauung« des folgenden Kapitels. Der Vollständigkeit halber bleibe es nicht unerwähnt, dass wir neben dem protestantischen, auch den jüdischen Thomas von Aquin erlebt haben, den Universalsystematiker Spinoza, den »Erneuerer der alten hebräischen Kabbala«, d. h. der magischen Geheimlehre, wie ihn Leibniz nennt. Mit jenen anderen Beiden hat Spinoza auch das gemeinsam, dass er weder die Mathematik (sein Fach) noch die Wissenschaft (seine Liebhaberei) um einen einzigen schöpferischen Gedanken bereichert hat.

Im Grenzenlosen sich zu finden,
Wird gern der Einzelne verschwinden,
Da lös't sich aller Überdruss;
Statt heissem Wünschen, wildem Wollen,
Statt läst'gem Fordern, strengem Sollen,
Sich aufzugeben ist Genuss.

Was wir nun von jenen nationenbildenden Germanen der früheren Jahrhunderte lernen können, ist, dass es einen höheren Genuss giebt als sich aufzugeben, und zwar den, sich zu behaupten. Eine bewusste nationale Politik, eine Wirtschaftsbewegung, eine Wissenschaft, eine Kunst — das Alles gab es damals kaum oder gar nicht; doch, was wir um das 13. Jahrhundert herum aufdämmern sehen, dieses frisch pulsierende Leben auf allen Gebieten, diese schöpferische Kraft, dieses »läst'ge Fordern« individueller Freiheit, war nicht vom Himmel gefallen, vielmehr war der Same in den dunklen vorangegangenen Jahrhunderten gesäet worden: das »wilde Wollen« hatte den Boden aufgeackert, das »heisse Wünschen« die zarten Keime gepflegt. Unsere germanische Kultur ist eine Frucht der Arbeit und des Schmerzes und des Glaubens — nicht eines kirchlichen, wohl aber eines religiösen Glaubens. Blättern wir liebevoll in jenen Annalen unserer Altvordern, die so wenig und doch so viel berichten, nichts wird uns so auffallen wie das fast unglaublich stark entwickelte Pflichtgefühl; für die schlechteste Sache, wie für die beste, schenkt Jeder fraglos sein Leben. Von Karl dem Grossen an, der nach überbeschäftigten Tagen die Nächte mit mühsamen Schreibübungen zubringt, bis zu jenem prächtigen Schmiedegesellen, der dem Gegner Rom's keine Handschellen anschmieden wollte: überall das »strenge Sollen«. Haben diese Männer gewusst, was sie wollten? Das glaube ich kaum. Sie haben aber gewusst, was sie nicht wollten, und das ist der Anfang aller praktischen Weisheit.[1]) So z. B. hat Karl der

---

[1]) Ich kann mich nicht enthalten, hier einen unendlich tiefen politischen Ausspruch Richard Wagner's anzuführen: »Wir dürfen nur wissen, was wir nicht wollen, so erreichen wir aus unwillkürlicher Naturnotwendigkeit ganz sicher das, was wir wollen, das uns eben erst ganz deutlich und bewusst wird, wenn wir es erreicht haben: denn der Zustand, in dem wir das, was wir nicht wollen, beseitigt haben, ist eben derjenige, in welchem wir ankommen wollten. So handelt das Volk, und deshalb handelt es einzig richtig. Ihr haltet es aber deshalb für unfähig, weil es nicht wisse, was es wolle: was wisset nun aber ihr? Könnt ihr etwas anderes denken und begreifen, als das wirklich Vorhandene, also Erreichte?

Grosse in dem, was er wollte, sich manchen kindlichen Illusionen hin-
gegeben und auch manche verhängnisvolle Fehler begangen; in dem,
was er nicht wollte, hat er überall das Richtige getroffen: dem Papst keine
Eingriffe gestatten, den Bildern keine Verehrung erweisen, dem Adel
keine Privilegien gewähren, u. s. w. In seinem Wollen war Karl vielfach
ein Universalist und Absolutist, in seinem Nichtwollen bewährte er sich
als Germane. Genau das selbe war uns bei Dante aufgefallen (S. 655 fg.):
sein politisches Zukunftsideal war ein Hirngespinnst, seine energische
Abweisung aller zeitlichen Ansprüche der Kirche eine weithinwirkende
Wohlthat.

Und so sehen wir denn, dass es hier, im Staate, wie in allen
menschlichen Dingen, vor Allem auf die Grundeigenschaften der
Gesinnung ankommt, nicht der Erkenntnis. Die Gesinnung ist
das Steuerruder, sie giebt die Richtung, und mit der Richtung zugleich
das Ziel — auch wenn dieses lange unsichtbar bleiben sollte.[1]) Der
Kampf im Staate war nun, wie ich gezeigt zu haben hoffe, in allererster Reihe ein derartiger Kampf zwischen zwei Richtungen, d. h.
also zwischen zwei Steuermännern. Sobald der eine das Steuerruder
endgültig fest gefasst hatte, war die fernere Entwickelung zu immer
grösserer Freiheit, zu immer ausgesprochenerem Nationalismus und
Individualismus natürlich und unausbleiblich — ebenso unausbleiblich
wie die umgekehrte Entwickelung des Caesarismus und Papismus zu
immer geringerer Freiheit.

Nichts ist absolut auf dieser Welt; auch Freiheit und Unfreiheit
bezeichnen nur zwei Richtungen, und weder die Person noch die
Nation kann allein und gänzlich unabhängig dastehen, gehören sie
doch zu einem Ganzen, in welchem jedes Einzelne stützt und gestützt
wird. Doch am Abend jenes 15. Juni 1215, an welchem die *Magna
Charta* das Licht der Welt erblickte — durch das »wilde Wollen«
germanischer Männer in diesem einen einzigen Tage aufgesetzt, durch-
gesprochen, verhandelt und unterschrieben — da war für ganz Europa

---

Einbilden könnt ihr es euch, willkürlich wähnen, aber nicht wissen. Nur was das
Volk vollbracht hat, das könnt ihr wissen, bis dahin genüge es euch ganz deutlich zu erkennen, was ihr nicht wollt, zu verneinen, was verneinenswert
ist, zu vernichten, was vernichtenswert ist.« (*Nachgelassene Schriften*, 1895,
S. 118.)

[1]) Die Wurzel des Wortes »Sinn« bedeutet eine Reise, ein Weg, ein Gehen;
»Gesinnung« bedeutet folglich eine Richtung, nach welcher zu der Mensch sich
bewegt.

die Richtung entschieden. Zwar beeilte sich der Vertreter des Universalismus — der Vertreter der Lehre »sich aufzugeben ist Genuss« —
dieses Gesetz für null und nichtig zu erklären und seine Urheber
samt und sonders zu exkommunizieren; doch die Hand blieb fest am
Ruder: das römische Imperium musste sinken, während die freien
Germanen sich rüsteten, die Herrschaft der Welt anzutreten.

ZWEITER TEIL

DIE ENTSTEHUNG EINER NEUEN WELT

———

Die Natur schafft ewig neue Gestalten;
was da ist, war noch nie; was war, kommt
nicht wieder.

GOETHE.

NEUNTES KAPITEL

VOM JAHRE 1200 BIS ZUM JAHRE 1800

———

The childhood shows the man,
As morning shows the day: be famous, then,
By wisdom; as thy empire must extend,
So let extend thy mind o'er all the world.
MILTON.

A
Die Germanen als Schöpfer einer neuen Kultur

> Wir, wir leben! Unser sind die Stunden,
> Und der Lebende hat Recht.
>
> SCHILLER.

Der selbe Zug eines unbezwinglichen Individualismus, der auf politischem Gebiete — und ebenfalls auf religiösem — zur Ablehnung des Universalismus, sowie zur Bildung der Nationen führte, bedang die Erschaffung einer neuen Welt, d. h. einer durchaus neuen, dem Charakter, den Bedürfnissen, den Anlagen einer neuen Menschenart angepassten, von ihr mit Naturnotwendigkeit erzeugten Gesellschaftsordnung, einer neuen Civilisation, einer neuen Kultur. Germanisches Blut, und zwar germanisches Blut allein (in meiner weiten Auffassung einer nordeuropäischen slavokeltogermanischen Rasse)[1] war hier die treibende Kraft und das gestaltende Vermögen. Es ist unmöglich, den Werdegang unserer nordeuropäischen Kultur richtig zu beurteilen, wenn man sich hartnäckig der Einsicht verschliesst, dass sie auf der physischen und moralischen Grundlage einer bestimmten Menschenart ruht. Das ist heute deutlich zu ersehen. Denn, je weniger germanisch ein Land, um so uncivilisierter ist es. Wer heute von London nach Rom reist, tritt aus Nebel in Sonnenschein, doch zugleich aus raffiniertester Civilisation und hoher Kultur in halbe Barbarei — in Schmutz, Roheit, Ignoranz, Lüge, Armut. Nun hat aber Italien nicht einen einzigen Tag aufgehört, ein Mittelpunkt hochentwickelter Civilisation zu sein; schon die Sicherheit seiner Bewohner in Bezug auf Haltung und Gebärde bezeugt dies; was hier vorliegt, ist in der That weit weniger eine

---

[1] Siehe Kapitel 6.

kürzlich hereingebrochene Dekadenz, wie gemeiniglich behauptet wird, als ein Überbleibsel römischer imperialer Kultur, betrachtet von der ungleich höheren Stufe aus, auf der wir heute stehen, und von Menschen, deren Ideale durchwegs anders geartet sind. Wie prächtig blühte Italien auf, den anderen Ländern voranleuchtend auf dem Wege zu einer neuen Welt, als es noch in seiner Mitte zwar äusserlich latinisierte, doch innerlich rein germanische Elemente enthielt. Viele Jahrhunderte hindurch besass das schöne Land, welches im Imperium bereits bis zur absoluten Unfruchtbarkeit herabgesunken war, eine reiche Quelle reinen germanischen Blutes: die Kelten, die Langobarden, die Goten, die Franken, die Normannen hatten fast das ganze Land überflutet und blieben namentlich im Norden und im Süden lange Zeit beinahe unvermischt, teils weil sie als unkultivierte und kriegerische Männer eine Kaste für sich bildeten, sodann aber, weil (wie schon früher bemerkt, S. 499) die juristischen Rechte der »Römer« und der Germanen in allen Volksschichten verschieden blieben bis ins 13. und 14. Jahrhundert, ja in der Lombardei bis über die Grenze des 15. hinaus, was natürlich die Verschmelzung bedeutend erschwerte. »So lebten denn«, wie Savigny hervorhebt, »diese verschiedenen germanischen Stämme mit dem Grundstock der Bevölkerung [nämlich mit den Überresten aus dem römischen Völkerchaos] zwar örtlich vermischt, aber in Sitte und Recht verschieden.« Und hier, wo der unkultivierte Germane zum erstenmal durch andauernden Kontakt mit einer höheren Bildung zum Bewusstsein seiner selbst erwachte, hier fand auch manche Bewegung für die Bildung einer neuen Welt den ersten vulkanisch-gewaltigen Herd: Gelehrsamkeit und Industrie, die hartnäckige Behauptung bürgerlicher Rechte, die Frühblüte germanischer Kunst. Das nördliche Drittel Italiens — von Verona bis Siena — gleicht in seiner partikularistischen Entwickelung einem Deutschland, dessen Kaiser jenseits hoher Berge gewohnt hätte. Überall waren deutsche Grafen an die Stelle der römischen Provinzrektoren getreten, und immer nur flüchtig, stets eilig weggerufen, weilte ein König im Lande, indes ein eifersüchtiger Gegenkönig (der Papst) nahe und ewig intriguenlustig war: so konnte sich jene urgermanische (und in einem gewissen Sinn überhaupt charakteristisch indoeuropäische) Neigung zur Bildung autonomer Städte in Norditalien frühzeitig entwickeln und die herrschende Macht im Lande werden. Der äusserste Norden ging voran; doch bald folgte Tuscien nach und benutzte den hundertjährigen Kampf zwischen Papst und Kaiser, um das Erbe Mathildens allen beiden zu entreissen und

der Welt nebst einer Plejade ewig denkwürdiger Städte, aus denen
Petrarca, Ariost, Mantegna, Correggio, Galilei und andere Unsterbliche
hervorgingen, auch die Krone aller Städte zu schenken, Florenz —
jenen ehemaligen markgräflichen Flecken, der bald der Inbegriff des antirömischen, schöpferischen Individualismus werden sollte, die Vater-
stadt Dante's und Giotto's, Donatello's, Leonardo's und Michelangelo's,
die Mutter der Künste, an deren Brüsten auch alle grossen Fern-
geborenen, selbst ein Raffael, erst Vollendung sogen. Jetzt erst konnte
das impotente Rom sich neu schmücken: der Fleiss und der Unternehmungsgeist der Nordländer schüttete schwere Summen in den
päpstlichen Säckel, zugleich erwachte ihr Genie und stellte jener untergehenden Metropolis, welche im Laufe einer zweitausendjährigen Geschichte nicht einen einzigen künstlerischen Gedanken gehabt hatte,
die unermesslichen Schätze morgendlicher germanischer Erfindungskraft zur Verfügung. Nicht ein *rinascimento* war das, wie die dilet-
tierenden Belletristen in übertriebener Bewunderung ihres eigenen
litterarischen Zeitvertreibes vermeinten, sondern ein *nascimento,* die
Geburt eines noch nie Dagewesenen, welches — wie es in der Kunst
sofort seine eigenen Wege, nicht die Wege der Überlieferung ein-
schlug — zugleich die Segel aufspannte, um die Oceane zu durchforschen, vor denen der griechische wie der römische »Held« sich
gefürchtet hatte, und das Auge bewaffnete, um das bisher undurchdringliche Geheimnis der Himmelskörper dem menschlichen Erkennen
zu erschliessen. Sollen wir hier durchaus eine Renaissance erblicken,
so ist es nicht die Wiedergeburt des Altertums, am allerwenigsten des
kunstlosen, philosophiebaren, unwissenschaftlichen Rom, sondern einfach die Wiedergeburt des freien Menschen aus dem Alles nivellierenden
Imperium heraus: Freiheit der politischen, nationalen Organisation im
Gegensatz zur universellen Schablone, Freiheit des Wettbewerbes, der
individuellen Selbständigkeit im Arbeiten, Schaffen, Erstreben, im
Gegensatz zur friedlichen Einförmigkeit der *Civitas Dei,* Freiheit der
beobachtenden Sinne im Gegensatz zu dogmatischen Deutungen der
Natur, Freiheit des Forschens und Denkens im Gegensatz zu künstlichen Systemen nach Art des Thomas von Aquin, Freiheit der künstlerischen Erfindung und Gestaltung im Gegensatz zu hieratisch fest-
gesetzten Formeln, zuletzt dann Freiheit des religiösen Glaubens im
Gegensatz zu Gewissenszwang.

Beginne ich nun dieses Kapitel und damit zugleich eine neue
Abteilung des Werkes mit dem Hinweis auf Italien, so geschieht das

nicht aus irgend einer chronologischen Gewissenhaftigkeit; es wäre
überhaupt unzulässig, kurzweg zu behaupten, der *rinascimento* der
freien germanischen Individualität habe in Italien zuerst begonnen, vielmehr sind dort nur seine ersten unvergänglichen Kulturblüten hervor-
gesprossen; ich wollte aber darauf aufmerksam machen, dass selbst
hier im Süden, an den Thoren Roms, das Aufflammen bürgerlicher
Unabhängigkeit, industriellen Fleisses, wissenschaftlichen Ernstes und
künstlerischer Schöpferkraft eine durch und durch germanische That
war, und insofern auch eine direkt antirömische. Der Blick auf die
damalige Zeit (auf die ich noch zurückkomme) bezeugt es, der Blick
auf den heutigen Tag nicht minder. Zwei Umstände haben inzwischen
eine fortschreitende Abnahme des germanischen Blutes in Italien bewirkt:
einmal die ungehinderte Verschmelzung mit dem unedlen Mischvolk,
sodann die Vertilgung des germanischen Adels in den endlosen Bürger-
kriegen, in den Kämpfen zwischen den Städten, sowie durch Blut-
fehden und sonstige Ausbrüche wilder Leidenschaft. Man lese nur
die Geschichte irgend einer jener Städte, z. B. des in seinen oberen
Gesellschaftsschichten fast ganz gotisch-langobardischen P e r u g i a!
Es ist kaum begreiflich, dass bei solch unaufhörlichem Abmorden
ganzer Familien (welches begann, sobald die Stadt unabhängig geworden war) einzelne Zweige doch noch ziemlich echt germanisch
bis ins 16. Jahrhundert verblieben; dann aber war das germanische
Blut erschöpft.[1]) Offenbar hatte die hastig errungene Kultur, die heftige
Aneignung einer wesensfremden Bildung, dazu im schroffen Gegensatz die plötzliche Offenbarung des seelenverwandten Hellenentums,
vielleicht auch beginnende Kreuzung mit einem für Germanen giftigen
Blute . . . . . offenbar hatte dies alles nicht allein zu einem
mirakulösen Ausbruch des Genies geführt, sondern zugleich Raserei
erzeugt. Wenn je eine Verwandtschaft zwischen Genie und Wahnsinn dargethan werden soll, weise man auf das Italien des *Tre-*, *Quattro-*
und *Cinquecento!* Von bleibender Bedeutung für unsere neue Kultur,
macht dennoch diese »Renaissance« an und für sich eher den Eindruck
des Paroxysmus eines Sterbenden, als den einer Leben verbürgenden
Erscheinung. Wie durch einen Zauber schiessen tausend herrliche
Blumen empor, dort, wo unmittelbar vorher die Einförmigkeit einer
geistigen Wüste geherrscht hatte; alles blüht auf einmal auf; die eben

---

[1]) Wer zu ausführlichen geschichtlichen Studien nicht Zeit hat, lese des
Kunsthistorikers John Addington Symonds' Kapitel über Perugia in seinen *Sketches
in Italy.*

erst erwachte Begabung erstürmt mit schwindelnder Eile die höchste Höhe: Michelangelo hätte fast ein persönlicher Schüler Donatello's sein können, und nur durch einen Zufall genoss Raffael nicht den mündlichen Unterricht Leonardo's.   Von dieser Gleichzeitigkeit erhält man eine lebhafte Vorstellung, wenn man bedenkt, dass das Leben des einen Tizian von Sandro Botticelli bis zu Guido Reni reicht! Doch noch schneller als sie emporgelodert war, erlosch die Flamme des Genies.   Als das Herz am stolzesten schlug, war schon der Körper in voller Verwesung; Ariost (ein Jahr vor Michelangelo geboren) nennt das Italien, das ihn umgab, »eine stinkende Kloake«:

> *O d'ogni vizio fetida sentina,*
> *Dormi, Italia imbriaca!*
>
> (*Orlando furioso,* XVII, 76.)

Und habe ich bisher die bildende Kunst allein genannt, so geschah das der Einfachheit halber und um mich auf dem bestbekannten Gebiet zu bewegen, doch überall traf das selbe zu: als Guido Reni noch sehr jung war, starb Tasso und mit ihm die italienische Poesie, wenige Jahre darauf bestieg Giordano Bruno den Scheiterhaufen, Campanella die Folterbank — das Ende der italienischen Philosophie —, und kurz vor Guido schloss mit Galilei die italienische Physik ihre — mit Ubaldi, Varro, Tartaglia u. A., vor Allem mit Leonardo da Vinci — so glänzend begonnene Laufbahn. Nördlich der Alpen war der Gang der Geschichte ein ganz anderer: nie wurde dort eine derartige Blüte, doch nie auch eine ähnliche Katastrophe erlebt. Diese Katastrophe lässt nur eine Erklärung zu: das Verschwinden der schöpferischen Geister, mit anderen Worten, der Rasse, aus der diese hervorgegangen waren.   Ein einziger Gang durch die Galerie der Porträtbüsten im Berliner Museum wird davon überzeugen, dass der Typus der grossen Italiener in der That heute völlig ausgetilgt ist. Hin und wieder blitzt die Erinnerung daran auf, wenn wir einen Trupp jener prächtigen, gigantischen Tagelöhner durchmustern, welche unsere Strassen und Eisenbahnen bauen: die physische Kraft, die edle Stirne, die kühne Nase, das glutvolle Auge; doch es sind nur arme Überlebende aus dem Schiffbruch des italienischen Germanentums! Physisch ist dieses Verschwinden durch die angegebenen Gründe hinreichend erklärt, dazu kommt aber als ein sehr Wichtiges die moralische Zertretung bestimmter Geistesrichtungen und mit ihr der Rassenseele (so zu sagen); der Edle wurde zum Erdarbeiter herab-

gedrückt, der Unedle wurde Herr und schaltete nach seinem Sinn. Der
Galgen Arnold's von Brescia, die Scheiterhaufen Savonarola's und
Bruno's, die Folterzangen Campanella's und Galilei's sind nur sichtbare
Symbole eines täglichen, allseitigen Kampfes gegen das Germanische,
einer systematischen Ausrottung der Freiheit des Individuums. Die
Dominikaner, eheweilig von Amtswegen Inquisitoren, waren nun Kirchen-
reformatoren und Philosophen geworden; bei den Jesuiten war gegen
derartige Verirrungen gut vorgesorgt; wer auch nur einiges über ihre
Thätigkeit in Italien, gleich vom 16. Jahrhundert ab, erfährt — etwa
aus der Geschichte ihres Ordens von ihrem Bewunderer, Buss —
wird sich nicht mehr über das plötzliche Verschwinden alles Genies
wundern, d. h. alles Germanischen. Raffael hatte noch die Kühnheit
gehabt, dem von ihm glühend verehrten Savonarola mitten im
Vatikan (in der »Disputa«) ein ewiges Denkmal zu setzen: Ignatius dagegen verbot, den Namen des Toskaners auch nur zu nennen![1]
Wer könnte heute in Italien weilen und mit seinen liebenswürdigen,
reich begabten Bewohnern verkehren, ohne mit Schmerz zu empfinden,
dass hier eine Nation verloren ist und zwar rettungslos verloren, weil
ihr die innere treibende Kraft, die Seelengrösse, welche ihrem Talent
entspräche, mangelt? Diese Kraft verleiht eben nur Rasse. Italien
hatte sie, so lange es Germanen besass; ja, noch heute entwickelt
seine Bevölkerung in jenen Teilen, wo früher Kelten, Deutsche und
Normannen das Land besonders reich besetzt hielten, den echt-
germanischen Bienenfleiss und bringt Männer hervor, welche mit
verzweifelter Energie bestrebt sind, das Land zusammenzuhalten und
es in rühmliche Bahnen zu lenken: Cavour, der Begründer des neuen
Reiches, stammt aus dem äussersten Norden, Crispi, der es durch gefährliche Klippen zu steuern verstand, aus dem äussersten Süden. Doch,
wie soll man ein Volk wieder aufrichten, wenn die Quelle seiner

---

[1]) Für die Feststellung der Rassenangehörigkeit ist die begeisterte Verehrung
Savonarola's seitens Raffael's, sowie seines Meisters Perugino und seines Freundes
Bartolomeo (siehe Eug. Müntz: *Raphaël* 1881, S. 133) fast ebenso bedeutungsvoll,
wie die Thatsache, dass Michelangelo niemals die Madonna und nur ein einziges
Mal im Scherze einen Heiligen erwähnt, so dass einer seiner genauesten Kenner ihn
einen ›unbewussten Protestanten‹ hat nennen können. In einem seiner Sonette warnt
Michelangelo den Heiland, er möge nur ja nicht in eigener Person nach Rom kommen,
wo man mit seinem göttlichen Blute Handel treibe

E'l sangue di Cristo si vend' a giumelle

und wo die Priester ihm die Haut abziehen würden, um sie zu Markte zu tragen.

Kraft versiegt ist? Und was heisst das, wenn ein Giacomo Leo-
pardi seine Landsleute eine »entartete Rasse« nennt, und ihnen zugleich »das Beispiel ihrer Ahnen« vor Augen hält.[1]) Die Ahnen der
überwiegenden Mehrzahl der heutigen Italiener sind weder die wuchtigen
Römer des alten Rom, jene Muster von schlichter Männlichkeit, un-
bändiger Unabhängigkeit und streng rechtlichem Sinne, noch die Halb-
götter an Kraft, Schönheit und Genie, welche am Morgen unseres
neuen Tages gleichsam in einem einzigen Schwarm, wie Lerchen zum
Sonnengruss, vom lichtgeküssten Boden Italiens in den Himmel der
Unsterblichkeit hinaufflogen; sondern ihr Stammbaum führt auf die
ungezählten Tausende der freigelassenen Sklaven aus Afrika und Asien,
auf den Mischmasch der verschiedenen italischen Völker, auf die
überall mitten unter diesen angesiedelten Soldatenkolonien aus aller
Herren Länder, kurz, auf das von dem Imperium so kunstreich her-
gestellte Völkerchaos. Und die heutige Gesamtlage des Landes bedeutet ganz einfach einen Sieg dieses Völkerchaos über das inzwischen
hinzugekommene und lange Zeit hindurch rein erhaltene germanische
Element. Daher aber auch die Erfahrung, dass Italien — vor drei
Jahrhunderten eine Leuchte der Civilisation und Kultur — nunmehr
zu den Nachhinkenden gehört, zu denen, welche das Gleichgewicht
verloren haben und es nicht wieder gewinnen können. Denn zwei
Kulturen können nicht als gleichberechtigt nebeneinander bestehen,
das ist unmöglich: die hellenische Kultur vermochte es nicht, unter
römischem Einfluss fortzuleben, die römische Kultur schwand, als die
ägyptosyrische sich in ihrer Mitte breit machte; nur wo der Kontakt
ein rein äusserlicher ist, wie zwischen Europa und der Türkei, oder
a fortiori zwischen Europa und China, kann Berührung ohne merkliche Beeinflussung stattfinden, und auch hier muss mit der Zeit das
Eine das Andere umbringen. Nun gehören aber solche Länder wie
Italien — ich könnte gleich Spanien hinzufügen — auf das engste zu
uns Nordländern: in den Grossthaten ihrer Vergangenheit bewährt
sich die frühere Blutsverwandtschaft; unserem Einfluss, unserer ungleich
grösseren Kraft können sie sich unmöglich entziehen; was sie uns aber
heute nachahmen, entspringt nicht ihrem eigenen Bedürfnis, entwächst
nicht einer inneren, sondern einer äusseren Not; sowohl ihre Geschichte, welche ihnen Ahnen vorspiegelt, von denen sie nicht abstammen, wie auch unser Beispiel, führt sie also auf falsche Wege,

---

[1]) Vergl. die beiden Gedichte: *All' Italia* und *Sopra il monumento di Dante.*

und sie vermögen es zuletzt nicht, sich das Einzige, was ihnen bliebe, eine andersgeartete, vielleicht in mancher Beziehung minderwertige, doch wenigstens eigene Originalität zu bewahren.

Indem ich Italien nannte, wollte ich bloss ein Beispiel geben, ich glaube zugleich einen Beweis erbracht zu haben. Wie Sterne sagt: ein Beispiel ist ebensowenig ein Argument, wie das Abwischen eines Spiegels ein Syllogismus ist; doch macht es besser sehen, und darauf kommt es an. Möge der Leser hinblicken, wohin er will, er wird überall Beispiele dafür finden, dass die gegenwärtige Civilisation und Kultur Europa's eine spezifisch germanische ist, grundverschieden von allen unarischen, sehr wesentlich anders geartet als die indische, die hellenische und die römische, direkt antagonistisch dem Mestizenideal des antinationalen Imperiums und der sogenannten »römischen« Richtung des Christentums. Die Sache ist so sonnenklar, dass eine weitere Ausführung gewiss überflüssig wäre; ausserdem kann ich auf die drei vorangehenden Kapitel verweisen, die eine Menge thatsächlicher Belege enthalten.

Dies Eine musste vorausgeschickt werden. Denn unsere heutige Welt ist eine durchaus neue, und um sie in ihrem Entstehen und in ihrem augenblicklichen Zustand zu begreifen und zu beurteilen, ist die erste, grundlegende Frage: wer hat sie geschaffen? Der selbe Germane schuf das Neue, der das Alte in so eigensinnigem Kampfe abschüttelte. Nur bei diesem Einen gab es jenes »wilde Wollen«, von dem ich am Schlusse des letzten Kapitels sprach, den Entschluss, sich nicht aufzugeben, sich selber treu zu bleiben. Er allein meinte, wie später sein Goethe:

> Jedes Leben sei zu führen,
> Wenn man sich nicht selbst vermisst;
> Alles könne man verlieren,
> Wenn man bliebe, was man ist.

Er allein erwählte sich zum Lebensmotto, wie der grosse Paracelsus von Hohenheim — der unerschrockene Vernichter arabisch-jüdischer Quacksalberei — die Worte: *Alterius non sit, qui suus esse potest*, Der sei keines Anderen, der Selbsteigner sein kann! Man schilt diese Behauptung wohl Überhebung? Und doch ist sie nur die Anerkennung einer offenbaren Thatsache. Man wirft ein, es lasse sich kein mathematischer Beweis erbringen? Und von allen Seiten leuchtet uns die selbe Gewissheit entgegen, wie die, dass zwei plus zwei gleich vier ist.

Nichts ist in diesem Zusammenhange lehrreicher als ein Hinweis auf die sichtbare Bedeutung der Reinheit der Rasse.[1]) Wie matt schlägt heute das Herz des Slaven, der doch so kühn und frei in die Geschichte eingetreten war; Ranke, Gobineau, Wallace, Schvarcz .... alle urteilsfähigen Historiker bezeugen, es gehe ihm bei grosser Begabung die eigentliche Gestaltungskraft, sowie die vollbringende Beharrlichkeit ab; die Anthropologie löst das Rätsel, denn sie zeigt uns (siehe S. 472, 491), dass weitaus die Mehrzahl der heutigen Slaven durch Vermischung mit einer anderen Menschenrasse die physischen Merkmale ihrer den alten Germanen identischen Ahnen eingebüsst hat — damit zugleich natürlich die moralischen. Und trotzdem bergen diese Völker noch so viel germanisches Blut, dass sie einen der grossen civilisatorischen Faktoren der fortschreitenden Weltbewältigung durch Europa ausmachen. Allerdings überschreitet man bei Eydtkuhnen eine traurig sichtbare Grenze, und der Saum deutscher Kulturarbeit, der sich an der Ostsee entlang zieht, sowie jene tausend Stellen im Innern Russland's, wo die selbe Kraft reiner Rasse dem erstaunten Reisenden plötzlich entgegentritt, macht den Kontrast nur um so greifbarer; nichtsdestoweniger steckt hier noch ein gewisser, spezifisch germanischer Trieb, freilich nur ein Schatten, doch ein stammverwandter, und der darum auch etwas zu Stande bringt, trotz alles Widerstandes der erbgesessenen asiatischen Kultur.

Ausser der Reinheit der Rasse kommt bei der germanischen noch ihre Vielgestaltigkeit für das historische Verständnis in Betracht; dafür bietet die Weltgeschichte kein zweites Beispiel. Auch im Pflanzen- und Tierreich finden wir unter den Gattungen einer Familie und unter den Arten einer Gattung eine sehr verschiedene »Plasticität«: bei den einen ist die Gestalt wie versteinert, als wären sämtliche Individuen in einer und der selben eisernen Form gegossen, bei anderen finden dagegen Schwankungen innerhalb enger Grenzen statt, und wiederum bei anderen (man denke an den Hund und an Hieracium!) ist die Mannigfaltigkeit der Gestalt eine endlose, sie bringt ewig Neues hervor, und derartige Wesen zeichnen sich ausserdem stets durch die Neigung zur unbegrenzten Hybridierung aus, woraus dann immer wieder neue und — bei Inzucht (siehe S. 282) — reine Rassen hervorgehen. Diesen gleichen die Germanen; ihre Plasticität ist erstaunlich, und jede Kreuzung zwischen ihren verschieden gearteten

---

[1]) Für alles Weitere über diesen Gegenstand verweise ich auf die Kap. 4 und 6.

Stämmen hat die Welt um neue Muster edlen Menschentums bereichert. Ganz im Gegenteil war das alte Rom eine Erscheinung der äussersten Konzentration gewesen, wie in der Politik,[1]) so auch in intellektueller Beziehung: die Stadtmauern — die Grenzen des Vaterlandes; die Unverletzbarkeit des Rechtes — die Grenzen des Geistes. Das Hellenentum, geistig so unendlich reich, reich auch in der Bildung von Dialekten, sowie von Stämmen mit gesonderten Sitten, steht dem Germanentum viel näher; auch die arischen Inder zeigen sich in der erstaunlichen Gabe der stets schaffenden Sprachenerfindung, sowie im scharf ausgesprochenen Partikularismus nahe verwandt; diesen beiden Menschenarten haben vielleicht nur die historischen und geographischen Bedingungen gefehlt, um ähnlich machtvoll einheitlich und zugleich vielgestaltig wie die Germanen sich zu entwickeln. Doch führt eine derartige Betrachtung auf das Gebiet der Hypothesen: Thatsache bleibt, dass die Plasticität des Germanentums einzig und unvergleichbar in der Weltgeschichte ist.

Es ist nicht unwichtig zu bemerken — wenn ich es auch aus Scheu vor dem Geschichtsphilosophieren nur nebenbei thue —, dass der charakteristische, unvertilgbare Individualismus des echten Germanen mit dieser »plastischen« Anlage der Rasse offenbar zusammenhängt. Ein neuer Stamm setzt das Entstehen neuer Individuen voraus; dass neue Stämme stets bereit sind, hervorzuschiessen, beweist, dass auch stets eigenartige, von anderen sich unterscheidende Individuen vorhanden sind, ungeduldig den Zaum beissend, der die freie Bethätigung ihrer Originalität zügelt. Ich möchte die Behauptung aufstellen: jeder bedeutende Germane ist *virtualiter* der Anfangspunkt eines neuen Stammes, eines neuen Dialektes, einer neuen Weltauffassung.[2])

Von Tausenden und Millionen derartiger »Individualisten«, d. h. echter Persönlichkeiten wurde die neue Welt aufgebaut.[3])

Und so erkennen wir denn den Germanen als den Baumeister und geben Jakob Grimm Recht, wenn er behauptet, es sei ein »roher

---

[1]) Siehe das zweite Kapitel.

[2]) Vergl. die Ausführungen im vorigen Kapitel, S. 661.

[3]) Einige konfuse Köpfe des heutigen Tages verwechseln Individualismus mit »Subjektivität« und knüpfen daran ich weiss nicht was für einen albernen Vorwurf von Schwäche und Unbeständigkeit, wo doch hier offenbar die »objektive« Anerkennung und — bei Männern wie Goethe — Beurteilung der eigenen Person vorliegt, woraus Sicherheit, Zielbewusstsein und unbethörbares Freiheitsgefühl sich ergeben.

Wahn«, zu glauben, irgend etwas Grosses könne »aus dem bodenlosen Meer einer Allgemeinheit« entstehen.[1]) In sehr verschiedenen Stammesindividualitäten und in den mannigfaltigsten Kreuzungen seiner Stämme sehen wir den Germanen am Werke, umringt — dort wo die Grenzen des einigermassen reinen Germanentums überschritten sind — von Völkern und auch im Innern reichlich von Gruppen und Individuen durchsetzt, welche (siehe S. 491) als Halb-, Viertel-, Achtel-, Sechzehntelgermanen zu bezeichnen wären, die aber alle unter dem nie ermüdenden Impuls dieses mittleren, schöpferischen Geistes das Ihrige beitragen zu der Gesamtsumme der geleisteten Arbeit:

Wenn die Könige bau'n, haben die Kärrner zu thun.

Um uns in der Geschichte des Werdens dieser neuen Welt zurechtzufinden, dürfen wir nun ihren spezifisch germanischen Charakter nie aus den Augen verlieren. Denn sobald wir von der Menschheit im Allgemeinen sprechen, sobald wir in der Geschichte eine Entwickelung, einen Fortschritt, eine Erziehung u. s. w. der »Menschheit« zu erblicken wähnen, verlassen wir den sicheren Boden der Thatsachen und schweben in luftigen Abstraktionen. Diese Menschheit, über die schon so viel philosophiert worden ist, leidet nämlich an dem schweren Gebrechen, dass sie gar nicht existiert. Die Natur und die Geschichte bieten uns eine grosse Anzahl verschiedener Menschen, nicht aber e i n e Menschheit. Selbst die Hypothese, dass alle diese Menschen unter einander physisch verwandt seien, als Sprossen eines einzigen Urstammes, hat kaum so viel Wert wie die Theorie der Himmelssphären des Ptolemäus; denn diese erklärte ein Vorhandenes, Sichtbares durch Veranschaulichung, während jede Spekulation über eine »Abstammung« der Menschen sich an ein Problem heranwagt, welches zunächst nur in der Phantasie des Denkers existiert, nicht durch Erfahrung gegeben ist, und welches folglich vor ein metaphysisches Forum gehört, um auf seine Zulässigkeit geprüft zu werden. Träte aber auch einmal diese Frage nach der Abstammung der Menschen und ihrer Verwandtschaft untereinander aus dem Gebiete der Phrase in das des empirisch Nachweisbaren, so wäre schwerlich damit für die Beurteilung der Geschichte etwas gewonnen; denn jede Erklärung aus Ursachen impliziert einen *regressus in infinitum;* sie ist wie das Aufrollen einer Landkarte; wir sehen immer Neues und zwar Neues, das zum Alten gehört, auch mag die dadurch gewonnene Erweiterung des Beobachtungs-

Die angebliche »Menschheit«.

---

[1]) *Geschichte der deutschen Sprache,* 2. Aufl., S. III.

gebietes zur Bereicherung unseres Geistes beitragen, doch bleibt jede
einzelne Thatsache nach wie vor, was sie war, und es ist sehr zweifelhaft,
ob das Urteil durch die Kenntnis eines umfangreicheren Zusammenhanges wesentlich verschärft wird — das Umgekehrte ist ebenso leicht
möglich. »Die Erfahrung ist grenzenlos, weil immer noch ein Neues
entdeckt werden kann«, wie Goethe in seiner Kritik des Bacon von
Verulam und der angeblich induktiven Methode bemerkt; dagegen ist
Wesen und Zweck des Urteilens die Begrenzung. Schärfe, nicht Umfang, bedingt die Vorzüglichkeit des Urteils; darum wird es allezeit
weniger darauf ankommen, wie viel der Blick umfasst, als darauf, wie
genau das Gesehene erblickt wird; daher auch die innere Berechtigung
der neueren Methoden der Geschichtsforschung, welche von den
erklärenden, philosophierenden Gesamtdarstellungen zu der peinlich
genauen Feststellung einzelner Thatsachen übergegangen sind. Freilich,
sobald die Geschichtswissenschaft sich in »grenzenlose Empirie« verirrt,
bringt sie weiter nichts zu Stande als ein »Hin- und Herschaufeln von
Wahrnehmungen« (wie Justus Liebig in gerechtem Grimme über
gewisse induktive Forschungsmethoden schilt);[1]) doch ist es andrerseits sicher, dass die genaue Kenntnis eines einzigen Falles für das
Urteil mehr nützt als der Überblick über tausend in Nebel gehüllte.
Das alte Wort *non multa, sed multum* bewährt sich eben überall und
lehrt uns auch — was man ihm auf den ersten Blick nicht ansieht —
die richtige Methode der Verallgemeinerung: diese besteht darin, dass wir
nie den Boden der Thatsachen verlassen und dass wir uns nicht, wie
die Kinder, bei angeblichen »Erklärungen« aus Ursachen beruhigen
(am allerwenigsten bei abstrakten Dogmen von Entwickelung, Erziehung
u. s. w.), sondern bestrebt bleiben, das Phänomen selbst in seiner
autonomen Würde mit immer grösserer Deutlichkeit zu erblicken. Will
man weite geschichtliche Komplexe vereinfachen und doch wahrheits-
gemäss zusammenfassen, so nehme man zunächst die unbestreitbaren
konkreten Thatsachen, ohne eine Theorie daran zu knüpfen; das
Warum wird schon seinen Platz fordern, doch darf es immer erst in
zweiter Reihe kommen, nicht in erster; das Konkrete hat den Vortritt.
Bewaffnet mit einem abstrakten Begriff der Menschheit und daran ge-
knüpften Voraussetzungen den Erscheinungen der Geschichte entgegenzutreten und sie zu beurteilen, ist ein wahnvolles Beginnen; die wirklich
vorhandenen, individuell begrenzten, national unterschiedenen Menschen

---

[1]) *Reden und Abhandlungen*, 1874, S. 248.

machen alles aus, was wir über die Menschheit wissen; an sie müssen wir uns halten. Das hellenische Volk ist z. B. ein derartiges Konkretum. Ob die Hellenen mit den Völkern Italia's, mit den Kelten und Indoeraniern verwandt waren, ob die Verschiedenheit ihrer Stämme, die wir schon in den ältesten Zeiten wahrnehmen, einer verschiedengradigen Vermischung von Menschen getrennten Ursprungs entspricht oder die Folge einer durch geographische Bedingungen bewirkten Differenzierung ist, u. s. w., das alles sind vielumstrittene Fragen, deren einstige Beantwortung — selbst wenn sie mit Sicherheit erfolgen sollte — nicht das Geringste ändern würde an der grossen, unbestreitbaren Thatsache des Hellenentums, mit seiner besonderen, keiner anderen gleichen Sprache, seinen besonderen Tugenden und Untugenden, seiner fabelhaften Begabung und den eigentümlichen Beschränkungen seines Geistes, seiner Versatilität, seinem industriellen Fleisse, seiner überschlauen Geschäftsgebahrung, seiner philosophischen Musse, seiner himmelstürmenden Kraft der Phantasie. Eine solche Thatsache der Geschichte ist durchaus konkret, handgreiflich, sinnfällig und zugleich unerschöpflich. Eigentlich ist es recht unbescheiden von uns, dass wir uns mit einem derartigen Unerschöpflichen nicht zufrieden geben; albern aber ist es, wenn wir diese Urphänomene (um wiederum mit Goethe zu reden) nicht auf ihren Wert schätzen, sondern durch Erweiterung sie zu »erklären« wähnen, wo wir sie in Wirklichkeit nur auflösend verdünnen, bis das Auge sie nicht mehr gewahrt. So z. B. wenn man die künstlerischen Grossthaten der Hellenen auf phönizische und andere pseudosemitische Anregungen zurückführt und sich einbildet, damit zur Erläuterung dieses beispiellosen Mirakels etwas beigetragen zu haben; das ewig unerschöpfliche und unerklärliche Urphänomen des Hellenentums wird vielmehr durch diese Thatsache nur erweitert, in keiner Weise erläutert. Denn die Phönizier trugen die babylonischen und ägyptischen Kulturelemente überall hin; warum ging denn die Saat nur dort auf, wo Hellenen sich niedergelassen hatten? und warum namentlich bei jenen Phöniziern selber nicht, welche doch auf einer höheren Bildungsstufe gestanden haben müssen, als die Leute, denen sie — angeblich — die Anfänge der Bildung erst übermittelten?

Auf diesem Gebiete schwimmt man förmlich in Trugschlüssen, indem man — wie Thomas Reid spottet — den Tag durch die Nacht »erklärt«, weil der eine auf die andere folgt! An Antworten fehlt es Denjenigen nie, welche das grosse mittlere Problem des Daseins — die Existenz des individuellen Wesens — niemals begriffen, d. h. als un-

lösbares Mysterium erfasst haben. Wir fragen diese Alleswisser, wie es
kommt, dass die Römer, nahe Verwandte der Hellenen (wie Philologie,
Geschichte, Anthropologie uns vermuten lassen), doch fast in jeder
einzelnen Begabung ihr genaues Gegenteil waren? Sie antworten mit
der geographischen Lage. Die geographische Lage ist aber gar nicht
einmal sehr verschieden, und für Anregungen, den phönizischen gleich-
wertig, gab die Nähe von Karthago, auch die Nähe von Etrurien
genügend Gelegenheit. Und wenn die geographische Lage das Bestimmende ist, warum schwand denn das alte Rom mit den alten Römern
so gänzlich und unwiederbringlich dahin? Der unvergleichlichste
Tausendkünstler auf diesem Felde war Henry Thomas Buckle, der
die geistigen Eigenschaften der arischen Inder durch ihr Reisessen
»erklärt«.[1] Wahrhaftig, eine trostreiche Entdeckung für angehende
Philosophen! Dieser Erklärung stehen jedoch zwei Thatsachen entgegen.
Erstens ist der Reis »das Hauptnahrungsmittel des grössten Teils des
Menschengeschlechtes«; zweitens sind gerade die Chinesen die grössten
Reisesser der Welt, die bis zu anderthalb Kilo davon am Tage ver-

---

[1] *History of Civilization in England*, vol. I, ch. 2. Die höchst ingeniöse
Kette der Schlussfolgerungen, mit den unendlich mühsam gesammelten Angaben
über den Ertrag der Reisfelder, über den Stärkegehalt des Reises, über das Verhältnis zwischen Kohlenstoff und Sauerstoff in verschiedenen Nahrungsmitteln u. s. w.,
muss der Leser a. a. O. nachlesen. Das ganze Kartengebäude stürzt zusammen,
sobald der Verfasser die Unumstösslichkeit seines Beweises durch weitere Beispiele
erhärten will und zu diesem Behuf auf Ägypten hinweist: »Da die ägyptische
Civilisation, wie die indische, ihren Ursprung in der Fruchtbarkeit des Bodens und
in der grossen Hitze des Klimas hat, so traten auch hier die selben Gesetze ins
Spiel, und natürlich mit genau den selben Folgen«; so schreibt Buckle. Nun wäre
es aber schwer, sich zwei verschiedenere Kulturen zu denken, als die ägyptische
und die brahmanische; die Ähnlichkeiten, die man allenfalls nachweisen könnte,
sind nur solche ganz äusserliche, wie die, welche das Klima mit sich führen kann,
sonst aber weichen diese Völker in allem von einander ab: in politischer und sozialer
Organisation und Geschichte, in den künstlerischen Anlagen, in den geistigen Gaben
und Leistungen, in Religion und Denken, in den Grundlagen des Charakters. Buckle
glaubt allerdings diesen Einwurf, den er vorausgesehen zu haben scheint, durch
die Behauptung widerlegen zu können: die ägyptische Civilisation verhalte sich zur
indischen wie Datteln zu Reis! Woraus sich ein unterhaltendes Gesellschaftsspiel
entwickeln liesse: welche Menschen verhalten sich wie Schweinefleisch zu Knoblauch?
Deutsche und Italiener; welche wie Wachholderbeeren zur Kokosnuss? Holländer
und Malayen u. s. w. Doch wird eine derartige Verirrung bei einem so hervorragenden und gelehrten Mann eher zu melancholischen Betrachtungen als zu Scherz
anregen.

zehren.[1]) Nun bildet aber der ziemlich scharf abgegrenzte Völkerkomplex der arischen Inder eine absolut einzige Erscheinung unter den Menschen, mit Gaben, wie sie keine andere Rasse ähnlich besessen hat und welche zu unvergänglichen, unvergleichlichen Leistungen führten, dabei mit so eigentümlichen Beschränkungen, dass ihre Individualität ihr Schicksal schon enthielt; warum hat das Hauptnahrungsmittel des grössten Teils des Menschengeschlechtes nur das eine Mal so gewirkt? im Raume an dem einen Ort, in der Zeit zu der einen Epoche? Und wollten wir den ganz genauen Antipoden des arischen Inders bezeichnen, so müssten wir den Chinesen nennen: den egalitären Sozialisten im Gegensatze zum unbedingten Aristokraten, den unkriegerischen Bauern im Gegensatze zum geborenen Waffenhelden, den Utilitarier *par excellence* im Gegensatze zum Idealisten, den Positivisten, der organisch unfähig scheint, sich auch nur bis zur Vorstellung des metaphysischen Denkens zu erheben, im Gegensatze zu jenem geborenen Metaphysiker, dem wir Europäer nachstaunen, ohne wähnen zu dürfen, dass wir ihn jemals erreichen könnten. Und dabei isst der Chinese, wie gesagt, noch mehr Reis als der Indoarier!

Doch, habe ich hier die unter uns so verbreitete Denkart bis ins Absurde verfolgt, so geschah das nur, um an den Fällen extremster Verirrung handgreiflich darzuthun, wohin sie führt; das erwachte Misstrauen wird aber nun rückschauend gewahr werden, dass auch die vernünftigsten und sichersten Beobachtungen in Bezug auf derartige Phänomene, wie die Menschenrassen es sind, nicht den Wert von Erklärungen haben, sondern lediglich eine Erweiterung des Gesichtskreises bedeuten, wogegen das Phänomen selbst, in seiner konkreten Realität, nach wie vor die einzige Quelle alles gesunden Urteilens und jedes wahren Verständnisses bleibt. Ich möchte die Überzeugung hervorgerufen haben, dass es eine Hierarchie der Thatsachen giebt, und dass wir Luftschlösser bauen, sobald wir sie umkehren. So z. B. ist der Begriff »Indoeuropäer« und »Arier« ein zulässiger und fördernder, wenn wir ihn aus den sicheren, gut erforschten, unbestreitbaren Thatsachen des Indertums, des Eraniertums, des Hellenentums, des Römertums, des Germanentums aufbauen; damit verlassen wir nämlich keinen Augenblick den Boden der Wirklichkeit, verpflichten wir uns zu keiner Hypothese, spannen wir nicht über die Kluft der unbekannten Ursachen

---

[1]) Ranke: *Der Mensch*, 2. Aufl. I, 315 u. 334. Eine humoristische Erklärung der Hypothese, das Reisessen sei für die Philosophen besonders zuträglich, wird der Sachkundige Hueppe's *Handbuch der Hygiene* (1899) S. 247 entnehmen.

des Zusammenhanges luftige Scheinbrücken; wir bereichern aber unsere Vorstellungswelt durch sinngemässe Gliederung, und, indem wir
offenbar Verwandtes verbinden, lernen wir es zugleich von dem Un-
verwandten scheiden und bereiten die Möglichkeit zu ferneren Einsichten
und zu immer neuen Entdeckungen. Sobald wir aber das Verfahren
umkehren und einen hypothetischen Arier als Ausgangspunkt nehmen —
einen Menschen, über den wir nicht das Geringste wissen, den wir
aus den fernsten, unverständlichsten Sagen herauskonstruieren, aus
äusserst schwierig zu deutenden sprachlichen Indizien zusammenleimen,
einen Menschen, den ein Jeder, wie eine Fee, mit allen Gaben aus-
statten kann, die ihm belieben — so schweben wir in der Luft und
fällen notgedrungen ein schiefes Urteil nach dem andern, wovon wir
in Graf Gobineau's: *Inégalité des races humaines* ein vortreffliches
Beispiel besitzen. Gobineau und Buckle sind die zwei Pole einer gleich
falschen Methode: der Eine bohrt sich maulwurfartig in die dunkle Erde
hinein und wähnt aus dem Boden die Blumen zu erklären — ungeachtet
Rose und Distel nebeneinander stehen, der Andere entschwebt dem
Boden des Thatsächlichen und erlaubt seiner Phantasie einen so hohen
Flug zu nehmen, dass sie Alles in der verzerrten Perspektive der Vogel-
schau erblickt und sich gezwungen sieht, die hellenische Kunst als ein
Symptom der Dekadenz zu deuten und das Räuberhandwerk des
hypothetischen Urariers als die edelste Bethätigung des Menschentums
zu preisen!

Der Begriff »Menschheit« ist zunächst nichts weiter als ein sprachlicher Notbehelf, ein *collectivum*, durch welches das Charakteristische
am Menschen, nämlich seine Persönlichkeit, verwischt und der rote
Faden der Geschichte — die verschiedenen Individualitäten der Völker
und Nationen — unsichtbar gemacht wird. Ich gebe zu, auch der Begriff Menschheit kann zu einem positiven Inhalt gelangen, doch nur
unter der Bedingung, dass die konkreten Thatsachen der getrennten
Volksindividualitäten zu Grunde gelegt werden: diese werden dann
in allgemeinere Rassenbegriffe unterschieden und verbunden, die allgemeineren wahrscheinlich noch einmal unter einander ähnlich gesichtet, und was dann ganz hoch oben in den Wolken schwebt, dem
unbewaffneten Auge kaum sichtbar, ist »die Menschheit«. Diese
Menschheit werden wir aber bei der Beurteilung menschlicher Dinge
nie zum Ausgangspunkt nehmen: denn jede That auf Erden geht
von bestimmten Menschen aus, nicht von unbestimmten; wir werden
sie auch nie zum Endpunkt nehmen: denn die individuelle Begrenzung

schliesst die Möglichkeit eines Allgemeingültigen aus. Schon Zoroaster hatte die weisen Worte gesprochen: »Weder an Gedanken, noch an Begierden, noch an Worten, noch an Thaten, weder an Religion noch an geistiger Begabung gleichen die Menschen einander: wer das Licht liebt, dessen Platz ist unter den leuchtenden Himmelskörpern, wer Finsternis, gehört zu den Mächten der Nacht.«[1])

Ungern habe ich theoretisiert, doch es musste sein. Denn eine Theorie — die Theorie der wesentlich einen, einigartigen Menschheit[2]) — steht jeder richtigen Einsicht in die Geschichte unserer Zeit, wie überhaupt aller Zeiten, im Wege und ist uns doch so in Fleisch und Blut übergegangen, dass sie wie Unkraut mühsam ausgejätet werden muss, ehe man mit Hoffnung auf Verständnis die offenbare Wahrheit aussprechen darf: unsere heutige Civilisation und Kultur ist spezifisch germanisch, sie ist ausschliesslich das Werk des Germanentums. Und doch ist dies die grosse, mittlere Grundwahrheit, die konkrete Thatsache, welche die Geschichte der letzten tausend Jahre auf jeder Seite uns lehrt. Anregungen nahm der Germane von überall, doch er assimilierte sie sich und arbeitete sie zu einem Eigenen um. So kam z. B. die Anregung zur Papierfabrikation aus China, doch nur dem Germanen gab sie sofort die Idee des Buchdrucks ein;[3]) Beschäftigung mit dem Altertum, dazu das Aufgraben alter Bildwerke regte in Italien zu künstlerischer Gestaltung an, doch selbst die Skulptur wich gleich von Anfang an von der hellenischen Tradition ab, indem sie das Charakteristische, nicht das Typische, das Individuelle, nicht das Allegorische sich zum Ziele setzte; die Architektur entnahm nur einiges Detail, die Malerei gar nichts dem klassischen Altertum. Dies lediglich als Beispiele; denn ähnlich verfuhr der Germane auf allen Gebieten. Selbst das römische Recht wurde nie und nirgends vollständig recipiert, ja, von gewissen Völkern — namentlich von den nunmehr so mächtig emporgeblühten Angelsachsen — wurde es jederzeit und allen königlich-päpstlichen Intriguen zum Trotz grundsätzlich abgewiesen. Was an ungermanischen Kräften sich bethätigte, that das — wie wir dies

---

[1]) Siehe das Buch von Zâd-Sparam XXI, 20 (in dem Band 47 der *Sacred Books of the East* enthalten).

[2]) Diese Theorie ist alt; Seneca z. B. beruft sich mit Vorliebe auf das Ideal der Menschheit, von dem die einzelnen Menschen gewissermassen mehr oder weniger gelungene Abgüsse seien: »*homines quidem pereunt, ipsa autem humanitas, ad quem homo effingitur, permanet*« (Bf. 65 an Lucilius).

[3]) Vergl. unten den Abschnitt 3, »Industrie«.

gleich zu Anfang dieses Kapitels an dem Beispiel Italiens sahen —
vorwiegend als Hemmnis, als Zerstörung, als Ablenkung aus der
diesem besonderen Menschentypus notwendigen Bahn. Dort dagegen,
wo die Germanen durch Zahl oder reineres Blut vorwogen, wurde
alles Fremde in die selbe Richtung mit fortgerissen und selbst der Nicht-
Germane musste Germane werden, um etwas zu sein und zu gelten.

Natürlich darf man das Wort Germane nicht in dem üblichen
engen Sinne nehmen; diese Zerspaltung widerspricht den Thatsachen
und macht die Geschichte so unklar, als schaute man sie durch ein ge-
sprungenes Augenglas an; hat man dagegen die offenbare ursprüngliche Wesensgleichheit der aus Nordeuropa herausgetretenen Völker
erkannt, zugleich den Grund ihrer verschiedenartigen Individualität in
der noch heute sich bewährenden, unvergleichlichen Plasticität, in der
Anlage des Germanentums zur fortgesetzten Individualisierung erblicken
gelernt, dann begreift man sofort, dass, was wir heute die europäische
Kultur nennen, in Wahrheit nicht eine europäische, sondern eine spezifisch
germanische ist. Im heutigen Rom fanden wir uns nur halb in dem
Element dieser Kultur; der ganze Süden von Europa, in welchem das
Völkerchaos leider nie ausgerottet wurde und wo es heute, in Folge
der Naturgesetze, die wir in Kapitel 4 ausführlich studiert haben, schnell
wieder zunimmt, schwimmt nur gezwungen mit: er kann der Gewalt
unserer Civilisation nicht widerstehen, innerlich aber gehört er kaum
mehr ihr an. Fahren wir nach Osten, so überschreiten wir die Grenze
etwa 24 Stunden von Wien mit der Eisenbahn; von dort aus quer durch
bis zum Stillen Ozean ist nicht ein Zoll von unserer Kultur berührt.
Nördlich von der gedachten Linie zeugen lediglich Schienen, Tele-
graphenstangen und Kosakenpatrouillen davon, dass ein reingermanischer
Monarch an der Spitze eines Volkes, dessen thätige, schöpferische
Elemente mindestens Halbgermanen sind, die Hand gestaltend über
dieses riesige Gebiet auszustrecken begonnen hat; doch auch diese
Hand reicht nur bis zu der der unseren durchaus antagonistischen
Civilisation und Kultur der Chinesen, Japanesen, Tonkinesen u. s. w.
Elisée Reclus, der berühmte Geograph, versicherte mir, als er soeben
das Studium der gesamten Litteratur über China für seine *Géographie
Universelle* beendet hatte, kein einziger Europäer — auch diejenigen
nicht, die wie Richthofen und Harte, viele Jahre dort gelebt, auch
kein Missionär, der sein ganzes Leben im Innersten des Landes zu-
gebracht — könne von sich melden: *J'ai connu un Chinois.* Die
Persönlichkeit des Chinesen ist eben für uns undurchdringlich, wie

die unsere ihm: ein Jäger versteht durch Sympathie von der Seele seines Hundes und der Hund von der seines Herrn mehr, als dieser selbe Herr von der Seele des Chinesen, mit dem er auf die Jagd geht.[1] Alles Faseln über »Menschheit« hilft über derlei nüchtern sichere Thatsachen nicht hinweg. Dagegen findet Der, welcher den weiten Ozean bis zu den Vereinigten Staaten durchschifft, unter neuen Gesichtern, in einem neu individualisierten Nationalcharakter unsere germanische Kultur wieder und zwar in hoher Blüte, ebenso Derjenige, welcher nach vierwöchentlichem Reisen an der australischen Küste landet. New-York und Melbourne sind ungleich »europäischer« als das heutige Sevilla oder Athen, — nicht im Aussehen, wohl aber im Unternehmungsgeist, in der Leistungsfähigkeit, in der intellektuellen Richtung, in Kunst und Wissenschaft, in Bezug auf das allgemeine moralische Niveau, kurz, in der Lebenskraft. Diese Lebenskraft ist das köstliche Erbe unserer Väter: einst besassen sie die Hellenen, einst die Römer.

Erst diese Erkenntnis des streng individuellen Charakters unserer Kultur und Civilisation befähigt uns, uns selber gerecht zu beurteilen: uns und Andere. Denn das Wesen des Individuellen ist die Beschränkung und der Besitz einer eigenen Physiognomie, und der Prodromus zu aller geschichtlichen Einsicht ist darum — wie Schiller es schön ausspricht — »die Individualität der Dinge mit treuem und keuschem Sinne ergreifen zu lernen«. Eine Kultur kann die andere vernichten, doch nicht durchdringen. Beginnen wir unsere Geschichtswerke mit Ägypten — oder nach den neuesten Entdeckungen mit Babylonien — und lassen dann die Menschheit sich chronologisch entwickeln, so errichten wir ein durchaus künstliches Gebäude. Denn die ägyptische Kultur z. B. ist ein völlig abgeschlossenes, individuelles Wesen, über das wir nicht viel besser zu urteilen vermögen, als über einen Ameisenstaat, und alle Ethnographen stimmen überein in der Versicherung, die Fellahim des Nilthales seien heute physisch und geistig mit denen von vor 5000 Jahren identisch; neue Menschen wurden Herren des Landes und brachten eine neue Kultur mit: eine Entwickelung fand nicht statt. Und was macht man inzwischen mit der gewaltigen Kultur der Indoarier? Soll sie nicht mitgerechnet werden? Wie aber soll die Eingliederung stattfinden, denn ihre höchste Blüte fiel etwa auf den Beginn unserer germanischen Lauf-

---

[1] Selbst dieses Bild hinkt, denn der Chinese geht nicht einmal auf die Jagd!

bahn? Sehen wir, dass in Indien auf jene hohe Kultur eine Weiterentwickelung stattgefunden habe? Und wie steht es mit den Chinesen,
denen wir vielleicht eben so viele Anregungen verdanken wie die
Hellenen den Ägyptern? Die Wahrheit ist, dass, sobald wir, unserem
systematisierenden Hange folgend, organisch verknüpfen wollen, wir
das Individuelle vertilgen, damit aber auch das Einzige, was wir
konkret besitzen. Selbst Herder, von dem ich gerade bei dieser Diskussion so weit abweiche, schreibt: »In Indien, Ägypten, Sina geschah,
was sonst nie und nirgends auf Erden geschehen wird, ebenso in
Kanaan, Griechenland, Rom, Karthago.«[1])

Die angebliche »Renaissance«.

Ich nannte z. B. vorhin die Hellenen und die Römer diejenigen,
denen wir sicherlich die meisten Anregungen, wenn nicht für unsere
Civilisation, so doch für unsere Kultur verdanken; wir aber sind weder
Hellenen noch Römer dadurch geworden. Vielleicht hat man nie einen
verderblicheren Begriff in die Geschichte eingeführt, als den der Renaissance. Denn hiermit verband man den Wahn einer Wiedergeburt
lateinischer und griechischer Kultur, ein Gedanke würdig der Mestizen-
seelen des entarteten Südeuropa, denen »Kultur« etwas war, was der
Mensch sich äusserlich aneignen kann. Zu einer Wiedergeburt hellenischer
Kultur würde nichts weniger gehören als die Wiedergeburt der Hellenen;
alles Andere ist Mummenschanz. Nicht allein der Begriff der Renaissance
war verderblich, sondern zum sehr grossen Teil auch die Thaten, die
aus dieser Auffassung entsprangen. Denn anstatt bloss Anregung zu
empfangen, empfingen wir nunmehr Gesetze, Gesetze, welche unserer
Eigenart Fesseln anlegten, welche sie auf Schritt und Tritt hemmten und
den kostbarsten Besitz, die Originalität — d. h. die Wahrhaftigkeit der
eigenen Natur — uns zu schmälern bestrebt waren. Auf dem Gebiete
des öffentlichen Lebens ward das als klassisches Dogma verkündete
römische Recht die Quelle unerhörter Gewaltthätigkeit und Freiheits-
entziehung; nicht etwa als sei dieses Recht nicht auch heute noch
ein Muster juristischer Technik, die ewige hohe Schule der Jurisprudenz (siehe S. 166 fg.); dass es aber uns Germanen als ein Dogma
aufgezwungen wurde, war offenbar ein schweres Unglück für unsere
geschichtliche Entwickelung; denn nicht allein passte es nicht für
unsere Verhältnisse, sondern es war ein Totes, Missverstandenes, ein
Organismus, dessen frühere lebendige Bedeutung erst nach Jahrhunderten,
erst in unseren Tagen, durch die genaueste Erforschung römischer

---

[1]) *Ideen*, III, 12, 6.

Geschichte aufgedeckt wurde: ehe wir das Gebilde seines Geistes wirklich begreifen konnten, mussten wir den Römer selber aus dem Grabe hervorrufen. So ging es auf allen Gebieten. Nicht allein in der Philosophie sollten wir »Mägde« *(ancillae),* nämlich die des Aristoteles sein (siehe S. 683), sondern in unser ganzes Denken und Schaffen wurde das Gesetz der Sklaverei eingeführt. Einzig auf wirtschaftlichem und industriellem Gebiete schritt man rüstig voran, denn hier hemmte kein klassisches Dogma; selbst die Naturwissenschaft und die Welt-entdeckung hatten einen schweren Kampf zu bestehen, alle Geistes-wissenschaften, sowie Poesie und Kunst einen viel schwereren, einen Kampf, der noch heute nicht bis zum völligen Sieg und gründlichen Abschütteln durchgefochten ist. Gewiss ist es kein Zufall, wenn der bei weitem gewaltigste Dichter aus der Zeit der angeblichen Wieder-geburt, Shakespeare, und der gewaltigste Bildner, Michelangelo, beide keine alte Sprache verstanden; man denke doch, in welcher machtvollen Unabhängigkeit ein Dante vor uns stünde, wenn er seine Hölle nicht bei Virgil erborgt und seine Staatsideale nicht aus konstantinopolitanischem Afterrecht und der *Civitas Dei* des Augustinus zusammengeschweisst hätte! Und warum wurde diese Berührung mit den vergangenen Kulturen, welche ungeteilten Segen hätte bringen sollen, vielfach zum Fluch? Das geschah lediglich, weil wir die Individualität einer jeden Kultur-erscheinung nicht begriffen — heute noch, den Göttern sei es geklagt! nicht begreifen. So priesen z. B. die toskanischen Schöngeister die griechische Tragödie als ewigen »*paragone*« des Dramas, ohne ein-sehen zu können, dass bei uns nicht allein die Lebensbedingungen weit von den attischen abweichen, sondern die Begabung, die ge-samte Persönlichkeit mit ihren Licht- und Schattenseiten eine völlig andere ist; so förderten denn diese vorgeblichen Erneuerer hellenischer Kultur allerhand Ungeheuerlichkeiten zu Tage und vernichteten das italienische Drama in der Knospe. Hierdurch bewiesen die Schöngeister, dass sie nicht allein vom Wesen des Germanentums, sondern ebenfalls vom Wesen des Hellenentums keine Ahnung besassen. Was wir von dem Griechentum nämlich hätten lernen sollen, war die Bedeutung einer organisch gewachsenen Kunst für das Leben und die Bedeutung der ungeschmälerten freien Persönlichkeit für die Kunst; wir ent-nahmen ihm das Gegenteil: fertige Schablonen und die Zwingherr-schaft einer erlogenen Ästhetik. Denn nur das bewusste, freie Indi-viduum erhebt sich zum Verständnis der Unvergleichlichkeit anderer Individualitäten. Der Stümper glaubt, Jeder könne Alles; er begreift

nicht, das Nachahmung dümmste Unverschämtheit ist. Aus dieser
elend stümperhaften Gesinnung und Anschauung war der Gedanke
an eine Anknüpfung an Griechenland und Rom, an eine Fortsetzung
ihres Werkes entsprungen, worin sich — das merke man wohl —
eine fast lächerliche Unterschätzung der Leistungen jener grossen Völker
ausspricht, zugleich mit einem völligen Verkennen unserer germanischen
Kraft und Eigentümlichkeit.

Fortschritt
und
Entartung.

Und noch eins. Unschwer hat soeben Jeder einsehen können,
inwiefern es jene blasse Abstraktion einer allgemeinen, physiognomie-
und charakterlosen, beliebig zu knetenden »Menschheit« ist, welche zur
Unterschätzung der Bedeutung des Individuellen im Einzelnen wie in den
Völkern führt; diese Verwirrung liegt nun einer weiteren, höchst verderblichen zu Grunde, deren Aufdeckung mehr Aufmerksamkeit und Scharfsinn erfordert. Aus jenem ersten Urteilsfehler ergeben sich nämlich die
beiden sich gegenseitig ergänzenden Begriffe eines Fortschrittes der
Menschheit und einer Entartung der Menschheit, welche alle beide auf
dem gesunden Boden der konkreten historischen Thatsachen nicht zu
rechtfertigen sind. Moralisch mag gewiss die Vorstellung des Fortschrittes unentbehrlich sein, sie ist die Übertragung der Göttergabe der
Hoffnung aufs Allgemeine; andererseits kann die Metaphysik der Religion
das Symbol der Entartung nicht entbehren (siehe S. 560 fg.): doch
handelt es sich in beiden Fällen um innere Gemütszustände (im letzten
Grunde um transscendente Ahnungen), die das Individuum auf seine
Umgebung hinausprojiziert; auf die thatsächliche Geschichte, als handle
es sich um objektive Wirklichkeiten, angewendet, führen sie zu falschen
Urteilen und zur Verkennung der evidentesten Thatsachen.[1] Denn

---

[1] Siehe S. 10 und 32. Wie immer hat Immanuel Kant den Nagel auf den
Kopf getroffen, indem er die angeblich fortschreitende Menschheit mit jenem Kranken
vergleicht, der triumphierend ausrufen musste: »Ich sterbe vor lauter Besserung!«
(Streit der Fakultäten, II), an anderem Orte aber ergänzend schreibt: »Dass die
Welt im Ganzen immer zum Besseren fortschreitet, dies anzunehmen berechtigt den
Menschen keine Theorie, aber wohl die rein praktische Vernunft, welche nach einer
solchen Hypothese zu handeln dogmatisch gebietet« (Über die Fortschritte der Metaphysik, zweite Handschrift, Th. II). Also nicht eine äussere Thatsache, sondern, wie
man sieht, eine innere Orientierung der Seele findet in der Vorstellung des Fortschrittes berechtigten Ausdruck. Hätte Kant die Notwendigkeit des Verfalles ebenfalls betont, anstatt das »Geschrei von der unaufhaltsam zunehmenden Verunartung«
als belangloses Gerede aufzufassen (Vom Verhältnis der Theorie zur Praxis im Völker-
recht), so wäre nichts unklar geblieben und aus der Antinomie des Handelns nach
der Hypothese des Fortschrittes und des Glaubens nach der Hypothese des Ver-

fortschreitende Entwickelung und fortschreitender Verfall sind Phänomene, die an das individuelle Leben geknüpft sind und nur allegorisch, nicht *sensu proprio*, auf die allgemeinen Erscheinungen
der Natur angewendet werden können. Jedes Individuum zeigt uns
Fortschritt und Verfall, jedes Individuelle, welcher Art es auch sei,
ebenfalls — also auch die individuelle Rasse, die individuelle Nation,
die individuelle Kultur; das ist eben der Preis, der bezahlt werden
muss, um Individualität zu besitzen; wogegen bei allgemeinen, nicht
individuellen Phänomenen die Begriffe Fortschritt und Entartung gänzlich bedeutungsleer sind und lediglich eine missbräuchliche Um-
schreibung für Änderung und Bewegung darstellen. Darum sagte
Schiller von dem gewöhnlichen, gewissermassen »empirischen« Un-
sterblichkeitsgedanken (wie ihn die orthodoxe christliche Kirche lehrt),
es sei dies: »eine Forderung, die nur von einer ins Absolute strebenden
Tierheit kann aufgeworfen werden«.[1]) Tierheit soll hier den Gegensatz zu Individualität aussprechen: denn das Gesetz der Individualität
ist jene äusserliche Begrenzung, von der uns Goethe im vorigen Kapitel
sprach, und das bedeutet eine Begrenzung nicht allein im Raume,
sondern auch in der Zeit; wogegen das Allgemeine — also wie hier
die Tierheit des Menschen, mit anderen Worten, der Mensch als Tier,
im Gegensatz zum Menschen als Individuum — keine notwendige,
sondern höchstens eine zufällige Grenze hat. Wo aber Begrenzung
fehlt, kann im eigentlichen Sinne von einem »Schreiten« nach vorwärts oder nach rückwärts keine Rede sein, sondern lediglich von
Bewegung. Deswegen lässt sich selbst aus dem konsequentesten
und darum flachsten Darwinismus kein haltbarer Begriff des Fortschrittes entwickeln: denn die Anpassung an bestimmte Verhältnisse
ist nichts weiter als eine Gleichgewichtserscheinung, und die angebliche Evolution aus einfacheren Lebensformen zu immer komplizierteren
kann eben so gut als Verfall wie als Fortschritt aufgefasst werden;[2]) sie
ist eben keins von beiden, sondern lediglich eine Bewegungserscheinung.
Das giebt auch der Philosoph des Darwinismus, Herbert Spencer, zu,
indem er die Evolution als eine rhythmische Pulsation auffasst und

---

falles, hätte sich klar ergeben, dass hier ein Transscendentes und nicht empirische
Geschichte am Werke ist.

[1]) *Ästhetische Erziehung*, Bf. 24.

[2]) Vom Standpunkt des konsequenten Materialismus aus ist die Monere das
vollkommenste Tier, denn es ist das einfachste und darum widerstandsfähigste und
ist zum Leben im Wasser, also auf der grössten Fläche des Planeten, organisiert.

sehr klar auseinandersetzt, dass in jedem Augenblick das Gleichgewicht das selbe sei.[1]) Es ist in der That unerfindlich, inwiefern die
Systole einen »Fortschritt« über die Diastole, die Pendelbewegung
nach rechts einen »Fortschritt« über die Pendelbewegung nach links
bilden sollte. Und trotzdem haben gute Köpfe, vom Strome des
herrschenden Irrtums hingerissen, gerade in der Evolution die Gewähr,
ja, den Beweis der Realität des Fortschrittes erblicken wollen! Wohin
es bei solch ungereimtem Beginnen mit der Logik kommt, muss ich
an einem Beispiele zeigen, denn ich schwimme hier gegen den Strom
und darf keinen Vorteil unbenützt lassen.

John Fiske, der mit Recht vielgerühmte Verfasser der Entdeckungs-
geschichte von Amerika, führt in seinem gedankenreichen darwinistischen
Werke: *The destiny of Man, viewed in the light of his origin*[2]) aus:
»Der Kampf ums Dasein hat jenes vollendete Erzeugnis schöpferischer
Kraft, die menschliche Seele, hervorgebracht.« Nun weiss ich zwar
nicht, wie der Kampf die alleinig wirkende Ursache für die Entstehung
irgend eines Dinges abgeben soll; diese Weltanschauung scheint mir
ein bischen sehr summarisch, wie alle Evolutionsphilosophie; doch
liegt es so sehr auf der Hand, dass der Kampf vorhandene Kräfte
stählt, physische und geistige Anlagen hervorlockt und durch Übung
entwickelt (der alte Homer lehrt es ja unseren Kindern), dass ich
hierüber augenblicklich nicht streiten will. Fiske sagt weiter: »das
unaufhörliche Hinschlachten ist es, durch welches die höheren Formen
des organischen Lebens entwickelt worden sind« (S. 95 fg.); gut, wir
wollen es annehmen. Nun aber, was macht der Fortschritt?
Logischerweise sollte man voraussetzen, der Fortschritt bestünde in der
Zunahme des Massenmordes, oder wäre wenigstens durch sie bedingt —
wozu allenfalls einige Erscheinungen unserer Zeit annehmbare Belege
liefern könnten. Doch, weit gefehlt! Fiske befindet sich solcher
hausbackener Logik gegenüber im Vorteil, denn er kennt nicht allein
den Ursprung, sondern auch die Bestimmung des Menschen. Er teilt
uns mit: »Bei der höheren Evolution wird der Kampf ums Dasein
aufhören, ein bestimmender Faktor zu sein. . . . . Dieses Ausser-

---

[1]) Siehe *First Principles,* das Kapitel über *The Rythm of motion* und die ersten
zwei Kapitel über *Evolution.*

[2]) *Des Menschen Bestimmung, im Lichte seines Ursprunges betrachtet* (Boston 1884).
Das sind unsere modernen Empiriker! sie kennen aller Dinge »Ursprung« und
»Bestimmung« und haben folglich leicht weise sein. Der Papst zu Rom ist be-
scheidener.

krafttreten des Kampfes ist eine Thatsache von absolut unvergleichlicher Grossartigkeit; Worte reichen nicht aus, um eine derartige
Wendung zu preisen.« Dieser paradiesische Frieden ist nun das Ziel
des Fortschrittes, ja, er ist der Fortschritt selber. Fiske, der ein sehr
gescheiter Mann ist, empfindet nämlich mit Recht, dass bisher Niemand
gewusst hat, was er sich unter diesem talismanischen Worte »Fortschritt« denken solle; jetzt wissen wir es. »Endlich«, sagt Fiske,
»endlich ist es uns klar geworden, was Fortschritt der Menschheit bedeutet.« Da muss ich aber sehr bitten! Was soll denn aus unserer
so sauer und redlich erworbenen Seele werden? Uns wurde soeben
gelehrt, der Kampf ums Dasein habe die Seele »erzeugt«: wird sie
denn hinfürder ohne Ursache entstehen? Und gesetzt den Fall, das
Steckenpferd der Erblichkeit nähme sie auf seinen cheirontisch gast-
lichen Rücken und führte sie eine Strecke weiter, würde nicht nach
orthodoxer darwinistischer Lehre das Aufhören des Kampfes zur Entartung des durch ihn Erzeugten führen;[1] so dass unsere Seele, als
blosses »*rudimentary organ*« (dem vielgenannten menschlichen Schwanz-
ansatz vergleichbar), für künftige *Micromégas* in ihrer Zwecklosigkeit
lediglich ein Gegenstand des Staunens sein könnte? Und warum denn,
wenn der Kampf schon so Herrliches hervorgebracht hat, warum soll
er jetzt aufhören? Doch nicht etwa aus blasser, blutscheuer Senti-
mentalität? »Den Tod in der Schlacht«, sagte Korporal Trim — und
dabei schlug er ein Schnippchen — »den Tod in der Schlacht fürchte
ich nicht so viel! sonst aber würde ich mich in jede Ritze vor ihm
verstecken.« Und ist es auch unter Professor Fiske's Führung »ein
Ergötzen, zu schauen, wie wir's zuletzt so herrlich weit gebracht«,
ich kann mir viel Herrlicheres denken und erhoffen, als was die Gegenwart bietet, und werde darum nimmer zugeben, dass das Aufhören
des Kampfes einen Fortschritt bedeuten würde; gerade hier hat die
Evolutionshypothese eine Wahrheit — die Bedeutung des Kampfes —
zufällig erwischt, es wäre wirklich unvernünftig, sie preiszugeben, bloss
damit »was Fortschritt der Menschheit bedeutet, endlich klar werde«.

Zu Grunde liegt hier, wie gesagt, der Mangel einer sehr einfachen
und nötigen philosophischen Einsicht: Fortschritt und Entartung können
nur von einem Individuellen, niemals von einem Allgemeinen ausgesagt
werden. Um von einem Fortschritt der Menschheit reden zu können,
müssten wir die gesamte Erscheinung des Menschen auf Erden aus so

---

[1] *Origin,* ch. XIV, *Animals and Plants,* ch. XXIV.

grosser Entfernung erblicken, dass alles, was für uns Geschichte ausmacht, verschwände; vielleicht könnte der Mensch dann als ein Individuelles erfasst, mit anderen analogen Erscheinungen — z. B. auf
anderen Planeten — verglichen und Fortschritt und Verfall seines
Wesens beobachtet werden: doch hat derlei hypothetische Sternguckerei
für uns und für den heutigen Tag keinen praktischen Wert. Unsere
germanische Kultur mit der hellenischen in die organische Beziehung
eines Fortschrittes oder eines Verfalles bringen zu wollen, ist kaum
vernünftiger als Buckle's vorhin genannte Gleichung zwischen Datteln
und Reis, im Gegenteil, es ist weniger vernünftig; denn Datteln
und Reis werden als voneinander wesentlich verschieden erkannt,
ausserdem als ein Allgemeines, Unveränderliches, während wir bei
jenem Vergleich gerade das Unterscheidende übersehen und nicht
bedenken, dass das Individuelle ein Niewiederkehrendes, darum auch
Abgeschlossenes und Absolutes ist. Kann man behaupten, Michelangelo bedeute einen Fortschritt über Phidias? Shakespeare über
Sophokles? Oder einen Verfall? Glaubt man, es sei möglich, einer
derartigen Behauptung irgend eine Spur von Sinn zu entlocken? Gewiss
glaubt das Keiner. Was er aber nicht einsieht, ist, dass das selbe von
den gesamten Volksindividualitäten und Kulturerscheinungen gilt, welche
diese seltenen Männer zu besonders lebhaftem Ausdruck brachten. Und
so stellen wir denn immerfort Vergleiche an: die grosse schwatzende
Menge glaubt an den endlosen »Fortschritt der Menschheit« so fest
wie eine Nonne an die unbefleckte Empfängnis, die bedeutenderen,
nachdenklichen Geister ahnten zu allen Zeiten — von Hesiod bis
Schiller, von urbabylonischer Symbolik bis Arthur Schopenhauer —
eher Verfall. Beides ist nur als ungeschichtliches Bild zulässig. Man
braucht nur die Grenze der Civilisation zu überschreiten: an der Last,
die einem da von Haupt und Schultern fällt, an der Wonne, die sich
dem Auge aufthut, merkt man sofort, wie teuer der angebliche Fortschritt bezahlt wird. Mich dünkt, ein heutiger macedonischer Hirt
führt ein ebenso nützliches und ein weit würdigeres und glücklicheres
Dasein als ein Fabrikarbeiter in Chaux-de-Fonds, der von seinem zehnten
Jahre ab bis an sein Grab vierzehn Stunden täglich ein bestimmtes
Gangrad für Taschenuhren mechanisch herstellt. Wenn nun die In-
geniosität, welche zur Erfindung und Vervollkommnung der Uhr führt,
dem Menschen, der sie macht, den Anblick des grossen, Leben und
Gesundheit spendenden Zeitmessers, der Sonne, raubt, so muss man
einsehen, dass dieser Fortschritt — wie bewundernswert er auch sei —

durch einen entsprechenden Rückschritt erkauft wird. Ähnlich überall.
Um den Begriff des Fortschrittes zu retten, hat man ihn »einer Kreis-
bewegung« verglichen, »in welcher sich der Radius verlängert«.[1]) Damit ist aber der Fortschritt aller Bedeutung entblösst; denn jeder Kreis
ist jedem anderen in allen wesentlichen Eigenschaften gleich, die
grössere oder geringere Ausdehnung kann unmöglich als grössere oder
geringere Vollkommenheit aufgefasst werden. Doch ist die entgegengesetzte Anschauung — diejenige eines Verfalles der Menschheit — ebensowenig stichhaltig, sobald sie das konkret Historische zu deuten unternimmt. So kann z. B. der Satz Schiller's, den ich in der allgemeinen
Einleitung zu diesem Buche anführte, nur auf sehr bedingte Gültigkeit
Anspruch machen: »Welcher einzelne Neuere tritt heraus, Mann gegen
Mann, mit dem einzelnen Athenienser um den Preis der Menschheit
zu streiten?« Jeder Kundige versteht, was der edle Dichter hier meint;
in welchem Sinne er Recht hat, habe ich selber anzudeuten versucht;[2])
und dennoch reizt der Satz zu entschiedenem Widerspruch, und zwar
zu mehrfachem. Was soll dieser »Preis der Menschheit«? Es ist
wieder jener abstrakte Begriff einer »Menschheit«, der das Urteil verwirrt! Bei den freien Bürgern Athens (und nur solche kann Schiller
im Sinne haben) kamen auf einen Mann zwanzig Sklaven: da konnte
man freilich Musse finden, um den Körper zu pflegen, Philosophie zu
studieren und Kunst zu treiben; unsere germanische Kultur dagegen
(wie die chinesische — denn in solchen Dingen offenbart sich nicht
Fortschritt, sondern angeborener Charakter) war von jeher eine Gegnerin
des Sklaventums, immer wieder stellt sich dieses so natürliche Verhältnis ein, und immer wieder schütteln wir es voll Abscheu von
uns ab; wie viele giebt es unter uns — vom König bis zum Orgel-
dreher — die nicht den lieben langen Tag im Schweisse ihres Ange-
sichts sich zwingen müssen, ihr Höchstes zu leisten? Sollte aber das
Arbeiten nicht an und für sich mindestens ebenso veredelnd wirken
wie Baden und Boxen?[3]) Nicht lange würde ich nach dem von Schiller
geforderten »einzelnen Neueren« herumsuchen: Friedrich Schiller selber
würde ich bei der Hand nehmen und ihn mitten unter die Grössten
aller hellenischen Jahrhunderte führen; nackend im Gymnasium dürfte

---

[1]) So Justus Liebig: *Reden und Abhandlungen,* 1874, S. 273 und Andere.

[2]) Siehe S. 33 und S. 69 bis 75.

[3]) Ohne davon zu sprechen, dass die moderne Athletik nachgewiesenermassen
mehr leistet als die alte. (Vergl. namentlich die verschiedenen Veröffentlichungen
Hueppe's.)

der ewig kranke Mann allerdings zunächst wenig Staat machen, doch sein Herz und sein Geist würden immer erhabener sich aufrichten, je mehr sie von allen Widerwärtigkeiten der zufälligen Daseinsformen entblösst dastünden, und ohne Widerlegung zu fürchten, würde ich laut behaupten: dieser einzelne Neuere ist euch allen durch sein Wissen, durch sein Streben, durch sein sittliches Ideal überlegen; als Denker überragt er euch bedeutend und als Dichter ist er euch fast ebenbürtig. Welcher hellenische Künstler, ich frage es, lässt sich in Bezug auf Schöpferkraft und Gewalt des Ausdruckes einem Richard Wagner an die Seite stellen? und wo hat das gesamte Hellenentum einen Mann hervorgebracht, würdig mit einem Goethe um den Preis der Menschheit zu streiten? Hier stossen wir auf einen weiteren Widerspruch, den Schiller's Behauptung hervorruft, denn wenn unsere Dichter den grössten Poeten Athen's nicht in jeder Beziehung gleichstehen, so ist das die Schuld nicht ihres Talents, sondern ihrer Umgebung, die den Wert der Kunst nicht begreift; wogegen Schiller die Meinung vertritt, als Einzelne kämen wir den Athenern nicht gleich, als Ganzes jedoch sei unsere Kultur der ihrigen überlegen. Ein entschiedener Irrtum, hinter welchem wieder das Gespenst »Menschheit« steckt. Denn wenn auch ein absoluter Vergleich zweier Völker (wenigstens nach meiner Überzeugung) unzulässig ist, gegen eine Parallelisierung der individuellen Entwickelungsstadien kann nichts eingewendet werden, und aus dieser geht hervor, dass wir die Hellenen auf einem höchsten und (trotz aller schreienden Mängel ihrer Individualität) eigentümlich harmonischen Höhepunkt erblicken, woher der unvergleichliche Zauber ihrer Kultur stammt, während wir Germanen noch mitten im Werden, im Widerspruch, in der Unklarheit über uns selber stehen, dazu umringt und an manchen Punkten bis ins Herz durchdrungen von ungleichartigen Elementen, die dasjenige, was wir aufbauen, niederreissen und uns dem eigenen Wesen entfremden. Dort hatte sich eine Volksindividualität bis zur Klarheit durchgerungen; hier, bei uns, ist alles noch Gährung; schroff isoliert stehen die höchsten Erscheinungen unseres Geisteslebens nebeneinander, fast feindlich sich anblickend, und erst nach vieler Arbeit wird es uns gelingen, als G a n z e s die Stufe zu erklimmen, auf der hellenische Kultur, römische, indische, ägyptische Kultur einst standen.

Historisches
Kriterium.

Verwerfen wir nun das Wahngebilde einer fortschreitenden und rückschreitenden Menschheit und bescheiden wir uns mit der Erkenntnis, dass unsere Kultur eine spezifisch nordeuropäische, d. h. germanische

ist, so werden wir zugleich ein sicheres Urteilsprinzip für unsere eigene
Vergangenheit und Gegenwart und zugleich einen sehr nützlichen
Masstab für die zu erwartende Zukunft gewinnen. Denn nichts Individuelles ist unbegrenzt. So lange wir uns als die verantwortlichen
Vertreter der ganzen Menschheit betrachten, können die Einsichts-
volleren nicht anders als über unsere Elendigkeit und über unsere
offenbare Unfähigkeit, ein goldenes Zeitalter vorzubereiten, verzweifeln;
zugleich verrücken aber alle phrasenreiche Flachköpfe die ernsten,
erreichbaren Ziele und untergraben das, was ich die historische Sittlichkeit nennen möchte, indem sie — blind gegen unsere allseitige
Beschränkung und ohne eine Ahnung von dem Werte unserer spezifischen Begabung — uns Unmögliches, Absolutes vorspiegeln: angeborene Menschenrechte, ewigen Frieden, allseitige Brüderlichkeit, gegen-
seitiges Ineinanderaufgehen u. s. w. Wissen wir dagegen, dass wir
Nordeuropäer als bestimmtes Individuum dastehen, nicht für die
Menschheit, wohl aber für unsere eigene Persönlichkeit verantwortlich,
so werden wir unser Werk als ein eigenes lieben und hochschätzen,
wir werden erkennen, dass es noch lange nicht vollendet, sondern
noch recht mangelhaft und namentlich noch lange nicht selbständig
genug ist; kein Bild einer »absoluten« Vollendung wird uns ver-
führen, sondern wir werden, wie Shakespeare es wollte, uns selber
treu bleiben und uns bescheiden, innerhalb der Schranken des dem
Germanen Erreichbaren unser Bestes zu leisten; wir werden uns zielbewusst gegen das Ungermanische verteidigen, und nicht nur unser
Reich immer weiter über die Erdoberfläche und über die Kräfte der
Natur auszudehnen suchen, sondern namentlich die innere Welt uns
unbedingt unterwerfen, indem wir Diejenigen, die nicht zu uns gehören und die sich doch Gewalt über unser Denken erobern wollen,
schonungslos zu Boden werfen und ausschliessen. Oft sagt man, die
Politik dürfe keine Rücksichten kennen; gar nichts darf Rücksichten
kennen; Rücksicht ist Verbrechen an sich selbst, Rücksicht ist der
Soldat, der in der Schlacht davonläuft, dem Feinde seine »Rücksicht«
als Zielscheibe bietend. Die heiligste Pflicht des Germanen ist, dem
Germanentum zu dienen. Daraus ergiebt sich ein geschichtlicher Wert-
messer. Wir werden auf allen Gebieten denjenigen Mann als den
grössten, diejenige That als die bedeutendste erkennen und feiern,
welche das spezifisch germanische Wesen am erfolgreichsten gefördert
oder die Vorherrschaft des Germanentums am kräftigsten unterstützt
hat. So nur gewinnen wir einen begrenzenden, organisierenden, durch-

aus positiven Grundsatz des Urteils. Um an einen allbekannten Fall anzuknüpfen: warum besitzt die Erscheinung des grossen Byron für jeden echten Germanen, trotz aller Bewunderung, die sein Genie einflösst, etwas Abstossendes? Treitschke hat diese Frage in seinem prächtigen Essay über Byron beantwortet: »weil wir in diesem reichen Leben nirgends dem Gedanken der Pflicht begegnen«. Das ist ein widerwärtig ungermanischer Zug. Dagegen nehmen wir an seinen Liebesabenteuern nicht den geringsten Anstoss; in ihnen bewährt sich vielmehr echte Rasse; und mit Genugthuung sehen wir, dass Byron — im Gegensatz zu Virgil, Juvenal, Lucian und ihren modernen Nachahmern — zwar ausschweifend war, doch nicht frivol. Den Weibern gegenüber empfindet er ritterlich. Das begrüssen wir als ein Zeichen germanischer Eigenart. In der Politik wird sich dieser Gesichtspunkt ebenfalls überall bewähren. Die Fürsten z. B. werden wir loben, wenn sie gegen die Ansprüche Rom's auftreten — nicht weil uns irgend ein dogmatisch-religiöses Vorurteil dazu hinreisst, sondern weil wir in jeder Abwehr des internationalen Imperialismus eine Förderung des Germanentums erblicken müssen; wir werden sie tadeln, wenn sie dazu vorschreiten, sich selber als von Gottes Gnaden eingesetzte absolute Herrscher zu betrachten, denn hiermit erweisen sie sich als Plagiatoren des erbärmlichen Völkerchaos und vernichten das urgermanische Gesetz der Freiheit, womit zugleich die besten Kräfte des Volkes gebunden werden. In vielen Fällen ist freilich die Lage eine sehr verwickelte, doch auch da hellt der selbe regulative Grundsatz alles auf. So hat z. B. Ludwig XIV. durch seine schmähliche Verfolgung der Protestanten den späteren Rückgang Frankreichs verursacht; er hat damit eine That von unermesslicher antigermanischer Tragweite vollbracht und zwar in seiner Eigenschaft als Jesuitenzögling, von seinen Lehrern in so krasser Unwissenheit erzogen, dass er nicht einmal seine eigene Sprache korrekt schreiben konnte und von Geschichte gar nichts wusste[1]) — und doch bewährte sich dieser Fürst als echter Germane nach manchen Richtungen hin, z. B. in seiner herzhaften Verteidigung der Sonderrechte und der grundsätzlichen Selbständigkeit der gallikanischen Kirche gegenüber römischen Anmassungen (es ist wohl selten ein katholischer König so rücksichtslos bei jeder Gelegenheit gegen die Person des Papstes vorgegangen), wie auch in

---

[1]) Vergl. den Brief 16 in dem *Briefwechsel zwischen Voltaire und Friedrich dem Grossen.*

seiner grossen allgemein organisatorischen Thätigkeit.[1]) Ein anderes
Beispiel wäre Friedrich der Grosse von Preussen, der die Interessen
des gesamten Germanentums in Centraleuropa nur als unbedingt autokratischer Kriegsführer und Staatenlenker wahren konnte, dabei aber
so echt freisinnig war, dass mancher Wortführer der französischen
Revolution bei diesem Monarchen hätte in die Schule gehen sollen.
Und dabei fällt mir noch ein politisches Beispiel von dem Wert dieses
Kardinalgrundsatzes ein: wer die Entwickelung und Blüte des Germanentums als massgebend betrachtet, wird nicht lange im Zweifel sein,
welches Dokument am meisten Bewunderung verdient: die *Déclaration des droits de l'homme* oder die *Declaration of Independence* der
Vereinigten Staaten Nordamerika's. Hierauf komme ich noch zurück.
Auf anderen Gebieten als auf dem politischen bewährt sich die Einsicht in die individuelle Natur des germanischen Geistes eben so sehr.
Die kühne Erforschung der Erde erweiterte nicht bloss das Feld für
einen Unternehmungssinn wie keine andere Rasse ihn je besessen hat,
noch heute besitzt, sondern befreite unseren Geist aus der Stuben-
atmosphäre der klassischen Büchereien, gab ihn sich selbst zurück;
Kopernikus riss das einengende Himmelszelt herunter und damit auch
den ins Christentum übergegangenen Himmel der Ägypter, und sofort
stand das Himmelreich des Germanen da: »Die Menschen haben je
und allewege gemeint, der Himmel sei viele hundert oder tausend
Meilen von diesem Erdboden — — — der rechte Himmel ist aber
allenthalben, auch an dem Orte, wo du stehst und gehst.«[2]) Der
Buchdruck diente zu allererst zur Verbreitung des Evangeliums und
Bekämpfung der antigermanischen Theokratie. Und so weiter ins
Unendliche.

Hieran knüpft sich nun noch eine für die klare Erkenntnis und
Unterscheidung des echt Germanischen sehr wichtige Bemerkung.
In den zuletzt genannten Dingen, sowie in tausend anderen entdecken
wir überall jene spezifische Eigentümlichkeit des Germanen: das enge
Zusammengehen — wie Zwillingsbrüder, Hand in Hand — des
Praktischen und des Idealen (siehe S. 510). Ähnlichen Widersprüchen

*Innere
Gegensätze.*

---

[1]) Es thut gut, immer wieder Buckle's Philippica gegen Ludwig XIV. zu
lesen (*Civilization* II, 4), doch giebt Voltaire (auf den auch Buckle hinweist) ein
weit gerechteres Bild in seinem *Siècle de Louis XIV.* (siehe namentlich das 29. Kapitel
über die Arbeitskraft, die Menschenkenntnis und die organisatorischen Gaben des
Königs).

[2]) Jakob Böhme: Aurora 19.

werden wir überall bei ihm begegnen und sie gleich hochschätzen.
Denn die Erkenntnis, dass es sich um ein Individuelles handelt, wird
uns vor allem lehren, nicht die logischen Begriffe absoluter Theorien
über Gutes und Böses, Höheres und Niedrigeres bei der Beurteilung
zu Rate zu ziehen, sondern unser Augenmerk auf die Individualität
zu richten; jede Individualität wird aber stets am besten aus ihren
inneren Gegensätzen erkannt; wo sie einförmig ist, ist sie auch un-
gestaltet, unindividuell. So z. B. ist für den Germanen eine noch nie da-
gewesene Ausdehnungskraft charakteristisch und zugleich eine Neigung
zu einer vor ihm unbekannten Sammlung. Die Ausdehnungskraft
sehen wir am Werke: auf praktischem Gebiete, in der allmählichen
Besiedelung der ganzen Erdoberfläche, auf wissenschaftlichem, in der
Aufdeckung des unbegrenzten Kosmos, in dem Suchen nach immer
ferneren Ursachen, auf idealem, in der Vorstellung des Transscendenten, in der Kühnheit der Hypothesen, sowie in dem künstlerischen
Adlerflug, der zu immer umfassenderen Ausdrucksmitteln führt. Zugleich erfolgt aber jene Rückkehr in immer enger gezogene Kreise,
durch Wälle und Gräben von allem Äusseren sorglich abgegrenzt: das
Stammverwandte, das Vaterland, der Gau,[1] das eigene Dorf, das un-
verletzliche Heim (*my home is my castle,* gleich wie in Rom), der
engste Familienkreis, zuletzt das Zurückgehen auf den innersten Mittelpunkt des Individuums, welches nun, bis zum Bewusstsein der unbedingten Einsamkeit geläutert, der Welt der Erscheinung als unsicht-
bares, selbständiges Wesen entgegentritt, ein höchster Herr der Freiheit
(gleich wie bei den Indern); eine Kraft der Sammlung, die sich auf anderen Gebieten äussert als Aufteilung in kleine Fürstentümer, als Beschränkung auf ein »Fach« (sei es in Wissenschaft oder Industrie), als
Sekten- und Schulwesen (gleich wie in Griechenland), als intimste
poetische Wirkung, wie z. B. der Holzschnitt, die Radierung, die Kammermusik. Im Charakter bedeuten diese durch die höhere Individualität der
Rasse zusammengehaltenen gegensätzlichen Anlagen: Unternehmungsgeist gepaart mit Gewissenhaftigkeit, oder aber — wenn auf Irrwege
geraten — Spekulation (Börse oder Philosophie, gleichviel) und engherzige Pedanterie und Kleinmütigkeit.

Es kann nicht mein Zweck sein, eine erschöpfende Schilderung der
germanischen Individualität zu versuchen; alles Individuelle — so deutlich

---

[1] Wundervoll in Jakob Grimm's Lebenserinnerungen geschildert, wo er beschreibt, wie die Hessen-Nassauer auf die Hessen-Darmstädter »mit einer Art von
Geringschätzung herabsehen«.

und zweifellos erkennbar es auch sei — ist unerschöpflich. »Das Beste
wird nicht deutlich durch Worte«, sagt Goethe; und ist Persönlichkeit
das höchste Glück der Erdenkinder, so ist wahrlich die Individualität der
bestimmten Menschenart ein »Bestes«: denn sie ist es, welche alle
einzelnen Persönlichkeiten trägt, wie die Flut das Schiff, und ohne
welche (oder auch wenn diese Flut zu seicht ist, um Grosses spielend
emporzuheben) der bedeutendste Charakter, gestrandet und gekentert,
unfähig zu Thaten, daliegen muss. Einiges zur Charakterisierung der
Germanen ist ja ohnehin schon im 6. Kapitel als Anregung geboten
worden, gar manches andere wird sich aus dem in der zweiten Hälfte
dieses Kapitels Vorgetragenen ergeben, doch ebenfalls lediglich als Anregung, als Aufforderung, die Augen zu öffnen und selber zu schauen.

Einzig der Anblick dessen, was die Germanen geleistet haben,
wird uns gründlichere Belehrung gewähren. Dieses wäre nun die
Aufgabe, die mir in diesem Kapitel noch bevorstünde; die allmähliche
»Entstehung einer neuen Welt« besprechen, hiesse eine Schilderung der
allmählichen Entstehung der germanischen Welt geben. Das Wichtigste
zu ihrer Lösung ist aber, nach meiner Meinung, durch die Aufstellung
und Begründung dieses grossen mittleren Lehrsatzes, dass die neue
Welt eine spezifisch germanische ist, schon geschehen. Und zwar ist
diese Einsicht eine so wichtige, eine so entscheidende für jedes Verständnis der Vergangenheit, der Gegenwart und der Zukunft, dass ich
sie noch ein letztes Mal kurz zusammenfassen will.

Die germanische Welt.

Die Civilisation und Kultur, welche, vom nördlichen Europa
ausstrahlend, heute einen bedeutenden Teil der Welt (doch in sehr
verschiedenem Grade) beherrscht, ist das Werk des Germanentums: was
an ihr nicht germanisch ist, ist entweder noch nicht ausgeschiedener,
fremder Bestandteil, in früheren Zeiten gewaltsam eingetrieben und
jetzt noch wie ein Krankheitsstoff im Blute kreisend, oder es ist
fremde Ware, segelnd unter germanischer Flagge, unter germanischem
Schutz und Vorrecht, zum Nachteil unserer Arbeit und Weiterentwickelung und so lange segelnd, bis wir diese Kaperschiffe in den Grund
bohren. Dieses Werk des Germanentums ist ohne Frage das Grösste,
das bisher von Menschen geleistet wurde. Es wurde nicht durch
Humanitätswahn, sondern durch gesunde, selbstsüchtige Kraft, nicht
durch Autoritätsglauben, sondern durch freie Forschung, nicht durch
Genügsamkeit, sondern durch unersättlichen Heisshunger geschaffen.
Als am spätesten geborenes, konnte das Geschlecht der Germanen sich
die Leistungen Früherer zu Nutze machen, doch zeugt dies keineswegs

für einen allgemeinen Fortschritt der Menschheit, sondern lediglich
für die hervorragende Leistungsfähigkeit einer bestimmten Menschenart, eine Leistungsfähigkeit, die erwiesenermassen durch das Eindringen
ungermanischen Blutes oder auch nur (wie in Österreich) ungermanischer
Grundsätze allmählich abnimmt. Dass das Vorherrschen des Germanentums ein Glück für die sämtlichen Bewohner der Erde bedeute, kann
Niemand beweisen; von Anfang an bis zum heutigen Tage sehen
wir die Germanen ganze Stämme und Völker hinschlachten oder langsam,
durch grundsätzliche Demoralisation, hinmorden, um Platz für sich selber
zu bekommen. Dass die Germanen mit ihren Tugenden allein und
ohne ihre Laster — wie da sind Gier, Grausamkeit, Verrat, Missachtung
aller Rechte ausser ihres eigenen Rechtes zu herrschen (S. 503) u. s. w. —
den Sieg errungen hätten, wird keiner die Stirn haben, zu behaupten,
doch wird Jeder zugeben müssen, dass gerade dort, wo sie am grau-
samsten waren — wie z. B. die Angelsachsen in England, der deutsche
Orden in Preussen, die Franzosen und Engländer in Nordamerika — sie
dadurch die sicherste Grundlage zum Höchsten und Sittlichsten legten.

Gewappnet mit diesen verschiedenen Erkenntnissen, die alle aus
der einen mittleren entfliessen, wären wir also jetzt in der Lage, das
Werk der Germanen mit Verständnis und ohne Vorurteil zu betrachten,
wie es vom 12. Jahrhundert an ungefähr, wo es zuerst als gesondertes
Streben deutliche Gestalt zu gewinnen begann, bis zum heutigen Tage
in unaufhörlichem Drange sich entwickelt hat; wir dürfen sogar hoffen,
selbst den grössten Nachteil — den nämlich, dass wir noch mitten
in einer Entwickelung stehen, folglich nur ein Bruckstück gewahren —
einigermassen durch die Unanfechtbarkeit unseres Standpunktes überwinden zu können. Doch gilt mein Werk dem 19. Jahrhundert allein.
So Gott will, werde ich später unser Säculum zwar nicht ausführlich
schildern, wohl aber mit einiger Gründlichkeit auf seine Gesamt-
leistung hin prüfen; inzwischen suche ich in diesem Buche die
Grundlagen zu dem Wirken und Wähnen dieses entschwindenden
Jahrhunderts in ihren Hauptzügen aufzufinden — weiter nichts. Es
kann mir nicht beikommen, eine Kulturgeschichte des gesamten Slavokeltogermanentums bis zum Jahre 1800 auch nur als Skizze zu ent-
werfen, ebensowenig wie es mir bei der Besprechung des Kampfes
in der Religion und im Staate während des ersten Jahrtausends bei-
gekommen ist, eine geschichtliche Schilderung zu versuchen. Weder
liegt es im Plan dieses Buches, noch besässe ich dazu die Befähigung.
Fast könnte ich also diesen Band abschliessen, jetzt, wo ich die wesent-

lichste aller Grundlagen, das Germanentum, deutlich hingestellt habe. Ich thäte es, wüsste ich ein Buch, auf welches ich meinen Freund und Kollegen, den ungelehrten Leser, für eine Orientierung über die Entwickelung des Germanentums bis zum Jahre 1800, entworfen in dem von mir gemeinten umfassenden und zugleich durchaus individualisierten Sinne verweisen könnte. Ich kenne aber keines. Dass eine politische Geschichte nicht hinreicht, liegt auf der Hand: das wäre das selbe, als wenn ein Physiolog sich mit der Kenntnis der Osteologie begnügen wollte. Fast noch verkehrter für gedachten Zweck sind die in letzter Zeit aufgekommenen Kulturgeschichten, in denen die Dichter und Denker als Lenker hingestellt, die politischen Gestaltungen dagegen ganz ausser Acht gelassen werden: das heisst einen Körper schildern ohne Berücksichtigung des zu Grunde liegenden Knochenbaues. Auch behandeln die ernst zu nehmenden Bücher dieser Art meist nur bestimmte Abschnitte — wie das *16. und 17. Jahrhundert* von Karl Grün, die *Renaissance* von Burckhardt, das *Zeitalter Ludwig's des XIV.* von Voltaire u. s. w., oder begrenzte Gebiete — wie Buckle's *Civilisation in England* (eigentlich in Spanien, Schottland und Frankreich), Rambaud's *Civilisation Française*, Henne am Rhyn's *Kulturgeschichte der Juden* u. s. w., oder wiederum besondere Erscheinungen — wie Draper's *Intellectual Development of Europe,* Lecky's *Rationalism in Europe* u. s. w. Die hierher gehörige Litteratur ist sehr gross, doch erblicke ich darin kein Werk, welches die Entwickelung des gesamten Germanentums darstellt, als das eines lebendigen, individuellen Organismus, bei dem alle Lebenserscheinungen — Politik, Religion, Wirtschaft, Industrie, Kunst u. s. w. — organisch mit einander verknüpft sind. Am ehesten würde Karl Lamprecht's umfassend angelegte *Deutsche Geschichte* meinem Desideratum entsprechen, aber sie ist leider nur eine »deutsche« Geschichte, behandelt also nur ein Fragment des Germanentums. Gerade bei einem solchen Werk sieht man ein, wie misslich die Verwechslung zwischen Germanisch und Deutsch ist; sie verwirrt Alles. Denn die direkte Anknüpfung der Deutschen allein an die alten Germanen verdeckt die Thatsache, dass der nicht-deutsche Norden Europa's fast rein germanisch ist im engsten Sinne des Wortes, und es lässt uns übersehen, dass gerade in Deutschland, im Mittelpunkt Europa's, die Verschmelzung der drei Zweige — Kelten, Germanen, Slaven — stattfand, wodurch dieses Volk seine besondere Nationalfärbung und den Reichtum seiner Anlagen erhielt; ausserdem verliert man den bis zur Revolution vorwiegend germanischen Charakter

Frankreich's aus den Augen, sowie den organischen Grund der offenbaren
Verwandtschaft zwischen dem Charakter und den Leistungen Spanien's
und Italien's in früheren Jahrhunderten und denen des Nordens. Sowohl
die Vergangenheit wie die Gegenwart wird hierdurch rätselhaft. Und
da man den grossen Zusammenhang nicht überblickt, gewinnt man
keine rechte Einsicht in das Leben aller jener Einzelheiten, die Lamprecht
mit so viel Liebe und Verständnis darstellt. Manche glauben, seine
Behandlung sei zu allumfassend und daher unübersichtlich; es ist aber
im Gegenteil die Beschränktheit des Standpunktes, welche das Verständnis hemmt; denn es wäre leichter, die Entwickelung des gesamten
Germanentums kurz und bündig darzustellen, als die eines Bruchteiles.
Wir Germanen haben uns freilich im Laufe der Zeit zu höchst
charakteristisch verschiedenen, nationalen Individualitäten entwickelt,
ausserdem sind wir von verschiedenen Halbbrüdern umringt, doch
bilden wir eine so fest verkittete Einheit, deren Teile so unbedingt
aufeinander angewiesen sind, dass schon die politische Entwickelung
des einen Landes allseitig beeinflusst und beeinflussend ist, seine Civilisation
und Kultur aber gar nicht als ein Vereinzeltes, Autonomes dargestellt
werden kann. Eine chinesische Civilisation giebt es, nicht aber eine
französische und nicht eine deutsche: darum kann man ihre Geschichte
nicht schreiben.

Die
Notbrücke.

Hier bleibt also eine Lücke auszufüllen. Und da ich weder meine
Darstellung der Grundlagen unseres Jahrhunderts mit einem klaffenden
Riss abbrechen kann, noch mir selber die Befähigung, eine so tiefe
Kluft auszufüllen, zutrauen darf, will ich jetzt versuchen, eine kühne,
leichte Brücke hinüber zu werfen, eine Notbrücke. Das Material ist
ja schon längst von den vorzüglichsten Gelehrten zusammengetragen
worden; ich werde ihnen nicht ins Handwerk pfuschen, sondern den
Wissbegierigen für alle Belehrung auf sie verweisen; hier benötigen
wir nur die Quintessenz der Gedanken, die sich aus dem geschichtlichen
Stoff ergeben, und zwar auch nur insofern, als sie zu unserer Gegen-
wart unmittelbare Beziehung besitzen. Die Unentbehrlichkeit einer
Verbindung zwischen dem Punkt, bis wohin die vorausgegangenen
Ausführungen gereicht hatten und dem 19. Jahrhundert möge die
Kühnheit entschuldigen; die Rücksicht auf den möglichen Umfang
eines einzigen Doppelbandes, sowie das natürliche Prestotempo eines
Finale die leichte Struktur meines Notbaues erklären.

B

Geschichtlicher Überblick

Dich im Unendlichen zu finden,
Musst unterscheiden und dann verbinden.
GOETHE.

Unmöglich ist es, Übersicht über eine grosse Anzahl von That- Die Elemente
des socialen
Lebens. sachen zu gewinnen, wenn man diese nicht gliedert, und gliedern heisst: erst unterscheiden und dann verbinden. Doch ist uns mit einem beliebigen künstlichen System nicht gedient, und zu den künstlichen gehören alle rein logischen Versuche: das sieht man bei den Pflanzensystemen, von Theophrast bis Linnäus, und ebenso z. B. bei den Versuchen, Künstler nach Schulen zu klassifizieren. Etwas Willkür wirkt freilich bei jeder systematischen Gliederung mit; denn das System entspringt dem sinnenden Gehirn und dient den besonderen Bedürfnissen des menschlichen Verstandes. Es kommt also darauf an, dass dieser ordnende Verstand nicht bloss einzelne, sondern eine möglichst grosse Menge Phänomene überschaue, und dass sein Auge möglichst scharf und treu sehe: auf diese Weise wird seine Thätigkeit ein Maximum an Beobachtung, gepaart mit einem Minimum an eigener Zuthat, ergeben. Man bewundert den Scharfsinn und das Wissen von Männern wie Ray, Jussieu, Cuvier, Endlicher: man sollte vor Allem ihren Scharfblick bewundern, denn was sie auszeichnet, ist die Unterordnung des Denkens unter die Anschauung; aus der intuitiven (d. h. anschaulichen) Erfassung des Ganzen ergiebt sich ihnen die richtige Gliederung der Teile. Goethe's Mahnung, erst zu unterscheiden, dann zu verbinden, müssen wir also erst durch die Einsicht ergänzen, dass nur wer ein Ganzes überschaut, im Stande ist, die Unterscheidungen innerhalb des Ganzen durchzuführen. Auf diese Weise begründete der unsterbliche Bichat die moderne Gewebelehre: ein für uns hier besonders lehrreiches Beispiel. Bis auf ihn war die Anatomie des Menschenkörpers lediglich eine Beschreibung der einzelnen, durch ihre Verrichtungen voneinander unterschiedenen Körperteile; er wies als Erster auf die Identität der Gewebe, aus denen die einzelnen, noch so verschiedenen Organe aufgebaut sind, und ermöglichte hierdurch eine rationelle Anatomie. Wie man bis auf ihn die einzelnen Organe des Körpers als die zu unterscheidenden Einheiten betrachtet und darum zu keiner Klarheit hatte durchdringen können, ebenso plagen wir uns mit den einzelnen Organen des Germanentums, d. h. mit seinen Nationen ab und übersehen dabei, dass hier ein Einheitliches zu Grunde liegt, und dass wir, um die Anatomie und Physiologie des Gesamtkörpers zu verstehen, zuerst diese Einheit als solche erkennen, sodann aber: »die verschiedenen Gewebe isolieren und jedes Gewebe, gleichviel in welchen Organen es vorkommt, untersuchen müssen, um erst zuletzt jedes einzelne Organ in seiner Eigentümlichkeit zu studieren«.[1] Damit wir die Gegenwart und die Vergangenheit des Germanentums recht anschaulich begriffen, brauchten wir nun einen Bichat, der den Gesamtstoff gliederte und ihn uns richtig — d. h. naturgemäss — gegliedert vor Augen führte. Und da er zur Stunde nicht gegenwärtig ist, wollen wir uns, so gut es geht, selber helfen, und zwar nicht etwa, indem wir uns der so viel missbrauchten falschen Analogien zwischen dem tierischen Körper und dem sozialen Körper bedienen, sondern indem wir von Männern wie Bichat die allgemeine Methode lernen: zuerst das Ganze, sodann seine elementaren Bestandteile ins Auge zu fassen, die Zwischendinge aber einstweilen ausser Acht zu lassen.

Die verschiedenen Erscheinungen unseres Lebens lassen sich, meine ich, in drei grosse Rubriken zusammenfassen: Wissen, Civilisation, Kultur. Das sind schon gewissermassen »Elemente«, doch so reichgestaltete, dass wir besser thun werden, sie gleich weiter aufzulösen, wobei folgende Tafel als Versuch einer einfachsten Gliederung betrachtet werden mag:

---

[1] *Anatomie Générale,* § 6 und § 7 der vorausgeschickten *Considérations.* Bichat's Ausführungen habe ich in obigem Satze frei zusammengezogen.

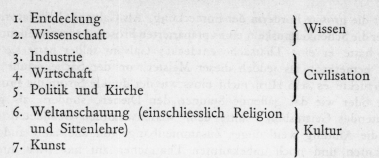

1. Entdeckung
2. Wissenschaft } Wissen

3. Industrie
4. Wirtschaft } Civilisation
5. Politik und Kirche

6. Weltanschauung (einschliesslich Religion
   und Sittenlehre) } Kultur
7. Kunst

Bichat's anatomische Grundtafel blieb der Wissenschaft als endgültiger Besitz, doch wurde sie nach und nach sehr vereinfacht und dadurch gewann der organisatorische Gedanke bedeutend an Leuchtkraft; bei meiner Tafel dürfte das umgekehrte Verfahren zur Anwendung kommen müssen; mein Wunsch, zu vereinfachen, hat mich vielleicht nicht Elemente genug anerkennen lassen. Bichat legte eben mit seiner Einteilung die Grundlage zu einem umfassenden Werke und zu einer ganzen Wissenschaft; ich dagegen teile in einem Schlusskapitel in aller Bescheidenheit einen Gedanken mit, der sich mir nützlich erwiesen hat und vielleicht auch Anderen dienen kann; es geschieht ohne Anspruch auf wissenschaftliche Bedeutung.

Ehe ich nun von dieser Einteilung praktischen Gebrauch mache, muss ich sie kurz erläutern, um Missverständnissen und Einwürfen vorzubeugen, und zwar kann ich erst dann den Wert der Gliederung in Wissen, Civilisation und Kultur zeigen, wenn wir über die Bedeutung der einzelnen Elemente einig sind.

Unter E n t d e c k u n g verstehe ich die Bereicherung des Wissens durch konkrete Thatsachen: zunächst ist hier an die Entdeckung immer grösserer Striche unseres Planeten zu denken, also an die materiell-räumliche Ausdehnung unseres Wissens- und Schaffensmaterials. Jedes andere Fernerrücken der Grenzpfähle unseres Wissens ist aber ebenfalls Entdeckung: das Erforschen des Kosmos, das Sichtbarmachen des unendlich Kleinen, das Aufgraben des Verschütteten, das Auffinden bisher unbekannter Sprachen, u. s. w. — W i s s e n s c h a f t ist etwas wesentlich Anderes: sie ist die methodische Verarbeitung des Entdeckten zu einem bewussten, systematischen »Wissen«. Ohne Entdecktes, d. h. ohne anschauliches Material — durch Erfahrung gegeben, durch Beobachtung genau bestimmt — wäre sie lediglich ein methodologisches Gespenst; als Mathematik bliebe dann ihr Mantel, als Logik ihr Skelett in unseren Händen; doch ist andererseits gerade Wissen-

schaft die grösste Förderin der Entdeckung. Als Galvani's Laboratoriumdiener die Schenkelmuskeln eines präparierten Frosches zusammenzucken
sah, hatte er eine Thatsache entdeckt; Galvani selber hatte sie gar
nicht bemerkt;[1]) als jedoch dieser Meister von der Sache erfuhr, da
durchzuckte es sein Hirn nicht bloss wie der dunkle Strom die Frosch-
keule oder wie das gaffende Staunen den Diener, sondern als grell
leuchtender Geistesblitz: ihm, dem wissenschaftlich Gebildeten that
sich die Ahnung weitläufiger Zusammenhänge mit allerhand anderen
bekannten und noch unbekannten Thatsachen auf und trieb ihn zu
endlosen Experimenten und wechselnd angepassten Theorien. Der
Unterschied zwischen Entdeckung und Wissenschaft leuchtet durch
dieses Beispiel ein. Schon Aristoteles hatte gesagt: »erst Thatsachen
sammeln, dann sie denkend verbinden«; das erste ist Entdeckung, das
zweite Wissenschaft. Justus Liebig — den ich in diesem Kapitel besonders gern vorführe, da er ein Vertreter echtester Wissenschaft ist —
schreibt: »Alle (wissenschaftliche) Forschung ist deduktiv oder apriorisch.
Eine empirische Nachforschung in dem gewöhnlichen Sinne existiert
gar nicht. Ein Experiment, dem nicht eine Theorie, d. h. eine Idee
vorhergeht, verhält sich zur Naturforschung wie das Rasseln mit einer
Kinderklapper zur Musik.«[2]) Dies gilt von jeder Wissenschaft, denn
alle Wissenschaft ist Naturwissenschaft. Und wenn auch häufig die
Grenze schwer zu ziehen ist, schwer nämlich für denjenigen, der
nicht in der Werkstätte bei der Arbeit gegenwärtig war, so ist sie
dennoch durchaus real und führt zunächst zu einer sehr wichtigen
Einsicht: dass nämlich neun Zehntel der sogenannten Männer der
Wissenschaft unseres Jahrhunderts lediglich Laboratoriumdiener waren,
die entweder ohne jegliche vorhergegangene Idee Thatsachen zufällig
entdeckten, d. h. Material zusammentrugen, oder den von den wenigen
hervorragenden Männern — einem Cuvier, einem Jakob Grimm, einem
Bopp, einem Robert Bunsen, einem Robert Mayer, einem Clerk Max-
well, einem Darwin, einem Pasteur, einem Savigny, einem Eduard
Reuss, u. s. w. — hinausgegebenen Ideen sich sklavisch anschlossen
und nur dank dieser Beleuchtung Nützliches schufen. Diese Grenze
echter Wissenschaft nach unten zu darf nie aus den Augen verloren
werden. Ebensowenig die nach oben zu. Sobald nämlich der Geist

---

[1]) Dies berichtet Galvani mit nachahmungswerter Aufrichtigkeit in seiner *De
viribus electricitatis in mo:u musculari commentatio.*
[2]) *Francis Bacon von Verulam und die Geschichte der Naturwissenschaften,* 1863.

nicht allein, wie bei Galvani, beobachtete Thatsachen durch eine »vorangegangene Idee« unter einander verknüpft und dergestalt zu einem
menschlich durchdachten Wissen organisiert, sondern über das durch
die Entdeckung gelieferte Material sich zu freier Spekulation erhebt,
handelt es sich nicht mehr um Wissenschaft, sondern um Philosophie.
Ein gewaltiger Sprung geschieht dadurch, wie von einem Gestirn auf
ein anderes; es handelt sich um zwei Welten, so verschieden von
einander wie der Ton von der Luftwelle, wie der Ausdruck von dem
Auge; in ihnen tritt die unüberwindliche, unüberbrückbare Duplicität
unseres Wesens an den Tag. Im Interesse der Wissenschaft (welche
ohne Philosophie zu keinem Kulturelement heranwachsen kann), im
Interesse der Philosophie (die ohne Wissenschaft einem Monarchen
ohne Volk gleicht), wäre es wünschenswert, bei jedem Gebildeten das
klare Bewusstsein dieser Grenze zu finden. Doch gerade in dieser
Beziehung wurde im Gegenteil und wird noch unendlich viel gesündigt;
unser Jahrhundert war eine Hexenküche durcheinandergeworfener Begriffe, widernatürlicher Paarungsversuche zwischen Wissenschaft und
Philosophie, und die Attentäter konnten wie das Hexenvolk von sich
melden:

> Und wenn es uns glückt,
> Und wenn es sich schickt,
> So sind es Gedanken.

Die Gedanken sind denn auch danach, denn es glückt nie und
es schickt sich nie. — Die Industrie wäre ich für meine Person
geneigt, der Gruppe des Wissens zuzurechnen, denn von allen menschlichen Lebensbethätigungen steht gerade sie in unmittelbarster Abhängigkeit vom Wissen; genau so wie die Wissenschaft, fusst sie
überall auf Entdeckung, und jede industrielle »Erfindung« bedeutet
eine Kombination bekannter Thatsachen durch Vermittelung einer
»vorangegangenen Idee« (wie Liebig sagte). Ich fürchte aber überflüssigen Widerspruch zu erregen, da ja andererseits die Industrie die
allerengste Bundesgenossin der wirtschaftlichen Entwickelung und somit
eine bestimmende Grundlage aller Civilisation ist. Keine Gewalt der
Welt vermag es, eine industrielle Errungenschaft zurückzuhalten. Die
Industrie gleicht fast einer blinden Naturkraft: widerstehen kann man
ihr nicht, und, tritt sie auch einem gezähmten Tiere gleich, gebändigt
und dienend in die Erscheinung, es weiss doch Keiner, wohin sie
führt. Die Entwickelung der Sprengstofftechnik, der Schiessgewehre,

der Dampfmaschinen sind Beispiele und Beweise. Wie Emerson
treffend sagt: »Das Maschinenwesen unserer Zeit gleicht einem Luft-
ballon, der mit dem Aëronauten davongeflogen ist.« [1]) Wie unmittelbar
andrerseits die Industrie auf Wissen und Wissenschaft zurückwirkt,
erhellt schon zur Genüge aus dem einen Beispiel des Buchdruckes. —
Unter Wirtschaft verstehe ich die gesamte ökonomische Lage eines
Volkes: manchmal, auch bei hoher Kultur, ein sehr einfaches Gebilde,
wie z. B. im ältesten Indien, manchmal zu enormer Verwickeltheit
heranwachsend, wie im alten Babylon und ebenso bei uns Germanen.
Dieses Element bildet den Mittelpunkt aller Civilisation; es wirkt nach
unten und nach oben zu, seinen Charakter allen Äusserungen des ge-
meinschaftlichen Lebens aufprägend. Gewiss tragen Entdeckungen,
Wissenschaft und Industrie mächtig zu der Gestaltung der wirtschaftlichen Existenzbedingungen bei, doch schöpfen sie selber die Möglichkeit des Entstehens und des Bestehens, sowie Förderung und Hemmnis,
aus dem wirtschaftlichen Organismus. Darum kann die Natur, die
Richtung, die Entwickelungstendenz einer bestimmten wirtschaftlichen
Gestaltung so anreizend wie gar nichts anderes auf das gesamte Leben
des Volkes wirken, oder aber auf ewig lähmend. Alle Politik — die
Herren Pragmatiker mögen sagen, was sie wollen — ruht im letzten
Grunde auf wirtschaftlichen Verhältnissen, nur ist die Politik der sichtbare Körper, die ökonomische Lage das ungesehene Blutgeäst. Dieses
ändert sich nur langsam, doch, hat es sich einmal geändert — kreist
das Blut dickflüssiger als früher oder treibt es im Gegenteil neue
Anastomosen lebenspendend durch alle Glieder — so muss die Politik
mit, ob sie will oder nicht. Niemals blüht ein Staatswesen auf durch
die Politik (wie sehr der Schein auch täuschen mag), sondern trotz
der Politik; nie kann Politik allein einem Staatswesen Leben dauernd
sichern — man betrachte nur das späte Rom und Byzanz. England soll
die politische Nation *par excellence* sein, doch sehe man genauer zu
und man wird finden, dass dieser ganze politische Apparat der Ein-
dämmung der speziell politischen Gewalt und der Entfesselung der
übrigen unpolitischen lebendigen Kräfte, namentlich der wirtschaftlichen
gilt: schon die *Magna Charta* bedeutet die Vernichtung der politischen
Justiz zu Gunsten der freien Rechtsprechung. Alle Politik ist ihrem
Wesen nach lediglich Reaktion, und zwar Reaktion gegen wirtschaftliche Bewegungen; nur sekundär erwächst sie zu einer bedroh-

---

[1]) *English Traits: Wealth.*

lichen, doch nie zu einer in letzter Instanz entscheidenden Macht. [1])
Und ist auch nichts auf der Welt schwerer, als über allgemeine wirtschaftliche Fragen zu sprechen, ohne Unsinn zu reden — so geheim-
nisvoll weben hier die Nornen (Erwerben, Bewahren, Verwerten) das
Schicksal der Nationen und ihrer einzelnen Mitglieder — so vermögen
wir nichtsdestoweniger leicht, die Bedeutung der Wirtschaft als vorwiegenden und mittleren Faktor aller Civilisation einzusehen. —
Politik bezeichnet nicht allein das Verhältnis einer Nation zu den
anderen, auch nicht allein den Widerstreit im Innern des Staates
zwischen den Einfluss suchenden Kreisen und Personen, sondern die
gesamte sichtbare und so zu sagen künstliche Organisation des gesellschaftlichen Körpers. Im zweiten Kapitel dieses Buches (S. 163) habe
ich das Recht definiert als: Willkür an Stelle von Instinkt in den Beziehungen zwischen den Menschen; der Staat ist nun der Inbegriff
der gesamten zugleich unentbehrlichen und doch willkürlichen Abmachungen, und die Politik ist der Staat am Werke. Der Staat ist gewissermassen der Wagen, die Politik der Kutscher; ein Kutscher aber,
der selber Wagner ist und an seinem Gefährt unaufhörlich herumbessert;
manchmal wirft er auch um und muss sich einen neuen Wagen bauen,
doch besitzt er dazu kein Material ausser dem alten, und so gleicht
denn das neue Fuhrwerk gewöhnlich bis auf kleine Äusserlichkeiten
dem früheren — es wäre denn, das wirtschaftliche Leben hätte wirklich
inzwischen noch nicht Dagewesenes herbeigeschafft. Die Kirche
nenne ich auf meiner Tafel zugleich mit Politik: es ging nicht anders;
ist der Staat der Inbegriff aller willkürlichen Abmachungen, so ist das,
was wir gewöhnlich und offiziell unter dem Wort »Kirche« verstehen,
das vollendetste Beispiel raffinierter Willkür. Denn hier ist nicht allein
von den Beziehungen der Menschen untereinander die Rede, sondern
der organisierende Trieb der Gesellschaft greift in das Innere des
Einzelnen hinein und verbietet ihm auch hier — so weit es gehen
will — der Notwendigkeit seines Wesens zu gehorchen, indem ihm
ein willkürlich festgesetztes, bis ins Einzelne bestimmtes Glaubensbekenntnis, sowie ein bestimmtes Zeremoniell für die Erhebung des
Gemütes zur Gottheit, als Gesetz aufgezwungen wird. Die Notwendig-

---

[1]) Das Wort Reaktion verstehe ich natürlich wissenschaftlich, als eine Bewegung, die auf einen Reiz hin erfolgt, nicht im Sinne unserer modernen Partei-
benennungen; doch ist der Unterschied nicht gar so gross, unsere sogenannten
»Reaktionäre« gleichen mehr als sie es ahnen den unwillkürlich zuckenden Froschkeulen
des Galvani!

keit von Kirchen nachweisen, hiesse Eulen nach Athen tragen, doch
werden wir nicht deswegen bezweifeln, dass wir hier den Finger auf
den wundesten Punkt aller Politik gelegt haben, auf denjenigen, wo
die Politik sich von der bedenklichsten Seite zeigt. Sonst konnte sie
viele und manchmal recht mörderische Fehler begehen, hier liegt aber
die Versuchung zum grössten aller Frevel nahe, zu der eigentlichen
»Sünde gegen den heiligen Geist«, welche ist: die Vergewaltigung
des inneren Menschen, der Raub der Persönlichkeit. — W e l t a n -
s c h a u u n g habe ich statt Philosophie gesetzt, denn dieses griechische
»Weisheit liebend« ist eine traurig blasse und kalte Vokabel, und
gerade hier handelt es sich um Farbe und Glut. Weisheit! Was ist
Weisheit? Ich werde hoffentlich nicht in die Lage kommen, Sokrates
und die Pythia anführen zu müssen, damit die Ablehnung eines
griechischen Wortes gerechtfertigt werde! Dagegen ist die deutsche
Sprache hier, wie so oft, unendlich tief; sie nährt uns mit guten
Gedanken, die uns mühelos zufliessen, wie die Muttermilch dem Kinde.
»Welt« heisst ursprünglich nicht die Erde, nicht der Kosmos, sondern
die Menschheit.[1]) Streift auch das Auge durch den Raum, folgt ihm
der Gedanke wie jene Elfen, die auf Strahlen reitend jede Entfernung
mühelos zurücklegen: der Mensch kann doch nur sich selbst erkennen,
seine Weisheit wird immer Menschenweisheit sein, seine Weltanschauung, wie makrokosmisch sie sich auch im Wahne des Allum-
fassens ausdehnen mag, wird immer nur das mikrokosmische Bild in
dem Gehirn eines einzelnen Menschen sein. Das erste Glied dieses
Wortes Weltanschauung weist uns also gebieterisch auf unsere Menschennatur und auf ihre Grenzen hin. Von einer absoluten »Weisheit«
(wie das griechische Rezept es will), von irgend einem noch so
geringfügigen absoluten Wissen kann nicht die Rede sein, sondern nur
von Menschenwissen, von dem, was verschiedene Menschen zu verschiedenen Zeiten zu wissen gemeint haben. Und nun, was ist dieses
Menschenwissen? Darauf antwortet das deutsche Wort: um den
Namen »Wissen« zu verdienen, muss es Anschauung sein. Wie Arthur
Schopenhauer sagt: »Wirklich liegt alle Wahrheit und alle Weisheit
zuletzt in der Anschauung.« Und weil dem so ist, kommt es für den ver-
hältnismässigen Wert einer Weltanschauung mehr auf die Sehkraft als
auf die abstrakte Denkkraft an, mehr auf die Richtigkeit der Perspektive,
auf die Lebhaftigkeit des Bildes, auf dessen k ü n s t l e r i s c h e Eigenschaften

---

[1]) Kollektivum aus *wĕr:* Mann, und *ylde:* Menschen gebildet (Kluge).

(wenn ich mich so ausdrücken darf), als auf die Menge des Ge-
schauten. Der Unterschied zwischen dem Angeschauten und dem
Gewussten gleicht dem zwischen Rembrandt's »Landschaft mit den
drei Bäumen« und einer Photographie von dem selben Standpunkt aufgenommen. Hiermit ist aber die Weisheit, die in dem Worte Weltanschauung liegt, noch nicht erschöpft; denn die Sanskritwurzel des
Wortes »schauen« bedeutet »Dichten«: wie das Beispiel mit Rembrandt
zeigt, ist das Schauen, weit entfernt ein passives Aufnehmen von Eindrücken zu sein, die aktivste Bethätigung der Persönlichkeit; in der
Anschauung ist Jeder notgedrungen Dichter, sonst »schaut« er gar
nichts, sondern spiegelt mechanisch das Gesehene wieder wie ein Tier.[1])
Darum ist die ursprüngliche Bedeutung des (mit Schauen verwandten)
Wortes schön nicht »hübsch«, sondern »deutlich zu sehen, hell beleuchtet«. Gerade diese Deutlichkeit ist das Werk des beschauenden
Subjektes; die Natur ist an und für sich nicht deutlich, vielmehr bleibt
sie uns zunächst, wie Faust klagt, »edel-stumm«; ebensowenig wird
das Bild in unserem Hirn von aussen beleuchtet: um es genau zu
erblicken, muss innerlich eine helle Fackel angezündet werden. Schönheit ist die Zugabe des Menschen: durch sie wird aus Natur Kunst,
und durch sie wird aus Chaos Anschauung. Hier gilt Schiller's Wort
von dem Schönen und Wahren:

> Es ist nicht draussen, da sucht es der Thor;
> Es ist in dir, du bringst es ewig hervor.

Die Alten hatten zwar gemeint, das Chaos sei ein vorangegangener,
überwundener Standpunkt der Welt.

Allererst ist das Chaos entstanden

singt schon Hesiod; und nun sollte die allmählige Entwickelung zu
immer vollendeterer Gestaltung gefolgt sein: der kosmischen Natur
gegenüber eine offenbar ungereimte Vorstellung, da Natur gar nichts
ist, wenn nicht die Herrschaft des Gesetzes, ohne welche sie gänzlich
unerkennbar bliebe; wo aber Gesetz herrscht, da ist nicht Chaos. Nein,
das Chaos ist im Menschenkopf — nirgends anders — zu Hause gewesen, bis es eben durch »Anschauung« zu deutlich sichtbarer, hell
beleuchteter Gestalt geformt wurde; und diese schöpferische Gestaltung

---

[1]) Vergl. hierzu die grundlegenden Ausführungen am Anfang des ersten Kapitels
dieses Buches über das Menschwerden des Menschen. (S. 53 bis 62.)

ist das, was wir als Weltanschauung zu bezeichnen haben.[1]) Wenn
Professor Virchow und Andere rühmen, unser Jahrhundert »brauche keine
Philosophie«, denn es sei »das Zeitalter der Wissenschaft«, so preisen
sie ganz einfach die allmähliche Rückkehr aus Gestaltung zu Chaos.
Doch straft sie die Geschichte der Wissenschaft Lügen, denn nie war
Wissenschaft anschaulicher als in unserem Jahrhundert und das kann
immer nur unter Anlehnung an eine umfassende Weltanschauung (also
an Philosophie) geschehen; ja, man trieb die Verwechslung der Gebiete
so weit, dass Männer wie Ernst Haeckel förmliche Religionsgründer
wurden, dass Darwin immerfort mit einem Fuss in unverfälschter
Empirie, mit dem anderen in haarsträubend kühnen philosophischen
Voraussetzungen breitbeinig fortschreitet, und dass neun Zehntel der
lebenden Naturforscher so fest an Atome und Äther glauben, wie
ein Maler aus dem Trecento an die kleine nackte Seele, die dem Mund
des Gestorbenen entfliegt. Ohne alle Weltanschauung wäre der Mensch
ohne jegliche Kultur: eine grosse zweifüssige Ameise. Über Religion
habe ich in diesem Buche schon so viel gesagt und auch an mehr als
einer Stelle auf ihre Bedeutung als Weltanschauung oder Bestandteil
einer Weltanschauung hingewiesen (S. 221 fg., 391 fg., u. s. w.), dass ich
das viele, was hier noch hinzuzufügen wäre, unterdrücken zu müssen
glaube. Es ist unmöglich, echte gelebte Weltanschauung von echter,
gelebter Religion zu trennen; die zwei Worte bezeichnen nicht zwei
verschiedene Dinge, sondern zwei Richtungen des Gemütes, zwei
Stimmungen. So sehen wir z. B. bei den kontemplativen Indern die
Religion fast ganz Weltanschauung werden, und folglich das Erkennen
ihren Mittelpunkt bilden, wogegen bei Männern der That (Paulus,
Franziskus, Luther) der Glaube die Achse der gesamten Weltanschauung ist und die philosophische Erkenntnis eine kaum beachtete
peripherische Grenzlinie bildet; der hier so grell in die Augen springende
Unterschied geht in Wirklichkeit gar nicht sehr tief, wogegen der
wirklich grundsätzliche Unterschied der ist zwischen Idealismus und
Materialismus der Weltanschauung — gleichviel ob Philosophie oder
Religion.[2]) Im betreffenden Abschnitt wird die Darstellung des Werdens
und Wachsens unserer germanischen Weltanschauung bis zu Kant,
hoffe ich, diese verschiedenen Verhältnisse ganz klar machen und
namentlich zeigen, wie Sittenlehre und Weltanschauung miteinander
verwachsen sind. Die Verbindungen nach unten zu, zwischen Welt-

---

[1]) Über ihre enge Verwandtschaft mit Kunst, siehe S. 54.
[2]) Siehe S. 234, 550, u. s. w.

anschauung und Wissenschaft, zwischen Religion und Kirche fallen
in die Augen; die Verwandtschaft mit Kunst wurde schon erwähnt. —
Für das, was über Kunst zu sagen wäre, für den Sinn, der diesem
Begriffe in der indoeuropäischen Welt beizulegen ist, sowie für die
Bedeutung der Kunst für Kultur, Wissenschaft und Civilisation ver-
weise ich vorderhand auf das ganze erste Kapitel.

Über den Sinn der von mir gebrauchten Worte sind wir uns
nun, glaube ich, klar. Dass bei einem so summarischen Verfahren
manches schwankend bleibt, ist ohne Weiteres zuzugeben; der Schaden
ist aber nicht gross, im Gegenteil, die Knappheit zwingt zu genauem
Denken. So fragt man vielleicht, unter welche Rubrik die Medizin
kommt, da Etliche gemeint haben, sie sei eher eine Kunst als eine
Wissenschaft. Doch liegt hier, glaube ich, eine missbräuchliche Anwendung des Begriffes Kunst vor, ein Fehler, den auch Liebig begeht,
wenn er behauptet: »neunundneunzig Prozent der Naturforschung ist
Kunst.« Liebig begründet seine Behauptung, indem er erstens auf die
Mitwirkung der Phantasie bei aller höheren wissenschaftlichen Arbeit,
zweitens auf die entscheidende Bedeutung der gerätschaftlichen Erfindungen für jeden Fortschritt des Wissens hinweist: Phantasie ist aber
nicht Kunst, sondern nur ihr Werkzeug, und die der Wissenschaft
dienenden Artefakten sind zwar ein »Künstliches«, gehören aber durch
Ursprung und Zweck offenbar ganz dem Kreise des Industriellen an.
Auch der oft betonte Nutzen des intuitiven Blickes für den Arzt begründet nur eine Verwandtschaft mit der Kunst, die auf jedem Gebiet
des Lebens statt hat; die medizinische Disciplin ist und bleibt eine
Wissenschaft. Dagegen gehört die Pädagogik, sobald sie als praktisches Schul- und Unterrichtswesen aufgefasst wird, zu »Politik und
Kirche«. Durch sie werden Seelen gemodelt und in das bunte Gewebe des Übereingekommenen fest eingeflochten; Staat und Kirche
halten überall auf nichts mehr als auf den Besitz der Schule und
streiten mit einander um nichts hartnäckiger als um die beiderseitigen
Ansprüche auf das Recht, sie zu beeinflussen. Ähnlich wird jede Erscheinung des gesellschaftlichen Lebens sich ohne künstlichen Zwang
in die kleine Tafel einreihen lassen.

Wer sich nun die Mühe geben will, die verschiedenen uns bekannten Civilisationen im Geiste an sich vorbeiziehen zu lassen, wird
finden, dass ihre so auffallende Verschiedenheit auf der Verschiedenheit
des Verhältnisses zwischen Wissen, Civilisation (im engeren Sinne) und
Kultur beruht, des Näheren dann in dem Vorwiegen oder in der Ver-

*Vergleichende
Analysen.*

47*

nachlässigung des einen oder anderen der sieben Elemente. Keine
Betrachtung ist geeigneter, uns über unsere individuelle Eigenart genauen Aufschluss zu geben.

Ein sehr extremes und darum lehrreiches Beispiel ist wie immer
das Judentum. Hier fehlten Wissen und Kultur, also die beiden
Endpunkte eigentlich ganz: auf keinem Gebiete Entdeckungen, Wissenschaft verpönt (ausser wo die Medizin eine lohnende Industrie war),
Kunst abwesend, Religion ein Rudiment, Philosophie ein Wiederkauen
missverstandener helleno-arabischer Formeln und Zaubersprüche. Dagegen eine abnorme Entwickelung des Verständnisses für wirtschaftliche
Verhältnisse, eine zwar geringe Erfindungsgabe auf dem Gebiete der
Industrie, doch höchst geschickte Ausbeutung ihres Wertes, eine beispiellos vereinfachte Politik, indem die Kirche das Monopol sämtlicher
willkürlicher Bestimmungen an sich gerissen hatte. Ich weiss nicht wer —
ich glaube es war Gobineau — die Juden eine anticivilisatorische Macht
genannt hat; sie waren im Gegenteil, und mit ihnen alle semitischen
Bastarde, die Phönizier, die Karthager u. s. w., eine ausschliesslich civili-
satorische Macht. Daher das eigentümlich Unbefriedigende dieser semitischen Erscheinungen, denn sie haben weder Wurzel noch Blüten : weder
haftet ihre Civilisation in einem langsam von ihnen selbst erworbenen,
also wirklich eigenen Wissen, noch entfaltet sie sich zu einer individuellen,
eigenen, notwendigen Kultur. Das genau entgegengesetzte Extrem erblicken wir in den Indoariern, bei denen die Civilisation gewissermassen
auf ein Minimum reduziert erscheint: die Industrie von Parias betrieben,
die Wirtschaft so einfach wie möglich belassen, die Politik nie zu grossen
und kühnen Gebilden sich aufraffend;[1] dagegen erstaunlicher Fleiss
und Erfolg in den Wissenschaften (wenigstens in einigen) und eine
tropische Entfaltung der Kultur (Weltanschauung und Dichtkunst). Über
den Reichtum und die Mannigfaltigkeit indoarischer Weltanschauung,
über die Erhabenheit indoarischer Sittenlehre brauche ich kein Wort
mehr zu verlieren — im Verlaufe dieses ganzen Werkes habe ich die
Augen des Lesers auf sie gerichtet gehalten. In der Kunst haben die
Indoarier zwar nicht entfernt die Gestaltungskraft der Hellenen besessen,
doch ist ihre poetische Litteratur die umfangreichste der Welt, in vielen
Stücken von höchster Schönheit, und von so unerschöpflichem Er-
findungsreichtum, dass die indischen Gelehrten z. B. 36 Arten des
Dramas unterscheiden müssen, um Ordnung in diesen einen Zweig

---

[1] Oder erst sehr spät, zu spät.

ihrer poetischen Produktion zu bringen.[1]) In dem Zusammenhang, der uns hier beschäftigt, ist aber folgende Beobachtung die wichtigste. Trotz ihrer Leistungen auf dem Gebiete der Mathematik, der Grammatik u. s. w. übertraf die Kultur der Inder nicht allein ihre Civilisation, sondern auch ihr Wissen um ein Bedeutendes; daher waren die Inder was der Engländer *top-heavy* nennt, d. h. zu schwer in den oberen Teilen für die Tragfähigkeit der unteren, und das um so mehr, als ihre Wissenschaft eine fast lediglich formelle war, der das Element der »Entdeckung« — also das eigentliche Material, oder wenigstens die Herbeischaffung neuen Materials zur Ernährung der höheren Anlagen und zur fortgesetzten Übung ihrer Fähigkeiten — fehlte. Schon hier bemerken wir etwas, was sich in der Folge immer wieder unserer Aufmerksamkeit aufdrängen wird: dass »Civilisation« eine verhältnismässig indifferente mittlere Masse ist, während enge Beziehungen gegenseitiger Korrelation zwischen »Wissen« und »Kultur« bestehen. Der Inder, der sehr geringe Anlagen für empirische Beobachtung der Natur besitzt, besitzt ebenfalls (und wie ich zu zeigen hoffe in Folge dessen) geringe künstlerische Gestaltungskraft; dagegen sehen wir die abnorme Entwickelung der reinen Gehirnthätigkeit, einerseits zu einer beispiellosen Blüte der Phantasie, andererseits zu einer ebenso unerhörten Entfaltung der logisch-mathematischen Fähigkeiten führen. Wiederum ein ganz anderes Beispiel würden uns die Chinesen liefern, wenn wir Zeit hätten, diesen von unseren Völkerpsychologen so tief in den Dreck geschobenen Karren hier herauszuziehen: denn dass die Chinesen einmal anders waren als sie jetzt sind — erfinderisch, schöpferisch, wissenschaftlich — und dann plötzlich vor etlichen tausend Jahren den Charakter änderten und fortan unbegrenzt stabil blieben — — — eine solche Finte schlucke wer mag! Dieses Volk steht heute im blühendsten, thätigsten Leben, zeigt keine Spur von Verfall, wimmelt und wächst und gedeiht; es war immer so wie es heute ist, sonst wäre Natur nicht Natur. Und wie ist es? fleissig, geschickt, geduldig, seelenlos. In manchen Dingen erinnert diese Menschenart auffallend an die jüdische, namentlich durch die gänzliche Abwesenheit aller Kultur und die einseitige Betonung der Civilisation; doch ist der Chinese weit fleissiger, er ist der unermüdlichste Ackerbauer der Welt, und er ist in allen manuellen Dingen unendlich geschickt; ausserdem besitzt er, wenn nicht Kunst (in unserem

---

[1]) Siehe Raja Sourindro Mohun Tagore: *The dramatic sentiments of the Aryas* (Calcutta 1881).

Sinne), so doch Geschmack. Ob der Chinese auch nur bescheidene
Anlagen zur Erfindung besitzt, wird zwar täglich fraglicher, doch fasst
er wenigstens das auf, was ihm von Anderen übermittelt wird, insofern sein phantasieloser Geist der Sache irgend eine utilitaristische
Bedeutung abgewinnen kann, und so besass er denn lange vor uns
das Papier, den Buchdruck (in primitiver Gestalt), das Schiesspulver, den
Kompass und hundert andere Dinge.[1]) Mit seiner Industrie hält seine
Gelehrsamkeit Schritt. Während wir uns mit sechzehnbändigen Konversationslexika durchschlagen müssen, besitzen — ich weiss nicht, ob ich
schreiben soll die »glücklichen« oder die »unglücklichen« — Chinesen
gedruckte Encyklopädien von 1000 Bänden![2]) Sie besitzen so ausführliche
Geschichtsannalen wie kein zweites Volk der Erde, eine naturgeschicht-
liche Litteratur, welche die unsere an Massenhaftigkeit übertrifft, ganze
Bibliotheken von moralischen Lehrbüchern u. s. w. *ad infinitum*. Und
was nützt ihnen das alles? Sie erfinden (?) das Schiesspulver und werden
von jeder kleinsten Nation besiegt und beherrscht; sie besitzen 200 Jahre
vor Christus ein Surrogat für das Papier, nicht lange darauf das Papier
selber, und bringen bis zur Stunde keinen Mann hervor, würdig darauf
zu schreiben; sie drucken vieltausendbändige Realencyklopädien und
wissen nichts, rein gar nichts; sie besitzen umständliche Geschichtsannalen und gar keine Geschichte; sie schildern in bewundernswerter

---

[1]) Dass das Papier ebensowenig von den Chinesen wie von den Arabern,
sondern dass es von den arischen Persern erfunden wurde, steht heute fest (siehe
weiter unten, Abschnitt »Industrie«); Richthofen aber — dessen Urteil durch seine
rein wissenschaftliche Schärfe und Unabhängigkeit von grossem Werte ist — neigt
zu der Annahme, nichts was die Chinesen »an Kenntnissen und Civilisations-
methoden« besitzen, sei die Frucht des eigenen Ingeniums, sondern alles sei Import. Er weist darauf hin, dass soweit unsere Nachrichten zurückreichen, die Chinesen es nie verstanden, ihre eigenen wissenschaftlichen Instrumente zu gebrauchen
(siehe *China*, 1877, I, 390, 512 fg., etc.) und er kommt zu dem Ergebnis (S. 424 fg.)
die chinesische Civilisation sei in ihren Anfängen auf den früheren Kontakt mit
Ariern in Centralasien zurückzuführen. Höchst bemerkenswert in Bezug auf die
von mir vertretene These ist auch der detaillierte Nachweis, dass die erstaunlichen
kartographischen Leistungen der Chinesen nur so weit reichen, als die politische
Verwaltung ein praktisches Interesse daran hatte, sie auszubilden (*China*, I, 389);
jeder weitere Fortschritt war ausgeschlossen, da »reine Wissenschaft« ein Kulturgedanke ist.

[2]) Das ist die niedrigste Schätzung. Karl Gustav Carus behauptet in seiner
Schrift *Über ungleiche Befähigung der verschiedenen Menschheitsstämme für höhere geistige
Entwickelung*, 1849, S. 67, die umfassendste chinesische Encyklopädie zähle 78731 Bände,
wovon etwa 50 auf einen Band unserer üblichen Konversationslexika kämen.

Weise die Geographie ihres Landes und besitzen seit lange ein dem Kompass ähnliches Instrument, unternahmen aber keine Forschungsreisen und entdeckten niemals einen Zoll breit Erde, erzeugten also keinen Geographen, fähig, ihren Gesichtskreis zu erweitern. Den Chinesen könnte man den »Maschine gewordenen Menschen« nennen. So lange er auf seinen kommunistisch sich selbst regierenden Dörfern bleibt — mit Felderberieselung, Maulbeerbaumkultur, Kindererzeugen u. s. w. beschäftigt — flösst er fast Bewunderung ein: innerhalb dieser engen Grenzen genügt eben Naturtrieb, mechanische Geschicklichkeit und Fleiss; sobald er sie aber überschreitet, wird er eine geradezu komische Figur, denn diese ganze fieberhafte industrielle und wissenschaftliche Arbeit, dieses Materialiensammeln und Studieren und Buchführen, diese grossartigen Staatsexamina, diese Erhebung der Gelehrsamkeit auf den höchsten Thron, diese vom Staat unterstützte fabelhafte Ausbildung der Kunstindustrie und der Technik führen zu rein gar nichts: es fehlt die Seele, das, was wir hier, im Leben des Gemeinwesens, Kultur genannt haben. Die Chinesen besitzen Moralisten, doch keine Philosophen, sie besitzen Berge von Gedichten und Dramen — denn bei ihnen gehört das Dichten zur Bildung und zum *bon ton,* etwa wie im Frankreich des vorigen Jahrhunderts — doch besassen sie nie einen Dante, einen Shakespeare.[1])

---

[1]) Die Nichtigkeit chinesischer Poesie ist bekannt, nur in den kleinsten Formen didaktischer Gedichte hat sie einiges Hübsche hervorgebracht. Über die Musik und das musikalische Drama urteilt Ambros *(Geschichte der Musik,* 2. Aufl., I, 37): »Dieses China macht wirklich den Eindruck, als sehe man die Kultur anderer Völker im Reflexbilde eines Karikaturspiegels.« Dass China einen einzigen wirklichen Philosophen hervorgebracht hat, kann ich nach eifriger Umschau in der betreffenden Litteratur nicht glauben. Confucius ist eine Art chinesischer Jules Simon: ein edeldenkender, phantasieloser Ethiker, Politiker und Pedant. Ohne Vergleich interessanter ist sein Antipode Lâo-tze und die um ihn sich gruppierende Schule des sogenannten Tâoismus. Hier begegnen wir einer wirklich originellen, fesselnden Weltauffassung, doch auch sie zielt einzig und allein auf das praktische Leben und ist ohne die direkte genetische Beziehung zu der besonderen Civilisation der Chinesen mit ihrer fruchtlosen Hast und ignoranten Gelehrsamkeit nicht zu begreifen. Denn der Tâoismus, der uns als Metaphysik und Theosophismus und Mysticismus geschildert wird, ist ganz einfach eine nihilistische Reaktion, eine verzweifelte Auflehnung gegen die mit Recht als nutzlos empfundene chinesische Civilisation. Ist Confucius ein Jules Simon aus dem Reich der Mitte, so ist Lâo-tze ein Jean Jacques Rousseau. »Werft von Euch Euer vieles Wissen und Eure Gelehrsamkeit, und dem Volke wird es hundert Mal besser gehen; werft von Euch Euere Wohlthuerei und Euer Moralisieren, und das Volk wird

Dieses Beispiel ist, wie man sieht, ungemein lehrreich, denn es beweist, dass aus Wissen und Civilisation Kultur nicht von selbst hervorgeht als ein notwendiges Produkt, als eine folgerechte Evolution, sondern, dass Kultur durch die Art der Persönlichkeit, durch die Volksindividualität bedingt wird. Der arische Inder besitzt bei stofflich beschränktem Wissen und sehr gering entwickelter Civilisation eine himmelstürmende Kultur von ewiger Bedeutung, der Chinese, bei riesig ausgedehnten Detailkenntnissen und raffinierter, fieberhaft thätiger Civilisation, gar keine Kultur. Und ebenso wenig wie es nach drei Jahrhunderten gelungen ist, den Neger zum Wissen, oder den amerikanischen Indianer zur

---

wieder wie ehedem kindliche Liebe und Menschengüte bewähren; werft von Euch Euere künstlichen Lebenseinrichtungen und entsagt dem Heisshunger nach Reichtum, so wird es keine Diebe und Verbrecher mehr geben« (*Tâo Teh King,* I, 19, 1). Das ist die Grundstimmung; wie man sieht, eine rein moralische, nicht eine philosophische. Daraus ergiebt sich nun, einerseits ein Aufbauen von utopischen Idealstaaten, in denen die Menschen nicht mehr lesen und schreiben können und in ungestörtem Frieden, ohne jede Spur der verhassten Civilisation glücklich dahinleben, zugleich innerlich frei, denn, wie Kwang-tze (ein hervorragender Tâoist) sagt: »Der Mensch ist der Sklave alles dessen, was er erfindet, und je mehr Dinge er um sich ansammelt, umso unfreier sind seine Bewegungen« (XII, 2, 5); andrerseits führt aber dieser Gedankengang zu einer Einsicht, die wohl niemals mit ähnlicher Eindringlichkeit und Überzeugungskraft sich kundgethan hat: zu der Lehre, dass in der Ruhe die grösste Triebkraft, in der Ungelehrsamkeit das reichste Wissen, in dem Schweigen die gewaltigste Beredsamkeit, in dem absichtslosen Handeln die bestimmteste Treffsicherheit liege. »Die höchste Errungenschaft des Menschen ist zu wissen, dass wir nicht wissen; wogegen das Wähnen, dass wir wüssten, ein Siechtum ist« (*Tâo Teh King,* II, 71, 1). Es ist schwer, diese Stimmung — denn ich kann sie nicht anders nennen — kurz und bündig zusammenzufassen, eben weil sie eine Stimmung, nicht ein konstruktiver Gedanke ist. Man muss diese interessanten Schriften selber lesen und zwar so, dass man nach und nach, durch geduldige Hingabe, die spröde Form überwindet und in das Herz dieser um ihr armes Vaterland trauernden Weisen eindringt. Metaphysik wird man nicht finden, überhaupt keine »Philosophie«, nicht einmal Materialismus in seiner einfachsten Form, doch viel Belehrung über die grauenhafte Beschaffenheit des civilisierten und gelehrten Lebens der Chinesen und eine praktischmoralische Einsicht in die Natur des Menschen, die so tief ist, wie die von Confucius flach. Diese Negation bezeichnet den Höhepunkt des dem chinesischen Geist Erreichbaren. (Die beste Quelle zur Belehrung sind die *Sacred Books of China,* welche Band 3, 16, 27, 28, 39 und 40 der von Max Müller herausgegebenen *Sacred Books of the East* ausmachen; die Bände 39 und 40 enthalten die tâoistischen Bücher. Die kleine Schrift von Brandt: *Die chinesische Philosophie und der Staats-Confucianismus,* 1898, kann zur vorläufigen Orientierung dienen. Dass irgend Jemand die eigentliche Natur der tâoistischen Philosophie dargelegt habe, ist mir nicht bekannt).

Civilisation zu erziehen, ebenso wenig wird es jemals gelingen, dem Chinesen Kultur aufzupfropfen. Ein Jeder von uns bleibt eben was er ist und war; was wir fälschlich Fortschritt nennen, ist die Entfaltung eines bereits Vorhandenen; wo es nichts giebt, verliert der König seine Rechte. Auch etwas Anderes zeigt dieses Beispiel mit besonderer Deutlichkeit, und darauf möchte ich, zur Ergänzung des vorhin über die Inder Gesagten, besonderen Nachdruck legen: dass es nämlich ohne Kultur, d. h. ohne jene Anlage des Geistes zu allverbindender, allbeleuchtender Weltanschauung, kein eigentliches Wissen giebt! Wir können und wir sollen Wissenschaft und Philosophie getrennt halten; gewiss; doch sehen wir, dass ohne tiefes Denken keine Möglichkeit umfassender Wissenschaft entsteht; ein ausschliesslich praktisches, auf Thatsachen und auf Industrie gerichtetes Wissen entbehrt jeglicher Bedeutung.[1]) Eine wichtige Einsicht! welche durch unsere Erfahrung bei den Indoariern die Ergänzung erhält, dass umgekehrt, bei stockender Zufuhr des Wissensmaterials das höhere Kulturleben ebenfalls stockt und sich verknöchert, was, wie mich dünkt, durch die Eintrocknung der Schöpferkraft verursacht wird; denn das Mysterium des Daseins bleibt zwar immer das selbe, ob wir auf wenig oder auf vieles schauen, und in jedem Augenblick deckt sich der Umkreis des Unerforschlichen ganz genau mit dem Umkreis des Erforschten, doch stumpft sich die fragende Verwunderung und mit ihr zugleich die schöpferische Phantasie an unverändert Altbekanntem ab. Hierzu ein Beleg. Jene grossen Mythenerfinder, die Sumero-Akkadier, waren hervorragende Arbeiter auf dem Gebiete der Naturbeobachtung und der mathematischen Wissenschaft; ihre astronomischen Entdeckungen zeugen von erstaunlicher Präcision, also von nüchtern sicherer Beobachtung; doch, trotz aller Nüchternheit, regten offenbar die Entdeckungen die Phantasie mächtig an, und so sehen wir denn bei diesem Volke Wissenschaft und Mythenbildung Hand in Hand gehen. Wie praktisch es gewesen sein muss, geht aus den grundlegenden wirtschaftlichen und politischen Einrichtungen hervor, die sich auf uns vererbt haben: die Einteilung des Jahres nach der Stellung der Sonne, die Einrichtung der Woche, die Einführung eines Duodezimalsystems für den Verkehr beim Wiegen, Zählen u. s. w.; doch bezeugen alle diese Gedanken eine ungewöhnliche Kraft der schöpferischen

---

[1]) Wie J. J. Rousseau treffend sagt: »*Les sciences règnent pour ainsi dire à la Chine depuis deux mille ans, et n'y peuvent sortir de l'enfance*« (Lettre à M. de Scheyb, 15. 7. 1756).

Phantasie und wir erfahren, dass sich aus ihren Sprachresten eine
eigentümliche Prädisposition für das metaphysische Denken entnehmen
lässt![1]) Man sieht wie vielfach sich die Fäden verschlingen, wie all-
bestimmend die Natur der besonderen Rassenpersönlichkeit mit ihren
Gegensätzen und ihrem ein für allemal bestimmten Charakter ist.

Leider kann ich diese Untersuchung hier nicht weiter führen,
doch ich glaube, selbst diese so äusserst flüchtigen Andeutungen werden
zu manchem Nachdenken und zu mancher auch für die Gegenwart
wichtigen Erkenntnis führen. Nehmen wir nun zum Schlusse noch
einmal die Tafel zur Hand und schauen uns um, wo wir einen wirklich
harmonischen, nach allen Richtungen hin schön und frei entwickelten
Menschen finden, so werden wir in der Vergangenheit einzig und
allein den Hellenen nennen können. Alle Elemente des Menschenlebens stehen bei ihm in schönster Blüte: Entdeckung, Wissenschaft,
Industrie, Wirtschaft, Politik, Weltanschauung, Kunst; überall hält er
Stich. Hier steht wirklich ein »ganzer Mann« vor uns. Er hat sich
nicht »entwickelt« aus dem Chinesen, der sich schon zur Blütezeit
Athens[2]) in überflüssiger Emsigkeit abmühte, er ist nicht eine »Evolution« des Ägypters, trotzdem er vor dessen angeblicher Weisheit eine
ganz unberechtige Scheu empfand, er bedeutet nicht einen »Fortschritt« über den phönizischen Hausierer, der ihn zuerst mit einigen
Rudimenten der Civilisation bekannt gemacht hatte; sondern in barbarischen Gegenden, unter bestimmten, wahrscheinlich harten Lebensbedingungen, hatte eine edle Menschenrasse sich noch weiter veredelt
und — dies schon historisch nachweisbar — sich durch Kreuzung
zwischen verwandten doch individualisierten Gliedern vielseitigste Begabung erworben. Dieser Mensch trat gleich auf als der, der er sein
und bleiben sollte. Er entwickelte sich schnell.[3]) Was die Welt an
ererbten Entdeckungen und Erfindungen und Gedanken besass, hatte
bei den Ägyptern zu einer toten hieratischen Wissenschaft, gepaart mit

---

[1]) Siehe S. 399, Anmerk. I.

[2]) Mehr als 2000 Jahre vor Christus beginnt die bereits historische Bericht-
erstattung der Chinesen. (Nachtrag: allgemein verbreiteter Irrtum; höchstens 800
Jahre v. Chr.)

[3]) In einer Rede, gehalten von der *British Association* am 21. September 1896,
spricht Flinders Petrie die Meinung aus, die ältesten mycenischen Kunstwerke, z. B.
die berühmten goldenen Becher mit Stieren und Kühen (etwa aus dem Jahre 1200
vor Christus) seien in Bezug auf treue Naturbeobachtung und auf Meisterschaft
der Ausführung allen späteren Werken der sogenannten Glanzzeit ebenbürtig. (Über
diese pelasgisch-achäische Kultur vergl. Hueppe: *Rassenhygiene der Griechen* S. 54 fg.)

einer durchaus praktischen, phantasiebaren, redlichen Religion geführt, bei den Phöniziern zu Handel und Götzendienst: bei ihren Nachbarn, den Hellenen, führten genau die selben Anregungen zu Wissenschaft und Kultur, ohne dass die Civilisation in ihren berechtigten Anforderungen zu kurz gekommen wäre. Einzig der Hellene besitzt diese Allseitigkeit, diese vollendete Plasticität, die in seinen Bildwerken künstlerischen Ausdruck fand; daher verdient er Bewunderung und Verehrung wie kein anderer Mensch, und er allein dürfte als Muster — nicht zur Nachahmung aber zur Aneiferung — hingehalten werden. Der Römer, den wir zugleich mit dem Hellenen in unseren Schulen nennen, ist fast noch einseitiger entwickelt als der Inder: hatte bei diesem die Kultur nach und nach alle Lebenskräfte verschlungen, so unterdrückte bei dem Römer die politische Sorge — das Werk der Rechtsbildung und das Werk der Staatserhaltung — von Anfang an jede andere Anlage. Die Erfüllung seiner civilisatorischen Aufgabe nimmt ihn so ganz in Anspruch, dass er weder für das Wissen noch für die Kultur Kräfte übrig hat.[1]) Im Laufe seiner gesamten Geschichte hat der Römer nichts entdeckt, nichts erfunden; und auch hier wieder sehen wir das vorhin genannte geheimnisvolle Gesetz der Korrelation zwischen Wissen und Kultur am Werke, denn als er Herr der Welt geworden und die Öde seines kulturbaren Lebens zu empfinden begann, da war es zu spät: die sprudelnde Quelle der Originalität, d. h. des freischöpferischen Könnens war für ihn gänzlich verschüttet. Schwer genug drückt noch heute sein gewaltiges, einseitig politisches Werk auf uns und verleitet uns, den politischen Dingen eine vorwiegende und selbständig gestaltende Bedeutung beizulegen, die sie gar nicht besitzen und nur zum Nachteil des Lebens sich anmassen.

Auf diesem kleinen Umweg über China und Sumerien bis nach Rom werden wir, glaube ich, zu einer ziemlich deutlichen Vorstellung unserer eigenen Persönlichkeit und ihrer notwendigen Entwickelung gelangt sein. Denn wir dürfen es ungescheut aussprechen: der Germane ist der einzige Mensch, der sich mit dem Hellenen vergleichen darf. Auch hier ist das Auffallende und das spezifisch Unterscheidende die gleichzeitige und gleichwertige Ausbildung von Wissen, Civilisation und Kultur. Das allseitig Umfassende unserer Anlagen unterscheidet uns von allen zeitgenössischen und von allen früheren Menschenarten — mit alleiniger Ausnahme der Hellenen; eine Thatsache, die, nebenbei

Der Germane.

---

[1]) Siehe S. 70—71.

gesagt, unsere nahe Verwandtschaft mit ihnen vermuten lässt. Gerade deswegen ist aber hier eine vergleichende Unterscheidung von grösstem Werte. So dürfen wir z. B. gewiss behaupten, dass bei den Griechen Kultur das vorwiegende Element war: sie besitzen die vollendetste und originellste Dichtung (aus der ihre ganze übrige Kunst hervorging) zu einer Zeit als ihre Civilisation noch den Stempel des zwar Pracht-liebenden, Schönheitsahnenden, doch Unselbständigen und Barbarischen an sich trägt und wo ihr Wissensdurst noch kaum erwacht ist. Später nimmt dann bei ihnen gerade die Wissenschaft plötzlich einen grossen, ewig glorreichen Anlauf, und zwar unter enger, glücklicher Anlehnung an hohe Weltanschauung (wieder jene Korrelation!). Im Verhältnis zu solchen unvergleichlichen Leistungen bleibt bei den Hellenen die Civilisation entschieden zurück. Zwar war Athen eine Fabrikstadt (wenn dieser Ausdruck keusche Ohren nicht verletzt), und der Welt wäre ebenso wenig ein Thales wie ein Plato geschenkt worden, wenn die Hellenen sich nicht als Ökonomen und unternehmende, schlaue Handelsherren, Reichtum und damit Musse erworben hätten; es sind durch und durch praktische Leute; doch zeigten sie in der Politik — ohne welche keine Civilisation Dauer besitzt — keine ausserordentliche Begabung, wie die Römer; Recht und Staat waren bei ihnen ein Spielball in den Händen der Ehrgeizigen; auch ist das Symptom der direkt anticivilisatorischen Massnahmen des dauerhaftesten griechischen Staates, Sparta, nicht zu übersehen. Bei uns Germanen liegen die Dinge offenbar wesentlich anders. Zwar ist auch unsere Politik bis zum heutigen Tage eigentümlich schwerfällig, roh, ungeschickt geblieben, dennoch bewährten wir uns als die unvergleichlichsten Staatenbildner der Welt — was vermuten lässt, dass hier, wie bei so manchen anderen Dingen, uns mehr die aufgezwungene Nachahmung im Wege stand als fehlende Anlage. »Wer kommt früh zu dem Glücke, sich seines eigenen Selbsts ohne fremde Formen in reinem Zusammenhang be-wusst zu sein?« seufzt Goethe;[1] nicht einmal die Hellenen, wir aber noch viel, viel weniger. Besser, weil unabhängiger, entwickelten sich unsere Anlagen auf dem ganzen wirtschaftlichen Gebiete (Handel, Ge-werbe, am wenigsten vielleicht Landbau) zu nie gekannter Blüte; eben-so die schnell folgende Industrie. Was sind Phönizier und Karthagener mit ihren elenden Ausbeutungs-Faktoreien und Karawanen gegen einen lombardischen oder rheinischen Städtebund, in welchem Klugheit,

---

[1] *Wilhelm Meister's Lehrjahre,* Buch VI.

Fleiss, Erfindung und — *last not least* — Ehrlichkeit sich die Hand
reichen?[1]) Bei uns bildet also Civilisation — das gesamte Gebiet der
eigentlichen Civilisation — den Mittelpunkt: ein guter Charakterzug,
insofern er Bestand verspricht, ein nicht ganz unbedenklicher, insofern
er die Gefahr birgt, »Chinese zu werden«, eine Gefahr, die eine sehr
reelle werden würde, wenn die nicht, oder kaum germanischen Elemente unter uns jemals die Oberhand bekämen.[2]) Denn sofort würde
unser unauslöschlicher Wissenstrieb in den Dienst der blossen Civilisation gestellt werden und damit — wie in China — dem Banne
ewiger Sterilität verfallen. Was einzig uns dagegen schützt, ist das,
was uns Würde und Grösse, Unsterblichkeit, ja, — wie die alten
Griechen zu sagen pflegten — Göttlichkeit verleiht: unsere Kultur.
Diese besitzt aber in unserer Begabung nicht die überwiegende Bedeutung, die ihr im Hellenentum zukam. Über letztere verweise ich
auf mein erstes Kapitel. Niemand wird behaupten können, dass bei
uns die Kunst das Leben gestalte, oder dass die Philosophie (in ihrem
edelsten Sinne als Weltanschauung) einen ähnlichen Anteil an dem
Leben unser führenden Männer habe wie in Athen, geschweige in
Indien. Und das Schlimmste ist, dass diejenige Kulturanlage, welche,
nach zahllosen Erscheinungen des gesamten Slavokeltogermanentums
zu urteilen, bei uns die entwickeltste ist (zugleich ein reichlicher Ersatz für das, was der Mehrzahl unter uns an künstlerischer und metaphysischer Begabung abgehen mag), ich meine die Religion, es
niemals vermocht hat, die Zwangsjacke abzureissen, die ihr — gleich
bei dem Eintritt der Germanen in die Weltgeschichte — von den unwürdigen Händen des Völkerchaos aufgezwungen wurde. In Jesus
Christus hatte das absolute religiöse Genie die Welt betreten: Keiner
war so geschaffen, diese göttliche Stimme zu vernehmen wie der
Germane; die grössten Verbreiter des Evangeliums durch Europa sind
alle Germanen, und das ganze germanische Volk greift gleich, wie
schon das Beispiel der rauhen Goten zeigt (S. 513), zu den Worten

---

[1]) Siehe S. 137 fg.

[2]) Speziell der Deutsche neigt in gar manchen Dingen, z. B. in seiner
Sammelwut, in seinem Anhäufen von Material über Material, in seinem Hang, den
Geist über dem Buchstaben zu vernachlässigen, u. s. w. bedenklich zum Chinesentum.
Das war schon früh aufgefallen und Goethe erzählte Soret lachend von einem Globus
aus der Zeit Karl's V., auf dem China zur Erläuterung die Inschrift trägt: »die Chinesen sind ein Volk, das sehr viele Ähnlichkeit mit den Deutschen hat!« (*Eckermann*,
26. April 1823).

des Evangeliums, jedem blöden Aberglauben (die Geschichte der Arianer
bezeugt es) abhold. Und trotzdem schwindet das Evangelium bald
und verstummt die grosse Stimme; denn die Kinder des Chaos wollen
von dem blutigen stellvertretenden Opfer nicht lassen, welches die
besseren Geister unter den Hellenen und den Indern schon längst
überwunden und die hervorragendsten Propheten der Juden vor Jahrhunderten verspottet hatten; dazu gesellt sich allerhand kabbalistischer
Zauber und stoffliche Metamorphose aus dem späten unsauberen Syro-
Ägypten: und das alles, durch jüdische Chronik ausstaffiert und ergänzt, ist nunmehr die »Religion« der Germanen! Selbst die Reformation wirft sie nicht ab und gerät dadurch in einen unlösbaren
Widerspruch mit sich selber, der das Schwergewicht ihrer Bedeutung
in das rein politische Gebiet verlegt, also in die Klasse der bloss
civilisatorischen Kräfte, während sie es kulturell nicht weiter, als zu
einer inkonsequenten Bejahung bringt (Erlösung durch den Glauben —
und dennoch die Beibehaltung materialistischer Superstitionen) und einer
fragmentarischen Verneinung (Verwerfung eines Teiles der dogmatischen
Zuthaten, Beibehaltung des übrigen).[1]) In dem Mangel einer wahrhaftigen, unserer eigenen Art entsprossenen und entsprechenden Religion erblicke ich die grösste Gefahr für die Zukunft des Germanen;
das ist seine Achillesferse; wer ihn dort trifft, wird ihn fällen. Man
schaue doch auf den Hellenen zurück: von Alexander geführt, zeigte
er seine Befähigung, die ganze Welt zu unterwerfen; doch der schwache
Punkt war bei ihm die Politik; verschwenderisch begabt auch in dieser
Beziehung, hat er die ersten Theoretiker über Politik, die erfindungs-
reichsten Staatengründer, die genialsten Redner über die allgemeine Sache
hervorgebracht; doch blieb ihm hier versagt, was auf allen anderen Gebieten ihm gelungen war, Grosses und Dauerndes zu gestalten; hieran
ging er zu Grunde; einzig seine jämmerliche politische Lage lieferte
ihn dem Römer aus; mit der Freiheit verlor er das Leben; der erste
harmonisch vollendete Mensch war dahin und nur sein Schatten

---

[1]) Namentlich Luther bleibt in dieser Beziehung vollständig im religiösen
Materialismus befangen; er — der Glaubensheld — »eliminiert den Glauben so sehr
aus dem Abendmahl«, dass er lehrt, auch der Ungläubige zerbeisse den Leib Christi
mit den Zähnen. Er nimmt also das an, wogegen Berengar und so viele andere
streng römische Katholiken wenige Jahrhunderte früher mutig gekämpft hatten und
was nicht allein den ersten Christen, sondern noch Männern wie Ambrosius und
Augustinus ein Greuel gewesen wäre. (Vergl. Harnack: *Grundriss der Dogmengeschichte*, § 81.)

wandelte noch auf Erden. Sehr ähnlich scheint mir bei uns Germanen die Lage in Bezug auf Religion. Nie hat die Geschichte eine so tief innerlich religiöse Menschenart gesehen; moralischer ist sie nicht als andere Menschen, aber viel religiöser. In dieser Beziehung nehmen wir eine Stellung ein mitteninne zwischen dem Indoarier und dem Hellenen: das uns angeborene metaphysisch-religiöse Bedürfnis treibt uns zu einer weit mehr künstlerischen d. h. lichtkräftigeren Weltanschauung als die Inder, zu einer weit innigeren und daher tieferen als die künstlerisch überragenden Hellenen. Genau dieser Standpunkt ist es, der den Namen Religion verdient, zum Unterschied von Philosophie und von Kunst. Wollte man die wahren Heiligen, die grossen Prediger, die barmherzigen Helfer, die Mystiker unserer Rasse aufzählen, wollte man sagen, wie Viele Qual und Tod um ihres Glaubens willen erlitten haben, wollte man nachforschen, eine wie grosse Rolle religiöse Überzeugung in allen bedeutendsten Männern unserer Geschichte gespielt hat, man käme nie zu Ende; unsere gesamte herrliche Kunst entwickelt sich ja um den religiösen Mittelpunkt, gleich wie die Erde um die Sonne kreist, und zwar um diese und jene besondere Kirche nur teilweise und äusserlich, überall aber innerlich um das sehnsuchtsvolle religiöse Herz. Und trotz dieses regen religiösen Lebens die absoluteste Zerfahrenheit (seit jeher) in religiösen Dingen. Was sehen wir heute? Der Angelsachse — von seinem unfehlbaren Lebensinstinkte getrieben — klammert sich an irgend eine überlieferte Kirche an, welche sich in die Politik nicht mischt, damit er wenigstens »Religion« als Mittelpunkt des Lebens besitze; der Nordländer und der Slave lösen sich in hundert schwächliche Sekten auf, wohl wissend, dass sie betrogen sind, doch unfähig, den rechten Weg zu finden; der Franzose verkümmert vor unseren Augen in öder Skepsis oder stupidestem Mode-Humbug; die südlichen Europäer sind dem ungeschminkten Götzendienst nunmehr ganz verfallen und damit aus der Reihe der Kulturvölker ausgetreten; der Deutsche steht abseits und wartet, dass noch einmal ein Gott vom Himmel steige, oder er wählt verzweifelt zwischen der Religion der Isis und der Religion des Blödsinnes, genannt »Kraft und Stoff«.

Auf manches im Obigen Angedeutete wird in den betreffenden Abschnitten wieder zurückzukommen sein; einstweilen genügt es, wenn ich zur ferneren vergleichenden Charakterisierung unserer germanischen Welt ihre hervorragendste Anlage und zugleich ihre bedenklichste Schwäche aufgedeckt habe.

Nunmehr sind wir so weit, dass wir dem vorhin angerufenen künftigen Bichat mit einigen Andeutungen über den historischen Gang der Entfaltung der germanischen Welt bis zum Jahre 1800 zur Hand gehen können, und zwar indem wir auf jedes der sieben Elemente, welche wir einer besseren Übersicht wegen annahmen, der Reihenfolge nach einen Blick werfen.

---

1. Entdeckung (von Marco Polo bis Galvani).

Die angeborene
Befähigung. Die Menge des Wissbaren ist offenbar unerschöpflich. Bei der Wissenschaft — im Gegensatz zum Wissensstoff — könnte man sich allenfalls eine Entwickelungsstufe vorstellen, auf welcher alle grossen Gesetze der Natur aufgefunden wären; denn hier handelt es sich um ein Verhältnis zwischen den Erscheinungen und der menschlichen Vernunft, also jedenfalls um etwas, was in Folge der besonderen Natur dieser Vernunft streng beschränkt und sozusagen individuell ist — nämlich der Individualität des Menschengeschlechtes angepasst und zugehörig. Die Wissenschaft fände in diesem Falle nur mehr nach innen zu, in der immer feineren Analyse, ein unerschöpfliches Feld. Dagegen zeigt alle Erfahrung, dass das Reich der Phänomene und der Formen ein endloses, nie auszuforschendes ist. Keine noch so wissenschaftliche Geographie, Physiographie und Geologie kann uns über die Eigentümlichkeiten eines noch unentdeckten Landes das Geringste sagen; ein neu entdecktes Moos, ein neu entdeckter Käfer ist ein absolut Neues, eine thatsächliche und unvergängliche Bereicherung unserer Vorstellungswelt, unseres Wissensmaterials. Natürlich werden wir uns beeilen, Käfer und Moos unserer menschlichen Bequemlichkeit halber in irgend eine schon aufgestellte Gattung einzuordnen, und wenn kein Drängen und Zwängen dazu ausreicht, so werden wir eine neue »Gattung« zum Zwecke der Klassifikation erdichten, sie aber wenigstens, wenn irgend thunlich, einer bekannten »Ordnung« einverleiben u. s. w.; inzwischen bleiben der betreffende Käfer und das betreffende Moos nach wie vor ein vollkommen Individuelles, und zugleich ein Unerfindbares, ein Unauszudenkendes, gleichsam eine neue, ungeahnte Verkörperung des Weltgedankens, und diese neue Verkörperung des Gedankens besitzen wir jetzt, während wir sie früher entbehrten. Desgleichen mit allen Phänomenen. Die Brechung des Lichtes durch das Prisma, die

Allgegenwart der Elektricität, der Kreislauf des Blutes — — — jede entdeckte Thatsache bedeutet eine Bereicherung. »Die einzelnen Manifestationen der Naturgesetze« sagt Goethe, »liegen alle sphinxartig, starr, fest und stumm ausser uns da. Jedes wahrgenommene neue Phänomen ist eine Entdeckung, jede Entdeckung ein Eigentum.« Hierdurch wird die Unterscheidung innerhalb des Gebietes des Wissens zwischen Entdeckung und Wissenschaft recht deutlich; das eine betrifft die a u s s e r u n s liegenden Sphinxe, das andere unsere Verarbeitung dieser Wahrnehmungen zu einem i n n e r e n Besitz.[1]) Darum kann man den Rohstoff des Wissens, d. h. die Menge des Entdeckten, recht gut mit dem Rohstoff des Vermögens — mit unserem Geld vergleichen. Schon der alte Chronist Robert of Gloucester schreibt im Jahre 1300: »*for the more that a man can, the more worth he is*«. Wer viel weiss ist reich, wer wenig weiss ist arm. Doch gerade dieser Vergleich — der zunächst ziemlich platt dünken wird — dient vortrefflich, damit wir den Finger auf den kritischen Punkt bezüglich des Wissens legen lernen; denn der Wert des Geldes hängt ganz und gar von dem Gebrauch ab, den wir davon zu machen verstehen. Dass Reichtum Macht verleiht und dass Armut verkrüppelt, ist eine *vérité de La Palisse,* der Dümmste beobachtet es täglich an sich und an Anderen; und doch schrieb einer der Klügsten (Shakespeare):

If thou art rich, thou'rt poor

wenn du reich bist, bist du arm! Und in der That, das Leben lehrt uns, dass zwischen Reichtum und Können kein einfaches, unmittelbares Verhältnis herrscht. Wie die Hyperämie des Blutes, d. h. also des Lebensträgers, eine Stockung der Lebensthätigkeit, zuletzt sogar den Tod herbeiführt, so bemerken wir häufig, wie leicht grosser Reichtum lähmend wirkt. Ebenso geht es mit dem Wissen. Wir sahen vorhin die Inder an Anämie des Wissensstoffes zu Grunde gehen, es waren gewissermassen verhungernde Idealisten; die Chinesen dagegen gleichen aufgedunsenen *parvenus,* die keine Ahnung haben, was sie mit dem enorm angehäuften Kapital ihres Wissens anfangen sollen — ohne Initiative, ohne Phantasie, ohne Ideale. Die verbreitete Redensart, »Wissen ist Macht«,

---

[1]) Goethe legt wiederholt grosses Gewicht auf diese Unterscheidung zwischen dem ›ausser uns‹ und dem ›in uns‹; hier, um Entdeckung und Wissenschaft auseinander zu halten, thut sie gute Dienste; doch sobald man sie auf das rein philosophische oder auch rein naturwissenschaftliche Gebiet überträgt, ist grosse Vorsicht am Platze, worüber Näheres am Anfang des Abschnittes ›Wissenschaft‹.

gilt also durchaus nicht ohne Weiteres, sondern es kommt darauf an,
wer der Wissende ist. Vom Wissen, mehr noch als vom Golde, könnte
man sagen, dass es an und für sich gar nichts ist, rein gar nichts,
und ebenso geeignet, dem Menschen zu schaden, ihn ganz und gar
zu Grunde zu richten, wie ihn zu erheben und zu veredeln. Der
unwissende chinesische Bauer ist einer der leistungsfähigsten und glück-
lichsten Menschen der Erde, der gelehrte Chinese ist eine Pest, er ist
der Krebsschaden seines Volkes; darum hatte jener bewunderungs-
würdige Mann, Lâo-tze — der von unseren modernen, in Menschheits-
Phrasen erzogenen Kommentatoren so schmählich Missverstandene —
tausendmal Recht zu schreiben: »Ach, könnten wir (d. h. »wir«, die
Chinesen) nur das Vielwissen aufgeben und die Gelehrsamkeit ab-
schaffen! unserem Volke ginge es hundertmal besser!«[1]) Also auch hier
wieder werden wir auf die Individualität selber, auf ihre angeborenen
Fähigkeiten, ihren angeborenen Charakter zurückgeführt. Die eine
Menschenrasse kommt mit einem Minimum von Wissen vorzüglich
fort, mehr ist ihr tödlich, denn sie hat kein Organ dafür; bei der
anderen ist der Wissensdurst angeboren und sie verkümmert, wenn
sie diesem Bedürfnis keine Nahrung zuführen kann, auch versteht sie
den ewig zufliessenden Wissensstoff auf hundert Arten zu verarbeiten,
nicht allein zur Umgestaltung des äusseren Lebens, sondern zu fort-
während er Bereicherung des Denkens und Schaffens. In diesem Falle
befinden sich die Germanen. Nicht die Menge dessen, was sie wissen,
verdient Bewunderung — denn alles Wissen bleibt ewig relativ —
sondern die Thatsache, dass sie die seltene Fähigkeit besassen, es zu
lernen, d. h. ohne Ende zu entdecken, ohne Ende die »stummen
Sphinxe« zum Reden zu zwingen, und dazu die Fähigkeit, das Auf-
genommene gewissermassen zu absorbieren, so dass für Neues immer
wieder Platz entstand, ohne dass Plethora eingetreten wäre.

Man sieht, wie unendlich verwickelt jede Individualität ist! Doch
hoffe ich, dass aus diesen kurzen Bemerkungen im Verein mit denen
im vorangehenden Teil dieses Kapitels der Leser unschwer die eigenartige Bedeutung des Wissens (hier nämlich in seiner einfachsten Gestalt,
als Entdeckung von Thatsachen) für das Leben des Germanen begreifen
wird. Er wird auch einsehen, wie vielfach diese — in einem gewissen
Sinne rein stoffliche — Anlage mit seinen höheren und höchsten Gaben
zusammenhängt. Nur eine ausserordentlich philosophische Anlage und

---

[1]) *Tâo Teh King,* XIX, 1.

nur ein äusserst reges wirtschaftliches Leben vermag es, so viel Wissen zu verzehren, zu verdauen und zu verwerten. Nicht das Wissen hat die Lebenskraft erzeugt, sondern die grosse überschüssige Lebenskraft hat nach immer weiterem Wissen, genau so wie nach immer weiterem Besitz auf allen anderen Gebieten unablässig gestrebt. Dies ist die wahre innere Quelle jenes Siegeslaufes der Wissbegier, der vom 13. Jahrhundert ab nie wieder erschlafft. Wer diese Einsicht besitzt, wird auch der Geschichte der Entdeckungen nicht wie ein Kind, sondern mit Verständnis folgen.

Eine Bestätigung des Zusammenhanges der verschiedenen Seiten der Individualität drängt sich bei diesem so charakteristisch individualistischen Phänomen gleich auf. Ich habe soeben gesagt, unser Streben nach »Besitz« sei die Quelle unseres Wissensschatzes: es war nicht meine Absicht, diesem Worte eine irgendwie tadelnde Bedeutung beizulegen; Besitz ist Macht, Macht ist Freiheit. Ausserdem bedeutet ein jedes derartige Streben nicht allein die Sucht, unsere Macht durch Hinzuziehung des ausser uns selbst Liegenden zu steigern, sondern es bedeutet zugleich die Sehnsucht der Selbstentäusserung. Hier, wie bei der Liebe, gehen die Gegensätze Hand in Hand: man nimmt, um zu nehmen, man nimmt aber auch, um geben zu können. Und genau so wie wir beim Germanen den Staatenbildner mit dem Künstler verwandt fanden,[1) ebenso ist ein gewisses hochgeartetes Streben nach Besitz innig verschwistert mit der Fähigkeit, aus dem Besessenen Neues zu schaffen und es der ganzen Welt zur Bereicherung]zu schenken. Trotz alledem soll man bei der Geschichte unserer Entdeckungen das Eine nicht übersehen: welche grosse Rolle die Sucht nach Gold — ganz unmittelbar und ungeschminkt — gespielt hat. An dem einen Ende des Entdeckungswerkes steht nämlich, als die einfache, breite Grundlage alles Übrigen, die Erforschung der Erde, die »Ent-deckung« des Planeten, der dem Menschen zum Wohnsitz dient: aus ihr erst hat sich mit Sicherheit Gestalt und Wesen dieses Gestirns ergeben, damit zugleich die grundlegenden Einsichten bezüglich der Stellung des Menschen im Kosmos, aus ihr erst erfuhren wir Ausführliches über die verschiedenen Geschlechter der Menschen, über die Art der Gesteine, über Pflanzen- und Tierwelt; ganz am anderen Ende desselben Werkes steht die Erforschung der inneren Beschaffenheit der sichtbaren Materie, das, was wir heute Chemie und Physik nennen, ein gar geheimnisvolles

Die treibenden Kräfte.

[1) Siehe S. 503 fg.

48*

und bis vor Kurzem bedenkliches, nach Zauberei schmeckendes Hinein-
greifen in die Eingeweide der Natur, zugleich ein wichtigster Ursprung
unseres heutigen Wissens und unserer heutigen Macht.[1]) Nun, bei
der Erschliessung dieser beiden Wissensgebiete, sowohl bei den Entdeckungsreisen, wie bei der Alchymie, bildete Jahrhunderte lang das
unmittelbare Suchen nach Gold die treibende Kraft. Gewiss findet
man bei den grossen einzelnen Bahnbrechern immer etwas Anderes —
eine reine Idealkraft — daneben und darüber; ein Columbus ist bereit,
jeden Augenblick für [seinen Gedanken zu sterben, einem Albertus
Magnus schweben die grossen Weltprobleme vor; doch hätten solche
Männer weder die nötige Unterstützung gefunden, noch hätte sich
ihnen die Schar der für das mühsame Werk der Entdeckung nötigen
Trabanten angeschlossen, wenn nicht die Hoffnung auf sofortigen
Gewinn angeeifert hätte. Die Hoffnung auf Gold lehrte schärfer beobachten, sie verdoppelte die Erfindungsgabe, sie flösste die kühnsten
Hypothesen ein, sie schenkte endlose Ausdauer und Todesverachtung.
Schliesslich ist es heute nicht viel anders: zwar stürzen sich die Staaten
nicht mehr unmittelbar auf das Goldmetall, wie die Spanier und Portugiesen des 16. Jahrhunderts, doch erfolgt die allmähliche Erschliessung
der Welt und ihre Unterwerfung unter germanischen Einfluss lediglich
nach Massgabe der Rentabilität. Selbst ein Livingstone ist im letzten
Grund ein Pionier für zinsengierige Kapitalisten gewesen und diese
erst führen das aus, was der einzelne Idealist auszuführen nicht vermochte. Ebenso könnte die moderne Chemie ohne die kostspieligen
Laboratorien und Instrumente nicht bestehen, und der Staat unterhält
diese, nicht aus Begeisterung für reine Wissenschaft, sondern weil die
daraus hervorgehenden industriellen Erfindungen das Land bereichern.[2])
Der Nordpol, der selbst unserem Jahrhundert noch trotzt, wäre in
sechs Monaten entdeckt und überlaufen, dächte man, dass dort Felsen
aus eitel Gold den Fluten entragen.

     Man sieht, nichts liegt mir ferner, als uns besser und edler hin-
zustellen als wir sind; ehrlich währt am längsten, sagt das Sprichwort;
es bewährt sich auch hier. Denn aus dieser Beobachtung betreffend
die Macht des Goldes ergiebt sich eine Erkenntnis, die wir — einmal

---

[1]) Die hohe Bedeutung der Alchymie als Begründerin der Chemie ist heute
allseitig anerkannt; ich brauche nur auf die Bücher von Berthelot und Kopp zu verweisen.

[2]) Von der Erfindung neuer Kanonenpulver und Torpedosprengstoffe zu geschweigen!

aufmerksam gemacht — auf allen Seiten bestätigt finden werden: dass
dem Germanen eine eigentümliche Gabe zu eigen ist, seine Fehler
in Gutes umzusetzen; die Alten hätten gesagt, er sei ein Liebling der
Götter; ich glaube darin den Beweis seiner grossen kulturellen Befähigung zu finden. Eine Handelsgesellschaft, die nur auf Zinsen sieht
und nicht immer gewissenhaft vorgeht, unterjocht Indien, doch wird
ihr Schaffen getragen und geadelt von einer glänzenden Reihe makelloser Waffenhelden und grosser Staatsmänner, und ihre Beamten sind
es, welche — von heller Begeisterung dazu angefacht, durch aufopfe-
rungsvoll erworbene Gelehrsamkeit dazu befähigt — unsere Kultur durch
die Aufschliessung der altarischen Sprache bereichern. Wir schaudern,
wenn wir die Geschichte der Vernichtung der Indianer in Nordamerika
lesen: überall auf Seite der Europäer Ungerechtigkeit, Verrat, wilde
Grausamkeit;[1] und doch, wie entscheidend war gerade dieses Zer-
störungswerk für die spätere Entwickelung einer edlen, echt germanischen Nation auf diesem Boden! Der vergleichende Blick auf die
südamerikanischen Mestizenkolonieen zeigt es uns.[2] — Jene grenzenlose Leidenschaft in der Sucht nach Gold dient aber noch zu einer
weiteren Erkenntnis und zwar zu einer für die Geschichte unserer
Entdeckungen grundlegenden. Die Leidenschaftlichkeit kann
nämlich sehr verschiedene Teile unseres Wesens erfassen, das hängt
vom Individuum ab; charakteristisch für die Rasse ist die Kühnheit,
die Ausdauer, die Opferwilligkeit, die grosse Kraft der Vorstellung,
welche bewirkt, dass der Einzelne in seiner Idee ganz aufgeht. Dieses
Leidenschaftliche bewährt sich jedoch durchaus nicht einzig auf dem
Gebiete des egoistischen Interesses: es schenkt dem Künstler Kraft,
arm und verkannt weiter zu schaffen; es erzeugt Staatsmänner, Reformatoren und Märtyrer; es gab uns auch unsere Entdecker. Rousseau's
Wort »*il n'y a que de grandes passions qui fassent de grandes choses,*«
ist wahrscheinlich nicht so allgemein wahr als er glaubte, doch
gilt es uneingeschränkt für uns Germanen. Bei unseren grossen

---

[1] Als Beispiel nehme man die gänzliche Ausrottung des intelligentesten und
durchaus freundlich gesinnten Stammes der Natchez am Mississippi durch die Franzosen (in Du Pratz: *History of Louisiana*) oder die Geschichte der Beziehungen zwischen
den Engländern und den Cherokees (Trumbull: *Hist. of the United States*). Es ist
immer der selbe Vorgang: eine empörende Ungerechtigkeit seitens der Europäer
reizt die Indianer, Rache zu nehmen, und für diese Rache werden sie dann »bestraft«,
d. h. hingeschlachtet.

[2] Siehe S. 286 fg.

Entdeckungsreisen, wie bei den Versuchen, Stoffe umzuwandeln, konnte freilich die Hoffnung auf Gewinn aneifern, doch auf keinem andern Gebiete ausser höchstens auf dem der Medizin traf das zu. Hier waltete also der leidenschaftliche Trieb — zwar ebenfalls nach Besitz, aber nach dem Besitz des Wissens, rein als Wissen. Es ist dies eine eigentümliche und besonders verehrungswürdige Erscheinung des rein idealischen Triebes; ich halte sie für nahe verwandt dem künstlerischen und dem religiösen Triebe; darin findet jener innige Zusammenhang zwischen Kultur und Wissen, der uns vorhin öfters an praktischen Beispielen rätselhaft auffiel,[1] seine Erklärung. Zu glauben, Wissen erzeuge Kultur (wie heute vielfach gelehrt wird) ist sinnlos und widerspricht der Erfahrung; lebendiges Wissen kann aber nur in einem zu hoher Kultur prädisponierten Geiste Aufnahme finden; sonst bleibt das Wissen wie Dünger auf einem Steinfelde auf der Oberfläche liegen — es verpestet die Luft und nützt nichts. Über diese geniale Leidenschaftlichkeit als Grundbedingung unseres Siegeslaufes der Entdeckungen hat einer der grossen Entdecker dieses Jahrhunderts, Justus Liebig, geschrieben: »Die grosse Masse der Menschen hat keinen Begriff davon, mit welchen Schwierigkeiten Arbeiten verknüpft sind, die das Gebiet des Wissens thatsächlich erweitern; ja, man kann sagen, dass der in dem Menschen liegende Trieb nach Wahrheit nicht ausreichen würde, die Hindernisse zu bewältigen, die sich dem Erwerbe eines jeden grossen Resultates entgegenstellen, wenn dieser Trieb sich nicht in Einzelnen zur mächtigen Leidenschaft, die ihre Kräfte spannt und vervielfältigt, steigerte. Alle diese Arbeiten werden unternommen ohne Aussicht auf Gewinn und ohne Anspruch auf Dank; der, welcher sie vollbringt, hat nur selten das Glück, ihre nützliche Anwendung zu erleben; er kann das, was er errungen hat, auf dem Markte des Lebens nicht verwerten; es hat keinen Preis und kann nicht bestellt und nicht erkauft werden.«[2]

Diese gänzlich uninteressierte Leidenschaftlichkeit finden wir in der That in der Geschichte unserer Entdeckungen überall wieder.[3]

---

[1] Siehe S. 741 und 744.

[2] *Wissenschaft und Landwirtschaft* II, am Schlusse.

[3] Ein vortreffliches Beispiel der dem unverfälschten Germanen eigenen »uninteressierten Leidenschaftlichkeit« liefert der im Jahre 1898 gestorbene englische Bauer Tyson, der als Taglöhner nach Australien ausgewandert war und als grösster Gutsbesitzer der Welt endete, mit einem Vermögen, das auf fünf Millionen Pfund Sterling geschätzt wurde. Dieser Mann blieb bis zum Tode so einfach, dass er

Dem auf diesem Gebiete minder Kundigen möchte ich Gilbert zur Betrachtung empfehlen, den Mann, der zu Ende des 16. Jahrhunderts (im selben Augenblick, da Shakespeare seine Dramen schrieb) durch schier endlose Versuche die Grundlage zu unserer Kenntnis der Elektricität und des Magnetismus legte. Von einer praktischen Anwendung dieser Kenntnisse selbst in fernsten Jahrhunderten konnte damals Niemand träumen; es handelte sich überhaupt um so geheimnisvolle Dinge, dass man sie bis auf Gilbert entweder gar nicht beachtet und beobachtet, oder nur zum philosophischen Hocuspocus gebraucht hatte. Und dieser eine Mann, der als Ausgangspunkt nur die altbekannten Beobachtungen über den geriebenen Bernstein und das Magneteisen vorfand, experimentierte so unermüdlich und verstand es, in so genial unbefangener Weise die Natur auszufragen, dass er alle grundlegenden Thatsachen in Bezug auf den Magnetismus ein für allemal feststellte und dass er die Elektricität (das Wort stammt von ihm) als ein vom Magnetismus unterschiedenes Phänomen erkannte und ihre Ergründung anbahnte.

An dieses Beispiel Gilbert's können wir nun eine Unterscheidung anknüpfen, die ich schon kurz begründet habe bei der Aufstellung meiner Tafel und die ich vorhin noch einmal bei der Erwähnung von Goethe's Unterscheidung zwischen dem, was ausser uns und dem, was in uns ist, flüchtig berührte, deren Bedeutung aber aus der Praxis klarer als aus theoretischen Erwägungen hervorgehen wird; sie ist für die rationelle Auffassung der Geschichte germanischer Entdeckungen wesentlich: ich meine die Unterscheidung zwischen Entdeckung und Wissenschaft. Nichts wirkt hier aufklärender als ein vergleichender Blick auf die Hellenen. Die Befähigung der Hellenen für die eigentliche Wissenschaft war gross, in manchen Beziehungen grösser als die unsere (man denke nur an Demokrit, Aristoteles, Euklid, Aristarch u. s. w.); ihre Befähigung zur Entdeckung war dagegen auffallend gering. Auch hier ist das einfachste Beispiel zugleich das belehrendste. Pytheas, der griechische Entdeckungs-

Die Natur als Lehrmeisterin.

nie ein weisses Hemd besessen hat, viel weniger ein Paar Handschuhe; nur wenn es sein musste, besuchte er vorübergehend eine Stadt; gegen alle Kirchen hatte er eine unüberwindliche Abneigung. Das Geld war ihm an und für sich gleichgültig, er schätzte es nur als Bundesgenosse in seinem grossen Lebenswerk: dem Kampf gegen die Wüste. Befragt, antwortete er: ›Nicht das Haben, sondern das Erkämpfen macht mir Freude.‹ Ein echter Germane! Würdig seines Landsmannes, Shakespeare:

Things won are done, joy's soul lies in the doing.

reisende — an Kühnheit, Intuition und Verstand jedem späteren vergleichbar [1]) — steht vereinzelt da; er wurde von Allen verhöhnt und
nicht ein einziger jener Philosophen, die so schönes über Gott und
die Seele und die Atome und die Himmelssphären zu melden wussten,
hat auch nur geahnt, welche Bedeutung die einfache Erforschung
der Erdoberfläche für den Menschen haben müsse. Dies zeigt einen
auffallenden Mangel an Neugier, eine Abwesenheit alles echten
Wissensdurstes, eine gänzliche Blindheit für den Wert von Thatsachen, rein als solchen. Und man glaube nicht, dass hier »Fortschritt« erst abgewartet werden musste. Entdeckung kann überall
jeden Tag beginnen; die notwendigen Werkzeuge — sowohl mechanische wie geistige — ergeben sich von selbst aus den Bedürfnissen
der Forschung. Noch bis auf unsern Tag sind die fruchtbarsten Beobachter meist nicht die gelehrtesten Männer, und häufig sind sie in
der theoretischen Zusammenfassung ihres Wissens auffallend schwach.
So ist z. B. Faraday (vielleicht der erstaunlichste Entdecker unseres
Jahrhunderts), als Buchbindergehilfe fast ganz ungebildet aufgewachsen;
seine physikalischen Kenntnisse hat er aus den Konversationslexicis,
die er zu binden hatte, geschöpft, seine chemischen aus einer populären Zusammenfassung für junge Mädchen; damit ausgerüstet betrat
er die Bahn jener Entdeckungen, auf welchen fast die gesamte elektrische Technik unserer Tage ruht. [2]) Weder William Jones, noch
Colebrooke, die beiden Entdecker der Sanskritsprache am Schlusse
des vorigen Jahrhunderts, waren Philologen von Fach. Der Mann,
der das vollbrachte, was kein Gelehrter gekonnt hatte, nämlich ausfindig zu machen, wie man die Pflanzen um das Geheimnis ihres
Lebens zu befragen habe, der Begründer der Pflanzenphysiologie,
Stephen Hales († 1761), war ein Landgeistlicher. Wir brauchen ja
nur den vorhin genannten Gilbert am Werke zu betrachten: alle seine
Versuche über Reibungselektricität hätte jeder gescheidte Grieche zweitausend Jahre früher ausführen können; die Apparate, die er benützte,
hat er sich selber erfunden, die höhere Mathematik, ohne welche heute
ein volles Verständnis dieser Phänomene schwer denkbar ist, gab es
zu seiner Zeit noch nicht. Nein, der Grieche beobachtete nur wenig
und nie unbefangen; sofort stürzte er sich auf Theorie und Hypothese,
d. h. auf Wissenschaft und Philosophie; die leidenschaftliche Geduld,

---

[1]) Siehe S. 84.

[2]) Siehe Tyndall: *Faraday as a discoverer* (1870) und W. Grosse: *Der Äther*, 1898.

welche das Entdeckungswerk erfordert, war ihm nicht gegeben. Dagegen besitzen wir Germanen eine besondere Beanlagung für das Aus-
forschen der Natur, und diese Beanlagung ist nicht etwas, was auf der
Oberfläche liegt, sondern es steht in innigem Zusammenhang mit den
tiefsten Tiefen unserer Natur. Als Theoretiker scheinen wir nicht
ausserordentlich bedeutend zu sein: die Philologen gestehen, der Inder
Pânini überträfe die grössten heutigen Grammatiker;[1] die Juristen sagen,
die alten Römer seien uns in der Jurisprudenz sehr überlegen; als wir
schon rings um die Welt herumgesegelt waren, musste man uns noch
ausführlich beweisen und Jahrhunderte lang einpauken, sie sei rund,
damit wir es glaubten, während die Griechen, die nur den mittelländischen Tümpel kannten, das selbe schon längst auf dem Wege der
reinen Wissenschaft dargethan hatten; mit den hellenischen Atomen,
dem indischen Äther, der babylonischen Evolution finden wir noch
immer, trotz der ungeheuren Zunahme des Wissens, unser Auskommen.
Dagegen stehen wir als Entdecker ohne Rivalen da. Jener von mir
angerufene, künftige Historiker der germanischen Civilisation und Kultur
wird also hier sein und scharf unterscheiden, und dann sehr lange und
ausführlich bei unserem Entdeckungswerke verweilen müssen.

Zur Entdeckung gehört vor Allem kindliche Unbefangenheit —
daher jene grossoffenen Kinderaugen, die in einem Gesicht wie Faraday's
fesseln. Das ganze Geheimnis der Entdeckung liegt hierin: die Natur
reden zu lassen. Dazu gehört grosse Selbstbeherrschung; diese fehlte
den Hellenen. Das Schwergewicht ihrer Genialität lag in der Schöpferkraft, das Schwergewicht der unseren in der Aufnahmefähigkeit. Denn
die Natur gehorcht nicht einem Machtwort, sie spricht nicht, wie wir
Menschen wollen und was wir wollen, sondern durch endlose Geduld,
durch unbedingte Unterordnung haben wir aus tausend tastenden
Versuchen herauszufinden, wie sie befragt sein will und welche
Fragen sie zu beantworten beliebt, welche nicht. Daher ist die Beobachtung eine hohe Schule der Charakterbildung: sie übt die Ausdauer, sie bändigt den Eigenwillen, sie lehrt unbedingte Wahrhaftigkeit. Diese Rolle hat die Naturbeobachtung in der Geschichte des
Germanentums gespielt; diese Rolle würde sie morgen in unseren
Schulen spielen, wenn endlich einmal die Nacht mittelalterlicher Super-
stitionen sich lichtete und wir zur Einsicht gelangten, dass nicht das
Nachplappern veralteter Weisheit in toten, unverstandenen Sprachen,

---

[1] Siehe S. 408 und den Nachtrag zu jener Seite.

auch nicht das Wissen angeblicher »Thatsachen« und noch weniger die Wissenschaft, sondern die Methode der Erwerbung alles Wissens, nämlich die Beobachtung, die Grundlage aller Erziehung sein sollte, als einzige Disciplin, welche zugleich den Geist und den Charakter formt, Freiheit und doch nicht Ungebundenheit schenkt, und welche die Quelle aller Wahrheit und aller Originalität einem Jeden zugänglich macht. Denn hier sehen wir Wissen und Kultur sich wieder berühren und lernen noch besser verstehen, inwiefern Entdecker und Dichter einer Familie angehören: wirklich originell ist nämlich nur — dafür aber überall und immer — die Natur. »Die Natur allein ist unendlich reich, und sie allein bildet den grossen Künstler.«[1]) Die Menschen, die wir Genies nennen, ein Leonardo, ein Shakespeare, ein Bach, ein Kant, ein Goethe, sind unendlich fein organisierte Beobachter; freilich nicht in dem Sinne des Grübelns und Grabbelns, wohl aber im Sinne des Sehens, sowie des Aufspeicherns und Verarbeitens des Gesehenen. Diese Sehkraft nun, d. h. die Fähigkeit des einzelnen Menschen, sich so zur Natur zu stellen, dass er innerhalb gewisser, durch seine Individualität gezogener Grenzen ihre ewig schöpferische Originalität in sich aufnehme und dadurch befähigt werde, selber schöpferisch und originell zu sein — diese Sehkraft kann geübt und entwickelt werden. Allerdings wird sie sich nur bei wenigen ausserordentlichen Menschen freischöpferisch bethätigen, doch Tausende zu originellen Leistungen befähigen.

Die hemmende Umgebung.

Wenn der Trieb zum forschenden Entdecken dem Germanen in der beschriebenen Weise angeboren ist, warum erwachte er so spät? Er erwachte nicht spät, sondern er wurde systematisch durch andere Mächte unterdrückt. Sobald die Wanderungen mit ihren unaufhörlichen Kriegen nur einen Augenblick Ruhe gönnen, erblicken wir den Germanen am Werke, nach Wissen dürstend und fleissig forschend. Karl der Grosse und König Alfred sind allbekannte Beispiele (S. 317 fg.); schon von Karl's Vater, Pippin, lesen wir bei Lamprecht,[2]) er sei »voll Verständnis namentlich für Naturwissenschaften gewesen«[3]) Entscheidend ist dann die Aussage eines solchen Mannes wie Scotus Erigena (im 9. Jahrhundert), dass die Natur erforscht werden könne und erforscht werden solle;

---

[1]) Goethe: *Werther's Leiden,* Brief vom 26. Mai des ersten Jahres. Vergl. auch hier das S. 270 unten Gesagte.

[2]) *Deutsche Geschichte*, II, 13.

[3]) Nur im Vorbeigehen die für unsere germanische Eigenart so wichtige Ergänzung: »für Naturwissenschaften und Musik!«

nur dadurch erfülle sie ihren göttlichen Zweck.[1]) Wie erging es nun diesem bei aller Wissbegier doch äusserst frommen und (charakteristischer Weise) zur schwärmerischen Mystik geneigten Manne? Auf Befehl des Papstes Nikolaus I. wurde er von seinem Lehramt in Paris verjagt und schliesslich ermordet, und noch vier Jahrhunderte später wurden seine Werke — die inzwischen unter allen wirklich religiösen, antirömischen Germanen verschiedener Nationen grosse Verbreitung gefunden hatten — durch die Sendlinge Honorius III. überall aufgestöbert und verbrannt. Ähnliches geschah bei jeder Regung des Wissenstriebes. Gerade im 13. Jahrhundert, im Augenblick, wo man die Schriften des Scotus Erigena so eifrig den Flammen überlieferte, wurde jener unbegreiflich grosse Geist, Roger Bacon,[2]) geboren, der zur Entdeckung der Erde durch »Hinaussegeln nach Westen, um nach Osten zu gelangen« anzufeuern suchte, der die Vergrösserungslupe konstruierte und das Teleskop in der Theorie entwarf, der als Erster die Bedeutung wissenschaftlicher, streng philologisch bearbeiteter Sprachkenntnisse nachwies, u. s. w. ohne Ende, und der vor Allem die prinzipielle Bedeutung der Beobachtung der Natur als Grundlage alles wirklichen Wissens ein für alle Mal hinstellte und sein ganzes eigenes Vermögen auf physikalische Experimente ausgab. Welche Ermunterung fand nun dieser Geist, geeignet wie kein Anderer vor oder nach ihm, das gesamte Germanentum zum plötzlich hellen Auflodern seiner geistigen Fähigkeiten zu bringen? Zuerst begnügte man sich, ihm zu verbieten, die Ergebnisse seiner Versuche aufzuschreiben, d. h. also, sie der Welt mitzuteilen; dann wurde das Lesen der schon hinausgegangenen Bücher mit Exkommunikation bestraft; dann wurden seine Papiere — die Ergebnisse seiner Studien — vernichtet; zuletzt wurde er in schwere Kerkerhaft geworfen, in der er viele Jahre, bis zum Vorabend seines Todes, verblieb. Der Kampf, den ich hier an zwei Beispielen flüchtig skizziert habe, währte Jahrhunderte und kostete viel Blut und Leiden. Im Grunde genommen ist es genau der selbe Kampf, den mein achtes Kapitel schildert: Rom gegen das Germanentum. Denn, was man auch sonst über römische Unfehlbarkeit denken mag, das Eine wird jeder unparteiische Mann zugeben: Rom hat stets mit unfehlbarem Instinkt es verstanden, dasjenige, was geeignet war, das Germanentum zu fördern, hintanzuhalten,

---

[1]) *De divisione naturae V*, 33. Vergl. auch oben S. 640.
[2]) Von ihm sagt Goethe (*Gespräche* II, 246): »Die ganze Magie der Natur ist ihm, im schönsten Sinne des Wortes, aufgegangen.«

und demjenigen, wodurch es am tiefsten geschädigt werden musste, Vorschub zu leisten.

Doch um der Sache jede Spitze zu nehmen, die noch heute verletzen könnte, wollen wir sie bis auf ihren reinmenschlichen Kern verfolgen: was finden wir da? Wir finden, dass das thatsächliche, konkrete Wissen, also das grosse Werk der mühsamen Entdeckung, einen Todfeind hat: das Alleswissen. Wir sahen das schon bei den Juden (S. 382); wenn man ein heiliges Buch besitzt, welches alle Weisheit enthält, so ist jede weitere Forschung ebenso überflüssig wie frevelhaft: die christliche Kirche übernahm die jüdische Tradition. Diese für unsere Geschichte so verhängnisvolle Anknüpfung geschieht unmittelbar vor unseren Augen; sie kann Schritt für Schritt nachgewiesen werden. Die alten Kirchenväter predigen einstimmig, unter ausdrücklicher Berufung auf die jüdische Thora, die Verachtung von Kunst und von Wissenschaft. Ambrosius z. B. sagt, Moses sei in aller weltlichen Weisheit erzogen gewesen und habe bewiesen, dass »Wissenschaft eine schädliche Thorheit sei, der man den Rücken kehren müsse, ehe man Gott finden könne«. »Astronomie und Geometrie treiben, dem Lauf der Sonne unter den Sternen folgen und kartographische Aufnahmen von Ländern und Meeren veranstalten, heisst das Seelenheil für müssige Dinge vernachlässigen.«[1] Augustinus erlaubt, dass man die Bahn des Mondes verfolge, »denn sonst könne man Ostern nicht richtig bestimmen«; im Ubrigen hält er die Beschäftigung mit Astronomie für Zeitverlust, indem sie nämlich die Aufmerksamkeit von nützlichen auf nutzlose Dinge lenke! Als »zu der Klasse der überflüssigen menschlichen Einrichtungen gehörend« erklärt er ebenfalls die gesamte Kunst.[2] Doch bedeutet diese noch unverfälscht jüdische Stellung der alten Kirchenlehrer eine *enfance de l'art;* zwar genügte sie, um Barbaren möglichst lange dumm zu erhalten; der Germane aber war nur äusserlich Barbar; sobald er zur Besinnung kam, entwickelten sich seine kulturellen Anlagen ganz von selbst und da war es notwendig, andere Waffen zu schmieden. Ein im fernen Süden geborener, zum Feind übergegangener Germane deutscher Herkunft, Thomas von Aquin, ward der berühmteste Waffenschmied; den lechzenden Wissensdurst seiner Stammesbrüder suchte er im Auftrag der Kirche zu löschen, indem er ihm die vollendete, göttliche Allwissenheit

---

[1] *De officiis ministrorum* I, 26, 122—123.
[2] *De doctrina christiana* I, 26, 2 und I, 30, 2.

darbot. Wohl mochte sein Zeitgenosse, Roger Bacon, spotten über
»den Knaben, der alles lehre, ohne dass er selber irgend etwas
gelernt habe«, denn Bacon hatte handgreiflich dargethan, dass uns
die Grundlagen zum einfachsten Wissen noch völlig abgingen und
er hatte gezeigt, auf welchem Wege allein diesem Mangel abzuhelfen
sei; doch was nutzte Vernunft und Wahrhaftigkeit? Thomas, welcher
behauptete, die heilige Kirchenlehre im Bunde mit dem kaum minder
heiligen Aristoteles genüge, um jede denkbare Frage apodiktisch zu
beantworten (siehe S. 683), alles weitere Forschen sei überflüssig und
verdammungswürdig, wurde heilig gesprochen, Bacon wurde in den
Kerker geworfen. Der Allwissenheit des Thomas gelang es auch
thatsächlich, das schon begonnene Werk der mathematischen, physikalischen, astronomischen und philologischen Untersuchungen für drei
ganze Jahrhunderte vollständig zu inhibieren![1])

Wir sehen also ein, warum das Entdeckungswerk so spät anhub.
Zugleich gelangen wir zur Kenntnis eines allgemeinen Gesetzes in Bezug
auf alles Wissen: nicht die Unwissenheit, sondern die Allwissenheit
ist für jede Zunahme des Wissensstoffes eine tödliche Atmosphäre.
Weisheit und Ignoranz sind beides nur die Bezeichnungen für nie
bestimmbare, weil rein relative Begriffe, der absolute Unterschied liegt
ganz wo anders; es ist der zwischen dem Manne, der sich seiner Unwissenheit bewusst ist und dem, der durch irgend eine Selbsttäuschung
sich entweder im Besitze alles Wissens wähnt oder sich über alles
Wissen erhaben dünkt. Ja, man dürfte vielleicht noch weiter gehen
und die Behauptung aufstellen, jegliche Wissenschaft, selbst die echte,
berge eine Gefahr für die Entdeckung, indem sie die Unbefangenheit
des beobachtenden Menschen der Natur gegenüber in etwas lähmt.
Hier wie anderswo (siehe S. 686) ist nicht so sehr die Menge und
die Art des Wissens, als vielmehr die Richtung des Geistes das Ent-

---

[1]) Das ist der Philosoph, der heute von den Jesuiten auf den Thron erhoben wird (siehe S. 682) und dessen Lehren hinfürder die Grundlage für die
philosophische Bildung aller römischen Katholiken abgeben sollen! Wie frei sich
der germanische Geist regte, ehe ihm von der Kirche diese Ketten angelegt wurden,
zeigt die Thatsache, dass auf der Universität zu Paris im 13. Jahrhundert Thesen
wie die folgenden verteidigt wurden: »Die Reden der Theologen sind auf Fabeln
gegründet« und »Es wird nichts mehr gewusst wegen des angeblichen Wissens
der Theologen« und »Die christliche Religion hindert daran, etwas hinzuzu-
lernen« (vergl. Wernicke: *Die mathematisch-naturwissenschaftliche Forschung*, *etc.*,
1898, S. 5).

scheidende. [1]) In der Erkenntnis dieses Verhältnisses liegt die ganze Bedeutung des Sokrates eingeschlossen, der von den Machthabern seiner Zeit aus demselben Grunde verfolgt wurde, wie die Scotus Erigena und Roger Bacon von den Machthabern ihrer Zeit. Denn es fällt mir nicht ein, der römischen Kirche einen besonderen, nur auf sie gemünzten Vorwurf aus ihrem Verhalten zu machen. Zwar richtet sich die Aufmerksamkeit immer in erster Linie auf sie, schon wegen der entscheidenden Macht, die sie bis vor wenigen Jahrhunderten besass, sowie auch wegen der grossartigen Konsequenz, mit der sie stets den einzig logischen Standpunkt unseres aus dem Judentum hervorgegangenen Glaubenssystems bis heute festgehalten hat; doch auch ausserhalb ihrer Gemeinschaft finden wir den selben Geist, als unabweisliche Folge jeder historischen, materialistischen Religion. Martin Luther z. B. hat folgenden horrenden Ausspruch gethan: »Der Griechischen Weisheit, wenn sie gegen der Juden Weisheit gehalten wird, ist gar viehisch; denn ausser Gott kann keine Weisheit, noch einiger Verstand und Witz sein.« Also die ewig herrlichen Leistungen der Hellenen sind »viehisch« im Verhältnis zu der absoluten Ignoranz und kulturellen Roheit eines Volkes, welches auf keinem einzigen Felde menschlichen Wissens oder Schaffens jemals das Geringste geleistet hat! Hingegen weist Roger Bacon in dem ersten Teil seines *Opus majus* als die vornehmliche Ursache der menschlichen Unwissenheit »den Stolz eines vorgeblichen Wissens« nach; womit er in der That den Kernpunkt trifft.[2]) Der Rechtsanwalt Krebs (besser bekannt als Kardinal Cusanus und berühmt als Aufdecker des römischen Dekretalienschwindels) vertrat zwei Jahrhunderte später die selbe These in seinem vielgenannten Werke *De docta ignorantia*, in dessen erstem Buche er »die Wissen-

---

[1]) Daher das tiefsinnige Wort Kant's über die Bedeutung der Astronomie: »Das Wichtigste ist wohl, dass sie uns den Abgrund der Unwissenheit aufgedeckt hat, den die menschliche Vernunft ohne diese Kenntnisse sich niemals so gross hätte vorstellen können, und worüber das Nachdenken eine grosse Veränderung in der Bestimmung der Endabsichten unseres Vernunftgebrauches hervorbringen muss« (*Kritik der reinen Vernunft*, Anmerkung in dem Abschnitt betitelt: »Von dem transscendentalen Ideal«).

[2]) Die Ignoranz hat nach ihm vier Ursachen: den Autoritätsglauben, die Macht der Gewohnheit, die Sinnestäuschungen, den stolzen Wahnsinn einer erträumten Weisheit. Von den Thomisten und Franziskanern, die als die grössten Gelehrten seiner Zeit galten, sagt Bacon: »Niemals hat die Welt einen so grossen Schein des Wissens gesehen wie heute, und doch war niemals in Wahrheit die Ignoranz so krass, der Irrtum so tief eingewurzelt« (nach einem Citat in Whewell: *History of the inductive sciences,* 3rd ed., I, 378).

schaft des Nichtwissens« als ersten Schritt zu allem ferneren Wissen entwickelt.

Sobald diese Einsicht so weit durchgedrungen war, dass selbst Kardinäle sie vortragen durften, ohne in Ungnade zu fallen, war der Sieg des Wissens sicher. Jedoch, um die Geschichte unserer Entdeckungen und unserer Wissenschaften zu verstehen, werden wir das hier festgestellte Grundprinzip nie aus den Augen verlieren dürfen. Inzwischen hat freilich eine Verschiebung der Machtverhältnisse stattgefunden, jedoch nicht der Grundsätze. Unser Wissen haben wir Schritt für Schritt nicht allein der Natur abringen, sondern auch den Hindernissen abtrotzen müssen, welche die Mächte der nichtswissenden Allweisheit uns auf allen Seiten entgegenstellten. Als im Jahre 1874 Tyndall in seiner berühmten Rede vor der *British Association* in Belfast die unbedingte Freiheit der Forschung gefordert hatte, erhob sich in der ganzen anglikanischen Kirche, sowie in allen Kirchen der Dissidenten ein Sturm der Empörung. Bei uns kann zwischen Wissenschaft und Kirche niemals aufrichtige Harmonie bestehen, wie das in Indien der Fall war: zwischen einem dem Judentum entlehnten, chronistischen und absolutistischen Glaubenssystem und den fragenden, forschenden Instinkten der germanischen Persönlichkeit ist dies ein Ding der Unmöglichkeit. Man mag das nicht einsehen, man mag es aus interessierten Gründen leugnen, man mag es wegen fernreichender Pläne zu vertuschen suchen, wahr bleibt es doch, und diese Wahrheit bildet einen der Gründe zu der tiefliegenden Zwietracht unserer Zeiten. Daher kommt es auch, dass bisher so spottwenig von unserem grossen Entdeckungswerk in das lebendige Bewusstsein der Völker eingedrungen ist. Diese erblicken wohl einige Resultate des Forschens — solche die zu industriell verwertbaren Neuerungen führten; doch ist es offenbar vollkommen gleichgültig, ob wir uns mit Talgkerzen oder mit elektrischen Glühlampen leuchten; entscheidend ist nicht, w i e man sieht, sondern w e r sieht. Erst wenn wir unsere Erziehungsmethoden so gänzlich umgewälzt haben, dass die Heranbildung des Einzelnen von Anfang an einem E n t d e c k e n gleicht und nicht lediglich aus der Überlieferung einer fertigen Weisheit besteht, erst dann werden wir auf diesem grundlegenden Gebiet des Wissens das fremde Joch in der That abgeschüttelt haben und der vollen Entfaltung unserer besten Kräfte entgegengehen.

Der Blick aus einer solchen möglichen Zukunft zurück auf unsere noch arme Gegenwart befähigt, noch weiter zurückzuschauen und mit

Verständnis nachzufühlen, welchen Schwierigkeiten das mühsamste aller
Werke, die Entdeckung, auf Schritt und Tritt begegnete. Ohne die
Goldgier, und ohne die unnachahmliche Naivetät der Germanen wäre
es nie gelungen. Sie verstanden es, sich sogar die kindische Kosmo-
gonie des Moses zu nutze zu machen.[1]) So sehen wir z. B. wie die
Theologen der Universität Salamanca mit einem ganzen Arsenal von
Citaten aus der Bibel und aus den Kirchenvätern beweisen, der Gedanke einer Westroute über den Atlantischen Ocean sei Unsinn und
Blasphemie, und wie sie damit die Abweisung des Columbus seitens
der Regierung durchsetzten;[2]) doch Columbus selber, ein sehr frommer
Mann, war hierdurch nicht irre zu machen, denn auch er verliess
sich bei seinen Berechnungen mehr noch als auf die Karte des Toscanelli und auf die Meinungen des Seneca, Plinius u. s. w., gleichfalls
auf die Heilige Schrift und zwar auf die Apokalypse Esra's, worin
gesagt wird, das Wasser bedecke nur den siebenten Teil der Erde.[3])
Wahrlich, eine echt germanische Art, jüdische Apokalypsen zu etwas
nütze zu machen! Hätten die Menschen damals geahnt, dass das
Wasser statt ein Siebentel der Erdoberfläche — wie die unfehlbare
Quelle alles Wissens es lehrte — fast genau drei Viertel bedecke, sie
hätten sich auf den Ocean nie hinausgewagt. Auch der ferneren
Geschichte der geographischen Entdeckungen kamen verschiedene derartige fromme Konfusionen sehr zu statten. So z. B. war es die
(S. 675 erwähnte) Schenkung aller Länder der Erde westlich der Azoren
an Spanien durch den Papst als unbeschränkten Herrn der Welt, welche
die Portugiesen zur Auffindung des östlichen Weges nach Indien um
das Kap der guten Hoffnung herum förmlich z w a n g. Nun fanden
sich aber in Folge dessen die Spanier im Nachteil; denn der Papst

---

[1]) Was heute mit dem Darwinismus wieder geschieht!

[2]) Fiske: *Discovery of America,* ch. V.

[3]) Dies ist natürlich nur eine Anwendung der beliebten Einteilung in die
heilige Siebenzahl, nach der (angeblichen) Zahl der Wandelsterne. Man vergleiche
das zweite Buch *Esra* in den Apokryphen, VI, 42 und 52 (auch als viertes Buch
Esra bezeichnet, wenn das kanonische Buch *Esra* und das Buch *Nehemia* als erstes
und zweites gerechnet werden, was in früheren Zeiten üblich war). Höchst bemerkenswert ist es, dass Columbus alle seine Argumente für einen westlichen Weg
nach Indien, sowie auch die Kenntnis dieser Stelle aus *Esra* dem grossen Roger
Bacon verdankt! So haben wir den Trost, den armen, von der Kirche zu Tode
Gehetzten, ebenso wie auf Mathematik, Astronomie und Physik, auch auf die
Geschichte der geographischen Entdeckungen entscheidenden Einfluss ausüben zu
sehen.

hatte den Portugiesen die gesamte östliche Welt zu eigen geschenkt und jetzt waren sie auf Madagascar und auf Indien gestossen mit seinen fabelhaften Schätzen an Gold, Edelsteinen, Gewürzen u. s. w., während Amerika einstweilen wenig bot; und so kannten die Spanier keine Ruhe, bis Magalhães seine grosse That vollbracht, und auf dem westlichen Wege ebenfalls bis nach Indien vorgedrungen war.[1])

Auf Einzelheiten werde ich nicht eingehen. Nicht als ob es hier nicht noch vieles auszuführen gäbe, was der Leser weder aus Geschichtswerken noch aus Konversationslexicis wird ergänzen können, doch sobald der ganze lebendige Organismus uns klar vor Augen steht — die besondere Anlage, die treibenden Kräfte, die hemmende Umgebung — ist die an diesem Orte gestellte Aufgabe vollbracht, und das dürfte jetzt der Fall sein. Nicht eine Chronik der Vergangenheit, sondern eine Beleuchtung der Gegenwart bezwecke ich ja. Und darum möchte ich nur noch auf das Eine mit besonderem Nachdruck die Aufmerksamkeit richten. Es verwirrt nämlich das historische Verständnis völlig, wenn man die geographischen Entdeckungen, wie üblich, von dem übrigen Entdeckungswerk scheidet; ebenso entsteht eine weitere Verwirrung, wenn man diejenigen Entdeckungen, welche speziell das Menschengeschlecht betreffen — ethnographische, sprachliche, religionsgeschichtliche u. s. w. — wieder in ein besonderes Fach einreiht, oder zur Philologie und Historie zählt. Die Einheit der Wissenschaften wird täglich mehr anerkannt, die Einheit des Entdeckungswerkes, d. h. also der Herbeischaffung des Wissensstoffes, fordert die selbe Anerkennung. Gleichviel, was entdeckt wird, gleichviel ob ein kühner Abenteurer, ein erfindungsreicher Industrieller oder ein geduldiger Gelehrter es zu Tage fördert, es sind die selben Anlagen unseres Wesens am Werke, der selbe Drang nach Besitz, die selbe Leidenschaftlichkeit, die selbe Hingabe an die Natur, die selbe Kunst der Beobachtung; es ist der selbe germanische Mann, von dem Faust sagt:

Im Weiterschreiten find' er Qual und Glück,
Er! unbefriedigt jeden Augenblick.

Und jede einzelne Entdeckung, gleichviel auf welchem Gebiete sie stattfindet, fördert jede andere, wie fern auch abliegende. Das ist bei

Die Einheit des Entdeckungswerkes.

---

[1]) Magalhães erblickte Land, d. h. er vollendete den Beweis, dass unsere Erde rund sei, am 6. März 1521, am selben Tage, an dem Karl V. die Vorladung Luther's nach Worms unterschrieb.

den geographischen besonders sichtbar. Aus Gier nach Besitz, zugleich aus religiösem Fanatismus hatten die Staaten Europa's sich des geographischen Entdeckungswerkes angenommen; das Hauptergebnis für den Menschengeist war aber zunächst die Feststellung, dass die Erde rund ist. Die Bedeutung dieser Entdeckung ist einfach unermessbar. Zwar war die sphärische Gestalt der Erde schon längst von den Pythagoreern vermutet und von gelehrten Männern zu allen Zeiten vielfach behauptet worden; doch ist es ein gewaltig weiter Schritt von derartigen theoretischen Erwägungen bis zu einem unwiderleglichen, konkreten, augenfälligen Nachweis. Dass die Kirche nicht wirklich an die Kugelgestalt der Erde glaubte, geht zur Genüge aus jenen Schenkungsbullen des Jahres 1493 hervor (S. 675): denn »westlich« von einem jeden Breitengrade liegt die ganze Erde. Dass Augustinus die Annahme von Antipoden für absurd und schriftwidrig hielt, habe ich schon früher angeführt (S. 538). Am Schlusse des 15. Jahrhunderts galt für die Gläubigen noch immer die Geographie des Mönches Cosmas Indicopleustes als massgebend, welcher die Ansicht der griechischen Gelehrten für Gotteslästerung erklärt und die Welt sich als ein flaches Rechteck denkt, das die vier Wände des Himmels einschliessen; oberhalb der gewölbten Sternendecke wohnen Gott und die Engel.[1]) Man mag wohl heute über derartige Vorstellungen lächeln, sie waren und sind durch die Kirchenlehre geboten. So warnt z. B. Thomas von Aquin bezüglich der Hölle ausdrücklich vor der Tendenz, sie nur geistig aufzufassen; im Gegenteil, die Menschen würden dort *poenas corporeas,* leibliche Strafen leiden, und die Flammen der Hölle seien *secundum litteram intelligenda*, d. h. buchstäblich zu verstehen, was doch die Vorstellung eines Ortes — nämlich »unterhalb der Erde« — bedingt.[2]) Ein

---

[1]) Vergl. Fiske: *Discovery of America*, ch. III.

[2]) *Compendium Theologiae, cap.* CLXXIX. Dass Thomas von Aquin auch an eine bestimmte Lokalisation des Himmels glaubte, wenngleich er weniger Nachdruck darauf gelegt zu haben scheint, bezweifle ich nicht. Konrad von Megenberg, der genau 100 Jahre nach ihm starb (1374), ein sehr gelehrter und frommer Mann, Kanonikus am Ravensberger Dom und Verfasser der allerersten Naturgeschichte in deutscher Sprache, sagt ausdrücklich in dem astronomischen Teil seines Werkes: »Der erste und oberste Himmel (es gibt ihrer zehn) steht still und dreht sich nicht. Er heisst auf lateinisch Empyreum, zu deutsch Feuerhimmel, weil er in übernatürlich hellem Schein glüht und leuchtet. In ihm wohnt Gott mit seinen Auserwählten« (*Das Buch der Natur*, II, 1). Die neue Astronomie, fussend auf der neuen Geographie, vernichtete also geradezu die »Wohnung Gottes«, an die bis dahin selbst gelehrte und freisinnige Männer geglaubt

runder, im Raume schwebender Planet vernichtet die greifbare Vorstellung der Hölle ebenso gründlich und weit wirksamer als Kant's
Transscendentalität des Raumes. Kaum ein einziger der kühnen Seefahrer glaubte ganz fest an die Kugelgestalt der Erde und Magalhães
hatte grosse Mühe, seine Leute zu beruhigen, als er den Stillen Ocean
durchkreuzte, da sie täglich fürchteten, plötzlich an den »Rand« der
Welt zu gelangen und direkt in die Hölle hinunter zu fallen. Und
nunmehr war der konkrete Beweis erbracht; die Leute, die nach
Westen hinausgesegelt waren, kehrten von Osten zurück. Das war die
vorläufige Vollendung des von Marco Polo (1254—1323) begonnenen
Werkes; er hatte als Erster die sichere Kunde gebracht, im Osten von
Asien dehne sich ein Ocean aus.[1])

Mit einem Schlage war nunmehr rationelle Astronomie möglich
geworden! Die Erde war rund; folglich schwebte sie im Raume.
Schwebte sie aber im Raume, warum sollten nicht Sonne, Mond und

hatten, und raubte den physico-theologischen Vorstellungen alle sinnlich überzeugende
Wirklichkeit.

[1]) Zur Verdeutlichung des im 13. Jahrhundert begonnenen geographischen
Entdeckungswerkes ist umstehend eine Karte beigegeben. Der schwarze Teil zeigt,
wie viel von der Welt dem Europäer aus der ersten Hälfte des 13. Jahrhunderts,
also vor Marco Polo, bekannt war; alles weiss Gelassene war völlig *terra incognita*.
Die Gegenüberstellung wirkt überraschend und kann als ein Diagramm zur Ver-
sinnbildlichung der entdeckenden Thätigkeit der Germanen auch auf anderen Gebieten dienen. — Sobald man frühere Zeiten oder aussereuropäische Völker in Betracht zöge, müsste allerdings der schwarze Teil bedeutende Modifikationen erleiden;
so z. B. hatten die Phönizier die Kap Verde-Inseln gekannt, inzwischen waren aber
diese so gänzlich aus den Augen verloren, dass man die alten Berichte für Fabeln
hielt; die Kalifen hatten mit Madagaskar einen regen Verkehr unterhalten, sogar
— angeblich — den Seeweg um Indien herum nach China gekannt; christliche,
nestorianische Bischöfe hat es im 7. Jahrhundert in China gegeben! u. s. w.
Dass von allen diesen Dingen einzelne Europäer (am päpstlichen Hofe oder an
Handelsemporien) dunkle Kunde auch im 13. Jahrhundert besassen, ist anzunehmen;
ich habe aber zeigen wollen, was thatsächlich und aus sicherer Anschauung
damals bekannt war, und da habe ich eher zu viel als zu wenig aufgenommen.
Von den Küsten Indiens z. B. hatten die Europäer damals gar keine genaue
Kenntnis; drei Jahrhunderte später (z. B. auf der Karte von Johann Ruysch) sind
ihre Vorstellungen noch schwankend und fehlervoll; von Innerasien kannten sie
lediglich die Karawanenstrassen bis nach Samarkand und bis an den Indus. Erst
wenige Jahre vor Marco Polo sind zwei Franziskaner-Mönche bis nach Karakorum,
an den Hof des Grosskhans, vorgedrungen und haben von dort die erste nähere
Kunde (doch auch nur vom Hörensagen) über China gebracht. (Man vergl. betreffs
China die Nachträge.)

49*

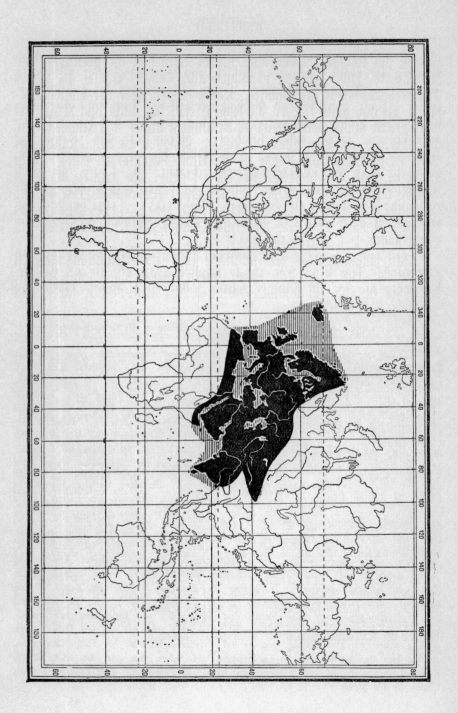

Planeten frei schweben? Somit kamen geniale Hypothesen der alten Hellenen wieder zu Ehren.[1]) Vor Magalhães fassten derartige Spekulationen (z. B. die des Regiomontanus) nie festen Fuss; wogegen sobald kein Zweifel mehr bestand über die Gestalt der Erde, ein Kopernikus gleich zur Hand war; denn jetzt stand die Spekulation auf dem festen Boden sicherer Thatsachen. Hierdurch wurde aber sofort die Erinnerung an jenes schon von Roger Bacon angegebene Teleskop geweckt, und die Entdeckungen auf unserem Planeten setzten sich fort durch Entdeckungen am Himmel. Kaum war die Bewegung der Erde als wahrscheinliche Hypothese aufgestellt worden, und schon sah man mit Augen die Monde um Jupiter herum kreisen.[2]) Welchen immensen Impuls die Physik durch die völlige Umgestaltung der kosmischen Vorstellungen erhielt, zeigt die Geschichte. Dass sie bei Archimedes anknüpft, ist wahr, so dass man der Renaissance ein gewisses kleines Verdienst daran lassen kann, doch weist Galilei darauf hin, dass die Geringschätzung der höheren Mathematik und Mechanik mit dem Mangel eines sichtbaren Gegenstandes für deren Anwendung zusammenhing,[3]) und die Hauptsache ist, dass eine mechanische Auffassung der Welt überhaupt erst dann sich den Menschen aufdrängen konnte, als sie mit Augen die mechanische Struktur des Kosmos erblickten. Jetzt erst wurden die Gesetze des Falles sorgfältig untersucht; dies führte zu einer neuen Vorstellung und Analyse der Schwerkraft, sowie zu einer neuen und richtigeren Bestimmung der Grundeigenschaften aller Materie. Die treibende Kraft zu allen diesen Studien war die durch den Anblick schwebender Gestirne mächtig erregte Phantasie. Die hohe Bedeutung fortwährender Entdeckungen für das Wachhalten der Phantasie (und somit auch für die Kunst) habe ich schon früher erwähnt (S. 270); hier erblicken wir das Prinzip am Werke.

Man sieht, wie sich das Eine aus dem Anderen ergiebt, und wie der erste Anstoss zu allen diesen Entdeckungen in den Ent-

---

[1]) Gleich in der Widmung zu seinem *De revolutionibus* nennt Kopernikus diese Meinungen der Alten. Und als das Werk später auf den Index kam, wurde die Lehre des Kopernikus kurzweg als *doctrina Pythagorica* bezeichnet (Lange: *Gesch. des Materialismus,* 4, Aufl. I, 172).

[2]) Die Bewegung dieser Monde ist so leicht zu beobachten, das Galilei sie sofort bemerkte und in seinem Briefe vom 30. Januar 1610 erwähnt.

[3]) So habe ich wenigstens ein Citat in Thurot: *Recherches historiques sur le principe d'Archimède,* 1869, gedeutet, bin aber leider augenblicklich nicht in der Lage, die Treue meines Gedächtnisses und die Richtigkeit meiner Auffassung zu prüfen.

deckungsreisen zu suchen ist.   Doch viel weiter noch, bis in die
tiefste Tiefe der Weltanschauung und Religion, reichten bald die um
diesen mittleren Impuls herum sich ausdehnenden Wellen.   Denn viele
Thatsachen wurden jetzt entdeckt, welche der scheinbaren Evidenz
und den Lehren des sacrosancten Aristoteles direkt widersprachen.
Die Natur wirkt immer in unerwarteter Weise; der Mensch besitzt
kein Organ, durch das er noch nicht Beobachtetes erraten könnte,
weder Gestalt noch Gesetz; es ist ihm völlig versagt. Entdeckung ist
immer Offenbarung.   In genialen Köpfen wirkten nun diese neuen
Offenbarungen — diese den stummen Sphinxen entlockten Antworten
auf bisher in heiliges Dunkel gehüllte Rätsel — mit fliegender Eile
und befähigten sie sowohl zu Anticipationen künftiger Entdeckungen wie
auch zur Grundlegung einer durchaus neuen, weder hellenischen noch
jüdischen, sondern germanischen Weltanschauung. So verkündete schon
Leonardo da Vinci — ein Vorläufer aller echten Wissenschaft — »la terra
è una stella«, die Erde ist ein Stern, und fügte erläuternd an anderer Stelle
hinzu: »la terra non è nel mezzo del mondo«, die Erde befindet sich
nicht in der Mitte des Universums; und mit einer schier unbegreiflichen
Intuitionskraft sprach er das ewig denkwürdige Wort: »Alles Leben
ist Bewegung.«[1])   Hundert Jahre später sah schon Giordano Bruno, der
begeisterte Visionär, unser ganzes Sonnensystem sich im unendlichen
Raume fortbewegen, die Erde mit ihrer Last an Menschen und Menschen-
geschicken nur ein Atom unter ungezählten Atomen.   Da war man
freilich weit von mosaischer Kosmogonie und von dem Gott, der sich
das kleine Volk der Juden herausgewählt hatte, »auf dass er geehrt
werde«, und fast ebenso weit von Aristoteles mit seiner pedantisch-
kindischen Teleologie. Es musste der Aufbau einer ganz neuen Weltanschauung, einer Weltanschauung, die den Bedürfnissen des germanischen Gesichtskreises und der germanischen Geistesrichtung ent-
sprach, begonnen werden.   In dieser Beziehung ward dann Descartes —
geboren, ehe Bruno starb — von weltgeschichtlicher Bedeutung, indem
er, genau so wie seine Vorfahren, die kühnen Seefahrer, zugleich das
grundsätzliche Zweifeln an allem Hergebrachten und die furchtlose
Erforschung des Unbekannten forderte.   Worüber später Näheres.

---

[1]) So finde ich die Stelle an verschiedenen Orten citiert, doch lautet der einzige
derartige Spruch, den ich aus dem Original kenne, etwas anders: *Il moto è causa
d'ogni vita*, die Bewegung ist Ursarche alles Lebens (in den von J. P. Richter herausgegebenen *Scritti letterari di Lionardo da Vinci*, II, 286, Fragment Nr. 1139). Die
früher genannten Stellen sind den Nummern 865 und 858 entnommen.

Dass Alles sind Ergebnisse der geographischen Entdeckungen! Natürlich nicht wie Wirkungen, die auf Ursachen folgen, wohl aber wie Ereignisse, welche durch bestimmte Vorfälle veranlasst worden sind. Hätten wir Freiheit besessen, so hätte der historische Entwickelungsgang unseres Entdeckungswerkes ein anderer sein können, wie dies aus dem Beispiel Roger Bacon's deutlich genug hervorgeht; doch *natura sese adjuvat*: alle Wege bis auf den einen der geographischen Entdeckungen waren uns gewaltsam abgesperrt worden; dieser blieb offen, weil alle Kirchen den Geruch des Goldes lieben und weil selbst ein Columbus davon träumte, mit den erhofften Schätzen eine Armee gegen die Türken auszurüsten; und so wurde die geographische Entdeckung die Grundlage zu allen anderen, damit zugleich das Fundament unserer allmählichen, doch noch lange nicht vollendeten geistigen Emanzipation.

Leicht wäre es, den Einfluss der Entdeckung der Welt auf alle anderen Lebenszweige nachzuweisen: auf Industrie und Handel, dadurch aber zugleich auf die wirtschaftliche Gestaltung Europa's, auf den Landbau, durch die Einführung neuer Nutzpflanzen (z. B. der Kartoffel), auf die Medizin (man denke an das Chinin!), auf die Politik u. s. w. Ich überlasse das dem Leser und mache ihn nur darauf aufmerksam, dass auf allen diesen Gebieten der erwähnte Einfluss zunimmt, je näher wir unserem 19. Jahrhundert rücken; mit jedem Tag wird unser Leben im Gegensatz zum früheren »europäischen« in ausgesprochenerer Weise ein »planetarisches«.

Noch ein grosses Gebiet tiefgehender und in diesem Zusammen- *Der Idealismus.* hang wenig beachteter Beeinflussung giebt es, das nicht unerörtert bleiben darf, und zwar um so weniger als gerade hier die unausbleiblichen Folgen der Entdeckungen am langsamsten sich einstellen und kaum erst in unserem Jahrhundert deutliche Gestalt zu gewinnen begannen: ich meine, den Einfluss der Entdeckungen auf die Religion. In Wahrheit hat durch die Entdeckung — erst der Sphäroidalgestalt der Erde, sodann ihrer Stellung im Kosmos, sodann der Bewegungsgesetze, sodann der chemischen Struktur der Stoffe u. s. w., u. s. w. — eine lückenlos mechanische Deutung der Natur sich als unabweislich, als einzig wahr ergeben. Sage ich »einzig wahr«, so meine ich einzig wahr für uns Germanen; andere Menschen mögen — in Zukunft wie in der Vergangenheit — anders denken; auch unter uns regt sich hin und wieder eine Reaktion gegen das allzu einseitige Vorwalten rein mechanischer Naturdeutung; doch lasse man sich nicht durch vorübergehende Strömungen irreführen; wir werden mit Notwendigkeit immer wieder auf Mechanismus zurückkommen, und so lange der Germane vorherrscht, wird er diese seine Auffassung auch den Nicht-germanen aufzwingen. Ich rede nicht von Theorien, das gehört an einen anderen Ort; wie aber auch die Theorie ausfalle, »mechanisch« wird sie hinfürder immer sein, das ist ein unweigerliches Gebot des germanischen Denkens; denn so nur vermag es das Äussere und das Innere in fruchtbarer Wechselwirkung zu erhalten. Dies gilt — für uns — so uneingeschränkt, dass ich mich gar nicht entschliessen kann, das Mechanische als eine Theorie und daher als zur »Wissenschaft« gehörig zu betrachten, sondern es vielmehr als eine Entdeckung, als eine feststehende Thatsache auffassen zu müssen glaube. Rechtfertigen mag dies der Philosoph, doch bildet für den gemeinen Mann der Siegeslauf unserer greifbaren Entdeckungen genügende Gewähr; denn der streng festgehaltene mechanische Gedanke war von Anfang an bis zum heutigen Tage der Ariadnefaden, der uns durch alle sich querenden Irrgänge sicher hindurchführte. »Wir bekennen uns zu dem Geschlecht, das aus dem Dunkeln ins Helle strebt«, schrieb ich auf das Titelblatt dieses Buches: was uns in der Welt der empirischen Erfahrung aus dem Dunkeln ins Helle geführt hat und noch führt, war und ist das unbeirrte Festhalten am Mechanismus. Dadurch — und nur dadurch — haben wir eine Menge der Erkenntnis und eine Herrschaft über die Natur erworben, wie nie eine andere Menschenart.[1]) Dieser Sieg des Mechanismus bedeutet nun den notwendigen, völligen Untergang aller materialistischen Religion. Das Ergebnis ist unerwartet, doch unanfechtbar. Jüdische Weltchronik konnte für Cosmas Indicopleustes Bedeutung haben, für uns kann sie es nicht; dem Universum gegenüber, wie wir es heute kennen, ist sie einfach absurd. Ebenso unhaltbar ist aber dem Mechanismus gegenüber alle Magie, wie sie — dem Orient entnommen — in kaum verhüllter Gestalt einen so wesentlichen Bestandteil des sogenannten christlichen Credos ausmacht (siehe S. 636, 640). Mechanismus in der Welt-

---

[1]) Da man in einem philosophisch so sehr verrohten Zeitalter Missverständnisse in allen Dingen immer befürchten muss, setze ich hinzu (mit Kant's Worten), dass wenn es auch, »ohne den Mechanismus zum Grunde der Nachforschung zu legen, gar keine eigentliche Naturerkenntnis geben kann«, dies doch nur für die Empirie gilt und durchaus nicht hindert, »nach einem Prinzip zu spüren und zu reflektieren, welches von der Erklärung nach dem Mechanismus der Natur ganz verschieden ist« (*Kritik der Urteilskraft*, § 70).

anschauung und Materialismus in der Religion sind ein für alle Mal
unvereinbar. Wer die mit den Sinnen wahrgenommene, empirische
Natur mechanisch deutet, hat eine ideale Religion oder gar keine;
alles Übrige ist bewusste oder unbewusste Selbstbelügung. Der Jude
kannte keinerlei Mechanismus: von der Schöpfung aus Nichts bis zu
seinen Träumen einer messianischen Zukunft ist bei ihm alles frei-
waltende, allvermögende Willkür; [1]) darum hat er auch nie etwas
entdeckt; nur Eines ist bei ihm notwendig: der Schöpfer; mit ihm
ist alles erklärt. Die mystisch-magischen Gedanken, welche allen
unseren kirchlichen Sakramenten zu Grunde liegen, stehen auf einer
noch tieferen Stufe des Materialismus; denn sie bedeuten in der Hauptsache einen Stoffwechsel, sind also weder mehr noch weniger als
Seelen-Alchymie. Dagegen verträgt der konsequente Mechanismus, wie wir Germanen ihn geschaffen haben und dem wir nie mehr
entrinnen können, einzig eine rein ideale, d. h. eine transscendente
Religion, wie sie Jesus Christus gelehrt hatte: das Himmelreich ist
inwendig in euch.[2]) Nicht Chronik, sondern nur Erfahrung — innere,
unmittelbare Erfahrung — kann für uns Religion sein.

Darauf ist an anderem Orte zurück zu kommen. Hier will ich
nur das Eine vorwegnehmen, dass nach meinem Dafürhalten die Weltbedeutung Immanuel Kant's auf seinem genialen Erfassen dieses
Verhältnisses beruht: das Mechanische bis in seine letzten Konsequenzen als Welterklärung; das rein Ideale als einzigen Gesetzgeber
für den inneren Menschen.[3])

---

[1]) Siehe S. 242 fg.

[2]) Siehe S. 199 fg., 567 fg., u. s. w.

[3]) Für philosophisch gebildete Leser will ich bemerken, dass mir Kant's
Aufstellung einer dynamischen Naturphilosophie im Gegensatz zu einer
mechanischen Naturphilosophie (*Metaphysische Anfangsgründe der Naturwissenschaft*, II) nicht entgangen ist, doch handelt es sich da um Unterscheidungen,
die in einem Werk wie dem vorliegenden nicht vorgetragen werden können,
ausserdem bezeichnet Kant mit ›Dynamik‹ lediglich eine besondere Auffassung
einer — nach dem gewöhnlichen Brauch des Wortes — streng ›mechanischen‹
Deutung der Natur. — Gleich hier möchte ich auch dem Missverständnis vor-
beugen, als hätte ich mich dem Kant'schen System mit Haut und Haar verpflichtet.
Ich bin nicht gelehrt genug, um alle diese scholastischen Windungen mitzumachen;
es wäre Anmassung, wollte ich sagen, ich gehöre dieser oder jener Schule an; die
Persönlichkeit dagegen erblicke ich deutlich und ich sehe, welch mächtiger Trieb
sich in ihr äussert und nach welchen Richtungen hin. Nicht auf das ›Recht haben‹
oder ›Unrecht haben‹ — dieses ewige Windmühlen-Fechten der kleinen Geister —
kommt es mir an, sondern erstens auf die Bedeutung (in diesem Zusammenhang

Wie viele Jahrhunderte werden wir uns noch mit der bewussten Lüge herumschleppen, wir glaubten an Absurditäten als an offenbarte Wahrheit? Ich weiss es nicht. Doch hoffe ich, es währt nicht mehr lange. Denn das religiöse Bedürfnis schwillt zu gebieterisch an in unserer Brust, als dass es nicht eines Tages das morsche, finstere Gebäude zertrümmerte, und dann treten wir hinaus in das neue, helle, herrliche, welches schon lange fertig dasteht: das wird die Krone des germanischen Entdeckungswerkes sein!

----

2. Wissenschaft (von Roger Bacon bis Lavoisier).

Unsere wissen-
schaftliche
Methode.

Den Unterschied zwischen Wissenschaft und dem durch die Entdeckung gelieferten Rohmaterial des Wissens habe ich schon oben hervorgehoben und verweise auf das Seite 732 Gesagte; auch auf die Grenze zwischen Wissenschaft und Philosophie machte ich aufmerksam. Dass man niemals die Grenzen ohne einige Willkür wird scharf ziehen können, thut dem Grundsatz der Unterscheidung nicht den mindesten Abbruch. Gerade die Wissenschaften, d. h. unsere neuen germanischen wissenschaftlichen Methoden haben uns eines Besseren belehrt. Leibniz hatte gut das sogenannte Gesetz der Kontinuität wieder aufnehmen und bis in seine letzten Konsequenzen durchführen; der metaphysische Beweis ist in der Praxis entbehrlich, denn auch die Erfahrung zeigt

----

wäre man geneigt zu sagen, auf die ›dynamische‹ Bedeutung) des betreffenden Geistes und zweitens auf seine Eigenart; und da sehe ich Kant so mächtig, dass man zum Vergleich nur Wenige aus der Weltgeschichte heranziehen kann, und so durch und durch spezifisch germanisch (selbst auch wenn man dem Worte einen beschränkenden Sinn beilegt), dass er typische Bedeutung gewinnt. Die philosophische Technik ist hier das Nebensächliche, das Bedingte, Zufällige, Vergängliche; entscheidend, unbedingt, unvergänglich ist die zu Grunde liegende Kraft, ›nicht das Gesprochene, sondern der Sprecher des Gesprochenen‹, wie die Upanishad's sich ausdrücken. — Über Kant als Entdecker verweise ich den Leser auch auf F. A. Lange's *Geschichte des Materialismus* (Ausg. 1881, S. 383), wo mit bewundernswertem Scharfsinne gezeigt wird, wie es sich für Kant gar nicht darum handelte noch handeln konnte, seine grundlegenden Sätze zu beweisen, sondern vielmehr sie zu entdecken. In Wahrheit ist Kant ein dem Galilei oder dem Harvey zu vergleichender Beobachter; er geht von Thatsachen aus und ›in Wirklichkeit ist seine Methode keine andere, als die der Induktion‹. Die Verwirrung entsteht dadurch, dass die Menschen sich über diesen Sachverhalt nicht klar sind. Jedenfalls sieht man, dass ich auch rein formell berechtigt war, den Abschnitt ›Entdeckung‹ mit dem Namen Kant zu beschliessen.

uns auf allen Seiten das allmähliche Ineinanderübergehen.[1]) Um aber
Wissenschaft aufzubauen, müssen wir unterscheiden, und die richtige
Unterscheidung ist diejenige, welche sich in der Praxis bewährt. Ohne
Frage kennt die Natur diese Scheidung nicht; das thut nichts; die
Natur kennt auch keine Wissenschaft; das Unterscheiden in dem von
der Natur gegebenen Material, gefolgt vom Aufsneueverbinden nach
menschlich verständlichen Grundsätzen, macht überhaupt Wissen-
schaft aus.

> Dich im Unendlichen zu finden,
> Musst unterscheiden und dann verbinden.

Darum rief ich auch Bichat an am Anfange dieses Abschnittes.
Wäre die von ihm gelehrte Einteilung der Gewebe eine von der Natur
als Einteilung gegebene, so hätte man sie von jeher gekannt; weit
entfernt davon hat man die von Bichat vorgeschlagenen Unterscheidungen
noch bedeutend modifiziert, denn es finden sich in der That überall Über-
gänge zwischen den Gewebearten, hier in die Augen springende, dort
der genaueren Beobachtung sich erschliessende; und so haben denkende
Forscher ausprobieren müssen, bis sie den Punkt genau feststellten, wo
die Bedürfnisse des Menschengeistes und die Achtung vor den Thatsachen der Natur sich harmonisch das Gleichgewicht halten. Dieser Punkt
lässt sich — zwar nicht sofort, doch durch die Praxis — bestimmen;
denn die Wissenschaft wird in ihren Methoden durch eine zwiefache
Rücksicht geleitet: sie hat Gewusstes aufzuspeichern, sie hat dafür
zu sorgen, dass das Aufgespeicherte in Gestalt neuen Wissens Zinsen
trage. An diesem Masstabe misst sich das Werk eines Bichat; denn
hier wie anderwärts erfindet das Genie nicht, mit anderen Worten
es schafft nicht aus nichts, sondern es gestaltet das Vorhandene. Wie
Homer die Volksdichtungen gestaltete, so gestaltete Bichat die Anatomie; und ebenso wird auf jedem Gebiete gestaltet werden müssen.[2])

Mit dieser rein methodologischen Bemerkung, die nur zur Rechtfertigung meines eigenen Vorgehens dienen sollte, sind wir, wie man

---

[1]) Natürlich sehe ich in diesem Augenblicke von dem rein Mathematischen ab:
denn da war es allerdings eine ungeheure, bahnbrechende Leistung den Begriff des
Kontinuierlichen so umzugestalten und »von der geometrischen Anschauung los-
zulösen, dass damit gerechnet werden konnte« (Gerhardt: *Geschichte der Mathematik
in Deutschland*, 1877, S. 144).

[2]) S. 77 fg. Das Suffix »schaft« bedeutet ordnen, gestalten (englisch *shape*);
Wissenschaft heisst also das Gestalten des Gewussten.

sieht, bis ins Innere unseres Gegenstandes eingedrungen; ja, ich glaube,
wir haben schon unvermerkt den Finger auf dessen Mittelpunkt gelegt.

Ich machte vorhin darauf aufmerksam, dass die Hellenen uns
vielleicht als Theoretiker, wir ihnen jedenfalls als Beobachter überlegen
seien. Das Theoretisieren und Systematisieren ist nun nichts anderes
als wissenschaftliches Gestaltungswerk. Gestalten wir nicht — d. h.
also theoretisieren und systematisieren wir nicht — so können wir
nur ein Minimum an Wissen aufnehmen; es fliesst durch unser Hirn
wie durch ein Sieb. Jedoch, mit dem Gestalten hat es ebenfalls einen
Haken: denn, wie soeben an dem Beispiele Bichat's hervorgehoben,
dieses Gestalten ist ein wesentlich menschliches und das heisst der
Natur gegenüber einseitiges, unzureichendes Beginnen. Gerade durch
die Naturwissenschaften[1]) wird die Nichtigkeit des platten Anthropo-
morphismus aller Hegels dieser Welt aufgedeckt. Es ist nicht wahr,
dass der Menschengeist den Erscheinungen adäquat ist, die Wissenschaften beweisen das Gegenteil; Jeder, der in der Schule der Beobachtung den Geist ausgebildet hat, weiss es. Auch die viel tiefere
Anschauung eines Paracelsus, der die uns umgebende Natur »den
äusseren Menschen« nannte, wird uns zwar philosophisch fesseln, doch
wissenschaftlich von geringer Ergiebigkeit dünken; denn sobald ich es
mit empirischen Thatsachen zu thun habe, ist mein innerstes Herz
ein Muskel und mein Denken die Funktion einer in einem Schädel-
kasten eingeschlossenen grauen und weissen Masse: alles dem Leben
meiner inneren Persönlichkeit gegenüber ebenso »äusserlich«, wie nur
irgend einer jener Sterne, deren Licht, nach William Herschel, zwei
Millionen Jahre braucht, um an mein Auge zu gelangen. Ist also
die Natur vielleicht wirklich in einem gewissen Sinne ein »äusserer
Mensch«, wie Paracelsus und nach ihm Goethe meinen, das bringt sie
mir und meinem spezifisch und beschränkt menschlichen Verständnis
in rein wissenschaftlicher Beziehung um keinen Zoll näher; denn
auch der Mensch ist nur ein »äusserliches«.

> Nichts ist drinnen, nichts ist draussen:
> Denn was innen, das ist aussen.

Darum ist alles wissenschaftliche Systematisieren und Theoretisieren ein
Anpassen, ein Adaptieren, ein zwar möglichst genaues, doch nie ganz
fehlerloses und — namentlich — immer ein menschlich gefärbtes Über-

---

[1]) Dass alle echte Wissenschaft Naturwissenschaft ist, wurde schon hervorgehoben (S. 732).

tragen, Übersetzen, Verdolmetschen. Der Hellene wusste das nicht. Ein Gestalter ohne gleichen, forderte er auch in der Wissenschaft das Lückenlose, das allseitig Abgerundete, und dadurch verrammelte er sich selber das Thor, durch welches man zur Naturerkenntnis eintritt. Wahre Beobachtung wird unmöglich, sobald der Mensch mit einseitig menschlichen Forderungen voranschreitet; dafür steht der grosse Aristoteles als warnendes Beispiel. Nichts wirkt in dieser Beziehung überzeugender als die Betrachtung der Mathematik; hier sieht man sofort ein, was den Hellenen gehemmt und was uns gefördert hat. Die Leistungen der Hellenen in der Geometrie kennt Jeder; eigentümlich ist es nun zu bemerken, wie der Siegeslauf ihrer mathematischen Forschung bei der Weiterentwickelung auf ein unübersteigbares Hindernis stösst. Hoefer macht auf die Natur dieses Hindernisses aufmerksam, indem er hervorhebt, dass der griechische Mathematiker niemals ein »Ungefähr« geduldet hat: für ihn musste der Beweis eines Satzes absolut lückenlos sein, oder er galt nicht; die Vorstellung, zwei »unendlich« wenig von einander abweichende Grössen könne man in der Praxis als gleich gross ansehen, ist etwas, wogegen sein ganzes Wesen sich empört hätte.[1] Zwar ist Archimedes bei seinen Untersuchungen über die Eigenschaften des Kreises notwendiger Weise auf nicht genau auszudrückende Ergebnisse gestossen, doch sagt er dann einfach: grösser als soviel und kleiner als soviel; auch schweigt er sich aus über die irrationalen Wurzeln, die er hat ziehen müssen, um zu seinem Resultat zu gelangen. Dagegen beruht bekanntlich unsere ganze moderne Mathematik mit ihren Schwindel erregenden Leistungen auf Rechnungen mit »unendlich nahen«, d. h. also mit ungefähren Werten. Durch diese »Infinitesimalrechnung« ist sozusagen der weite undurchdringliche Wald irrationaler Zahlen, der uns auf Schritt und Tritt hinderte, gefällt worden;[2] denn die grosse Mehrzahl der Wurzeln und der

[1] *Histoire des mathématiques,* 4e éd., p. 206. Daselbst ein vorzügliches Beispiel davon, wie der Grieche lieber die nicht unmittelbar überzeugende weil lediglich logische *reductio ad absurdum* wählte, als den Weg eines evidenten, streng mathematischen Beweises, in welchem eine ›unendliche Annäherung‹ als Gleichheit betrachtet wird.

[2] Irrationale Zahlen nennt man solche, die nie ganz genau ausgedrückt werden können, also arithmetisch gesprochen, solche, die einen unendlichen Bruch enthalten; zu ihnen gehören eine grosse Menge der wichtigsten, in allen Rechnungen stets wiederkehrenden Zahlen z. B. die Quadratwurzeln der meisten Zahlen, das Verhältnis der Diagonale zur Seite eines Vierecks, des Durchmessers eines Kreises zu dessen Umfang, u. s. w. Letztere Zahl, das π der Mathematiker, hat man schon auf 200 Decimal-

bei Winkel- und Kurvenmessungen vorkommenden sogenannten »Funktionen« gehören hierhin. Ohne diese Einführung der ungefähren Werte wären unsere ganze Astronomie, Geodäsie, Physik, Mechanik, sowie sehr bedeutende Teile unserer Industrie unmöglich. Und wie hat man diese Revolution vollführt? Indem man einen nur im Menschenhirn geschnürten Knoten kühn durchhaute. Gelöst hätte dieser Knoten nie werden können. Hier gerade, auf dem Gebiete der Mathematik, wo alles so durchsichtig und widerspruchslos schien, war der Mensch gar bald an der Grenze der ihm eigenen Gesetzmässigkeit angelangt; er sah wohl ein, dass die Natur sich um das menschlich Denkbare und Undenkbare nicht kümmerte und dass der Denkapparat des stolzen *Homo sapiens* nicht dazu ausreichte, selbst das Allereinfachste — das Verhältnis der Grössen zu einander — aufzufassen und auszusprechen; doch was verschlug's? Wie wir gesehen haben, ging die Leidenschaft des Germanen viel mehr auf Besitz denn auf rein formelle Gestaltung; seine kluge Beobachtung der Natur, seine hochentwickelte Aufnahmefähigkeit überzeugte ihn bald, dass die formelle Lückenlosigkeit des Bildes in unserer Vorstellung durchaus keine Bedingung *sine qua non* für den Besitz, d. h. in diesem Falle für ein möglichst grosses Verständnis ist. Bei dem Griechen war der Respekt des Menschen vor sich selbst, vor seiner menschlichen Natur das Massgebende; Gedanken zu hegen, die nicht in allen Teilen denkbar waren, dünkte ihm Verbrechen am Menschentum; der Germane dagegen empfand ungleich lebhafter als der Hellene den Respekt vor der Natur (im Gegensatz zum Menschen) und ausserdem hat er sich, wie sein Faust, niemals vor Verträgen mit dem Teufel gescheut. Und so erfand er zunächst die imaginären Grössen, d. h. die unbedingt undenkbaren Zahlen, deren Typus

$$x = \sqrt{-1}$$

ist. In den Lehrbüchern pflegt man sie als »Grössen, die nur in der Einbildung bestehen«, zu definieren; richtiger wäre es vielleicht zu sagen: die überall, nur nicht in der Einbildung vorkommen können, denn der Mensch ist unfähig, sich dabei etwas vorzustellen. Mit dieser genialen Erfindung der Goten und Lombarden des nördlichsten

---

stellen berechnet; man könnte sie auf 2 000 000 Stellen berechnen, es wäre immer nur eine Annäherung. Durch ein solches einfaches Beispiel wird die organische Unzulänglichkeit des Menschengeistes, seine Unfähigkeit, selbst ganz einfache Verhältnisse zum Ausdruck zu bringen, recht handgreiflich dargethan. (Über den Beitrag der Indoarier zur Erforschung der irrationalen Zahlen, siehe S. 408.)

Italiens[1]) erhielt das Rechnen eine früher ungeahnte Elasticität: das absolut Undenkbare diente nunmehr, um die Verhältnisse konkreter Thatsachen zu bestimmen, denen sonst gar nicht beizukommen gewesen wäre. Bald folgte dann der ergänzende Schritt: wo eine Grösse der anderen »unendlich« nahekommt, ohne sie jedoch je zu erreichen, wurde eine Brücke eigenmächtig hinübergeschlagen und über diese Brücke schritt man aus dem Reich des Unmöglichen in das Reich des Möglichen. So wurden z. B. die unlösbaren Probleme des Kreises dadurch gelöst, dass man diesen in ein Vieleck von »unendlich« vielen, folglich »unendlich« kleinen Seiten auflöste. Schon Pascal hatte von Grössen gesprochen, »die kleiner sind als irgend eine gegebene Grösse« und hatte sie als *quantités négligeables* bezeichnet;[2]) Newton und Leibniz gingen aber viel weiter, indem sie das Rechnen mit diesen unendlichen Reihen — die vorhin genannte »Infinitesimalrechnung« — systematisch ausbildeten. Was hierdurch gewonnen wurde, ist einfach unermesslich; jetzt erst wurde die Mathematik aus Starrheit zu Leben erlöst, denn erst jetzt war sie in den Stand gesetzt, nicht allein ruhende Gestalt, sondern auch Bewegung genau zu analysieren. Ausserdem waren die irrationalen Zahlen jetzt gewissermassen aus der Welt geschafft, da wir sie, wo es Not thut, nunmehr umgehen können. Nicht das allein aber, sondern ein Begriff, der früher nur in der Philosophie heimisch gewesen war, gehörte fortan der Mathematik und war ein Elixir, das sie zu ungeahnt hohen Thaten kräftigte: der Begriff des Unendlichen. Ebenso wie der Fall eintreten kann, dass zwei Grössen einander »unendlich« nahekommen, so kann es auch vorkommen, dass die eine »unendlich« zunimmt oder aber »unendlich« abnimmt, während die andere unverändert bleibt: das unendlich Grosse[3]) und das verschwindend Kleine — zwei unbe-

---

[1]) Niccolo, genannt Tartaglia (d. h. der Stotterer) aus Brescia, und Cardanus aus Mailand; beide wirkten in der ersten Hälfte des 16. Jahrhunderts. Doch kann man hier wie bei der Infinitesimalrechnung, den Fluxionen u. s. w. schwerlich bestimmte Erfinder angeben, denn die Notwendigkeit, die (durch die geographischen Entdeckungen gestellten) astronomischen und physikalischen Probleme zu lösen, brachte die verschiedensten Menschen auf ähnliche Gedanken.

[2]) Von diesem kühnen Manne meint bezeichnender Weise Saint-Beuve, er bilde für sich allein »eine zweite fränkische Invasion in Gallien«. In ihm richtet sich der rein germanische Geist noch einmal auf gegen das Frankreich überschwemmende Völkerchaos und dessen Hauptorgan, den Jesuitenorden.

[3]) In die Mathematik wird das unendlich Grosse als die Einheit dividiert durch eine »unendlich kleine« Zahl eingeführt. Berkeley bemerkt zu dieser Annahme: »It

dingt unvorstellbare Dinge — sind also jetzt ebenfalls geschmeidige Bestandteile unserer Berechnungen geworden: wir können sie nicht denken,
doch wir können sie gebrauchen, und aus diesem Gebrauch ergeben
sich konkrete, hervorragend praktische Ergebnisse. Unsere Kenntnis
der Natur, unsere Befähigung, an viele ihrer Probleme auch nur heran-
zutreten, beruht zum sehr grossen Teil auf dieser einen kühnen, selbst-
herrlichen That: »Keine andere Idee«, sagt Carnot, »hat uns so einfache und wirksame Mittel an die Hand gegeben, um die Naturgesetze
genau kennen zu lernen.«[1]) Die Alten hatten gesagt: *non entis nulla
sunt praedicata,* von Dingen, die nicht sind, kann nichts ausgesagt
werden; was aber nicht in unserem Kopf ist, kann recht wohl a u s s e r-
h a l b unseres Kopfes bestehen, und umgekehrt können Dinge, die
unzweifelhaft einzig innerhalb des Menschenkopfes Dasein besitzen und
die wir selber als flagrant »unmöglich« erkennen, uns dennoch vorzügliche Dienste leisten, als Werkzeuge, um eine uns Menschen nicht
unmittelbar zugängliche Erkenntnis auf Umwegen zu ertrotzen.

Der Charakter dieses Buches verbietet mir, diesen mathematischen
Exkurs noch weiter zu verfolgen, wenn ich mich auch freue, in dem
Abschnitt über Wissenschaft die Gelegenheit gefunden zu haben, dieses
Hauptorgans alles systematischen Wissens gleich anfangs zu erwähnen:
wir haben gesehen, dass schon Leonardo als Ursache alles Lebens die
Bewegung erklärte, bald folgte Descartes, der die Materie selbst als
Bewegung auffasste — überall das Vordringen der im vorigen Abschnitt
betonten mechanischen Deutung empirischer Thatsachen! Mechanik
ist aber ein Ozean, der einzig mit dem Schiffe der Mathematik befahren
werden kann. Nur insofern eine Wissenschaft auf mathematische

---

is shocking to good sense«; das ist sie auch, doch leistet sie praktische Dienste, und
darauf kommt es an.

[1]) *Réflexions sur la métaphysique du calcul infinitésimal,* 4e éd. 1860. Diese
Broschüre des berühmten Mathematikers ist so krystallklar, dass man wohl schwerlich etwas Ähnliches über diesen durch die widerspruchsvolle Natur der Sache
sonst ziemlich verworrenen Gegenstand finden wird. Wie Carnot sagt, es haben
viele Mathematiker mit Erfolg auf dem Felde der Infinitesimalrechnung gearbeitet,
ohne sich jemals eine klare Vorstellung des ihren Operationen zu Grunde liegenden
Gedankens gemacht zu haben. »Glücklicher Weise«, fährt er fort, »hat dies der
Fruchtbarkeit der Erfindung nichts geschadet: denn es giebt gewisse grundlegende
Ideen, welche niemals in voller Klarheit erfasst werden können, und die dennoch,
sobald nur einige ihrer ersten Ergebnisse uns vor Augen stehen, dem Menschengeist ein weites Feld eröffnen, das er nach allen Richtungen bequem durchforschen
kann.«

Grundsätze zurückgeführt werden kann, dünkt sie uns exakt, und zwar weil sie nur insofern streng mechanisch und infolgedessen »schiffbar« ist. »*Nissuna humana investigatione si po dimandare vera scientia, s'essa non passa per le mattematiche dimostrationi*«, sagt Leonardo da Vinci;[1]) und auf die Stimme des italienischen Sehers an der Schwelle des 16. Jahrhunderts ertönt das Echo des deutschen Weltweisen an der Schwelle des 19. Jahrhunderts: »Ich behaupte, dass in jeder besonderen Naturlehre nur so viel e i g e n t l i c h e Wissenschaft angetroffen werden könne, als darin Mathematik anzutreffen ist.«[2])

Doch verfolgte ich mit diesen Auseinandersetzungen, wie gleich anfangs angedeutet, einen allgemeineren Zweck; ich wollte die Eigenartigkeit nicht allein unserer Mathematik, sondern unserer germanischen wissenschaftlichen Methode überhaupt aufzeigen; ich hoffe, es ist mir gelungen. Die Moral des Gesagten kann ich am deutlichsten ziehen, wenn ich einen Ausspruch von Leibniz anführe: »Die Ruhe kann als eine unendlich kleine Geschwindigkeit oder auch als eine unendlich grosse Verlangsamung betrachtet werden, so dass jedenfalls das Gesetz der Ruhe lediglich als ein besonderer Fall innerhalb der Bewegungsgesetze aufzufassen ist. Desgleichen können wir zwei völlig gleiche Grössen als ungleich annehmen (falls uns damit gedient wird), indem wir die Ungleichheit als unendlich klein setzen; u. s. w.«[3]) Hierin

---

[1]) *Libro di pittura* I, 1 (Ausg. von Heinrich Ludwig). Von anderen diesbezüglichen Aussprüchen des grossen Mannes mache ich besonders auf die Nr. 1158 in der Ausgabe der Schriften von J. P. Richter aufmerksam (II, 289): »*Nessuna certezza delle scientie è, dove non si può applicare una delle scientie matematiche e che non sono unite con esse matematiche.*«

[2]) Kant: *Metaphysische Anfangsgründe der Naturwissenschaft,* Vorrede.

[3]) *Brief an Bayle*, Juli 1687 (nach Höfer, l. c., p. 482). Wie Bayle geantwortet hat, weiss ich nicht. In seinem *Dictionnaire* finde ich unter Zeno einen heftigen Ausfall auf alle Mathematik: »Die Mathematik hat einen unheilbaren, unermesslichen Fehler: sie ist nämlich eine blosse Chimäre. Die mathematischen Punkte und folglich auch die Linien und Flächen der Geometer, ihre Sphären, Axen u. s. w., das alles sind Hirngespinnste, die niemals eine Spur Wirklichkeit besessen haben; deswegen sind diese Phantasien auch von geringerer Bedeutung als die der Dichter, denn diese erdichteten nichts an und für sich Unmögliches, wie die Mathematiker u. s. w.« Dieser Schmähung ist keine besondere Bedeutung beizulegen; sie macht uns aber auf die wichtige Thatsache aufmerksam, dass die Mathematik nicht erst seit Cardanus und Leibniz, sondern seit jeher ihre Kraft aus der Annahme »imaginärer«, sollte heissen gänzlich unvorstellbarer Grössen geschöpft hat; wohl überlegt ist der Punkt nach Euklid's Definition nicht weniger unvorstellbar als $\sqrt{-1}$. Wie man sieht, es hat ein eigenes Bewenden mit unserem »exakten

liegt das Grundprinzip aller germanischen Wissenschaft ausgesprochen. Ruhe ist zwar nicht Bewegung, sondern ihr konträrer Gegensatz, ebensowenig sind gleiche Grössen ungleich; lieber als zu solchen Annahmen zu greifen, hätte der Hellene sich den Schädel an der Wand zerschlagen; doch der Germane hat hierin (völlig unbewusst) eine tiefere Einsicht in das Wesen des Verhältnisses zwischen dem Menschen und der Natur bekundet. Erkennen wollte er, und zwar nicht allein das rein und ausschliesslich Menschliche (wie ein Homer und ein Euklid), sondern im Gegenteil vor allem die aussermenschliche Natur;[1]) und da hat ihn der leidenschaftliche Wissensdurst — d. h. also das Vorwiegen der Sehnsucht zu lernen, nicht des Bedürfnisses zu gestalten — Wege finden lassen, die ihn viel, viel weiter geführt haben als irgend einen seiner Vorgänger. Und diese Wege sind, wie ich gleich zu Beginn dieser Ausführungen bemerkte, die eines klugen Anpassens. Die Erfahrung — d. h. genaue, minutiöse, unermüdliche Beobachtung — giebt das breite, felsenfeste Fundament germanischer Wissenschaft ab, gleichviel ob sie Philologie oder Chemie oder was sonst betreffe: die Befähigung zur Beobachtung, sowie die Leidenschaftlichkeit, Aufopferung und Ehrlichkeit, mit der sie betrieben wird, sind ein wesentliches Kennzeichen unserer Rasse. Die Beobachtung ist das Gewissen germanischer Wissenschaft. Nicht allein der Naturforscher von Fach, nicht allein der gelehrte Sprachkenner und Jurist erforschen auf dem Wege der peinlich aufmerksamen Wahrnehmung, auch der Franziskaner Roger Bacon giebt sein gesamtes Vermögen für Beobachtungen aus, Leonardo da Vinci predigt Naturstudium, Beobachtung, Experiment und widmet Jahre seines Lebens der genauen Aufzeichnung der unsichtbaren inneren Anatomie (speziell des Gefässystemes) des Menschenkörpers, Voltaire ist Astronom, Rousseau Botaniker, Hume giebt seinem vor 160 Jahren erschienenen Hauptwerke den Untertitel »Versuch, die Experimentalmethode in die Philosophie einzuführen«, Goethe's bewunderungswürdig scharfe Beobachtungsgabe ist allbekannt und Schiller beginnt seine Lebensbahn mit Betrachtungen über »die Empfindlichkeit der Nerven und die Reizbarkeit des Muskels« und fordert uns auf, den »Mechanismus des Körpers« fleissiger zu studieren, wollen wir die

Wissen«. Die schärfste Kritik unserer höheren Mathematik findet man in Berkeley's *The Analyst* und *A Defence of free-thinking in Mathematics*.

[1]) Das war so sehr sein Bestreben, dass er, sobald sein Studium dem Menschen selbst galt (siehe Locke), das Mögliche that, um sich zu »objektivieren«, d. h. um aus der eigenen Haut hinauszukriechen und sich als ein Stück »Natur« zu erblicken.

»Seele« besser verstehen! Das Erfahrene kann aber gar nicht wahrheits-
gemäss zur »Wissenschaft« gestaltet werden, wenn der Mensch das
Gesetz giebt, anstatt es zu empfangen. Die kühnsten Fähigkeiten seines
Geistes, dessen ganze Elasticität und der unerschrocken Flug der
Phantasie werden in den Dienst des Beobachteten gezwungen, damit
dieses zu einem menschlich gegliederten Wissen zusammengereiht
werden könne. Gehorsam auf der einen Seite, nämlich gegen die
erfahrene Natur; Eigenmacht auf der anderen, nämlich dem Menschengeist gegenüber: das sind die Kennzeichen germanischer Wissenschaft.

Auf dieser Grundlage erhebt sich nun unsere Theorie und Syste- Hellene und
Germane.
matik, ein kühnes Gebäude, dessen Hauptcharakter sich daraus ergiebt,
dass wir mehr Ingenieure als Architekten sind. Gestalter sind auch wir,
doch ist unser Zweck nicht die Schönheit des Gestalteten, auch nicht die
abgeschlossene, den Menschensinn endgültig befriedigende Gestaltung,
sondern die Feststellung eines Provisoriums, welches das Ansammeln
neuen Beobachtungsmaterials und damit ein weiteres Erkennen ermöglicht. Das Werk eines Aristoteles wirkte auf die Wissenschaft
hemmend. Warum geschah das? Weil dieser hellenische Meistergeist
eiligst nach Abschluss verlangte, weil er keine Befriedigung kannte, ehe
er ein fertiges, symmetrisches, durch und durch rationelles, menschlich
plausibles Lehrgebäude vor Augen sah. In der Logik konnte auf diesem
Wege schon Endgültiges geleistet werden, da es sich hier um eine
ausschliesslich menschliche und ausschliesslich formale Wissenschaft von
allgemeiner Gültigkeit innerhalb des Menschentums handelte; dagegen
ist schon die Politik und Kunstlehre weit weniger stichhaltig, weil das
Gesetz des hellenischen Geistes hier stillschweigend als Gesetz des
Menschengeistes überhaupt vorausgesetzt wird, was der Erfahrung widerspricht; in der Naturwissenschaft vollends — und trotz einer oft erstaunlichen Fülle der Thatsachen — herrscht der Grundsatz: aus möglichst
wenigen Beobachtungen möglichst viele apodiktische Schlüsse zu ziehen.
Hier liegt nicht Faulheit, auch nicht Flüchtigkeit, noch weniger Dilettantismus vor, sondern die Voraussetzung: erstens, dass die Organisation des
Menschen der Organisation der Natur durchaus adäquat sei, so dass —
wenn ich mich so ausdrücken darf — ein blosser Wink genügt, damit
wir einen ganzen Komplex von Phänomenen richtig deuten und übersehen; zweitens, dass der Menschengeist dem in der Gesamtheit der
Natur sich kundthuenden Prinzip oder Gesetz, oder wie man es nennen
will, nicht allein adäquat, sondern auch äquivalent sei (nicht allein gleich
an Umfang, sondern auch gleich an Wert). Daher wird dieser Menschen-

50*

geist ohne weiteres als Mittelpunkt angenommen, von wo aus nicht allein die gesamte Natur spielend leicht überschaut, sondern auch alle Dinge gleichsam von der Wiege bis ins Grab, nämlich von ihren ersten Ursachen her bis in ihre angebliche Zweckmässigkeit verfolgt werden. Diese Annahme ist ebenso falsch wie naiv: die Erfahrung hat es bewiesen. Unsere germanische Wissenschaft wandelte von Beginn an andere Wege. Roger Bacon, im 13. Jahrhundert, warnte (bei aller Hochschätzung) ebenso eindringlich vor Aristoteles und der ganzen durch ihn personifizierten hellenischen Methode, wie drei Jahrhunderte später Francis Bacon;[1]) die Renaissance war auf diesem Gebiete glücklicherweise bloss eine vorübergehende Krankheit und einzig im dunkelsten Schatten der Kirche fristete seither die Theologie des Stagiriten ein überflüssiges Dasein. Um die Sache recht anschaulich zu machen, können wir einen mathematischen Vergleich gebrauchen und sagen: die Wissenschaft des Hellenen war gleichsam ein Kreis, in dessen Mitte er selber stand; die germanische Wissenschaft gleicht dagegen einer Ellipse. In einem der beiden Brennpunkte der Ellipse steht der Menschengeist, in dem anderen ein ihm gänzlich unbekanntes x. Gelingt es dem Menschengeist in einem bestimmten Falle seinen eigenen Brennpunkt dem zweiten Brennpunkt zu nähern, so nähert sich auch seine Wissenschaft einer Kreislinie;[2]) meist ist aber die Ellipse eine recht langgezogene: an der einen Seite dringt der Verstand sehr tief in die Summe des Gewussten hinein, an der anderen liegt er fast an der Peripherie. Gar häufig steht der Mensch mit seinem Brennpunkt (seiner bescheidenen Fackel!) ganz allein; alles Tasten reicht nicht hin, um die Verbindung mit dem zweiten aufzufinden, und so entsteht eine blosse Parabel, deren Zweige sich zwar in weiter Ferne zu nähern scheinen, doch ohne je sich zu begegnen, so dass unsere Theorie keine geschlossene Kurve abgiebt, sondern nur den Ansatz zu einer möglichen, doch einstweilen unausführbaren.

Unser wissenschaftliches Verfahren ist, wie man sieht, die Verleugnung des Absoluten. Kühn und glücklich sagt Goethe: »Wer sich mit der Natur abgiebt, versucht die Quadratur des Zirkels.«

---

[1]) Das entscheidende Wort Francis Bacon's findet sich in der Vorrede zu seiner *Instauratio magna* und lautet: »*Scientias non per arrogantiam in humani ingenii cellulis, sed submisse in mundo majore quaerat.*«

[2]) Eine Ellipse, deren zwei Brennpunkte genau zusammenfallen, ist ein vollkommener Kreis.

Dass ein mathematisches Verfahren auf andere Gegenstände, namentlich auf die Beobachtungswissenschaften nicht unmittelbar übertragbar ist, versteht sich von selbst; ich halte es kaum für nötig, mich oder Andere hier gegen ein derartiges Missverständnis in Schutz zu nehmen. Weiss man aber, wie wir in der Mathematik vorgegangen sind, so weiss man auch, wessen man sich bei uns anderwärts zu gewärtigen hat, denn der selbe Geist wird, wenn nicht ähnlich, da der Gegenstand dies unmöglich macht, doch analog verfahren. Unbedingten Respekt vor der Natur (d. h. vor der Beobachtung) und kühne Unbefangenheit in der Anwendung der Mittel, welche uns der Menschengeist zur Deutung und Bearbeitung an die Hand giebt: diese Grundsätze finden wir überall wieder. Man besuche ein Kolleg über Pflanzensystematik: der Neophyt wird erstaunt sein, von Blumen reden zu hören, die gar nicht existieren, und ihre »Diagramme« aufs schwarze Brett zeichnen zu sehen; das sind sogenannte Typen, rein »imaginäre Grössen«, durch deren Annahme die Struktur der wirklich vorhandenen Blüten erläutert, sowie der Zusammenhang des in dem besonderen Falle zu Grunde liegenden strukturellen (also eigentlich mechanischen) Planes mit anderen verwandten oder abweichenden Plänen dargethan wird. Das rein Menschliche an einem solchen Verfahren muss jedem noch so wenig wissenschaftlich Gebildeten sofort auffallen. Doch man glaube beileibe nicht, dass was hier vorgetragen wird, ein durchaus künstliches, willkürliches System sei; ganz im Gegenteil. Künstlich war der Mensch verfahren und hatte sich dadurch jede Möglichkeit abgeschnitten, neues Wissen anzusammeln, so lange er mit Aristoteles die Pflanzen nach dem wesenlosen abstrakten Grundsatz einer relativen (angeblichen) »Vollkommenheit« sichtete, oder auch nach der lediglich der menschlichen Praxis entnommenen Scheidung in Bäume, Sträucher, Gräser und dergleichen mehr. Unsere heutigen Diagramme dagegen, unsere imaginären Blüten, unsere ganzen pflanzensystematischen Grundsätze dienen dazu, wahre Verhältnisse der Natur, aus abertausend treuen Beobachtungen nach und nach entnommen, dem menschlichen Verstande nahe zu bringen und klar zu machen. Das Künstliche ist bei uns ein bewusst Künstliches; es handelt sich wie bei der Mathematik um »imaginäre Grössen«, mit Hilfe deren wir aber der Naturwahrheit immer näher und näher kommen und ungezählte wirkliche Thatsachen in unserem Geiste koordinieren; dies eben ist das Amt der Wissenschaft. Dort dagegen, bei den Hellenen, war die Grundlage selbst eine durch und durch künstliche, anthropomorphistische,

und gerade sie wurde mit naiver Unbewusstheit für »Natur« angesehen. Die Entstehung der modernen Pflanzensystematik liefert übrigens
ein so vortreffliches und leicht verständliches Beispiel unserer germanischen Art, wissenschaftlich zu arbeiten, dass ich dem Leser
einige Anhaltspunkte zum weiteren Nachdenken darüber geben will.

Julius Sachs, der berühmte Botaniker, berichtet über die Anfänge
unserer Pflanzenkunde in der Zeit zwischen dem 14. und dem 17. Jahrhundert, dass sie, solange der Einfluss des Aristoteles vorwaltete, nicht
einen Schritt weiter zu bringen war; einzig den ungelehrten Kräuter-
sammlern verdanken wir das Erwachen echter Wissenschaft. Wer
gelehrt genug war, um Aristoteles zu verstehen, »richtete in der Naturgeschichte der Pflanzen nur Unheil an«. Dagegen kümmerten sich
die ersten Verfasser der Kräuterbücher darum nicht weiter, sondern
sie häuften Hunderte und Tausende möglichst genauer Einzelbeschrei-
bungen von Pflanzen an. Die Geschichte zeigt, dass auf diesem Wege
im Laufe weniger Jahrhunderte eine neue Wissenschaft entstanden ist,
während die philosophische Botanik des Aristoteles und Theophrast
zu keinem nennenswerten Ergebnis geführt hat.[1] Der erste gelehrte
Systematiker von Bedeutung unter uns, Caspar Bauhin (Basel, zweite
Hälfte des 16. Jahrhunderts), der an manchen Orten ein lebhaftes Gefühl
für natürliche, d. h. strukturelle Verwandtschaft zeigt, wirft alles wieder
durcheinander, weil er (durch Aristoteles beeinflusst) glaubt: »von dem
Unvollkommensten zu dem immer Vollkommeneren« fortschreiten zu
müssen — als ob der Mensch ein Organ besässe, um relative »Vollkommenheit« zu bemessen! — und nun natürlich (nach Aristoteles' Vorgang) die grossen Bäume für das Vollkommenste, die kleinen Gräser für
das Unvollkommenste hält und derlei menschliche Narrheiten mehr.[2]
Doch ging das treue Ansammeln des thatsächlich Beobachteten immer
weiter, sowie das Bestreben, das enorm anwachsende Material derartig
zusammenzufassen, dass das System (d. h. auf deutsch »Zusammenstellung«) den Bedürfnissen des Menschengeistes entspräche und zugleich
den Thatsachen der Natur möglichst genau sich anschmiege. Dies ist der
springende Punkt; so entsteht die uns eigentümliche Ellipse. Das logisch
Systematische kommt zuletzt, nicht zuerst, und (was selbst ein Julius Sachs
in Folge seines beschränkten, charakteristisch jüdischen Gesichtskreises
nicht einsieht) wir sind jeden Augenblick bereit, unsere Systematik, wie

---

[1] *Geschichte der Botanik*, 1875, S. 18.
[2] Sachs: a. a. O., S. 38.

früher unsere Götter, über Bord zu werfen, denn im Grunde genommen bedeutet sie für uns immer nur ein Provisorisches, einen Notbehelf. Die ungelehrten Kräutersammler und -beschreiber hatten die natürlichen Verwandtschaften der Pflanzen durch Übung des Auges herausgefunden, lange ehe die Gelehrten an die Errichtung von Systemen gingen. Und aus diesem Grunde: weil nicht das Logische (immer ein beschränkt Menschliches), sondern das Intuitive (d. h. das Geschaute und gleichsam durch Verwandtschaft mit der Natur vom Menschen Erratene) bei uns das Grundlegende ist, darum besitzen nachher unsere wissenschaftlichen Systeme einen so grossen Teil Naturwahrheit. Der Hellene hatte nur an die Bedürfnisse des Menschengeistes gedacht; wir aber wollten der Natur beikommen und ahnten, dass wir ihr Geheimnis niemals durchdringen, dass wir ihr eigenes »System« nie würden darstellen können. Trotzdem waren wir entschlossen, ihr möglichst nahe zu kommen und zwar auf einem Wege, der uns auch weiterhin immer grössere Annäherung gestatten würde. Darum warfen wir jedes rein künstliche System, wie das des Linnäus, von uns; es enthält viel Richtiges, führt aber nicht weiter. Inzwischen hatten Männer wie Tournefort, John Ray, Bernard de Jussieu, Antoine Laurent de Jussieu gelebt,[1] sowie Andere, die hier nicht zu nennen sind, und aus ihren Arbeiten hatte sich die Thatsache ergeben, dass es absolut unmöglich ist, die der Natur abgeschaute Klassifikation der Pflanzen auf nur einem anatomischen Charakter aufzubauen, wie das die menschliche Vereinfachungssucht und logische Manie durchsetzen wollten und wofür das System des Linnäus das bekannteste und auch gelungenste Beispiel bildet. Vielmehr stellte es sich heraus, dass man für verschiedengradige Unterordnungen verschiedene und für besondere Pflanzengruppen besondere Merkmale wählen muss. Ausserdem entdeckte man eine merkwürdige und für die weitere Entwickelung der Wissenschaft ausserordentlich bedeutungsvolle Thatsache: dass nämlich, um die durch geschärfte Anschauung bereits erkannte natürliche Verwandtschaft der Pflanzen auf irgend ein einfaches, logisches, systematisches Prinzip zurückzuführen, der allgemeine äussere Habitus — für den Kenner ein so sicheres Indicium — gar nicht zu gebrauchen sei, sondern lediglich Merkmale aus dem verborgensten Innern der Struktur dienen können, und zwar zum grössten Teil solche,

---

[1] Das grundlegende Werk des Letzteren, *Genera plantarum secundum ordines naturales disposita*, erschien an der Grenze unseres Jahrhunderts, 1774.

welche dem unbewaffneten Auge gar nicht sichtbar sind. Bei den blühenden Pflanzen kommen hauptsächlich Verhältnisse des Embryos, des Weiteren dann Verhältnisse der Fortpflanzungsorgane, Beziehungen der Blütenteile u. s. w. in Betracht, bei den nichtblühenden die allerunsichtbarsten und scheinbar gleichgültigen Dinge, wie die Ringe an den Farnsporangien, die Zähne um die Sporenbehälter der Moose u. s. w. Hiermit hatte uns die Natur einen Ariadnefaden in die Hand gegeben, an dem wir tief in ihr Geheimnis eindringen sollten.

Was sich hier ereignete, verdient genaue Beachtung, denn es lehrt uns viel über den geschichtlichen Gang aller unserer Wissenschaften. Selbst auf die Gefahr hin, mich zu wiederholen, muss ich darum die Aufmerksamkeit des Lesers in noch eindringlicherer Weise auf das, was bei der Pflanzensystematik vorgegangen war, richten. Durch treues Sichversenken in ein sehr grosses Material hatte sich das Auge des Beobachters geschärft und er war dahin gelangt, Zusammenhänge zu ahnen, sie gewissermassen mit Augen zu sehen, ohne sich jedoch genaue Rechenschaft darüber abgeben zu können, und namentlich ohne dass er ein einfaches, sozusagen »mechanisches«, sichtbares und nachweisbares Merkmal gefunden hätte, woran er das Beobachtete endgültig überzeugend hätte nachweisen können. So z. B. kann jedes Kind — einmal aufmerksam gemacht — Monokotyledonen und Dikotyledonen unterscheiden; es kann aber keinen Grund dafür angeben, kein bestimmtes, sicheres Kennzeichen. Intuition liegt also hier (wie überall) offenbar zu Grunde. Über John Ray, den eigentlichen Urheber der neueren Pflanzensystematik, berichtet sein Zeitgenosse, Antoine de Jussieu, ausdrücklich, er habe sich immer in den äusseren Habitus — *plantae facies exterior* — versenkt;[1] der selbe John Ray war es nun, der die Bedeutung der Kotyledonen (Samenlappen) für eine natürliche Systematik der blühenden Pflanzen entdeckte, zugleich das einfache und unfehlbare anatomische Merkmal, um die Monokotyledonen von den Dikotyledonen zu unterscheiden. Hiermit war ein verborgenes, meistens mikroskopisch winziges anatomisches Merkmal als massgebend, um die Bedürfnisse des Menschengeistes in Einklang mit den Thatsachen der Natur zu bringen, nachgewiesen. Dies führte nun zu weiteren Studien bezüglich der Anwesenheit oder Abwesenheit des Eiweisses im Samen, bezüglich der Lage des Keimchens im Eiweiss u. s. w. Alles systematische Charaktere von grundlegender Be-

---

[1] Nach dem Citat in Hooker's Anhang zu der englischen Ausgabe von Le Maout und Decaisne: *System of Botany,* 1873, p. 987.

deutung. Also, aus Beobachtung, gepaart mit Intuition, hatte sich zuerst eine Ahnung des Richtigen ergeben; der Mensch hatte aber lange getastet, ohne seine »Ellipse« ziehen zu können; denn der andere Brennpunkt, das x fehlte ihm gänzlich. Zuletzt wurde es gefunden (d. h. annähernd gefunden), doch nicht dort, wo die menschliche Vernunft es gesucht hätte und ebensowenig an einem Orte, wo blosse Intuition jemals hingelangt wäre: erst nach langem Suchen, nach unermüdlichem Vergleichen verfiel endlich der Mensch auf die Reihe von anatomischen Charakteren, die für eine naturgemässe Systematisierung massgebend sind. Jetzt aber merke man wohl, was des Weiteren aus dieser Entdeckung erfolgte, denn jetzt erst kommt das, was den Ausschlag giebt und den unvergleichlichen Wert unserer wissenschaftlichen Methode zeigt. Jetzt, wo der Mensch sozusagen der Natur auf die Spur gekommen war, wo er mit ihrer Hilfe eine annähernd richtige Ellipse gezogen hatte, jetzt entdeckte er Hunderte und Tausende von neuen Thatsachen, die alle »unwissenschaftliche« Beobachtung und alle Intuition der Welt ihm niemals verraten hätten. Falsche Analogien wurden als solche aufgedeckt; ungeahnte Zusammenhänge zwischen durchaus ungleichartig scheinenden Wesen wurden unwiderleglich dargethan. Jetzt hatte der Mensch eben wirklich Ordnung geschaffen. Zwar war auch diese Ordnung eine künstliche, wenigstens enthielt sie ein künstliches Element, denn Mensch und Natur sind nicht synonym; hätten wir die rein »natürliche« Ordnung vor Augen, wir wüssten nicht, was damit anfangen, und Goethe's berühmtes Wort: »natürliches System ist ein widersprechender Ausdruck« fasst alle hier zu machenden Einwürfe wie in einer Nusschale zusammen; doch war diese menschlich-künstliche Ordnung, im Gegensatz zu der des Aristoteles, eine solche, in welcher der Mensch sich möglichst klein gemacht und in die Ecke gedrückt hatte, während er bestrebt gewesen war, die Natur, soweit der menschliche Verstand ihre Stimme irgend verstehen kann, zu Worte kommen zu lassen. Und dieser Grundsatz ist ein Fortschritt verbürgender Grundsatz; denn auf diesem Wege lernt man die Sprache der Natur nach und nach immer besser verstehen. Jede rein logisch-systematische, sowie auch jede philosophisch-dogmatische Theorie bildet für die Wissenschaft ein unübersteigliches Hindernis, wogegen jede der Natur möglichst genau abgelauschte und dennoch nur als Provisorium aufgefasste Theorie Wissen und Wissenschaft fördert.

Dieses eine Beispiel der Pflanzensystematik muss für viele stehen. Bekanntlich dehnt sich Systematik, als ein notwendiges Organ zur Ge-

staltung des Wissens, über alle Gebiete aus; selbst die Religionen werden
jetzt zu Ordnungen, Gattungen und Arten zusammengefasst. Das Durchdringen der an der Botanik exemplifizierten Methode bildet überall
das Rückgrat unserer geschichtlichen Entwickelung im Wissenschaftlichen zwischen 1200 und 1800. In Physik, Chemie und Physiologie,
sowie in allen verwandten Zweigen gestalten die selben Prinzipien.
Schliesslich muss alles Wissen systematisiert werden, um Wissenschaft
zu werden; wir treffen also immer und überall Systematik an. Bichat's
Gewebelehre — welche einen Erfolg anatomischer Entdeckungen und
zugleich die Quelle zu neuen Entdeckungen bedeutet — ist ein Beispiel,
dessen genaue Analogie mit John Ray's Begründung des sogenannten
natürlichen Pflanzensystems und der weiteren Geschichte dieser Disciplin sofort in die Augen fällt. Überall sehen wir peinlich genaues
Beobachten, gefolgt von kühnem, schöpferischem, doch nicht dog-
matischem Theoretisieren.

*Idee und
Theorie.*

Ehe ich diesen Abschnitt schliesse, möchte ich aber noch einen
Schritt weiter gehen, sonst fehlt eine sehr wichtige Einsicht unter
denen, die als leitende für das Verständnis der Geschichte unserer
Wissenschaft, sowie für das Verständnis der Wissenschaft unseres
Jahrhunderts zu dienen haben. Wir müssen noch etwas tiefer in Wesen
und Wert des wissenschaftlichen Theoretisierens eindringen, und zwar
wird das am besten durch Anknüpfung an das Experiment geschehen,
an jene unvergleichliche Waffe germanischer Wissenschaft. Doch
handelt es sich lediglich um eine Anknüpfung, denn das Experiment
ist nur einigen Disciplinen eigen, während ich hier tiefer zu greifen
habe, um gewisse leitende Grundsätze aller neueren Wissenschaften
aufzudecken.

Das Experiment« ist zunächst einfach »methodisches« Beobachten.
Es ist aber zugleich theoretisches Beobachten.[1]) Daher erfordert seine
richtige Anwendung philosophische Überlegung, sonst wird leicht aus
dem Experiment weniger die Natur als der Experimentator reden.
»Ein Experiment, dem nicht eine Theorie, d. h. eine Idee vorhergeht, verhält sich zur Naturforschung wie das Rasseln mit einer Kinderklapper zur Musik«, sagt Liebig, und in höchst geistreicher Weise vergleicht er den Versuch mit der Rechnung: in beiden Fällen müssen

---

[1]) Kant sagt über das Experiment: »die Vernunft sieht nur das ein, was sie
selbst nach ihrem Entwurfe hervorbringt, sie muss mit Prinzipien ihrer Urteile nach
beständigen Gesetzen vorangehen und die Natur nötigen, auf ihre Fragen zu antworten.« (Vorrede zur zweiten Ausgabe der *Kritik der reinen Vernunft*.)

Gedanken vorausgehen. Doch, welche Vorsicht ist hier nicht nötig!
Aristoteles hatte über den Fall der Körper experimentiert; an Scharfsinn
fehlte es ihm wahrlich nicht; doch die »vorhergehende Theorie« machte,
dass er falsch beobachtete, total falsch. Und nehmen wir nun Galilei's
Discorsi zur Hand, so werden wir aus dem fingierten Gespräch zwischen
Simplicio, Sagredo und Salviati die Überzeugung gewinnen, dass an
der Entdeckung des wahren Fallgesetzes die gewissenhafte, möglichst
voraussetzungslose Beobachtung den Löwenanteil gehabt hat, und die
eigentlichen Theorien viel eher hinterdreingekommen als »vorherge-
gangen« sind. Hier liegt, meine ich, eine Konfusion seitens Liebig's
vor, und wo ein so bedeutender, auch um die Geschichte der Wissenschaft verdienter Mann irrt, werden wir voraussetzen dürfen, dass nur
aus der feinsten Analyse wahres Verständnis hervorgehen kann. Und
zwar ist dieses Verständnis um so unentbehrlicher, als wir erst aus
ihm die Bedeutung des Genialen für die Wissenschaft und ihre
Geschichte erkennen lernen. Das soll hier versucht werden.

Liebig schreibt: »eine Theorie, d. h. eine Idee«; er setzt also,
wie man sieht, »Theorie« gleich »Idee«, was eine erste Quelle des
Irrtums ist. Das griechische Wort Idee — welches in eine moderne
Sprache lebendig zu übertragen allerdings nie gelungen ist — bedeutet
ausschliesslich ein mit den Augen Geschautes, eine Erscheinung, eine
Gestalt; auch Plato versteht unter Idee so sehr die Quintessenz des
Sichtbaren, dass ihm das einzelne Individuum zu blass erscheint, um
für mehr als den Schatten einer wahren Idee gehalten zu werden.[1])
Theorie dagegen hiess schon im Anfang nicht das Anschauen, sondern
das Zuschauen — ein gewaltiger Unterschied, der in der Folge immer
zunahm, bis die Bedeutung einer willkürlichen, subjektiven Auffassung,
eines künstlichen Zurechtlegens dem Wort »Theorie« zu eigen geworden
war. Theorie und Idee sind also nicht synonym. Als John Ray durch
vieles Beobachten ein so klares Bild der Gesamtheit der blühenden
Pflanzen erlangt hatte, dass er deutlich wahrnahm, sie bildeten zwei
grosse Gruppen, hatte er eine Idee; dagegen als er seinen *Methodus
plantarum* (1703) veröffentlichte, stellte er eine Theorie auf und
zwar eine Theorie, die weit hinter seiner Idee zurückblieb; denn hatte
er auch die Bedeutung der Samenlappen als Wegweiser für die Syste-

---

[1]) Man glaubt Plato's Ideen seien Abstraktionen; ganz im Gegenteil, für ihn
sind sie allein das Konkrete, aus dem die Erscheinungen der empirischen Welt ab-
strahiert sind. Es ist das Paradoxon eines nach intensivster Anschauung sich sehnenden Geistes.

matik entdeckt, manches Andere (z. B. die Bedeutung der Blütenteile)
war ihm entgangen, so dass der Mann, der die Gestaltung des Pflanzenreiches in ihren Hauptzügen bereits vollkommen richtig übersah, dennoch ein unhaltbares System entwarf: unsere Kenntnisse waren damals
eben noch nicht eingehend genug, damit Ray's »Idee« in einer »Theorie«
entsprechende Ausgestaltung hätte finden können. Bei der »Idee« ist,
wie man sieht, der Mensch selber noch ein Stück Natur; es spricht
hier — wenn ich den Vergleich wagen darf — jene »Stimme des
Blutes«, welche das Hauptthema der Erzählungen des Cervantes ausmacht; der Mensch erblickt Verhältnisse, über die er keine Rechenschaft geben kann, er ahnt Dinge, die er nicht im Stande wäre zu
beweisen.[1] Das ist kein eigentliches Wissen; es ist der Widerschein
eines transscendenten Zusammenhangs und ist darum auch eine unmittelbare, nicht eine dialektische Erfahrung. Die Deutung solcher
Ahnungen wird immer sehr unsicher sein; auf objektive Gültigkeit
können weder die Ahnungen noch ihre Deutungen Anspruch machen,
sondern ihr Wert bleibt auf das Individuum beschränkt und hängt
durchaus von dessen individueller Bedeutung ab. Hier ist es, wo
das Geniale schöpferisch auftritt. Und ist unsere ganze germanische
Wissenschaft eine Wissenschaft der treuen, peinlich genauen, durch
und durch nüchternen Beobachtung, so ist sie zugleich eine Wissenschaft des Genialen. Überall »gehen die Ideen vorher«, da hat Liebig
vollkommen Recht; wir sehen es ebenso deutlich bei Galilei wie bei Ray,[2]
bei Bichat wie bei Winckelmann, bei Colebrooke wie bei Immanuel
Kant; nur muss man sich hüten, Idee und Theorie zu verwechseln;
denn diese genialen Ideen sind durchaus keine Theorien. Die Theorie
ist der Versuch, eine gewisse Erfahrungsmenge — oft, vielleicht immer
mit Hilfe einer Idee gesammelt — so zu organisieren, dass dieser
künstliche Organismus den Bedürfnissen des spezifischen Menschengeistes diene, ohne dass er den bekannten Thatsachen widerspreche
oder Gewalt anthue. Man sieht sofort ein: der relative Wert einer
Theorie wird stets in unmittelbarem Verhältnis zu der Anzahl der be-

---

[1] Kant hat dafür einen prächtigen Ausdruck gefunden und nennt die Idee,
in dem Sinne, wie ich hier das Wort nehme: »eine inexponible Vorstellung der Einbildungskraft« (*Kritik der Urteilskraft*, § 57, Anm. 1).

[2] Dass bei Ray, dem Urheber rationeller Pflanzensystematik, das echt Geniale
vorwog, beweist schon der eine Umstand, dass er auf dem weit entfernten und bis
zu ihm gänzlich verwahrlosten Gebiet der Ichthyologie genau das selbe leistete. Hier
ist Anschauungskraft die Göttergabe.

kannten Thatsachen stehen, — was von der Idee durchaus nicht gilt, deren
Wert vielmehr allein von der Bedeutung der einen Persönlichkeit ab-
hängt. Leonardo da Vinci hat z. B. in Anlehnung an sehr wenige Thatsachen die Grundprinzipien der Geologie so genau richtig erfasst, dass
erst unser Jahrhundert die nötige Erfahrung besass, um die Richtigkeit seiner Intuition wissenschaftlich (und das heisst theoretisch) darzuthun; er hat ebenfalls den Kreislauf des Blutes — nicht dargethan, im
Einzelnen auch gewiss sich nicht richtig vorgestellt noch mechanisch
begriffen, — doch erraten, d. h. also, er hatte die Idee der Zirku-
lation, nicht die Theorie.

Auf die unvergleichliche Bedeutung des Genies für unsere ganze
Kultur komme ich später in anderem Zusammenhang zurück; zu erklären giebt es da nichts; es genügt darauf hingewiesen zu haben.[1]
Hier aber, für das Verständnis unserer Wissenschaft, bleibt noch die
eine Hauptfrage zu beantworten: wie entstehen Theorien? und auch
hier wieder hoffe ich durch die Kritik eines bekannten Ausspruches
Liebig's (in welchem eine weit verbreitete Ansicht zu Worte kommt)
den richtigen Weg weisen zu können; wobei es sich herausstellen wird,
dass unsere grossen wissenschaftlichen Theorien weder ohne das Genie
denkbar sind noch dem Genie allein ihre Ausgestaltung verdanken.

Der berühmte Chemiker schreibt: »Die künstlerischen Ideen
wurzeln in der Phantasie, die wissenschaftlichen im Verstande.«[2]
Dieser kurze Satz wimmelt, wenn ich nicht irre, von psychologischen
Ungenauigkeiten, doch hat für uns hier nur das Eine besonderes Interesse: die Phantasie soll angeblich der Kunst allein dienen, Wissenschaft

---

[1] Ich will nur den in philosophischen Dingen minder Bewanderten schon
hier darauf aufmerksam machen, dass am Schlusse der Epoche, die uns in diesem
Kapitel beschäftigt, diese Bedeutung des Genies erkannt und mit unvergleichlichem
Tiefsinn analysiert ward: der grosse Kant hat nämlich als das spezifisch Unterscheidende des Genies das relative Vorwalten der ›Natur‹ (also gewissermassen des
Ausser- und Übermenschlichen) im Gegensatz zu der ›Überlegung‹ (d. h. also zum
beschränkt Logisch-Menschlichen) bestimmt (siehe namentlich die *Kritik der Urteilskraft*). Damit soll natürlich nicht gesagt sein, das geniale Individuum besitze weniger
›Überlegung‹, sondern vielmehr, dass bei ihm zu einem Maximum an logischer Denkkraft noch ein Anderes hinzukomme; dieses Andere ist gerade die Hefe, die den Teig
des Wissens in die Höhe treibt.

[2] Gleich dem früheren Citat aus der Rede über Francis Bacon vom Jahre 1863.
Damit er Liebig nicht ungerecht beurteile, bitte ich den Leser, seinen ganz anders
lautenden Ausspruch auf S. 732 wieder zu lesen. Den *lapsus calami* des grossen
Naturforschers benutze ich hier nicht, weil ich ihn zurechtweisen will, sondern weil
diese Polemik meiner eigenen These zu voller Deutlichkeit verhilft.

käme also ohne Phantasie zu Stande; woraus dann die weitere —
wirklich ungeheuerliche — Behauptung entsteht: »Kunst erfindet Thatsachen, Wissenschaft erklärt Thatsachen.« Nie und nimmer erklärt
Wissenschaft irgend etwas! Das Wort »erklären« hat für sie keine
Bedeutung, es wäre denn, man verstünde darunter ein blosses »klarer
sichtbar machen«. Entschlüpft mir der Federhalter aus den Fingern,
so fällt er zu Boden: das Gesetz der Gravitation ist eine Theorie,
welche alle hierbei in Betracht kommenden Verhältnisse unübertrefflich
schematisiert; doch was erklärt es? Hypostasiere ich die Anziehungskraft,
so bin ich gerade so weit wie im ersten Buche Mosis, Kap. I, Vers 1,
d. h. ich stelle eine vollkommen undenkbare, unerklärbare Wesenheit
als Erklärung hin. Sauerstoff und Wasserstoff verbinden sich zu Wasser;
gut: welche Thatsache ist hier die erklärende, welche die erklärte?
Erklären Hydrogen und Oxygen Wasser? oder werden sie durch Wasser
erklärt? Man sieht, dieses Wort hat gerade in der Wissenschaft nicht
den Schatten eines Sinnes. Bei verwickelteren Phänomenen leuchtet
dies freilich nicht sofort ein, doch je tiefer die Analyse eindringt, um
so mehr schwindet der Wahn, dass mit dem Erklären eine wirkliche
Zunahme nicht bloss an Wissen, sondern auch an Erkenntnis stattgefunden habe. Sagt mir der Gärtner z. B. »diese Pflanze sucht die
Sonne«, so glaube ich zunächst, ebenso wie der Gärtner es glaubt,
eine vollgültige »Erklärung« zu besitzen. Meldet aber der Physiolog:
starkes Licht hemmt das Wachstum, darum wächst die Pflanze schneller
auf der Schattenseite und wendet sich in Folge dessen zur Sonne,
zeigt er mir den Einfluss der Streckungsfähigkeit des betreffenden
Pflanzenteils, der verschieden gebrochenen Strahlen u. s. w., kurz
deckt er den Mechanismus des Vorganges auf, und fasst er alle bekannten Thatsachen zu einer Theorie des »Heliotropismus« zusammen,
so empfinde ich, dass ich zwar enorm viel dazu gelernt habe, doch
dass der Wahn einer »Erklärung« bedeutend verblasst sei. Je deutlicher das Wie, um so verschwommener das Warum. Dass die Pflanze
»die Sonne sucht«, hatte den Eindruck einer vollgültigen Erklärung
gemacht, denn ich selber, ich Mensch, suche die Sonne; doch dass
starke Beleuchtung die Zellteilung und damit die Verlängerung des
Stengels auf der einen Seite hemmt und dadurch Biegung verursacht,
ist eine neue Thatsache, die wieder treibt, Erläuterung aus ferneren
Ursachen zu suchen und meinen ursprünglichen naiven Anthropomor-
phismus so gründlich verscheucht, dass ich mich zu fragen beginne,
durch welche mechanische Verkettung ich veranlasst werde, mich

selber so gern zu sonnen. Auch hier wieder hat Goethe Recht: »Jede Lösung eines Problems ist ein neues Problem.«[1]) Und sind wir einst so weit, dass der Physiko-Chemiker das Problem des Heliotropismus in die Hand nimmt und das Ganze eine Berechnung und zuletzt eine algebraische Formel wird, dann wird diese Frage in das selbe Stadium getreten sein, wie schon heute die Gravitation, und Jeder wird auch hier erkennen, dass Wissenschaft nicht Thatsachen erklärt, sondern sie entdecken hilft und sie — möglichst naturgemäss, möglichst menschengerecht — schematisiert. Sollte dies Letztere, also das eigentliche Werk der Wissenschaft, wirklich (wie Liebig will) ohne die Mitwirkung der Phantasie möglich sein? Sollte das Schöpferische — und das ist, was wir Genie nennen — keinen notwendigen Anteil an dem Aufbau unserer Wissenschaft nehmen? Auf eine theoretische Diskussion brauchen wir uns gar nicht einzulassen, denn die Geschichte beweist das Gegenteil. Je exakter die Wissenschaft, um so mehr bedarf sie der Phantasie, und ganz ohne sie kommt keine fort. Wo findet man kühnere Gebilde der Phantasie als jene Atome und Moleküle, ohne die es keine Physik und keine Chemie gäbe? oder als jenen »physikalischen Scherwenzel und Hirngespinnst«, wie Lichtenberg ihn nennt, den Äther, der zwar Materie ist (sonst nützte er für unsere Hypothesen nichts), dem aber die wesentlichsten Prädikate der Materie, wie da sind Ausdehnung und Undurchdringlichkeit, abgesprochen werden müssen (sonst nützte er ebenfalls nichts), eine wahre » *Wurzel aus Minus eins!*« Ich möchte wirklich wissen, wo es eine Kunst giebt, die dermassen »in der Phantasie wurzelt?« Liebig sagt, die Kunst »erfindet Thatsachen«: niemals thut sie das! Sie hat es gar nicht nötig; ausserdem würde man sie, wenn sie es thäte, nicht verstehen. Freilich verdichtet sie das Auseinanderliegende, fügt zusammen, was wir nur getrennt kennen und scheidet aus, was an dem Wirklichen ihr im Wege ist, hierdurch gestaltet sie das Unübersichtliche und teilt sie Licht und Schatten nach Gutdünken aus, doch überschreitet sie nie die Grenze des der Vorstellung Vertrauten und des denkbar Möglichen; denn Kunst ist — im genauen Gegensatz zur Wissenschaft — eine Thätigkeit des Geistes, welche sich lediglich auf das rein Menschliche beschränkt: vom Menschen stammt sie, an Menschen wendet sie sich, das Menschliche allein ist ihr Feld.[2]) Ganz anders,

---

[1]) *Gespräch mit Kanzler von Müller*, 8. Juni 1821.
[2]) Offenbar ist z. B. Landschafts- oder Tiermalerei niemals etwas Anderes als

wie wir gesehen haben, die Wissenschaft: diese geht darauf aus, die
Natur zu erforschen, und die Natur ist nicht menschlich. Ja, wäre
sie es, wie die Hellenen vorausgesetzt hatten! Doch die Erfahrung hat
diese Voraussetzung Lügen gestraft. In der Wissenschaft wagt sich
somit der Mensch an etwas heran, das zwar nicht unmenschlich ist,
da er selber dazu gehört, doch aber zum grossen Teil ausser- und
übermenschlich. Sobald er also ernstlich Natur erkennen und sich
nicht mit dem Dogmatisieren *in usum Delphini* begnügen will, ist
der Mensch gerade in der Wissenschaft, und vor allem in der Naturwissenschaft im engeren Sinne des Wortes, zu einer höchsten An-
spannung seiner Phantasie genötigt, die unendlich erfindungsreich und
biegsam und elastisch sein muss. Ich weiss es, die Behauptung widerspricht der allgemeinen Annahme: mich dünkt es aber eine sichere
und beweisbare Thatsache, dass Philosophie und Wissenschaft höhere
Ansprüche an die Phantasie stellen, als Poesie. Das rein schöpferische
Element ist bei Männern wie Demokrit und Kant grösser als bei
Homer und Shakespeare. Gerade deswegen bleibt ihr Werk nur
äusserst Wenigen zugänglich. Freilich wurzelt diese wissenschaftliche
Phantasie in den Thatsachen, das thut aber notgedrungen alle Phantasie;[1]) und die wissenschaftliche Phantasie ist gerade darum besonders
reich, weil ihr ungeheuer viele Thatsachen zu Gebote stehen und weil
ihr Repertorium von Thatsachen durch neue Entdeckungen unaufhörlich bereichert wird. Ich habe schon früher (S. 773) auf die Bedeutung neuer Entdeckungen als Nahrung und Anregung für die
Phantasie kurz hingewiesen; diese Bedeutung reicht hinauf bis in die
höchsten Regionen der Kultur, offenbart sich aber zunächst und vor
allem in der Wissenschaft. Das wunderbare Aufblühen der Wissenschaft im 16. Jahrhundert — von dem Goethe geschrieben hat: »die
Welt erlebt nicht leicht wieder eine solche Erscheinung«[2]) — leitet sich

---

eine Darstellung von Landschaften oder Tieren, wie sie dem Menschen erscheinen;
die kühnste Willkür eines Turner oder irgend eines allerneuesten Symbolisten kann
nie etwas anderes sein als eine extravagante Behauptung menschlicher Autonomie.
»Wenn Künstler von Natur sprechen, subintelligieren sie immer die Idee, ohne sich's
deutlich bewusst zu sein« (Goethe).

    [1]) Siehe S. 192, 404 und 762.

    [2]) *Geschichte der Farbenlehre,* Schluss der dritten Abteilung. Eine Behauptung,
die Liebig gegenzeichnet: »nach diesem 16. Jahrhundert giebt es gar keines, welches
reicher war an Männern von gleichem schöpferischen Geiste« (*Augsburger Allg. Zeitung,*
1863, in den *Reden und Abhandlungen,* S. 272).

durchaus nicht aus der Neuerung verfehlter hellenischer Dogmatik
her, wie man uns das einreden möchte, vielmehr hat diese uns, wie
in der Pflanzensystematik, so auch überall, nur irregeführt, sondern
dieses plötzliche Aufblühen wird direkt durch die Entdeckungen angeregt, über die ich im vorigen Abschnitte sprach: Entdeckungen auf
Erden, Entdeckungen am Himmel. Man lese nur die Briefe, in denen
Galilei, zitternd vor Aufregung, über seine Entdeckung der Monde
des Jupiter und des Ringes um Saturn berichtet, Gott dankend, dass
er ihm »solche nie geahnte Wunder« geoffenbart habe, und man wird
sich eine Vorstellung machen, welche mächtige Wirkung das Neue
auf die Phantasie ausübte und wie es zugleich antrieb, weiter zu suchen
und das Gesuchte dem Verständnis näher zu führen. Zu welchen
herrlichen Tollkühnheiten sich der Menschengeist in dieser berau-
schenden Atmosphäre einer neu entdeckten übermenschlichen Natur
hinreissen liess, sahen wir bei Besprechung der Mathematik. Ohne
jene der Phantasie — doch wahrhaftig nicht der Beobachtung, nicht,
wie Liebig will, den Thatsachen — entkeimten, absolut genialen Einfälle wäre höhere Mathematik (damit zugleich die Physik des Himmels,
des Lichtes, der Elektricität, etc.) unmöglich gewesen. Ähnlich aber
überall, und zwar aus dem vorhin genannten einfachen Grunde, weil
sonst diesem Aussermenschlichen gar nicht beizukommen wäre. Die
Geschichte unserer Wissenschaften zwischen 1200 und 1800 ist eine
ununterbrochene Reihe solcher grossartigen Einfälle der Phantasie.
Das bedeutet das Walten des schöpferisch Genialen.

Ein Beispiel.

Wissenschaftliche Chemie war unmöglich (wie wir heute zurück-
blickend einsehen), solange der Sauerstoff als Element nicht entdeckt
war; denn es ist dies der wichtigste Körper unseres Planeten, derjenige, von dem sowohl die organischen wie die unorganischen Phänomene der tellurischen Natur ihre besondere Farbe erhalten. In Wasser,
Luft und Felsen, in allem Verbrennen (vom einfachen, langsamen
Oxydieren an bis zum flammenspeienden Feuer), in der Atmung aller
lebenden Wesen — — — kurz, überall ist dieses Element am Werke.
Gerade darum entzog es sich der unmittelbaren Beobachtung; denn
die hervorstechende Eigenschaft des Sauerstoffes ist die Energie, mit
der er sich mit anderen Elementen verbindet, mit anderen Worten,
sich der Beobachtung als selbständiger Körper entzieht; auch wo er
nicht an andere Stoffe chemisch gebunden, sondern frei vorkommt,
wie z. B. in der Luft, wo er nur ein mechanisches Gemenge mit

Stickstoff eingeht, ist es dem Unwissenden unmöglich, den Sauerstoff
zu gewahren, denn nicht nur ist dieses Element (bei unseren Temperatur-
und Druckverhältnissen) ein Gas, sondern es ist ein farbloses, geruch-
loses, geschmackloses Gas. Durch die blossen Sinne konnte dieser
Körper also nicht gefunden werden. In der zweiten Hälfte des 17. Jahrhunderts lebte nun in England einer jener dem Gilbert (S. 759) ähnlichen, echten Entdecker, Robert Boyle, der durch eine Schrift, betitelt
Chemista scepticus, dem aristotelischen Vernünfteln und dem alche-
mistischen Firlefanz auf dem Gebiete der Chemie den Garaus machte
und zugleich ein doppeltes Beispiel gab: das nämlich der strengen Beobachtung und das der Gliederung und Sichtung des schon stark angewachsenen Beobachtungsstoffes durch die Einführung einer schöpferischen I d e e. Als Angebinde schenkte Boyle der jetzt erst entstehenden
echten Chemie die neue Vorstellung der Elemente, eine weit kühnere
als die alte empedokleische, mehr aus dem Geist des grossen Demokrit
geborene. Diese Idee stützte sich damals auf keine Beobachtung; sie
entsprang der Phantasie; wurde aber nunmehr die Quelle zahlloser
Entdeckungen, die noch heute ihren Gang lange nicht beendet haben:
man sieht, welche Wege unsere Wissenschaft stets wandelt. [1]) Nun
aber kommt erst das Beispiel, das ich im Sinne habe. Boyle's Idee
hatte eine schnelle Vermehrung des Wissens bewirkt, Entdeckung hatte
sich an Entdeckung gereiht, doch je mehr sich die Thatsachen häuften,
um so konfuser wurde das Gesamtergebnis; wer wissen will, wie unmöglich Wissenschaft ist ohne Theorie, vertiefe sich in den Zustand
der Chemie zu Beginn des 18. Jahrhunderts; er wird ein chinesisches
Chaos finden. Wenn nun, wie Liebig meint, Wissenschaft es ohne
Weiteres vermag, Thatsachen zu »erklären«, wenn der phantasielose
»Verstand« hierzu ausreicht, warum geschah das damals nicht? Waren
Boyle selber und Hooke und Becher und die vielen anderen tüchtigen
Thatsachensammler jener Zeit unverständige Leute? Gewiss nicht; doch
Verstand und Beobachtung reichen allein nicht aus, und »erklären«
Wollen ist ein Wahn; was wir Verständnis nennen, setzt immer einen
schöpferischen Beitrag des Menschen voraus. Es kam also jetzt darauf
an, aus Boyle's genialer Idee die theoretischen Konsequenzen zu ziehen,
und das geschah durch einen fränkischen Arzt, einen Mann »von

---

[1]) Es verdient Erwähnung, dass Boyle's ausserordentliche Beanlagung zu phantastischen Erfindungen in theologischen Schriften aus seiner Feder Ausdruck fand und
auch sonst im täglichen Leben auffiel.

transscendental-spekulativer Denkweise«,[1]) durch den ewig denkwürdigen Georg Ernst Stahl. Er war nicht Chemiker von Fach, er sah aber was fehlte: ein Element! Konnte dessen Existenz nachgewiesen werden? Nein, damals nicht. Sollte ein kühner germanischer Geist deswegen zurückschrecken? Gottlob, nein! Also erfand Stahl aus eigener Machtvollkommenheit ein imaginäres Element und nannte es Phlogiston. Und jetzt war auf einmal Licht im Chaos; jetzt hatte der Germane den Zauberaberglauben in einer seiner letzten Vesten zerstört und die Salamander auf immer erdrosselt. Durch die Aufstellung eines rein mechanischen Gedankens waren nunmehr die Menschen befähigt, den Vorgang der Verbrennung sich richtig vorzustellen, d. h. jenes zweite x, den zweiten Brennpunkt zu finden, oder ihm mindestens nahe zu kommen, so dass sie beginnen konnten, die menschlich begreifliche Ellipse zu ziehen. »Die Phlogistontheorie gab der Entwickelung der wissenschaftlichen Chemie einen mächtigen Antrieb, denn nie zuvor war eine solche Anzahl chemischer Thatsachen als analoge Vorgänge zusammengefasst und in so klarer und einfacher Weise miteinander verknüpft worden.«[2]) Wenn das nicht ein Werk der Phantasie ist, haben Worte keinen Sinn mehr. Doch muss man zugleich beachten, dass hier mehr der theoretisierende Verstand als die Anschauung am Werke gewesen war. Boyle war ein geradezu fabelhaft feiner Beobachter gewesen; Stahl dagegen war zwar ein eminent scharfer, erfindungsreicher Kopf, doch ein schlechter Beobachter. Der angedeutete Unterschied erhellt hier mit besonderer Deutlichkeit; denn diesem Einfall des Phlogistons — der das 'ganze vorige Jahrhundert beherrschte, der seinem Verkünder den Ehrentitel eines Begründers der wissenschaftlichen Chemie eintrug und in dessen Licht thatsächlich alle Fundamente zu unserer späteren, der Natur besser entsprechenden Theorie gelegt wurden — diesem Einfall lagen (neben der theoretischen Verwertung von Boyle's Idee) flagrant falsche Beobachtungen zu Grunde! Stahl meinte, die Verbrennung sei ein Zersetzungsvorgang; statt dessen ist sie ein Vereinigungsprozess. Dass bei Verbrennung eine Gewichtszunahme stattfindet, war aus verschiedenen Versuchen zu seiner Zeit schon bekannt; trotzdem nahm Stahl (der, wie gesagt, ein sehr unzuverlässiger Beobachter war, und den beson-

---

[1]) Diese Worte entnehme ich Hirschel's *Geschichte der Medizin,* 2. Ausg., S. 260; ich besitze eine Anzahl chemischer Bücher, doch berichtet keines über Stahl's geistige Anlagen, dazu sind ihre Verfasser viel zu nüchterne Handwerker.

[2]) Roscoe und Schorlemmer: *Ausführliches Lehrbuch der Chemie,* 1877, I, 10.

deren Eigensinn des theoretisierenden Verstandesmenschen in hohem Grade besass) an, das Brennen bestehe in dem Entweichen des Phlogistons u. s. w. Als darum Priestley und Scheele den Sauerstoff aus gewissen Verbindungen endlich herausgelöst hatten, glaubten sie fest, das berühmte Phlogiston, auf das man seit Stahl's Zeit fahndete, in Händen zu halten. Doch bald zeigte Lavoisier, dass das gefundene Element, weit entfernt, die Eigenschaften des hypothetischen Phlogistons zu besitzen, genau entgegengesetzte aufweise! Der nunmehr entdeckte, der Beobachtung zugänglich gewordene Sauerstoff war eben etwas gänzlich Anderes, als was sich die menschliche Phantasie in ihrer Not vorgestellt hatte. Ohne die Phantasie kann der Mensch keine Verbindung zwischen den Phänomenen, keine Theorie, keine Wissenschaft herstellen, jedoch immer wieder erweist sich die menschliche Phantasie der Natur gegenüber als unzulänglich und andersgeartet, der Korrektur durch empirische Beobachtung bedürftig. Darum ist auch alle Theorie ein ewiges Provisorium und Wissenschaft hört auf, sobald Dogmatik die Führung übernimmt.

Die Geschichte unserer Wissenschaft ist die Geschichte solcher Phlogistons. Die Philologie hat ihre »Arier«, ohne welche ihre grossartigen Leistungen in unserem Jahrhundert undenkbar gewesen wären.[1] Goethe's Lehren von der Metamorphose im Pflanzenreiche und von den Homologien zwischen den Schädel- und den Wirbelknochen haben einen ungeheuer fördernden Einfluss auf die Vermehrung und auf die Ordnung des Wissens ausgeübt, doch hatte Schiller vollkommen Recht, als er den Kopf schüttelte und sagte: »Das ist keine Erfahrung (und er hätte hinzufügen können, auch keine Theorie), das ist eine Idee!«[2] Und ebenso Recht hatte Schiller, als er hinzufügte: »Ihr Geist wirkt in einem ausserordentlichen Grade intuitiv, und alle Ihre denkenden Kräfte scheinen auf die Imagination, als ihre gemeinschaftliche Repräsentantin, gleichsam kompromittiert zu haben.«[3] »Die

---

[1] Vergl. S. 268 u. s. w.

[2] Goethe: *Glückliches Ereignis,* bisweilen abgedruckt *Annalen,* 1794. Übrigens hat Goethe das selber später anerkannt und ist für die Schattenseiten seiner »Idee« nicht blind geblieben. In dem ›supplementaren Teil‹ der *Nachträge zur Farbenlehre,* unter der Rubrik *Probleme,* findet man folgenden Ausspruch: ›Die Idee der Metamorphose ist eine höchst ehrwürdige, aber zugleich höchst gefährliche Gabe von oben. Sie führt ins Formlose, zerstört das Wissen, löst es auf.‹

[3] *Brief an Goethe* vom 31. August 1794. Schiller setzt hinzu: ›Im Grund ist dies das Höchste, was der Mensch aus sich machen kann, sobald es ihm gelingt, seine Anschauung zu generalisieren und seine Empfindung gesetzgebend zu machen.‹

mathematische Analyse«, sagt Carnot, »ist voller enigmatischer Annahmen, und aus diesen Enigmen schöpft sie ihre Kraft.«[1]) Von
unserer Physik sagt ein Berufener, John Tyndall: »das mächtigste
ihrer Werkzeuge ist die Phantasie.«[2]) In den Wissenschaften des Lebens
schreiten heute eben so wie gestern, überall wo wir bestrebt sind,
neue Gebiete dem Verständnis aufzuschliessen und ungeordnete Thatsachen zu Wissen zu gestalten, phantasiebegabte, schöpferische Männer
voran: Haeckel's Plastidüle, Wiesner's Plasomen, Weismann's Bio-
phoren u. s. w. entspringen dem selben Bedürfnis wie Stahl's meister-
liche Erfindung. Zwar ist die Phantasie dieser Männer durch die
Fülle exakter Beobachtungen genährt und angeregt; pure Phantasie,
für welche die Theorie der »Signaturen« als Beispiel dienen kann,
hat für die Wissenschaft die selbe Bedeutung wie für die Kunst das
Gemälde eines Mannes, der die Technik des Malens nicht kennt;
doch sind ihre hypothetischen Annahmen nicht Beobachtungen, also
nicht Thatsachen, sondern Versuche, Thatsachen zu ordnen und neue
Beobachtungen hervorzurufen. Das eklatanteste Phlogiston unseres
Jahrhunderts war ja nichts geringeres als Darwin's Theorie der natürlichen Zuchtwahl.

Vielleicht darf ich, um diese Ausführung zusammenfassend zu
beschliessen, mich selbst citieren. Ich hatte einmal Gelegenheit, einen
bestimmten naturwissenschaftlichen Gegenstand eingehend zu studieren,
nämlich den aufsteigenden Saft der Pflanzen. Mit Interesse unter-
suchte ich bei dieser Gelegenheit die geschichtliche Entwickelung
unserer hierauf bezüglichen Kenntnisse und fand, dass nur drei Männer
— Hales (1727), Dutrochet (1826) und Hofmeister (1857) — unsere
Kenntnisse in Bezug auf diese Frage wirklich um je einen Schritt
weiter gebracht haben, und zwar trotzdem es an fleissigen Arbeitern
nicht gefehlt hat. Bei den drei seltenen Männern, sonst durchaus
verschieden von einander, ist die Übereinstimmung folgender Charakte-
ristika sehr auffallend: alle sind vortreffliche Beobachter, alle sind
Männer von weitem Gesichtskreis und von hervorragend lebhafter,
kühner Phantasie, alle sind als Theoretiker etwas einseitig und
flüchtig. Mit Imagination hochbegabt, waren sie eben, wie Goethe,
geneigt, ihren schöpferischen Ideen eine zu weit gehende Bedeutung
zuzuschreiben, so Hales der Kapillarität, Dutrochet der Osmose, Hof-

---

[1]) A. a. O., S. 27.
[2]) *On the scientific use of the imagination,* 1870.

meister der Gewebespannung; die selbe Kraft der Phantasie, welche diese bedeutenden Männer befähigte, uns zu bereichern, hat sie also selber in einem gewissen Sinne eingeschränkt, so dass sie von Geistern, die ihnen durchaus untergeordnet waren, sich haben in dieser Beziehung zurechtweisen lassen müssen. »Solchen Männern«, schrieb ich, »verdanken wir alle wirklichen Fortschritte der Wissenschaft; denn, was man auch über ihre Theorien denken mag, sie haben nicht allein unsere Kenntnisse durch die Auffindung zahlreicher Thatsachen, sondern ebenfalls unsere Phantasie durch die Aufstellung neuer Ideen bereichert; die Theorien kommen und gehen, doch was die Phantasie einmal besitzt, ist unvergänglich.« Es ergab sich aber für mich aus dieser Untersuchung ein zweites Ergebnis, grundsätzlich von noch grösserer Bedeutung: unsere Phantasie ist sehr beschränkt. Wenn man die Wissenschaften bis ins Altertum zurückverfolgt, fällt es auf, wie wenige neue Vorstellungen zu den nicht sehr zahlreichen alten im Laufe der Zeiten hinzugekommen sind; dabei lernt man einsehen, dass einzig und allein die Beobachtung der Natur unsere Phantasie bereichert, wogegen alles Denken der Welt kein Samenkörnchen hinzusteuert.[1]

Das Ziel unserer Wissenschaft.

Noch ein letztes Wort.

Die Mathematiker — nie verlegene Leute, wie wir gesehen haben — belieben zu sagen: der Kreis ist eine Ellipse, in der beide Brennpunkte zusammenlaufen. Wird dieses Zusammenlaufen der Brennpunkte in unseren Wissenschaften jemals stattfinden? Ist es anzunehmen, dass menschliche Anschauung und Natur jemals sich genau decken werden, dass also unser Erkennen der Dinge absolute Erkenntnis sein wird? Was vorhergeht, zeigt, wie wahnwitzig eine derartige Voraussetzung ist; ich darf auch, dessen bin ich überzeugt, behaupten, kein einziger ernster Naturforscher unserer Tage hege sie, gewiss kein germanischer.[2] Selbst dort wo (wie heute leider so häufig der Fall) die philosophische Ausbildung des Geistes zurückgeblieben ist, finden wir diese Einsicht,

---

[1] Houston Stewart Chamberlain: *Recherches sur la Sève ascendante,* Neuchâtel, 1897, p. 11. Dass die Armut an ›Ideen‹ (wie auch er sie nennt) eine Hauptursache der Beschränktheit unseres Wissens sei, hebt schon Locke hervor *(Human Understanding,* Buch 4, Kap. 3, § 23).

[2] Bei unseren vielen vortrefflichen jüdischen Gelehrten mag die Sache freilich anders liegen; denn wenn ein Volk während Jahrtausende, ohne jemals etwas gelernt zu haben, alles gewusst hat, ist es bitter, nunmehr mühsame und glänzende Studien zu machen, um schliesslich zugeben zu müssen, unser Wissen sei durch die menschliche Natur ewig und eng beschränkt. Nachsicht ist hier am Platze.

und vielleicht gewinnt sie gerade dadurch an Gewicht, dass sie ganz naiv zu Worte kommt. So z. B. machte einer der anerkannt bedeutendsten Naturforscher unseres Jahrhunderts, Lord Kelvin, als er 1896 sein fünfzig-jähriges Professorenjubiläum feierte, das denkwürdige Geständnis: »Ein einziges Wort fasst das Ergebnis alles dessen zusammen, was ich während 55 Jahre gethan habe, um die Wissenschaft zu fördern: dieses Wort ist Misserfolg. Ich weiss heutigen Tages nicht ein Jota mehr, was elektrische oder magnetische Kraft ist, wie Äther, Elektricität und wägbare Materie in ihrem Verhältnis zu einander zu denken sind, oder was wir uns unter chemischer Verwandtschaft vorstellen sollen, als dazumal, wo ich meinen ersten Vortrag hielt.« Das ist das Wort eines ehrlichen, wahrheits-liebenden, echt germanischen Mannes, des selben Mannes, der uns die hypothetischen, undenkbaren Atome so nahe gebracht zu haben schien, indem er in einer gutgelaunten Stunde es unternommen hatte, sie der Länge und der Breite nach genau zu messen. Wäre er dazu ein klein bischen Philosoph gewesen, so hätte er freilich nicht nötig gehabt, in so melancholischer Weise von Misserfolg zu sprechen; denn dann hätte er der Wissenschaft nicht ein gänzlich unerreichbares Ziel gesteckt, nämlich die ihr ewig verschlossene absolute Erkenntnis, welche im innersten Herzen wohl keimen mag, nie aber wird in Gestalt eines thatsächlichen, empirischen »Wissens« in der Hand gehalten werden können; und so hätte er sich denn ohne Rückhalt über jene glänzende, freie Gestaltungskraft freuen können, die sich zu bethätigen begann im Augenblick, wo der Germane gegen die bleierne Gewalt des Völker-chaos sich auflehnte, die so reichen civilisatorischen Segen seither gebracht hat und die zu noch weit höheren Geschicken bestimmt ist.[1])

---

[1]) In diesem Zusammenhang möchte ich die besondere Aufmerksamkeit des Lesers auf den Umschwung der Anschauungen in Bezug auf das Wesen des Lebens lenken. Am Anfang unseres Jahrhunderts hatte man die Kluft zwischen dem Or-ganischen und dem Unorganischen, wenn nicht schon für ausgefüllt, so doch fast für überbrückt gehalten (S. 78); am Schlusse unseres Jahrhunderts gähnt sie — für alle Kundigen — weiter als jemals zuvor. Weit entfernt, dass wir im Stande wären, *Homunculi* auf chemischem Wege in unseren Laboratorien herzustellen, erfuhren wir zuerst (durch die Arbeiten der Pasteur, Tyndall etc.), dass es nirgendswo *generatio spontanea* giebt, sondern alles Leben einzig durch Leben erzeugt wird; dann lehrte uns die feinere Anatomie (Virchow), dass jede Zelle eines Körpers nur aus einer schon vorhandenen Zelle entstehen kann; jetzt wissen wir (Wiesner), dass selbst die einfachsten organischen Gebilde der Zelle nicht durch die chemische Thätigkeit des Zelleninhaltes, sondern nur aus den gleichen organisierten Gebilden entstehen, z. B. ein Chlorophyllkorn nur aus einem schon vorhandenen Chlorophyllkorn. Die G e-

Mit den Auseinandersetzungen dieses Abschnittes hoffe ich etwas Nützliches zum Verständnis der Geschichte unserer germanischen Wissenschaften und zu der genauen Beurteilung ihrer Erscheinungen in unserem Jahrhundert beigetragen zu haben. Wir sahen, dass Wissenschaft — nach unserer durchaus neuen und individuellen Auffassung — die menschliche Gestaltung eines Aussermenschlichen ist; wir stellten in einigen Hauptzügen und an der Hand einzelner Beispiele fest, wie diese Gestaltung bisher bei uns stattgefunden hat. Mehr kann man von einer »Notbrücke« nicht fordern.

---

3. Industrie (von der Einführung des Papieres bis zu Watt's Dampfmaschine).

Vergänglichkeit aller Civilisation.

Wir betreten jetzt das Gebiet der Civilisation; hier kann ich und werde ich mich äusserst kurz fassen, denn das Verhältnis der Gegenwart zur Vergangenheit ist hier ein gänzlich anderes als bei Wissen und Kultur. Bei der Besprechung des Wissens habe ich Boden aufbrechen und Grundlagen im Interesse des Verständnisses unseres Jahrhunderts vorbereiten müssen; denn unser heutiges Wissen hängt mit der Arbeit der vorangegangenen sechs Jahrhunderte so eng zusammen, entwächst ihr so genau bedingt, dass sich die Gegenwart nur im Zusammenhang mit der Vergangenheit dem Urteil erschliesst; ausserdem

---

stalt, nicht der Stoff ist das Grundprinzip alles Lebens. Und so musste denn der früher so kühne Herbert Spencer vor Kurzem als ehrlicher Forscher gestehen: »Die Theorie einer besonderen Lebenskraft ist unzulässig, die physikalisch-chemische Theorie hat sich aber ebenfalls als unhaltbar erwiesen, woraus sich die Folgerung mit Notwendigkeit ergiebt, dass das Wesen des Lebens überhaupt unerforschlich ist« (Brief vom 12. Oktober 1898 in der Zeitschrift *Nature,* Bd. 58, S. 593). Auch hier hätte ein bischen metaphysisches Denken den schmerzhaften Rückzug erspart. In dem Sinne wie Spencer es hier meint, ist überhaupt die gesamte empirische Welt unerforschlich. Das Mysterium erscheint nur darum beim Leben in so besonders schlagender Gestalt, weil gerade das Leben das einzige ist, was wir aus unmittelbarer Erfahrung selber wissen. Kraft des Lebens treten wir an das Problem des Lebens heran und müssen nun bekennen, dass die Katze sich zwar in die Spitze des Schwanzes beissen kann (falls dieser lang genug ist), aber mehr nicht; sie kann sich nicht selber aufessen und verdauen. Welchen stolzen Flug wird unsere Wissenschaft an dem Tage nehmen, wo der letzte Rest semitischen Erkenntniswahnes von ihr abgestreift sein wird, und sie zur reinen, intensiven Anschauung übergeht, verbunden mit der freien, bewusst-menschlichen Gestaltung. Dann wahrlich »wird der Mensch durch den Menschen in das Tageslicht des Lebens eingetreten sein«! (Vgl. die Nachträge.)

waltet dort ein Genius der Ewigkeit: der Wissensstoff wird niemals
»überwunden«, nie können Entdeckungen rückgängig gemacht werden,
ein Columbus steht dem Bewusstsein unseres Jahrhunderts näher als
dem seines eigenen, und auch die Wissenschaft enthält, wie wir gesehen haben, Elemente, die an Unsterblichkeit mit den vollendetsten
Gebilden der Kunst wetteifern; dort lebt also das Vergangene als
Gegenwärtiges weiter. Von der Civilisation kann man das selbe nicht
behaupten. Natürlich schliesst sich auch hier Glied an Glied, doch
tragen die früheren Zeiten die jetzige nur mechanisch, gleichwie bei
den Korallenpolypen die abgestorbenen verkalkten Geschlechter den
neuen als Unterlage dienen. Zwar ist auch hier das Verhältnis der
Vergangenheit zur Gegenwart akademisch von höchstem Interesse, auch
kann dessen Erforschung belehrend wirken; doch bleibt in der Praxis
das öffentliche Leben stets eine ausschliesslich »gegenwärtige« Erscheinung: die Lehren der Vergangenheit sind dunkel, widerspruchs-
voll, unanwendbar; der Zukunft wird ebenfalls wenig gedacht. Eine
neue Maschine vertilgt die früheren, ein neues Gesetz hebt das bis-
herige auf; hier gebietet der Augenblick mit seiner Not und die Hast
des kurzlebenden Einzelnen. So z. B. in der Politik. In der Betrachtung
über »den Kampf im Staate« entdeckten wir gewisse grosse Unter-
strömungen, die heute wie vor tausend Jahren am Werke sind; darin
bethätigen sich allgemeine Rassenverhältnisse, physische Grundthatsachen, welche in dem Wellenkampf des Lebens das Licht vielfältig
brechen und darum vielfarbig in die Erscheinung treten, nichtsdestoweniger aber aufmerksamen Beobachtern in ihrer dauernden, organischen
Einheit erkennbar sind; nehmen wir aber die eigentliche Politik, so
finden wir ein Chaos von sich durchkreuzenden und durchquerenden
Ereignissen, in denen der Zufall, das Unberechnete, das Unvorher-
gesehene, das Inkonsequente massgebend sind, in denen der Rückprall
aus einer geographischen Entdeckung, die Erfindung eines Webstuhles,
das Aufdecken eines Steinkohlenlagers, die Waffenthat eines genialen
Feldherrn, die Dazwischenkunft eines mächtigen Staatsmannes, die
Geburt eines schwachen oder starken Monarchen, alles in Jahrhunderten
Errungene zerstört oder wieder alles an Andere Verlorene in einem
einzigen Tage zurückerobert. Weil die Byzantiner sich schlecht gegen
die Türken verteidigen, geht die mächtige Handelsrepublik Venedig
zu Grunde; weil der Papst die Portugiesen von den westlichen Meeren
ausgeschlossen, entdecken sie die Ostroute und in Folge dessen blüht
Lissabon plötzlich auf; Österreich geht dem Deutschtum verloren,

Böhmen büsst auf immer seine Nationalbedeutung ein, weil eine geistige und moralische Nullität, Ferdinand II., von Kindheit auf in den Händen einiger ausländischer Jesuiten steht; Karl XII. schiesst wie ein Komet durch die Geschichte, stirbt mit 35 Jahren, und doch hat sein unverhofftes Auftreten eingreifend auf die Karte Europa's und die Geschichte des Protestantismus gewirkt; was die Gottesgeissel Napoleon Bonaparte geträumt hatte — die Welt umzugestalten — vollbringt in weit gründlicherer Weise der einfache, ehrliche James Watt, der das Patent auf seine Dampfmaschine im selben Jahre nimmt (1769), in welchem jener Condottiere das Licht der Welt erblickte. — — — Und inzwischen besteht die eigentliche Politik aus einem ewigen Anpassen, aus einem ewigen Ausklügeln von Kompromissen zwischen dem Notwendigen und dem Zufälligen, zwischen dem was gestern war und dem was morgen wird sein müssen. »Demütigend für die Politik ist alle Geschichte; denn das Grösste führen die Umstände herbei«, bezeugt der verehrungswürdige Historiker Johannes von Müller.[1] Sie hindert das Neue so lange es geht und fördert es sobald der Strom ihren eigenen Widerstand gebrochen hat; sie feilscht um Vorteile mit dem Nachbarn, beraubt ihn, wenn er schwach wird, kriecht vor ihm, wenn er erstarkt. Von ihr beraten, belehnt der mächtige Fürst die Grossen, auf dass sie ihn zum König oder Kaiser erwählen, und fördert nachher die Bürger, damit diese ihm gegen den Adel, der ihm auf den Thron half, beistehen; die Bürger sind königstreu, weil sie hierdurch aus der Tyrannei eines einzig auf Ausbeutung bedachten Adels erlöst werden, doch wird der Monarch Tyrann, sobald keine mächtigen Geschlechter mehr da sind, um ihn im Zaume zu halten, und das Volk erwacht unfreier als ehedem; darum empört es sich, enthauptet seinen König und vertreibt dessen Angehörige; allein jetzt regt sich vertausendfacht der Ehrgeiz zu herrschen, und mit bleierner Unduldsamkeit erhebt die dumme »Mehrzahl« ihren Willen zum Gesetz. Uberall die Herrschaft des Augenblicks, d. h. der augenblicklichen Not, des augenblicklichen Interesses, der augenblicklichen Möglichkeit, und in Folge dessen ein reiches Nacheinander ganz verschiedener Zustände, die zwar genetisch zu einander gehören und vom Historiker in ihrer Reihenfolge vor unseren Augen aufgerollt werden können, doch so, dass die eine Gegenwart die andere vernichtet, wie die Raupe das Ei, die Puppe die Raupe, der Schmetterling die Puppe; der Schmetterling wiederum

---

[1] *Vierundzwanzig Bücher allgemeiner Geschichte,* Buch 14, Kap. 21.

stirbt, indem er Eier legt, so dass die Geschichte von Neuem an-
heben kann.

> O weh! hinweg! und lasst mir jene Streite
> Von Tyrannei und Sklaverei bei Seite!
> Mich langeweilt's: denn kaum ist's abgethan,
> So fangen sie von vorne wieder an.

Und was hier von der Politik gezeigt wird, gilt genau im selben
Masse von dem gesamten gewerblichen und wirtschaftlichen Leben.
Einer der fleissigsten heutigen Bearbeiter dieses weiten Gebietes,
Dr. Cunningham, macht wiederholt darauf aufmerksam, wie schwer es
für uns sei — er nennt es an einer Stelle »hoffnungslos« [1] — die
ökonomischen Zustände vergangener Jahrhunderte und namentlich die
darauf bezüglichen Vorstellungen, wie sie unseren Ahnen vorschwebten
und ihre Handlungen und gesetzlichen Massregeln bestimmten, wirklich
zu verstehen. Civilisation, das blosse Gewand des Menschen, ist eben
ein so durchaus vergängliches Ding, dass es spurlos dahin schwindet;
wenn auch die Töpfe und Ohrgehänge und dergleichen mehr als
Zierde unserer Museen, und allerhand Kontrakte und Wechselbriefe
und Diplome in dem Staube unserer Archive aufbewahrt bleiben, das
Lebendige daran ist dahin und kehrt nicht wieder. Wer sich mit
dem Studium dieser Verhältnisse nie abgegeben hat, ahnt auch nicht,
wie schnell ein Zustand den andern verdrängt. Wir hören von einem
Mittelalter reden und glauben, das sei eine grosse einheitliche tausendjährige Epoche, zwar durch Kriege in ewiger Gährung gehalten, doch
ziemlich stabil, was Ideen und soziale Zustände betrifft; dann sei die
Renaissance gekommen und daraus habe sich nach und nach der heutige
Tag entwickelt: dagegen hat es in Wirklichkeit seit dem Augenblick,
wo der Germane die Weltbühne betrat und namentlich seit jenem,
wo er in Europa der massgebende Faktor geworden war, nie einen
Moment Ruhe auf wirtschaftlichem Gebiete gegeben; jedes Jahrhundert
zeigt ein eigenes Gesicht und es kommt manchmal vor — z. B.
zwischen dem 13. und dem 14. Jahrhundert — dass ein einziges
Säculum noch tiefer greifende Umwälzungen der ökonomischen Zustände aufweist, als diejenigen, welche das Ende des 19. vom Ende
des 18. Jahrhunderts wie durch eine gähnende Kluft scheiden. Ich
hatte einmal Gelegenheit, mich mit dem Leben in jenem herrlichen

---

[1] *The growth of English industry and commerce during the early and middle Ages,* 3[d] ed., p. 97.

14. Jahrhundert eingehend zu beschäftigen; es geschah nicht vom Standpunkte des pragmatisierenden Historikers aus, sondern lediglich, um ein recht lebhaftes Bild jener energischen Zeit, in welcher Bürgertum und Freiheit so prächtig aufblühten, zu erlangen; dabei fiel mir das eine sehr auf: dass die grossen Männer dieses stürmisch vorwärts drängenden Jahrhunderts, des Jahrhunderts »des kühn-verwegenen Fortschrittes« [1]) — ein Jacob von Artevelde, ein Cola Rienzi, ein John Wyclif, ein Etienne Marcel — von ihren in den ererbten Vorstellungen des 13. Jahrhunderts erzogenen Zeitgenossen nicht verstanden wurden und daran zu Grunde gingen; sie hatten ihre Gedanken zu schnell in eine neue Form gekleidet. Ich glaube fast, die Hastigkeit, die uns als Kennzeichen des heutigen Tages so auffällt, war uns immer zu eigen; wir haben uns nie Zeit gelassen, uns auszuleben: die Verteilung des Vermögens, das Verhältnis der Klassen zu einander, sowie überhaupt alles, was das öffentliche Leben der Gesellschaft ausmacht, bleibt bei uns in einem beständigen Hin- und Herschaukeln befangen. Im Verhältnis zur Wirtschaft ist sogar die Politik noch dauerhaft, denn die grossen dynastischen Interessen, später die Interessen der Völker bilden doch einen gewichtigen Ballast, während Handel, Städteleben, der relative Wert des Landbaues, das Auftreten und Verschwinden des Proletariats, die Concentrierung und die Verteilung der vorhandenen Kapitalien u. s. w. fast lediglich der Wirkung der in meiner Allgemeinen Einleitung genannten »anonymen Mächte« unterliegen. Aus allen diesen Erwägungen erhellt, dass vergangene Civilisation kaum in irgend einer Beziehung als eine noch lebende »Grundlage« der Gegenwart zu betrachten ist.

Autonomie unserer neuen Industrie.

Was nun speziell die Industrie anbelangt, so ist es klar, dass sie nicht allein in ihren Existenzbedingungen von den Launen der proteusartigen Wirtschaft und der flatterhaften Politik betroffen, sondern dass ihre Möglichkeit und besondere Art in erster Reihe von dem Zustand unseres Wissens bedingt wird. Hier enthält also die Gleichung — wie der Mathematiker sagen würde — zwei veränderliche Faktoren, von denen der eine (die Wirtschaft) nach jeder Richtung schwankt, der andere (das Wissen) zwar nur in einer bestimmten Richtung, doch mit wechselnder Geschwindigkeit wächst. Man sieht, es handelt sich bei der Industrie um ein gar bewegliches Ding, dem oft — wie heute — ein verzehrendes, doch stets ein unsicheres, unbeständiges Leben innewohnt. Zwar kann es sich ereignen, dass die Industrie mit grosser

---

[1]) Lamprecht: *Deutsches Städteleben am Schluss des Mittelalters,* 1884, S. 36.

Gewalt auf Leben und Politik einwirkt; man denke nur an Dampf und Elektricität; trotzdem ist sie keine eigentlich selbständige, sondern nur eine abgeleitete Erscheinung, welche aus den Bedürfnissen der Gesellschaft einerseits, aus den Fähigkeiten der Wissenschaft andererseits hervorwächst. Darum sind ihre verschiedenen Etappen kaum oder gar nicht organisch miteinander verbunden, denn eine neue Industrie entwächst nur selten einer alten, sondern sie wird durch neue Bedürfnisse und durch neue Entdeckungen ins Leben gerufen. Vollends in unserem Jahrhundert waltet eine ganz und gar neue Industrie, die, als eine der grossen, neuen »Kräfte« (siehe S. 21), der Civilisation unseres Jahrhunderts ihr besonderes, individuelles Gepräge verlieh und auf weite Gebiete des Lebens — wie vielleicht keine frühere Industrie — von Grund aus umgestaltend einwirkte. Diese Industrie wird im letzten Viertel des 18. Jahrhunderts ersonnen und tritt erst in unserem Säculum ins Leben ein; was früher bestand, schwindet wie vor einem Zauberstabe und hat also für uns — ich wiederhole es — nur akademisches Interesse. Allerdings wird der Wissbegierige die Idee der Dampfmaschine auch in früheren Zeiten auffinden, wobei er nicht wie üblich allein auf den hundert Jahre vor Watt lebenden Papin und auf den genau zweitausend Jahre vor Papin lebenden Hero von Alexandrien den Blick richten wird, sondern namentlich auf jenen unbegreiflichen Wundermann Leonardo da Vinci, der hier wie anderwärts seiner tief in Kirchenkonzilien und Inquisitionsgerichten steckenden Zeit mit Riesenschritten vorausgeeilt war: Leonardo hat uns die genaue Zeichnung einer durch Dampfkraft getriebenen mächtigen Kanone hinterlassen und er hat sich ausserdem namentlich noch mit zwei Problemen beschäftigt: wie man Dampfkraft zur Fortbewegung der Schiffe und wie man sie zum Pumpen des Wassers verwenden könnte — gerade die zwei Gegenstände, bei denen die Lösung drei Jahrhunderte später, als erste Anwendung der Dampfkraft, gelang. Doch waren weder seine Zeit und ihre Bedürfnisse und politischen Zustände, noch die damalige Wissenschaft und ihre Mittel genügend entwickelt, um diese genialen Eingebungen in die Praxis überführen zu können. Als der günstige Augenblick kam, waren Leonardo's Gedanken und Versuche inzwischen längst der Vergessenheit anheimgefallen und sind erst vor wenigen Jahren von Neuem ans Tageslicht gebracht worden. Die Anwendung des Dampfes, wie wir sie heute erleben, ist ein ganz Neues, dessen Besprechung zu unserem Jahrhundert gehört, da wir uns hier ebenso wie im bisherigen Verlauf dieses ganzen Buches hüten wollen, unser

Denken und Urteilen durch künstliche Zeiteinteilungen befangen zu lassen. Das Gesagte gilt aber nicht allein von der durch den Dampf bewirkten Umgestaltung — sowie natürlich in noch höherem Grade von der Elektricität, zu deren industrieller Verwertung es vor hundert Jahren nicht einmal Ansätze gab — sondern ebenfalls von dem Gebiete jener grossen, ausschlaggebenden Industrien, welche die Bekleidung der Menschen besorgen und in Folge dessen auf diesem Felde etwa das bedeuten, was in der Agrikultur der Bau des Kornes. Die Methoden des Spinnens, des Webens und des Nähens haben eine völlige Umwandlung erlitten, deren entscheidende Schritte ebenfalls erst am Schluss des vorigen Jahrhunderts beginnen. Hargreaves patentiert seine Spinnmaschine 1770, Arkwright die seinige fast im selben Augenblicke, der grosse Idealist Samuel Crompton schenkte der Welt die vollkommene Spinnmaschine (die sogenannte *Mule*) etwa zehn Jahre später; Jacquard's Webstuhl ward erst 1801 fertiggestellt; die erste praktisch brauchbare Nähmaschine (diejenige Thimonnier's) liess — trotz Versuchen, die am Schlusse des 18. Jahrhunderts begannen — noch volle dreissig Jahre länger auf sich warten.[1] Auch hier fehlt es natürlich nicht an vorangegangenen Ideen und Versuchen, und zwar treffen wir wieder in erster Reihe auf den grossen Leonardo, der eine Spinnmaschine erfand, welche die ruhmreichsten Einfälle der späteren Zeit schon alle enthielt, so dass sie »unseren heutigen Spindelkonstruktionen vollkommen ebenbürtig gegenübersteht«, und der sich ausserdem mit der Konstruktion von Webstühlen, Tuchschermaschinen u. s. w. abgab.[2] Doch blieb dies alles auf unsere Zeit einflusslos und gehört folglich nicht hierher. Und noch eine Thatsache darf nicht unbeachtet bleiben: dass nämlich noch heute auf einem überwiegend grossen Teil der Welt gesponnen und gewoben wird, wie vor Jahrhunderten; gerade in diesen Dingen ist der Mensch zäh konservativ;[3] nimmt er aber

---

[1] Eine wirklich praktische, umfassende Geschichte der Industrie habe ich in keiner Sprache ausfindig machen können; man muss aus fünfzig verschiedenen Specialschriften die Daten mühsam zusammensuchen und kann froh sein, wenn man überhaupt etwas findet, denn die Industriellen leben ganz in der Gegenwart und kümmern sich blutwenig um Geschichte. Für den zuletzt erwähnten Gegenstand vergleiche man jedoch Hermann Grothe: *Bilder und Studien zur Geschichte vom Spinnen, Weben, Nähen* (1875).

[2] Grothe: a. a O., S. 21 und für Ausführlicheres, Grothe: *Leonardo da Vinci als Ingenieur*, 1874, S. 80 fg. Leonardo war überhaupt unerschöpflich in der Erfindung von Mechanismen, wovon man sich in dem zuletzt genannten Werke überzeugen kann,

[3] Grothe: *Bilder und Studien*, S. 27.

das Neue an, so geschieht es — wie dessen Erfindung — auf einen
Sprung.

    Innerhalb des Rahmens dieses ersten Bandes bleibt also wenig   Das Papier.
über Industrie zu sagen. Doch ist dieses Wenige nicht bedeutungslos.
Genau so, wie unsere Wissenschaft eine »mathematische« genannt
werden kann, so besitzt auch unsere Civilisation von Anfang an einen
bestimmten Charakter, oder, wenn man will, eine bestimmte Physiognomie; und zwar ist es eine Industrie, welche an jenem entscheidenden
Wendepunkt des 12.—13. Jahrhunderts unserer Civilisation dieses besondere Gepräge verlieh, das in der Folge dann immer weitere Ausbildung erfuhr: unsere Civilisation ist eine papierne.

    Es ist falsch und darum für das historische Urteil irreführend,
wenn man, wie das gewöhnlich geschieht, die Erfindung des Buchdruckes als den Beginn eines neues Zeitalters hinstellt. Zunächst muss
gegen eine derartige Behauptung erinnert werden, dass der lebendige
Quell eines neuen Zeitalters nicht aus dieser oder jener Erfindung,
sondern in den Herzen bestimmter Menschen fliesst; sobald der Germane
begann, selbständige Staaten zu gründen und das Joch des römisch-
theokratischen Imperiums abzuschütteln, da begann auch ein neues
Zeitalter; ich habe das ausführlich gezeigt und brauche nicht darauf
zurückzukommen. Wer mit Janssen meint, es sei der Buchdruck, der
»den Geist beflügelt habe«, erkläre doch gefälligst, warum dem Chinesen
noch keine Flügel angewachsen sind? Und wer mit Janssen die kühne
These verficht, diese »den Geist beflügelnde« Erfindung, sowie überhaupt die »Entfaltung des geistigen Lebens« vom 14. Jahrhundert
ab, sei einzig und allein der römisch-katholischen Lehre von der Ver-
dienstlichkeit der guten Werke zuzuschreiben, der sei doch so gut, zu
erklären, warum der Hellene, der weder Buchdruck noch Werkheiligkeit
kannte, es dennoch vermochte, auf Flügeln des Gesanges und der gestaltenden Weltanschauung so hoch sich hinaufzuschwingen, dass es
uns erst mühsam und spät (und erst nach Abwerfung der römischen
Fesseln) gelang, eine vergleichbare Höhe zu erreichen.[1] Lassen wir also

---

    [1] Vergl. Janssen: *Geschichte des deutschen Volkes,* 16. Aufl., I, 3 und 8. Diese
fleissige und darum nützliche Zusammenstellung wird wirklich übermässig gepriesen;
im Grunde genommen ist sie ein sechsbändiges Tendenzpamphlet, welches weder durch
Treue noch durch Tiefe es verdient hätte, ein Hausbuch zu werden. Der deutsche
Katholik hat ebensowenig wie irgend ein anderer Deutscher Grund, die Wahrheit zu
fürchten; Janssen's Methode ist aber die systematische Entstellung der Wahrheit und
die planmässige Besudelung der besten Regungen des deutschen Geistes.

diese dummen Phrasen. Doch auch auf dem Gebiet einer konkreten und wahrhaftigen Geschichtsbetrachtung wird die Einsicht in den historischen Gang unserer Civilisation durch die einseitige Betonung der Erfindung des Druckes verdunkelt. Die Idee des Druckes ist eine uralte; jeder Stempel, jede Münze geht aus ihr hervor; das älteste Exemplar der gotischen Bibelübersetzung, der sogenannte *Codex argenteus,* ist mit Hilfe glühender Metalltypen auf Pergament »gedruckt«; entscheidend — weil unterscheidend — ist nur die Art und Weise, wie die Germanen dazu kamen, gegossene, zusammenstellbare Lettern und damit den praktischen Buchdruck zu erfinden und dies hängt wiederum mit ihrer Wertschätzung des Papiers zusammen. Denn der Buchdruck entsteht als Verwendung des Papiers. Sobald das Papier — d. h. also ein brauchbarer, billiger Stoff zur Vervielfältigung — da ist, fangen an hundert Orten (in den Niederlanden, in Deutschland, in Italien, in Frankreich) die fleissigen, findigen Germanen an, nach einer praktischen Lösung des alten Problems, wie man Bücher mechanisch drucken könne, zu fahnden. Es verlohnt sich, das, was hier vorging, genauer in Augenschein zu nehmen, namentlich da Kompendien und Lexika über die früheste Geschichte unseres Papiers noch sehr schlecht informiert sind. Erst durch die Arbeiten von Josef Karabacek und Julius Wiesner ist nämlich volle Klarheit in diese Sache gekommen, und zwar mit dem Ergebnis, dass hier eines der interessantesten Kapitel zu der Erkenntnis germanischer Eigenart vorliegt.[1]

Auf die Idee, eine billige, handliche, allgemein verwendbare Unterlage für die Schrift herzustellen (an Stelle des kostspieligen Pergamentes, der noch kostspieligeren Seide, des verhältnismässig seltenen Papyrus, der assyrischen Schreibziegel u. s. w.) scheinen jene emsigen Utilitarier, die Chinesen, zuerst verfallen zu sein; doch entspricht die Behauptung,

---

[1] Vergl. Karabacek: *Das Arabische Papier, eine historisch-antiquarische Untersuchung,* Wien 1887 und Wiesner: *Die mikroskopische Untersuchung des Papiers mit besonderer Berücksichtigung der ältesten orientalischen und europäischen Papiere,* Wien 1887. Die beiden Gelehrten haben zusammen, jeder in seinem Fache, diese Untersuchung geführt, so dass ihre Arbeiten, wenn auch getrennt erschienen, sich gegenseitig ergänzen und zusammen ein Ganzes bilden. Von entscheidender Wichtigkeit ist die Feststellung, dass Papier aus Baumwolle nirgends vorkommt, sondern die ältesten Stücke arabischer Manufaktur aus Hadern (von Lein oder Hanf) gemacht sind, so dass dem Germanen (im Gegensatz zur bisherigen Annahme) nicht einmal der bescheidene Einfall, Leinen an Stelle von Baumwolle zu gebrauchen, zu eigen bleibt. Die Einzelheiten in meinen folgenden Ausführungen sind zum grossen Teil diesen zwei Schriften entnommen.

sie hätten »das Papier erfunden«, nur teilweise den Thatsachen. Die
Chinesen, die selber einen dem unsrigen durchaus ähnlichen Papyrus
benutzten,[1]) und die Nachteile hiervon kannten, verfielen darauf, aus
geeigneten Pflanzenfasern auf künstlichem Wege ein dem Papier ana-
loges Schreibmaterial herzustellen: das ist ihr Beitrag zur Erfindung des
Papieres. Chinesische Kriegsgefangene brachten nun (etwa im 7. Jahrhundert?) diese Industrie nach Samarkand, einer Stadt, die dem arabischen
Khalifat unterstand und meist von fast unabhängigen türkischen Fürsten
regiert wurde, deren Einwohnerschaft aber damals zum überwiegenden
Teil aus persischen Iraniern bestand. Die Iranier — unsere indoeuropäischen Vettern — fassten die unbeholfenen chinesischen Versuche
mit dem höheren Verständnis einer ungleich reicheren und phantasie-
volleren Begabung auf und verwandelten sie gänzlich, indem sie »fast
sofort« die Bereitung des Papieres aus Hadern oder Lumpen erfanden —
ein so auffallender Vorgang (namentlich wenn man bedenkt, dass die
Chinesen bis zum heutigen Tage nicht weiter gekommen sind!), dass
Prof. Karabacek wohl berechtigt ist, auszurufen: »ein Sieg des fremden
Ingeniums über die Erfindungsgabe der Chinesen!« Das ist also die
erste Etappe: ein indoeuropäisches Volk, angeregt durch das praktische,
doch sehr beschränkte Geschick der Chinesen, erfindet »fast sofort« das
Papier; Samarkand wird auf längere Zeit die Metropole der Papierfabrikation. — Nun folgt die zweite und ebenso lehrreiche Etappe.
Im Jahre 795 liess Harûn-al-Raschîd (der Zeitgenosse Karl's des Grossen)
Arbeiter aus Samarkand kommen und eine Papierfabrik in Bagdad errichten. Die Zubereitung wurde als Staatsgeheimnis bewahrt; doch
überall, wohin Araber kamen, begleitete sie das Papier, namentlich auch
nach dem maurischen Spanien, jenem Lande, wo die Juden so lange
das grosse Wort führten und wo nachgewiesenermassen Papier seit
Anfang des 10. Jahrhunderts im Gebrauch stand. Dagegen gelangte
fast gar kein Papier nach dem germanischen Europa, und wenn auch,
dann nur als geheimnisvoller Stoff unbekannter Herkunft. Das dauerte
bis in das 13. Jahrhundert. Fast ein halbes Jahrtausend haben also
die Semiten und Halbsemiten das Monopol des Papieres gehabt, Zeit
genug, wenn sie ein Fünkchen Erfindungskraft besessen, wenn sie nur

---

[1]) Der Papyrus der Chinesen ist das dünngeschnittene Markgewebe einer *Aralia*,
wie der Papyrus der Alten das dünngeschnittene Markgewebe des *Cyperus papyrus*
war. Der Gebrauch davon hat sich in China für das Malen mit Wasserfarben u. s. w.
noch bis heute erhalten. Für Einzelheiten vergleiche man Wiesner: *Die Rohstoffe des
Pflanzenreiches*, 1873, S. 458 fg. (Neue erweiterte Ausgabe, 1902, II, 429—463).

die geringste Sehnsucht nach geistigen Thaten gekannt hätten, um
diese herrliche Waffe des Geistes zu einer Macht auszubilden. Und was
haben sie in diesem Zeitraum — der eine grössere Frist umspannt als
von Gutenberg bis heute — damit geleistet? Nichts, rein gar nichts.
Nur Schuldscheine haben sie darauf anzubringen gewusst, und ausserdem etliche hundert öde, langweilige, geisttötende Bücher: die Erfindung des Iraniers zur Verballhornung der Gedanken des Hellenen in
erlogener Gelehrsamkeit dienend! — Doch nun folgte die dritte Etappe.
Im Verlauf der Kreuzzüge wurde das mit so viel Geistesarmut gehütete
Manufakturgeheimnis gelüftet; was der arme Iranier, zwischen Semiten,
Tataren und Chinesen eingekeilt, erfunden, das übernahm jetzt der
freie Germane. In den letzten Jahren des 12. Jahrhunderts gelangte
die genaue Kunde, wie Papier zu bereiten sei, nach Europa; wie ein
Lauffeuer verbreitete sich das neue Gewerbe durch alle Länder; in
wenigen Jahren genügten schon die einfachen Geräte des Orients nicht
mehr; eine Verbesserung folgte der anderen; im Jahre 1290 stand
schon die erste regelrechte Papiermühle (in Ravensburg); kaum hundert
Jahre dauerte es, bis der Holzdruck (auch ganzer Bücher) sich eingebürgert hatte, und in weiterer fünfzig Jahren war der Buchdruck
mit beweglichen Typen schon im Gang. Und glaubt man wirklich,
dieser Buchdruck habe erst unseren Geist »beflügelt«? Welcher Hohn
auf die Thatsachen der Geschichte! welche Verkennung des hohen
Wertes germanischer Eigenart! Wir sehen doch, dass ganz im Gegenteil der beflügelte Geist es war, der die Erfindung des Buchdruckes
geradezu erzwungen hat. Während die Chinesen es niemals über den
schwerfälligen Holztafeldruck hinausbrachten (und dies erst nach vielleicht tausendjährigem Herumtappen), während die semitischen Völker
das Papier so gut wie unbenutzt hatten liegen lassen, war im ganzen
germanischen Europa und namentlich in seinem Mittelpunkt, Deutschland, »die Massenherstellung wohlfeiler Papierhandschriften« sofort ein
Gewerbe geworden.[1] Selbst Janssen meldet, dass man in Deutschland,
lange ehe der Druck mit gegossenen Lettern begonnen hatte, zu billigen
Preisen die bedeutendsten Erzeugnisse mittelhochdeutscher Poesie, Volks-
bücher, Sagen, volkstümlich-medizinische Schriften u. s. w. feilgeboten
habe.[2] Und was Janssen verschweigt, ist, dass schon vom 13. Jahrhundert ab das Papier die Bibel, namentlich das Neue Testament, durch

---

[1] Vogt und Koch: *Geschichte der deutschen Litteratur,* 1897, S. 218. Eingehen-
deres in jedem grösseren Geschichtswerke.

[2] A. a. O., I. 17.

viele Teile von Europa, übersetzt in die Volkssprachen, verbreitet hatte,
so dass die Sendlinge der Inquisition, die selber nur zugestutzte Brocken
aus der heiligen Schrift kannten, erstaunt waren, Bauern zu begegnen,
welche die vier Evangelien von Anfang bis zu Ende auswendig her-
sagten.[1]) Zugleich verbreitete das Papier, wie wir sahen (S. 763), solche
Werke wie die des Scotus Erigena befreiend unter den vielen tausend
Menschen, die so viel Bildung besassen, um lateinisch lesen zu können.
Sobald das Papier da war, erfolgte durch alle Länder Europa's die mehr
oder weniger ausgesprochene Empörung gegen Rom, und sofort, als
Reaktion darauf, das Verbot des Bibellesens und die Einführung der
Inquisition (S. 643). Doch die Sehnsucht nach geistiger Befreiung, der
Instinkt des zum Herrschen geborenen Stammes, die gewaltige Gährung
jenes Geistes, den wir heute an seinen seither vollbrachten Thaten er-
kennen, liessen sich nicht bemeistern und eindämmen. Das Verlangen
nach Lesen und Wissen wuchs mit jedem Tage; noch gab es keine
Bücher (in unserem Sinne) und schon gab es Buchhändler, die von
Messe zu Messe reisten und massenhaften Absatz ihrer saubern, billigen
Abschriften auf Papier erzielten; die Erfindung des Buchdruckes wurde
geradezu erzwungen. Darum auch die eigentümliche Geschichte
dieser Erfindung. Sonst müssen neue Ideen viel kämpfen, ehe sie
Anerkennung finden: man denke nur an die Dampfmaschine, an die
Nähmaschine u. s. w.; auf den Druck harrte man dagegen schon allerorten mit solcher Ungeduld, dass es heute kaum möglich ist, dem
Fortgang seiner Verbreitung zu folgen. Im selben Augenblick, als
Gutenberg das Giessen der Lettern in Mainz probiert, versuchen es
andere in Bamberg, in Haarlem, in Avignon, in Venedig! Und als
der grosse Deutsche das Rätsel endlich gelöst, versteht man seine Erfindung sofort überall zu schätzen und nachzuahmen, zu verbessern
und auszubilden, weil sie einem allgemeinen dringenden Bedürfnis
entspricht. 1450 begann Gutenberg's Druckerei ihren Betrieb und
25 Jahre später blühte der Buchdruck in fast allen Städten Europa's!
Ja, in einzelnen Städten Deutschland's, z. B. in Augsburg, Nürnberg,
Mainz, gab es bald zwanzig und mehr Druckereien. Mit welchem Heisshunger greift der unter dem schweren Drucke Rom's schmachtende
Germane nach jeder Äusserung freien Menschentums! Es gleicht fast
der Raserei eines Verzweifelten. Man schätzt die Zahl der zwischen
1470 und 1500 in Druck gelegten, verschiedenen Werke auf zehn-

---

[1]) Vergl. S. 643, Anm. 1.

tausend; sämtliche damals bekannte lateinische Autoren lagen noch vor
Ende des Jahrhunderts gedruckt vor; in weiterer zwanzig Jahren folgten
alle irgend zugänglichen griechischen Denker und Dichter.[1]) Doch
man verharrte nicht allein bei Vergangenem; sofort griff der Germane
die Erforschung der Natur auf und zwar am rechten Ende, bei der
Mathematik: Johannes Müller aus Königsberg in Franken, genannt
Regiomontanus, begründete zwischen 1470 und 1475 eine besondere
Druckerei zur Herausgabe mathematischer Schriften in Nürnberg;[2])
zahlreiche deutsche, französische und italienische Mathematiker wurden
dadurch zur Bearbeitung der Mechanik und Astronomie angeregt;
1525 gab der grosse Nürnberger Albrecht Dürer die erste darstellende
Geometrie in deutscher Sprache heraus, und im selben Nürnberg erschien bald darauf das *De revolutionibus* des Kopernikus. Auch auf
den anderen Gebieten der Entdeckung war man inzwischen nicht
müssig gewesen und die erste Zeitung, die im Jahre 1505 erschien,
»bringt schon Nachrichten aus Brasilien«.[3])

Ich wüsste nichts, was so geeignet wäre wie diese Geschichte
des Papiers, uns die hohe Bedeutung vor Augen zu führen, welche
eine Industrie für alle Lebenszweige gewinnen kann; zugleich sehen
wir, wie alles darauf ankommt, in wessen Hände eine Erfindung gelangt.
Der Germane hat das Papier nicht erfunden; was aber bei Semiten und
Juden ein belangloser Wisch gewesen war, wurde, dank seinen unvergleichlichen und durchaus individuell eigenartigen Gaben, das Panier
einer neuen Welt. Man sieht, wie Recht Goethe hat, zu schreiben:
»Das erste und letzte am Menschen ist Thätigkeit, und man kann
nichts thun, ohne die Anlage dazu zu haben, ohne den Instinkt, der
uns dazu treibt — — — Wenn man es genau betrachtet, wird jede,
auch nur die geringste Fähigkeit uns angeboren, und es giebt keine
unbestimmte Fähigkeit«.[4]) Wer die Geschichte des Papiers kennt,
und da noch von der Gleichartigkeit der Menschenrassen schwärmt,
dem ist nicht zu helfen.

Die Einführung des Papiers ist ohne jede Frage das folgen-
schwerste Ereignis unserer gesamten industriellen Geschichte. Alles
Übrige ist im Verhältnis von sehr geringer Bedeutung. Erst der zu
Beginn dieses Abschnittes genannte Umschwung in der Textilindustrie,

---

[1]) Green: *History of the English people*, III, 195.
[2]) Gerhardt: *Geschichte der Mathematik in Deutschland*, 1877, S. 15.
[3]) Lamprecht: *Deutsche Geschichte*, VI., 122.
[4]) *Lehrjahre*, 8. Buch, Kap. 3.

und in noch weit höherem Masse die Erfindung der Dampfmaschine, des Dampfschiffes und der Lokomotive haben ähnlich eingreifend auf das Leben wie das Papier gewirkt; doch auch sie in bedeutend geringerem Grade, da selbst die Ausgestaltung der Lokomotion — durch welche die Welt (wie früher durch den Buchdruck die Gedanken) einem Jeden zugänglich gemacht worden ist — nicht direkt, sondern nur indirekt zur Vermehrung des geistigen Besitzes beiträgt. Doch bin ich überzeugt, dass der aufmerksame Beobachter überall jene selben Anlagen am Werke finden wird, die uns hier, bei der Geschichte des Papiers, so glänzend entgegentraten. Und so mag es denn genügen, wenn an diesem einen Beispiel nicht allein die wichtigste Errungenschaft, sondern zugleich die entscheidenden individuellen Eigenschaften der Industrie in unserer neuen Welt hervorgehoben worden sind.

4. Wirtschaft (vom Lombardischen Städtebund bis zu Robert Owen, dem Begründer der Kooperation).

Vor wenigen Seiten citierte ich den Ausspruch eines namhaften Sozialökonomen, wonach es »fast hoffnungslos« sein soll, die wirtschaftlichen Zustände vergangener Jahrhunderte verstehen zu wollen. Das dort Ausgeführte brauche ich nicht zu wiederholen. Doch hat gerade das Gefühl von der kaleidoskopartigen Mannigfaltigkeit, von der vergänglichen Beschaffenheit dieser Verhältnisse mir die Frage aufgedrängt, ob trotz alledem sich nicht ein einheitliches Lebenselement auffinden liesse, ich meine irgend ein in den verschiedensten Formen sich stets gleichbleibendes Lebensprinzip unserer ewig veränderlichen wirtschaftlichen Verhältnisse. In den Schriften eines Adam Smith, eines Proudhon, eines Karl Marx, eines John Stuart Mill, eines Carey, eines Stanley Jevons, eines Böhm-Bawerk und Anderer habe ich es nicht gefunden; denn diese Gelehrten reden (und zwar von ihrem Standpunkte aus mit Recht) von Kapital und Arbeit, Wert, Nachfrage u. s. w., in ähnlicher Weise wie früher die Juristen von Naturrecht und göttlichem Recht, als ob das für sich seiende, übermenschliche Wesenheiten wären, die über uns allen thronen, während es mir im Gegenteil sehr wesentlich darauf anzukommen scheint, »wer« das Kapital besitzt und »wer« die Arbeit leistet und »wer« einen Wert zu schätzen hat. Luther lehrt: nicht die Werke machen den Menschen, sondern der Mensch macht die

Kooperation und Monopol

Werke; hat er Recht, so werden wir auch innerhalb des bunt wechselnden wirtschaftlichen Lebens am meisten zur Aufhellung von Vergangenheit und Gegenwart beitragen, wenn es uns gelingt, einen in dieser
Beziehung grundlegenden Charakterzug des germanischen Menschen
nachzuweisen; denn die Werke wechseln ja nach den Umständen,
der Mensch aber bleibt der selbe, und die Geschichte einer Menschenart wirkt aufklärend, nicht durch die Gliederung in angebliche Zeitalter, die immer das Äussere betreffen, sondern durch den Nachweis
der strengen Kontinuität. Sobald mir die Wesensgleichheit mit meinen
Ahnen vor Augen geführt wird, verstehe ich ihre Handlungen aus
den meinen, und die meinen erhalten wiederum durch jene eine
ganz neue Färbung, denn sie verlieren den beängstigenden Schein
eines willkürlichen Entschlüssen unterworfenen Nochniedagewesenen
und können nunmehr mit philosophischer Ruhe als altbekannte, stets
wiederkehrende Phänomene untersucht werden. Hier erst fassen wir
Fuss auf einem wirklich wissenschaftlichen Standpunkt: moralisch
wird die Autonomie der Individualität im Gegensatz zum allgemeinen
Menschheitswahn betont, geschichtlich tritt die Notwendigkeit (d. h. die
notwendige Handlungsweise bestimmter Menschen) in ihre Rechte als
gesetzgebende Naturmacht.

Betrachten wir nun die Germanen vom Beginn an, so finden
wir in ihnen zwei gegensätzliche und sich ergänzende Züge stark ausgesprochen: zunächst den heftigen Trieb des Individuums, sich herrisch
auf sich selbst zu stellen, sodann seinen Hang, durch treue Vereinigung
mit Anderen sich den Weg zu Unternehmungen zu bahnen, die nur
durch gemeinsames Wirken bewältigt werden können. In unserem
gegenwärtigen Leben umringt uns diese Doppelerscheinung auf allen
Seiten und die Fäden, die hüben und drüben gesponnen werden, bilden
ein wunderlich kunstvolles, fest geschlungenes Gewebe. Monopol und
Kooperation: das sind unstreitig die beiden Gegenpole unserer heutigen
wirtschaftlichen Lage und Niemand wird leugnen, dass sie unser ganzes
Jahrhundert beherrscht haben. Was ich nun behaupte, ist, dass dieses
Verhältnis, diese bestimmte Polarität, [1]) von Anfang an unsere wirtschaftlichen Zustände und ihre Entwickelung beherrscht hat, so dass,
trotz der Aufeinanderfolge nie wiederkehrender Lebensformen, wir,
dank dieser Einsicht, doch ein tiefes Verständnis für die Vergangenheit

---

[1]) So hätte Goethe sie genannt; siehe die *Erläuterung zu dem aphoristischen
Aufsatz, die Natur.*

und dadurch auch für die Gegenwart gewinnen; allerdings kein wissenschaftlich nationalökonomisches (das müssen wir den Fachgelehrten
überlassen), doch ein solches, wie es der gewöhnliche Mensch für die
richtige Auffassung seiner Zeit gebrauchen kann.

Zu Grunde liegt eine einfache, unwandelbar sich gleichbleibende,
konkrete Thatsache: die wechselnde Form, welche wirtschaftliche Verhältnisse bei bestimmten Menschen annehmen, ist ein direkter Ausfluss
ihres Charakters, und der Charakter der Germanen, dessen allgemeinste
Grundzüge ich im sechsten Kapitel gezeichnet habe, führt notwendiger
Weise zu bestimmten, wenn auch wechselnden Gestaltungen des wirtschaftlichen Lebens und zu ewig in ähnlicher Weise sich wiederholenden
Konflikten und Entwickelungsphasen. Man glaube nur ja nicht, dass
hier etwas allgemein Menschliches vorliege; die Geschichte bietet uns
im Gegenteil nichts Ähnliches, oder wenigstens nur oberflächliche Ähnlichkeiten. Denn das, was uns auszeichnet und unterscheidet, ist das
gleichzeitige Vorwalten der beiden Triebe — zur Absonderung und
zur Vereinigung. Als Cato fragt, was Dante auf seinem beschwer-
lichen Wege suche, erhält er zur Antwort:

Libertà va cercando!

Dieses Suchen nach Freiheit liegt jenen beiden Äusserungen unseres
Charakters gleichmässig zu Grunde. Um wirtschaftlich frei zu sein,
verbinden wir uns mit Anderen; um wirtschaftlich frei zu sein, scheiden
wir aus dem Verband und setzen das eigene Haupt gegen die Welt aufs
Spiel. Daraus ergiebt sich für die Indoeuropäer ein so ganz anderes wirtschaftliches Leben, als für die semitischen Völker,[1] die Chinesen u. s. w.
Doch, wie ich S. 504 fg. zeigte, weicht der germanische Charakter
und namentlich sein Freiheitsbegriff nicht unwesentlich auch von
dem seiner nächsten indoeuropäischen Verwandten ab. Wir sahen in
Rom die grosse »kooperative« Volkskraft zermalmend auf jeglicher
autonomen Entwickelung der geistigen und moralischen Persönlichkeit
lasten; als dann später die ungeheuren Reichtümer einzelner Individuen
das System des Monopols einführten, diente dies nur dazu, den Staat
zu Grunde zu richten, wo dann nichts übrig blieb als physiognomie-
loses Menschenchaos; denn die Römer waren so beanlagt, dass sie
einzig im Verband Grosses leisteten, dagegen aus dem Monopol kein
wirtschaftliches Leben zu entwickeln vermochten. In Griechenland
finden wir allerdings eine grössere Harmonie der Anlagen, doch hier

---

[1] Siehe Mommsen über Karthago z. B., oben S. 141 fg.

mangelt (im Gegensatz zu den Römern) die Bindekraft in einem be-
dauerlichen Masse: die hervorragend energischen Individuen erblicken
nur sich und begreifen nicht, dass ein aus verwandtschaftlicher Umgebung losgerissener Mensch kein Mensch mehr ist; sie verraten den
angestammten Verband und richten dadurch sich und ihr Vaterland
zu Grunde. Im Handel mangelt aus den angegebenen Gründen dem
Römer die Initiative, jene voranleuchtende Fackel des bahnbrechenden
Einzelnen, dem Hellenen die Redlichkeit, d. h. jenes öffentliche, Alle
verbindende und für Alle verbindliche Gewissen, welches später in dem
»rechten Kaufmannsgut« des aufblühenden deutschen Gewerbes einen
ewig verehrungswürdigen Ausdruck fand. Hier übrigens, in dem
»rechten Kaufmannsgut«, halten wir schon ein treffliches Beispiel
der Wechselwirkungen germanischen Charakters auf wirtschaftliche
Gestaltungen.

Innungen und
Kapitalisten. In hundert Büchern wird der Leser das Leben und Wirken der
Innungen zwischen dem 13. und dem 17. Jahrhundert (etwa) geschildert
finden; es ist das prächtigste Muster geeinten Wirkens: Einer für Alle,
Alle für Einen. Sehen wir nun, wie in diesen Verbänden Alles genau
bestimmt und von dem Vorstand der Innung, sowie auch von besonderen
dazu eingesetzten Kontrollbehörden, vom Stadtmagistrat u. s. w. beauf-
sichtigt wird, sodass nicht allein die Art und die Ausführung einer
jeglichen Arbeit in allen Einzelheiten, sondern auch die Maximalmenge
der Tagesleistung festgestellt ist und nicht überschritten werden darf, weil
man nämlich fürchtete, der Arbeiter möchte aus Geldgier zu schnell und
darum schlecht arbeiten, so sind wir geneigt, mit den meisten Autoren
entsetzt auszurufen: dem Einzelnen blieb ja keine Spur Initiative, keine
Spur Freiheit! Und doch ist dieses Urteil einseitig bis zur direkten Verkennung der historischen Wahrheit. Denn gerade durch Zusammen-
treten vieler Einzelnen zu einer festgefügten, einheitlichen Vielheit hat
der Germane die durch die Berührung mit dem römischen Imperium
eingebüsste bürgerliche Freiheit wiedererworben. Ohne den angeborenen
Instinkt zur Kooperation wären die Germanen ebensolche Sklaven
geblieben wie die Ägypter, die Karthager, die Byzantiner, oder wie
die Bewohner des Khalifats. Das vereinzelte Individuum ist einem
chemischen Atom mit geringer Bindekraft zu vergleichen; es wird
aufgesogen, vernichtet. Dadurch, dass der Einzelne freiwillig ein
Gesetz annahm und sich ihm unbedingt fügte, erwarb er sich ein
sicheres und anständiges Leben, ja, ein anständigeres Leben als das
unserer heutigen Arbeiter, und hiermit zugleich die grundlegende Mög-

lichkeit zu aller geistigen Freiheit, was sich auch bald vielerorten bewährte.[1] Das ist die eine Seite der Sache. Der Unternehmungsgeist des Einzelnen ist aber bei uns zu stark, als dass er sich durch noch so strenge Verordnungen bändigen liesse, und so sehen wir auch damals, trotz der Herrschaft der Innungen, einzelne energische Männer ein ungeheures Vermögen erwerben. Im Jahre 1367 wandert z. B. ein armer Leinwebergeselle, Hans Fugger, nach Augsburg ein; hundert Jahre später sind seine Erben in der Lage, dem Erzherzog Siegmund von Tirol 150 000 Gulden vorzuschiessen. Allerdings hatte Fugger neben seinem Gewerbe auch Handel getrieben und zwar mit so viel Glück, dass sein Sohn Bergwerksbesitzer geworden war; doch wie war es möglich, da die Innungsgesetze dem einen Gesellen verboten, mehr als die andern zu arbeiten, dass Fugger zu so viel Geld kam, um in diesem Masse Handel treiben zu können? Ich weiss es nicht; Niemand weiss es; aus jenem Anfang der Familie Fugger giebt es keine genauen Nachrichten.[2] Jedenfalls sieht man, dass es möglich war. Und bildet auch die Familie Fugger durch den enormen Reichtum, den sie bald erwarb und durch die Rolle, welche sie dadurch in der Geschichte Europa's spielte, ein Unikum, so fehlte es an reichen Bürgern in keiner Stadt, und man braucht nur Ehrenberg's *Zeitalter der Fugger* (Jena 1896) oder Van der Kindere: *Le siècle des Artevelde* (Brüssel 1879) zur Hand zu nehmen, um zu sehen, wie überall Männer aus dem Volke, trotz des Innungszwanges, zu wohlhabender Selbständigkeit sich hinaufarbeiteten. Ohne die Innungen, d. h. also ohne Kooperation, wäre es überhaupt nie zu einem gewerblichen Leben bei uns gekommen — das liegt auf der Hand; die Kooperation hinderte aber den Einzelnen nicht, sondern diente ihm als Sprungbrett. Nun aber, sobald der Einzelne fest und stark auf eigenen Füssen stand, benahm er sich genau so wie unsere damaligen Könige sich Fürsten und Volk gegenüber benahmen; er kannte nur ein Ziel: Monopol. Reich sein genügt nicht, frei sein befriedigt nicht:

---

[1] Dass es dem Arbeiter im 13., 14. und 15. Jahrhundert durchschnittlich so viel besser als heute ging, erklärt Leber in seinem *Essai sur l'appréciation de la fortune privée au moyen-âge,* 1847, durch den Nachweis, dass »das Geld des Armen damals verhältnismässig mehr wert war als das des Reichen, da nämlich Luxusgegenstände exorbitant hohe Preise erreichten, unerschwinglich für solche, die nicht ein sehr grosses Vermögen besassen, wogegen alles Unentbehrliche, wie einfache Nahrungsmittel, Wohnung, Kleider u. s. w., äusserst billig war« (citiert nach Van der Kindere: *Le siècle des Artevelde,* Bruxelles, 1879, S. 132).

[2] Aloys Geiger: *Jakob Fugger,* Regensburg 1895.

Die wenigen Bäume, nicht mein eigen,
Verderben mir den Weltbesitz!

Dass dieses germanische Hinausstreben ins Grenzenlose viel Unheil mit
sich führt, dass es auf der einen Seite Verbrechen, auf der anderen
Elend gebiert: wer möchte es leugnen? Niemals ist die Geschichte
eines ungeheuren Privatvermögens eine Chronik makelloser Ehre. In
Süddeutschland nennt man noch heute eine überschlaue, an Betrug
grenzende Geschäftsgebahrung »fuggern«.[1]) Und in der That, kaum
sind die Fuggers durch Gold mächtig geworden, und schon sehen wir
sie mit anderen reichen Handelshäusern Ringe bilden zur Beherrschung
der Weltmarktpreise, ganz genau so wie wir das heute erleben, und
solche Syndikate bedeuten damals wie jetzt den systematischen Diebstahl
nach unten und nach oben: der Arbeiter wird in seinem Lohn beliebig
gedrückt, der Käufer zahlt mehr als der Gegenstand wert ist.[2]) Fast
drollig bei aller Widerwärtigkeit ist es zu erfahren, dass die Fuggers
an dem Ablasschacher finanziell interessiert waren. Der Erzbischof
von Mainz hatte nämlich vom Papste die zu erwartenden Einnahmen
des Jubelablasses für gewisse Teile von Deutschland gegen eine prä-
numerando Zahlung von 10 000 Dukaten gepachtet; er schuldete aber
den Fuggers von früher her 20 000 Dukaten (von den 30 000, die er
der Kurie für seine Ernennung zum Erzbischof hatte bezahlen müssen),
und so war denn in Wahrheit der Erzbischof nur ein vorgeschobener
Strohmann und der wirkliche Pächter des Ablassjubels war die Firma
Fugger! Der durch Luther unvergesslich gewordene Tetzel durfte denn
nicht anders reisen und predigen, als in Begleitung des Geschäfts-
vertreters dieses Handelshauses, der sämtliche Einkünfte einkassierte und
allein den Schlüssel zum »Ablasskasten« besass.[3]) Ist es nun schon nicht
sehr erbaulich, zu sehen, auf welche Weise ein solches Vermögen erworben wird, so ist es einfach entsetzlich, zu gewahren, welch schnöder
Gebrauch davon gemacht wird. Losgerissen aus dem heilsamen Ver-
bande gemeinsamer Interessen, lässt der Einzelne die ungezügelte Willkür walten. Die stumpfsinnige Vorteilsberechnung eines elenden Weber-
sohnes bestimmt, wer Kaiser sein soll; nur dank dem Beistand der

---

[1]) Nach Schoenhof: *A history of money and prices*, New-York 1897, p. 74.

[2]) Siehe Ehrenberg, a. a. O., I, 90. Es handelte sich namentlich um die Beherrschung des Kupfermarktes; die Fugger waren aber so gierig nach alleinigem
Monopol, dass das Syndikat sich bald auflösen musste.

[3]) Ludwig Keller: *Die Anfänge der Reformation und die Ketzerschulen,* S. 15 und
Ehrenberg: a. a. O., I, 99.

Fugger und Welser wird Karl V. gewählt, nur durch die Unterstützung der Fugger und Welser wird er in den Stand gesetzt, den unseligen schmalkaldischen Krieg zu führen, und in dem nun folgenden Kampf der Habsburger gegen deutsches Gewissen und deutsche Freiheit spielen wieder diese gesinnungslosen Kapitalisten eine entscheidende Rolle; und zwar bekennen sie sich zu Rom und bekämpfen sie die Reformation, nicht aus religiöser Überzeugung, sondern ganz einfach, weil sie mit der Kurie ausgedehnte Geschäfte führen und bei ihrer eventuellen Niederlage grosse Einnahmen zu verlieren fürchten.[1]

Und dennoch werden wir zugeben müssen, dass dieser rücksichtslose, vor keinem Verbrechen zurückschreckende Ehrgeiz des Einzelnen ein wichtiger und unentbehrlicher Faktor unserer gesamten civilisatorisch-ökonomischen Entwickelung gewesen ist. Ich nannte vorhin die Könige und will hier den Vergleich aus dem naheverwandten politischen Gebiete noch einmal heranziehen. Wer kann die Geschichte Europa's von dem 15. Jahrhundert bis zur französischen Revolution lesen, ohne dass sein Blut vor Empörung fast beständig kocht? Alle Freiheiten werden geraubt, alle Rechte mit Füssen getreten; schon Erasmus ruft voll Ingrimm aus: »Das Volk baut die Städte, die Fürsten zerstören sie!« Und er hatte noch lange nicht das Schlimmste erlebt. Und wozu das alles? Damit eine Handvoll Familien sich das Monopol über ganz Europa erringen. Eine schlimmere Rotte gewohnheitsmässiger Verbrecher als unsere Fürsten kennt die Geschichte nicht; juristisch betrachtet, gehörten sie fast alle ins Zuchthaus. Und doch, welcher ruhig denkende, gesund urteilende Mensch wird nicht heute in dieser Entwickelung einen Segen erblicken? Durch die Konzentrierung der politischen Gewalt um einige wenige Mittelpunkte herum haben sich grosse, starke Nationen gebildet: eine Grösse und eine Stärke, an denen jeder Einzelne teilnimmt. Und als nun diese wenigen Monarchen jede andere Gewalt geknickt hatten, da standen sie allein; nunmehr war die grosse Volksgemeinde in der Lage, ihre Rechte zu fordern, und das Ergebnis ist ein so weithin reichendes Mass von individueller Freiheit, wie es keine Vorzeit gekannt hatte. Der Einherrscher ward

---

[1] Alle Einzelheiten findet man ausführlich belegt durch archivarisches Material in Ehrenberg's Buch. Dass die Fugger, sowie die anderen katholischen Kapitalisten jener Zeit, samt und sonders an den Habsburgern zu Grunde gingen, da diese Fürsten immer borgten und nie zurückzahlten (den Fuggers blieben sie 8 000 000 Gulden schuldig), wird mancher gemütvollen Seele einen platonischen Trost gewähren!

(wenn auch unbewusst) der Freiheit Schmied; der masslose Ehrgeiz des Einen ist Allen zu Gute gekommen; das politische Monopol hat der politischen Kooperation die Wege geebnet. Diese Entwickelung — die noch lange nicht beendet ist — erhellt in ihrer eigenartigen Bedeutung, wenn man sie dem Entwickelungsgang des imperialen Rom gegenüberhält. Wir sahen, wie dort alle Rechte, alle Privilegien, alle Freiheiten nach und nach aus den Händen des Volkes, welches die Nation errichtet hatte, in die Hand eines einzelnen Mannes übergingen;[1]) die Germanen haben den umgekehrten Weg eingeschlagen; sie haben sich dadurch aus dem Chaos zu Nationen hinaufgearbeitet, dass sie die Summe der Macht vorläufig in einigen wenigen Händen vereinigten; nunmehr fordert die Gesamtheit das ihre zurück: Recht und Gerechtigkeit, Freiheit und grösstmögliche Ungebundenheit für jeden einzelnen Bürger. Dem Monarchen wohnt in vielen Staaten schon heute nicht viel mehr als eine geometrische Bedeutung inne: er ist ein Mittelpunkt, der dazu dienen durfte, den Kreis zu ziehen. Viel verwickelter gestalten sich freilich die Verhältnisse auf wirtschaftlichem Gebiete und ausserdem sind sie noch lange nicht so weit herangereift wie die politischen, doch glaube ich, dass sie viel Analogie mit ihnen bieten. Es ist eben der selbe Menschencharakter hier wie dort am Werke. Bei den Phöniziern hatte der Kapitalismus zur unbedingten Sklaverei geführt, bei uns nicht; im Gegenteil: er bringt Härten, wie das Königtum auch Härten in seinem Werden brachte, ist aber überall der Vorläufer kommunistischer Regungen und Erfolge. In dem kommunistischen Staat der Chinesen herrscht tiermässige Einförmigkeit; bei uns sehen wir überall aus kräftiger Gemeinsamkeit starke Individuen hervorgehen.

Wer sich nun die Mühe giebt, die Geschichte unseres Gewerbes, unserer Manufaktur, unseres Handels zu studieren, wird überall diese beiden Mächte am Werke finden. Überall wird er die Kooperation als Grundlage entdecken, vom denkwürdigen Bunde der lombardischen Städte an (bald gefolgt von dem rheinischen Städtebund, der deutschen Hansa, der Londoner Hansa), bis zu jenem überspannten aber genialen Robert Owen, der an der Schwelle unseres Jahrhunderts den Samen der grossartigen Kooperationsgedanken säete, der erst jetzt langsam aufzugehen beginnt. Nicht minder jedoch wird er allerorten und zu allen Zeiten die Initiative des sich aus dem Zwange der Gemeinsam-

---

[1]) Siehe S. 148.

keit losreissenden Individuums am Werke erblicken, und zwar als das eigentlich schöpferische, bahnbrechende Element. Als Kaufleute, nicht als Gelehrte, führen die Polos ihre Entdeckungsreisen aus; auf der Suche nach Gold entdeckt Columbus Amerika; die Erschliessung Indiens ist (wie heute die Afrika's) lediglich das Werk der Kapitalisten; fast überall wird der Betrieb der Bergwerke durch die Verleihung eines Monopols an unternehmende Einzelne ermöglicht; bei den grossen gewerblichen Erfindungen am Schlusse des vorigen Jahrhunderts hatte stets der Einzelne gegen die Gesamtheit sein Leben lang zu kämpfen und wäre ohne die Hilfe des unabhängigen, gewinnsüchtigen Kapitals erlegen. Die Verkettung ist eine unendlich mannigfaltige, weil jene beiden Triebkräfte stets gemeinsam am Werke bleiben und sich nicht etwa bloss ablösen. So sahen wir Fugger, nachdem er sich kaum aus dem Innungszwang herausgearbeitet hatte, freiwillig neue Verbindungen mit Anderen eingehen. Immer wieder, in jedem Jahrhundert, in welchem grosse Kapitalien sich ansammeln (wie in der zweiten Hälfte des neunzehnten) sehen wir die Bildung von Syndikaten, d. h. also eine besondere Form von Kooperation; dadurch raubt aber der Kapitalist dem Kapitalisten jede individuelle Freiheit; die Macht der einzelnen Persönlichkeit erlischt, und nun bricht sie sich an einem anderen Orte durch. Andererseits besitzt die eigentliche Kooperation nicht selten von Anfang an die Eigenschaften und die Ziele einer bestimmten Individualität: das sieht man besonders deutlich an der Hansa während ihrer Blütezeit und überall da, wo eine Nation zur Wahrung wirtschaftlicher Interessen politische Massregeln ergreift.

Ich hatte Material vorbereitet, um das hier Angedeutete näher auszuführen, doch gebricht es mir dazu an Raum und ich begnüge mich damit, den Leser noch auf ein besonders lehrreiches Beispiel aufmerksam zu machen. Ein einziger Blick auf das hier noch nicht berührte Gebiet des Landbaues genügt nämlich, um das genannte Grundgesetz unserer wirtschaftlichen Entwickelung besonders deutlich am Werke zu zeigen.

Im 13. Jahrhundert, als die Germanen an den Ausbau ihrer neuen Welt gingen, war der Bauer fast in ganz Europa ein freierer Mann, mit einer gesicherteren Existenz als heute; denn die Erbpacht war die Regel, so dass z. B. England — heute eine Heimat des Grossgrundbesitzes — sich noch im 15. Jahrhundert fast ganz in den Händen von Hunderttausenden von Bauern befand, die nicht allein juristische Besitzer ihrer Scholle waren, sondern auch weitgehende unentgeltliche

Bauer und Grossgrundbesitzer.

Rechte an gemeinsamen Weiden und Wäldern besassen.[1]) Diese
Bauern sind inzwischen alle ihres Besitzes beraubt worden; einfach
beraubt. Jedes Mittel war dazu gut genug. Gab kein Krieg den
Anlass, sie zu verjagen, so wurden bestehende Gesetze gefälscht und
neue Gesetze von den Machthabern erlassen, welche das Gut der
Kleinen zu Gunsten der Grossen einzogen. Doch nicht die Bauern allein,
auch die kleinen Landwirte mussten vertilgt werden: das geschah auf
einem Umwege, indem sie durch die Konkurrenz der Grossen zu
Grunde gerichtet und ihre Güter aufgekauft wurden.[2]) Welche grosse
Härten das mit sich führte, mag ein einziges Beispiel veranschaulichen:
im Jahre 1495 verdiente der englische Landarbeiter, der auf Tagelohn
ausging, genau dreimal so viel (an Kaufwert) als hundert Jahre später!
Wie man sieht, mancher tüchtige Sohn hat bei allem Fleiss nur ein
Drittel so viel wie sein Vater verdienen können. Ein so plötzlicher
Sturz, der gerade die produzierende Klasse des Volkes trifft, ist einfach
furchtbar; man begreift nicht, das bei einer derartigen wirtschaftlichen Katastrophe der ganze Staat nicht aus den Fugen ging. Im
Laufe dieses einen Jahrhunderts waren fast alle Bauern zu Tagelöhnern
herabgedrückt worden. Und in der ersten Hälfte des 18. Jahrhunderts
war der — wenige Jahrhunderte früher unabhängige — Bauern-
stand so tief gesunken, dass seine Mitglieder ohne die milden Gaben
der »Herren« oder den Zuschuss der Gemeindekasse nicht auskommen
konnten, da das Maximalverdienst des ganzen Jahres nicht hinreichte,
um die Minimalmenge des zum Leben Unentbehrlichen zu kaufen.[3])

---

[1]) Gibbins: *Industrial History of England*, 5. ed., p. 40 fg. und 108 fg. Wir
finden die Erbpacht noch heute im östlichen Europa, wo unter türkischer Herrschaft
alles seit dem 15. Jahrhundert unverändert blieb; auf den grossherzoglichen Domänen
in Mecklenburg-Schwerin wurde sie im Jahre 1867 wieder eingeführt.

[2]) Ein Vorgang, der besonders leicht in England zu verfolgen ist, weil die
politische Entwickelung dort eine geradlinige war und das Innere des Landes vom
15. Jahrhundert ab nicht mehr durch Kriege verheert worden ist; hierzu leistet das
berühmte Werk von Rogers: *Six centuries of work and wages* vorzügliche Dienste.
(Ich citiere nach der wenig befriedigenden deutschen Übersetzung von Pannwitz, 1896.)
Doch war der Vorgang in allen Ländern Mitteleuropa's wesentlich der selbe; die heutigen
grossen Besitzungen sind samt und sonders gestohlen und erschwindelt worden, da
sie den Grundherren zwar als juristisches Eigentum unterstanden, doch der thatsächliche, rechtliche Besitz der Erbpächter waren. (Man schlage in jedem Rechtslehrbuch
nach unter *Emphyteusis*.)

[3]) Rogers, a. a. O., Kap. 17. Dass in der Mitte des 19. Jahrhunderts an dieser
unwürdigen Stellung des Landarbeiters nichts geändert worden war (wenigstens nicht
in England), findet man ausführlich belegt in Herbert Spencer: *The man versus the*

Nun darf man aber in allen diesen Dingen — wie überhaupt bei jeder Betrachtung der Natur — weder dem abstrakten Theoretisieren, noch dem blossen Gefühl eine Beeinflussung des Urteils einräumen. Der berühmte Sozialökonom Jevons schreibt: »Der erste Schritt zum Verständnis besteht darin, dass wir den Wahn, als gäbe es in sozialen Dingen abstrakte ‚Rechte‘, ein für allemal verwerfen.«[1]) Und was das moralische Gefühl anbelangt, so weise ich darauf hin, dass die Natur überall grausam ist. Unsere Empörung vorhin gegen die verbrecherischen Könige und jetzt gegen den gaunerhaften Adel, ist nichts gegen die Empörung, welche jedes biologische Studium einflösst. Sittlichkeit ist eben eine ausschliesslich innere, d. h. eine transscendente Intuition; das »Vater vergieb ihnen« findet keinen Beleg ausserhalb des menschlichen Herzens; daher auch die Lächerlichkeit jeder empirischen, induktiven, antireligiösen Ethik. Lassen wir aber — wie es hier unsere Pflicht ist — das Moralische bei Seite und beschränken wir uns auf die Bedeutung dieser wirtschaftlichen Entwickelung für das Leben, so genügt es, ein Fachbuch zur Hand zu nehmen, z. B. die *Geschichte der Landbauwissenschaft* von Fraas, und wir sehen bald ein, dass eine vollkommene Umgestaltung des Landbaues notwendig war. Ohne sie hätten wir längst in Europa so wenig zu essen gehabt, dass wir gezwungen gewesen wären, uns gegenseitig aufzufressen. Diese kleinen Bauern aber, die gewissermassen ein kooperatives Netz über die Länder ausbreiteten, hätten die notwendig gewordene Reform der Landwirtschaft niemals durchgeführt; hierzu war Kapital, Wissen, Initiative, Hoffnung auf grossen Gewinn nötig. Nur Männer, die nicht aus der Hand in den Mund leben, sind in der Lage, derartige Umgestaltungen vorzunehmen; es gehörte auch dazu die diktatorische Gewalt über grosse Gebiete und zahlreiche Arbeits-

---

state, Kap. 2. Man ersieht aus solchen Thatsachen, welche zu hunderten vorliegen — ich will nur das Eine erwähnen, dass der Handwerkerstand noch niemals so elend gestellt war, wie um die Mitte unseres 19. Jahrhunderts — wie eigentümlich es um jenen Begriff eines beständigen »Fortschrittes« bestellt ist. Für die grosse Mehrzahl der Einwohner Europa's war der Entwickelungsgang der letzten vier Jahrhunderte ein »Fortschritt« zu immer grösserem Elend. Übrigens steht sich der Handwerker am Schlusse unseres Jahrhunderts wieder besser, doch immer noch um etwa 33% schlechter als in der Mitte des 15. Jahrhunderts (nach den vergleichenden Berechnungen des Vicomte d'Avenel in der *Revue des Deux Mondes* vom 15. Juni 1898).

[1]) *The state in relation to labour* (nach Herbert Spencer citiert).

kräfte.[1]) Diese Rolle masste sich nun der Landadel an und machte einen
guten Gebrauch davon. Als Stachel wirkte auf ihn das schnelle Aufblühen der Kaufmannschaft, welches seine eigene soziale Stellung arg
bedrohte. Mit so viel Fleiss und Erfolg verlegte er sich auf das zu
vollbringende Werk, dass man den Ertrag des Kornfeldes gegen Schluss
des 18. Jahrhunderts auf das Vierfache des Ertrages am Schluss des 13.
schätzt! Und inzwischen war der Mastochse drei Mal so schwer geworden und das Schaf trug vier Mal so viel Wolle! Das war der
Erfolg des Monopols; ein Erfolg, der notwendiger Weise über kurz
oder lang der Gemeinsamkeit zu gute kommen musste. Denn wir
Germanen dulden nie auf die Dauer karthaginische Ausbeutung. Und
während die Grossgrundbesitzer alles einsackten, sowohl den rechtmässigen Lohn ihrer Arbeiter, wie auch den Verdienst, der früher den
Familien von Tausenden und Tausenden von gebildeten Landwirten
bescheidenen Wohlstand verliehen hatte, suchten sich diese Kräfte auf
anderen Wegen menschenwürdig durchzuarbeiten. Die Erfinder in den
Textilindustrien am Schlusse des vorigen Jahrhunderts sind fast alle
Bauern, welche sich mit Weben abgaben, weil sie sonst nicht genug
zum Leben verdienten; andere wanderten in die Kolonien aus und bauten
auf ungeheuren Flächen Korn an, das mit dem heimischen in Konkurrenz
trat; wieder andere wurden Matrosen und Handelsherren. Kurz, der
Wert des monopolisierten Landbesitzes sank nach und nach, und sinkt
noch immer — wie der Wert des Geldes[2]) — so dass offenbar die
Gegenwelle jetzt diese Verhältnisse erfasst hat und wir dem Tage ent-
gegeneilen, wo die Allgemeinheit auch hier ihre Rechte wieder geltend
macht und das anvertraute Gut von den grossen Besitzern — wie die
politischen Rechte vom König — zurückfordert. Das Frankreich der
Revolution ging mit dem Beispiel voran; ein vernünftigeres gab vor
dreissig Jahren ein hochherziger deutscher Fürst, der Grossherzog von
Mecklenburg-Schwerin.

---

[1]) Dies lässt sich historisch nachweisen. Pietro Crescenzi aus Bologna veröffentlichte sein Buch über den rationellen Landbau in den ersten Jahren des 14. Jahrhunderts, bald folgten Robert Grossetête, Walter Henley u. A., welche schon eingehend die Düngung behandeln; doch zunächst fast ohne jeden Erfolg, da derartige
Ausführungen bei dem Bildungsstand des Bauern diesem unzugänglich blieben. Über
den geringen Ertrag des Bodens unter der primitiven Bewirtschaftung der Bauern
erhält man belehrende Auskunft bei André Réville: *Les Paysans au Moyen-Age*,
1896, S. 9.

[2]) Im Jahre 1694 zahlte die englische Regierung 8$^1/_2$% für Geld, im Jahre 1894
kaum 2%.

Wer das mehrfach genannte Buch von Ehrenberg liest, wird Syndikatswesen
und
Sozialismus. erstaunen, wie ähnlich die finanziellen Zustände vor vier Jahrhunderten, trotz aller tiefgreifenden Unterschiede des gesamten wirtschaftlichen Zustandes, denen des heutigen Tages sind. Aktiengesellschaften gab es schon im 13. Jahrhundert (z. B. die Kölner Schiffsmühlen); [1] Wechsel waren ebenfalls damals üblich und wurden von einem Ende Europa's auf das andere ausgestellt; Versicherungsgesellschaften gab es in Flandern schon zu Beginn des 14. Jahrhunderts; [2] Syndikate, künstliches Aufschrauben und Herunterschrauben der Preise, Bankrott — — — alles blühte damals wie heute.[3] Dass der Jude — dieser wichtige wirtschaftliche Faktor — blühte, versteht sich von selbst. Van der Kindere meldet lakonisch vom 14. Jahrhundert in Flandern: anständige Geldverleiher nahmen bis $6^1/2\%$, Juden zwischen 60% und 200%; [4] auch die so sehr breitgetretene kurze Episode des Ghettos, zwischen 1500 und 1800, hat wenig oder nichts an der Wohlhabenheit und an den Geschäftspraktiken dieses klugen Volkes geändert.

Diese doppelte Einsicht: einerseits in das Vorwalten grundlegender, unveränderlicher Charaktereigenschaften, andrerseits in die relative Beständigkeit unserer wirtschaftlichen Zustände (trotz allem schmerzlichen Hin- und Herpendeln), wird sich, glaube ich, für die Beurteilung unseres Jahrhunderts sehr förderlich erweisen, weil sie lehrt, Erscheinungen mit

---

[1] Lamprecht: *Deutsches Städteleben*, S. 30.

[2] Van der Kindere, a. a. O., S. 216.

[3] Martin Luther verweist an verschiedenen Stellen auf ›die mutwillige Teuerung‹ des Getreides durch die Bauern, die er deswegen ›Mörder und Diebe am Nächsten‹ schilt (siehe seine *Tischgespräche*), und andererseits bringt seine Schrift *Von Kaufhandlung und Wucher* eine ergötzliche Schilderung der damals schon blühenden Syndikate: ›Wer ist so grob, der nicht sieht, wie die Gesellschaften nichts anders sind, denn eitel rechte *Monopolia?* . . . . Sie haben alle Ware unter ihren Händen und machen's damit, wie sie wollen, und treiben ohne alle Scheu die obberührten Stücke, dass sie steigern oder niedrigen nach ihrem Gefallen und drücken und verderben alle geringen Kaufleute, gleichwie der Hecht die kleinen Fische im Wasser, gerade als wären sie Herren über Gottes Kreaturen, und frei von allen Gesetzen des Glaubens und der Liebe. . . . . Darüber muss gleichwohl alle Welt ganz ausgesogen werden und alles Geld in ihren Schlauch sinken und schwemmen . . . . Alle Welt muss in Gefahr und Verlust handeln, heuer gewinnen, über ein Jahr verlieren, aber sie (die Kapitalisten) gewinnen immer und ewiglich und büssen ihren Verlust mit ersteigertem Gewinn, und so ist's nicht Wunder, dass sie bald aller Welt Gut zu sich reissen.‹ Diese Worte sind im Jahre 1524 geschrieben; wie man sieht, könnten sie von heute sein.

[4] A. a. O., S. 222—23.

grösserer Gelassenheit ins Auge zu fassen, die uns heute als etwas
unerhört Neues entgegentreten und doch in Wahrheit nur Uraltes in
neuer Kleidung, nichts weiter als natürliche, notwendige Erzeugnisse
unseres Charakters sind. Die Einen weisen heute auf die grossen
Syndikatsbildungen, die Anderen im Gegenteil auf den Sozialismus hin
und glauben, das Weltende herannahen zu sehen: gewiss bringen beide
Bewegungen Gefahren, sobald antigermanische Mächte darin die Oberhand gewinnen,[1]) doch an und für sich sind es durchaus normale
Erscheinungen, in denen der Pulsschlag unseres wirtschaftlichen Lebens
sich kundthut. Selbst ehe die sogenannte Naturalwirtschaft durch die
Geldwirtschaft abgelöst worden war, sieht man ähnliche wirtschaftliche
Strömungen am Werke: so bedeutet z. B. die Periode der Leibeigenschaft
und der Hörigkeit den notwendigen Übergang aus der antiken Sklaven-
wirtschaft zu allgemeiner Freiheit — zweifelsohne eine der grössten
Errungenschaften germanischer Civilisation; hier wie anderwärts bei uns
hat das egoistische Interesse Einzelner, beziehungsweise einzelner Klassen,
das Wohl Aller bereitet, mit anderen Worten, es hat das Monopol der
Kooperation vorgearbeitet.[2]) Sobald aber die Geldwirtschaft eingeführt
ist (was im 10. Jahrhundert beginnt, bei uns im Norden im 13. schon
grosse Fortschritte gemacht hat und im 15. Jahrhundert vollständig
durchgeführt ist), laufen die wirtschaftlichen Verhältnisse wesentlich
den heutigen parallel,[3]) nur dass natürlich neue politische Kombinationen
und neue industrielle Errungenschaften den alten Adam neu aufgeputzt
zeigen, sowie auch, dass die Energie, mit welcher die Gegensätze auf
einander stossen, das, was man in der Physik »die Amplitude der
Schwingungen« nennt, abwechselnd zu- und abnimmt. Nach Schmoller
z. B. war diese »Amplitude« im 13. Jahrhundert mindestens ebenso gross
wie im 19., dagegen im 16. bedeutend geringer.[4]) Den Kapitalismus
haben wir schon an dem Beispiel der Fugger am Werke gesehen; der
Sozialismus war aber viel früher ein wichtiger Bestandteil des Lebens

---

[1]) Siehe S. 681 und 682.

[2]) Dies erhellt besonders deutlich aus den Ausführungen bei Michael: *Kultur-
zustände des deutschen Volkes während des 13. Jahrhunderts,* 1897, I, der ganze Abschnitt »Landwirtschaft und Bauern«.

[3]) Dem unter Ungelehrten verbreiteten Glauben, das Papiergeld sei eine der
stolzen »Errungenschaften der Neuzeit«, ist entgegenzuhalten, dass diese Einrichtung
kein germanischer Gedanke ist, sondern schon im alten Karthago und im spät-
römischen Imperium üblich gewesen war, wenn auch nicht genau in dieser Form
(da es kein Papier gab).

[4]) Siehe *Strassburg's Blüte,* von Michael a. a. O. citiert.

gewesen; fast fünf Jahrhunderte lang spielt er in der Politik Europa's eine bedeutende Rolle, von der Empörung der lombardischen Städte gegen ihre Grafen und Könige an, bis zu den vielen Bauernorganisationen und -Aufständen in allen Ländern Europa's. Wie Lamprecht an einer Stelle aufmerksam macht: die Organisation der Landwirtschaft war bei uns von Hause aus »kommunistisch-sozialistisch«. Echter Kommunismus wird auch immer im Landbau wurzeln müssen, denn hier erst, bei der Produktion der unentbehrlichen Nahrungsmittel, erhält Kooperation umfassende und womöglich staatsgestaltende Bedeutung. Darum waren die Jahrhunderte bis zum 16. sozialistischer als das unsere, trotz des vielen sozialistischen Geredes und Theoretisierens, das wir haben erleben müssen. Doch auch dieses Theoretisieren ist nichts weniger als neu: um nur ein einziges älteres Beispiel zu nennen, gleich der *Roman de la Rose*, aus dem Jahrhundert des Erwachens (dem 13.), und lange Zeit hindurch das am weitesten verbreitete Buch von Europa, greift alles Privateigentum an; und schon in den allerersten Jahren des 16. Jahrhunderts (1516) erhielt der theoretische Sozialismus in Sir Thomas More's *Utopia* einen so wohldurchdachten Ausdruck, dass alles, was seither hinzugekommen ist, gewissermassen nur das theoretische Anbauen und Ausbauen des von More deutlich abgesteckten Gebietes ist.[1]) Und zwar

---

[1]) Dies giebt sogar der sozialistische Führer Kautsky zu *(Die Geschichte des Sozialismus*, 1895, I, 468) indem er meint, More's Auffassung sei bis zum Jahre 1847, mit anderen Worten, bis zu Marx, für den Sozialismus massgebend gewesen. Nun ist es aber klar, dass es wenig Gemeinsames geben kann zwischen den Gedanken des genannten hochbegabten Juden, welcher manche der besten Ideen seines Volkes aus Asien nach Europa herüberzupflanzen und modernen Lebensbedingungen anzupassen versuchte, und denen eines der exquisitesten Gelehrten, welche Nordgermanien jemals hervorbrachte, einer durch und durch aristokratischen, unendlich feinfühligen Natur, eines Geistes, dessen unerschöpflicher Humor seinen Busenfreund Erasmus zum »Lob der Narrheit« anregte, eines Mannes, der in öffentlichen Ämtern — zuletzt als *speaker* des Parlamentes und als Schatzkanzler — grosse Welterfahrung gesammelt hatte, und nunmehr freimütig und ironisch (und mit vollem Recht) die Gesellschaft seiner Zeit als »eine Verschwörung der Reichen gegen die Armen« geisselt, und einem anderen, auf echt germanischen und echt christlichen Grundlagen zu errichtenden Staat entgegensieht. Wenn More das Wort Utopia, d. h. »Nirgendswo«, für seinen Zukunftsstaat erfand, so war das auch wieder ein humoristischer Zug; denn in Wirklichkeit fasst er das gesellschaftliche Problem durchaus praktisch an, weit praktischer als manche sozialistische Doktrinäre des heutigen Tages. Er fordert: rationelle Bewirtschaftung des Bodens, Hygiene des Körpers und der Wohnung, Reform des Strafsystems, Verminderung der Arbeitsstunden, Bildung und edle Zerstreuung einem Jeden zugänglich gemacht — — — Manches ist inzwischen bei uns eingeführt worden; in den übrigen Punkten hat More, als Blut von unserem

begann dieses Ausbauen sofort. Nicht allein besitzen wir vor dem
Jahre 1800 eine lange Reihe von Sozialtheoretikern, unter denen der
berühmte Philosoph Locke mit seinen klaren und sehr sozialistisch gearteten Auseinandersetzungen über Arbeit und Eigentum hervorragt,[1]
sondern das 16., das 17. und das 18. Jahrhundert brachte eine vielleicht ebenso grosse Anzahl Versuche über ideale kommunistische Staats-
umbildungen wie das unsere. Der Holländer Peter Cornelius z. B.
schlägt schon im 17. Jahrhundert die Abschaffung aller Nationalitäten
vor und die Bildung einer »Centralmagistratur«, welche die Verwaltung
der gemeinsamen Geschäfte der in zahlreichen »Aktiengesellschaften« *(sic)*
vereinigten Menschengruppen besorgen soll,[2] und Winstanley entwickelt
in seinem *Gesetz der Freiheit* (1651) ein so vollendetes kommunistisches
System mit Abschaffung alles persönlichen Eigentums, Abschaffung (bei
Todesstrafe) alles Kaufens und Verkaufens, Abschaffung aller spiritualisti-
schen Religion, mit alljährlicher Neuwahl sämtlicher Beamten durch das
Volk u. s. w., dass er wirklich für Nachfolger wenig übrig liess.[3]

Blut, so genau gewusst, was wir brauchen, dass sein Buch, 400 Jahre alt, doch nicht
veraltet ist, sondern seine Geltung behält. Gegen den damals erst in der Ausbildung
begriffenen monarchischen Absolutismus wendet sich More mit der ganzen Wucht
altgermanischer Überzeugung: dennoch ist er kein Republikaner, einen König soll
Utopia haben. Unbeschränkte religiöse Gewissensfreiheit soll in seinem Idealstaate
Gesetz sein: doch ist er nicht deswegen, wie unsere heutigen pseudomosaischen
Sozialisten, ein antireligiöser, ethischer Doktrinär, im Gegenteil, wer den Gott im
Busen nicht empfindet, bleibt in Utopia von allen Ämtern ausgeschlossen. Was also
More von Marx und Genossen trennt, ist nicht ein Fortschritt der Zeit, sondern der
Gegensatz zwischen Germanentum und Judentum. Die englische Arbeiterschaft des
heutigen Tages, und namentlich solche führende Männer wie William Morris, stehen
More offenbar viel näher als Marx; das selbe wird sich bei den deutschen Sozialisten
zeigen, sobald sie mit freundlicher Bestimmtheit ihre jüdischen Führer gebeten haben
werden, sich der Angelegenheiten ihres eigenen Volkes anzunehmen.

[1] Siehe namentlich den *Second Essay on Civil Government*, § 27.

[2] Vergl. Gooch: *The history of English democratic ideas,* 1898, p. 209 fg.

[3] Ziemlich Ausführliches über Winstanley in der *Geschichte des Sozialismus
in Einzeldarstellungen,* I, 594 fg. E. Bernstein, der Verfasser dieses Abschnittes, ist
überhaupt der Wiederentdecker des Winstanley; doch hält sich Bernstein an eine
einzige Schrift und hat ausserdem so gar kein Verständnis für einen germanischen
Charakter, dass man über Winstanley's Persönlichkeit in dem kleinen Werk von
Gooch, p. 214 fg., 224 fg., viel mehr erfahren wird. — Die schärfste Abweisung
aller kommunistischen Ideen zu jener Zeit finden wir wohl bei Oliver Cromwell,
der — obwohl er selber ein Volksmann war — den Vorschlag, das allgemeine Wahl-
recht für das Parlament einzuführen, energisch verwarf, als eine Einrichtung, die »notwendig zur Anarchie führe«.

Ich glaube, dass diese Betrachtungen — natürlich weiter ausgeführt **Die Maschine.** und durchdacht — Manchem für ein besseres Verständnis unserer Zeit von Nutzen sein werden. Allerdings ist in unserem Jahrhundert ein neues Element gewaltig umgestaltend hinzugetreten: die Maschine, jene Maschine, von welcher der soeben genannte gute und gedankenreiche Sozialist, William Morris, sagt: »Wir sind die Sklaven der Ungeheuer geworden, die unsere eigene Schöpferkraft geboren hat.«[1] Die Menge des Elends, das die Maschine in unserem Jahrhundert verursacht hat, lässt sich durch keine Ziffern darstellen, sie übersteigt jede Fassungskraft. Es scheint mir wahrscheinlich, dass unser 19. Jahrhundert das »schmerzens-reichste« aller bekannten Zeiten war, und zwar hauptsächlich in Folge des plötzlichen Aufschwunges der Maschine. Im Jahre 1835, kurz nach der Einführung des Maschinenbetriebes in Indien, berichtete der Vicekönig: »Das Elend findet kaum eine Parallele in der Geschichte des Handels. Die Knochen der Baumwollweber bleichen die Ebenen Indiens.«[2] Das war in grösserem Masstabe die Wiederholung des selben namenlosen Elends, das die Einführung der Maschine überall heraufbeschworen hat. Schlimmer noch — denn jener Hungertod trifft nur die eine Generation — ist die Herabdrückung Tausender und Millionen von Menschen aus relativem Wohlstand und aus Unabhängig-keit zu andauernder Sklaverei, und ihre Vertreibung aus gesundem Land-leben zum jämmerlichen licht- und luftlosen Dasein der grossen Städte.[3] Und doch darf man bezweifeln, ob diese Umwälzung (abgesehen davon, dass sie eine viel zahlreichere Bevölkerung traf) grössere Härten und eine intensivere allgemeine Krisis verursacht hat als der Übergang des Handels von der Naturalwirtschaft zur Geldwirtschaft, oder des Land-

---

[1] *Signs of Change,* p. 33.

[2] Citiert nach May: *Wirtschafts- und handelspolitische Rundschau für das Jahr 1897,* S. 13. — Harriett Martineau meldet mit bestrickender Naivetät in ihrem vielgelesenen *British rule in India,* p. 297, die armen englischen Beamten hätten ihre übliche allabendliche Lustfahrt einstellen müssen wegen des fürchterlichen Gestankes der Leichen.

[3] Die Arbeiter der Textilindustrie lebten z. B. bis gegen Schluss des vorigen Jahrhunderts fast alle auf dem Lande und gaben sich zugleich mit Feldarbeiten ab. Dabei waren sie unvergleichlich besser gestellt als heute (siehe Gibbins: a. a. O., S. 154, und man lese auch das achte Kapitel des ersten Buches von Adam Smith's: *Wealth of Nations*). Um den heutigen Zustand der Arbeiter vieler Industriezweige in dem-jenigen Lande Europa's, welches die besten Löhne zahlt, nämlich England, kennen zu lernen, empfehle ich R. H. Sherard: *The white slaves of England* (Die weissen Sklaven Englands), 1897.

baues von der Naturwirtschaft zur Kunstwirtschaft. Gerade die ungeheure Schnelligkeit, mit welcher das Fabrikwesen sich ausgedehnt
hat, dazu die gleichzeitig fast ins Unbeschränkte erweiterte Möglichkeit
der Auswanderung, hat die unumgängliche Grausamkeit dieser Entwickelung einigermassen gemildert.

Wir haben gesehen, wie genau dieser wirtschaftliche Umschwung
durch den individuellen Charakter des Germanen vorausbedingt war.
Sobald die leidige Politik nur einen Augenblick ruhig Atem schöpfen
liess, sahen wir im 13. Jahrhundert Roger Bacon, im 15. Leonardo da
Vinci das Werk der Erfindung vorwegnehmen, dessen Verwirklichung
Jahrhunderte hindurch nur äusserlich verhindert werden sollte. Und
ebensowenig wie Teleskop und Lokomotive ein schlechterdings Neues,
etwa die Frucht einer geistigen Entwickelung sind, ebensowenig ist
irgend etwas in unserem heutigen wirtschaftlichen Zustand grundsätzlich neu, und sei es noch so verschieden als Erscheinung von früheren
Zuständen. Wir werden die wirtschaftliche Lage der Gegenwart erst
dann richtig beurteilen, wenn wir gelernt haben werden, die Grundzüge unseres Charakters in den vergangenen Jahrhunderten überall am
Werke zu erkennen: der selbe Charakter ist auch heute am Werke.

5. Politik und Kirche (von der Einführung des Beichtzwanges, 1215, bis zur französischen Revolution).

Die Kirche.   Inwiefern ich bei diesem Überblick Politik und Kirche als zu-
sammengehörig betrachte, habe ich S. 735 auseinandergesetzt; die
tieferen Gründe dieser Zusammengehörigkeit sind in der Einleitung
zum Abschnitt »Der Kampf« berührt.[1] Ausserdem wird wohl Niemand leugnen, dass in der Entwickelung Europa's seit dem 13. Jahrhundert die thatsächlich bestehenden Beziehungen zwischen Kirche und
Politik in manchen wichtigsten Dingen von ausschlaggebender Bedeutung waren, und praktische Politiker behaupten einstimmig, eine vollkommene Trennung der Kirche vom politischen Staate — d. h. also die
Indifferenz des Staates in Bezug auf kirchliche Dinge — sei auch heute
noch undurchführbar. Prüft man die darauf bezüglichen Argumente
der konservativsten Staatsmänner, so wird man sie stichhaltiger finden als
die ihrer doktrinären Gegner. Man schlage z. B. das Buch *Streitfragen*

---

[1]) Siehe auch *Allgemeine Einleitung,* S. 19.

der Gegenwart auf, von Constantin Pobedonoszew. Dieser bekannte
russische Staatsminister und Oberprocureur des heiligen Synods kann
als vollendeter Typus eines Reaktionärs gelten; ein freidenkender Mann
wird nicht häufig in der Lage sein, in politischen Dingen mit ihm
übereinzustimmen; ausserdem ist er ein orthodox kirchlicher Christ.
Er meint nun, die Kirche k ö n n e vom Staat nicht getrennt werden,
nicht auf die Dauer wenigstens, und zwar weil sie dann unfehlbar
»bald das Übergewicht über den Staat gewinnen« und zu einem Um-
sturz im theokratischen Sinne führen würde! Diese Behauptung seitens
eines Mannes, der in kirchliche Dinge so genau eingeweiht ist und
der Kirche die grösste Sympathie entgegenbringt, scheint mir höchst
beachtenswert. Er fürchtet ebenfalls, dass sobald der Staat die Indifferenz gegen die Kirche als Prinzip einführt, »der Priester sich in die
Familie hineindrängen wird, an die Stelle des Vaters«.[1]) Pobedonoszew
schreibt also der Kirche eine so enorme politische Bedeutung zu, dass
er als erfahrener Staatsmann für den Staat, und als gläubiger Christ
für ·die Religion fürchtet, sobald man ihr die Zügel schiessen liesse.
Das mag manchem Liberalen zu denken geben! Mir dient es einstweilen als Rechtfertigung meines Standpunktes, wenn ich auch von
ganz anderen Voraussetzungen ausgehe und auf ganz andere Ziele
hinsteuere als der Ratgeber des Autokraten aller Reussen.

Ich beabsichtige nämlich, da dieser Abschnitt wie die übrigen
notgedrungen sehr kurz gehalten sein muss, mein Augenmerk fast
lediglich auf die Rolle der Kirche in der Politik der letzten sechs-
hundert Jahre zu richten, denn gerade hiermit glaube ich dasjenige zu
treffen, was als verhängnisvolles Erbe früherer Zeiten noch heute lebt.
Schon Gesagtes braucht nicht wiederholt zu werden, und ebenso überflüssig wäre es, das, was Jeder seit der Schule weiss, hier noch einmal
zusammenzufassen.[2]) Hier dagegen winkt uns Neues und der Lohn
eines tiefen Einblickes in die innerste Werkstatt weltgestaltender Politik.
Sonst ist ja Politik meist nur ein Anpassen, ein Anbequemen, das
Gestern hat für das Heute wenig Interesse; hier aber erblicken wir
die bleibenden Motive, und lernen einsehen, warum nur bestimmte
Anpassungen glückten, nicht andere.

---

[1]) Deutsche Übersetzung von Borchardt und Kelchner, 3. Aufl., S. 10 fg., 24 fg.

[2]) Siehe im vorigen Abschnitt, S. 827, die Andeutung über den monarchischen
Absolutismus als ein Mittel zur Erlangung der nationalen Unabhängigkeit und zur
Wiedereroberung der Freiheit; ausserdem die Bemerkungen S. 809 fg. und das ganze
achte Kapitel.

Martin Luther.

Die Reformation ist der Mittelpunkt der politischen Entwickelung Europa's von 1200 bis 1800; sie hat für die Politik eine ähnliche Bedeutung wie sie die Einführung des Beichtzwanges durch die Synode des Jahres 1215 für die Religion gehabt hat. Durch die Beichte (nicht allein der grossen, öffentlich bekannten und gebüssten Sünden, wie früher, sondern der täglichen, dem Priester im Geheimen anvertrauten Vergehen) war der römischen Religion eine doppelte — sie vom Evangelium Christi immer weiter entfernende — Richtung unabweisbar aufgezwungen: einerseits zur immer unbedingteren Priesterherrschaft, andererseits zur immer grösseren Abschwächung des inneren religiösen Momentes; kaum fünfzig Jahre nach dieser vatikanischen Synode, und schon wurde gelehrt: zum Sakramente der Busse bedürfe es nicht der Herzensreue *(contritio)*, es genüge die Furcht vor der Hölle *(attritio)*. Die Religion war nunmehr vollkommen veräusserlicht, der Einzelne dem Priester bedingungslos ausgeliefert. Der Beichtzwang bedeutet das vollkommene Opfer der Person. Hiergegen regten sich die Gewissen ernster Menschen in ganz Europa. Doch erst die Reformationsthätigkeit Luthers hat jene religiöse Gährung, die schon Jahrhunderte die Christenheit durchdrang,[1]) zu einer politischen Macht umgestaltet, und zwar dadurch, dass sie die vielen religiösen Fragen zu einer kirchlichen Frage umwandelte. Hierdurch erst ward es möglich, einen entscheidenden Schritt zur Befreiung zu thun. Luther ist vor Allem ein politischer Held; um ihn gerecht zu beurteilen, um seine überragende Stellung in der Geschichte Europa's zu begreifen, muss man das wissen. Darum jene merkwürdigen, vielbedeutenden Worte: »Nun, meine lieben Fürsten und Herren, ihr eilet fast mit mir armen einigen Menschen zum Tode; und wenn das geschehen ist, so werdet ihr gewonnen haben. Wenn ihr aber Ohren hättet, die da höreten, ich wollte euch etwas Seltsames sagen. Wie, wenn des Luther's Leben so viel vor Gott gülte, dass, wo er nicht lebete, euer Keiner seines Lebens oder Herrschaft sicher wäre, und dass sein Tod euer Aller Unglück sein würde?« Welch ein politischer Scharfblick! Denn, dass die Fürsten, die sich nicht unbedingt Rom unterwarfen, ihres Lebens nicht sicher waren, hat die Folge häufig bestätigt; dass die anderen aber eine unabhängige Herrschaft nach römischer Lehre nicht besassen, noch jemals besitzen konnten, ist im achten Kapitel an der Hand nicht allein zahlreicher päpstlicher Bullen, sondern der

---

[1]) Siehe S. 613 fg.

unausbleiblichen Folgerungen aus den imperial-theokratischen Voraussetzungen unwiderleglich gezeigt worden.[1]) Ergänzt man nun die angeführte Stelle durch jene vielen anderen, in denen Luther die Unabhängigkeit des »weltlichen Regiments« betont und sie aus der Hierarchie eines göttlich Eingesetzten vollkommen losreisst, wo er »das geistliche Recht von dem ersten Buchstaben bis an den letzten zu Grund ausgetilgt« wissen will, so liegt die wesentlich politisch-nationale Natur seiner Reformation klar vor Aller Augen. So spricht er z. B. an einer Stelle: »Christus machet nicht Fürsten oder Herren, Bürgermeister oder Richter, sondern dasselbige befiehlet er der Vernunft; diese handelt von äusserlichen Sachen, da müssen Obrigkeit sein.«[2]) Das ist doch der genaueste Gegensatz zu der römischen Lehre, nach welcher jede weltliche Stellung — ob Fürst oder Knecht —, jeder Beruf — ob Lehrer oder Doktor —, als ein kirchliches Amt aufzufassen ist (siehe S. 672), und wo vor Allem der Monarch in Gottes

---

[1]) Ich kenne kein packenderes Dokument über den von Rom aus betriebenen Fürstenmord als die Klage des Francis Bacon (im Jahre 1613 oder 1614?) gegen William Talbot, einen irischen Rechtsanwalt, der zwar den Treueid zu leisten bereit gewesen war, jedoch, was eine eventuelle Verpflichtung, den exkommunizierten König zu ermorden anbetreffe, erklärt hatte, er unterwerfe sich hierin wie in allen anderen »Glaubensdingen« den Beschlüssen der römischen Kirche. Lord Bacon giebt bei dieser Gelegenheit eine gedrängte Darstellung der Ermordung Heinrich's III. und Heinrich's IV. von Frankreich und der verschiedenen Attentate von der selben Seite auf das Leben der Königin Elisabeth und König Jakob's I. Aus diesem knappen zeitgenössischen Bericht weht einem jene Atmosphäre des Meuchelmordes entgegen, die drei Jahrhunderte lang, vom Thron bis zur Bauernhütte, die aufstrebende Welt der Germanen umgeben sollte. Hätte Bacon später gelebt, er hätte viel Gelegenheit zur Ergänzung gehabt; namentlich Cromwell, der sich zum Vertreter des Protestantismus in ganz Europa aufgeworfen hatte, schwebte in täglicher, stündlicher Gefahr. Wenn heute ein irregeleiteter Proletarier einen Anschlag auf das Leben eines Monarchen unternimmt, schreit die ganze gesittete Welt voll Empörung laut auf und regelmässig wird verkündet, das seien die Folgen des Abfalles von der Kirche; doch früher lautete das Lied ganz anders, da waren die Mönche die Königsmörder und Gott hatte ihnen die Hand geführt. So rief z. B. Papst Sixtus V. jubelnd im Konsistorium aus, als er die Mordthat des Dominikaners Clément erfuhr: *che'l successo della morte del re di Francia si ha da conoscer dal voler espresso del signor Dio, e che perciò si doveva confidar che continuarebbe al haver quel regno nella sua protettione* (Ranke: *Päpste.* 9. Aufl., II, 113). Dass Thomas von Aquin den Tyrannenmord zu den »gottlosen Mitteln« gerechnet hatte, fand hier natürlich keine Anwendung, denn es handelte sich nicht um Tyrannen, sondern um Häretiker (und diese sind vogelfrei, siehe S. 679), oder um allzu freiheitlich gesinnte Katholiken, wie Heinrich IV.

[2]) *Von weltlicher Obrigkeit.*

— nicht in der Vernunft — Auftrag regiert. Da mag man wohl mit Shakespeare ausrufen: »Politik, o du Häretiker!« Vollendet wird dieses politische Gebäude durch die stete Betonung der deutschen Nation im Gegensatz zu den »Papisten«. An den »Adel deutscher Nation« wendet sich der deutsche Bauernsohn, und zwar, um ihn aufzurufen gegen den Fremden, nicht aber dieses oder jenes subtilen Dogmas wegen, sondern im Interesse der nationalen Unabhängigkeit und der Freiheit der Person. »Der Papst und die Seinen mögen sich nicht rühmen, dass sie deutscher Nation gross gut gethan haben mit Verleihung dieses römischen Reiches. Zum ersten darum, dass sie nichts Gutes uns darinnen gegönnt, sondern unsere Einfältigkeit dabei gemissbraucht haben, zum anderen, weil der Papst dadurch nicht uns, sondern sich selbst das Kaisertum zuzueignen gesucht hat, um sich alle unsere Gewalt, Freiheit, Gut, Leib und Seele zu unterwerfen, und durch uns (wo es Gott nicht gewehrt hätte) alle Welt.«[1] Luther ist der erste Mann, der sich der Bedeutung des Kampfes zwischen Imperialismus und Nationalismus vollkommen bewusst ist; Andere hatten sie nur geahnt und sich entweder, wie die gebildeten Bürger der meisten deutschen Städte, auf das religiöse Thema beschränkt, hier deutsch gefühlt und gehandelt, doch ohne die Notwendigkeit einer kirchlich-politischen Empörung einzusehen, oder aber sie führten hochfliegende, kühne Pläne im Schilde, wie Sickingen und Hutten — von denen Letzterer als sein klares Ziel erkannte, »die römische Tyrannei brechen und der wälschen Krankheit ein Ziel setzen« —, es fehlte ihnen aber das Verständnis für die breiten Grundlagen, welche gelegt werden mussten, sollte man einer so starken Festung wie Rom den Krieg mit Aussicht auf Erfolg erklären können.[2] Dagegen Luther, während er

---

[1] *Sendschreiben an den christlichen Adel deutscher Nation.* Eine Behauptung, die ein unverdächtiger Zeuge, Montesquieu, später bestätigt: *»Si les Jésuites étaient venus avant Luther et Calvin, ils auraient été les maîtres du monde«* (*Pensées diverses*).

[2] Um einzusehen, wie allgemein die religiöse Empörung gegen Rom in ganz Deutschland geraume Zeit vor Luther war, sind die verschiedenen Schriften Ludwig Keller's zu empfehlen und zwar von den mir bekannten besonders die kleinste, betitelt: *Die Anfänge der Reformation und die Ketzerschulen* (in den von der Comenius-Gesellschaft herausgegebenen Schriften erschienen). Ein unverdächtiger Zeuge der Stimmung, welche durch ganz Deutschland zu Zeiten Luther's wehte, ist der berühmte Nuntius Aleander, der von Worms aus (am 8. Februar 1521) dem Papst berichtet, neun Zehntel der Deutschen seien für Luther, und das übrige Zehntel, wenn auch nicht gerade für Luther eingenommen, rufe dennoch: Tod dem römischen Hofe! Dass fast der gesamte deutsche Klerus im Herzen gegen

Fürsten, Adel, Bürgertum, Volk zum Kampf aufruft, es durchaus nicht bei diesem negativen Werke der Auflehnung gegen Rom bewenden lässt, sondern im selben Augenblicke den Deutschen eine ihnen allen gemeinsame, sie alle verbindende Sprache schenkt, und die eigentliche politische Organisation an den zwei Punkten anfasst, die für die Zukunft des Nationalismus entscheidend waren: Kirche und Schule.

Wie unmöglich es ist, eine Kirche halb-national, also unabhängig von Rom zu halten, ohne sie aus der römischen Gemeinschaft entschlossen auszuscheiden, hat die fernere Geschichte gezeigt. Sowohl Frankreich wie Spanien und Österreich haben sich geweigert, die Beschlüsse des Konzils von Trient zu unterschreiben, und namentlich Frankreich hat, so lange es Könige besass, wacker für die Sonderrechte seiner gallikanischen Kirche und Priesterschaft gestritten; doch nach und nach gewann die starreste römische Doktrin immer mehr Boden, und heute wären diese drei Länder froh, wenn sie den längst überholten, verhältnismässig freiheitlichen Standpunkt der tridentiner Tage als Gnadengeschenk erhielten. Und was Luther's Schulreformen betrifft — von ihm mit all der Macht angestrebt, über die ein vereinzelt stehender Riese verfügen kann — so ist der beste Beweis seines politischen Scharfblickes daraus zu entnehmen, dass die Jesuiten sofort in seine Fusstapfen traten, Schulen gründeten und Lehrbücher verfassten mit genau den selben Titeln und der selben Anordnung wie die Luther's.[1]) Gewissensfreiheit ist eine schöne Errungenschaft, inso-

---

Rom und für die Reformation sei, betont Aleander öfters. (Siehe die von Kalkoff herausgegebenen *Depeschen vom Wormser Reichstage,* 1521.) Luther's Rolle in dieser allgemeinen Erhebung der Geister hat Zwingli genau bezeichnet, indem er ihm schrieb: ›Nicht wenige Männer hat es früher gegeben, die die Summa und das Wesen der evangelischen Religion eben so gut erkannt hatten als Du. Aber aus dem ganzen Israel wagte es Niemand, zum Kampfe hervorzutreten, denn sie fürchteten jenen mächtigen Goliath, der mit dem furchtbaren Gewicht seiner Waffen und Kräfte in drohender Haltung dastand.‹

[1]) Nie fühlt man den warmen Herzschlag des prächtigen Germanen mehr, als jedesmal wenn Luther auf Erziehung zu sprechen kommt. Dem Adel hält er vor, wenn er mit Ernst nach einer Reformation trachte, so solle er vor Allem ›eine gute Reformation der Universitäten‹ durchsetzen. In seinem *Sendschreiben an die Bürgermeister und Ratsherren aller Städte in deutschen Landen* ruft er in Bezug auf die Schulen aus: ›Hier wäre billig, dass, wo man einen Gulden gäbe, wider die Türken zu streiten, wenn sie uns gleich auf dem Halse lägen, hier hundert Gulden gegeben würden, ob man gleich nur einen Knaben könnte damit aufziehen — — —‹, und er ermahnt jeden einzelnen Bürger, das viele Geld, das er bisher auf Messen, Vigilien, Jahrtage, Bettelmönche, Wallfahrten ›und was des Geschwürms mehr ist‹

fern sie eine Grundlage für echte Religiosität abgiebt; doch ist die
moderne Voraussetzung, jede Kirche vertrage sich mit jeder Politik,
eine Tollheit.   In der künstlichen Organisation der Gesellschaft bildet
die Kirche das innerste Rad, d. h. einen wesentlichen Teil des politischen Uhrwerkes. Freilich kann diesem Rade in dem Gesamtmecha-
nismus eine grössere oder geringere Wichtigkeit zukommen, doch ist
es unmöglich, dass seine Struktur und Thätigkeit ohne Einfluss auf
das Ganze bleibe. Wer kann denn die Geschichte der europäischen
Staaten vom Jahre 1500 bis zum Jahre 1900 betrachten, ohne zugeben
zu müssen, dass die römische Kirche sichtbar einen gewaltigen Einfluss auf die politische Geschichte der Nationen ausübe? Man blicke
auf die (der überwiegenden und massgebenden Mehrzahl nach) der
römisch-katholischen Kirche angehörigen Nationen, und man blicke
auf die sogenannten »protestantischen«, d. h. nicht-römischen Nationen!
Das Urteil wird möglicher Weise verschieden ausfallen; doch wer
wird den Einfluss der Kirche in Abrede stellen? Mancher wird vielleicht hier einwerfen, es handle sich um Rassenunterschiede, und ich
habe selber so grosses Gewicht auf die physische Gestaltung als Grundlage der sittlichen Persönlichkeit gelegt, dass ich der Letzte wäre, die
Berechtigung dieser Ansicht zu bestreiten;[1]) doch ist nichts gefähr-
licher als Geschichte aus einem einzigen Prinzipe herauskonstruieren
zu wollen; die Natur ist unendlich verwickelt; was wir als Rasse bezeichnen, ist innerhalb gewisser Grenzen ein plastisches Phänomen,
und wie das Physische auf das Intellektuelle, so kann auch das Intellektuelle auf das Physische zurückwirken.   Man nehme z. B. an, die
religiöse Reform, welche im spanischen Adel gotischer Abkunft eine
Zeit lang so hohe Wellen schlug, hätte in einem feurigen, verwegenen
Fürsten den Mann gefunden, fähig die Nation — und wäre es auch
mit Feuer und Schwert gewesen — von Rom loszureissen (ob er
den Lutheranern, Zwinglianern, Calvinisten oder irgend einer anderen
Sekte angehört hätte, ist erwiesenermassen durchaus nebensächlich,
entscheidend ist allein die vollkommene Trennung von Rom): glaubt
irgend Jemand, dass Spanien, und sei seine Bevölkerung noch so sehr
mit iberischen und völkerchaotischen Elementen durchsetzt, heute da
stünde, wo es steht? Gewiss glaubt das Niemand, Niemand wenigstens,
der, wie ich, diese edlen, tapferen Männer, diese schönen feurigen

---

verloren habe, nunmehr »zur Schule zu geben, die armen Kinder aufzuziehen, das so
herzlich wohl angelegt ist«.

[1]) Siehe S. 313, 575, etc.

Frauen gesehen hat und aus eigener Anschauung weiss, wie diese
arme Nation von ihrer Kirche geknechtet und geknebelt und (wie
der Engländer sagt) »geritten« wird, wie dort der Klerus jede individuelle Spontaneität in der Knospe knickt, wie er die krasse Ignoranz
begünstigt und den kindischen entwürdigenden Aberglauben und
Götzendienst systematisch grosszieht. Und dass es nicht der Glaube
an und für sich ist, ich meine, dass es nicht das Fürwahrhalten dieses
oder jenes Dogmas ist, sondern die Kirche als politische Organisation,
welche diese Wirkung ausübt, ersieht man daraus, dass dort, wo die
römische Kirche in freieren Ländern ihr Existenzrecht im Kampfe
mit anderen Kirchen behaupten muss, sie auch andere Formen annimmt, geeignet, Männer zu befriedigen, die auf der höchsten Kulturstufe stehen. Man ersieht es noch besser daraus, dass dem lutherischen
wie auch den übrigen protestantischen Dogmengebäuden — rein als
solchen — keine sehr hohe Bedeutung zukommt. Der schwache Punkt
war bei Luther seine Theologie;[1] wäre sie seine Stärke gewesen, er
hätte zu seinem politischen Werke nicht getaugt, seine Kirche auch
nicht. Rom ist ein politisches System; ihm musste ein anderes politisches System entgegengestellt werden; sonst blieb es ja bei dem
alten Kampf, der schon anderthalb Jahrtausende gewährt hatte, zwischen
Rechtgläubigkeit und Irrgläubigkeit. Wohl mag Heinrich von Treitschke
den Calvinismus »den besten Protestantismus« nennen, wenn es ihm
beliebt;[2] Calvin war ja in der That der eigentliche rein religiöse
Kirchenreformator und der Mann der unerbittlichen Logik; denn nichts
folgt klarer aus der konsequent durchgeführten Lehre von der Prädestination als die Geringfügigkeit kirchlicher Handlungen und die
Nichtigkeit priesterlicher Ansprüche; doch sehen wir, dass diese Lehre
Calvin's viel zu rein theologisch war, um die römische Welt aus den
Angeln zu heben; dazu war sie ausserdem zu ausschliesslich rationalistisch. Anders ging Luther, der deutschpatriotische Politiker, zu
Werke. Nicht dogmatische Tüfteleien füllten sein Denken aus;
vielmehr kamen diese erst in zweiter Reihe; voran ging die Nation:
»Für meine Deutschen bin ich geboren, ihnen will ich dienen!« —
so rief der prächtige Mann. Die Vaterlandsliebe war in ihm das Unbedingte, die Gottesgelahrtheit das Bedingte, in welchem er die Mönchs-

---

[1] Harnack: *Dogmengeschichte,* Grundriss, 2. Aufl. S. 376, schreibt: »Luther be-
schenkte seine Kirche mit einer Christologie, die an scholastischem Widersinn die
thomistische weit hinter sich liess.«

[2] *Historische und politische Aufsätze,* 5. Aufl., II, 410.

kutte niemals völlig abwarf. Einer der namhaften protestantischen
Theologen unseres Jahrhunderts, Paul de Lagarde, sagt von Luther's
Theologie: »In der lutherischen Dogmatik sehen wir das katholisch-
scholastische Gebäude unangetastet vor uns stehen bis auf einzelne
loci, die weggebrochen und durch einen neuen, mit der alten Architektur nicht durch den Stil, sondern nur durch Mörtel in Verbindung
gebrachten Anbau ersetzt sind«;[1] und der berühmte Dogmatiker
Adolf Harnack, ebenfalls kein Katholik, bestätigt dieses Urteil, indem
er die lutherische Kirchenlehre (wenigstens in ihrer weiteren Ausbildung) »eine kümmerliche Doublette zur katholischen Kirche« nennt.[2]
Dies ist von den genannten protestantischen Gelehrten als Tadel gemeint; wir aber, vom rein politischen Standpunkt aus die Sache be-
trachtend, werden unmöglich tadeln können, denn wir sehen, dass
diese Beschaffenheit der lutherischen Reform eine Bedingung für den
politischen Erfolg war. Ohne die Fürsten war nichts zu machen.
Wer wird im Ernste behaupten wollen, die reformfreundlichen Fürsten
hätten in und aus religiöser Begeisterung gehandelt? Die Finger einer
einzigen Hand wären schon viel zu zahlreich für diejenigen unter
ihnen, auf welche eine derartige Behauptung allenfalls Anwendung
fände. Politisches Interesse und politischer Ehrgeiz, gestützt auf ein
Erwachen des Nationalitätsbewusstseins, waren massgebend. Doch
waren alle diese Männer, sowie die Nationen alle, in der römischen
Kirche aufgewachsen, deren starker Zauber noch auf ihren Geistern
lag. Indem ihnen Luther nun eine »Doublette« der römischen Kirche
bot, spitzte er die vorhandene Erregung auf ihren politischen Inhalt
zu, ohne die Gewissen mehr als nötig zu beunruhigen. Das Lied,
das mit den Worten:

Ein' feste Burg ist unser Gott

beginnt, endet

Das Reich muss uns doch bleiben.

Das war die rechte Tonart. Und es ist vollkommen falsch, wenn
Lagarde behauptet, »es blieb alles beim Alten.« Die Trennung von
Rom, die Luther sein Leben lang mit so leidenschaftlichem Ungestüm
verfocht, war die gewaltigste politische Umwälzung, welche überhaupt
stattfinden konnte. Durch sie ist dieser Mann der Angelpunkt der
Weltgeschichte geworden. Denn wie jämmerlich auch der weitere

---

[1] *Über das Verhältnis des deutschen Staates zu Theologie, Kirche und Religion.*
[2] *Dogmengeschichte,* § 81.

Verlauf der Reformation sich in mancher Beziehung gestalten sollte — wo habgierige, bigotte und (um mit Treitschke zu reden) »beispiellos unfähige« Fürsten das endlich erwachte Germanien, so weit sie es vermochten, mit Feuer und Schwert wieder entgermanisierten und der Pflege der Basken und ihrer Kinder anvertrauten — Luther's That ging doch nicht unter, und zwar deswegen nicht, weil sie auf fester politischer Grundlage ruhte. Es ist lächerlich, die sogenannten »Lutheraner« zu zählen und danach Luther's Wirken zu ermessen; denn dieser Held hat die ganze Welt emanzipiert, und der heutige Katholik verdankt es ihm ebenso sehr wie jeder Andere, wenn er ein freier Mann ist.

Dass Luther mehr ein Politiker als ein Theolog war, schliesst natürlich nicht aus, dass die lebendige Kraft zu seinem Thun aus einem tiefinneren Quell floss: aus seiner Religion, die wir mit seiner Kirche nicht verwechseln wollen. Doch gehört das nicht in diesen Abschnitt; hier genügt es, das Eine zu sagen, dass Luther's inbrünstige Vaterlandsliebe ein Teil seiner Religion war. Aber auch ein Weiteres ist bemerkenswert, dass nämlich, sobald die Reformation als Schilderhebung gegen Rom aufgetreten war, die religiöse Gährung, welche schon seit Jahrhunderten die Gemüter wie in einem beständigen Fieber erhalten hatte, fast plötzlich aufhörte. Religionskriege finden freilich statt, in denen aber ganz ruhig Katholiken (wie Richelieu) sich mit Protestanten gegen andere Katholiken verbinden. Hugenotten ringen zwar mit Gallikanern um die Vorherrschaft, und Papisten und Anglikaner köpfen sich gegenseitig fleissig; überall steht jedoch das politische Moment im Vordergrunde. Der Protestant sagt nicht mehr das ganze Evangelium auswendig her, neue Interessen nehmen jetzt sein Denken in Anspruch; nicht einmal der fromme Herder kann im kirchlichen Sinne des Wortes gläubig genannt werden, er hat zu wahrhaftig auf die Stimme der Völker und auf die Stimme der Natur gelauscht; und der Jesuit, als Beichtvater der Monarchen und als Bekehrer der Völker, drückt beide Augen vor allen dogmatischen Verirrungen zu, wenn nur die Macht Rom's gefördert wird. Man sieht, wie der mächtige Impuls, der von Luther ausgeht, die Menschen hinwegtreibt von den kirchlich-religiösen Dingen; gewiss, sie gehen nicht alle in einer Richtung, sondern stieben auseinander, doch ist die Tendenz — die wir auch in unserem Jahrhundert bemerken konnten — eine zunehmende Gleichgültigkeit, und zwar eine Gleichgültigkeit, welche die nicht-römischen Kirchen, als die schwächsten, zuerst trifft. Auch dies ist ein politisch-kirchliches Moment von höchster Wichtigkeit für das Verständnis des

17., 18. und 19. Jahrhunderts, denn es gehört zu den wenigen Dingen, die nicht (wie Mephistopheles von der Politik behauptet) immer wieder von vorne anfangen, sondern einen bestimmten Gang gehen. Man sagt und man klagt und Einige frohlocken, dies bedeute ein Abfallen von der Religion. Mit nichten glaube ich das. Denn es träfe nur zu, wenn die uns überlieferte christliche Kirche der Inbegriff der Religion wäre, und dass das nicht der Fall ist, hoffe ich klar und unwiderleglich dargethan zu haben.[1]) Damit jene Behauptung zuträfe, müsste man sich ausserdem zu der Annahme erdreisten, ein Shakespeare, ein Leonardo da Vinci, ein Goethe hätten keine Religion gehabt, worüber später ein Mehreres. Nichtsdestoweniger bedeutet dieser Vorgang ohne Zweifel eine Abnahme des kirchlichen Anteils an der allgemeinen politischen Verfassung der Gesellschaft; diese Tendenz zeigt sich schon im 16. Jahrhundert (z. B. in Männern wie Erasmus und More) und wächst seitdem von Jahr zu Jahr. Sie ist eine der äusserst charakteristischen Züge in der Physiognomie der im Entstehen begriffenen neuen Welt, zugleich ein echt germanischer und überhaupt alt-indoeuropäischer Zug.

So wenig es mir einfallen konnte, eine politische Geschichte von sechs Jahrhunderten auf zwanzig Druckseiten auch nur zu skizzieren, so notwendig war es, gerade diesen einen Punkt ins volle Licht zu setzen: dass die Reformation eine politische That ist und zwar die entscheidende unter allen. Sie erst hat den Germanen sich selbst wiedergegeben. Es bedarf, glaube ich, keines Kommentars, damit die Wichtigkeit dieser Einsicht für das Verständnis von Vergangenheit, Gegenwart und Zukunft in die Augen springe. Doch möchte ich ein Ereignis in diesem Zusammenhang nicht unerwähnt lassen: die französische Revolution.

Die französische Revolution.

Es gehört zu den erstaunlichsten Verirrungen des Menschenurteils, diese Katastrophe als den Morgen eines neuen Tages, als einen Grenzpfahl der Geschichte zu betrachten. Lediglich dadurch, dass die Reformation in Frankreich nicht zum Durchbruch hatte kommen können, wurde die Revolution unumgänglich. Frankreich war noch zu reich an unverfälscht germanischem Blute, um wie Spanien schweigend zu verrotten, zu arm daran, um sich aus der verhängnisvollen Umarmung der theokratischen Weltmacht vollends loszuringen. Die Hugenottenkriege haben von Anfang an das Missliche, dass die Protestanten nicht allein gegen Rom, sondern zugleich gegen das Königtum und dessen Bestrebungen, eine nationale Einheit herzustellen, ankämpfen,

---

[1]) Siehe Kap. 7.

so dass wir das paradoxe Schauspiel erleben, die Hugenotten im Bunde
mit den ultramontanen Spaniern, und ihren Gegner, den Kardinal
Richelieu, im Bunde mit dem Protagonisten des Protestantismus, Gustav
Adolf zu sehen. Nun ist aber erfahrungsgemäss ein starkes Königtum
überall, auch in katholischen Ländern, das mächtigste Bollwerk gegen
römische Politik; ausserdem bedeutet es (wie wir im vorigen Abschnitt gesehen haben) den sichersten Weg zur Erlangung weit-
gehender individueller Freiheit auf Grundlage festgeordneter Verhältnisse. So stand denn diese Sache auf schlechten Füssen. Noch
schlimmer erging es aber mit ihr, als die Hugenotten sich endgültig
unterworfen hatten und — jede politische Hoffnung aufgebend — lediglich als religiöse Sekte zurückgeblieben waren; denn nun wurden sie
hingeschlachtet und vertrieben. Die Zahl der Ausgewanderten (der Ermordeten gar nicht zu gedenken) wird auf über eine Million geschätzt.
Man denke nur, was aus einer Million Menschen heute — in einer
Zwischenzeit von zweihundert Jahren — für eine Macht herangewachsen
wäre! Und es waren die Besten des Landes. Überall wohin sie kamen,
haben sie Fleiss, Bildung, Reichtum, sittliche Kraft, Hochthaten des
Geistes gebracht. Frankreich hat den Verlust dieses Kernes seiner Bevölkerung seither nie verwunden. Nunmehr war es dem Völkerchaos
und (bald darauf) dem Judentum ausgeliefert. Heute weiss man ganz
genau, dass die Vernichtung und Vertreibung der Protestanten das Werk
nicht des Königs sondern der Jesuiten war; La Chaise ist der wirkliche
Urheber und Durchführer der Hugenottenausrottung. Die Franzosen
besassen früher ebensowenig wie andere Germanen eine Neigung zur Unduldsamkeit; ihr grosser Rechtslehrer Jean Bodin, einer der Begründer
des modernen Staates, hatte im 16. Jahrhundert, obwohl selber Katholik,
die unbeschränkte religiöse Toleranz und die Abweisung aller römischen
Einmischung gefordert. Inzwischen hatte sich aber der nationalitäts-
lose Jesuit — die »Leiche« in der Hand seiner Oberen (S. 528) — bis
an den Thron hinaufgeschlichen; mit der Grausamkeit und Sicherheit
und Dummheit einer Bestie vertilgte er das Edelste im Lande. Und
nachdem La Chaise gestorben und die Hugenotten ausgetilgt waren,
kam ein anderer Jesuit, Le Tellier, daran und wusste den wollüstigen,
von seinen jesuitischen Lehrern in krassester Ignoranz erzogenen König
durch die Furcht vor der Hölle so ganz in seine Hände zu bekommen,
dass sein Orden nunmehr zu dem nächsten Kampf im Interesse Rom's,
nämlich zur Vernichtung jeder wahrhaften, auch katholischen
Religiosität schreiten konnte; es war dies der Kampf gegen den

gläubigen, doch unabhängigen katholischen Klerus Frankreich's. Hier
galt es, die von den frömmsten Königen der Vorzeit behauptete
nationale Unabhängigkeit der gallikanischen Kirche zu vernichten,
und zugleich die letzten Spuren des tief innerlichen, mystischen
Glaubens von Grund aus zu vertilgen, der so starke Wurzeln gerade
in der katholischen Kirche stets geschlagen hatte und nunmehr in
Jansen und seinen Nachfolgern zu einer weitreichenden moralischen
Kraft heranzuwachsen drohte. Auch dies gelang. Wer sich über die
wahren *origines de la France contemporaine* unterrichten will, kann
es auch, ohne Taine's umfangreiches Werk zu lesen; er braucht nur
die berühmte Bulle *Unigenitus* (1713) aufmerksam zu studieren, in
welcher nicht allein zahlreiche Sätze des Augustinus, sondern die grundlegenden Lehren des Apostel Paulus als »häretisch« verdammt werden;
sodann nehme er ein beliebiges Geschichtswerk zur Hand und sehe,
auf welche Weise die Annahme dieser speziell auf Frankreich gemünzten
Bulle durchgesetzt wurde. Es ist ein Kampf des geistig beschränkten
Fanatismus, im Bunde mit dem absolut gewissenlosen politischen Ehrgeiz gegen alles, was die französische katholische Kirche noch an
Gelehrsamkeit und Tugend enthielt. Die würdigsten Prälaten wurden
abgesetzt und somit ins Elend gestürzt; andere, sowie viele Theologen der Sorbonne wurden einfach in die Bastille geworfen, mithin
ihre Stimme zum Schweigen gebracht; andere wiederum waren schwach,
sie gaben der politischen Pression und den Drohungen nach oder liessen
sich mit Geld und Pfründen kaufen.[1]) Trotzdem währte der Kampf
lange. In einem ergreifenden Protest forderten die mutigen unter
den Bischöfen Frankreich's ein allgemeines Konzil gegen eine Bulle,
welche, so sagten sie, »die festesten Grundlagen der christlichen Sittenlehre, ja das erste und grösste Gebot der Liebe Gottes zerstöre«; desgleichen that der Cardinal de Noailles, desgleichen die Pariser Universität
und die Sorbonne — kurz, alles was in Frankreich denkfähig, gebildet
und ernst religiös gesinnt war.[2]) Doch es geschah damals, was wir

---

[1]) Von jeher war das Kaufen die beliebteste Taktik Rom's. Über die an Luther
geübten Bestechungsversuche findet man den authentischen Bericht in Aleander's
Brief an die Kurie vom 27. April 1521. Wie bei Eck und den Übrigen durch Geld-
geschenke, Pfründen u. s. w. der Eifer für die heilige Sache warm gehalten wurde,
kann man am selben Orte sehen, zugleich die Vorsicht, mit welcher den Beschenkten
»unbedingtes Stillschweigen« auferlegt wird (15. Mai 1521).

[2]) Man vergl. Döllinger u. Reusch: *Geschichte der Moralstreitigkeiten in der
römisch-katholischen Kirche* I., Abt. 1., Kap. 5., Abschn. 7. Cardinal de Noailles nennt
die Jesuiten immer kurzweg »die Vertreter der verderbten Moral«.

in unserem Jahrhundert nach dem Vatikanischen Konzil wieder erlebten:
die erdrückende Macht des Universalismus siegte; einer nach dem andern
brachten selbst die Edelsten das Opfer ihrer Persönlichkeit, ihrer Wahrhaftigkeit auf seinem Altar dar. Der echte Katholicismus wurde ebenso
ausgerottet wie der Protestantismus ausgerottet worden war. Damit
waren die Zeiten für die Revolution reif; denn sonst gab es für Frankreich nur noch — wie vorhin angedeutet — spanisches Verrotten.
Dazu besass aber dies begabte Volk doch noch zuviel Lebenskraft, und
so erhob es sich mit der sprichwörtlichen Wut des lange geduldigen
Germanen, doch bar jedes moralischen Hintergrundes und ohne einen
einzigen wirklich grossen Mann. »Nie wurde ein grosses Werk von
so kleinen Menschen vollbracht,« ruft Carlyle in Bezug auf die französische Revolution aus.[1]) Und man werfe nur nicht ein, dass ich die
wirtschaftliche Lage unbeachtet lasse; sie ist ja allbekannt, und auch
ich schätze ihren Einfluss nicht gering; doch bietet die Geschichte kein
einziges Beispiel einer mächtigen Empörung, welche einzig durch wirtschaftliche Zustände bedingt gewesen wäre; der Mensch kann fast
jeden Grad des Elendes ertragen, und je elender er ist, um so schwächer
ist er; darum haben die grossen wirtschaftlichen Umwälzungen mit
ihren bitteren Härten (siehe S. 830), trotz einzelner Aufstände immer
einen verhältnismässig ruhigen Gang genommen, indem sich die Einen
nach und nach an neue, ungünstigere Verhältnisse, die Anderen sich
an neue Ansprüche gewöhnten. Die Geschichte bezeugt es ja auch:
nicht der arme bedrückte Bauer hat die französische Revolution gemacht, auch nicht der Pöbel, sondern die Bürgerschaft, ein Teil des
Adels und ein bedeutender Bruchteil der noch immer national gesinnten
Priesterschaft, und zwar diese alle aufgeweckt und angestachelt von
der geistigen Elite der Nation. Der Sprengstoff in der französischen
Revolution war »graue Hirnsubstanz«. Und da ist es für ein richtiges
Verständnis vor Allem nötig, jenes innerste Rad der politischen Maschine
genau im Auge zu behalten, jenes Rad, bestimmt, das innerste Wesen
des einzelnen Menschen mit der Allgemeinheit in Verbindung zu setzen·
In einem entscheidenden Augenblick hängt hiervon alles ab. Ob man
Protestant oder Katholik oder sonst was sich nenne, mag gleichgültig
sein; es ist aber nicht gleichgültig, ob man am Morgen vor der Schlacht
»Ein' feste Burg ist unser Gott« singt, oder lascive Operettenlieder:
das sahen wir im Jahre 1870. Dem Franzosen war nun, als die

---

[1]) *Critical Essays* (Mirabeau).

54*

Revulotion ausbrach, die Religion geraubt worden, und er fühlte so
wohl, was ihm fehlte, dass er mit rührender Hast und Unerfahrenheit
von allen Seiten sie aufzubauen suchte. Die *assemblée nationale* hält
ihre Sitzungen *sous les auspices de l'Être suprême* ab; die Göttin der
Vernunft wird in Fleisch und Blut — nebenbei gesagt, ein echt
jesuitischer Einfall — auf den Altar gehoben; die *déclaration des
droits de l'homme* ist ein religiöses Bekenntnis: wehe Dem, der es
nicht nachbetet! Noch deutlicher erblicken wir den religiösen Bestandteil dieser Bestrebungen in dem schwärmerischesten und einflussreichsten
Geist, unter denen, die der Revolution vorgearbeitet haben, in Jean
Jacques Rousseau, dem Idol Robespierre's, einem Manne, dessen
Gemüt von der einen Sehnsucht nach Religion erfüllt gewesen war.[1]
Doch in allen diesen Dingen zeigt sich eine derartige Unkenntnis
der Menschennatur, eine solche Seichtigkeit des Denkens, dass man
Kinder oder Tollhäusler am Werke zu sehen glaubt. Durch welche
Verirrung des historischen Urteilsvermögens konnte unser ganzes Jahr-
hundert unter dem Wahne stehen — und sich davon tief beeinflussen
lassen — die Franzosen hätten mit ihrer »grossen Revolution« der
Menschheit eine Fackel angezündet? Die Revolution ist der Ausgang
einer Tragödie, die zwei Jahrhunderte gewährt hatte, deren erster Akt
mit der Ermordung Heinrich's IV. schliesst, der zweite mit der Auf-
hebung des Edikts von Nantes, während der dritte mit der Bulle
Unigenitus beginnt und mit der unausbleiblichen Katastrophe endet.
Die Revolution ist nicht der Anfang eines neuen Tages, sondern der
Anfang des Endes. Und wenn auch Manches und Grosses geleistet
wurde, so darf man nicht übersehen, dass das nicht zum geringen
Teil das Werk der *Constituante* war, in welcher der Marquis de Lafayette,
der Comte de Mirabeau, der Abbé Graf Sieyès, der gelehrte Astronom
Bailly — — — lauter Männer bedeutend durch Bildung und gesellschaftliche Stellung, die Führung inne hatten; zum anderen Teil war
es aber das Werk Napoleon's. Dank der Revolution fand dieser merkwürdige Mann das Werk der *Constituante*, sowie die staatsmännischen
Pläne der Männer vom Schlage Mirabeau's und Lafayette's vor, sonst
aber *tabula rasa*; diese Lage nutzte er aus wie nur ein genialer, gänzlich
prinzipienloser und (wenn die Wahrheit gesagt werden darf) wenig tief-

---

[1] Schön und besonders anwendbar auf die Franzosen jener Zeit sind die Worte,
die er seiner Héloise in den Mund legt: *»peut-être vaudrait-il mieux n'avoir point de
religion du tout que d'en avoir une extérieure et maniérée, qui sans toucher le cœur
rassure la conscience« (part. 3, lettre 18).*

blickender Despot das konnte.[1]) Die eigentliche Revolution — *le peuple souverain* — hat absolut gar nichts gethan als Zerstören. Doch schon die *Constituante* stand unter der Herrschaft des neuen Gottes, mit dem Frankreich die Welt beschenken sollte, des Gottes der Phrase. Man nehme nur jene vielgenannten *droits de l'homme* zur Hand — gegen die der grosse Mirabeau vergeblich geeifert hatte, indem er zuletzt rief: »Nennt es wenigstens nicht Rechte; sagt einfach: im allgemeinen Interesse ist bestimmt worden . . . . .« — die aber noch heute bei ernsten französischen Politikern als die Morgenröte der Freiheit gelten. Im Eingang steht: *l'oubli ou le mépris des droits de l'homme sont l'unique cause des malheurs publics*. Man kann unmöglich oberflächlicher denken und falscher urteilen. Nicht dass die Franzosen die Menschenrechte, sondern dass sie die Menschenpflichten vergassen oder verachteten, hatte das öffentliche Unglück herbeigeführt. Das erhellt aus meiner obigen Skizze zur Genüge und wird im weiteren Verlauf der Revolution auf Schritt und Tritt bestätigt. Diese feierliche Erklärung stützt sich also gleich anfangs auf eine Unwahrheit. Man kennt das Wort, das Graf Sieyès in die Versammlung hineinwarf: »Freiheit wollt ihr besitzen, und ihr versteht es noch nicht einmal, gerecht zu sein!« Das Weitere jener Erklärung besteht dann im Wesentlichen aus einer von Lafayette besorgten Abschrift aus der Unabhängigkeitserklärung der in Amerika angesiedelten Angelsachsen, und diese *Declaration* selbst ist kaum mehr als ein wörtlicher Abklatsch des englischen *Agreement of the People* des Jahres 1647. Man begreift, dass ein so gescheiter Mann wie Adolphe Thiers in seiner *Geschichte der Revolution* möglichst schnell über diese Erklärung der Menschheitsrechte hinwegzugleiten sucht, indem er meint, es sei »nur schade um die Zeit, die man auf solche pseudophilosophische Gemeinplätze verschwendet habe«.[2]) Die Sache darf aber nicht so leicht

---

[1]) Wenn man von Napoleon's staatsmännischem Genie spricht, so vergesse man doch nicht (unter vielem andern), dass er es war, der die gallikanische Kirche endgültig zertrümmerte, somit die ungeheure Mehrzahl der Franzosen rettungslos Rom ausliefernd und jede Möglichkeit einer echten Nationalkirche zerstörend, und dass er es war, der die Juden endgültig inthronisierte. Dieser Mann — bar jeglichen Verständnisses für geschichtliche Wahrheit und Notwendigkeit, die Verkörperung der frevelhaften Willkür — ist ein Zermalmer, nicht ein Schöpfer, im besten Falle ein Kodificierer, nicht ein Erfinder; er ist ein Sendling des Chaos, die rechte Ergänzung des Ignatius von Loyola, eine neue Personifikation des Antigermanentums.

[2]) Kap. 3.

genommen werden, denn das traurige Vorwalten von abstrakter, allgemein »menschheitlicher« Prinzipienreiterei an Stelle der staatsmännischen Einsicht in die Bedürfnisse und die Möglichkeiten eines bestimmten Volkes in einem bestimmten Augenblick wirkte fortan wie alles Schlechte ansteckend. Hoffentlich kommt der Tag, wo jeder vernünftige Mensch weiss, wo solche Dinge wie die *Déclaration* hingehören: nämlich in den Papierkorb.

Rom, Reformation, Revolution: das sind drei Elemente der Politik, die in der Gegenwart noch immer weiter wirken und darum hier zu besprechen waren. Die Völker, wie die Individuen, gelangen bisweilen an Wegscheiden, wo sie sich entschliessen müssen: rechts oder links. Das war im 16. Jahrhundert der Fall für alle europäischen Nationen (mit Ausnahme Russland's und der unter türkische Herrschaft gefallenen Slaven); das seitherige Schicksal dieser Nationen wird, bis herab zum heutigen und morgigen Tage, durch die damals erfolgte Wahl in den wesentlichsten Dingen bestimmt. Frankreich hat später gewaltsam Kehrt machen wollen, doch kommt ihm die Revolution teurer zu stehen als den Deutschen ihr furchtbarer Dreissigjähriger Krieg, und nimmermehr kann sie ihm das geben, was es sich bei der Reformation entgehen liess. Die Germanen im engeren Sinne des Wortes — die Deutschen, die Angelsachsen, die Holländer, die Skandinavier — in deren Adern noch ein bedeutend reineres Blut fliesst, sehen wir seit jenem Wendepunkt immer weiter erstarken, woraus wir entnehmen dürfen, dass die Politik Luther's die richtige Politik war.[1])

Die Angelsachsen.   In dieser Beziehung wäre nun vor Allem die Ausbreitung der Angelsachsen über die Welt als die vielleicht folgenschwerste politische Erscheinung der neueren Zeit der besonderen Beachtung wert; doch hat diese Erscheinung erst im Laufe unseres 19. Jahrhunderts ihre fast unermessliche Bedeutung zu entfalten begonnen, so dass hier einige Andeutungen genügen mögen, während das Übrige zur Besprechung von Gegenwart und Zukunft gehört. Eines fällt hier sofort in die

---

[1]) Wie wenig eine derartige Einsicht durch konfessionelle Engherzigkeit getrübt zu werden braucht, beweist die Thatsache, dass Bayern — heute noch zugleich katholisch und freiheitlich gesinnt — auf dem Kurfürstentag des Jahres 1640 in allerhand wichtigen Fragen nicht allein mit den Protestanten ging, sondern als diese, durch charakterlose Fürsten vertreten, ihre Ansprüche fallen liessen, sie wieder aufnahm und sie gegen die meineidigen Habsburger und die schlauen Prälaten verfocht. (Vergl. Heinrich Brockhaus: *Der Kurfürstentag zu Nürnberg*, 1883, S. 264 fg., 243, 121 fg.)

Augen: dass diese ungeheuere Ausdehnung des kleinen aber kräftigen
Volkes ebenfalls in der Reformation wurzelt. Nirgends tritt die politische Natur der Reformation so deutlich zu Tage wie in England;
dogmatische Streitigkeiten hat es dort gar keine gegeben; schon seit
dem 13. Jahrhundert wusste das ganze Volk, dass es nicht zu Rom
gehören wollte;[1]) es genügte, dass der König — durch recht weltliche Erwägungen dazu bewogen — die Verbindung durchschnitt, und
sofort war die Trennung ohne weiteres vollbracht. Später erst erfolgte
die ausdrückliche Abschaffung einiger Dogmen, die der Engländer nie
im Herzen angenommen hatte, sowie die Abschaffung etlicher Ceremonien (namentlich des Marienkultus), welche zu allen Zeiten seinem
Widerwillen begegnet waren. Es blieb also nach der Reformation alles
beim Alten: und doch war alles von Grund aus neu. Sofort begann
jetzt jene gewaltige Ausdehnungskraft des lange durch Rom gehemmten
Volkes sich zu bethätigen, und damit Hand in Hand — und zwar mit
schnelleren Schritten, da es die Grundlage zu jener ferneren Entwickelung abgeben musste — der Aufbau einer kräftigen, freiheitlichen Verfassung. Das grosse Werk wurde von allen Seiten zugleich in Angriff
genommen, doch galt das 16. Jahrhundert in der Hauptsache der Durchführung der Reformation (wobei die Bildung der mächtigen Nonkon-
formisten-Sekten eine Hauptrolle spielte), das 17. dem hartnäckigen
Kampf um die Freiheit, das 18. der Ausdehnung des Kolonialbesitzes.
Shakespeare hat den ganzen Vorgang im richtigen Zusammenhang
in der letzten Scene seines Heinrich VIII. vorherverkündet: zuerst
kommt eine wahrhafte Erkenntnis Gottes (die Reformation); dann wird
Grösse nicht mehr durch die Abstammung bestimmt sein, sondern dadurch, dass Einer die Wege reiner Ehre wandelt (Freiheit aus strenger
Pflichterfüllung); diese also gestärkten Menschen sollen dann ausziehen,
»neue Nationen« zu gründen. Der grosse Dichter hatte das Aufblühen
der ersten Kolonie, Virginia, noch erlebt und in seinem *Sturm* die
Wunder der westindischen Inseln verherrlicht — die neue Welt, die sich
dem Menschenblick zu eröffnen begann, mit nie gesehenen Pflanzen und
nie geträumten Tiergestalten. Nur vier Jahre nach seinem Tode ward
das Kolonisationswerk von den herrlichen Puritanern mit grösserer
Energie in die Hand genommen; unter unsäglichen Mühsalen gründeten
sie — wie ihre feierliche Erklärung es bezeugt — »aus Liebe zu

---

[1]) Im Jahre 1231 wurden Aufrufe durch das ganze Land verbreitet, an die
Mauern angeschlagen, von Haus zu Haus getragen: »Lieber sterben, als durch Rom
zu Grunde gerichtet werden!« Welche angeborene politische Weisheit!

Gott« (nicht zum Gold) und weil sie »einen würdigen, von keinerlei
Papismus gefärbten Gottesdienst« wollten, Neu-England! Innerhalb
fünfzehn Jahre hatten sich schon zwanzigtausend Engländer, meist
aus den bürgerlichen Ständen, dort niedergelassen. Bald darauf trat
Cromwell auf, der eigentliche Urheber der englischen Marine und
damit auch der englischen Weltmacht.[1]) Mit kühner Erkenntnis des
Notwendigen griff er ungescheut den spanischen Koloss an, entriss
ihm Jamaika und schickte sich an, Brasilien gleichfalls zu erobern, als
der Tod ihn seinem Vaterlande raubte. Dann stockte eine Zeit lang
die Bewegung: der Kampf gegen die Reaktionsgelüste katholisch ge-
sinnter Fürsten forderte wieder alle Kräfte; in England wie anderswo
waren die Jesuiten am Werke; von ihnen wurde Karl II. mit Mai-
tressen und Geld versorgt; Coleman, die Seele dieser Verschwörung
gegen die englische Nation, schrieb damals: »durch die gänzliche Ausrottung des pestilentialischen Irrglaubens in England — — — werden
wir der protestantischen Religion in ganz Europa den Todesschlag versetzen«.[2]) Erst gegen das Jahr 1700, als Wilhelm von Oranien die
verräterischen Stuarts verjagt hatte und die Grundlagen des konstitu-
tionellen Staates endgültig festgestellt waren, sowie das Gesetz, dass in
Zukunft nie ein römischer Katholik den englischen Thron besteigen
dürfe (auch nicht als Gemahl oder Gemahlin), erst dann begann das
angelsächsische Werk der Ausbreitung von Neuem, unterstützt durch
zahlreiche deutsche Lutheraner und Reformierte, welche vor Verfolgungen flohen, sowie durch mährische Brüder. Bald (nämlich gegen
1730) lebten in den aufblühenden Kolonien England's über eine Million
Menschen, fast alle Protestanten und echte Germanen, unter denen der
sehr harte Kampf ums Dasein strenge Zuchtwahl übte. Auf diese Art entstand eine neue grosse Nation, welche sich am Schluss des Jahrhunderts
vom Mutterlande gewaltsam trennte, eine neue antirömische Macht ersten
Ranges.[3]) Doch diese Abtrennung schwächte in nichts die Expansionskraft

---

[1]) Seeley: *The expansion of England*, 1895, S. 146.

[2]) Vergl. Green: *History of the English people*, VI, 293. Man hat Kapital
daraus zu schlagen gesucht, dass einige Fälscher und Meineidige das ganze Land
durch die Aufdeckung eines angeblichen, erlogenen Komplotts der Jesuiten irreführten,
doch wird hierdurch nichts gegen das Bestehen einer grossen internationalen Verschwörung bewiesen, welche von Paris aus geleitet wurde und durch zahlreiche
diplomatische Aktenstücke, sowie durch authentische Korrespondenz der Jesuiten ausser
allem Zweifel steht.

[3]) Am 3. September 1783 wurde der Vertrag unterschrieben, durch den Alt-
England seine Ansprüche auf Neu-England aufgab. Wie sehr auch in diesem Falle

der Angelsachsen, denen sich nach wie vor Deutsche und Skandinavier stets in grosser Zahl anschlossen. Kaum hatten sich die Vereinigten Staaten losgesagt, als (1788) die ersten Kolonisten in Australien landeten und Südafrika den zwar rüstigen, doch nicht sehr regen Händen der Holländer entrissen wurde. Es waren dies die Anfänge eines in unserem Jahrhundert enorm angewachsenen Weltreiches. Und zwar hat sich sowohl bei der Beherrschung fremder Völker (Indien), wie bei der weit wichtigeren Begründung solcher »neuen Nationen«, wie sie Shakespeare vorschwebten, bisher die eine Thatsache ausnahmslos bewährt: dass es nur Germanen und nur Protestanten auf die Dauer und mit vollem glänzenden Erfolg gelingen wollte. Der enorme südamerikanische Kontinent bleibt gänzlich ausserhalb unserer Politik und unserer Kultur; nirgends haben die Conquistadores eine neue Nation ins Leben gerufen; die letzten spanischen Kolonien retten sich heute zu anderen Nationen, um nicht vollends zu Grunde zu gehen. Frankreich ist es niemals gelungen, eine Kolonie zu begründen, ausser in Canada, das aber nur Dank der Dazwischenkunft England's aufgeblüht ist. [1]) Eine wirkliche Expansionskraft existiert überhaupt nur bei Deutschen, Angelsachsen und Skandinaviern; selbst die stammverwandten Holländer haben in Südafrika mehr Beharrungs- als Ausdehnungsvermögen bewiesen; die russische Ausdehnung ist eine rein politische, die französische eine rein geschäftliche, andere Länder zeigen überhaupt keine.

Verlören sich die Menschen nicht so sehr in die Beachtung der unübersehbaren Einzelheiten der Geschichte, sie würden schon längst über die entscheidende Wichtigkeit zweier Dinge für die Politik im Klaren sein: der Rasse nämlich und der Religion. Sie würden auch wissen, dass die politische Gestaltung der Gesellschaft — namentlich die Gestaltung jenes innersten Rades, der Kirche — alle geheimsten Kräfte einer Rasse und ihrer Religion ans Tageslicht bringen und somit die erfolgreichste Förderin von Civilisation und Kultur werden,

---

»etliche wenige Helden und fürtreffliche Leute« (S. 41) Herz und Hirn des Unternehmens waren, ist bekannt; gab sich auch die neue Nation vorderhand keinen König, so ehrte sie doch die Persönlichkeit ihres Gründers, indem sie das alte, von englischen Königen verliehene Wappen der Washingtons: die Sterne und Streifen, als Nationalfahne annahm. (Dieses Wappen kann man auf den Grabsteinen der Washingtons in der Kirche *Little Trinity* in London noch heute sehen.)

[1]) Wie es ohne diese Dazwischenkunft gegangen wäre, kann man der einen Thatsache entnehmen, dass die katholischen Priester dort bereits das Verbot des Buchdruckes durchgesetzt hatten! und dass einem »Ketzer« der Aufenthalt im ganzen Lande streng verwehrt war!

oder aber, dass sie ein Volk nach und nach völlig zu Grunde richten
kann, indem sie die Entwickelung seiner Fähigkeiten hemmt und die
Ausbildung seiner bedenklichsten Anlagen begünstigt. Das erkannt zu
haben, bezeugt die überragende Grösse Luther's und erklärt seine
Bedeutung für die politische Gestaltung der Welt. »Das römische
Reich zu brechen und eine neue Welt zu ordnen«, betrachtete Goethe
als die erste historische Hauptaufgabe der Deutschen;[1] ohne die
Wittenberger Nachtigall wäre ihre Durchführung schwer gelungen.
Wahrlich, wenn Diejenigen, die sich zu Luther's Politik bekennen
(und gleichviel, was sie über seine Theologie denken), heute die Welt-
karte betrachten, haben sie allen Grund, mit ihm zu singen:

Nehmen sie den Leib,

Gut, Ehr, Kind und Weib:

Lass fahren dahin,

Sie habens kein Gewinn;

Das Reich muss uns doch bleiben!

6. Weltanschauung und Religion (von Franz von Assisi bis zu Immanuel Kant).

Die zwei Wege.   Eine Definition von Weltanschauung habe ich schon oben (S. 736 fg.)
gegeben, und über Religion habe ich mich in diesem Buche häufig ausgesprochen;[2] auch auf die untrennbare Zusammengehörigkeit der beiden
Begriffe machte ich S. 738 aufmerksam. Ich verfechte keineswegs die
Identität von Weltanschauung mit Religion, denn das wäre ein rein
logisch-formalistisches Unternehmen, welches mir durchaus ferne liegt,
ich sehe aber in unserer Geschichte die philosophische Spekulation
überall in der Religion fussen und in ihrer vollen Entwickelung
wiederum auf Religion hinzielen, und wenn ich einerseits die Volksindividualitäten sinnend betrachte, andererseits hervorragende Männer
an meinem Auge vorüberziehen lasse, so entdecke ich eine ganze Reihe
von Beziehungen zwischen Weltanschauung und Religion, welche sie
mir als innig organisch verbunden zeigen: wo die eine fehlt, fehlt
die andere, wo die eine kräftig blüht, blüht die andere; ein tiefreli-
giöser Mann ist ein wahrer Philosoph (im lebendigen, volksmässigen

---

[1]) November 1813, Gespräch mit Luden.
[2]) Siehe namentlich S. 220 fg , 391 fg., 441.

Sinne des Wortes), und die auserlesenen Geister, die sich zu umfassenden, klaren Weltanschauungen erheben — ein Roger Bacon, ein Leonardo, ein Bruno, ein Kant, ein Goethe — sind freilich selten kirchlich fromm, doch immer auffallend »religiöse« Naturen. Wir sehen also, dass sich Weltanschauung und Religion einerseits befördern, andererseits sich gegenseitig ersetzen oder ergänzen. Ich schrieb oben (S. 750): In dem Mangel einer wahrhaftigen, unserer eigenen Art entsprossenen und entsprechenden Religion erblicke ich die grösste Gefahr für die Zukunft des Germanen, das ist seine Achillesferse; wer ihn dort trifft, wird ihn fällen. Bei näherer Betrachtung werden wir nun sehen, dass die Unzulänglichkeit unserer kirchlichen Religion sich zunächst an der Unhaltbarkeit der durch sie vorausgesetzten Weltanschauung fühlbar machte; unsere frühesten Philosophen sind alle Theologen und zumeist ehrliche Theologen, die einen inneren Kampf um die Wahrheit kämpfen, und Wahrheit heisst immer die Wahrhaftigkeit der durch die besondere Natur des Individuums bedingten Anschauung. Aus diesem Kampf heraus erwuchs nach und nach unsere durchaus neue germanische Weltanschauung. Diese Entwickelung fand nicht in einer einzigen geraden Linie statt; vielmehr wurde an den verschiedensten Seiten zugleich daran gearbeitet, wie wenn an einem im Bau begriffenen Hause Maurer und Tischler und Schlosser und Maler, ein jeder sein Werk verrichtet, ohne sich mehr als gerade nötig um die Anderen zu bekümmern. Was die durchaus verschiedenartigen Bemühungen zu einem Ganzen eint, ist der Wille des Architekten; in diesem Falle ist der Architekt der Rasseninstinkt; der *Homo europaeus* kann nur bestimmte Wege wandeln, und sie zwingt er, als Herr, nach Möglichkeit auch Denen auf, die nicht zu ihm gehören. Dass das Gebäude fertig wäre, glaube ich nicht; ich verpflichte mich zu keiner Schule, sondern freue mich an dem Wachsen und Werden des germanischen Werkes und thue, was ich vermag, um es ehrerbietig mir anzueignen. Dieses Wachsen und Werden in seinen allgemeinsten Linien aufzuzeigen, wäre die Aufgabe dieses Abschnittes. Und zwar tritt hier das Historische wieder in seine Rechte ein; denn während Civilisation an Vergangenes nur anknüpft, um es zu vertilgen und durch Neues zu ersetzen, und Wissen gleichsam ein Zeitloses ist, lebt unsere ganze siebenhundertjährige philosophische und religiöse Entwickelung noch gegenwärtig fort und es ist eigentlich unmöglich, über das Heute zu reden, ohne das Gestern zu Grunde zu legen. Hier ist Alles noch im Werden; unsere Weltanschauung — sowie namentlich unsere Religion — ist das Unfertigste an uns. Hier also ist die geschichtliche Methode geboten; nur durch sie kann es gelingen, die verschiedenen Fäden so aufzufangen und zu verfolgen, dass die Struktur des Gewebes, wie es das Jahr 1800 uns übermachte, deutlich erblickt und überblickt werde.[1])

Das kirchliche Christentum, rein als Religion, besteht — wie ich das im siebenten Kapitel auseinanderzusetzen bestrebt war — aus unausgeglichenen Elementen, so dass wir Paulus und Augustinus in die schlimmsten Widersprüche verwickelt fanden. Es handelt sich eben beim Christentum nicht um eine normale religiöse Weltanschauung, sondern um eine künstliche, gewaltsam zusammengeschmiedete. Sobald nun echt philosophische Regungen erwachten — was beim Römer zu keiner Zeit der Fall gewesen war, beim Germanen dagegen nicht ausbleiben konnte — da musste die widerspruchsvolle Natur dieses Glaubens sich mit Gewalt fühlbar machen; und in der That, es gewährt einen geradezu tragischen Anblick, edle Männer wie Scotus Erigena im 9. und Abälard im 12. Jahrhundert sich hin- und herwinden zu sehen in dem hoffnungslosen Bestreben, den ihnen aufgedrungenen Glaubenskomplex mit sich selbst und ausserdem mit den Forderungen einer ehrlichen Vernunft in Einklang zu bringen. Da

---

[1]) Ich werde nicht aus den Lehrbüchern der Geschichte der Philosophie abschreiben, schon deswegen nicht, weil es kein einziges giebt, welches meinem Zweck an diesem Orte entspräche. Doch verweise ich hier ein für allemal auf die bekannten, vortrefflichen Handbücher, denen ich im Folgenden vieles verdanke. Hoffentlich wird in nicht allzu ferner Zeit Paul Deussens *Allgemeine Geschichte der Philosophie mit besonderer Berücksichtigung der Religion* so weit gefördert sein, dass sie die von mir bei der Abfassung dieses Abschnittes so schmerzlich empfundene Lücke wenigstens zum Teil ausfüllt. Schon die blosse Thatsache, dass er die Religion hinzuzieht, beweist Deussen's Befähigung, die neue Aufgabe zu lösen, und seine lange Beschäftigung mit indischem Denken ist eine fernere Bürgschaft. Inzwischen empfehle ich dem weniger bewanderten Leser die kurze *Skizze einer Geschichte der Lehre vom Idealen und Realen,* die den ersten Band von Schopenhauer's Parerga und Paralipomena eröffnet; auf wenigen Seiten bietet sie einen leuchtend klaren Überblick des germanischen Denkens auf seinen höchsten Höhen, von Descartes bis Kant und Schopenhauer. Die beste Einführung in allgemeine Philosophie, die es überhaupt giebt, ist nach meinem Dafürhalten (und so weit meine beschränkten Litteraturkenntnisse reichen) Friedrich Albert Lange's: *Geschichte des Materialismus.* Indem dieser Verfasser sich auf einen besonderen Standpunkt stellt, belebt sich das gesamte Bild des europäischen Denkens von Demokrit bis zu Hartmann, und in der gesunden Atmosphäre einer eingestandenen, zu Widerspruch reizenden Einseitigkeit atmet man wie erlöst auf aus der erlogenen Unparteilichkeit der in Masken verhüllten Akademiker.

nun die kirchlichen Dogmen für unanfechtbar galten, gab es für die Philosophie zunächst zwei Wege: sie konnte die Inkompatibilität zwischen ihr und der Theologie offen eingestehen — das war der Weg der Wahrhaftigkeit; oder aber, sie konnte die handgreifliche Evidenz leugnen, sich selbst und andere betrügen, und das Unvereinbare durch tausend Kniffe und Schliche zwingen, sich doch zu vereinigen — dies war der Weg der Unwahrhaftigkeit.

Der Weg der Wahrhaftigkeit verzweigt sich gleich anfangs nach verschiedenen Richtungen hin. Er konnte zu einer kühnen, echt paulinischen, antirationalistischen T h e o l o g i e führen, wie Duns Scotus (1274—1308) und Occam († 1343) zeigen. Er konnte zu einer grundsätzlichen Unterordnung der Logik unter das intuitive Gefühl Veranlassung geben, woraus die reiche Skala der m y s t i s c h e n Weltauffassungen hervorging, die, von Franz von Assisi (1182—1226) und Eckhart (1260—1328) ihren Anfang nehmend, zu so weit auseinander weichenden Geistern wie Thomas von Kempen, dem Verfasser der *Imitatio Christi* (1380—1471) und Paracelsus, dem Begründer einer wissenschaftlichen Medizin (1493—1541) oder Stahl, dem Urheber der neueren Chemie (1660—1734)[1]) führen sollte. Oder wiederum, es konnte diese rücksichtslose Wahrhaftigkeit ein Wegwenden von jeder speziellen Beschäftigung mit christlicher Theologie und den Erwerb einer umfassenden, freien Weltbildung veranlassen, wie wir das schon bei dem encyklopädischen Albertus Magnus (1193—1280) angedeutet, weiter ausgebildet dann bei den H u m a n i s t e n finden, z. B. bei Picus von Mirandola (1463—94), der die Wissenschaft der Hellenen für eine ebenso göttliche Offenbarung wie die Bücher der Juden hält und sie darum mit religiösem Feuereifer studiert. Schliesslich aber konnte dieser Weg die in Bezug auf Weltanschauung am tiefsten angelegten Geister dahinführen, die Grundlagen der damals als autoritativ geltenden theoretischen Philosophie kritisch zu prüfen und zu verwerfen, um dann als freie, verantwortliche Männer an den Aufbau einer neuen, unserem Geiste und unseren Kenntnissen entsprechenden zu schreiten; diese Bewegung — die eigentlich »philosophische« — geht bei uns überall von der E r f o r s c h u n g d e r N a t u r aus, ihre Vertreter sind naturforschende Philosophen oder philosophische Naturforscher; sie hebt mit Roger Bacon (1214—1294) an, schlummert dann lange Zeit, von der Kirche gewaltsam unterdrückt, erhebt jedoch nach der Erstarkung der Naturwissen-

Der Weg der Wahrhaftigkeit.

---

[1]) Siehe S. 803.

schaften von Neuem das Haupt und legt eine stolze Bahn zurück, von Campanella (vielleicht dem ersten bewusst-wissenschaftlichen Erkenntnistheoretiker, 1568—1639) und Francis Bacon (1561—1626) an bis zu Immanuel Kant (1724—1804) an der Grenze unseres Jahrhunderts. So mannigfaltig waren die dem Menschengeiste durch treue Befolgung seiner wahren Natur eröffneten Richtungen! Und zwar ward uns auf jedem der genannten Pfade eine reiche Ernte zu teil. Aus paulinischer Theologie entsprang Kirchenreform und politische Freiheit, aus Mystik religiöse Vertiefung und Reform und zugleich geniale Naturwissenschaft, aus dem erwachten humanistischen Wissensdrange echte, freiheitliche, kulturelle Bildung, aus dem Neuaufbau der speziellen Philosophie auf Grundlage exakter Beobachtung und kritischen, freien Denkens, eine gewaltige Erweiterung des Gesichtskreises, die Vertiefung aller wissenschaftlichen Erkenntnisse, und die Grundlage einer vollkommenen Umgestaltung der religiösen Vorstellungen im germanischen Sinne.

Der Weg der Unwahrhaftigkeit.

Der andere Weg dagegen, den ich als den der Unwahrhaftigkeit bezeichnete, blieb vollkommen unfruchtbar; denn hier herrschte gewaltsame Willkür und willkürliche Gewalt. Schon das blosse Vorhaben, die Religion restlos zu rationalisieren, d. h. der Vernunft anzupassen, und zugleich das Denken unter das Joch des Glaubens gefesselt einspannen zu wollen, bedeutet ein zwiefaches Verbrechen an der Menschennatur. Nur durch den bis zur Raserei gesteigerten, dogmatischen Wahn konnte es gelingen. Eine aus den verschiedensten fremden Elementen zusammengeflickte, in den wesentlichsten Punkten sich selbst widersprechende Kirchenlehre musste als ewige, göttliche Wahrheit, eine nur aus schlechten Übersetzungen von Bruchstücken gekannte, vielfach total missverstandene, von Hause aus rein individuelle, vorchristliche Philosophie musste für unfehlbar erklärt werden: denn ohne diese ungeheuren Annahmen wäre das Kunststück unmöglich geblieben. Und nun wurden diese Theologie und diese Philosophie — die sich ausserdem gegenseitig nichts angingen — zu einer Zwangsehe genötigt, und diese Monstrosität der Menschheit als absolutes, allumfassendes System zur bedingungslosen Annahme aufgezwungen.[1]) Auf diesem Wege war die Entwickelung geradlinig und kurz; denn ist die göttliche Wahrheit so mannigfaltig wie die Wesen, in denen sie sich widerspiegelt, so gelangt dagegen die frevelhafte Willkür eines die »Wahrheit« dekretierenden und mit Feuer und Schwert

---

[1]) Siehe S. 683.

durchsetzenden Menschensystems bald ans Ziel und jeder Schritt weiter
wäre seine eigene Verleugnung. Anselm, der im Jahre 1109 starb,
kann als der Urheber dieser Methode, das Denken und Fühlen zu
knebeln, gelten; kaum 150 Jahre nach seinem Tode hatten Thomas
von Aquin (1227—1274) und Ramon Lull (1234—1315) das System
bereits bis zur höchsten Vollendung ausgebildet. Ein Fortschritt war hier
unmöglich. Weder enthielt eine derartige absolute theologische Philosophie in sich den Keim zu irgend einer möglichen Entwickelung,
noch konnte sie auf irgend einen Zweig menschlicher Geistesthätigkeit
anregend wirken; im Gegenteil, sie bedeutete notwendiger Weise ein
Ende.[1]) Wie unanfechtbar diese Behauptung ist, hat uns die schon
mehrfach citierte Bulle *Aeterni patris* vom 4. August 1879 gezeigt,
welche Thomas von Aquin als den unübertroffenen, einzig autoritativen Philosophen der römischen Weltauffassung auch für den heutigen
Tag hinstellt; und damit nichts fehle, haben gewisse Liebhaber des Absoluten in letzter Zeit den Ramon Lull mit seiner *Ars magna* noch über
Thomas gestellt. Denn in der That, Thomas, der ein durchaus ehrlicher germanischer Mann war, von genialer Geistesanlage, und der Alles,
was er wirklich wusste, zu den Füssen des grossen Schwaben, Albert
von Bollstädt, gelernt hatte, bezeichnet ausdrücklich einige wenige der
höchsten Mysterien — z. B. die Dreieinigkeit und die Menschwerdung
Gottes — als für die Vernunft unfassbar. Freilich deutet er diese Un-
fassbarkeit ebenfalls rationalistisch, indem er lehrt, Gott habe sie absichtlich so gestaltet, damit dem Glauben ein Verdienst zukomme! Doch
räumt er die Unbegreiflichkeit wenigstens ein. Das giebt nun Ramon
nicht zu, denn dieser Spanier war in einer anderen Schule gewesen,
nämlich bei den Mohammedanern, und hatte dort die Grundlehre
semitischer Religion eingesogen, nichts dürfe unbegreiflich sein, und so
macht er sich anheischig, alles was man will durch Vernunftgründe zu
beweisen.[2]) Er rühmt sich auch, aus seiner Methode (der drehbaren, ver-
schiedenfarbigen Scheiben mit Buchstaben für die Hauptbegriffe u. s. w.)

---

[1]) Siehe die Bemerkungen über das Nichtwissen als Quelle aller Zunahme der
Erfahrung, S. 761, und über den Universalismus in seiner sterilisierenden Wirksamkeit,
S. 765 fg.

[2]) Vergl. S. 393. Sehr wichtig ist übrigens die Bemerkung, dass auch Thomas
von Aquin seine Zuflucht zu den Semiten nehmen muss und vielerorten ausdrücklich
bei den jüdischen Philosophen Maimonides a. A. anknüpft, worüber Näheres bei Dr.
J. Guttmann: *Das Verhältnis des Thomas von Aquino zum Judentum und zur jüdischen
Litteratur* (Göttingen 1891).

könne man alle Wissenschaften ableiten, auch ohne sie studiert zu haben. So erlebt denn der Absolutismus im selben Augenblick seine doppelte Vollendung: einerseits in dem ernsten, sittlich hochstrebenden System des Thomas, andererseits in der lückenlos folgerichtigen und darum absurden Lehre des Ramon. Wie Roger Bacon, der gewaltige Zeitgenosse dieser beiden irregeführten Geister, über Thomas von Aquin urteilt, habe ich schon früher berichtet (S. 765); ähnlich und ebenso treffend meinte später der Arzt, Mathematiker und Philosoph Cardanus, der viel Zeit mit Ramon Lull verloren hatte: ein wunderlicher Meister! er lehrt alle Wissenschaften, ohne selber eine einzige zu kennen.[1])

Es verlohnt sich nicht, bei diesen Wahngebilden zu verweilen, wenngleich die Thatsache, dass wir noch am Schlusse unseres 19. Jahrhunderts feierlich aufgefordert wurden, umzukehren und den Weg der Unwahrhaftigkeit zu wandeln, ihnen ein traurig gegenwärtiges Interesse verleiht. Lieber wenden wir uns zu jener in reichster Mannigfaltigkeit prangenden Erscheinung der vielen Männer zurück, die ihrer inneren Natur keinen Zwang anthaten, sondern in schlichter Wahrhaftigkeit und Würde Gott und die Welt zu erkennen suchten. Doch muss ich eine methodologische Bemerkung vorausschicken.

Die Scholastik.

Bei der Gruppierung, die ich oben skizziert habe (in Theologen, Mystiker, Humanisten und Naturforscher), ist der übliche Begriff einer »scholastischen Periode« ganz ausgefallen. In der That, ich glaube, dass er an dieser Stelle und überhaupt für eine lebendige Auffassung der philosophisch-religiösen Entwickelung der germanischen Welt entbehrlich, wenn nicht gar direkt schädlich ist; dem Goethe'schen Motto zu diesem »Geschichtlichen Überblick« handelt er zuwider, indem er verbindet, was nicht zusammengehört und zugleich die Glieder einer einzigen Kette auseinander reisst. Buchstäblich genommen heisst Scholastiker einfach Schulmann; der Name müsste also auf Männer beschränkt bleiben, welche ihr Wissen lediglich aus Büchern schöpfen; das ist auch in der That der Beigeschmack, den der Ausdruck in der Umgangssprache erhalten hat. Genauer ist aber Folgendes. Ein Vorwiegen dialektischer Haarspalterei zu Ungunsten der Beobachtung, ein Vorwiegen des Theoretischen zum Nachteil des Praktischen nennen wir »scholastisch«; jede abstrakt-geistige, rein logische Konstruktion dünkt uns »Scholastik«, und jeder Mann, der solche Systeme aus seinem Gehirn — oder wie

---

[1]) Man denkt hierbei an Rousseau's: »*Quel plus sûr moyen de courir d'erreurs en erreurs que la fureur de savoir tout?*« (Brief an Voltaire vom 10. 9. 1755).

das respektlose Volk sagt, aus dem kleinen Finger — zieht, ein Scholastiker. Doch in dieser Auffassung hat das Wort keinen historischen Wert; derartige Scholastiker hat es zu allen Zeiten gegeben und giebt es noch heute in herrlichster Blüte. Historisch versteht man nun gewöhnlich unter diesem Namen eine Gruppe von Theologen, welche während etlicher Jahrhunderte bestrebt waren, die Beziehungen zwischen dem Denken und der schon fast fertig ausgebildeten und erstarrten Kirchenlehre festzustellen. Kirchengeschichtlich mag eine derartige Zusammenstellung ganz brauchbar sein: erst hatten die »Väter« in einem erbitterten tausendjährigen Kampf die Dogmen festgestellt; nun lagen sich während 500 Jahre die Doktoren der Theologie — die »Scholastiker« — in den Haaren und stritten darüber, wie diese Kirchenlehre mit der umgebenden Welt und namentlich mit der Natur des Menschen (so weit diese aus Aristoteles zu erschliessen war) könne in Einklang gesetzt werden, bis zuletzt der unterirdisch laufende Strom der wahren Menschheit den Sanktpeterfelsen immer bedrohlicher untergraben hatte und die Donnerstimme des Martin Luther die Theoretiker verscheuchte, wodurch hüben und drüben eine dritte Periode, die der praktischen Bewährung der Grundsätze, eingeführt wurde. Wie gesagt, kirchengeschichtlich mag sich aus einer derartigen Gliederung ein brauchbarer Begriff des Scholasticismus ergeben, doch philosophisch finde ich sie in hohem Grade irreleitend, und für die Geschichte unserer germanischen Kultur ist sie vollends unbrauchbar. Was soll das z. B. heissen, wenn uns in allen Lehrbüchern Scotus Erigena als Urheber der scholastischen Philosophie vorgeführt wird? Erigena! einer der grössten Mystiker aller Zeiten, der die Bibel Vers für Vers allegorisch deutet, der unmittelbar an die griechische Gnosis anknüpft[1]) und, genau wie Origenes, lehrt: die Hölle seien die Qualen des eigenen Gewissens, der Himmel dessen Freuden *(De divisione naturae, V, 36)*, jeder Mensch werde zuletzt erlöst werden, »möge er in diesem Leben gut oder schlecht gelebt haben« (V, 39), die Ewigkeit sei daraus zu verstehen, dass »Raum und Zeit eine falsche Meinung sei« (III, 9) u. s. w. Welches Band knüpft diesen kühnen Germanen[2]) an Anselm und Thomas? Und selbst wenn wir einen Abälard ins Auge fassen, der als Schüler Anselm's und unvergleichlicher Dialektiker den genannten Doktoren viel näher steht, wer sieht nicht ein, dass, wenn hier der

---

[1]) Vergl. S. 640.
[2]) Vergl. S. 317.

Zweck der selbe war — nämlich Vernunft und Theologie in Einklang zu
bringen — Methode und Ergebnisse so weit auseinandergehen, dass es
geradezu lächerlich ist, derartige Gegensätze, der äusseren Berührungs-
punkte wegen, zusammen zu stellen?[1]) Und was heisst das, wenn
man die geschworen Gegner, die diametralen Gegensätze des Thomas,
Duns Scotus und Occam, ganz eng mit dem *doctor angelicus* paart?
wenn man uns einreden will, es handle sich lediglich um feine metaphysische Differenzen zwischen Realismus und Nominalismus? Im Gegenteil, gerade diese metaphysischen Tüfteleien sind die bloss äussere Schale,
der wahre Unterschied ist die tiefe Kluft, welche eine Geistesrichtung
von der anderen trennt, ist die Thatsache, dass verschiedene Charaktere
aus dem selben Metall sich ganz verschiedene Waffen schmieden. Pflicht
des Historikers ist es, dasjenige hervorzuheben, was nicht ein Jeder
sofort einsieht, das zu unterscheiden, was zunächst einförmig dünkt,
während es in Wirklichkeit tief innerlich auseinanderstrebt, und dagegen das zu vereinen, was, wie z. B. Duns Scotus und Eckhart, an-
scheinend sich widerspricht, doch im tiefsten Wesen übereinstimmt.
Martin Luther hatte den Unterschied zwischen diesen verschiedenen
Doktoren recht wohl und tief empfunden; in einem Tischgespräch sagt
er: »Duns Scotus hat sehr wohl geschrieben . . . . . und hat sich be-
flissen, fein ordentlich und richtig von den Sachen zu lehren. Occam
ist ein verständiger und sinnreicher Mann gewesen . . . . . Thomas
Aquinas ist ein Wäscher und Schwätzer.«[2]) Und ist es nicht vollendet
lächerlich, wenn ein Roger Bacon, der Erfinder des Teleskops, der
Begründer wissenschaftlicher Mathematik und Philologie, der Verkünder
echter Naturforschung, in einen Topf geworfen wird mit den Leuten,
die alles zu wissen vorgaben und darum diesem selben Roger Bacon
den Mund stopften und ihn ins Gefängnis warfen? Zum Schluss frage
ich noch: wenn Erigena ein Scholastiker ist und ebenfalls Amalrich,
wie kommt es, dass Eckhart, der offenbar zu Beiden in unmittelbarem
Lehnsverhältnis steht, keiner mehr ist, und zwar trotzdem er ein Zeitgenosse von Thomas und Duns ist? Ich weiss, es geschieht lediglich,

---

[1]) Da ich mich nicht wiederholen will, verweise ich für Abälard auf S. 469 fg.
und 246 Anm.

[2]) Ich citiere nach der Ausgabe Jena 1591, Fol. 329; in den verbreiteten neuen
Auswahlen findet man diese Stelle, sowie die übrigen »von den Scholasticis ingemein«,
nicht, in denen Luther über seine Studienzeit seufzt: »da feine, geschickte Leute wären
mit unnützen Lectionibus und Büchern zu hören und zu lesen beschwert worden, mit
seltsamen, undeutschen, sophistischen Worten — — — —.«

weil man eine neue Gruppe bilden will, die der Mystiker, die bis zu Böhme und Angelus Silesius führen soll; und zu diesem Behufe wird Eckhart von Erigena, von Almarich, von Bonaventura losgerissen! Und damit nichts fehle, was die Künstlichkeit des Systems darthue, bleibt der grosse Franz von Assisi überhaupt ausgeschlossen: der Mann, der vielleicht mehr als irgend ein anderer auf die Richtung der Geister gewirkt hat, der Mann, zu dessen Orden Duns Scotus und Occam gehören, zu dem sich der Erneuerer der Naturforschung, Roger Bacon, bekennt, und der das Wiederaufleben der Mystik, wie kein anderer, durch die Macht seiner Persönlichkeit verursacht hat! Dieser Mann, der nach jeder Richtung hin eine wahre Kulturgewalt bedeutet — da er auf die Kunst ebenso mächtig wie auf die Weltanschauung gewirkt hat — kommt überhaupt in der Geschichte der Philosophie nicht vor, wodurch die Lückenhaftigkeit des gerügten Schemas und zugleich auch die Unhaltbarkeit der Vorstellung, Religion und Weltanschauung seien zwei prinzipiell verschiedene Dinge, klar hervortritt.

Ich meine nun, den Notbrückenbau, der mich augenblicklich be- *Rom und* schäftigt, wesentlich gefördert zu haben, wenn es mir gelungen ist, *Anti-Rom.* an Stelle jenes künstlichen Schemas eine lebendige Einsicht zu setzen. Eine derartige Einsicht muss natürlich (hier wie überall) aus dem Leben selbst, nicht aus abgezogenen Begriffen gewonnen werden. Was wir hier antreffen, ist der selbe Kampf, die selbe Auflehnung wie an anderen Orten: auf der einen Seite das aus dem Völkerchaos hervorgegangene römische Ideal, auf der anderen germanische Eigenart. Dass Rom in der Philosophie ebenso wie in der Religion und in der Politik sich mit nichts Geringerem als dem unbedingt Absoluten zufrieden geben kann, habe ich schon früher gezeigt. Der *sacrifizio dell' intelletto* ist das erste Gesetz, das es jedem denkenden Menschen auferlegt. Es ist das auch durchaus logisch und gerechtfertigt. Dass sittliche Höhe damit vereinbar ist, zeigt gerade Thomas von Aquin. Begabt mit jener eigentümlichen, verhängnisvollen Anlage des Germanen, sich in fremde Anschauungen zu vertiefen und sie nun, dank seiner ungleich höheren Begabung, gewissermassen verklärt und zu neuem Leben erweckt zu gebären, hat Thomas — der das südliche Gift von Kindheit auf eingesogen hatte — germanische Wissenschaft und Überzeugungskraft in den Dienst der antigermanischen Sache gestellt. Früher hatten die Germanen Soldaten und Imperatoren gegen ihre eigenen Völker ins Feld geschickt, jetzt stellten sie Theologen und Philosophen in den Dienst des Feindes; es geschieht heute noch wie seit 2000 Jahren. Doch empfindet jeder unbe-

55*

einflusste Beobachter, dass solche Männer wie Thomas ihrer eigenen Natur
Gewalt anthun. Ich behaupte nicht, dass sie bewusst und absichtlich lügen
(wenn das auch bei Männern geringeren Kalibers oft genug der Fall war
und ist); fasciniert aber durch das hohe (und für ein edles bethörtes Herz
geradezu heilige) Ideal des römischen Wahnes, unterliegen sie der
Suggestion und stürzen sich in jene Weltauffassung hinein, die ihre
Persönlichkeit und ihre Würde vernichtet, wie der beflügelte Sänger sich
in den Schlangenrachen stürzt. Darum nenne ich diesen Weg den
der Unwahrhaftigkeit. Denn wer ihn geht, opfert das, was er von
Gott empfing, sein eigenes Selbst; und wahrlich, dies ist nichts Geringes; Meister Eckhart, ein guter und gelehrter Katholik, ein Pro-
vinzial des Dominikanerordens, belehrt uns, der Mensch solle »got
ûzer sich selber nicht ensuoche«;[1] wer seine Persönlichkeit opfert,
verliert also zugleich den Gott, den er einzig in sich selber hätte
finden können. Wer dagegen bei seiner Weltanschauung seine Persönlichkeit nicht opfert, wandelt offenbar genau die entgegengesetzte
Richtung, gleichviel zu welcher Art der Auffassung sein Charakter
ihn auch treiben mag, und gleichviel ob er sich zur katholischen oder
zu einer anderen Kirche bekennt. Ein Duns Scotus z. B. ist ein
geradezu fanatischer Pfaffe, den spezifisch römischen Lehren, z. B. der
Werkheiligkeit ganz ergeben, hundertmal unduldsamer und einseitiger
als Thomas von Aquin; dennoch weht uns aus jedem seiner Worte
die Atmosphäre der Wahrhaftigkeit und der autonomen Persönlichkeit
entgegen. Mit Verachtung und heiligem Zorn deckt dieser *doctor
subtilis*, der grösste Dialektiker der Kirche, das ganze Gewebe erbärm-
licher Trugschlüsse auf, aus denen Thomas sein künstliches System
aufgebaut hat: es ist nicht wahr, dass die Dogmen der christlichen
Kirche vor der Vernunft bestehen, viel weniger, dass sie (wie Thomas
gelehrt hatte) von der Vernunft als notwendige Wahrheiten bewiesen
werden können; schon die angeblichen Beweise für das Dasein Gottes
und die Unsterblichkeit der Seele sind elende Sophistereien (siehe die
Quaestiones subtilissimae); nicht der Syllogismus hat Wert für die
Religion, sondern einzig der Glaube; nicht der Verstand bildet den
Kern der menschlichen Natur, sondern der Wille: *voluntas superior
intellectu!* Mochte Duns Scotus persönlich noch so kirchlich unduldsam

---

[1] Ausgabe von Pfeiffer, 1857, S. 626. Das hier negativ Vorgebrachte wird
im 53. Spruche, von den sieben Graden des schauenden Lebens, als positive Lehre
ausgesprochen: »Unde sô der Mensch alsô in sich selber gât, sô vindet er got in
ime selber.«

sein, der Weg, den er beschritt, führte zur Freiheit; und warum? Weil dieser Angelsachse unbedingt wahrhaftig ist. Er nimmt alle Lehren der römischen Kirche fraglos an, auch diejenigen, welche germanischem Wesen Gewalt anthun, doch verachtet er jeglichen Betrug. Welcher lutherische Theologe des 18. Jahrhunderts hätte es gewagt, das Dasein Gottes für philosophisch unbeweisbar zu erklären? welche Verfolgungen hat nicht Kant gerade deswegen auszustehen gehabt? Scotus hatte es schon längst erhärtet. Und indem Scotus das Individuum ausdrücklich als »das einzig Wirkliche« in den Mittelpunkt seiner Philosophie stellt, rettet er die Persönlichkeit; damit ist aber alles gerettet. Dass nun Diejenigen, welche in einer und der selben Richtung — der Richtung der Wahrhaftigkeit — sich bewegen, alle eng zusammengehören, erhellt aus diesem Beispiel besonders deutlich; denn was der Theologe Scotus lehrt, das hatte der Mystiker Franz von Assisi gelebt: das Primat des Willens, Gott eine unmittelbare Wahrnehmung, nicht eine logische Folgerung, die Persönlichkeit »höchstes Glück«; und andererseits fand sich Occam, ein Schüler des Scotus und ein ebenso eifriger Dogmatiker wie sein Meister, veranlasst, nicht allein die Trennung des Glaubens vom Wissen noch schärfer durchzuführen und der rationalistischen Theologie durch den Nachweis, die wichtigsten Kirchendogmen seien geradezu widersinnig, den Garaus zu machen (wodurch er zugleich ein Begründer der Beobachtungswissenschaften wurde), sondern er verteidigte die Sache der Könige gegen den päpstlichen Stuhl, d. h. er kämpfte für den germanischen Nationalismus und gegen den römischen Universalismus; zugleich nahm der selbe Occam die Rechte der Kirche gegen die Übergriffe des römischen Pontifex wacker in Schutz — wofür er in den Kerker geworfen wurde. Hier knüpfen, wie man sieht, Politik, Wissenschaft und Philosophie in ihrer ferneren antirömischen Entwickelung unmittelbar an Theologie an.

Schon solche flüchtige Andeutungen werden, glaube ich, genügen, um die Überzeugung hervorzurufen, dass die von mir vorgeschlagene Gruppierung auf den Kern der Sache geht. Ein grosser Vorzug ist, dass diese Einteilung nicht auf einige Jahrhunderte beschränkt ist, sondern einen tausendjährigen Überblick gestattet, von Scotus Erigena bis Arthur Schopenhauer. Ein weiterer Vorzug, den diese aus dem Leben gegriffene Klassifikation uns für unser eigenes praktisches Leben gewährt, ist, dass sie uns unbegrenzte Toleranz gegen jede wahrhaftige, echt germanische Auffassung lehrt; wir fragen nicht nach dem Was der Weltanschauung, sondern nach dem Wie: frei oder unfrei? persönlich

⌐d⸴r unpersönlich? Dadurch erst lernen wir, uns selber vom Fremden scharf zu scheiden und gegen ihn sofort und zu allen Zeiten — und gäbe er sich noch so edel und uneigennützig und triefend von Germanentum — mit allen Waffen Front zu machen. Der Feind schleicht sich ja in die eigene Seele ein. War es denn anders bei Thomas von Aquin? und erblicken wir nicht Ähnliches bei Leibniz und bei Hegel? *Doctor invincibilis* nannte man den grossen Occam: möchten wir in dem Kampf, der unsere Kultur von allen Seiten bedroht, recht viele *doctores invincibiles* erleben!

Die vier Gruppen. Jetzt ist, hoffe ich, der Boden genügend vorbereitet, damit wir zu der methodischen Betrachtung der vier Gruppen von Männern übergehen können, welche ihre Lebenskraft in den Dienst der Wahrheit stellten, ohne dass sie gewähnt hätten, sie ganz zu besitzen, sie mit allen Organen umfassen zu können; durch ihre vereinte Arbeit hat die neue Weltanschauung nach und nach immer bestimmtere Gestalt erhalten. Es sind dies die Theologen, die Mystiker, die Humanisten und die Naturforscher (zu welch letzteren die Philosophen im engeren Sinne des Wortes gehören). Der Bequemlichkeit halber wollen wir diese vorhin aufgestellten Gruppen beibehalten, doch ohne ihnen eine weitere Bedeutung als die einer praktisch brauchbaren Handhabe beizulegen, denn sie gehen an hundert Orten ineinander über.

Die Theologen. Wäre ich im Begriff, eine künstliche These zu verfechten, so würde mir die Gruppe der Theologen viel Kopfzerbrechen machen; ausserdem würde mich das Gefühl meiner Inkompetenz martern. Doch ich begnüge mich die Augen zu öffnen, ohne die für mich unverständlichen technischen Einzelheiten in Betracht zu ziehen, und erblicke die Theologen von der Art des Duns Scotus als die unmittelbaren Anbahner der Reformation, und nicht allein der Reformation — denn diese blieb in religiöser Beziehung ein höchst unbefriedigendes Stückwerk, oder wie Lamprecht hoffnungsfreudig sagt: »ein Ferment künftiger religiöser Haltung« — sondern auch als die Anbahner einer weithin reichenden Bewegung von grundlegender Wichtigkeit bei dem Aufbau einer neuen Weltanschauung. Man weiss, welche Fülle metaphysischen Scharfsinns Kant in seiner *Kritik der reinen Vernunft* auf den Nachweis verwendet, »dass alle Versuche eines bloss spekulativen Gebrauchs der Vernunft in Ansehung der Theologie gänzlich fruchtlos und ihrer inneren Beschaffenheit nach null und nichtig sind«;[1] für die Begründung seiner Welt-

---

[1] Siehe den Abschnitt *Kritik aller spekulativen Theologie* und vergl. auch den letzten Absatz der *Prolegomena zu einer jeden künftigen Metaphysik*.

anschauung war dieser Nachweis unentbehrlich; erst Kant hat das Truggebäude der römischen Theologie endgültig zertrümmert, er »der Alles-
zermalmer«, wie ihn Moses Mendelssohn treffend nennt. Das selbe hatten
gleich die ersten Theologen, welche den Weg der Wahrhaftigkeit wan-
delten, zu thun unternommen. Zwar waren Duns Scotus und Occam
nicht in der Lage gewesen, das kirchliche Truggebäude auf dem direkten
Wege des Naturforschers zu untergraben, wie Kant, doch hatten sie für
praktische Zwecke genau das selbe und mit hinreichender Überzeugungskraft durch die *reductio ad absurdum* der entgegengesetzten Behauptung
dargethan. Aus dieser Einsicht ergaben sich gleich Anfangs zwei Folgerungen mit mathematischer Notwendigkeit: erstens, die Befreiung
der Vernunft mit allem, was zu ihr gehört, aus dem theologischen
Dienste, da sie zu diesem doch nichts taugte; zweitens, die Zurückführung des religiösen Glaubens auf einen anderen Kanon, da derjenige
der Vernunft sich als unbrauchbar erwiesen hatte. Und in der That,
was die Befreiung der Vernunft anbetrifft, so sehen wir schon Occam
sich an seinen Ordensbruder Roger Bacon anschliessen und die empirische Beobachtung der Natur fordern; zugleich sehen wir ihn auf das
Gebiet der praktischen Politik im Sinne erweiterter persönlicher und
nationaler Freiheit übergreifen, was ein Gebot der befreiten Vernunft
war, während die gefesselte Vernunft die universelle *civitas Dei* (zu
Occam's Lebzeiten durch Dante's Mund) als eine göttliche Einrichtung
nachzuweisen gesucht hatte. Und was den zweiten Punkt anbelangt,
so ist es klar, dass wenn die Lehren der Religion gar keine Gewähr
in den Vernunftschlüssen des Hirns finden, der Theolog mit um so
grösserer Energie bestrebt sein muss, diese Gewähr an einem anderen
Orte nachzuweisen, und dieser Ort konnte zunächst kein anderer sein,
als die heilige Schrift. So paradox es im ersten Augenblick erscheint,
Thatsache ist es doch, dass die heftige, unduldsame, engherzige Orthodoxie des Scotus, im Gegensatz zu der bisweiligen fast freigeistig sich ge-
bärdenden, mit augustinischen Widersprüchen überlegen spielenden Ruhe
des Thomas, den Weg zur Befreiung von der Kirche gewiesen hat. Denn
die von der römischen Kirche so stark bevorzugte Richtung des Thomas
emancipierte sie eigentlich ganz und gar von der Lehre Christi. Schon
hatte die Kirche sich mit ihren Kirchenvätern und Konzilien so sehr in
den Vordergrund gedrängt, dass das Evangelium bedenklich an Bedeutung
verloren hatte; nun wurde der Beweis geliefert, die Glaubensdogmen
»müssten so sein«, die Vernunft könne dies jeden Augenblick als logische
Notwendigkeit darthun. Sich da noch weiter auf die Schrift berufen,

wäre ungefähr ebenso, als wenn ein Schiffskapitän, ehe er ins Meer sticht,
ein paar Eimer Wasser aus dem den Ozean speisenden Fluss holen und
vom Bugspriet aus hineinwerfen liesse, aus Besorgnis, er hätte sonst
nicht den nötigen Tiefgang. Doch noch ehe Thomas von Aquin an die
Errichtung seines babylonischen Turmes gegangen war, hatten viele
gemütstiefe Geister empfunden, dass diese von der römischen Kirche
in die Praxis, von Anselm in die Theorie eingeführte Richtung zum
Tode jeglicher wahrhaften Religion führe; der grösste von diesen war
Franz von Assisi gewesen. Gewiss gehört dieser wunderbare Mann
zu der Gruppe der Mystiker, doch muss er auch hier genannt werden,
denn die Ritter der echten christlichen Theologie erbten von ihm den
Lebensimpuls. Auch das scheint paradox, denn kein Heiliger war
weniger Theolog als Franz, doch ist es eine geschichtliche Thatsache,
und das Paradoxe verschwindet, sobald man einsieht, dass hier der
Hinweis auf das Evangelium und auf Jesus Christus die Verbindung
bildet. Dieser Laie, der gewaltsam in die Kirche eindringt, das Sacerdotium bei Seite schiebt und allem Volke das Wort Christi verkündet,
verkörpert eine heftige Reaktion der nach Religion sich sehnenden
Menschen gegen den kalten, unbegreiflichen, auf dialektischen Stelzen
einherschreitenden Dogmenglauben. Franz, der von Jugend auf unter
waldensischem Einfluss gestanden hatte, kannte ohne Zweifel das Evangelium gut;[1] dass er nicht als Ketzer verbrannt wurde, müsste als
Wunder gelten, wenn es nicht offenbar ein Zufall wäre; seine Religion
lässt sich in den Worten Luther's zusammenfassen: »Das Gesetz Christi
ist nicht Lehre, sondern Leben, nicht Wort, sondern das Wesen, nicht
Zeichen, sondern die Fülle selbst.«[2] Das von Franz der Vergessenheit
entrissene Evangelium ist nun der Fels, auf den die nordischen Theologen sich zurückziehen, als ihnen sowohl die Unhaltbarkeit wie die
Gefährlichkeit des theologischen Rationalismus offenbar geworden ist.
Und zwar thun sie es mit der Leidenschaft der kampflustigen Uber-
zeugung und unter dem Antrieb des soeben erlebten Beispiels. Im
direkten Gegensatz zu Thomas lehrt Duns, die höchste Seligkeit des
Himmels werde nicht das Erkennen, sondern das Lieben sein. Wie
eine solche Richtung mit der Zeit wirken musste, ist klar; wir sahen
ja vorhin Luther mit grosser Anerkennung von Scotus und Occam
sprechen, während er Thomas einen Schwätzer nannte. Die Zugrunde-

---

[1]) Siehe S. 613 und vergleiche den Schluss der Anmerkung 1 auf S. 643.
[2]) *Von dem Missbrauch der Messe,* Teil 3.

legung des biblischen Wortes, die Hervorhebung des evangelischen Lebens im Gegensatz zur dogmatischen Lehre konnte nicht ausbleiben. Selbst die mehr äusserliche Bewegung der Empörung gegen den Prunk und die Geldgier und die ganze weltliche Richtung der Kurie war eine so selbstverständliche Folgerung aus diesen Prämissen, dass wir schon Occam gegen alle diese Missbräuche ins Feld ziehen sehen und dass Jacopone da Todi, der Verfasser des *Stabat Mater*, der geistig bedeutendste der italienischen Franziskaner des 13. Jahrhunderts, zur offenen Empörung gegen Papst Bonifaz VIII. aufruft und dafür die besten Jahre seines Lebens im unterirdischen Kerker zubringt. Und wenn auch gerade Duns Scotus die Bedeutung der Werke so hervorhebt wie kaum ein zweiter, während er in Bezug auf Gnade und Glaube nicht einmal so weit wie Thomas zu gehen bereit ist, so heisst es wirklich sehr oberflächlich urteilen, wenn man hierin etwas speziell römisches erblicken will und nicht begreift, wie notwendig gerade diese Lehre zu der Luther's führt: denn diesen Franziskanern kommt alles darauf an, den Willen an Stelle der formalen Rechtgläubigkeit in dem Mittelpunkt der Religion zu inthronisieren; dadurch wird Religion zu etwas Erlebtem, Erfahrenem, Gegenwärtigem. Wie Luther sagt: »Glaube ist grundguter Wille«; und an anderer Stelle: »es ist ein lebendig, geschäftig, thätig, mächtig Ding um den Glauben, also dass es unmöglich ist, dass er nicht ohne Unterlass sollte Gutes wirken«.[1]) Dieser »Wille« nun, dieses »Wirken« sind das, worauf Scotus und Occam, durch Franz belehrt, allen Nachdruck legen, und zwar im Gegensatz zu einem kalten, akademischen Fürwahrhalten. Mit den Begriffen »Glaube« und »gute Werke« wird heute von gewissen vielgelesenen Autoren ein recht frivoles Spiel getrieben; ohne mich mit Denjenigen einzulassen, welche das Lügen als ein »gutes Werk« betreiben, bitte ich jeden unvoreingenommenen Menschen, Franz von Assisi zu betrachten und zu sagen, was den Kern dieser Persönlichkeit ausmacht? Jeder wird antworten müssen: die Gewalt des Glaubens. Er ist der verkörperte Glaube: »nicht Lehre, sondern Leben, nicht Wort, sondern Wesen.« Man lese nur die Geschichte seines Lebens: nicht priesterliche Ermahnung, nicht sakramentale Weihe hat ihn zu Gott geführt, sondern der Anblick des Gekreuzigten in einer verfallenen Kapelle bei Assisi und dessen Worte in dem fleissig gelesenen Evangelium.[2]) Und doch gilt uns Franz — sowie der von

---

[1]) Vergl. die *Vorrede auf die Epistel Pauli an die Römer.*
[2]) Man sehe z. B. Paul Sabatier: *Vie de S. François d'Assise,* 1896, Kap. 4.

ihm gegründete Orden — nicht mit Unrecht als der besondere Apostel
der guten Werke. Und nun betrachte man Martin Luther — den
Verfechter der Erlösung durch den Glauben — und sage, ob dieser
keine Werke vollbracht hat? ob dieses Leben nicht ganz und gar
dem Wirken gewidmet war? und ob nicht gerade dieser Mann uns
das Geheimnis der guten Werke enthüllt hat? nämlich, dass sie sein
müssen: »eitel freie Werke, um keines Dings willen gethan, als
allein Gott zu gefallen, und nicht um Frömmigkeit zu erlangen . . . .
denn wo der falsche Anhang und die verkehrte Meinung darin ist,
dass durch die Werke wir fromm und selig werden wollen, sind sie
schon nicht gut und ganz verdammlich, denn sie sind nicht frei.«[1]
Mögen die Gelehrten darüber den Kopf schütteln so viel sie wollen,
wir Laien begreifen recht gut, dass ein Franz von Assisi zu einem
Duns Scotus geführt hat und dieser wiederum zu einem Martin
Luther; denn die Befreiung — die Befreiung der Persönlichkeit —
liegt hier überall zu Grunde. Das ganze Leben des Franz ist Empörung
des Individuums: Empörung gegen seine Familie, Empörung gegen
die ganze ihn umgebende Gesellschaft, Empörung gegen eine tief
korrumpierte Geistlichkeit und gegen eine von apostolischer Tradition
so weit abgefallene Kirche; und während das Priestertum ihm bestimmte Wege als allein zur Seligkeit führend vorschreibt, geht er
unentwegt seine eigenen und verkehrt als freier Mann unmittelbar
mit seinem Gotte. In das Theologisch-philosophische übertragen,
musste eine solche Auffassung zur fast ausschliesslichen Betonung der
Freiheit des Willens führen, was ja bei Scotus der Fall war. Wir müssen
unbedingt zugeben, dass dieser mit seiner einseitigen Hervorhebung des
liberum arbitrium weniger philosophische Tiefe verrät als sein Gegner,
Thomas, doch um so mehr religiöse und (wenn ich so sagen darf) politische.
Denn hierdurch gelingt es dieser Theologie, den Schwerpunkt der Religion — im direkten Gegensatz zu Rom — in das Individuum zu verlegen: »Christus ist die Thüre zum Heil; an dir, Mensch, liegt es,
hineinzutreten oder nicht!« Das nun — die Hervorhebung der freien
Persönlichkeit — ist das Entscheidende, das allein und nicht die Spitz-
findigkeiten über Gnade und Verdienst, über Glauben und gute Werke.
Auf diesem Wege schritt man notwendiger Weise einer antirömischen,
antisacerdotalen Auffassung der Kirche, und überhaupt einer anderen,
nicht historisch-materialistischen, sondern innerlichen Religion entgegen.

---

[1] *Von der Freiheit eines Christenmenschen* 22, 25.

Das zeigte sich bald. Zwar schob gerade Luther, der politische Held, dieser natürlichen und unerlässlichen religiösen Bewegung auf lange Zeit den Riegel vor. Wie Duns Scotus hüllte auch er seine gesunde, kräftige, Freiheit atmende Erkenntnis in ein Gewebe spitzfindiger Theologeme und lebte ganz noch in den historischen und darum unbedingt unduldsamen Vorstellungen eines aus dem Judentum hervorgewachsenen Glaubens; doch verlieh ihm diese Geistesverfassung zum rechten Werk die rechte Kraft: in seinem Kampf für das Vaterland und für die Würde der Germanen hat er gesiegt, wogegen seine starre mönchische Theologie wie ein irdener Topf zerbröckelte, zu klein für den Inhalt, den er selber hineingethan hatte. Erst in unserem Jahrhundert hat man bei jenen grossen Theologen wieder angeknüpft, um den Weg zur Freiheit auch auf dem Gebiete der Gottesgelehrsamkeit weiter zu wandeln.

Unterschätzen wir nicht den Wert der Theologen für die Entwickelung unserer Kultur! Wer das hier nur Angedeutete mit einem reicheren Wissen, als mir zu Gebote steht, weiter verfolgt, wird, glaube ich, bis in unsere Zeit hinein ihr Wirken vielfach reich gesegnet finden. Wenn ein gelehrter römischer Theolog, Abälard, im 10. Jahrhundert schon ausruft: *si omnes patres sic, at ego non sic!*[1]) so wäre zu wünschen, dass recht viele Theologen des 19. Jahrhunderts denselben Mannesmut besässen. Ein Savonarola — der Mann, dessen Feuergeist einen Leonardo, einen Michelangelo, einen Raffael begeisterte — thut mehr für die Befreiung, wenn er von der Kanzel aus hinunterruft: »Sieh' Rom an, das Haupt der Welt, und von dort sieh' auf die Glieder! da ist von der Fussohle bis zum Scheitel nichts Gesundes mehr. Wir leben unter Christen, wir verkehren mit ihnen; aber sie sind keine Christen, die's nur sind dem Namen nach; da wäre es wirklich besser, wir wären unter Heiden!«[2]) — dieser Mönch, sage ich, wenn er zu Tausenden so spricht und seine Worte mit dem Tode auf dem Scheiterhaufen besiegelt, thut mehr für die Freiheit als eine ganze Akademie von Freigeistern; denn Freiheit wird nicht durch Ansichten, sondern durch Verhalten bewährt, sie ist »nicht Wort, sondern Wesen«. In unserm Jahrhundert hat desgleichen ein frommer, innig religiöser Schleiermacher für die Gewinnung einer lebendigen religiösen Weltanschauung gewiss mehr geleistet als ein skeptischer David Strauss.

---

[1]) Citiert nach Schopenhauer: *Über den Willen in der Natur* (Abschnitt »Physische Astronomie«).

[2]) *Predigt am Erscheinungsfest* 1492 (nach der Übersetzung von Langsdorff).

Die rechte hohe Schule der Befreiung vom hieratisch-historischen Zwange ist aber die Mystik, die *philosophia teutonica*, wie man sie nannte.[1] Eine bis in ihre letzten Konsequenzen durchgeführte mystische Anschauung löst eine dogmatische Annahme nach der anderen als Allegorie ab; was dann übrig bleibt, ist ebenfalls nur Symbol, denn Religion ist dann nicht mehr ein Fürwahrhalten, eine Hoffnung, eine Überzeugung, sondern eine Erfahrung des Lebens, ein thatsächlicher Vorgang, ein unmittelbarer Zustand des Gemütes. Lagarde sagt irgendwo: »Religion ist unbedingte Gegenwart«; diese Erkenntnis ist mystisch.[2] Den vollendetsten Ausdruck der absolut mystischen Religion finden wir bei den arischen Indern; doch scheidet unsere grossen germanischen Mystiker kaum die Breite eines Haares von ihren indischen Vorgängern und Zeitgenossen; eigentlich trennt sie nur das Eine: dass die indische Religion eine unverfälscht indogermanische ist, in welcher die Mystik ihren natürlichen, allseitig anerkannten Platz findet, während für Mystik in einem Bunde zwischen semitischer Historie und pseudoägyptischer Magie kein Platz ist, weswegen sie von unseren verschiedenen Konfessionen im besten Falle nur geduldet, meistens aber verfolgt wurde und wird. Von ihrem Standpunkte aus haben die christlichen Kirchen Recht. Man höre nur den 54. Spruch des Meisters Eckhart; er lautet: »Ir sunt wizzen, daz alle unser vollekomenheit und alle unser sêlikeit lît dar an, daz der mensche durchgange und übergange alle geschaffenheit und alle zîtlichkeit und allez wesen und gange in den grunt, der gruntlôs ist.« Das ist vollkommen indisch und könnte ein Citat aus der Brihadâranyaka-Upanishad sein, wogegen es keiner Sophisterei gelingen dürfte, einen Zusammenhang zwischen dieser Religion und abrahamitischen Verheissungen herzustellen, ebensowenig wie irgend ein ehrlicher Mensch leugnen wird, dass in einer Weltanschauung, welche sich über »Geschaffenheit« und »Zeitlichkeit« erhebt, Sünden-

---

[1] Lamprecht bezeugt vom deutschen Volk im Allgemeinen, dass »die Grundlage seines Verhaltens zum Christentum eine mystische war« (*Deutsche Geschichte,* 2. Aufl., 2. Bd., S. 197); dies galt uneingeschränkt bis zur Einführung des obligatorischen Rationalismus durch Thomas von Aquin, später ergänzt durch den Materialismus der Jesuiten.

[2] Der Theologe Adalbert Merx sagt in seiner Schrift *Idee und Grundlinien einer allgemeinen Geschichte der Mystik,* 1893, S. 46: »Eines steht für die Mystik fest, dass sie die Erfahrungsthatsache der Religion, die Religion als Phänomenon ... so vollkommen besitzt, zeigt und darstellt ... dass ohne historische Kenntnis der Mystik von einer wirklichen Religionsphilosophie nicht die Rede sein kann.«

fall und Erlösung lediglich Symbole sein müssen für eine sonst unausdrückbare Wahrheit der inneren Erfahrung. Folgende Stelle aus der 49. Predigt von Eckhart gehört ebenfalls hierher: »So lange ich dies und das bin oder dies und das habe, so bin ich nicht alle Dinge noch habe ich alle Dinge; sobald du aber entscheidest, dass du weder dies noch das seiest noch habest, so bist du allenthalben; sobald folglich du weder dies noch das bist, bist du alle Dinge.«[1] Das ist die Lehre des Âtman, der gegenüber die Theologie des Duns Scotus eben so irrelevant ist wie die des Thomas von Aquin. Und noch Eines muss gleich hier vorausgeschickt werden: eine derartige mystische Religion war die Religion Jesu Christi; sie spricht aus seinen Thaten und aus seinen Worten. Dass das Himmelreich »inwendig in uns« sei,[2] lässt keinerlei empirische oder historische Deutung zu.

Natürlich kann ich mich hier nicht näher auf das Wesen der Mystik einlassen, das hiesse die Menschennatur dort, wo sie »gruntlôs« ist, in einigen wenigen Zeilen ergründen wollen; ich musste bloss den Gegenstand klar hinstellen, und zwar in einer Weise, dass auch der wenigst Eingeweihte sofort einsieht, inwiefern es die notwendige Tendenz des Mysticismus ist, von Kirchensatzungen zu befreien. Zum Glück — kann man wohl sagen — liegt es nicht in unserer germanischen Natur, unsere Gedanken bis in ihre letzten Konsequenzen zu verfolgen, mit anderen Worten, uns von ihnen tyrannisieren zu lassen, und so sehen wir Eckhart trotz seiner Âtmanlehre einen guten Dominikaner bleiben, der zwar mit knapper Not der Inquisition entgeht,[3] doch alle gewünschte orthodoxe Glaubensbekenntnisse unterschreibt, und wir erleben es nicht — trotz aller Empfehlungen des Friedensschlafes *(sopor pacis)* durch Bonaventura (1221—74) und Andere — dass jemals der Quietismus uns wie den Indern die Lebensader unterbindet. Ich beschränke mich also innerhalb des engen Rahmens dieses Kapitels und will nur durch einige wenige Andeutungen zeigen, wie das Heer der Mystiker zugleich zerstörend gegen die uns überlieferte fremde Religion und als kräftige schöpferische Förderer einer unserer Eigenart entsprechenden neuen Weltanschauung wirkten. Die Verdienste dieser Männer nach beiden Richtungen hin werden in der Regel zu wenig anerkannt.

---

[1] Ausg. Pfeiffer, S. 162. Diese zweite Stelle habe ich übertragen, da sie für den Ungeübten im mittelhochdeutschen Original nicht so leicht verständlich ist.

[2] Siehe S. 199.

[3] Erst nach seinem Tode wurden seine Lehren als häretisch verdammt und seine Schriften so fleissig von der Inquisition vertilgt, dass die meisten verloren sind.

Sehr auffallend ist zunächst die Abneigung gegen die jüdischen Religionslehren; jeder Mystiker ist (ob er's will oder nicht) ein geborener Antisemit. Zunächst helfen sich die frommen Gemüter, wie Bonaventura, indem sie das ganze Alte Testament allegorisch und seine erborgten mythischen Bestandteile symbolisch deuten — eine Tendenz, die wir schon fünfhundert Jahre früher bei Scotus Erigena vollkommen ausgebildet fanden, und die wir übrigens viel weiter zurückverfolgen können, bis auf Marcion und Origenes.[1] Doch damit beruhigen sich die nach wahrer Religion dürstenden Seelen nicht. Der strenggläubige Thomas von Kempen bittet mit rührender Naivetät zu Gott: »Lass es nicht Moses sein oder die Propheten, die zu mir reden, sondern rede du selber — — — von jenen vernehme ich wohl Worte, doch fehlt der Geist; was sie sagen, ist zwar schön, doch erwärmt es das Herz nicht.«[2] Diesem Gefühle begegnen wir bei fast allen Mystikern; nirgendswo in anmutigerer Gestalt als bei dem grossen Jakob Böhme (1575 bis 1624), der sich an vielen Stellen der Bibel, nachdem er alles mögliche allegorisch und symbolisch weggedeutet hat (so z. B. die gesamte Schöpfungsgeschichte) und sieht, es geht nicht weiter, mit der Auskunft hilft: »Allhie lieget dem Mosi der Deckel vor den Augen«, und nunmehr die Sache nach seiner Art frei darstellt![3] Ernster wird der Widerspruch, wo er die Vorstellungen von Himmel und Hölle und namentlich die letztere betrifft. Die Vorstellung der Hölle ist ja ohne Frage, wenn wir aufrichtig sprechen wollen, der eigentliche Schandfleck der kirchlichen Lehre. Geboren im kleinasiatischen Abschaum der rassenlosen Sklaven, grossgezogen in den unrettbar chaotischen, ignoranten, bestialischen Jahrhunderten des untergehenden und untergegangenen römischen Imperiums, war sie edlen Geistern stets zuwider, wenn auch nur wenige es vermochten, sie so vollkommen zu überwinden, wie Origenes und wie jener unbegreiflich hohe Geist, Scotus Erigena.[4] Dass Wenige es vermochten, ist leicht zu verstehen, denn das kirchliche Christentum hatte sich nach und nach zu einer Religion von Himmel

---

[1] Siehe S. 570 und 608.

[2] *De imitatione Christi*, Buch 3., Kap. 2.

[3] Siehe z. B. *Mysterium magnum, oder Erklärung über das erste Buch Mosis*, Kap. 19, § 1.

[4] S. 573 und 640. Die enorme Verbreitung von Erigena's *Einteilung der Natur* im 13. Jahrhundert (S. 763, 819) zeigt, wie allgemein die Sehnsucht war, diese grauenhafte Ausgeburt orientalischer Phantasie loszuwerden. Luther ist trotz aller Rechtgläubigkeit oft geneigt, sich direkt an Erigena anzuschliessen, auch er schreibt: »Der Mensch hat die Hölle in sich selbst« (*Vierzehn Trostmittel*, I, 1).

und Hölle gestaltet; alles Übrige war nebensächlich. Man greife nur zu welchen alten Chroniken man will, die Furcht vor der Hölle wird man als die wirksamste, meistens als die einzige religiöse Triebfeder am Werke sehen. Die immensen Latifundien der Kirche, ihre unberechenbaren Einnahmen aus Ablässen und dergleichen entstammen fast alle der Furcht vor der Hölle. Indem später die Jesuiten diese Furcht vor der Hölle ohne Umschweife zum Angelpunkte aller Religion machten,[1]) handelten sie insofern ganz logisch, und bald ernteten sie den Lohn der konsequenten Aufrichtigkeit, denn Himmel und Hölle, Lohn und Strafe bilden heute mehr als je die eigentliche oder mindestens die wirksame Unterlage unserer kirchlichen Sittenlehre.[2]) »*Ôtez la crainte de l'enfer à un chrétien, et vous lui ôterez sa croyance*«, urteilt nicht ganz mit Unrecht Diderot.[3]) Bedenkt man das alles, so wird man begreifen, welche grosse Bedeutung es hatte, wenn ein Eckhart die schöne Lehre entwickelte: »Wäre weder Hölle noch Himmelreich, noch dann wollte ich Gott minnen, dich süssen Vater, und deine hohe Natur«, und wenn er hinzufügt: »das rechte, vollendete Wesen des Geistes ist, dass er Gott seiner eigenen Güte wegen liebt, und gebe es auch weder Himmel noch Hölle.«[4]) Etwa fünfzig Jahre später spricht der unbekannte Verfasser der *Theologia deutsch,* jenes herrlichen Monumentes deutscher Mystik in katholischem Gewande, sich viel bestimmter aus, denn er betitelt sein zehntes Kapitel: »Wie die volkomen menschen verloren haben forcht der helle und begerung des himelriches«, und er führt dann aus, dass eben in der Befreiung von diesen Vorstellungen sich die Vollkommenheit zeige: »es stehen diese Menschen in einer Freiheit, also dass sie verloren haben Furcht der Pein oder der Hölle und Hoffnung des Lohnes oder des Himmelreiches, vielmehr sie leben in lauterer Unterthänigkeit und Gehorsam der ewigen Güte, in ganzer Freiheit inbrünstiger Liebe.« Es ist wohl kaum nötig auszuführen, dass zwischen dieser Freiheit und der »schlotternden Angst«, welche

---

[1]) Siehe S. 626 u. s. w.

[2]) Die Jesuiten sind nur konsequenter als die anderen. Ich erinnere mich ein zwölfjähriges deutsches Mädchen nach einer Religionsstunde in Weinkrämpfen liegen gesehen zu haben, eine solche Furcht hatte der lutherische Duodecimopapst dem unschuldigen Kinde vor der Hölle eingeflösst. Ein derartiger Unterricht gehört vor das Forum der Sittenpolizei.

[3]) *Pensées philosophiques,* XVII.

[4]) Vergl. den 12. Traktat und die Glosse dazu. Auch Franz von Assisi legte fast gar kein Gewicht auf die Hölle und nicht viel mehr auf den Himmel (Sabatier a. a. O., S. 308).

Loyola als die Seele der Religion lehrt,[1]) eine Kluft besteht, tiefer
als jene, welche einen Planeten vom anderen trennt. Es reden da
zwei radikal verschiedene Seelen: eine germanische und eine ungermanische.[2]) Im folgenden Kapitel setzt nun dieser sogenannte
»Frankforter« noch weiter auseinander, es existiere überhaupt keine
Hölle in der gewöhnlichen, volkstümlichen Auffassung des Begriffes als
zukünftige Strafanstalt, sondern die Hölle sei eine Erscheinung unseres
gegenwärtigen Lebens. Man sieht, dieser Priester schliesst sich genau
an Origenes und Erigena an, und kommt zu dem Schlusse: »die Hölle
vergeht und das Himmelreich besteht.« Und noch eine Bemerkung
zeichnet seine Auffassung besonders drastisch. Er nennt Himmel und
Hölle »zwei gute sichere Wege für den Menschen in dieser Zeit«; er
giebt dem einen dieser »Wege« keinen grossen Vorzug vor dem anderen,
und meint, dem Menschen könne auch in der Hölle »gar recht und
so sicher sein als in dem Himmelreiche!« Diese Auffassung — die
man so oder ähnlich bei anderen Mystikern, z. B. bei Eckhart's Schülern,
Tauler und Seuse, wiederfindet — erhält bei Jakob Böhme besonders
häufigen und deutlichen Ausdruck, den Ausdruck eines Denkens, welches
den Gedanken weiter verfolgt hat und im Begriffe ist, vom Negativen
zum Positiven überzugehen. So antwortet er z. B. auf die Frage:
»Wo fährt die Seele denn hin, wann der Leib stirbt, sie sei selig oder
verdammt?« »Sie bedarf keines Ausfahrens, sondern das äusserliche tödliche Leben samt dem Leibe scheiden sich nur von ihr. Sie hat Himmel
und Hölle zuvor in sich . . . . . denn Himmel und Hölle ist überall
gegenwärtig. Es ist nur eine Einwendung des Willens, entweder in
Gottes Liebe oder in Gottes Zorn, und solches geschieht bei Zeit
des Leibes.«[3]) Hier ist nichts mehr undeutlich; denn, wie ein Jeder
sieht, wir stehen bereits mit beiden Füssen auf dem Boden einer neuen
Religion; insofern allerdings nicht neu, als Böhme sich gerade hier

---

[1]) Siehe S. 525 fg.

[2]) Ich erinnere daran, dass Wulfila die Begriffe Hölle und Teufel gar nicht
ins Gotische zu übersetzen vermochte, da diese glückliche Sprache keine derartige
Vorstellung kannte (S. 626). Hell war der Name der freundlichen Göttin des
Todes, sowie auch ihres Reiches, und deutet etymologisch auf »bergen«, »verhüllen«,
durchaus nicht auf Infernum (Heyne); Teufel ist die Verdeutschung des lateinischen
Diabolus.

[3]) *Der Weg zu Christo,* Buch 6, § 36, 37. Eine Vorstellung, die indogermanisches
Erbgut ist und die Rasse des Verfassers unzweifelhaft bezeugt. Als der Perser Omar
Khayyám seine Seele auf Kundschaft ausgeschickt hat, kehrt sie mit der Kunde zurück:
»Ich selbst bin Himmel und Hölle« *(Rubáiyát).*

auf die Worte Christi »das Reich Gottes kommt nicht mit äusserlichen Gebärden« berufen kann und auch thatsächlich beruft — »die
englische Welt ist im Loco oder Ort dieser Welt innerlich«[1]) — neu
aber im Gegensatz zu allen christlichen Kirchen. »Der rechte heilige
Mensch, so in dem monstrosischen verborgen ist, ist sowohl im Himmel
als Gott, und der Himmel ist in ihm.«[2]) Und Böhme geht furchtlos
weiter und leugnet den absoluten Unterschied zwischen Gutem und
Bösem; der innere Grund der Seele, sagt er, ist weder gut noch böse,
Gott selber ist beides: »Er ist selber alles Wesen, er ist Böses und
Gutes, Himmel und Hölle, Licht und Finsternis;«[3]) erst der Wille
»scheidet« in der Masse der indifferenten Handlungen, erst durch den
Willen des Vollbringers wird eine That gut oder böse. Das ist die
reine indische Lehre; dass sie der Lehre der christlichen Kirche »schlechthin widerstreite«, haben die Theologen längst und ohne Mühe gezeigt.[4])

Während nun die genannten Mystiker und die unübersehbare
Schar derjenigen, die ähnlich dachten, gleichviel ob Protestanten oder
Katholiken, innerhalb der Kirche verblieben, ohne zu ahnen, wie gründlich sie das mühsam errichtete Gebäude untergruben, gab es grosse
Gruppen von Mystikern, die vielleicht in der inneren Auffassung
des Wesens der Religion weniger weit gingen als die *Theologia deutsch*
und Jakob Böhme, oder als jene heilige Frau Antoinette Bourignon
(1616—80), die alle Sekten durch Aufhebung der Schriftlehren und
einzige Betonung der Sehnsucht nach Gott vereinigen wollte, Männer
aber, die direkt gegen alles Kirchentum und Priestertum, gegen
Dogmen, Schrift und Sakrament ins Feld zogen. So verwarf z. B.
Amalrich von Chartres (gest. 1209), Professor der Theologie in Paris,
das gesamte Alte Testament und alle Sakramente, indem er einzig die
unmittelbare Offenbarung Gottes im Herzen jedes Individuums gelten
liess. Hieraus entstand der Bund der »Brüder des freien Geistes«,
eine, wie es scheint, ziemlich lascive und gewaltthätige Vereinigung.
Andere wiederum, wie Johannes Wessel (1419—89), errangen durch
grössere Mässigung grössere Erfolge; Wessel steht durchaus auf dem
mystischen Standpunkt der Religion als eines inneren, gegenwärtigen
Erlebnisses, doch erblickt er in der Gestalt Christi die göttlich treibende

---

[1]) *Mysterium magnum* 8, 18.
[2]) *Sendbrief vom 18. 1. 1618*, § 10.
[3]) *Mysterium magnum* 8, 24.
[4]) Vergl. z. B. die kleine Schrift von Dr. Albert Peip: *Jakob Böhme* 1860,
S. 16 fg.

Kraft dieses Erlebnisses und, weit entfernt, die Kirche, welche dies
kostbare Vermächtnis übermittelt hat, vernichten zu wollen, will er
sie durch Vernichtung der römischen Ausgeburten reinigen. Sehr ähnlich Staupitz, der Beschützer Luther's. Solche Männer, die unmerk-
lich in die Klasse der Theologen von der Art wie Wyclif und Hus
übergehen, sind werkthätige Vorläufer der Reformation. An der
Reformation selbst war die Mystik insofern stark beteiligt, als Martin
Luther im tiefsten Grund seines Herzens ihr angehörte: er liebte Eckhart und veranstaltete selber die erste Druckausgabe der *Theologia
deutsch*; vor allem ist seine mittlere Lehre von der gegenwärtigen
Umwandlung durch den Glauben ohne Mystik gar nicht zu verstehen.
Doch andrerseits machten ihm die »Schwarmgeister« viel Verdruss
und hätten bald sein Lebenswerk verpfuscht. Mystiker nach Art des
Thomas Münzer (1490—1525), die erst über die »leisetretenden Reformatoren« schimpften und später gegen alle weltliche Obrigkeit sich
offen empörten, haben mehr als irgend etwas anderes der grossen
politischen Kirchenreform geschadet. Und selbst solche edle Männer,
wie Kaspar Schwenkfeld (1490—1561) haben dadurch, dass sie aus
der kontemplativen Mystik zur praktischen Kirchenreform übergingen,
lediglich Kräfte zersplittert und böse Leidenschaften geweckt. Ein
Jakob Böhme, der in seiner Kirche ruhig bleibt, aber lehrt, die Sakramente (auch Taufe und Abendmahl) seien »nicht das Wesentliche«
am Christentum, richtet mehr aus.[1]) Der Wirkungskreis des echten
Mystikers ist im Innern, nicht im Äussern. Und so sehen wir denn
z. B. im 16. Jahrhundert den gut protestantischen Kesselflicker Bunyan
und den fromm katholischen Priester Molinos mehr und dauerhafteres
für die Befreiung aus eng-kirchlichen, kalt-historischen Auffassungen
der Religion leisten als ganze Rotten von Freigeistern. Bunyan, der
nie einer Seele etwas zu Leide gethan, brachte den grössten Teil seines
Lebens im Gefängnis zu, ein Opfer protestantischer Unduldsamkeit;

---

[1]) Vergl. *Der Weg zu Christo*, 5. Buch, 8. Kap., und die Schrift *Von Christi
Testament des heiligen Abendmahles,* Kap. 4, § 24. »Ein rechter Christ bringt seine
heilige Kirche mit in die Gemeine. Sein Herz ist die wahre Kirche, da man soll
Gottesdienst pflegen. Wenn ich tausend Jahre in die Kirche gehe, auch alle
Wochen zum Sakrament, lasse mich auch gleich alle Tage absolvieren: habe ich
Christum nicht in mir, so ist alles falsch und ein unnützer Tand, ein Schnitzwerk in
Babel, und ist keine Vergebung der Sünden« (*Der Weg zu Christo,* Buch 5., Kap. 6,
§ 16). Und von dem Predigtamt meint Böhme: »Der heilige Geist predigt dem heiligen
Hörer aus allen Kreaturen; Alles was er ansieht, da sieht er einen Prediger Gottes«
(daselbst § 14).

der sanfte Molinos, von den Jesuiten wie ein toller Hund verfolgt, unterwarf sich wortlos den von der Inquisition über ihn verhängten Bussübungen, und zwar so harten, dass er daran starb. Beide wirken fort und fort, um innerhalb der Kirchen die Geister der religiös Beanlagten auf ein höheres Niveau zu heben; damit wird der Abfall sicher vorbereitet.

Habe ich nun angedeutet, wie die Mystik an hundert Orten auf die uns aufgezwungenen ungermanischen Vorstellungen zerstörend wirkte, so erübrigt es noch anzudeuten, wie unendlich reich und anregend sie sich zu jeder Zeit für den Aufbau unserer neuen Welt und unserer neuen Weltanschauung erwiesen hat.

Hier könnte man geneigt sein, mit Kant — der, gleich Luther, obwohl er mit den Mystikern intim verwachsen war, doch nicht viel von ihnen wissen mochte — zwischen »Träumern der Vernunft« und »Träumern der Empfindung« zu unterscheiden.[1] Denn in der That, es kommen zwei Hauptrichtungen vor, die eine mit dem Augenmerk mehr auf das Sittlich-religiöse, die andere mehr auf das Metaphysische. Doch wäre die Unterscheidung schwer durchzuführen, denn Metaphysik und Religion lassen sich im Geiste des Germanen nie völlig trennen. Wie wichtig z. B. ist die Verlegung von Gut und Böse ganz und gar in den Willen, wie wir schon (für Scharfblickende) in Duns Scotus angedeutet, in Eckhart und Jakob Böhme klar ausgesprochen fanden. Hierzu muss der Wille frei sein. Nun ist aber jeder Mystik das Gefühl der Notwendigkeit eigen und zwar weil die Mystik eng mit der Natur verwachsen ist, wo überall Notwendigkeit am Werke erblickt wird.[2] Darum nennt auch Böhme die Natur ohne Weiteres »ewig« und leugnet ihre Erschaffung aus nichts: was durchaus philosophisch gedacht ist. Wie nun die Freiheit retten? Man sieht, hier umklammern sich ein sittliches und ein metaphysisches Problem, wie zwei Ertrinkende; und in der That, es stand schlimm darum, bis der grosse Kant, in dessen Händen die verschiedenen Fäden, die wir hier verfolgen — Theologie, Mystik, Humanismus und Naturforschung — zusammenliefen, zu Hilfe kam. Einzig durch die Erkenntnis der transscendentalen Idealität von Zeit und Raum kann die Freiheit gerettet werden, ohne dass der Vernunft Zwang angethan werde, d. h. also durch die Einsicht, dass unser eigenes Wesen durch die Welt der Er-

---

[1] *Träume eines Geistersehers u. s. w.*, Teil 1, Hauptstück 3.
[2] Man vergl. die Ausführungen auf S. 242 fg.

scheinung (mitsamt unserm Leibe) nicht völlig erschöpft wird, dass
vielmehr ein direkter Antagonismus besteht zwischen der Welt, die
wir mit den Sinnen erfassen und mit dem Hirn denken und den
unzweifelhaftesten Erfahrungen unseres Lebens. So z. B. die Freiheit:
Kant hat ein für allemal dargethan, dass »keine Vernunft die Möglichkeit der Freiheit erklären könne;«[1] denn Natur und Freiheit sind
Gegensätze; wer als eingefleischter Realist dies leugnet, wird, sobald
er der Frage bis in ihre letzten Konsequenzen nachgeht, finden, dass
ihm »weder Natur noch Freiheit übrig bleibt«.[2] Der Natur gegenüber ist die Freiheit einfach ein schlechthin Undenkbares. »Was Freiheit in praktischer Beziehung sei, verstehen wir gar wohl, in theore-
tischer Absicht aber, was ihre Natur betrifft, können wir ohne Widerspruch nicht einmal daran denken, sie verstehen zu wollen;«[3] denn:
»dass mein Wille meinen Arm bewegt, ist mir nicht verständlicher,
als wenn Jemand sagte, dass derselbe auch den Mond in seinem Kreise
zurückhalten könnte; der Unterschied ist nur dieser, dass ich jenes
erfahre, dieses aber niemals in meine Sinne gekommen ist.«[4] Jenes
aber — die Freiheit des Willens, meinen Arm zu bewegen — erfahre
ich, und daher kommt Kant an andrem Orte zu dem unwiderlegbaren
Schluss: »Ich sage nun: ein jedes Wesen, das nicht anders, als unter
der Idee der Freiheit handeln kann, ist eben darum in praktischer
Rücksicht wirklich frei.«[5] Natürlich muss ich in einem Buche wie
dem vorliegenden jeder näheren metaphysischen Erörterung (wodurch
allerdings erst die Sache wirklich klar und überzeugend wird) aus-
weichen, doch hoffe ich genug gesagt zu haben, damit Jeder einsehe,
wie eng hier Weltanschauung und Religion zusammenhängen. Ein
derartiges Problem konnte den Juden nie in den Sinn kommen, da
sie weder die Natur noch ihr inneres Selbst weiter als hauttief beobachteten und auf dem kindlichen Standpunkt einer nach beiden
Seiten hin mit Scheuklappen versehenen Empirie stehen blieben; von
dem afrikanischen, ägyptischen und sonstigen Menschenauswurf, der
die christliche Kirche aufbauen half, braucht man nicht erst zu reden.

---

[1]) *Über die Fortschritte der Metaphysik* III.

[2]) *Kritik der reinen Vernunft* (Erläuterung der kosmologischen Idee der
Freiheit).

[3]) *Religion innerhalb der Grenzen der blossen Vernunft*, 3. Stück, 2. Abt., Punkt 3
der Allgem. Anmerkung.

[4]) *Träume eines Geistersehers*, Teil 2, Hauptstück 3.

[5]) *Grundlegung zur Metaphysik der Sitten*, 3. Abschnitt.

Hier also — wo es galt, die tiefsten Geheimnisse des Menschengeistes zu erschliessen — musste ein positiver Aufbau von Grund auf unternommen werden; denn die Hellenen hatten hierfür wenig geleistet,[1]) und die Inder waren noch ganz unbekannt. Augustinus — seiner wahren unverfälschten Anlage nach ein echter Mystiker — hatte mit seinen Betrachtungen über das Wesen der Zeit die Richtung gewiesen (S. 599), und ebenso Abälard bezüglich des Raumes (S. 469), doch erst die echten Mystiker gingen der Sache auf den Grund. Die Idealität von Zeit und Raum werden sie nie müde zu betonen. »In dem Nû ist alle Zeit beschlossen«, sagt Eckhart mehr als einmal. Oder wiederum: »Alles was in Gott ist, das ist ein gegenwärtig Nû, ohne Erneuerung noch Werden.«[2]) Besonders schlagend ist aber hier, wie so oft, der schlesische Schuhmachermeister, denn bei ihm verlieren solche Erkenntnisse fast allen abstrakten Beigeschmack und reden unmittelbar aus dem Gemüte zu dem Gemüte. Ist die Zeit nur eine bedingte Form der Erfahrung, ist Gott »keiner Räumlichkeit unterworfen«,[3]) dann ist Ewigkeit auch nichts Zukünftiges, sondern wir fassen sie schon gegenwärtig ganz, und so schreibt Böhme seine berühmten Verse:

> Weme ist Zeit wie Ewigkeit
> Und Ewigkeit wie diese Zeit,
> Der ist befreit von allem Streit.

Das andere, eng hiermit verkettete Problem der gleichzeitigen Herrschaft von Freiheit und Notwendigkeit war den Mystikern ebenfalls stets gegenwärtig; sie reden viel von dem »eigenen« veränderlichen Willen im Gegensatz zu dem »ewigen« unveränderlichen Willen (der Notwendigkeit) und dergleichen mehr; und fand auch Kant erst des Rätsels Lösung, so war doch ein Zeitgenosse Jakob Böhme's, des grossen »Träumers der Empfindung«, recht nahe daran gekommen. Giordano Bruno, 1548—1600, einer der bedeutendsten »Träumer der Vernunft« aller Zeiten, stellt nämlich das Paradoxon auf: Freiheit und Notwendigkeit seien synonym! Eine kühne That echt mystischen Denkens, welches sich nicht durch die Halfter einer rein formalen Logik in seinem freien Laufe hindern lässt, sondern mit dem Auge des echten Forschers nach aussen schaut und bekennt: das Gesetz der Natur ist Notwendigkeit; dann aber das eigene Innere prüft und gesteht: mein Gesetz ist

---

[1]) Siehe S. 110 fg.
[2]) Predigt 95. der Pfeiffer'schen Ausgabe.
[3]) *Beschreibung der drei Prinzipien göttlichen Wesens*, Kap. 14, § 85.

Freiheit.[1]) Soviel über den Beitrag der Mystiker zum positiven Aufbau einer neuen Metaphysik.

Wichtiger noch ist natürlich ihr Wirken für die Gewinnung einer reinen Sittenlehre. Das Wesentlichste hierbei ist schon oben angegeben: die Verlegung des sittlichen Wertes in den Willen, rein als solchen; die Religion nicht ein Handeln mit Rücksicht auf zukünftigen Lohn und zukünftige Strafe, sondern eine gegenwärtige That, eine Erfassung der Ewigkeit im gegenwärtigen Augenblick. Hierdurch entsteht offenbar ein ganz anderer Begriff der Sünde und folglich auch der Tugend als derjenige, den die christliche Kirche vom Judentum geerbt hat. So führt z. B. Eckhart aus: nicht der Mann könne tugendhaft geheissen werden, der die Werke vollbringe wie sie die Tugend gebiete, sondern der allein sei tugendhaft, der diese Werke »aus Tugend« wirke; und nicht durch Gebet könne ein Herz rein werden, sondern aus einem reinen Herzen entfliesse das reine Gebet.[2]) Diesem Gedanken begegnen wir bei allen Mystikern als Mittelpunkt ihres Glaubens an tausend Orten; er bildet den Kern von Luther's Religion;[3]) den vollkommensten Ausdruck fand er durch Kant: »Es ist überall nichts in der Welt, ja überhaupt auch ausser derselben zu denken möglich, was ohne Einschränkung für gut könnte gehalten werden, als allein ein guter Wille. Der gute Wille ist nicht durch das, was er bewirkt oder ausrichtet, nicht durch seine Tauglichkeit zur Erreichung irgend eines vorgesetzten Zweckes, sondern allein durch das Wollen, das ist, an sich gut . . . . . Wenngleich durch eine besondere Ungunst des Schicksals, oder durch kärgliche Ausstattung einer stiefmütterlichen Natur es diesem Wollen gänzlich an Vermögen fehlte, seine Absicht durchzusetzen, wenn bei seiner grössten Bestrebung dennoch

---

[1]) Man vergl. *De immenso et innumerabilibus I,* 11 und *Del infinito, universo e mondi,* gegen Schluss des ersten Dialogs. Hier wird durch geniale Intuition genau das selbe entdeckt, was Kant zweihundert Jahre später durch geniale Kritik feststellte: »Natur und Freiheit können ohne Widerspruch ebendemselben Dinge, aber in verschiedener Beziehung, einmal als Erscheinung, das andere Mal als einem Ding an sich selbst beigelegt werden« (*Prolegomena* § 53).

[2]) Spruch 43.

[3]) Vergl. die ganze Schrift über die *Freiheit eines Christenmenschen.* Wie neu und direkt antirömisch dieser Gedanke erschien, erhellt sehr klar aus Hans Sachsen's *Disputation zwischen einem Chorherren und Schuchmacher* (1524), in welcher die Lehre, dass »gute Werke geschehen nicht den Himmel zu verdienen, auch nicht aus Furcht der Hölle« ganz speziell als »Luther's Frucht« von dem Schuster gegen den Priester verteidigt wird.

nichts von ihm ausgerichtet würde und nur der gute Wille übrig bliebe: so würde er wie ein Juwel doch für sich selbst glänzen, als etwas, das seinen vollen Wert in sich selbst hat. Die Nützlichkeit oder Furchtlosigkeit kann diesem Werte weder etwas zusetzen, noch abnehmen.«[1]) Leider muss ich mich hier auf diesen Mittelpunkt der germanischen Sittenlehre beschränken; alles Übrige ergiebt sich daraus.

Noch eines muss ich jedoch erwähnen, ehe ich von den Mystikern Abschied nehme: ihren Einfluss auf die Naturforschung. Die inbrünstige Liebe zur Natur ist bei den meisten Mystikern ein stark ausgeprägter Charakterzug, daher bemerken wir bei ihnen eine seltene Kraft der Intuition. Häufig identifizieren sie die Natur mit Gott, manchmal stellen sie sie ihm als ein Ewiges gegenüber, fast nie verfallen sie in jenen Erbfehler der christlichen Kirche: Geringschätzung und Hass gegen sie zu lehren. Allerdings steht noch Erigena so sehr unter dem Einfluss der Kirchenväter, dass er die Bewunderung der Natur für eine dem Ehebruch vergleichbare Sünde hält,[2]) doch wie anders schon Franz von Assisi! Man lese dessen berühmte Hymne an die Sonne, die er kurz vor seinem Tode als letzten und vollkommensten Ausdruck seiner Gefühle aufschrieb und bis zu seinem Verscheiden Tag und Nacht sang, und zwar zu einer so sonnig-heiteren Weise, dass kirchlich-fromme Seelen empört waren, sie von einem Sterbebett aus zu vernehmen.[3]) Hier ist von der »Mutter« Erde, von den »Brüdern« Sonne, Wind und Feuer, von den »Schwestern« Mond, Sterne und Wasser, von den tausendfarbigen Blumen und Früchten, zuletzt von der lieben »Schwester«, der *morte corporale* die Rede, und das Ganze schliesst mit Lob, Segen und Dank dem *altissimu, bon signore.*[4]) In

---

[1]) *Grundlegung zur Metaphysik der Sitten,* Abschn. 1. Man vergleiche ebenfalls den Schlussabsatz der *Träume eines Geistersehers,* und namentlich die schöne Deutung der Stelle *Matthäus* XXV, 35—40 als Beweis, dass vor Gott nur diejenigen Handlungen Wert besitzen, die ohne an die Möglichkeit einer Belohnung zu denken ausgeführt werden (in *Religion innerhalb der Grenzen u. s. w.,* 4. Stück, I. Teil, Schluss des 1. Abschn.).

[2]) *De div. naturae,* Buch 5, Kap. 36.

[3]) Sabatier l. c., p. 382.

[4]) Durch dieses Lied bewährt sich Franz als rassenechter Indogermane im schroffen Gegensatz zu Rom. Wir finden bei den arischen Indern Abschiedslieder heiliger Männer, die fast Wort für Wort der Hymne des Franz entsprechen, z. B. das von Herder in seinen *Gedanken einiger Brahmanen* verdeutschte:

Erde, du meine Mutter, und du mein Vater, der Lufthauch,
    Und du Feuer, mein Freund, du mein Verwandter, der Strom,
Und mein Bruder, der Himmel, ich sag' euch allen mit Ehrfurcht
    Freundlichen Dank u. s. w.

diesem letzten, innigsten Lobesgesang des heiligen Mannes wird nicht ein einziger Glaubenssatz der Kirche berührt. Wenige Dinge sind lehrreicher als ein Vergleich zwischen diesem Herzenserguss des Mannes, der ganz Religion geworden war, und nun seine letzten Kräfte zusammennimmt, um der gesamten Natur ein überschwängliches, aus allem Kirchentum befreites *tat-tvam-asi* zuzujubeln, und dem orthodoxen, seelensosen, kalten Glaubensbekenntnis des hochgelehrten, in Staatskunst und Theologie erfahrenen Dante im 24. Gesang seines Paradiso.[1]) Dante beschloss damit eine alte, tote Zeit, Franz eröffnete eine neue. Jakob Böhme stellt die Natur höher als die heilige Schrift: »Du wirst kein Buch finden, da du die göttliche Weisheit könntest mehr inne finden zu forschen, als wenn du auf eine grünende und blühende Wiese gehest: da wirst du die wunderliche Kraft Gottes sehen, riechen und schmecken, wiewohl es nur ein Gleichnis ist . . . : aber dem Suchenden ist's ein lieber Lehrmeister, er findet gar viel allda.«[2]) Diese Gesinnung ist für unsere Naturforschung von bahnbrechendem Einfluss gewesen. Ich brauche nur auf Paracelsus zu verweisen, dessen grosse Bedeutung für fast das gesamte Gebiet der Naturwissenschaften täglich mehr anerkannt wird. Das Grosse und Bleibende an dem Wirken dieses merkwürdigen Mannes ist nicht die Entdeckung von Thatsachen — im Gegenteil, durch seine unselige Verbindung mit Magie und Astrologie hat er viel Absurdes in Umlauf gesetzt — sondern der Geist, den er der Naturforschung einflösste. Virchow, ein für Mystik gewiss nicht voreingenommener Zeuge, der den traurigen Mut hat, Paracelsus einen »Charlatan« zu nennen, erklärt dennoch ausdrücklich, er sei es, der der alten Medizin den Todesstoss versetzt und der Wissenschaft »die Idee des Lebens« geschenkt habe.[3]) Paracelsus ist der Schöpfer der eigentlichen Physiologie; weder mehr noch weniger; und das ist ein so hoher Ruhmestitel, dass sogar ein nüchtern-wissenschaftlicher Geschichtsschreiber der Medizin von »der erhabenen Lichtgestalt dieses Heros« spricht.[4]) Paracelsus war ein fanatischer Mystiker; er meinte: »das innere Licht steht hoch über der viehischen Vernunft«; daher grosse Einseitigkeit. So wollte er z. B. von Anatomie wenig wissen;

---

[1]) Vergl. auch S. 622, Anm. 2.
[2]) *Die drei Principien göttlichen Wesens,* Kap. 8, § 12.
[3]) Vortrag (*Croonian Lecture*) gehalten in London am 16. März 1893.
[4]) Hirschel: *Geschichte der Medicin*, 2. Aufl., S. 208. Hier findet man eine ausführliche kritische Würdigung des Paracelsus, aus welcher ein Teil der folgenden Angaben entnommen ist.

sie dünkte ihm »tot«, und er meinte, die Hauptsache sei: »der Schluss
von der grossen Natur — dem äusseren Menschen — auf die kleine
Natur des Individuums«. Doch um diesem äusseren Menschen beizukommen, stellt er zwei Prinzipien auf, die für alle Naturwissenschaft grundlegend wurden: Beobachtung und Experiment. Hierdurch
gelang es ihm, als Erster, eine rationelle Pathologie zu begründen:
»Fieber sind Stürme, die sich selbst heilen,« u. s. w.; ebenfalls eine
rationelle Therapie: Ziel der Medizin soll sein, das Heilbestreben
der Natur zu unterstützen. Und wie schön ist nicht seine Mahnung
an die jungen Ärzte: »Der höchste Grund der Arznei ist die
Liebe — — die Liebe ist es, die die Kunst lehrt und ausser der-
selbigen wird kein Arzt geboren.«[1] Und noch ein Verdienst dieses
abenteuerlichen Mystikers bleibe nicht unerwähnt: er war der Erste,
welcher die deutsche Sprache in die Universität einführte! Wahrheit
und Freiheit waren eben der Leitspruch aller echten Mystik; darum verbannte ihr Apostel die Sprache der privilegierten erlogenen Gelehrsamkeit aus den Hörsälen und weigerte sich ebenfalls standhaft, die rote
Livrée der Fakultät anzuziehen: »die hohen Schulen geben allein den
roten Rock, Barett und weiter einen viereckten Narren«. Noch
Vieles hat die Mystik, ganz besonders auf dem Felde der Medizin
und der Chemie, geleistet. So erfand z. B. der Mystiker van Helmont,
1577—1644, das schmerzstillende Laudanum und entdeckte die Kohlen-
säure; er war der Erste, der die wahre Natur der Hysterie, der Ka-
tarrhe etc. erkannte. Glisson, 1597—1677, der durch seine Entdeckung
der Irritabilität der belebten Faser unsere Kenntnis des tierischen Organismus um einen Riesenschritt förderte, war ein ausgesprochener Mystiker,
bei dem, nach eigenem Geständnis, das »innere Sinnen« das Skalpell
führte.[2] Diese Liste könnte man leicht verlängern; doch genügt es,
die Thatsache hervorgehoben zu haben. Der Mystiker hat — wir sehen
es an Stahl mit seinem Phlogiston[3] und an dem grossen Astronomen
Kepler (ein ebenso eifriger Mystiker als Protestant) — viele Genieblitze auf

---

[1]) Vergl. Kahlbaum: *Theophrastus Paracelsus,* Basel 1894, S. 63. In diesem
Vortrag wird viel neues Material ans Licht gebracht, welches die Lügenhaftigkeit der
Anklagen gegen den grossen Mann — Trunksucht, wüstes Leben u. s. w, darthut.
Auch die Märe, dass er Latein nicht fliessend gesprochen und geschrieben hat, wird
widerlegt.

[2]) Dass die Lehre der Erregbarkeit von Glisson und nicht von Haller herrührt,
führt Virchow in dem obengenannten Vortrag aus.

[3]) S. 803 fg.

den Weg der Naturwissenschaft und der auf Naturforschung gegründeten
Philosophie geworfen. Zwar war er kein zuverlässiger Führer und
kein zuverlässiger Arbeiter; man lasse ihm aber seine Verdienste auch
auf diesem Gebiete. Unsere Naturkunde wird diesen Hellseher auch
in Zukunft nie ganz entbehren können. Nicht allein entdeckt er Vieles,
wie wir soeben gesehen haben, nicht allein füllt er mit seinem Ideen-
reichtum das häufig recht leere Arsenal der sogenannten Empiriker
(so schreibt z. B. Francis Bacon kapitelweise aus Paracelsus ab, ohne
ihn zu citieren), sondern es ist ihm ein gewisser Instinkt zu eigen,
der durch nichts auf der Welt ersetzt werden kann und den besonnenere
Männer verstehen müssen, sich zu Nutz zu machen. »Die undeutliche
Erkenntnis trägt Keime der deutlichen Erkenntnis in sich,« begriff
schon im vorigen Jahrhundert der Philosoph Baumgarten.[1]) Darüber
hat Kant ein tiefes Wort. Man weiss, dass gerade dieser Philosoph
keine andere Deutung der empirischen Phänomene als die mechanische
anerkennt, und zwar, wie er überzeugend ausführt, »weil einzig und
allein diejenigen Gründe der Welterscheinungen, welche auf den Be-
wegungsgesetzen der blossen Materie beruhen, der Begreiflichkeit fähig
sind«; das verhindert ihn aber nicht, über die in unseren Tagen so
sehr verhöhnte Lebenskraft des oben erwähnten Stahl die beherzigenswerte Äusserung zu thun: »Gleichwohl bin ich überzeugt, dass Stahl,
welcher die tierischen Veränderungen gerne organisch erklärt, oftmals
der Wahrheit näher sei, als Hofmann, Boerhaave und Andere mehr,
welche die immateriellen Kräfte aus dem Zusammenhange lassen und
sich an die mechanischen Gründe halten.«[2]) Und ich meine nun,
diese Männer, welche »der Wahrheit näher« stehen, haben sich bei
dem Aufbau unserer neuen Wissenschaft und Weltanschauung ein
bedeutendes Verdienst erworben und wir können sie auch in Gegenwart
und Zukunft nicht entbehren.

Hier führt ein schmaler Steg auf höchsten Höhen — nur auserlesenen Geistern zugänglich — hinüber zu jener der mystischen nahe
verwandten künstlerischen Anschauung, deren Bedeutung Goethe noch
vor Schluss des 18. Jahrhunderts uns erschloss. Seine Entdeckung des
Zwischenknochens des Oberkiefers fand im Jahre 1784 statt, die Metamorphose der Pflanzen erschien 1790, die Einleitung in die vergleichende
Anatomie 1795. Hier war das »Schwärmen«, das Luther's Zorn ge-

---

[1]) Citiert nach Heinrich von Stein: *Entstehung der neueren Ästhetik*, 1886,
S. 353 fg.

[2]) *Träume eines Geistersehers*, Teil I, Hauptst. 2.

weckt, und das »Rasen mit Vernunft und Empfindung«, das den milden Kant so ausser Rand und Band gebracht hatte, zu einem Schauen geklärt; auf eine von Irrlichtern beleuchtete Nacht folgte die Dämmerung eines neuen Tages, und der Genius der neuen germanischen Weltanschauung durfte seiner vergleichenden Anatomie das herrliche Gedicht beidrucken, das mit den Worten beginnt:

Wagt ihr, also bereitet, die letzte Stufe zu steigen
Dieses Gipfels, so reicht mir die Hand und öffnet den freien
Blick ins weite Feld der Natur . . . .

und mit den Worten schliesst:

Freue dich, höchstes Geschöpf der Natur; du fühlest dich fähig,
Ihr den höchsten Gedanken, zu dem sie schaffend sich aufschwang,
Nachzudenken. Hier stehe nun still und wende die Blicke
Rückwärts, prüfe, vergleiche, und nimm vom Munde der Muse,
Dass du schauest, nicht schwärmst, die liebliche, volle Gewissheit.

Dass die Humanisten in einem gewissen Sinne den direkten Gegensatz zu den Mystikern bilden, sticht in die Augen; doch besteht hier kein eigentlicher Widerspruch. So stellt z. B. Böhme, trotzdem er kein gelehrter Mann war, die Heiden, insofern sie »Kinder des freien Willens« seien, sehr hoch und meint, »in ihnen hat der Geist der Freiheit grosse Wunder eröffnet, als es an ihrer hinterlassenen Weisheit zu ersehen ist« ;[1] ja, er behauptet kühn: »in diesen hochverständigen Heiden spiegelieret sich das innere heilige Reich«.[2] Und andrerseits geben sich die echten Humanisten (wo sie es wagen) fast alle mit der vorhin besprochenen Kernfrage aller Sittlichkeitslehre viel ab und kommen ganz allgemein mit Pomponazzi (1462—1525) zu dem Schlusse: eine Tugend, die auf Lohn ausgehe, sei keine Tugend, Furcht und Hoffnung als sittliche Triebfeder zu betrachten, sei ein kindischer Standpunkt, nur des rohen Volkes würdig, der Gedanke an Unsterblichkeit sei rein philosophisch zu untersuchen und komme für die Sittenlehre gar nicht in Betracht u. s. w.[3]

Die Humanisten sind ebenso eifrig wie die Mystiker beschäftigt, die von Rom aufgedrungene religiöse Weltanschauung niederzureissen und eine andere an ihrer Stelle zu errichten, nur liegt der Schwerpunkt ihrer Leistungen an einem anderen Ort. Ihre Zerstörungswaffe ist die

Die Humanisten.

[1]) *Mysterium pansophicum,* 8. Text, § 9.
[2]) *Mysterium magnum,* Kap. 35, § 24.
[3]) *Tractatus de immortalitate animae* (ich referiere nach F. A. Lange).

Skepsis; hingegen war die der Mystiker der Glaube. Selbst wo der
Humanismus nicht bis zur ausgesprochenen Skepsis führte, gab er immer
die Grundlage für ein sehr unabhängiges Urteilen.[1]) Hier wäre gleich
Dante zu nennen, für den Virgil mehr gilt als irgend ein Kirchenvater
und der, weit entfernt Weltflucht und Askese zu predigen, »des
Menschen Glück in die Bethätigung der eigenen individuellen Kraft
setzt«.[2]) Petrarca, der gewöhnlich als erster eigentlicher Humanist
genannt wird, folgt dem Beispiel seines grossen Vorgängers: Rom
nennt er eine »*empia Babilonia*«, die Kirche »eine freche Dirne«:

> *Fondata in casta et humil povertate,*
> *Contra i tuoi fondatori alzi le corna,*
> *Putta sfacciata!*

Und ähnlich wie Dante fällt Petrarca über Konstantin her, der durch
sein verhängnisvolles Geschenk, die »*mal nate ricchezze*«, die ehedem keusche, demütig arme Braut Christi zu einer schamlosen Ehe-
brecherin umgewandelt habe.[3]) Bald war aber die thatsächliche Skepsis
das so unumgängliche Ergebnis humanistischer Bildung, dass sie das
Kardinalskollegium bevölkerte und sich auf den päpstlichen Thron
setzte; erst die Reformation, im Bunde mit dem beschränkten Basken-
hirne, erzwang eine pietistische Reaktion. Schon zu Beginn des 16. Jahrhunderts stellen die italienischen Humanisten das Prinzip auf: *intus
ut libet, foris ut moris est* und veröffentlicht Erasmus sein unsterbliches *Lob der Narrheit,* in welchem Kirchen, Priestertum, Dogmen,
Sittenlehre, kurz, das ganze römische Gebäude, das ganze »stinkende
Kraut der Theologie«, wie er es nennt, dermassen heruntergerissen
wird, dass Manche gemeint haben, dieses eine Werk habe mehr als
alles andere zur Reformation angeregt.[4]) Gleiche Methode und Be-

---

[1]) Vergl. namentlich Paulsen: *Geschichte des gelehrten Unterrichts*, 2. Aufl.
I, 73 fg.

[2]) *De Monarchia* III, 15.

[3]) *Sonetti e canzoni* (im dritten Teile). Die Ersten, welche die Unechtheit der
angeblichen Konstantinischen Schenkung nachwiesen, waren der berühmte Humanist
Lorenzo Valla und der rechtsgelehrte Theologe Krebs (siehe S. 519). Valla erhob
sich zugleich gegen jegliche weltliche Macht des Papstes, denn dieser sei »*vicarius
Christi et non etiam Caesaris*« (siehe Döllinger: *Papstfabeln*, 2. Ausg. S. 118).

[4]) Alle die ersten grossen Humanisten Deutschlands sind antischolastisch
(Lamprecht, a. a. O., IV, S. 69). Dass man Männer wie Erasmus, Coornhert, Thomas More u. A. einen Vorwurf daraus macht, weil sie später der Reformation sich
nicht angeschlossen haben, ist ungerechtfertigt. Denn solche Männer waren infolge
ihrer humanistischen Studien intellektuell ihrer Zeit viel zu weit vorangeeilt, als dass

gabung kommen im vorigen Jahrhundert durch Voltaire zu gleich
kräftigem Ausdruck.

Der wichtigste Beitrag der Humanisten zum positiven Aufbau
einer germanischen Weltanschauung ist die Wiederanknüpfung unseres
geistigen Lebens an die uns verwandten Indoeuropäer, zunächst also
an die Hellenen (der eigentliche Humanist unseres 19. Jahrhunderts
war der Indolog), und sodann, in Anlehnung hieran, die allmähliche
Ausarbeitung der Vorstellung »Mensch« überhaupt. Der Mystiker hatte
die Zeit und damit auch die Geschichte vernichtet — eine durchaus
berechtigte Reaktion gegen den Missbrauch der Geschichte durch die
Kirche; Aufgabe des Humanisten war es, wahre Geschichte von Neuem
aufzubauen und dadurch dem durch das Völkerchaos heraufbeschworenen
bösen Traum ein Ende zu machen. Von Picus von Mirandola an, der
Gottes Führung in den Geistesthaten der Hellenen erkennt, bis zu jenem
grossen Humanisten Johann Gottfried Herder, der sich fragt, »ob nicht
Gott sollte in der Bestimmung und Einrichtung unseres Geschlechtes
im Ganzen einen Plan haben« und der die »Stimmen« aller Völker
sammelt, sehen wir diesen geschichtlichen Rahmen sich erweitern,
sehen wir dieses von der Berührung mit den Hellenen angeregte Bestreben, alle Erfahrungen zu ordnen und dadurch sie zu gestalten,
immer bestimmter auftreten. Und während nun bei diesem Gang
nach aussen der Mensch gewiss seine Fähigkeiten mindestens ebenso
überschätzte wie bei dem Gang der Mystiker nach innen, so ergab sich
doch, genau so wie bei Diesen, manche unvergängliche Errungenschaft.
Wir sahen bei den Mystikern die Introspektion zur Entdeckung der
äusseren Natur führen, ein unerwarteter, paradoxer Erfolg; ein ähnlicher, aber in umgekehrter Richtung, entblühte dem Humanismus;
denn das Studium der umgebenden Menschheit war es, welches zur
Abgrenzung der nationalen Eigenart und zur entscheidenden Betonung
des unermesslichen Wertes der einzelnen Persönlichkeit führte. Philologen, nicht Anatomen, haben zuerst die Begriffe der grundverschiedenen

---

sie eine lutherische oder calvinistische Dogmatik einer römischen hätten vorziehen
können. Sie fühlten ganz richtig voraus, dass die Skepsis sich immer leichter mit
einer Religion der guten Werke als mit einer des Glaubens abfinden wird; sie witterten
— was auch wirklich eintraf — eine neue Ära allseitiger Unduldsamkeit und meinten, es
würde viel leichter sein, eine einzige bis ins Mark verrottete Kirche von innen aus zu
zertrümmern, als mehrere vom humanistischen Standpunkt aus ebenso unhaltbare,
doch nunmehr im Kampf gegeneinander gestählte. Von ihrem Standpunkt aus bedeutete die Reformation eine dem kirchlichen Irrtum gewährte neue Lebensfrist.

Menschenrassen aufgestellt, und mag auch heute eine Reaktion eingetreten sein, weil die Sprachforscher geneigt waren, zu viel Gewicht
auf die blosse Sprache zu legen, [1] so bleiben nichtsdestoweniger die
humanistischen Unterscheidungen für alle Zeiten bestehen; denn sie sind
Thatsachen der Natur, und zwar solche, die weit sicherer aus dem
Studium der geistigen Leistungen der Völker zu erschliessen sind, als
aus der Katalogisierung ihrer Schädelweiten. In analoger Weise ergab
sich aus dem Studium der toten Sprachen die genauere Kenntnis der
lebenden. Wir sahen in Indien die wissenschaftliche Philologie geboren
werden aus dem heissen Sehnen, ein halbvergessenes Idiom richtig zu
verstehen (S. 408); ähnlich erging es bei uns. Auf die genaue Kenntnis
fremder, doch verwandter Sprachen erfolgte die zunehmend genaue
Kenntnis und Ausbildung der unseren. Dass gerade dieser Vorgang
eine in sprachlicher Beziehung trübe Übergangszeit verursachte, kann
nicht geleugnet werden; der urwüchsige Volksinstinkt wurde geschwächt
und schale Gelehrsamkeit verübte — wie gewöhnlich — wahre Buben-
stücke an dem heiligsten Erbe; trotzdem gingen unsere Sprachen geklärt aus dem klassischen Glühofen hervor, weniger gewaltig vielleicht
als ehedem, doch biegsamer, lenksamer und dadurch als vollkommenere
Werkzeuge für das Denken einer weiter entwickelten Kultur. Die
römische Kirche war die Feindin unserer Sprachen, nicht aber (wie so
häufig der Unverstand behauptet) die Humanisten; im Gegenteil, diese
waren es — im Bunde mit den Mystikern — welche die einheimischen
Sprachen in die Litteratur und in die Wissenschaft einführten: von
Petrarca, dem Vollender der italienischen poetischen Sprache und
Boccaccio (einem der verdientesten unter den frühen Humanisten), dem
Begründer der italienischen Prosa, bis zu Boileau und Herder, sehen
wir das überall, und in den Universitäten sind es neben Mystikern,
wie Paracelsus, hervorragende Humanisten, wie Christian Thomasius,
welche gewaltsam den Gebrauch der Muttersprachen erzwingen und sie
somit auch innerhalb des Kreises der speziellen Gelehrsamkeit aus der
Verachtung erretten, in die sie durch den langanhaltenden Einfluss
Rom's verfallen waren. Was hierdurch für die Ausbildung unserer
Weltanschauung gewonnen ward, ist einfach unermesslich. Die lateinische Sprache ist wie ein hoher Damm, welcher das geistige Gebiet
trockenlegt und das Element der Metaphysik ausschliesst; ihr ist die
Ahnung des Geheimnisvollen, das Wandeln auf der Grenze der beiden

---

[1] Vergl. S. 268.

Reiche des Erforschlichen und des Unerforschlichen nicht gegeben; sie ist eine juristische, unreligiöse Sprache. Wir dürfen mit aller Bestimmtheit behaupten, dass ohne das Vehikel unserer eigenen germanischen Sprachen es uns niemals hätte gelingen können, unsere Weltanschauung zu gestalten.[1])

Doch wie gross dieses Verdienst auch sei, es erschöpft noch nicht den Beitrag der Humanisten zu unserem Kulturwerke. Dieses Hervorheben und — wenn ich so sagen darf — Herausmeisseln des Unterschiedlichen, diese Betonung der Berechtigung, ja, der Heiligkeit des Individuellen, führte zum erstenmal zur bewussten Anerkennung des Wertes der einzelnen Persönlichkeit. Zwar lag diese Erkenntnis schon in der Gedankenrichtung eines Duns Scotus implicite eingeschlossen (S. 874); doch erst durch die Arbeiten der Humanisten wurde sie Gemeingut. Die Vorstellung des G e n i e s — d. h. der Persönlichkeit in ihrer höchsten Potenz — ist hier das Entscheidende. Die Männer, deren Kenntnisse ein ausgedehntes Gebiet umfassten, bemerkten nach und nach, in wie verschiedenem Masse die Persönlichkeit sich autonom und insofern durchaus original und schöpferisch kundthut. Vom Beginne der humanistischen Bewegung an kann man das Dämmern dieser unausbleiblichen Erkenntnis verfolgen, bis sie bei den Humanisten des vorigen Jahrhunderts so gewaltig durchdrang,

---

[1]) Eine Betrachtung, die leider hier keinen Platz finden kann, doch an aufklärenden Ergebnissen reiche Ausbeute verspräche, wäre die über den unausbleiblichen Einfluss unserer verschiedenen modernen Sprachen auf die Philosophie, die in ihnen Ausdruck findet. Die englische Sprache z. B., so reich wie keine zweite an poetischer Suggestionskraft, entbehrt der Fähigkeit, einem subtilen Gedanken bis in seine geheimsten Windungen zu folgen; an einem bestimmten Punkt versagt sie und es zeigt sich, dass sie nur für das nüchtern Praktisch-Empirische, oder aber für das Schwärmerisch-Poetische ausreicht; sie bleibt gleichsam auf beiden Seiten der scheidenden Grenzlinie zwischen den zwei Reichen zu fern von dieser Linie selbst, als dass ein Übergang, ein Hinüber- und Herüberschweben möglich wäre. Die deutsche Sprache, zugleich weniger poetisch und weniger kompakt, ist ein unvergleichlich besseres Werkzeug für die Philosophie: in ihrem Aufbau wiegt das logische Prinzip mehr vor, ausserdem erlaubt ihre reiche Skala von Ausdrucksnüancen die feinsten Unterschiede aufzustellen, und dadurch ist sie zugleich für die genaueste Analyse geeignet und auch für die Andeutung nicht analysierbarer Erkenntnisse. Die schottischen Denker, so ausserordentlich begabt, haben es nie über die verneinende Kritik des Hume hinausbringen können; Immanuel Kant, dem selben schottischen Stamme entsprossen, erhielt von dem Schicksal die deutsche Sprache geschenkt und war dadurch in der Lage, ein Gedankenwerk zu vollbringen, welches durch keine Übersetzungskunst ins Englische übertragen werden kann. (Vergl. S. 295.)

dass sie auf allen Seiten und in den verschiedensten Fassungen Ausdruck
fand, von Winckelmann's leuchtender Anschauung, die sich an die Werke
der sichtbarsten Gestaltung hielt, bis zu Hamann's Versuchen, in die
innerste Seele der schöpferischen Geister auf dunklen Pfaden hinab-
zusteigen. Das Allertrefflichste schrieb Diderot in jenem Monument
des Humanismus, der grossen französischen Encyklopädie: *l'activité de
l'âme* — d. h. die höhere Wirkungskraft der Seele — ist es, welche
das Genie ausmacht. Was bei Anderen Erinnerung ist, ist beim Genie
thatsächliche Anschauung; alles belebt sich in ihm und alles bleibt
lebendig; »ist das Genie vorbeigeschritten, so ist es, als habe sich das
Wesen der Dinge umgewandelt, denn sein Charakter ergiesst sich über
alles, was es berührt«.[1]) Ähnlich Herder: »Die Genien des Menschengeschlechts sind des Menschengeschlechts Freunde und Retter, seine
Bewahrer und Helfer. Eine schöne That, zu der sie begeistern, wirkt
unauslöschlich in die tiefste Ferne.«[2]) Mit Recht unterscheiden Diderot
und Herder scharf zwischen Genie und dem bedeutendsten Talent.
Ähnlich trennt auch Rousseau das Genie von Talent und Geist, doch,
seiner Art gemäss, mehr subjektiv, indem er meint: wer nicht selber
Genie besitze, werde nie begreifen, worin Genie bestehe. Ein sehr
tiefes Wort enthält einer seiner Briefe: »*C'est le génie qui rend le savoir
utile.*«[3]) Ausserdem hat Rousseau eine ganze Schrift dem Helden
gewidmet, und dieser ist der Bruder des Genies, gleich ihm ein
Triumph der Persönlichkeit; die Verwandtschaft zwischen beiden deutet
Schiller an, indem er die Ideen des Genies als »heldenmässige« bezeichnet. »Ohne Helden kein Volk!« ruft Rousseau aus, und verleiht
dadurch germanischer Weltauffassung kräftigen Ausdruck. Und was
stempelt den Mann zu einem Helden? Hervorragende Seelenkraft; nicht
der tierische Mut — darauf legt er grossen Nachdruck — sondern die
Gewalt der Persönlichkeit.[4]) Kant definiert Genie als »das Talent der
Erfindung dessen, was nicht gelehrt oder gelernt werden kann«.[5]) Leicht
wäre es, diese wenigen Anführungen auf hunderte zu vermehren, so
sehr hatte die humanistische Bildung nach und nach die Frage nach

---

[1]) Siehe den Artikel »*Génie*« in der *Encyclopédie;* man 'muss den sechs Seiten
langen Aufsatz ganz lesen. Sehr Interessantes über das selbe Thema in Diderot's
Aufsatz *De la poésie dramatique.*

[2]) *Kalligone,* 2. Teil, V, I.

[3]) *Lettre à M. de Scheyb,* 15. Juillet 1756.

[4]) *Dictionnaire de musique* und *Discours sur la vertu la plus nécessaire aux héros.*

[5]) *Anthropologie* § 87 c.

der Bedeutung der Persönlichkeit im Gegensatz zur Tyrannei angeblich überpersönlicher Offenbarungen und Gesetze in den Vordergrund des menschlichen Interesses gerückt. Erst durch die Unterscheidung zwischen den Individuen (ein der Mystik gänzlich verschlossenes Thema) trat die volle Bedeutung der überragenden Persönlichkeiten als der wahren Träger jeder echten, entwickelungsfähigen freiheitlichen Kultur zu Tage; daher war denn auch diese Unterscheidung eine der segensreichsten Thaten aus der Entstehung und für die Entstehung unserer neuen Kultur, denn sie stellte die wahrhaft grossen Männer auf den Sockel, auf welchen sie hingehören und wo sie ein Jeder deutlich erblicken kann. Das erst ist Freiheit: die rückhaltlose Anerkennung menschlicher Grösse, diese gebe sich, wie sie wolle. Dieses »höchste Glück«, wie Goethe es nannte, haben die Humanisten uns zurückerobert; nunmehr müssen wir es mit allen Kräften uns bewahren. Wer es uns rauben will, und stiege er auch vom Himmel herab, ist unser Todfeind.

Mehr bringe ich über die Humanisten nicht vor, denn was ich noch sagen könnte, wäre nur Wiederholung des Allbekannten; hier darf ich, was ich bei den Mystikern nicht konnte, nicht allein die Thatsachen, sondern auch ihre Bedeutung als im grossen und ganzen richtig beurteilt voraussetzen; einzig jener leuchtende Mittelpunkt — die Emanzipation des Individuellen — wird gewöhnlich übersehen und musste daher hier betont werden; nur durch die Augen des Genies kann uns eine leuchtende Weltanschauung zu Teil werden und einzig in unseren eigenen Sprachen kann sie Gestalt gewinnen.

Auch die letzte Gruppe der nach einer neuen Weltanschauung Ringenden, die der naturforschenden Philosophen, ist jedem Gebildeten gut bekannt; ich kann mich also auch hier auf jene Andeutungen beschränken, welche der Zweck dieses Kapitels erheischt. Dagegen zwingt mich die Notwendigkeit, auch dem philosophisch nicht geübten Leser diesen grundlegenden Bestandteil unserer Kultur viel eindringlicher und klarer, als sonst geschieht, nahezulegen, zu einer gewissen Ausführlichkeit; diese wird, hoffe ich, das Verständnis erleichtern.

Die naturforschenden Philosophen.

Grundlegend ist die Thatsache, dass Menschen, um die Welt zu begreifen, sich nunmehr nicht mit angeblich autoritativen, überweltlichen Ansprüchen begnügen, sondern sich wieder an die Welt selbst wenden und sie befragen; das war Jahrhunderte lang verpönt gewesen. Wohlbetrachtet ist das eine allen diesen verschiedenen

Gruppen des erwachenden Germanentums gemeinsame Eigenschaft.
Denn der Mystiker versenkt sich in die Welt seines eigenen Innern —
also auch in die Welt — und erfasst die unmittelbare Gegenwart
seines individuellen Lebens mit so viel Kraft, dass Schriftzeugnis und
Glaubenslehre zu einem Nebensächlichen verblassen; seine Methode
könnte man die Objektivierung des subjektiv gegebenen Weltstoffes
nennen. Aufgabe des Humanisten ist es dagegen, alle verschiedenen
menschlichen Zeugnisse zu sammeln und zu prüfen — wahrlich ein
wichtiges Dokument der Weltgeschichte —, schon das blosse Bestreben bezeugt ein objektives Interesse für die menschliche Natur
überhaupt, und auf keinem anderen Wege wurde die falsche Anmassung angeblicher Autorität schneller untergraben. Und selbst innerhalb der Theologie hatte sich diese Richtung Bahn gebrochen; denn
indem ein Duns Scotus Vernunft und Welt vom Glauben völlig getrennt wissen will, befreit er sie zu selbständigem Leben, und sein
Ordensbruder Roger Bacon fordert denn auch das freie, durch keine
theologische Rücksicht gefesselte Studium der Natur und begründet
dadurch die eigentliche naturforschende Philosophie. Ich sage »naturforschende« Philosophie, nicht Naturphilosophie, denn dieser letzte
Ausdruck wird für bestimmte Systeme in Anspruch genommen,
während ich zunächst lediglich eine Methode hervorheben will.[1]
Diese Methode ist aber auch die Hauptsache, denn sie bildet das einigende Band und bewirkt, dass trotz der Verschiedenheit der Richtungen und der versuchten Lösungen unsere Philosophie doch als
Gesamterscheinung sich folgerecht entwickelt hat und ein echtes
Kulturelement geworden ist, indem sie eine neue Weltanschauung
vorbereitet und bis zu einem gewissen Grade auch schon durchgeführt
hat. Der Kernpunkt dieser Methode ist die Beobachtung der Natur,
und zwar die gänzlich uninteressierte, einzig auf Wahrheit ausgehende
Beobachtung. Diese Philosophie ist Philosophie als Wissenschaft;
hierdurch unterscheidet sie sich nicht allein von Theologie und Mysticismus, sondern — das merke man wohl — auch von jener gefähr-

---

[1] Man versteht unter »Naturphilosophie« einerseits den kindlichen und kindischen Materialismus, dessen Nutzen für das Gesamtwerk, als »Mist, den Boden zu
düngen für die Philosophie« (Schopenhauer) nicht geleugnet werden soll, und andererseits dessen Gegenpart, Schelling's transscendentalen Idealismus, dessen Nutzen ver-
mutlich unter Zugrundelegung des alten ästhetischen Dogmas beurteilt werden muss,
wonach ein Kunstwerk umso höher zu schätzen ist, je weniger es irgend einem denkbaren Zwecke dienen kann.

lichen und ewig unfruchtbaren Gattung: Philosophie als Logik. Theologie findet ihre Berechtigung darin, dass sie entweder einem grossen
Gedanken oder einem politischen Zwecke dient, Mystik ist eine unmittelbare Erscheinung des Lebens; die pure Logik aber zur Deutung
der Welt (der äusseren und der inneren) heranziehen, sie und nicht
die Anschauung, nicht die Erfahrung zum Gesetzgeber erheben, heisst
einfach die Wahrheit mutwillig in Ketten schlagen und bedeutet im
Grunde genommen (wie ich das im ersten Kapitel zu zeigen gesucht
habe) nichts weniger als einen neuen Ausbruch des Aberglaubens.
Darum sehen wir die neue Periode der naturforschenden Philosophie
mit einer allgemeinen Empörung gegen Aristoteles beginnen. Denn
dieser Hellene hatte nicht allein die formalen Gesetze des Denkens
analysiert und dadurch ihren Gebrauch sicherer gemacht, wofür er die
Dankbarkeit aller kommenden Geschlechter verdiente, sondern er hatte
sämtliche Probleme des noch Unerforschten und des überhaupt Unerforschlichen auf logischem Wege zu lösen unternommen; hierdurch
war Wissenschaft unmöglich geworden.[1] Denn die stillschweigende
Voraussetzung der gesetzgebenden Logik ist, dass der Mensch das
Mass aller Dinge sei, wogegen er in Wahrheit — als bloss logisches
Wesen — nicht einmal das Mass seiner selbst ist. Telesius (1508—86),
ein bedeutender Mathematiker und Naturforscher aus Neapel, ein Vorarbeiter Harvey's für die Entdeckung des Blutumlaufes, ist vielleicht
der erste, der es sich zur besonderen Aufgabe machte, das arme
Menschenhirn von diesem aristotelischen Spinngewebe zu säubern.
Freilich hatte Roger Bacon schon schüchterne Anfänge dazu gemacht,
und Leonardo hatte mit der Unverfrorenheit des Genies die aristotelische Seelen- und Gotteslehre eine »erlogene Wissenschaft« genannt
(S. 108); auch Luther soll schon in seiner frühesten Zeit, als er noch im
Schosse der römischen Kirche weilte, ein heftiger Gegner des Aristoteles
gewesen sein und vorgehabt haben, die Philosophie von seinem Einfluss
zu säubern;[2] doch jetzt erst kamen die Männer, welche die Lüge mit
eigenen Händen wegzuräumen den Mut hatten, um für die Wahrheit
Platz zu bekommen. Nicht allein und nicht hauptsächlich auf Aristo-

---

[1] Man vergleiche die Ausführungen S. 113 fg. und unter »Wissenschaft«
S. 787 fg.

[2] Diese Behauptung entnehme ich dem *Discours de la conformité de la foi avec
la raison*, § 12, von Leibniz. Später meinte Luther: »Ich darf es sagen, dass ein
Töpfer mehr Kunst hat von natürlichen Dingen, denn in jenen Büchern (des Aristoteles) geschrieben steht« (*Sendschreiben an den Adel*, Punkt 25).

teles hatten sie es abgesehen, sondern auf das ganze herrschende System, wonach die Logik, anstatt die Magd zu sein, als Königin auf dem Throne sass. Unmittelbare Schüler des Telesius waren Campanella, der Erkenntnistheoretiker, und Giordano Bruno, dessen kühner Geistesflug im voraus alles das zu einem prophetischen Gesamtüberblick zusammenfasste, woran zwei Jahrhunderte fleissiger Forschung zu arbeiten haben sollten; beide halfen wacker, das logische Idol auf den thönernen Füssen herabzustürzen. Francis Bacon, der, obzwar als Philosoph mit diesen beiden nicht zu vergleichen, doch einen weit grösseren Einfluss ausgeübt hat, stand in direkter Abhängigkeit, einerseits zu Telesius, anderseits zu Paracelsus, also zu zwei geschworenen Antiaristotelikern. Mit seiner Kritik alles hellenischen Denkens schoss er freilich weit über das Ziel hinaus, doch gelang es ihm gerade dadurch mehr oder weniger *tabula rasa* für echte Wissenschaft und wissenschaftliche Philosophie zu machen, für jene einzige richtige Methode, die er in der Vorrede zu seiner *Instauratio magna* treffend bezeichnet als: *inter empiricam et rationalem facultatem conjugium verum et legitimum.* Es dauerte nicht lange und aus dem Schosse der römischen Kirche trat ein Gassendi (1592—1655) mit *Antiaristotelischen Übungen* hervor, »einem der schärfsten und übermütigsten Angriffe gegen die aristotelische Philosophie«, sagt Lange; hielt der junge Priester es auch für klüger, sein Buch bis auf Bruchstücke zu verbrennen, es bleibt doch ein Zeichen der Zeiten, um so mehr, als gerade dieser Gassendi ein Hauptförderer der Beobachtungswissenschaften und der streng mathematisch-mechanischen Deutung der Naturphänomene wurde. Aristoteles hatte den verhängnisvollen Schritt von Naturbetrachtung zu Theologie gethan; jetzt kommt ein Theolog, zerstört die aristotelischen Trugschlüsse und führt den Menschengeist zurück zur reinen Naturbetrachtung.

Die Beobachtung der Natur.

Der Hauptpunkt in den neuen philosophischen Bestrebungen — von Roger Bacon im 13. bis zu Kant an der Schwelle des 19. Jahrhunderts — ist also die grundsätzliche Betonung der Beobachtung als Quelle des Wissens. Die Übung in der treuen Beobachtung der Natur bildet darum fortan die Legitimation jedes ernst zu nehmenden Philosophen. Das Wort Natur muss natürlich im umfassenden Sinne genommen werden; so hat z. B. Hobbes hauptsächlich die menschliche Gesellschaft studiert, nicht Physik oder Medizin, er hat aber an diesem Stück Natur seine Beobachtungsgabe bewährt und auch darin seine Wissenschaftlichkeit bekundet, dass er sein Denken fast ausschliesslich

diesem ihm bestbekannten Gegenstande, dem Staate, widmete. Doch
haben unsere epochemachenden Philosophen thatsächlich alle in der
Disciplin der exakten Wissenschaften ihre Sporen verdient und besitzen
ausserdem eine weitreichende Kultur, d. h. also sie verfügen über Methode
und über Stoff. So ist z. B. René Descartes (1596—1650) von Hause
aus Mathematiker und das hiess in jenen Zeiten, wo die Mathematik
täglich aus den Bedürfnissen der Entdecker hervorwuchs, Physiker und
Astronom. Die Natur ist ihm also in ihren Bewegungserscheinungen
von Jugend auf vertraut. Ehe er zu philosophieren begann, wurde
er aber noch dazu eifriger Anatom und Physiolog, so dass er nicht
allein als Physiker eine Abhandlung über das Wesen des Lichtes, sondern
auch als Embryolog eine andere über die Entwickelung des Foetus
schreiben konnte. Ausserdem hat er mit philosophischer Absichtlichkeit
»im grossen Buch der Welt fleissig gelesen« (wie er selber berichtet);
er ist Soldat, Weltmann, Hofmann gewesen; er hat die Tonkunst so
erfolgreich gepflegt, dass er veranlasst wurde, einen *Grundriss der
Musik* herauszugeben; das Fechten hat er so eifrig betrieben, dass
er eine *Theorie der Fechtkunst* verfasste: das Alles, er teilt es
uns mit, um richtiger denken zu lernen, als die Gelehrten, die ihr
Lebenlang im Studierzimmer eingeschlossen bleiben.[1]) Und nun erst,
geübt durch die genaue Beobachtung der Natur ausser ihm, kehrte
der seltene Mann den Blick nach innen und beobachtete die Natur
im eigenen Selbst. Dieses Verhalten ist fortan — trotz aller Schattierungen im Einzelnen — typisch. Leibniz war allerdings in der Hauptsache auf Mathematik beschränkt, doch gerade dieser Besitz verhinderte,
dass er jemals — trotz allem von Jugend auf ihm eingeimpften Scholasticismus — die mechanische Auffassung der Naturphänomene aufgab;
wir haben leicht heute über die prästabilierte Harmonie lachen, vergessen
wir aber nicht, dass diese monströse Annahme das treue Festhalten an
naturwissenschaftlicher Methode und Erkenntnis bezeugt.[2]) Locke ist

---

[1]) *Discours de la méthode pour bien conduire sa raison et chercher la vérité dans
les sciences,* Teil I.

[2]) Das System des Leibniz ist ein letzter, heroischer Versuch, echt wissenschaftliche Methode in den Dienst einer historischen, absoluten Gotteslehre zu stellen,
welche in Wahrheit jede wissenschaftliche Naturkenntnis unbedingt aufhebt. Im
Gegensatz zu Thomas von Aquin geht hier der Versuch, Glaube und Vernunft in
Einklang zu bringen, von der Vernunft aus, nicht vom Glauben. Vernunft heisst
aber hier nicht allein logische Ratiocination, sondern grosse mathematische Grundprinzipien wirklicher Naturerkenntnis; und darum, weil bei Leibniz ein unüberwindliches Element empirischer, nicht wegzudeutender Wahrheit vorhanden ist,

durch medizinische Studien auf seine philosophischen Gedanken gebracht worden; Berkeley, wenn auch ein Geistlicher, hat schon in
jungen Jahren Physiologie eingehend studiert, und seine geniale *Theory
of vision* errät vieles intuitiv, was exakte Wissenschaft erst viel später
bestätigen sollte, zeugt also für den Erfolg der richtigen naturwissenschaftlichen Methode bei grosser Beanlagung. Wolf war ungemein
tüchtig, nicht allein auf dem Felde der Mathematik, sondern ebenfalls
auf dem der Physik, und er beherrschte auch die übrigen Naturwissenschaft seiner Zeit. Hume hat allerdings, so viel mir bekannt, fleissiger
»im Buche der Welt« (wie Descartes es nennt) als im Buche der
Natur gelesen; einerseits Geschichte, andrerseits Psychologie — nicht
Physik und Physiologie — waren das Feld seiner exakten Studien;
gerade dies hat auch seine philosophische Spekulation nach gewissen
Richtungen hin bedrückt; wessen Auge für derlei Dinge geschärft ist,
wird bald beobachten, dass Hume's Denken an dem Grundübel leidet,
dass es gar nicht von aussen, sondern nur von innen gespeist wird, was
stets ein Vorwiegen der Logik auf Kosten der aufbauenden, tastend
erfindenden Phantasie bedeutet und wodurch das rein verneinende
Ergebnis bei so grosser Geisteskraft erklärt wird; Hume ist als Persön-

---

während Thomas auf beiden Seiten nur mit Schattenbildern operiert, darum
fällt die Absurdität des von Leibniz ersonnenen Systems mehr in die Augen.
Ein in Bezug auf die Natur so grundlos unwissender Mensch wie Thomas konnte
sich und Andere durch sophistische Trugschlüsse irreführen; Leibniz dagegen war
genötigt, die Annahme eines Doppelreiches — in dem Sinne einer Natur und einer
Supranatur — in ihrer gänzlichen Unhaltbarkeit aufzudecken und zwar gerade
darum, weil er in der mathematisch-mechanischen Auffassung der Naturphänomene
völlig zu Hause war. Dadurch wurde sein genialer Versuch epochemachend. Dass
Leibniz als Metaphysiker zu den grossen Denkern gehört, beweist schon die eine
Thatsache, dass er die transscendentale Idealität des Raumes behauptete und durch
tiefsinnige mathematisch-philosophische Argumente nachzuweisen suchte (worüber
Näheres bei Kant: *Metaphysische Anfangsgründe der Naturwissenschaft*, 2. Stück, Lehr-
satz 4, Anm. 2). Wie grossartig Leibniz als rein naturwissenschaftlicher Denker
war, dafür zeugt seine Theorie, dass die Summe der Kräfte in der Natur unver-
änderlich sei, wodurch das sogenannte Gesetz von der Erhaltung der Energie, auf
welches wir uns als Errungenschaft des 19. Jahrhunderts so viel zu Gute thun,
eigentlich schon ausgesprochen war. Nicht minder bedeutsam ist der extrem indivi-
dualistische Charakter von Leibnizen's Philosophie. Im Gegensatz zum Alleins des
Spinozismus (das er perhorresciert) ist für ihn die »Individuation«, die »Specifikation«
die Grundlage aller Erkenntnis. »In der ganzen Welt giebt es nicht zwei Wesen,
die absolut ununterscheidbar wären«, sagt er. Hier sieht man den echten germanischen
Denker. (Besonders gut ausgeführt in Ludwig Feuerbach's *Darstellung der Leibniz'schen
Philosophie*, § 3.)

lichkeit ungleich bedeutender als Locke und hat doch nicht (ich glaube mich nicht zu irren) so viele konstruktive Ideen in die Welt gesetzt. Und dennoch rechnen wir ihn zu den Naturforschern, denn innerhalb des rein menschlichen Gebietes hat er so scharf und treu beobachtet wie keiner seiner Vorgänger und ist nie abgewichen von der Methode, die er in seiner ersten Schrift aufstellte: Beobachtung und Experiment.[1] Bei Kant schliesslich bilden umfassende Kentnisse in allen Wissenszweigen und eingehende Beschäftigung mit der Naturwissenschaft während eines ganzen langen Lebens einen Zug, der zu oft übersehen wird. Kant's schriftstellerische Thätigkeit im Dienste der Naturwissenschaft erstreckt sich von seinem 20. bis zu seinem 70. Jahre, von seinen *Gedanken von der wahren Schätzung der lebendigen Kräfte,* die er im Jahre 1744 auszuarbeiten begann, bis zu seinem 1794 erschienenen Aufsatz *Etwas über den Einfluss des Mondes auf die Witterung.* Während dreissig Jahre waren seine besuchtesten Vorlesungen die, welche er im Winter über Anthropologie, im Sommer über physikalische Geographie hielt; und der tägliche Genosse seiner letzten Jahre, Wasianski, erzählt, dass, bis an sein Ende, Kant's sehr lebhafte Tischunterhaltung »grösstenteils aus der Meteorologie, Physik, Chemie, Naturgeschichte und Politik entlehnt war«.[2] Allerdings war Kant nur ein Denker über Naturbeobachtungen, nicht (so viel ich weiss) jemals selber ein Beobachter und Experimentierender, wie dies Descartes gewesen war; doch ein wie vorzüglicher indirekter Beobachter er war, zeigen solche Schriften wie seine Beschreibung des grossen Erdbebens vom 1. November 1755, seine Betrachtungen über die Vulkane des Mondes, über die Theorie der Winde und manche andere; und ich brauche wohl kaum daran zu erinnern, dass Kant's philosophische Betrachtungen über die kosmische Natur zwei unsterbliche Werke hervorgebracht haben, die (Friedrich dem Grossen gewidmete) *Allgemeine Naturgeschichte und Theorie des Himmels oder Versuch von der Verfassung und dem mechanischen Ursprunge des ganzen Weltgebäudes* (1755), und die *Metaphysischen Anfangsgründe*

---

[1] Man darf auch nicht übersehen, dass Hume seine philosophischen Resultate ohne die Errungenschaften des ihn umgebenden philosophischen Denkens, namentlich derjenigen der französischen gleichzeitigen naturwissenschaftlichen Sensualisten kaum hätte erzielen können. In mancher Beziehung scheint mir Hume eher den italienischen humanistischen Skeptikern nach Art des Pomponazzi und des Vanini geistig verwandt, als der echten Reihe der aus Naturbetrachtung Philosophierenden.

[2] *Immanuel Kant in seinen letzten Lebensjahren,* 1804, S. 25.

der Naturwissenschaft (1786). Die der erfolgreichen Naturbeobachtung
abgelauschte und durch Naturbeobachtung geübte Methode durchdringt
denn auch Kant's ganzes Leben und Denken, so dass man ihn als Entdecker dem Kopernikus und dem Galilei hat vergleichen können (S. 778).
In seiner *Kritik der reinen Vernunft* sagt er, seine Methode, die menschliche Vernunft zu analysieren, sei »eine dem Naturforscher nachgeahmte
Methode«[1]) und an anderem Orte führt er aus: »Die echte Methode der
Metaphysik ist mit derjenigen im Grunde einerlei, die Newton in die
Naturwissenschaft einführte und die daselbst von so nutzbaren Folgen
war.« Und worin besteht diese Methode? »Durch sichere Erfahrungen
die Regeln aufsuchen, nach welchen gewisse Erscheinungen der Natur
vorgehen«; auf dem Gebiete der Metaphysik also, »durch sichere innere
Erfahrung«.[2]) Was ich hier nur in den allgemeinsten, gröbsten Zügen
zu zeichnen bestrebt bin, wird jeder denkende Mensch durch nähere Betrachtung bis ins Einzelne und Zarteste hinein verfolgen können. So z. B.
ist der Mittelpunkt von Kant's gesamten Wirken die Frage nach dem
sittlichen Kern der Individualität: um bis zu ihm zu gelangen, zerlegt
er zuerst den Mechanismus des umgebenden Kosmos; nachher, durch
weitere 25 Jahre ununterbrochener Arbeit, zergliedert er den inneren
Organismus des Denkens; dann widmet er noch 20 Jahre der Erforschung der also blossgelegten menschlichen Persönlichkeit. Nichts
zeigt nun deutlicher, wie sehr hier Beobachtung das gestaltende Prinzip
ist, als Kant's Hochschätzung der menschlichen Individualität. Die
Kirchenväter und Doktoren hatten nie Worte genug finden können
für ihre Verachtung ihrer selbst und aller Menschen; es war schon
ein bedeutendes Symptom gewesen, als jener Stern am Morgen des
neuen Tages, Mirandola, 300 Jahre vor Kant ein Buch *Über die
Würde des Menschen* schrieb; dass er eine solche besässe, hatte der
arme Mensch unter der langen Herrschaft des Imperiums und des
Pontifikats ganz vergessen; inzwischen war er nun mit seinen Leistungen,
mit seiner zunehmenden Unabhängigkeit gewachsen, und ein Kant, der
zwar im fernabgelegenen Königsberg mit nur einigen wenigen nicht
sehr bedeutenden Leuten verkehrte, sonst aber in der alleinigen Gesellschaft der erhabensten Geister der Menschheit und vor allem seiner
selbst lebte, Kant bildete sich aus den unmittelbaren Wahrnehmungen
an seiner eigenen Seele eine hohe Vorstellung von der Bedeutung der

---

[1]) Anmerkung in der Vorrede zur zweiten Ausgabe.
[2]) *Untersuchung über die Deutlichkeit der Grundsätze der natürlichen Theologie
und der Moral,* 2. Betrachtung.

unerforschlichen menschlichen Persönlichkeit. Dieser Überzeugung begegnen wir überall bei ihm und schauen damit in das tiefste Herz des
wunderbaren Mannes. Schon in jener *Theorie des Himmels*, welche
einzig die Mechanik des Weltgebäudes darthun soll, ruft er aus: »Mit
welcher Art der Ehrfurcht muss nicht die Seele sogar ihr eigen Wesen
ansehen!«[1]) Später spricht er von der »Erhabenheit und Würde, welche
wir uns an derjenigen Person vorstellen, die alle ihre Pflichten erfüllt«.[2])
Doch immer tiefer versenkt sich der Denker in diese Betrachtung: »im
Menschen eröffnet sich eine Tiefe göttlicher Anlagen, die ihn gleichsam
einen heiligen Schauer über die Grösse und Erhabenheit seiner wahren
Bestimmung fühlen lässt«;[3]) und in seinem 70. Jahre schreibt der Greis:
»das Gefühl des Erhabenen unserer eigenen Bestimmung reisst uns
mehr hin, als alles Schöne«.[4]) Dies nur als Andeutung, bis wohin
die Methode der Naturforschung führt. Sobald sie mit Kant der Vernunft eine neue, der Naturforschung entwachsene und ihr darum an-
gemessene Weltanschauung eröffnet hatte, erschloss sie zugleich dem
Herzen eine neue Religion — die Religion Christi und der Mystiker,
die Religion der Erfahrung.

Doch jetzt müssen wir dieses Charakteristikum unserer neuen
Weltanschauung, die rückhaltlose Hingabe an die Natur, noch von
einer anderen Seite betrachten, nämlich rein theoretisch, damit wir nicht
allein die Thatsache anerkennen, sondern auch ihre Bedeutung begreifen.

Ein besonders tüchtiger und durchaus nüchterner Naturforscher
unserer Tage schreibt: »Die Grenze zwischen dem Bekannten und
dem Unbekannten wird niemals so deutlich wahrgenommen, wie durch
eine exakte Beobachtung von Thatsachen, sei es wie sie die Natur unmittelbar darbietet, sei es im künstlich angestellten Experiment.«[5]) Diese
Worte sind ohne jeden philosophischen Hintergedanken gesprochen,
sie können aber zur ersten Gewinnung einer Einsicht dienen, die dann
nach und nach vertieft werden mag. Ein fleissiger Mann der wissenschaftlichen Praxis hat im Laufe eines langen Lebens bemerkt, dass
selbst die Naturforscher keine deutliche Vorstellung davon haben,

*Das exakte
Nichtwissen.*

---

[1]) Teil 2., Hauptstück 7.
[2]) *Grundlegung zur Metaphysik der Sitten*, Abschn. 2, T. 1.
[3]) *Über den Gemeinspruch: das mag in der Theorie richtig sein, taugt aber nicht
für die Praxis*, I.
[4]) *Religion innerhalb der Grenzen der blossen Vernunft*, St. 1 (Anm. zur Einl.).
[5]) Alphonse De Candolle: *Histoire des sciences et des savants depuis deux siècles*,
1885, p. 10.

was sie *nicht* wissen, bis in jedem einzelnen Falle exakte Forschung
ihnen gezeigt hat, bis wohin ihr Wissen sich erstreckt. Das hört
sich sehr einfach und *terre à terre* an, ist aber so wenig von selbst
einleuchtend, und so schwer in die Praxis des Denkens zu übertragen,
dass ich vermute, kaum irgend Jemand, der die Schule der Naturwissenschaft nicht durchgemacht hat, wird die Bemerkung De Candolle's vollständig würdigen.[1]) Auf jedem anderen Gebiete nämlich
ist weitgehende Selbsttäuschung bis zu völliger Verblendung möglich;
die Thatsachen selber sind meist fragmentarisch oder fraglich, sie besitzen nicht Dauer und Unveränderlichkeit, Wiederholung ist darum
unmöglich, Experiment ausgeschlossen, Leidenschaft waltet, Betrug
gehorcht ihr. Auch kann das Wissen von einem Wissen das Wissen
um eine Thatsache der Natur nie ersetzen; letzteres ist eben ein Wissen
von ganz anderer Art; denn hier steht der Mensch nicht dem Menschen,
sondern einem inkommensurablen Wesen gegenüber, einem Wesen,
über das er gar keine Macht besitzt, und welches man im Gegensatz zum
ewig kombinierenden, durcheinanderwürfelnden, anthropomorphisch
zurechtlegenden Menschenhirn, als die ungeschminkte, nackte, kalte,
ewige Wahrheit bezeichnen kann. Wie mannigfaltig, sowohl negativ
wie positiv, der Gewinn eines derartigen Verkehrs für die Erweiterung
und Ausbildung des Menschengeistes sein muss, leuchtet gewiss von
selbst ein. Dass der spezielle Naturforscher auf empirischem Gebiete
durch das genaue Ermessen seines Nichtwissens den ersten Schritt zur
Erweiterung seines Wissens thut, wurde schon früher gezeigt;[2]) man

---

[1]) In einer Gesellschaft von Hochschullehrern hörte ich vor einigen Jahren
psychologisch-physiologische Themata besprechen; anknüpfend an die Lokalisation
der Sprachfunktionen in der Broca'schen Stirnwindung meinte der eine Gelehrte,
jedes einzelne Wort sei »in einer besonderen Zelle lokalisiert«; er verglich diese
Einrichtung sinnreich mit einem Schrank, der etliche Tausend Schübchen besässe,
die auf Wunsch auf- und zugeschoben werden könnten (etwa also wie die heutigen
Automaten-Restaurants); es hörte sich ganz reizend an und nicht eine Spur minder
plausibel als »Tischchen deck' dich«. Da meine positiven Kenntnisse in Bezug auf
die Histologie des Gehirnes sich auf vor Jahren gehörte Vorträge und Demon-
strationen beschränkten, also äusserst gering sind, und ich aus näherer Anschauung
nur die Elemente der groben Anatomie dieses Organes kenne, bat ich den betreffenden Herrn um genauere Auskunft, wobei es sich aber herausstellte, dass er
in seinem Leben keinen Seciersaal betreten und überhaupt niemals ein Gehirn
(ausser auf den schönen Holzschnitten einiger Lehrbücher) gesehen hatte: daher
ahnte er so ganz und gar nicht die Grenze zwischen dem Bekannten und dem Unbekannten.

[2]) Siehe S. 766.

begreift aber leicht, welchen Einfluss eine derartige Schulung auch auf philosophisches Denken ausüben muss; ein ernster Mann wird nicht mehr mit Thomas von Aquin über die Beschaffenheit der Körper in der Hölle reden, wenn er sich wird gestehen müssen, über ihre Beschaffenheit auf Erden fast nichts zu wissen. Wichtiger noch ist die positive Bereicherung, auf die ich auch schon früher hingewiesen habe (S. 752), welche daher kommt, dass die Natur allein erfinderisch ist. »Einzig die hervorbringende Natur besitzt unzweideutiges, gewisses Genie«, sagt Goethe.[1]) Die Natur giebt uns Stoff und Idee zugleich; das bezeugt jede Gestalt. Und nimmt man nun Natur nicht in dem engen Kinderstubensinn einer Stern- und Tierkunde, sondern in dem weiten Verstand, den ich bei Besprechung der einzelnen Philosophen angedeutet habe, so wird man Goethe's Ausspruch überall bestätigt finden; die Natur ist das unzweideutige Genie, die eigentliche Erfinderin. Wobei aber Folgendes wohl zu beachten ist: Natur offenbart sich nicht allein im Regenbogen, auch nicht allein in dem Auge, das diesen wahrnimmt, sondern auch im Gemüt, das ihn bewundert und in der Vernunft, die ihm nachsinnt. Jedoch, damit das Auge, das Gemüt, die Vernunft, mit Bewusstsein das Genie der Natur erblicken und sich einverleiben, bedarf es einer besonderen Anlage und einer besonderen Schulung. Hier wie anderwärts handelt es sich also im letzten Grunde um eine Orientierung des Geistes;[2]) ist diese erst erfolgt, so fördern Zeit und Übung das Übrige mit Notwendigkeit zu Tage. Mit Schiller kann man hier sprechen: »Die Richtung ist zugleich die Vollendung und der Weg ist zurückgelegt, sobald er eingeschlagen ist.«[3]) So hätte z. B. Locke's philosophisches Lebenswerk, sein Versuch über den menschlichen Verstand, jederzeit innerhalb der vorangegangenen 2500 Jahre vollbracht werden können, hätte nur irgend ein Mensch die Neigung gespürt, sich an die Natur zu wenden. Gelehrsamkeit, Instrumente, mathematische oder sonstige Entdeckungen werden nicht beansprucht, sondern einzig treue Selbstbeobachtung, Befragen des Selbst in der selben Art, wie man ein anderes Naturphänomen beobachten und befragen würde. Was hätte den ungleich bedeutenderen Aristoteles verhindert, das selbe zu leisten, wenn nicht die anthropomorphische Oberflächlichkeit hellenischer Naturbeobachtung, die wie ein Komet mit hyperbolischer Bahn sich

---

[1]) *Vorträge zum Entwurf einer Einleitung in die vergleichende Anatomie*, II.
[2]) S. 686, 765.
[3]) *Über die ästhetische Erziehung des Menschen*, Bf. 9.

jeder gegebenen Thatsache mit rasender Eile näherte, um sie bald
darauf auf ewig aus den Augen zu verlieren? Was hätte Augustin
verhindert, der philosophisch so tief beanlagt war, wenn nicht seine
grundsätzliche Verachtung der Natur? Was den Thomas von Aquin, wenn
nicht einzig der Wahn, dass er ohne irgend etwas zu beobachten alles
wisse? Dieses Sichwenden an die Natur — diese neue Geistesorien-
tierung, eine Grossthat der germanischen Seele — bedeutet nun, wie
gesagt, eine gewaltige, ja, eine geradezu unermessliche Bereicherung des
Menschengeistes: denn es versorgt ihn unerschöpflich mit neuem Stoff
(d. h. Vorstellungen) und neuen Verknüpfungen (d. h. Ideen). Nunmehr trinkt der Mensch unmittelbar aus der Quelle aller Erfindung,
aller Genialität. Das ist ein wesentlicher Zug unserer neuen Welt und
wohlgeeignet, uns Selbstbewusstsein und Selbstvertrauen einzuflössen.
Früher glich der Mensch den Brunneneseln des südlichen Europa und
musste sich den ganzen Tag im Kreise seines armseligen Selbst herum-
drehen, damit er nur etwas Wasser für den Durst hinaufpumpe; nunmehr liegt er an den Brüsten der Mutter »Natur«.

Etwas weiter, als bis wohin Alphonse De Candolle's Bemerkung
hinzuweisen schien, sind wir schon gekommen; das Wissen von unserem Nichtwissen führte uns in die unerschöpfliche Schatzkammer
der Natur ein und zeigte uns den verlorenen Weg zu dem ewig
strömenden Quell aller Erfindung. Jetzt müssen wir aber den dornigen
Pfad der reinen Philosophie wandeln und werden finden, dass der
selbe Grundsatz einer exakten Scheidung zwischen dem Bekannten
und dem Unbekannten uns auch dort grundlegende Dienste leistet.

Wenn Locke seinen Verstand beobachtend analysiert, so entäussert
er sich gewissermassen seiner selbst, um sich als ein Stück Natur
betrachten zu können; offenbar liegt aber hier ein unüberwindliches
Hindernis im Wege. Womit soll er sich denn betrachten? Schliesslich
ist es Natur, die Natur betrachtet. Die Richtigkeit und Tragweite
dieser Erwägung begreift oder ahnt wenigstens ein Jeder sofort. Frucht-
bar wird sie aber erst, wenn man sie durch eine zweite Erwägung
ergänzt, die etwas mehr Überlegung erfordert. Hierzu ein zweites
Beispiel. Wenn jener andere grundlegende Denker unter den ersten
naturforschenden Philosophen, Descartes, im Gegensatz zu Locke, nicht
sich selbst, sondern die umgebende Natur betrachtet — von dem
kreisenden Gestirn bis zu dem schlagenden Herzen des frisch zerlegten
Tieres — und überall das Gesetz des Mechanismus entdeckt, so dass
er lehrt, auch den geistigen Erscheinungen müssen Bewegungen zu

Grunde liegen,[1]) so wird eine geringe Überlegung überzeugen, dass auch hier jenes selbe Hindernis im Wege liegt, wie bei Locke, und es unmöglich macht, der Folgerung unbedingte Gültigkeit zuzuerkennen; denn der Denker Descartes steht doch nicht als losgelöster Beobachter da, sondern ist selber ein Stück Natur: hier wieder ist es also Natur, die Natur betrachtet. Wir mögen schauen wohin wir wollen, wir schauen immer nach innen. Ja, wenn wir mit den Juden und mit den christlichen Kirchendoktoren dem Menschen einen übernatürlichen Ursprung, ein aussernatürliches Wesen zuschreiben wollen, dann freilich besteht das Dilemma nicht, sondern dann stehen sich Mensch und Natur wie Faust und Helena gegenüber und können sich »über des Throns aufgepolsterter Herrlichkeit« die Hand reichen, Faust, der wirklich Lebendige, der Mensch, Helena, die scheinbar lebendige, scheinbar verständige, scheinbar redende und liebende Schattengestalt, die Natur.[2]) Das ist der springende Punkt; hier trennt sich Welt von

---

[1]) Dass Descartes, der sämtliche geistige Erscheinungen des tierischen Lebens »durch Prinzipien der Physik erklärt« (siehe die *Principia philosophiae*, T. 2, § 64 mit Hinzuziehung des ersten Paragraphen), dem Menschen aus Rücksichten der Rechtgläubigkeit ausserdem eine »Seele« zuschrieb, hat für seine Weltanschauung um so weniger zu bedeuten, als er die gänzliche Trennung von Leib und Seele postuliert, so dass keinerlei Verbindung zwischen beiden besteht, der Mensch also nicht minder als jede andere sinnliche Erscheinung durchwegs mechanisch muss erklärt werden können. Es wäre sehr zu wünschen, dass man uns endlich einmal mit dem langweiligen, ewigen *cogito ergo sum* in Ruhe liesse; nicht psychologische Analyse macht Descartes' Grösse aus; im Gegenteil, er hat hier mit der grossartigen Ungeniertheit des Genies, und zum dauernden Schrecken aller kleinen logischen Lumpen, rechts und links die Bedenklichkeiten bei Seite geschoben und so sich freie Bahn durchgehauen zu dem einen grossen Grundsatz, dass jede Naturdeutung notwendig mechanisch sein muss, um überhaupt dem Menschenhirn (wenigstens dem Hirn des *Homo europaeus*) begreiflich zu sein.

[2]) Ein derartiges Schattendasein schreibt Thomas von Aquin thatsächlich den Tieren zu: »Die unvernünftigen Tiere besitzen einen von der göttlichen Vernunft ihnen eingepflanzten Instinkt, vermöge dessen sie innere und äussere vernunftähnliche Regungen haben.« Man sieht, welche Kluft diese Automaten des Thomas von den Automaten des Descartes trennt; denn Thomas ist bestrebt — gleich seinen heutigen Nachfolgern, dem Jesuiten Wasmann (S. 59) und der ganzen katholischen Naturlehre — aus den Tieren Maschinen zu machen, damit der semitische Wahngedanke einer lediglich für den Menschen erschaffenen Natur noch aufrecht erhalten werden könne, wogegen Descartes die grosse Einsicht vertritt, dass jegliches Geschehen als mechanischer Vorgang gedeutet werden müsse, die Lebensphänomene des Tieres und des Menschen nicht weniger als das Leben der Sonne.

Welt, hier scheidet die Wissenschaft des Relativen von der Dogmatik
des Absoluten; hier auch (darüber gebe man sich keiner Selbsttäuschung
hin) zweigt die Religion der Erfahrung auf immer von historischer
Religion ab. Stellen wir uns nun auf den germanischen Standpunkt
und begreifen wir die zwingende Notwendigkeit von Descartes' Einsicht — durch welche erst Naturwissenschaft als ein zusammenhängendes
Ganzes möglich wird — so muss uns Folgendes auffallen: jener Locke,
der den eigenen Verstand in seiner Entstehung und Verrichtung restlos
analysieren will, ist doch selber ein Bestandteil der Natur und folglich
insofern auch eine Maschine; er gleicht also einigermassen einer Lokomotive, die sich auseinandernehmen möchte, um ihre Funktionierung
zu begreifen; dass ein derartiges Vorhaben vollständig gelingen könnte,
ist nicht anzunehmen, denn um selber nicht aufzuhören zu sein, müsste
die Lokomotive in Thätigkeit bleiben, sie könnte also nur einmal hier,
einmal dort einen Teil des Apparates durch Experiment prüfen, vielleicht auch einiges Nebensächliche zerlegen, alles Wichtigste könnte
sie aber nie berühren; ihr Wissen wäre also eher eine Beschreibung
als ein Durchdringen, und diese Beschreibung selbst (d. h. die Auffassung der Lokomotive von ihrem eigenen Wesen) wäre nicht eine
erschöpfende, den Gegenstand beherrschende Darstellung, sondern sie
wäre durch den Bau der Lokomotive von vornherein bestimmt und
beschränkt. Ich weiss, der Vergleich hinkt stark, doch wenn er nur
hilft, genügt er. Nun haben wir aber gesehen, dass jenes Hinaus-
schauen des Descartes ebenfalls nur die Selbstbetrachtung der Natur,
d. h. ein Schauen nach innen bedeutet; folglich wird der selbe Einwurf auch hier gültig sein. Daraus erhellt, dass wir nie entwirren
können, ob die Deutung der Natur als Mechanismus lediglich ein
Gesetz des Menschengeistes ist oder auch ein aussermenschliches Gesetz.
Der scharfsinnige Locke hat das auch eingesehen und gesteht ausdrücklich: »das, was unsere Gedanken erfassen können, ist im Verhältnis
zu dem, was sie nicht erfassen können, kaum ein Punkt, fast Nichts.«[1]
Der Leser, der diesen Gedankengang weiter verfolgt, was ich hier leider
des Raumes wegen nicht kann, wird es begreifen, glaube ich, wenn
ich das Ergebnis in folgende Formel zusammenfasse: Unser Wissen
von der Natur (Naturwissenschaft im umfassendsten Sinne des Wortes
und einschliesslich der wissenschaftlichen Philosophie) ist die immer
ausführlichere Darlegung eines Unwissbaren.

---

[1] *Essay concerning human Understanding, book* 4, ch. 3, § 23.

Das alles bildet aber nur die eine Seite dieser Betrachtung. Unzweifelhaft dient unsere Erforschung der Natur zunächst nur einer *extensiven* Erweiterung unseres Wissens: wir sehen immer mehr und immer genauer, doch nimmt dadurch unser Wissen *intensiv* nicht zu, d. h. wir sind wohl wissender, aber nicht weiser als zuvor, und wir sind nicht um eine Handbreite weiter in das Innere des Welträtsels eingedrungen. Doch soll der wahre Gewinn unserer Naturforschung jetzt erst genannt werden: er ist ein innerer, denn er führt uns wirklich ins Innere ein und lehrt uns das Welträtsel zwar nicht lösen, doch erfassen, und das ist viel, denn das gerade macht uns, wenn nicht wissender, so doch weiser. Die Physik ist die grosse, unmittelbare Lehrerin der Metaphysik; erst durch die Betrachtung der Natur lernt der Mensch sich selber erkennen. Doch um das mit voller Überzeugung einzusehen, müssen wir das schon Angedeutete mit kräftigeren Zügen noch einmal nachzeichnen.

Ich rufe dazu De Candolle's Ausspruch ins Gedächtnis zurück: erst durch exaktes Wissen wird die Grenze zwischen Bekanntem und Unbekanntem wahrgenommen. Mit anderen Worten: erst aus exaktem Wissen ergiebt sich exaktes Nichtwissen. Ich meine, das hat sich im Obigen in überraschender Weise bewahrheitet. Erst die Richtung auf exakte Forschung hat den Denkern die Unerforschlichkeit der Natur geoffenbart, eine Unerforschlichkeit, die früher kein Mensch geahnt hatte. Es schien alles so einfach, man brauchte bloss zuzugreifen. Man könnte, glaube ich, leicht Zeugnisse dafür anführen, dass die Menschen vor der Ära der grossen Entdeckungen sich förmlich schämten, zu beobachten und Versuche anzustellen: es kam ihnen kindisch vor. Wie wenig irgend ein Mysterium geahnt wurde, ersieht man aus solchen ersten naturwissenschaftlichen Versuchen wie die des Albertus Magnus und des Roger Bacon: kaum erblicken diese Männer ein Phänomen und gleich ist die Erklärung da. Zweihundert Jahre später experimentiert und beobachtet zwar Paracelsus mit Eifer, denn er hat schon das Fieber, neue Thatsachen zu sammeln und empfindet lebhaft unsere grenzenlose Unwissenheit in Bezug auf diese; um Gründe und Erklärungen aber ist er ebenfalls nie einen Augenblick verlegen. Doch je näher wir der Natur rückten, desto ferner schwand sie zurück, und als unsere besten Philosophen sie ganz ergründen wollten, stellte es sich heraus, dass sie unergründlich ist. Das war der Gang von Descartes bis Kant. Schon Descartes, der tiefsinnige Mechaniker, sah sich veranlasst, der Frage, »giebt es in Wirklichkeit materielle Dinge?« eine ganze Schrift zu

widmen. Nicht dass er im Ernste daran gezweifelt hätte; gerade aber
die konsequent durchgeführte Einsicht, dass alle Wissenschaft Be-
wegungslehre sei, hatte ihm eine Erkenntnis aufgedrungen, die früher
höchstens hier und dort als sophistische Spielerei aufgetreten war:
»dass aus der körperlichen Natur gar kein einziges Argument geschöpft werden kann, welches mit Notwendigkeit
auf die Existenz eines Körpers schliessen lässt.« Und er er-
schrak so sehr über die unwiderlegbare Wahrheit dieses wissenschaftlichen Ergebnisses, dass er, um sich aus der Klemme zu helfen, zur
Theologie greifen musste: »da Gott kein Betrüger ist, folgere ich mit
Notwendigkeit, dass er mich auch in Bezug auf die körperlichen
Dinge nicht betrogen hat.«[1] Locke gelangte ein halbes Jahrhundert
später auf einem anderen Wege zu einem ganz analogen Schluss.
»Ein Wissen der sinnlich wahrgenommenen Körper kann es nicht
geben; wie weit auch menschlicher Fleiss die nützliche und ausführliche Kenntnis der körperlichen Dinge in Zukunft wird fördern können,
ein Wissen davon wird stets unerreichbar bleiben, denn selbst für das
Nächstliegende fehlt uns die Fähigkeit zu adäquaten Vorstellungen zu
gelangen . . . . nie werden wir in dieser Beziehung bis auf den Grund
der Wahrheit kommen können.« Und auch Locke half sich, indem
er dem Problem auswich und in die Arme der Theologie flüchtete:
unsere Vernunft ist die göttliche Offenbarung, durch welche Gott uns
einen Teil der Wahrheit mitgeteilt hat u. s. w.[2] Der Unterschied
zwischen Descartes und Locke besteht nur darin, dass der mechanisch
Denkende (Descartes) die absolute Unmöglichkeit, die Existenz der
Körper überhaupt wissenschaftlich zu beweisen, lebhaft empfindet, wogegen der Psycholog (Locke) die zwingende Kraft der mechanischen
Erwägungen weniger begreift, dagegen aber durch die psychologische
Unmöglichkeit gefesselt wird, auf das Wesen eines Dinges aus seinen
von uns wahrgenommenen Qualitäten zu schliessen. Inzwischen ver-
tiefte sich die neue Weltanschauung immer weiter, doch blieb jene

---

[1] *Méditations métaphysiques,* 6. (Der erste Satz im zweiten Absatz, der zweite
im letzten.)

[2] l. c., Buch 4, Kap. 3, § 26 und Kap. 19, § 4. In diesen theologischen Aus-
flüchten der ersten Bearbeiter der neuen germanischen Weltanschauung liegt offenbar
der Keim zu der späteren dogmatischen Annahme der Schelling und Hegel von der
Identität des Denkens und Seins. Was jenen Bahnbrechern eine blosse Rast am Wege
gewesen war und zugleich eine Rettung vor der Verfolgung seitens fanatischer Pfaffen,
ward jetzt der Eckstein eines neuen Absolutismus.

Erkenntnis unanfechtbar. Auch Kant musste bezeugen, dass jede philosophische Ergründung der mathematisch-mechanischen Körperlehre »sich mit dem Leeren und darum Unbegreiflichen endigt«.[1] Die exakte Forschung hat uns also nicht allein in empirischer Beziehung den dankbar anzuerkennenden Dienst geleistet, dass wir hinfürder zwischen dem was wir kennen und dem was wir nicht kennen, genau zu unterscheiden gelernt haben, sondern ihre philosophische Vertiefung hat eine scharfe Grenze zwischen Wissen und Nichtwissen gezogen: die gesamte Körperwelt kann nicht »gewusst« werden.

Nebenbei, und um ähnliche Missverständnisse beim Leser zu verhüten, sei kurz auf zwei Verirrungen hingewiesen, die aus diesem ersten grossen Ergebnis der philosophischen Naturforschung der Descartes und Locke hervorsprossen: den Idealismus und den Materialismus. Die Körperwelt, weil sie nicht »gewusst« werden kann, mit Berkeley (1685—1753) ganz wegzuleugnen, ist eine geistreiche, doch wertlose Spielerei; denn dies heisst einfach die Behauptung aufstellen: weil ich die Sinnenwelt vermittelst meiner Sinne wahrnehme und keine andere Gewähr für ihr Dasein besitze, darum existiert sie nicht, weil ich die Rose nur vermittelst meiner Nase rieche, darum giebt es zwar eine Nase (wenigstens eine ideale) aber noch keine Rose. Ebenso wenig stichhaltig war die andere Folgerung, welche allzusehr an der Oberfläche klebende Denker zogen, und welche in Lamettrie (1709—51) und Condillac (1715—80) ihren klarsten Ausdruck fand: weil meine Sinne nur Sinnliches wahrnehmen, darum giebt es nur Sinnliches, weil mein Verstand ein Mechanismus ist, der das sinnlich Wahrgenommene nur »maschinell« aufzufassen vermag, darum ist Mechanik erschöpfende Weltweisheit. Beides — Idealismus und Materialismus — sind offenbare Trugschlüsse, Schlüsse, welche sich auf Descartes und Locke stützen und dennoch den klarsten Ergebnissen ihrer Arbeiten widersprechen. Ausserdem lassen diese beiden Ansichten einen wesentlichen Bestandteil der Weltanschauung der Descartes und Locke gänzlich unberücksichtigt: denn Descartes hatte nicht die ganze Welt, sondern nur die Welt der Erscheinungen mechanisch gedeutet, Locke hatte nicht die ganze Welt, sondern nur die Seele analysiert, indem er meinte, eine Wissenschaft der Körper könne es nicht geben. Solchen Missverständnissen waren die grossen Genies jederzeit ausgesetzt; lassen wir sie also bei Seite, und sehen wir zu, wie unsere

Idealismus und Materialismus.

---

[1] *Metaphysische Anfangsgründe der Naturwissenschaft,* letzter Absatz.

neue Weltanschauung auf den einzig wahren Höhen des Denkens sich weiter ausbildete.

Ich bemerkte vorhin, Natur sei nicht allein der Regenbogen und das ihn wahrnehmende Auge, sondern auch das durch diesen Anblick bewegte Gemüt und der ihm nachsinnende Gedanke. Diese Erwägung liegt zu nahe, als dass sie einem Descartes und Locke nicht hätte einfallen sollen; doch hatten diese grossen Männer noch schwer zu tragen an der ererbten Vorstellung einer besonderen, unkörperlichen S e e l e; diese Last klammerte sich ihnen noch so fest an, wie das zu einem Riesen herangewachsene Kind auf den Schultern des Christophorus, und brachte ihr Denken manchmal zum Stolpern; ausserdem waren sie mit Analysen so vollauf beschäftigt, dass ihnen die Kraft der alles überblickenden Synthese abging. Doch finden wir bei ihnen, unter allerhand systematischen und systemlosen Hüllen sehr tiefe Gedanken, die den Weg zur Metaphysik wiesen. Dass man von unseren Vorstellungen auf die Dinge nicht schliessen könne, hatten, wie gesagt, beide eingesehen: unsere Vorstellungen von den Qualitäten der Dinge gleichen den Dingen nicht mehr, als der Schmerz dem geschliffenen Dolche gleicht oder das Gefühl des Kitzelns der kitzelnden Feder.[1]) Diesen Gedanken verfolgt nun Descartes weiter und gelangt zu der Überzeugung, die menschliche Natur bestehe aus zwei völlig getrennten Teilen, wovon nur der eine dem Reiche der sonst allbeherrschenden Mechanik angehöre, der andere — den er Seele nennt — nicht. Die Gedanken und die Leidenschaften machen die Seele aus.[2]) Es ist nun ein Beweis nicht allein von Descartes' Tiefsinn, sondern namentlich auch von seiner echt naturwissenschaftlichen Denkart, dass er jederzeit für die unbedingte, absolute Trennung von Seele und Körper heftig eintritt; man darf nicht in einer so oft und leidenschaftlich vorgetragenen Überzeugung eine religiöse Einseitigkeit erblicken; nein, Kant hat hundert und einige Jahre später haarscharf nachgewiesen, warum wir in der Praxis genötigt sind, uns »die Erscheinungen im Raume als von den Handlungen des Denkens ganz unterschieden vorzustellen« und insofern »eine zwiefache Natur anzunehmen, die denkende und die körperliche«.[3]) Descartes wählte für diese Einsicht die Form, die ihm zur Verfügung

---

[1]) Descartes: (frei nach) *Traité du monde ou de la lumière,* ch. 1.

[2]) Siehe namentlich die 6. *Méditatiton,* und in *Les passions de l'âme* die §§ 4, 17 u. s. w.

[3]) *Kritik der reinen Vernunft* (Von der Endabsicht der natürlichen Dialektik der menschlichen Vernunft).

stand und förderte dadurch eine grundlegende doppelte Erkenntnis in durchaus anschaulicher Weise an den Tag: den unbedingten Mechanismus der körperlichen Natur und den unbedingten Nicht-Mechanismus der denkenden Natur. Diese Auffassung bedurfte aber einer Ergänzung. Locke, der nicht Mechaniker und Mathematiker war, konnte eher auf sie geraten. Auch er hatte eine Seele als ein besonderes, getrenntes Wesen annehmen zu müssen geglaubt; doch ist sie ihm stets im Wege, und als blosser Psycholog — als wissenschaftlicher Dilettant, wenn ich den Ausdruck ohne tadelnde Nebenbedeutung anwenden darf — empfindet er nicht die zwingende Kraft von Descartes' rein wissenschaftlicher und formeller Besorgnis; er ist überhaupt ein nicht entfernt so tief blickender Geist wie Descartes; darum wirft er mit der unschuldigsten Miene von der Welt die Frage auf: warum sollten nicht die Seele und der Leib identisch, die denkende Natur eine ausgedehnte, körperliche sein?[1]) Dem philosophisch nicht geschulten Leser diene Folgendes zur Erläuterung: streng wissenschaftlich genommen ist das Denken mir einzig durch persönliche innere Erfahrung gegeben; jegliche Erscheinung, auch solche, die ich aus Analogie mit grösster Sicherheit dem Denken und dem Fühlen Anderer zuschreibe, muss mechanisch gedeutet werden können: das festgestellt zu haben, ist gerade das unvergängliche Verdienst des Descartes. Nun kommt Locke und macht die sehr feine Bemerkung (die ich, um den Zusammenhang deutlich herzustellen, aus der etwas lockeren psychologischen Manier Locke's in die wissenschaftliche Denkweise des Descartes übertrage): da wir jede Erscheinung — selbst solche, die der Verstandesthätigkeit zu entspriessen scheinen — auch ohne ein Denken voraussetzen zu müssen, erklären können, wir aber doch aus persönlicher Erfahrung wissen, dass in einigen Fällen der Mechanismus von Denken begleitet ist, wer beweist uns, dass nicht jeder körperlichen Erscheinung Denken innewohnen und nicht jeder mechanische Vorgang von Gedanken begleitet sein könne?[2]) Locke selbst ahnte offenbar weder

---

[1]) *Essay*, Buch 2, Kap. 27, § 27, besonders aber Buch 4, Kap. 3, § 6.

[2]) Man darf diesen wissenschaftlich-philosophischen Gedanken (wie ihn Kant und Andere wieder aufnehmen, siehe oben S. 114) nicht mit den Schwärmereien eines Schelling über »Geist« und »Materie« identifizieren; denn das Denken ist eine bestimmte Thatsache der Erfahrung, die nur in Begleitung ebenso bestimmter, sinnlich wahrnehmbarer, organischer Mechanismen uns bekannt ist; wogegen der Geist ein so vager Begriff ist, dass man jeden beliebigen Hokuspokus damit treiben kann. Wenn Goethe am 24. Mai 1828 an den Kanzler von Müller (offenbar unter dem Einfluss

was er durch diesen Einfall zerstörte, noch wozu er den Weg eröffnete; denn er fährt dann trotzdem fort, zwei Naturen zu unterscheiden (wie hätte er als vernünftiger Mensch umhin können?), nicht
jedoch eine denkende und eine körperliche, sondern eine denkende
und eine nicht denkende.[1]) Damit verlässt Locke das Gebiet der
Empirie, das Gebiet des echten naturforschenden Denkens. Denn sage
ich von einer Erscheinung aus, sie ist »körperlich«, so sage ich etwas
aus, was die Erfahrung mich lehrt, sage ich aber, sie ist »nichtdenkend«,
so prädiziere ich etwas, was ich unmöglich je beweisen kann. Der selbe
Mann, der soeben die feine Bemerkung gemacht hat, das Denken
könnte eine Eigenschaft des Stoffes überhaupt sein, will jetzt zwischen
denkenden und nichtdenkenden Körpern unterscheiden! Kein Wunder,
dass die beiden Irrgedanken des absoluten (und in Folge dessen rein
materialistischen) Idealismus und des aus einer symbolischen Hypothese
hervorgegangenen (also rein »idealen«) Materialismus beide hier anknüpfen, wo Locke so arg gestolpert ist. Doch Locke selber war
nicht wie so viele seiner Nachfolger bis zum heutigen Tage an der
selben Stelle zu Boden gefallen, sondern war sofort mit der Naivetät
des Genies zu einer seiner glänzendsten Leistungen geschritten: nämlich zu dem Nachweis, dass aus nichtdenkender Materie, und sei sie
noch so reich mit Bewegung ausgestattet, niemals Denken entstehen
könne; das sei genau ebenso schlechthin unmöglich, meint er, wie
dass aus nichts etwas werde.[2]) Hier trifft also, wie man sieht, Locke
mit Descartes (und das heisst mit den Grundsätzen eines streng wissenschaftlichen Denkens) wieder vollkommen zusammen. Gerade Locke's
besonderer, individueller Gedankengang gewann nun, bei aller Fehler-
haftigkeit,[3]) weithin reichende Bedeutung, denn er war geeignet, den
letzten Rest von übernatürlichem Dogmatismus zu zerstören und weckte
den die Natur befragenden Philosophen zu voller Besinnung auf. Hier
musste dieser entweder ganz verzichten, weiter zu gehen, sein Unternehmen also als gescheitert betrachten und vor den Absolutisten die
Waffen strecken, oder aber er musste das Problem in seiner ganzen

---

Schelling's) schreibt: »Die Materie kann nie ohne Geist, der Geist nie ohne Materie
existieren«, so wird man gut thun, mit Onkel Toby ihm darauf zu antworten: »*That's
more than I know, Sir!*«

   [1]) *cogitative* und *incogitative*, Buch 4, Kap. 10, § 9.

   [2]) Buch 4, Kap. 10, § 10.

   [3]) »*C'est le privilège du vrai génie, et surtout du génie qui ouvre une carrière,
de faire impunément de grandes fautes*« (Voltaire).

Tiefe erfassen und das hiess notgedrungen metaphysischen Boden betreten.

Der Begriff »Metaphysik« hat so viel gerechtfertigten Abscheu auf sich gehäuft, dass man das Wort nicht gerne anwendet; es wirkt als Vogelscheuche. Eigentlich brauchen wir das Wort auch gar nicht — oder brauchten es wenigstens in dem Falle nicht, wenn es ausgemacht wäre, dass die alte Metaphysik kein Existenzrecht mehr besässe, und die neue Metaphysik — die der Naturforscher — einfach »Philosophie« wäre. Aristoteles nannte jenen Teil seines Lehrgebäudes, den man später Metaphysik getauft hat, Theologie; das war das richtige Wort, denn es war die Lehre vom *Theos* im Gegensatz zur Lehre von der *Physis,* Gott als Gegensatz zur Natur. Von ihm an bis auf Hume war Metaphysik Theologie, d. h. sie war eine Sammlung von un_bewiesenen apodiktischen Sätzen, die entweder aus direkter göttlicher Offenbarung hergeleitet wurden, oder aber aus indirekter, indem man nämlich von der Voraussetzung ausging, die menschliche Vernunft selber sei übernatürlich und vermöge infolgedessen, kraft eigener Überlegung, jede Wahrheit zu entdecken: Metaphysik gründete sich also nie unmittelbar auf Erfahrung und bezog sich auch nicht unmittelbar auf sie, sondern sie war entweder Inspiration oder Ratiocination, entweder Eingebung oder reiner Vernunftschluss. Hume nun (1711—1776), lebhaft angeregt durch Locke's paradoxe Ergebnisse, verlangte ausdrücklich, Metaphysik solle aufhören, Theologie zu sein und solle Wissenschaft werden.[1]) Wohl gelang es ihm selber nicht ganz, dieses Programm durchzuführen, denn er war mehr beanlagt, falsche Wissenschaft zu zerstören als wahre Wissenschaft aufzubauen; doch gab er eine so kräftige Anregung in dem bezeichneten Sinne, dass er Immanuel Kant »aus dem dogmatischen Schlummer aufweckte«. Von nun an haben wir unter dem Wort Metaphysik etwas ganz anderes zu verstehen als ehedem. Es bedeutet nicht einen Gegensatz zur Erfahrung, sondern die Besinnung über die uns durch die Erfahrung gelieferten Thatsachen und ihre Verknüpfung zu einer bestimmten Weltanschauung. Vier Worte Kant's enthalten die Essenz dessen, was Metaphysik jetzt bedeutet;

Das
metaphysische
Problem.

---

[1]) *A treatise of human nature.* Einleitung. Das Dilemma der Descartes und Locke nimmt Hume in diese selbe Einleitung als ein evidentes Ergebnis genauen Denkens auf und meint: ›jede Hypothese, welche die letzten Gründe der menschlichen Natur aufzudecken vorgiebt, ist ohne Weiteres als eine Vermessenheit und Chimäre abzuweisen‹. Anstatt wie Jene eine hypothetische Lösung zu versuchen, verharrt er in grundsätzlicher Skepsis bezüglich dieser ›Gründe‹.

Metaphysik ist die Antwort auf die Frage: »wie ist Erfahrung möglich«?
Diese Frage ergab sich unmittelbar aus dem oben geschilderten Dilemma,
zu welchem ehrliche, naturforschende Philosophie geführt hatte. Zwingt
uns die Sorge um echte Wissenschaft der Körper, das Denken von der
körperlichen Erscheinung völlig zu trennen, wie gelangt dann das
Denken zu einer Erfahrung der körperlichen Dinge? Oder aber, fasse ich
das selbe Problem als Psycholog an und lege das Denken dem Körperlichen (das mechanischen Gesetzen gehorcht) als Attribut bei, vernichte
ich dann nicht durch diesen Gewaltstreich echte (das heisst mechanische)
Wissenschaft ohne das Geringste zur Lösung des Problems beigetragen
zu haben? Die Besinnung hierüber wird uns namentlich zu einer
Besinnung über uns selbst führen, da diese verschiedenen Urteile in
uns selber wurzeln, und die Antwort auf die Frage, »wie ist Erfahrung möglich«? wird nicht gegeben werden können, ohne zugleich
die Grundlinien einer Weltanschauung hinzuzeichnen. Vielleicht wird
die Frage innerhalb gewisser Grenzen eine verschiedene Beantwortung
zulassen, doch der Kardinalunterschied wird fortan immer sein: ob
diese Frage, die aus rein naturwissenschaftlichen Erwägungen sich ergeben hat, auch wissenschaftlich beantwortet, oder nach der Methode
der alten Theologen einfach zerhauen wird zu Gunsten eines beliebigen
Vernunftdogmas.[1]) Erstere Methode fördert zugleich Wissenschaft und
Religion, letztere vernichtet beide; erstere bereichert Kultur und Wissen,
gleichviel ob man alle Ergebnisse eines bestimmten Philosophen (z. B.
eines Kant) stichhaltig findet oder nicht, letztere ist antigermanisch und

---

[1]) Da Kant der hervorragendste Vertreter der rein wissenschaftlichen Beantwortung ist, und unwissende oder boshafte Skribenten noch immer das Publikum
mit der Behauptung irreführen, die Philosophie der Fichte und Hegel stehe in einem
organischen Zusammenhang mit der Kant's, wodurch jedes wahre Verständnis und
jede ernste Vertiefung unserer Weltanschauung unmöglich wird, so mache ich den
philosophisch minder gebildeten Leser darauf aufmerksam, dass Kant in einer feierlichen Erklärung des Jahres 1799 Fichte's Lehre als ein »gänzlich unhaltbares System«
gebrandmarkt und ausserdem kurz darauf aufmerksam gemacht hat, dass zwischen
seiner »kritischen Philosophie« (die kritische Besinnung nämlich über die durch
die wissenschaftliche Erforschung der körperlichen und der denkenden Natur gewonnenen Ergebnisse) und derartiger »Scholastik« (so nennt er Fichte's Philosophie)
keinerlei Verwandtschaft bestehe. Die philosophische Widerlegung dieser Neo-
scholastik hatte Kant lange, ehe Fichte zu schreiben begann, geliefert, denn sie
atmet aus jeder Seite seiner *Kritik der reinen Vernunft*; man sehe besonders § 27
der Analytik der Begriffe, und vergleiche hierzu namentlich auch die prächtige kleine
Schrift aus dem Jahre 1796: *Von einem neuerdings erhobenen vornehmen Ton in der
Philosophie.*

legt der Wissenschaft in allen ihren Zweigen Handschellen an, gleichwie seinerzeit die Theologie des Aristoteles es gethan hatte.

Für das Verständnis unserer heranwachsenden neuen Welt und
unseres ganzen 19. Jahrhunderts war es zunächst unumgänglich notwendig, deutlich zu zeigen, wie aus einem neuen Geist und einer neuen
Methode auch neue Ergebnisse entstehen und wie diese wiederum zu
einem durchaus neuen philosophischen Problem führen mussten.
Und das hat einige Umständlichkeit erfordert; denn der Menschheits-
und Fortschrittswahn macht, dass die Geschichtsschreiber der Philosophie
unsere Weltanschauung immer so darstellen, als ob sie nach und nach
aus der hellenischen und scholastischen hervorgewachsen wäre, und das
ist einfach nicht wahr, sondern ist ein pragmatisches Wahngebilde. Vielmehr ist unsere Weltanschauung in unmittelbarem Gegensatz zur hellenischen und zur christ-hellenischen Philosophie entstanden. Unsere Theologen kündigten der Kirchenphilosophie den Gehorsam; unsere Mystiker
schüttelten, so viel sie irgend konnten, die historische Überlieferung ab,
um in die Erfahrungen des eigenen Selbst sich zu vertiefen; unsere
Humanisten leugneten das Absolute, leugneten den Fortschritt, kehrten
sehnsuchtsvoll in die beschimpfte Vergangenheit zurück und lehrten uns
das Individuelle in seinen verschiedenen Äusserungen unterscheiden und
hochschätzen; unsere naturforschenden Denker endlich richteten ihr
Sinnen auf die Ergebnisse einer früher nie geahnten, nie versuchten
Wissenschaft; ein Descartes, ein Locke sind von der Sohle bis zum
Scheitel neue Erscheinungen, sie knüpfen nicht bei Aristoteles und
Plato an, sondern sagen sich energisch von ihnen los, und was ihnen
von der Scholastik ihrer Zeit anklebt, ist nicht das Wesentliche an
ihnen, sondern das Nebensächliche. Diese Überzeugung hoffe ich dem
Leser mitgeteilt zu haben, und ich meine, sie war es wert, dass man
ein paar Druckseiten darauf verwendete. Nur auf diese Weise konnte
es gelingen, begreiflich zu machen, dass das Dilemma, in welchem
sich Descartes und Locke plötzlich verwickelt fanden, nicht eine alte
aufgewärmte philosophische Frage war, sondern eine durchaus neue,
die sich aus dem redlichen Bestreben ergeben hatte, sich von der Erfahrung allein, von der Natur allein leiten zu lassen. Das Problem,
welches jetzt auftauchte, mag wohl mit anderen Problemen, die andere
Denker zu anderen Zeiten beschäftigt hatten, verwandt sein, doch nicht
genetisch; und die besondere Art, wie es hier auftrat, ist ganz neu.
Hier schafft der Historiker nicht durch Verbindung, sondern durch
Trennung Klarheit.

Jetzt muss ich aber noch einen letzten Augenblick die Aufmerksamkeit des Lesers beanspruchen. So gut es ohne grössere metaphysische Vertiefung gehen will, muss ich nämlich versuchen, jenes
unserer spezifisch germanischen Weltanschauung zu Grunde liegende
metaphysische Problem zu erläutern, so weit wenigstens, dass jeder
Leser begreifen kann, wie berechtigt meine Behauptung war, die Erforschung der Natur lehre den Menschen sich selbst erkennen, sie führe
ihn ins Innere ein. Hier erst wird die Verbindung mit Religion sichtbar
werden, die in der That alle die Philosophen, die ich jetzt genannt
habe, eingehend und leidenschaftlich beschäftigt hat. Selbst Hume,
der Skeptiker, ist tief innerlich religiös. Die Wut, mit welcher er
über die historischen Religionen als über »Phantastereien halbmensch-
licher Affen« herfällt,[1]) zeigt wie ernst es ihm um die Sache ist; und
solche Ausführungen wie das Kapitel *Of the immateriality of the soul*,[2])
lassen uns in Hume auch auf diesem Felde, wie auf dem rein philosophischen, den echten Vorläufer Kant's erkennen.

Wer nicht zu Aussernatürlichem seine Zuflucht nimmt, wird auf die
Frage »wie ist Erfahrung möglich?« nicht anders als mit einer Kritik
des gesamten Inhalts seines Bewusstseins antworten können. Kritik
kommt von *krinein*, einem Wort, welches ursprünglich »scheiden«,
»unterscheiden« heisst. Unterscheide ich aber richtig, so werde ich
auch zusammenbringen, was zusammengehört, d. h. ich werde auch
richtig verbinden. Wahre Kritik besteht also ebenso sehr im Verbinden wie im Unterscheiden, sie ist ebenso sehr Synthese wie Analyse.
Die Besinnung über das oben genau bezeichnete Doppeldilemma zeigte
nun bald, dass Descartes nicht richtig geschieden und Locke nicht
richtig verbunden hatte. Denn Descartes hatte aus formellen Gründen
Körper und Seele geschieden und wusste nun nicht weiter, da er sie
in sich selber untrennbar verbunden fand; Locke dagegen war wie
ein zweiter Curtius mit seinem ganzen Verstand in die gähnende Kluft
hinabgesprungen, doch ist Wissenschaft kein Märchen und die Kluft
gähnte nach wie vor. Ein erster grosser Fehler ist leicht zu entdecken. Diese frühen Naturforscher der Philosophie waren noch nicht
kühn genug; sie scheuten sich, die gesamte Natur unbefangen in den
Kreis ihrer Forschungen einzubeziehen; etwas blieb immer draussen,
etwas, was sie Gott und Seele und Religion und Metaphysik nennen.

---

[1]) *Dialogues concerning natural religion.*
[2]) *A treatise of human nature*, book I, part 4, section 5.

Dies gilt namentlich von der Religion; diese Philosophen lassen sie aus dem Spiele, d. h. sie reden von ihr, betrachten sie aber als eine Sache für sich, die ausserhalb der gesamten Wissenschaft zu stehen habe, als etwas für den Menschen freilich Wesentliches, für die Naturerkenntnis aber durchaus Untergeordnetes. Wer hierin bloss das Befangensein in kirchlichen Ideen erblicken wollte, würde oberflächlich urteilen; im Gegenteil, der Fehler ist viel eher eine Geringschätzung des religiösen Elementes. Denn dieses von ihnen fast gar nicht beachtete »Etwas« umfasst den wichtigsten Teil ihrer eigenen menschlichen Persönlichkeit, nämlich das Allerunmittelbartse ihrer Erfahrungen und daher sicherlich einen bedeutsamen Bruchteil der Natur. Die tiefsten Beobachtungen schieben sie einfach bei Seite, sobald sie nicht wissen, wo sie dieselben in ihrem empirischen und logischen System einreihen sollen. So besitzt Locke z. B. ein so lebhaftes Verständnis für den Wert der intuitiven oder anschaulichen Erkenntnis, dass er in dieser Beziehung geradezu ein Vorläufer Schopenhauer's genannt werden könnte: er nennt die Intuition »den hellen Sonnenschein« des Menschengeistes; ein Wissen, meint er, besitze nur insofern Wert, als es sich auf intuitive Anschauung (d. h. wie Locke ausdrücklich erklärt »eine Anschauung, welche ohne vermittelndes Urteil gewonnen wird«) unmittelbar oder mittelbar zurückführen lasse. Und wie wird diese »Wahrheitsquelle, welcher mehr bindende Überzeugungskraft zu eigen ist als allen Schlüssen der Vernunft« (so spricht Locke) im Zusammenhang der Untersuchung verwertet? Gar nicht. Nicht einmal die klare Einsicht, dass die Mathematik hierher gehört, regt zu tieferen Gedanken an, und das Ganze wird schliesslich »den Engeln und den Seelen der Gerechten im zukünftigen Leben« (*sic*) mit vielen Beglückwünschungen zur weiteren Untersuchung anempfohlen! Uns armen Menschen wird aber gelehrt: »allgemeine und sichere Wahrheiten findet man einzig in den Beziehungen der a b s t r a k t e n B e g r i f f e«; und das sagt ein naturforschender Philosoph![1]) Ebenso ergeht es den moralischen Erkenntnissen. Hier blitzt Locke während eines kurzen Augenblickes sogar als Vorläufer von Kant und dessen sittlicher Autonomie des Menschen auf. Er sagt: »moralische Ideen sind nicht weniger wahr und nicht weniger real, w e i l w i r s i e s e l b e r g e s c h a f f e n h a b e n«; man glaubt das grosse Kapitel der inneren Erfahrung aufschlagen zu sehen; doch nein, der Verfasser meint kurz

---

[1]) *Essay*, book 4., ch. 2, § 1 u. 7, ch. 17, § 14, ch. 12, § 7.

darauf: »für unseren jetzigen Gegenstand (er handelt *von der Wahrheit im Allgemeinen*) ist diese Erwägung ohne grosse Bedeutung; sie genannt zu haben, genügt.«[1] Auch dort, wo metaphysische Erwägungen nahegelegen hätten, streift Locke dicht heran an eine kritische Behandlung, ohne aber sich darauf einzulassen. So meint er z. B. von dem Begriff des Raumes: »ich werde Euch sagen, was Raum ist, wenn ihr mir gesagt haben werdet, was Ausdehnung ist«, und mehr als einmal behauptet er dann, Ausdehnung sei etwas »schlechthin Unbegreifliches«.[2] Doch wagt er es nicht, tiefer einzudringen; im Gegenteil, dieses schlechthin Undenkbare — das Ausgedehnte — wird später bei ihm zum Träger des Denkens! Durch dieses eine Beispiel glaube ich deutlich gemacht zu haben, was diesen bahnbrechenden Denkern noch fehlte: die volle philosophische Unbefangenheit. Sie standen doch noch ausserhalb der Natur, wie die Theologen, und meinten, sie könnten sie von dort aus betrachten und begreifen. Sie verstanden noch nicht:

Natur in sich, sich in Natur zu hegen.

Hume machte den entscheidenden Schritt hierzu: er beseitigte diese künstliche Scheidung des Selbst in zwei Teile, von denen man vorgiebt, den einen ganz erklären zu wollen, während der andere völlig unberücksichtigt, für Engel und Verstorbene aufgehoben bleibt. Hume stellte sich auf den Standpunkt eines konsequent die Natur — in sich und ausser sich — Befragenden; er deckte als Erster das metaphysische Problem »Wie ist Erfahrung möglich?« auf, holte die kritischen Einwürfe alle nacheinander herbei, und gelangte zu dem paradoxen Schluss, der sich in folgenden Worten zusammenfassen lässt: Erfahrung ist unmöglich. Er hatte in einem gewissen Sinne vollkommen Recht, und sein glänzendes Paradoxon ist wohl doch nur als Ironie zu fassen. Blieb man nämlich auf dem Standpunkt eines Descartes und Locke stehen und schob dennoch ihren *deus ex machina* bei Seite, dann stürzte sofort das Gebäude ein. Und zwar stürzte es um so gründlicher zusammen, als ihre Befangenheit nicht allein darin bestanden hatte, einen grossen und wichtigsten Teil ihres Erfahrungsmaterials unbenutzt liegen zu lassen, sondern — ich bitte dies ganz besonders zu beachten — auch darin, dass sie eine lückenlose, logische Erklärung des übrigen Teils ohne Weiteres als möglich voraussetzten.

---

[1] *Essay*, book 4., ch. 4, § 9 fg.
[2] l. c., book 2., ch. 13, § 15, ch. 23, § 22 u. 29.

Das war scholastische Erbschaft. Wer sagte ihnen denn, dass die Natur würde begriffen, würde erklärt werden können? Thomas von Aquin, ja, der kann das, denn er geht von diesem Dogma aus. Doch wie kommt der Mathematiker Descartes dazu, der behauptet hat, jede überkommene Meinung aus seinem Kopf verbannen zu wollen? Wie kommt *John Locke, gentleman,* dazu, der am Eingang seiner Untersuchung erklärt hat, lediglich die Grenzen des Menschenverstandes feststellen zu wollen? Descartes antwortet: Gott ist kein Betrüger, folglich muss mein Verstand den Dingen bis auf den Grund sehen; Locke antwortet: die Vernunft ist göttliche Offenbarung, folglich ist sie unfehlbar, so weit sie reicht. Das ist nicht echte Naturforschung, sondern erst ein Anlauf dazu, daher die Lückenhaftigkeit des Ergebnisses.

Im Interesse des nicht metaphysisch gebildeten Lesers habe ich die damalige Lage unserer jungen, werdenden Weltanschauung von der negativen Seite gemalt; so wird er viel leichter verstehen, was jetzt geschehen musste, um sie zu retten und zu fördern. Zunächst musste sie gereinigt werden, gereinigt von den letzten Spuren fremder Beimengungen; sodann musste der naturforschende Philosoph den vollen Mut seiner Überzeugung haben; er musste, wie Columbus, sich zaglos dem Meere der Natur anvertrauen, und nicht (wie dessen Matrosen) vermeinen, er sei verloren, sobald die Spitze des letzten Kirchtums unter dem Horizont verschwände. Dazu jedoch gehörte nicht allein Mut, wie der tollkühne Hume ihn besass, sondern zugleich das feierliche Bewusstsein grosser Verantwortung. Wer hat das Recht, die Menschen aus altgeheiligter Heimat hinwegzuführen? Nur wer die Macht besitzt, sie zu einer neuen Heimat hinzuleiten. Darum konnte das Werk einzig von einem Immanuel Kant ausgeführt werden, einem Manne, der nicht allein phänomenale Geistesgaben besass, sondern einen mindestens ebenso hervorragenden sittlichen Charakter. Kant ist der wahre *rocher de bronze* unserer neuen Weltanschauung. Ob man im Einzelnen mit seinen philosophischen Ausführungen übereinstimmt, ist völlig nebensächlich; er allein besass die Kraft, uns loszureissen, er allein besass die moralische Berechtigung dazu, er, dessen langes Leben in fleckenloser Ehrenhaftigkeit, strenger Selbstbeherrschung, völliger Hingabe an ein für heilig erkanntes Ziel verlief. Anfangs der Zwanziger schrieb er: »Ich stehe in der Einbildung, es sei zuweilen nicht unnütz, ein gewisses edles Vertrauen in seine eigenen Kräfte zu setzen. Hierauf gründe ich mich. Ich habe mir die Bahn schon vorgezeichnet, die ich halten will. Ich werde meinen Lauf antreten, und nichts soll

mich hindern, ihn fortzusetzen«.[1]) Das hat er gehalten. Dieses Ver-
trauen in die eigenen Kräfte war zugleich die Einsicht, dass wir uns
auf dem rechten Wege befanden, und sofort begann er — ein zweiter
Luther, ein zweiter Kopernikus — das uns Fremde hinwegzusäubern:

> Was euch das Inn're stört,
> Dürft ihr nicht leiden!

Nichts kann verkehrter sein als die vielverbreitete Sitte, Kant aus zwei
oder drei metaphysischen Werken kennen zu wollen; alle Welt führt
sie im Munde und kaum einer unter zehntausend versteht sie, und
zwar nicht, weil sie unverständlich sind, sondern weil man eine derartige Erscheinung wie Kant's nur aus ihrem gesamten Wirken begreifen kann. Wer das versucht, wird bald gewahr werden, dass Kant's
Weltanschauung überall, in allen seinen Schriften steckt, und dass seine
Metaphysik nur von Demjenigen mit Verständnis aufgenommen werden
kann, der mit seiner Naturwissenschaft vertraut ist.[2]) Denn Kant ist
immer und überall Naturforscher. Und so sehen wir ihn denn gleich
am Anfang seiner Laufbahn, in seiner *Allgemeinen Naturgeschichte des
Himmels,* eifrig beschäftigt, den Gott der Genesis und die uns so
fest anhaftende aristotelische Theologie aus unserer Naturbetrachtung
hinauszukehren. Er weist da haarscharf nach, dass die kirchliche
Auffassung Gottes nötige: »die ganze Natur in Wunder zu verkehren«; in diesem Falle bleibe der seit zwei Jahrhunderten mit so
glänzendem Erfolg arbeitenden Naturforschung nichts weiter übrig
als einzukehren und »vor dem Richterstuhle der Religion eine feierliche Abbitte zu thun. Es wird in der That alsdann keine Natur
mehr sein; es wird nur ein Gott in der Maschine die Veränderungen der Welt hervorbringen«. Kant stellt uns, wie man sieht,
vor die Wahl: Gott oder Natur. An der selben Stelle zieht er dann
her über »die faule Weltweisheit, die unter einer andächtigen Miene
eine träge Unwissenheit zu verbergen trachte«.[3]) Soviel über

---

[1]) *Gedanken von der wahren Schätzung der lebendigen Kräfte,* Vorrede § 7.

[2]) Siehe hierüber Kant's Äusserungen gegen Schlosser in dem 2. Abschnitt des
Traktats zum ewigen Frieden in der Philosophie: »Die kritische Philosophie, die er zu
kennen glaubt, ob er zwar nur die letzten, aus ihr hervorgehenden Resultate angesehen
hat, und die er, weil er *die Schritte, die dahin führen,* nicht mit sorgfältigem Fleisse
durchgegangen war, notwendig missverstehen musste, empörte ihn.«

[3]) In dem genannten Werke, Teil 2, Hauptstück 8. Dass Kant nicht gegen
den Glauben an eine Gottheit überhaupt und gegen Religion zu Felde zieht, braucht
kaum bemerkt zu werden, die genannte Schrift selbst, sowie sein ganzes spätere

das Reinigungswerk, durch welches unser Denken endlich frei wurde, frei, sich selber treu zu sein. Das war aber nicht hinreichend; es genügte nicht, das Fremde entfernt zu haben, es musste das ganze Gebiet des Eigenen in Besitz genommen werden und dies bedingte wiederum vornehmlich zweierlei: eine gewaltige Erweiterung der Vorstellung »Natur« und eine tiefe Versenkung in das eigene »Ich«. Beides hat das positive Lebenswerk Kant's ausgemacht; bei beiden wirkte er nicht allein, sondern arbeitete vielmehr — wie jeder grosse Mann — die unbewussten, widerspruchsvollen Tendenzen seiner Zeitgenossen durch zu voller Klarheit.

Die Erweiterung der Vorstellung »Natur« führte ohne Weiteres zur Vertiefung des Begriffes »Ich«; das Eine ergab sich aus dem Anderen.

Die Natur und das Ich.

Die Erweiterung der Vorstellung »Natur« kann man sich gar nicht zu allumfassend denken. Im selben Augenblick, wo Kant seine *reine Vernunft* vollendete, schrieb Goethe: »Natur! wir sind von ihr umgeben und umschlungen; die Menschen sind alle in ihr, und sie in allen; auch das Unnatürlichste ist Natur, auch die plumpste Philisterei hat etwas von ihrem Genie. Wer sie nicht allenthalben sieht, sieht sie nirgendwo recht.«[1] Aus dieser Erwägung mag man schliessen, wie mächtig gerade an diesem Punkte unsere nach verschiedenen Richtungen entfalteten Geistesanlagen zur Klärung und Vertiefung unserer neuen Weltanschauung beitragen konnten. Hier fand in der That die Vereinigung statt. Die Humanisten (in dem weiten Sinne, den ich diesem Worte oben beilegte) schlossen sich hier den Philosophen an. Was ich in einem früheren Teil dieses Abschnittes über die rein-philosophische Wirksamkeit dieser Gruppe schon andeutete, war ein wichtiger Beitrag.[2] Dazu kamen die grossen Leistungen auf dem Gebiete der Geschichte, Philologie, Archäologie, Naturbeschreibung. Denn die Natur, die uns unmittelbar und von Jugend auf umgiebt — menschliche und aussermenschliche — werden wir zunächst als »Natur« gar nicht gewahr. Es war die Menge des neuen Materials, die grosse Erweiterung der Vorstellungen, welche die Besinnung über uns selbst und über das Verhältnis zwischen Mensch und Natur wachrief. Ein Herder mochte sich in seinen letzten Lebensjahren in ohnmächtiger Wut des Miss-

---

Wirken beweisen das Gegenteil; von dem historischen Jahve der Juden aber sagt er sich hier ein für allemal los.

[1] *Die Natur* (aus der Reihe *Zur Naturwissenschaft im Allgemeinen*).

[2] Siehe S. 895 fg.

verstandes gegen einen Kant erheben: er hatte selber doch mächtig zur Erweiterung des Begriffs Natur beigetragen; der ganze erste Teil seiner *Ideen zur Geschichte der Menschheit* ist vielleicht das Einflussreichste, was zur Verbreitung dieser antitheologischen Auffassung jemals geschah; das ganze Bestreben des edlen und genialen Mannes geht hier darauf, den Menschen mitten hinein in die Natur zu stellen, als einen organischen Bestandteil von ihr, als eines ihrer noch im vollen Werden begriffenen Geschöpfe; und wenn er auch in seinem Vorwort einen kleinen Seitenhieb auf die »metaphysischen Spekulationen« ausführt, die »abgetrennt von Erfahrungen und Analogien der Natur eine Lustfahrt sind, die selten zum Ziele führet«, so ahnt er nicht, wie sehr er selber unter dem Einfluss der neuen, werdenden Weltanschauung steht und wie viel andererseits seine eigenen Anschauungen an Tiefe und Treffsicherheit gewonnen hätten (vielleicht allerdings auf Kosten ihrer Popularität), wenn er die Metaphysik, wie sie aus treuer Beobachtung der Natur erschlossen worden war, eingehender studiert hätte. Dieser verehrungswürdige Mann möge als der glänzendste Vertreter einer ganzen Richtung stehen. Einer anderen Richtung begegnen wir in Männern von der Art des Buffon. Von diesem Naturschilderer schreibt Condorcet: *il était frappé d'une sorte de respect religieux pour les grands phénomènes de l'univers.* Also die Natur selber ist es, die Buffon religiöse Verehrung einflösst. Die encyklopädistischen Naturforscher seiner Art (die in unserem Jahrhundert in Humboldt eine weithin wirkende Fortsetzung erlebten) thaten ungeheuer viel, wenn nicht gerade zur Erweiterung, so doch zur Bereicherung der Vorstellung »Natur«, und dass sie religiöse Verehrung für sie empfanden und mitzuteilen verstanden, war philosophisch von Bedeutung. Diese Bewegung auf eine Erweiterung des Begriffes »Natur« liesse sich in ähnlicher Weise auf vielen Gebieten verfolgen. Selbst ein Leibniz, der doch theologische Dogmatik noch zu retten sucht, giebt die Natur im weitesten Umfang frei, denn durch seine prästabilierte Harmonie wird alles freilich Supranatur, doch zugleich alles ohne Ausnahme Natur. Das Wichtigste aber und Entscheidendste war die grosse Erweiterung, welche die Natur durch die restlose Einbeziehung des inneren Ich erfuhr. Warum sollte gerade dieses ausgeschlossen bleiben? Wie wollte man das rechtfertigen? Wie hätte man fortfahren sollen, mit Descartes und Locke in der oben geschilderten Weise die sichersten Thatsachen der Erfahrung unter dem Vorwand zu umgehen, sie seien nicht mechanisch, sie liessen sich nicht begreifen, sie seien folglich von jeder Betrachtung aus-

zuschliessen? Wogegen naturwissenschaftliche Methode und Ehrlichkeit zu dem einfachen Schlusse verpflichtete: es ist nicht alles in
der Natur mechanisch, es lässt sich nicht jede Erfahrung in eine
logische Begriffskette hineinschmieden. Wie sollte man sich mit Herder's halber Massregel einverstanden erklären können: den Menschen
erst vollkommen mit der Natur zu identifizieren und ihn zuletzt doch
wieder hinaus zu eskamotieren — nicht freilich den ganzen Menschen,
aber seinen »Geist« — dank der Annahme aussernatürlicher Kräfte
und übernatürlichen Waltens?[1]) Auch hier handelte es sich zunächst
um eine einfache Orientierung des Geistes; allerdings entschied diese
Orientierung über die ganze Weltanschauung. Denn so lange wir den
Menschen nicht rückhaltlos zur Natur rechneten, so lange standen
beide sich fremd gegenüber, und, stehen sich in Wirklichkeit Mensch
und Natur fremd gegenüber, dann ist unsere ganze germanische Richtung und Methode eine Verirrung. Sie ist aber keine Verirrung, und
so hatte denn die resolute Einbeziehung des Ich in die Natur sofort
eine grosse metaphysische Vertiefung zur Folge.

In dieser Beziehung ist den Mystikern ein bedeutendes Verdienst
zuzuschreiben. Wenn Franz von Assisi die Sonne als *messor lo frate
sole* anruft, so sagt er: die ganze Natur ist mein Blutsverwandter,
ihrem Schosse bin ich entwachsen, und erblicken einst meine Augen
jenen hellglänzenden »Bruder« nicht mehr, dann ist es die »Schwester«,
der Tod, die mich in den Schlaf wiegt. Was Wunder, wenn dieser
Mann das Beste, was er wusste, die Kunde von dem lieben Heiland,
den Vögeln im Walde predigte? Ein halbes Jahrtausend brauchten die
Herren Philosophen, um auf dem selben Standpunkt anzukommen, wo
jener wunderbare Mann in vollster Naivetät gestanden hatte. Jedoch,
übertreiben wir nichts: die Mystik hatte viele tiefe metaphysische
Fragen in Bezug auf das innerste Leben des Ich aufgeworfen, auch
hatte sie in dankenswertester Weise nicht allein naturwissenschaftliches
Denken gefördert, sondern ebenfalls die so nötige Erweiterung des
Begriffes »Natur«;[2]) jedoch, die eigentliche Vertiefung, wenigstens die
philosophische Vertiefung, hatte sie nicht durchgeführt, denn dazu war
ein wissenschaftlicher Geist nötig, der sich schwer mit ihr vereinbaren
lässt. Im Allgemeinen vertieft mystische Anlage den Charaker, doch
nicht das Denken, und selbst ein Paracelsus wird durch sein »inneres

---

[1]) Siehe Kant's drei meisterhafte *Recensionen von Herder's Ideen zur Philosophie
der Geschichte der Menschheit.*

[2]) Siehe S. 883, 887.

Licht« verleitet, eine schwere Menge Unsinns für Weisheit auszugeben.
Der mystischen, ahnungsvollen Begeisterung musste eine exaktere Denkweise aufgepfropft werden. Und das geschah in der That innerhalb
des von Franz von Assisi beeinflussten Kreises. Zu einer Amalgamierung
der sonst so sorglich voneinander geschiedenen Begriffe, Natur und
Ich, hat nämlich in ihren guten Zeiten die Theologie der Franziskaner ziemlich viel vorgearbeitet — fast mehr als wünschenswert,
da dadurch manches rein begriffliche Schema sich zum Nachteil eines
naturforschenden Denkens festgesetzt hatte, was selbst einen Kant vielfach hemmte. Doch verdient es, erwähnt zu werden, dass schon Duns
Scotus in Bezug auf unsere Wahrnehmung der umgebenden Dinge
energisch gegen das Dogma protestiert hatte, diese sei ein blosses
passives Empfangen, d. h. also ein blosses Aufnehmen von Eindrücken,
von welchen dann ohne weiteres angenommen wurde, sie (unsere sinnlichen Eindrücke und die daraus sich ergebenden Vorstellungen) ent-
sprächen den Dingen genau — etwa, um mich äusserst populär aus-
zudrücken: sie seien eine Photographie der thatsächlichen Wirklichkeit.
Nein, sagte er, der menschliche Geist verhält sich bei der Aufnahme
von Eindrücken (welche dann, verstandesgemäss verbunden u. s. w.,
die Erkenntnis ausmachen) nicht bloss passiv, sondern auch aktiv, d. h.
er steuert das Seinige dazu bei, er färbt und gestaltet, was er von der
Aussenwelt empfängt, er verarbeitet es nach seiner Weise und gestaltet
es zu etwas Neuem um; kurz, der Menschengeist ist von Hause aus
schöpferisch, und was er als ausser sich daseiend erkennt, ist zum
Teil und in der besonderen Form, wie er es erkennt, von ihm selber
erschaffen. Jeder Laie muss das Eine gleich verstehen: wenn der
Menschengeist bei der Aufnahme und Verarbeitung seiner Wahrnehmungen selber schöpferisch-thätig ist, so folgt mit Notwendigkeit, dass
er sich selber überall in der Natur wiederfinden muss; diese Natur
(wie er sie erblickt) ist ja in einem gewissen Sinne (und ohne dass
ihre Wirklichkeit in Zweifel gezogen werde) sein Werk. Und so
kommt denn auch Kant zu dem Schlusse: »es klingt zwar anfangs
befremdlich, ist aber nichtsdestoweniger gewiss: der Verstand schöpft
seine Gesetze nicht aus der Natur, sondern schreibt sie dieser vor . . .
die oberste Gesetzgebung der Natur liegt in uns selbst, das heisst in
unserem Verstande.«[1] Durch diese Erkenntnis wurde das Verhältnis
zwischen Natur und Mensch (dieses Verhältnis in seinem nächstliegenden,

---

[1] *Prolegomena zu einer jeden künftigen Metaphysik*, § 36.

fasslichsten Sinne genommen) klar und übersichtlich. Man begriff nunmehr, warum jede Naturforschung, auch die streng mechanische, zuletzt überall auf metaphysische Fragen — d. h. auf Fragen an das Menscheninnere — zurückführe, was Descartes und Locke in eine so hilflose Bestürzung gebracht hatte. Erfahrung ist eben nichts Einfaches und kann niemals rein objektiv sein, weil es unsere eigene thätige Organisation ist, welche Erfahrung erst möglich macht, indem nicht allein unsere Sinne nur bestimmte Eindrücke aufnehmen (die sie ausserdem bestimmt gestalten),[1] sondern unser Verstand sie gleichsam nach bestimmten Schemen sichtet und ordnet und verknüpft. Und das ist so überzeugend evident für jeden Menschen, der zugleich Naturbeobachter und Denker ist, dass selbst ein Goethe — den Niemand einer besonderen Vorliebe für derartige Spekulationen wird zeihen können — zugestehen muss: »Man kann in den Naturwissenschaften über manche Probleme nicht gehörig sprechen, wenn man die Metaphysik nicht zu Hilfe ruft.«[2] Man begriff nunmehr auch umgekehrt, mit welchem Recht die Mystiker gemeint hatten, das Menscheninnere überall in der äusseren Natur zu erblicken: diese Natur ist gleichsam das geöffnete, hellbeleuchtete Buch unseres Verstandes, nicht etwa, dass sie ein leeres Phantom dieses Verstandes sei, sie zeigt uns aber unseren Verstand am Werke und belehrt uns über seine Eigenart. Wie der Mathematiker und Astronom Lichtenberg sagt: »Man kann nicht genug bedenken, dass wir nur immer uns beobachten, wenn wir die Natur und zumal unsere Ordnungen beobachten.«[3] Schopenhauer hat der grossen Bedeutung dieser Einsicht Ausdruck verliehen: »Die möglichst vollständige Naturerkenntnis ist die berichtigte Darlegung des Problems der Metaphysik; daher soll Keiner sich an diese wagen, ohne zuvor eine, wenn auch nur allgemeine, doch gründliche, klare und zusammenhängende Kenntnis aller Zweige der Naturwissenschaft sich erworben zu haben.«[4]

Wie der Leser sieht, sobald diese neue Phase des Denkens durchlaufen war, befand sich der Philosoph wieder vor einem dem früheren analogen Dilemma; es war sogar das selbe Dilemma, nur diesmal tiefer erfasst und in richtigerer Perspektive erschaut. Das Studium der Natur

Das zweite
Dilemma.

---

[1] Man kann den optischen Nerv reizen wie man will, der Eindruck ist immer »Licht«, und so bei den anderen Sinnen.

[2] *Sprüche in Prosa,* über Naturwissenschaft, 4.

[3] Schriften ed. 1844, Bd. 9, S. 34.

[4] *Die Welt als Wille und Vorstellung,* Bd. 2, Kap. 17.

führt den Menschen mit Notwendigkeit auf sich selbst zurück, und er selbst wiederum findet seinen Verstand nirgends anders »dargelegt«, als in der wahrgenommenen und gedachten Natur. Die gesamte Erscheinung der Natur ist eine spezifisch menschliche, durch den aktiven Menschenverstand also gestaltet, wie wir sie wahrnehmen; andererseits aber wird dieser Verstand einzig und allein von aussen, d. h. durch empfangene Eindrücke genährt: als Reaktion erwacht unser Verstand, d. h. also als Rückwirkung auf Etwas, was nicht Mensch ist. Ich nannte vorhin den menschlichen Verstand schöpferisch, doch ist er es nur in bedingtem Sinne, er vermag es nicht, wie Jahve, aus nichts etwas zu schaffen, sondern nur das Gegebene umzugestalten; unser Geistesleben besteht aus Aktion und Reaktion: um geben zu können, müssen wir empfangen haben. Daher die wichtige Erkenntnis, auf die ich häufig in diesem Buche hingewiesen habe,[1] zuletzt in Goethe's Worten: »einzig die hervorbringende Natur besitzt unzweideutiges Genie«. Wie komme ich aber aus diesem Dilemma; wie beantworte ich die Frage, »wie ist Erfahrung möglich«? Das Objekt weist mich zurück auf das Subjekt, das Subjekt kennt sich selber nur im Objekt. Es giebt keinen Ausgang, keine Antwort. Wie ich vorhin sagte: unser Wissen von der Natur ist die immer ausführlichere Darlegung eines Unwissbaren; zu dieser unwissbaren Natur gehört unser eigener Verstand in erster Reihe. Doch ist dieses Ergebnis beileibe nicht als rein negatives zu betrachten; nicht allein ist auf dem Wege dahin das gegenseitige Verhältnis von Subjekt und Objekt aufgeklärt worden, sondern das Endergebnis bildet die endgültige Abwehr jedes materialistischen Dogmas. Nunmehr konnte Kant das grosse Wort sprechen: »eine dogmatische Auflösung der kosmologischen Frage ist nicht etwa ungewiss, sondern unmöglich«. Was denkende Menschen zu allen Zeiten geahnt hatten — bei den Indern, bei den Hellenen, sogar hier und da unter den Kirchenvätern (S. 599) und Kirchendoktoren —, was die Mystiker als selbstverständlich vorausgesetzt hatten (S. 885), und worauf die ersten naturforschenden Denker, Descartes und Locke, sofort gestossen waren, ohne es sich deuten zu können (S. 912), dass nämlich Zeit und Raum Anschauungsformen unseres tierischen Sinnenlebens sind, war jetzt durch naturwissenschaftliche Kritik erwiesen. Zeit und Raum »sind die Formen der sinnlichen Anschauung, wodurch wir aber die Objekte nur erkennen, wie sie uns (unseren Sinnen) erscheinen

---

[1] Siehe namentlich S. 270, 762, 806.

können, nicht, wie sie an sich sein mögen«.[1]) Des weiteren hatte die Kritik an den Tag gebracht, dass auch die Verknüpfungen des Verstandes, durch welche die Vorstellung und der Gedanke einer »Natur« entsteht und besteht (oder wenn man mit Böhme reden will, »sich spiegelieret«), also in erster Reihe die allseitig ordnende Verknüpfung der Erscheinungen zu Ursache und Wirkung, ebenfalls auf jene von Duns Scotus geahnte aktive Bearbeitung des Erfahrungsstoffes durch den Menschengeist zurückzuführen sei. Hiermit fielen die kosmogonischen Vorstellungen der Semiten, wie sie unsere Wissenschaft und Religion so arg bedrückten und noch bedrücken, ins Wasser. Was soll mir eine historische Religion, wenn die Zeit lediglich eine Anschauungsform meines sinnlichen Mechanismus ist? Was soll mir ein Schöpfer als Welterklärung, als erste Ursache, wenn die Wissenschaft mir gezeigt hat: »Kausalität hat gar keine Bedeutung und kein Merkmal seines Gebrauches, als nur in der Sinnenwelt«,[2]) dagegen verliere dieser Begriff von Ursache und Wirkung »in bloss spekulativem Gebrauche (wie bei der Vorstellung eines Gott-Schöpfers) alle Bedeutung, deren objektive Realität sich *in concreto* begreiflich machen lasse«?[3]) Durch diese Einsicht wird ein Idol zerschmettert. Ich nannte in einem früheren Kapitel die Israeliten »abstrakte Götzenanbeter«;[4]) jetzt wird man, glaube ich, mich gut verstehen. Und man wird begreifen, was Kant meint, wenn er erklärt, das System der Kritik sei gerade »z u den höchsten Zwecken der Menschheit unentbehrlich«;[5]) und wenn er an Mendelssohn schreibt: »Das wahre und dauerhafte Wohl des menschlichen Geschlechtes kommt auf Metaphysik an.« Diese germanische Metaphysik befreit uns vom Götzendienst und offenbart uns dadurch das lebendige Göttliche im eigenen Busen.

Hier berühren wir nicht bloss, wie man sieht, das Hauptthema dieses Abschnittes — das Verhältnis zwischen Weltanschauung und Religion — sondern wir sind schon mitten drin; zugleich knüpft das soeben Gesagte an den Schluss des Abschnittes »Entdeckung« an, wo

---

[1]) *Prolegomena,* § 10.

[2]) *Kritik der reinen Vernunft* (Von der Unmöglichkeit eines kosmologischen Beweises vom Dasein Gottes). Schon zwanzig Jahre vorher hatte Kant geschrieben: »Wie soll ich es verstehen, dass, weil Etwas ist, etwas Anderes sei? Ich lasse mich durch die Wörter Ursache und Wirkung nicht abspeisen« (*Versuch, den Begriff der negativen Grössen in die Weltweisheit einzuführen,* Abschn. 3, Allg. Anm.).

[3]) *Loc. cit.* (Kritik aller spekulativen Theologie.)

[4]) S. 243.

[5]) *Erklärung gegen Fichte* (Schlusssatz).

ich schon angedeutet habe, dass der Sieg einer wissenschaftlichen mechanischen Naturauffassung notwendiger Weise den völligen Untergang aller materialistischen Religion herbeiführt. Zugleich hatte ich geschrieben: »der konsequente Mechanismus, wie wir Germanen ihn geschaffen haben, verträgt einzig eine rein ideale, d. h. transscendente Religion, wie sie Jesus Christus gelehrt hatte: das Himmelreich ist inwendig in euch«. Zu dieser letzten Vertiefung müssen wir jetzt schreiten.

Goethe verkündet:

Im Innern ist ein Universum auch!

Eine der unausbleiblichen Folgen der naturwissenschaftlichen Denkart war es, dass dieses innere Universum jetzt erst ins rechte helle Licht gerückt wurde. Denn indem er die ganze menschliche Persönlichkeit rückhaltlos zur Natur einbezog, d. h. sie als Naturgegenstand zu betrachten lernte, gelangte der Philosoph nach und nach zu zwei Einsichten: erstens, wie wir soeben gesehen haben, dass der Mechanismus der Natur in seinem eigenen, menschlichen Verstand seinen Ursprung habe, zweitens aber, dass Mechanismus kein genügendes Erklärungsprinzip der Natur sei, da der Mensch im eigenen Innern ein Universum entdeckt, welches völlig ausserhalb aller mechanischen Vorstellungen bleibt. Descartes und Locke hatten diese Wahrnehmung, die ihnen eine Gefahr für streng wissenschaftliche Erkenntnis zu bilden schien, dadurch überwinden wollen, dass sie dieses unmechanische Universum als ein Über- und Aussernatürliches betrachteten. Auf Grund eines so lahmen und eigenmächtigen Kompromisses war keine lebendige Weltanschauung zu gewinnen. Die wissenschaftliche Schulung, jene Gewohnheit, eine strenge Grenzscheide zwischen dem, was man weiss, und dem, was man nicht weiss, zu ziehen, gebot einfach zu erklären: aus der allerunmittelbarsten Erfahrung meines eigenen Lebens erkenne ich (ausser der mechanischen Natur) das Dasein einer unmechanischen Natur. Diese kann man vielleicht der Deutlichkeit halber die ideale Welt nennen, im Gegensatz zur realen; nicht etwa, dass sie weniger real, d. h. wirklich sei, im Gegenteil, sie ist offenbar das Allersicherste, was wir besitzen, das einzige unmittelbar Gegebene, und es sollte insofern vielmehr die äussere Welt die »ideale« genannt werden; doch nennt man jene die ideale, weil sie in Ideen, nicht in Gegenständen sich verkörpert. Erkennt nun der Mensch — nicht als Dogma sondern aus Erfahrung — eine solche ideale Welt, führt ihn die Introspektion zur Überzeugung, dass er selber nicht bloss und nicht einmal vorwiegend ein Mechanismus ist, endeckt er vielmehr in sich das, was Kant die »Spontaneität der Freiheit« nennt, ein durchaus Unmechanisches und Antimechanisches, eine ganze, weite Welt, die man in einer gewissen Beziehung eine »unnatürliche« Welt nennen könnte, so sehr bildet sie einen Gegensatz zu jener mechanischen Gesetzmässigkeit, die wir aus der genauen Betrachtung der Natur kennen gelernt hatten, wie sollte er umhin können, diese zweite Natur, die ihm mindestens ebenso offenbar und sicher ist wie die erste, nun wieder hinauszuprojizieren auf jene erste, deren innige Verknüpfung mit seinem Innern die Wissenschaft ihm gelehrt hat? Indem er das nun thut, entwächst aus der sicheren Erfahrungsthatsache der Freiheit ein neuer Begriff der Gottheit und ein neuer Gedanke an eine moralische Weltordnung, d. h. eine neue Religion. Neu freilich war es nicht, Gott nicht draussen unter den Sternen, sondern drinnen im Busen zu suchen, Gott nicht als eine objektive Notwendigkeit, sondern als ein subjektives Gebot zu glauben, Gott nicht als mechanisches *primum mobile* zu postulieren, sondern im Herzen zu erfahren — ich citierte schon Eckhart's Mahnung: Gott solle der Mensch ausser sich selber »nicht ensuoche« (S. 868), und von da bis zu Schiller's »die Gottheit trägt der Mensch in sich« ist sie oft genug gehört worden —, hier aber, in der kulturellen Entfaltung der germanischen Weltanschauung, war diese Erkenntnis auf einem besonderen Wege gewonnen worden, im Zusammenhang einer umfassenden und durchaus objektiven Naturerforschung. Man war nicht von Gott ausgegangen, sondern war als letztes zu ihm hingelangt; Religion und Wissenschaft waren innig, untrennbar verwachsen, nicht die eine auf die andere zugestutzt und hineingedeutet, sondern gleichsam die zwei Phasen eines einzigen Phänomens: Wissenschaft, was die Welt mir schenkt, Religion, was ich der Welt schenke.

Hier jedoch muss gleich eine tiefeinschneidende Bemerkung gemacht werden, sonst verflüchtigt sich der Erfolg der Verinnerlichung, und gerade die Wissenschaft hat die Aufgabe, das zu verhindern. Denn allerdings kann Niemand die Frage beantworten, was die Natur ausserhalb der menschlichen Vorstellung, und ebensowenig, was der Mensch ausserhalb der Natur sein mag, und daraus ergiebt sich bei schwärmerischen, ungeschulten Geistern die Neigung zu einer kritiklosen Identifizierung beider. Diese Identifizierung birgt nun Gefahren, die sich aus folgender Erwägung von selbst ergeben. Während nämlich Naturforschung zu der Erkenntnis führt, dass alles Wissen von den Körpern,

trotzdem es von dem scheinbar durchaus Konkreten, Realen ausgeht,
doch mit dem schlechthin Unbegreiflichen endet, ist der Fortgang auf
dem Gebiet der unmechanischen Welt der umgekehrte: das Unbegreifliche (sobald man philosophisch darüber nachsinnt) liegt hier nicht am
Ende der Bahn, sondern gleich am Anfang. Es ist der Begriff und
die Möglichkeit der Freiheit, die Denkbarkeit der Ausserzeitlichkeit, der
Ursprung des Gefühles sittlicher Verantwortlichkeit und Pflicht u. s. w.,
welches sich beim Verständnis nicht Eingang verschaffen kann, während
wir alle diese Dinge sehr gut begreifen, je weiter wir sie hinausverfolgen
in das Bereich des thatsächlich jeden Augenblick Erlebten. Die Freiheit
ist die sicherste aller Thatsachen der Erfahrung; das Ich steht ganz ausserhalb der Zeit und merkt deren Fortgang nur an äusseren Erscheinungen;[1]
das Gewissen, die Reue, das Pflichtgefühl sind noch strengere Herren als
der Hunger. Daher nun die Neigung des unmetaphysisch beanlagten
Menschen, den Unterschied zwischen den beiden Welten — der Natur
von aussen und der Natur von innen, wie Goethe sie nennt — zu
übersehen: die Freiheit z. B. in die Welt der Erscheinung hinaus zu
versetzen (als kosmischen Gott, Wunder u. s. w.), einen Anfang anzunehmen (was den Begriff der Zeit aufhebt), die Moral auf bestimmte, historisch erlassene, jederzeit widerrufliche Gebote zu begründen (wodurch das Sittengesetz hinschwindet) u. s. w. Zwar hatten
die metaphysisch Beanlagten, die Arier, diesen Fehler nie begangen:[2]
ihre Mythologien bezeugen eine wunderbare Vorausahnung metaphysischer Erkenntnis, oder aber (denn das können wir mit genau dem
selben Recht sagen) unsere wissenschaftliche Metaphysik bedeutet das
Wiederaufleben weithinblickender Mythologie; doch hat, wie die Geschichte zeigt, diese höhere Ahnung vor der wuchtigen Behauptung
der minder begabten, nach dem blossen Sinnenschein urteilenden und
blindem historischen Aberglauben huldigenden Menschen nicht Stich
gehalten, und es giebt nur ein einziges Antidot, mächtig genug, uns zu
retten: unsere wissenschaftliche Weltanschauung. Aus der unkritischen
Identifizierung ergeben sich auch andere schale und darum schädliche Systeme, sobald nämlich im Gegensatz zu dem soeben genannten
Hinausversetzen der inneren Erfahrung in die Welt der Erscheinung,

---

[1] Das Älterwerden wird nur an dem Altern Anderer bemerkt oder aus dem
Auftreten von Gebrechen — also äusserlich — wahrgenommen; Stunden können wie
ein Augenblick verfliegen, wenige Sekunden das ausführliche Bild eines vieljährigen
Lebens gemächlich entrollen.

[2] Siehe S. 234, 413, 553 fg.

diese letztere hineingetragen wird mit ihrem ganzen Mechanismus in die
innere Welt. Auf letztere Weise entsteht der angeblich »wissenschaftliche« Monismus, der Materialismus u. s. w., lauter Lehren, welche nie
die Weltbedeutung des Judentums gewinnen werden, da es doch für die
meisten Menschen eine zu starke Zumutung ist, das wegzuleugnen, was
sie am sichersten wissen, welche aber dennoch in unserem 19. Jahrhundert eine arge Verwirrung der Gedanken angerichtet haben. [1]

Allem diesen gegenüber — und im Gegensatz zu allem mystischen
Pantheismus und Pananthropismus — ist es geboten, die Scheidung in
zwei Welten, wie sie sich aus der streng wissenschaftlich gehandhabten
Erfahrung ergiebt, festzuhalten und stark zu betonen. Nur muss
die Grenzlinie am richtigen Ort gezogen werden: diesen Ort genau
bestimmt zu haben, ist eine der grössten Errungenschaften unserer
neuen Weltanschauung. Man darf sie natürlich nicht zwischen Mensch
und Welt ziehen; alles Vorangegangene zeigt, wie unmöglich dies ist;
der Mensch mag sich hinwenden, wohin er will, auf Schritt und Tritt
wird er Natur in sich, sich in Natur gewahren. Wollte man den

---

[1] Eigentümlich und bemerkenswert ist es, wie sich im Leben die Verwandtschaft zwischen diesen beiden Irrtümern (des kritiklosen Hinausversetzens der inneren
Erfahrung in die Welt der Erscheinung und des Hineintragens der Erscheinung in
die innere Erfahrung) zeigt: aus Theisten werden im Handumdrehen Atheisten,
was man besonders auffallend bei Juden beobachten kann, da sie, wenn sie glaubig
sind (und auch als Christen noch) überzeugte, echte Theisten sind, während bei
uns Gott stets im Hintergrund verbleibt und selbst das orthodoxe Gemüt entweder
von dem Erlöser oder von der Mutter Gottes, den Heiligen und dem Sakrament
erfüllt ist. Ich hatte nie geahnt, wie fest theistische Überzeugung im Gehirn haften
kann, bis ich die Gelegenheit hatte, an einem Freund, einem jüdischen Gelehrten, die
Genesis und hartnäckige Kraft der scheinbar entgegengesetzten, nämlich der »athe-
istischen« Vorstellung zu beobachten. Es ist und bleibt absolut unmöglich, einem
solchen Menschen jemals beizubringen, was wir Germanen unter Gottheit, Religion,
Sittlichkeit verstehen. Hier liegt der Kern, der harte, unlösbare Kern der sogenannten
»Judenfrage«. Und dies ist der Grund, warum ein unparteiischer Mann, ohne eine
Spur von Missachtung für die in mancher Beziehung vortrefflichen und alles Lobes
würdigen Juden, ihre Gegenwart in unserer Mitte in grosser Zahl für eine nicht
zu unterschätzende Gefahr halten kann und muss. Nicht aber der Jude allein, sondern alles, was vom jüdischen Geist ausgeht, ist ein Stoff, welcher das Beste in uns
zernagt und zersetzt. Und so tadelte denn Kant mit Recht an den christlichen
Kirchen, dass sie zuerst alle Menschen zu Juden umwandeln, indem sie die Bedeutung Jesu Christi darin setzen, dass er der historisch-erwartete jüdische Messias
gewesen sei! Würde uns das Judentum nicht auf diese Weise innerlich eingeimpft,
die Juden in Fleisch und Blut würden eine weit geringere Gefahr für unsere Kultur
bedeuten.

Strich zwischen der Welt der Erscheinung und dem hypothetischen »Ding an sich« ziehen (wie das ein berühmter Nachfolger Kant's zu thun unternahm), so wäre das ebenfalls vom rein wissenschaftlichen Standpunkt aus sehr anfechtbar, denn die Grenzlinie läuft dann jenseits aller Erfahrung. Insofern die unmechanische Welt uns lediglich durch innere, individuelle (erst durch Analogie auf andere Individuen übertragene) Erfahrung gegeben ist, darf man wohl, des einfachen Ausdruckes wegen, zwischen einer Welt in uns und einer Welt ausser uns unterscheiden, wobei nur sorgfältig darauf zu merken ist, dass die Welt »ausser uns« jegliche »Erscheinung« begreift, also auch unseren Körper, und nicht diesen allein, sondern auch den die Körperwelt wahrnehmenden und denkenden Verstand. Diesen Ausdruck: in uns und ausser uns, findet man oft bei Kant und bei Anderen. Doch, ganz einwurfslos ist auch er nicht, denn erstens werden wir unwillkürlich getrieben — wie oben gesagt — diese innere Welt wenn auch nicht mit den Juden zu einer äusseren Ursache umzuwandeln, so doch aller Erscheinung als ebenfalls innere Welt beizulegen, und sodann ist es nicht recht fasslich, wie wir es fertig bringen sollen, unser denkendes Hirn in zwei Stücke zu teilen; es ist ja doch dieses selbe Gehirn, welches auch die unmechanische Welt wahrnimmt und denkt. Freilich wird die unmechanische Welt dem Verstandesorgan nicht durch eine sinnliche Vorstellung von aussen, sondern lediglich durch innere Erfahrung gegeben, und darum vermag es der Verstand bei seinem gänzlichen Mangel an Erfindungskraft nicht, die Wahrnehmung bis zu einer Vorstellung zu erheben, sondern alles Reden darüber bleibt notwendig symbolisch, d. h. ein Reden durch Bilder und Zeichen: doch, sahen wir nicht, dass auch die Welt der Erscheinung uns zwar Vorstellungen, doch ebenfalls nur symbolische Vorstellungen gab? Das »in uns« und »ausser uns« ist also Metapher. Die Grenzlinie wird nur dann streng wissenschaftlich gezogen, wenn wir keine Spur von dem abweichen, was die Erfahrung uns giebt. Das erstrebt Kant durch die Unterscheidung, welche er in seiner *Kritik der praktischen Vernunft* (1, 1, 1, 2) aufstellt, zwischen einer Natur, »welcher der Wille unterworfen ist«, und einer Natur »die einem Willen unterworfen ist«. Diese Definition entspricht genau der genannten Bedingung, hat aber den Nachteil geringer Anschaulichkeit. Besser ist es, wir halten uns an das Fassbarste, und da müssen wir sagen: was die Erfahrung uns giebt, ist einfach eine mechanisch deutbare Welt und eine mechanisch nicht deutbare Welt; zwischen diesen läuft die Grenzlinie und

scheidet sie so gänzlich von einander, dass jede Überschreitung ein
Attentat gegen die Erfahrung bedeutet: Vergehen gegen Erfahrungsthatsachen sind aber philosophische Lügen.

Im Sinne dieser Unterscheidung hat nun Kant die epochemachende   Die Religion.
Behauptung aufstellen dürfen: »Religion müssen wir in uns, nicht ausser
uns suchen.«[1] Das heisst, wenn wir es in die Ausdrucksweise unserer
Definition übertragen: Religion müssen wir einzig in der mechanisch nicht
deutbaren Welt suchen. Es ist nicht wahr, dass man in der mechanisch
deutbaren Welt der Erscheinung irgend etwas findet, was auf Freiheit,
Sittlichkeit, Gottheit deute. Wer den Begriff der Freiheit in die
mechanische Natur hineinträgt, vernichtet die Natur und zerstört zugleich die wahre Bedeutung der Freiheit (siehe S. 884); von Gott gilt
ein gleiches (siehe S. 924); und was Sittlichkeit anbetrifft, so zeigt jeder
unbefangene Blick — und trotz aller heldenhaften Versuche der Apo-
logisten von Aristoteles an bis zu Bischof Butler's allzuberühmtem Buch
im vorigen Jahrhundert über die *Analogie zwischen offenbarter Religion
und den Gesetzen der Natur* — dass die Natur weder moralisch noch
vernünftig ist. Die Begriffe Güte, Mitleid, Pflicht, Tugend, Reue sind ihr
ebenso fremd wie vernünftige, symmetrische, einfach zweckmässige Anordnung. Die mechanisch deutbare Natur ist schlecht, dumm und
gefühllos; Tugend, Genialität und Güte sind lediglich der mechanisch
nicht deutbaren Natur zu eigen. Meister Eckhart wusste das wohl
und sprach darum die denkwürdigen Worte: »Sage ich, Gott ist gut,
es ist nicht wahr, vielmehr: ich bin gut, Gott ist nicht gut. Spreche
ich auch, Gott ist weise, es ist nicht wahr: ich bin weiser denn er.«[2]
Echte Naturwissenschaft konnte über die Richtigkeit dieses Urteils
keinen Zweifel übrig lassen. Religion müssen wir in der mechanisch
nicht deutbaren Natur suchen.

Ich werde es nicht unternehmen, Kant's Sitten- und Religionslehre darzustellen, das würde zu weit führen und ist ausserdem schon
oft gethan worden;[3] ich glaube meine Hauptaufgabe gelöst zu haben,

---

[1] *Religion* 4. Stück, 1. Teil, 2. Abschn.

[2] *Predigt* 99.

[3] Eines der besten Bücher dieser Art, wenngleich es früher als mehrere von
Kant's hierher gehörigen Schriften erschien und nie wieder verlegt wurde, sind
Reinhold's *Briefe über die Kantische Philosophie* (Leipzig 1790); dem philosophisch
unselbständigen Leser sind sie dringend zu empfehlen. Durch Reinhold persönlich
wurde Goethe in Kant eingeführt, und auch Schiller beruft sich gern (z. B. in *Über
Anmut und Würde)* auf ihn; Kant nennt Reinhold seinen »teuersten Herzensfreund«.
Dem selben Leser — sobald er es nur ein bischen ernst meint — wäre sodann

wenn es mir gelungen ist, die Genesis unserer neuen Weltanschauung
in ihren allgemeinsten Linien übersichtlich darzustellen; hierdurch
ist der Boden geebnet für eine zielbewusste, sichere Beurteilung der
Philosophie des 19. Jahrhunderts. Kant selber dagegen ist erst gegen
Schluss unseres Jahrhunderts dem Verständnis wieder näher gerückt,
und zwar charakteristischer Weise vornehmlich durch die Anregung
hervorragender Naturforscher; und die Auffassung der Religion, die
in ihm gewiss noch nicht einen vollendeten, vielmehr einen in mancher
Beziehung sehr anfechtbaren, doch den ersten klaren Ausdruck gefunden
hat, überstieg so sehr die Fassungsgabe seiner und unserer Zeitgenossen,
eilte so schnell der Entfaltung germanischer Geistesanlagen voraus, dass
ihre Würdigung eher in den Abschnitt über die Zukunft, als in den
über die Vergangenheit gehört. Nur wenige Worte also zur allgemeinen
Orientierung.

Wissenschaft ist die von den Germanen erfundene und durch-
geführte Methode, die Welt der Erscheinung mechanisch anzuschauen;
Religion ist ihr Verhalten gegenüber demjenigen Teil der Erfahrung,
der nicht in die Erscheinung tritt und darum einer mechanischen
Deutung unfähig ist. Was diese zwei Begriffe — Wissenschaft und
Religion — bei anderen Menschen bedeuten mögen, ist an diesem
Ort ohne Belang. Zusammen machen sie unsere Weltanschauung
aus. Bei dieser Weltanschauung, welche das Suchen nach letzten

---

die Preisschrift des Prof. Kurd Lasswitz: *Die Lehre Kant's allgemein verständlich
dargestellt* (Berlin, 1883), als Propädeutikum zum Studium der Originalschriften sehr
anzuraten. Das allerunzweckmässigste, was der Laie thun kann, ist, sich unvor-
bereitet auf die *Kritik der reinen Vernunft* zu stürzen. Dieses Werk bleibt für die
Meisten am besten ganz aus, da die *Prolegomena zu einer jeden künftigen Metaphysik,
die als Wissenschaft wird auftreten können,* klarer, kürzer und hinreichend sind. Doch
sollte Jeder mit der *Naturgeschichte des Himmels* das Studium beginnen, dann in der
Schrift von den *lebendigen Kräften,* in der von den *negativen Grössen,* und anderen
aus dieser Reihe so viel lesen wie die Kenntnis der Mathematik und Mechanik es
gestattet; dann etwa zu den *Träumen eines Geistersehers* übergehen, wobei man mit
Vorteil lange verweilen wird. Jetzt erst werden die *Prolegomena* mit Nutzen gründlich
studiert werden können, woran sich unmittelbar die Preisschrift *Über die Fortschritte
der Metaphysik* anschliessen muss. Aus dieser metaphysischen Schule begebe man sich
dann zur *Kritik der praktischen Vernunft* und zur *Kritik der Urteilskraft:* jetzt erst ist
man für die *Kritik der reinen Vernunft* reif. — Ist Einer nun erst so weit, so empfehle
ich ihm auf das Allerdringendste Prof. Alexander Wernicke's *Kant und kein Ende?,*
eine bei Mayer in Braunschweig im Jahre 1894 erschienene kleine Schrift, welche
wohl mit das Beste enthält, was je zu einem tieferen Verständnis von Kant's Denken
gesagt wurde. (Siehe auch die Nachträge.)

Ursachen als sinnlos perhorresciert, muss die Grundlage zur Handlungsweise des Menschen gegen sich und Andere in etwas Anderem gefunden
werden als im Gehorsam gegen einen regierenden Weltmonarchen und
in der Hoffnung auf eine zukünftige Belohnung. Wie ich schon früher
angedeutet (S. 776) und nunmehr erwiesen habe, kann neben einer
streng mechanischen Naturlehre einzig eine rein ideale Religion bestehen,
eine Religion heisst das, welche sich ihrerseits streng auf die ideale
Welt des Unmechanischen bescheidet. Wie schrankenlos diese Welt
auch sei — deren Flügelschlag aus der Ohnmacht der Erscheinung
befreit und alle Sterne überfliegt, deren Kraft dem qualvollsten Tode
lächelnd zu trotzen gestattet, die in einen Kuss Ewigkeit hineinzaubert,
und in einem Gedankenblitz Erlösung schenkt — ist sie dennoch auf ein
bestimmtes Gebiet angewiesen: auf das eigene Innere; dessen Grenzen
darf sie nie überschreiten. Hier also, im eigenen Innern, und nirgends
anders, muss die Grundlage der Religion gefunden werden. »Religion
zu haben ist Pflicht des Menschen gegen sich selbst«, sagt Kant.[1]
Aus Erwägungen, die ich hier nicht wiederholen kann, hält Kant,
wie Jeder weiss, den Gedanken an eine Gottheit hoch, doch legt er
grosses Gewicht darauf, dass der Mensch seine Pflichten nicht als
Pflichten gegen Gott, was ein zu schwankes Rohr wäre, sondern als
Pflichten gegen sich selbst aufzufassen habe. Was eben Wissenschaft
und Religion bei uns zu einer einheitlichen Weltanschauung verbindet,
ist der Grundsatz, dass stets die Erfahrung gebietet; nun ist Gott nicht
eine Erfahrung, sondern ein Gedanke, und zwar ein undefinierbarer,
nie fassbar zu machender Gedanke, wogegen der Mensch sich selber
Erfahrung ist. Hier ist also die Quelle zu suchen, und darum ist die
Autonomie des Willens (d. h. seine freie Selbständigkeit) das oberste
Prinzip aller Sittlichkeit.[2] Sittlich ist eine Handlung nur, insofern sie
aus dem innersten eigenen Willen hervorquillt und einem selbst-
gegebenen Gesetz gehorcht; wogegen die Hoffnung auf Lohn keine
Sittlichkeit erzeugen kann, noch auch jemals von ärgstem Laster und
Verbrechen abgehalten hat, denn jede äusserliche Religion hat Ver-
mittlungen und Vergebungen. Der »geborene Richter« (nämlich der
Mensch selber) weiss recht gut, ob sein Herz böse oder gut fühlt, ob
sein Handeln lauter oder unlauter ist, darum »ist die Selbstprüfung,

---

[1] *Tugendlehre,* § 18.

[2] Kant definiert: »Autonomie des Willens ist die Beschaffenheit des Willens,
dadurch derselbe ihm selbst (unabhängig von aller Beschaffenheit der Gegenstände
des Wollens) ein Gesetz ist« (*Grundlegung zur Metaphysik der Sitten,* II, 2).

die in die schwerer zu ergründenden Tiefen oder den Abgrund des
Herzens zu dringen verlangt, und die dadurch zu erhaltende Selbsterkenntnis, aller menschlichen Weisheit Anfang. . . . Nur die Höllen-
fahrt der Selbsterkenntnis bahnt den Weg zur Himmelfahrt«.[1])

Betreffs dieser Autonomie des Willens und dieser Himmelfahrt
bitte ich den Leser in dem Kapitel über den Eintritt der Germanen
in die Weltgeschichte (S. 509 fg.) die Stelle nachzusehen, wo ich Kant's
herrlich kühnen Gedanken kurz dargelegt habe. Um den religiösen
Gedanken ganz zu fassen, fehlt aber noch ein Glied in der Kette.
Was giebt mir eine so hohe Meinung von dem, was ich bei jenem
Hinabsteigen in den Abgrund des Herzens entdecke? Es ist das Gewahr-
werden der hohen Würde des Menschen. Der erste Schritt nämlich,
um den wirklich sittlichen Standpunkt betreten zu können, geschieht
durch die Ausrottung der Verachtung seiner selbst und des Menschengeschlechts, wie sie die christliche Kirche — im Gegensatz zu Christus
(siehe S. 44) — grossgezogen hat. Das eingeborene Böse im Menschen-
herzen wird nicht durch Busse vertilgt, denn diese klebt wieder an
der äusseren Welt der Erscheinung, sondern dadurch, dass das Augenmerk auf die hohen Anlagen im eigenen Innern gerichtet wird. Die
Würde des Menschen wächst mit seinem Bewusstsein davon. Es ist
von grosser Bedeutung, dass Kant hier genau mit Goethe übereinstimmt. Man kennt dessen Lehre von den drei Ehrfurchten — vor
dem, was über uns ist, vor dem, was uns gleich ist und vor dem,
was unter uns ist — aus denen drei Arten echter Religion entstehen;
die wahre Religion aber geht aus einer vierten »obersten Ehrfurcht«
hervor, und sie ist die Ehrfurcht vor sich selbst; erst auf dieser
Stufe gelangt, nach Goethe, »der Mensch zum Höchsten, was er zu erreichen fähig ist.[2]) Auf dieses Thema habe ich ebenfalls an genannter
Stelle hingewiesen, und dabei auch Kant citiert; das damals Gesagte
muss ich jetzt durch eine der wichtigsten und herrlichsten Stellen aus

---

[1]) Kant schreibt »zur Vergötterung«, was aber bei dem heute in der Umgangssprache üblichen Gebrauch des Wortes leicht zu einem Missverständnis führen
könnte. Schiller sagt: »der moralische Wille erhebt den Menschen zur Gottheit«
(*Anmut und Würde*), und Voltaire: »*Si Dieu n'est pas dans nous, il n'exista jamais*«
(*Poëme sur la Loi Naturelle*). Tiefsinnig ist auch Goethe's Wort: »Da Gott Mensch
geworden ist, damit wir arme, sinnliche Kreaturen ihn möchten fassen und begreifen
können, so muss man sich vor nichts mehr hüten, als ihn wieder zu Gott zu machen«
(*Brief des Pastors zu *** an den neuen Pastor zu ****).

[2]) *Wanderjahre*, Buch 2, Kap. 1.

Kant's gesamten Schriften ergänzen; sie bildet den einzigen würdigen
Kommentar zu Goethes Religion der Ehrfurcht vor sich selbst. »Nun
stelle ich den Menschen auf, wie er sich selbst fragt: was ist das
in mir, welches macht, dass ich die innigsten Anlockungen meiner
Triebe und alle Wünsche, die aus meiner Natur hervorgehen, einem
Gesetze aufopfern kann, welches mir keinen Vorteil zum Ersatz verspricht, und keinen Verlust bei Übertretung desselben androht; ja
das ich nur um desto inniglicher verehre, je strenger es gebietet und
je weniger es dafür anbietet? Diese Frage regt durch das Erstaunen
über die Grösse und Erhabenheit der inneren Anlage in der Menschheit, und zugleich die Undurchdringlichkeit des Geheimnisses, welches
sie verhüllt (denn die Antwort: es ist die Freiheit, wäre tauto-
logisch, weil diese eben das Geheimnis selbst ausmacht), die ganze
Seele auf. Man kann nicht satt werden, sein Augenmerk darauf zu
richten und in sich selbst eine Macht zu bewundern, die keiner Macht
der Natur weicht. . . . Hier ist nun das, was Archimedes bedurfte,
aber nicht fand: ein fester Punkt, woran die Vernunft ihren Hebel
ansetzen kann, und zwar, ohne ihn weder an die gegenwärtige, noch
eine künftige Welt, sondern bloss an ihre innere Idee der Freiheit,
die durch das unerschütterliche moralische Gesetz, als sichere Grundlage
daliegt, anzulegen, um den menschlichen Willen, selbst beim Wider-
stande der ganzen Natur, durch ihre Grundsätze zu bewegen.« [1])

Man sieht, diese Religion bildet den genauen Gegensatz zur
Mechanik.[2]) Germanische Wissenschaft lehrt die peinlichst genaue Feststellung dessen, was da ist, und lehrt, uns damit zu begnügen, da wir
die Welt der Erscheinung nicht durch Hypothesen und Zauberkünste,
sondern nur durch genaue, sklavenmässige Anpassung beherrschen
lernen können; germanische Religion deckt dagegen ein weites Reich
auf, welches als erhabenes Ideal in unserem Innern schlummert, und lehrt
uns: hier seid ihr frei, hier seid ihr selber schaffende, gesetzgebende
Natur; das Reich der Ideale ist nicht, durch euer Thun kann es aber
wirklich werden; als »Erscheinung« seid ihr zwar an das allgemeine
Gesetz der lückenlosen mechanischen Notwendigkeit gebunden, doch
lehrt euch die Erfahrung, dass ihr in dem inneren Reiche Autonomie
und Freiheit besitzt; so benutzt sie denn! Der Nexus zwischen den

---

[1]) Aus der Schrift: *Von einem neuerdings erhobenen vornehmen Ton in der Philosophie* (1796).

[2]) Auch natürlich zur Ethik als »Wissenschaft«; wozu S. 587, Anm. zu vergleichen ist.

beiden Welten — der sichtbaren und der unsichtbaren, der zeitlichen
und der zeitlosen —, sonst unauffindbar, liegt ja euch Menschen im
Busen und durch die Gesinnung der inneren Welt wird die Bedeutung
der äusseren Welt bestimmt: das lehrt euch täglich das Gewissen, das
lehrt euch Kunst und Liebe und Mitleid und die ganze Geschichte
der Menschen; hier seid ihr frei, sobald ihr's nur wisst und wollt;
ihr könnt die sichtbare Welt verklären, selber neugeboren werden,
die Zeit zur Ewigkeit umwandeln, das Himmelreich im Acker auf-
pflügen — an euch denn, es zu thun! Religion soll für euch nicht
mehr den Glauben an Vergangenes und die Hoffnung auf Zukünftiges
bedeuten, auch nicht (wie bei den Indern) eine blosse metaphysische
Erkenntnis, sondern die That der Gegenwart! Glaubt ihr nur an
euch selber, so besitzt ihr die Kraft, das neue »mögliche Reich«
wirklich zu machen; wachet auf, es nahet gen den Tag!

Christus
und Kant.

Wem fiele nicht sofort die Verwandtschaft zwischen dieser
religiösen Weltanschauung Kant's — gewonnen auf dem Wege treuer,
kritischer Naturbetrachtung — und dem lebendigen Kern der Lehre
Christi auf? Sagte Dieser nicht, das Himmelreich sei nicht ausser uns,
sondern in uns? Die Ähnlichkeit beschränkt sich jedoch nicht auf
diesen Kernpunkt. Wer Kant's viele Schriften über Religion und Sittengesetz durchforscht, wird sie vielerorten antreffen; so z. B. in dem
Verhalten gegen die offiziell anerkannte Religionsform. Es ist das selbe
ehrfurchtsvolle Sichanschliessen an die für heilig gehaltenen Formen,
verbunden mit einer gänzlichen Unabhängigkeit des Geistes, der das
Alte durch seinen Hauch zu einem neuen belebt.[1] Die Bibel z. B.
verwirft Kant nicht, doch schätzt er sie nicht wegen dessen, was man
aus ihr »herauszieht«, sondern dessen, »was man mit moralischer
Denkungsart in sie hineinträgt«.[2] Und hat er auch nichts gegen die
Bildung von Kirchen, »deren es verschiedene gleich gute Formen geben
kann«, so hat er doch den Mut, unumwunden auszusprechen: »Diesen
statutarischen Glauben nun (die historischen Anpreisungsmittel und die
Kirchendogmen) für wesentlich zum Dienste Gottes überhaupt zu
halten und ihn zur obersten Bedingung des göttlichen Wohlgefallens
am Menschen zu machen, ist ein Religionswahn, dessen Befolgung
ein Afterdienst ist, d. i. eine solche vermeintliche Verehrung Gottes,
wodurch dem wahren, von ihm selbst geforderten Dienste gerade ent-

---

[1] Siehe S. 227 fg.
[2] *Der Streit der Fakultäten,* 1. Abschn., Anhang.

gegen gehandelt wird.« [1]) Kant fordert also eine Religion »im Geist
und in der Wahrheit« und den Glauben an einen Gott, »dessen Reich
nicht von dieser Welt (d. h. nicht von der Welt der Erscheinung)
ist«. Dieser Übereinstimmung war er sich übrigens wohl bewusst.
In seiner Schrift über die Religion, die in seinem 70. Lebensjahre erschien, giebt er etwa auf vier Druckseiten eine gedrängte und schöne
Darstellung der Lehre Christi, ausschliesslich nach dem Evangelium
Matthäi, und schliesst: »Hier ist nun eine vollständige Religion, ...
überdies an einem Beispiele anschaulich gemacht, ohne dass weder
die Wahrheit jener Lehren, noch das Ansehen und die Würde des
Lehrers irgend einer anderen Beglaubigung bedürfte.« [2]) Diese wenigen
Worte sind für ausserordentlich wichtig zu erachten. Denn wie erhaben und erhebend alles auch sein mag, was Kant nach dieser Richtung
hin geschaffen hat, es gleicht doch mehr, meine ich, der energischen,
unerschrockenen Vorbereitung auf eine wahre Religion, als der Religion
selbst; es ist ein Ausjäten von Aberglauben, um dem Glauben Luft
und Licht zu verschaffen, ein Hinwegräumen des Afterdienstes, um den
wahren Dienst zu ermöglichen. Das plastisch Sichtbare, das Gleichnis
fehlt. Schon ein solcher Titel wie *Religion innerhalb der Grenzen
der blossen Vernunft* lässt befürchten, dass Kant sich auf falscher
Fährte befunden habe. Wie Lichtenberg warnt: »Suchet einmal in
der Welt fertig zu werden mit einem Gott, den die Vernunft allein
auf den Thron gesetzt hat! Ihr werdet finden, es ist unmöglich.
Das Herz und das Auge wollen was haben.« [3]) Und doch hatte gerade
Kant gelehrt: »Religion zu haben ist Pflicht des Menschen gegen sich
selbst.« Sobald er aber auf Christus hinweist und sagt: »seht, hier
habt ihr eine vollständige Religion! hier erblickt ihr das ewige Beispiel«! — da besteht der Einwurf nicht mehr; denn dann ist Kant
gleichsam ein zweiter Johannes, »der vor dem Herrn hergeht und seinen
Weg bereitet«. Dahin — zu einem geläuterten Christentum — drängte
die neue germanische Weltanschauung alle grössten Geister am Schlusse

---

[1]) *Die Religion u. s. w.,* 4. Stück, 2. Teil, Einführung. Erheiternd wirkt der
Titel des § 3 dieses Teiles: »Vom Pfaffentum als einem Regiment im Afterdienst des
guten Prinzips.«

[2]) 4. Stück, 1. Teil, 1. Absch. In jener Darstellung findet man eine Auslegung, die beim »Afterdienstregiment« wenig Erfolg ernten dürfte; Kant deutet nämlich die Worte: »die Pforte ist weit und der Weg ist breit, der zur Verdammnis ab-
führet, und ihrer sind Viele, die darauf wandeln«, auf die Kirchen!

[3]) *Politische Bemerkungen.*

des letzten Jahrhunderts. Für Diderot verweise ich auf S. 329, Rousseau's Ansichten sind bekannt, Voltaire, der angebliche Skeptiker, schreibt:

Et pour nous élever, descendons dans nous-mêmes!

Auf Wilhelm Meisters Wanderjahre verwies ich vorhin; Schiller schreibt 1795 an Goethe: »Ich finde in der christlichen Religion virtualiter die Anlage zu dem Höchsten und Edelsten, und die verschiedenen Erscheinungen derselben im Leben scheinen mir bloss deswegen so widrig und abgeschmackt, weil sie verfehlte Darstellungen dieses Höchsten sind.« Gestehen wir es nur aufrichtig: zwischen dem Christentum, wie es uns das Völkerchaos aufzwang, und dem innersten Seelenglauben des Germanen hat es nie wirkliche Übereinstimmung gegeben, niemals. Goethe durfte aus voller Brust singen:

> Den deutschen Mannen gereicht's zum Ruhm,
> Dass sie gehasst das Christentum!

Und heute kommt ein erfahrener Pfarrer und versichert uns — was wir längst schon ahnten — der deutsche Bauer sei überhaupt niemals zum Christentume bekehrt worden.[1]) Ein für uns annehmbares Christentum ist jetzt erst möglich geworden; nicht etwa, weil es dazu einer Philosophie bedurft hätte, es bedurfte aber der Hinwegräumung falscher Lehren und der Begründung einer grossen allumfassenden wahren Weltanschauung, von welcher Jeder so viel aufnehmen wird, wie er kann, und innerhalb welcher für den Geringsten wie für den Tüchtigsten das Beispiel und die Worte Christi zugänglich sein werden.

Hiermit betrachte ich den Notbrückenbau für den Abschnitt Weltanschauung (einschliesslich Religion) als beendet. Er ist verhältnismässig ausführlich geworden, weil hier nur grösste Klarheit dienen und die Aufmerksamkeit wach halten konnte. Trotz der Länge ist das ganze nur eine flüchtige Skizze, bei welcher, wie man gesehen hat, einerseits Wissenschaft, andrerseits Religion alles Interesse beansprucht hat; diese zwei zusammen bilden eine lebendige Weltanschauung, und ohne eine solche besitzen wir keine Kultur; wogegen reine Philosophie, als eine Disciplin und Gymnastik der Vernunft, lediglich ein Werkzeug ist und hier keinen Platz finden konnte.

Was die starke Hervorhebung Immanuel Kant's am Schlusse anbetrifft, so hat mich hierzu vor allem die Rücksicht auf möglichste Vereinfachung und Klarheit bestimmt. Ich glaube, überzeugt zu haben,

---

[1]) Paul Gerade: *Meine Beobachtungen und Erlebnisse als Dorfpastor,* 1895.

dass unsere germanische Weltanschauung nicht eine individuelle Grille ist, sondern das notwendige Ergebnis der kräftigen Entfaltung unserer Stammesanlagen; nie wird ein einzelnes Individuum, und sei es noch so bedeutend, ein derartiges Gesamtwerk nach allen Seiten hin erschöpfen, nie wird eine solche anonyme, mit Naturnotwendigkeit wirkende Kraft in einer einzigen Persönlichkeit so vollendet allseitige Verkörperung finden, dass nunmehr ein Jeder in diesem einen Manne einen Paragon und Propheten anerkenne. Dieser Gedanke ist semitisch, nicht germanisch; für unser Gefühl widerspricht er sich selber, denn er setzt voraus, dass die Persönlichkeit in ihrer höchsten Potenz, im Genie, unpersönlich werde. Wer wahre Ehrfurcht vor hervorragender geistiger Grösse empfindet, wird nie ein Parteigänger sein; er lebt ja in der hohen Schule der Unabhängigkeit. Eine so riesige Lebensarbeit wie die Kant's, »die herkulische Arbeit des Selbsterkenntnisses«, wie er sie selber nennt, erforderte besondere Anlagen und nötigte zur Specialisation. Doch, was liegt daran? Der Mann muss wirklich im Besitze eines aussergewöhnlich polyedrischen Geistes sein, dem Kant's Begabung »einseitig« vorkommt.[1]) Goethe meinte, ihm sei beim Lesen von Kant zu Mute, als träte er in ein helles Zimmer ein; aus diesem Munde wahrlich ein gewichtiges Lob! Die seltene Leuchtkraft ist eine Folge der seltenen Intensität dieses Denkens. In diesem starken Lichte Kant's wandelnd, ist es für uns Geisteszwerge kein Kunststück, die Grenze des noch unaufbeleuchteten Schattens zu gewahren: doch ohne den einen unvergleichlichen Mann hielten wir noch heute den Schatten

---

[1]) Gegen einen heute durch die Schriften Schopenhauer's weitverbreiteten Vorwurf einer besonders widerwärtigen Einseitigkeit, möchte ich Kant hier in Schutz nehmen. Schopenhauer behauptet nämlich (*Grundlage der Moral* § 6), Kant hätte das Mitleid geradezu verpönt und stützt sich dabei auf Stellen, die entschieden nach Kant's Absicht eine ganz andere Auslegung erfordern, da sie lediglich gegen verderbliche Gefühlsduselei gerichtet sind. Kant mag vielleicht das von J J. Rousseau — und in Anlehnung an diesen von Schopenhauer — so stark betonte Prinzip des Mitleides unterschätzt haben, ganz verkannt hat er es keinesfalls. Der Prüfstein ist hier das Verhalten zu den Tieren. Und da lesen wir in der *Tugendlehre* § 17, dass Gewaltsamkeit und Grausamkeit gegen Tiere, »der Pflicht des Menschen gegen sich selbst inniglich entgegengesetzt sei, denn dadurch werde das Mitgefühl an dem Leiden der Tiere im Menschen abgestumpft«. Dieser Standpunkt des Mitleids mit dem Tier als Pflicht gegen sich selbst, sowie der an gleicher Stelle eingeschärften »Dankbarkeit« gegen die tierischen Hausgenossen, dünkt mich ein sehr hoher zu sein. Über die Vivisektion urteilt der angeblich lieblose, gleichgültige« und jedenfalls streng wissenschaftliche Mann: »die martervollen physischen Versuche zum blossen Behuf der Spekulation sind zu verabscheuen«.

für Tageslicht. Und noch ein Grund liess mich allen Nachdruck gerade auf Kant legen. Die Entfaltung unserer germanischen Kultur, also gewissermassen das Facit unserer Arbeit von 1200 bis 1800, findet in diesem Mann einen besonders reinen, umfassenden und verehrungswürdigen Ausdruck. Gleich bedeutend als Mechaniker, Denker und Sittenlehrer — wodurch er mehrere grosse Zweige unserer Entwickelung in seiner Person zusammenfasst — ist er das erste vollendete Muster des ganz freien Germanen, der jede Spur des römischen Absolutismus und Dogmatismus und Antiindividualismus von sich hinweggesäubert hat. Und wie von Rom, so hat er uns auch — sobald wir es nur wollen — vom Judentum emanzipiert; nicht auf dem Wege der Gehässigkeit und Verfolgung, sondern indem er historischen Aberglauben, spinozistische Kabbalistik und materialistischen Dogmatismus (dogmatischer Materialismus ist nur die Umkehrung des selben Dinges) ein für alle Mal vernichtete. Kant ist der wahre Fortsetzer Luther's; was dieser begonnen, hat Kant weiter ausgebaut.

----

7. Kunst (von Giotto bis Goethe).

Der Begriff
»Kunst«.

Über Kunst zu reden wird Einem heutzutage recht schwer gemacht; denn einesteils hat sich, dem Beispiel aller besten deutschen Autoren zum Trotz, eine geradezu unsinnige Beschränkung des Begriffes »Kunst« bei uns eingebürgert, andernteils hat die schematisierende Geschichtsphilosophie unsere Fähigkeit, geschichtliche Thatsachen mit offenen, Wahrheit liebenden Augen anzuschauen und mit gesundem Verstand zu beurteilen, arg lahm gelegt. Einen Abschnitt wie diesen letzten — wo man gern frei schweben möchte in den höchsten Regionen — mit Polemik verquicken zu müssen, ist freilich traurig, doch giebt es keinen Ausweg; denn in Bezug auf Kunst sind die widersinnigsten Irrtümer ebenso fest eingewurzelt, wie in Bezug auf Religion, und wir können weder den Entwickelungsgang bis zum Jahre 1800, noch die Bedeutung der Kunst in unserem Jahrhundert richtig beurteilen, wenn wir nicht gründlich mit den falschen Begriffen und der entstellenden Geschichtsschreibung aufräumen. Wenigstens werde ich bestrebt sein, wo ich herunterreisse, gleich wieder aufzubauen, und die Darlegung überkommener Irrtümer sofort zur Klarlegung des wahren Sachverhaltes zu benützen.

Eine *allgemeine Geschichte der Kunst* behandelt heute jegliche bildnerische Technik, von der Architektur bis zur Zinngiesserei; in einem derartigen Werke findet man Abbildungen von Biertopfdeckeln und Stuhllehnen, daneben Michelangelo's *Jüngstes Gericht* und ein Selbstbildnis von Rembrandt. Zwei Künste fehlen jedoch ganz und gar, von ihnen ist keine Rede, sie sind, wie es scheint, »keine Kunst«: es sind jene zwei, von denen Kant sagt, sie nähmen »den obersten Rang« ein unter allen Künsten, und über die Lessing die unendlich feinsinnige Bemerkung gemacht hat: »die Natur hat sie nicht sowohl zur Verbindung, als vielmehr zu einer und ebenderselben Kunst bestimmt«[1] — Dichtkunst und Tonkunst. Diese Auffassung des Begriffes »Kunst« seitens unserer Kunsthistoriker ist geradezu empörend; sie vernichtet das Lebenswerk der Lessing, Herder, Schiller, Goethe, welche gerade die organische Einheit alles schöpferischen Menschentums und das Primat des Dichters unter seinen Genossen klarzustellen bemüht waren. Vom *Laokoon* an bis zur *ästhetischen Erziehung* und bis zu den Gedanken über die Rolle der Kunst »als würdigste Auslegerin der Natur«,[2] zieht sich wie ein roter Faden durch alles Denken der deutschen Klassiker das eine grosse Bestreben, das W e s e n d e r K u n s t, als eines besonderen menschlichen Vermögens deutlich und bestimmt begrenzt hinzustellen, womit zugleich die W ü r d e d e r K u n s t, als einer höchsten und heiligsten Befähigung zur Verklärung des ganzen Lebens und Denkens der Menschen gegeben ist. Und nun kommen unsere Gelehrten und greifen wieder zu Lucian's Auffassung der Kunst:[3] die Kunst ist für sie eine Technik, ein Handwerk, und da die Arbeit der Hände in Dichtung und Musik nichts zu bedeuten hat, so werden diese zur Kunst nicht mitgerechnet, sondern »Kunst« ist ausschliesslich die bildende Kunst, dafür aber jegliche bildende Thätigkeit, jede *manuum factura,* jede Herstellung von Artefakten! Der Begriff wird also nicht allein von ihnen in widersinniger Weise beschränkt, sondern auch in unsinniger Weise zu einem Synonym mit Technik erweitert. Dabei geht die Hauptsache, das einzige, worauf es bei der Kunst ankommt — der Begriff des Schöpferischen — ganz verloren.[4]

---

[1] *Zum Laokoon,* IX.

[2] Goethe: *Maximen und Reflexionen,* 3. Abteilung.

[3] Siehe S. 299. Vergl. Brief von Schiller an Meyer vom 5. 2. 1795.

[4] Man vergl. die Ausführungen über *Technik* im Gegensatz zu Kunst und Wissenschaft, S. 158.

Betrachten wir mit kritischem Auge zuerst die entstellende Erweiterung, sodann die widersinnige Beschränkung.

Kant hat die kürzeste und zugleich erschöpfendste Definition der Kunst gegeben: »schöne Kunst ist Kunst des Genies.«[1] Eine Geschichte der Kunst wäre also eine Geschichte der schöpferischen Genies, woran sich alles andere, wie die Fortschritte der Technik, der Einfluss der umgebenden Kunsthandwerker, der Wechsel des Geschmacks u. s. w. als blosses erläuterndes Beiwerk anreihen würde. Die Technik dagegen zur Hauptsache zu machen, ist lächerlich und wird nicht im mindesten dadurch entschuldigt, dass die grössten Meister zugleich die grössten Erfinder und Handhaber im Technischen waren; denn es kommt alles darauf an, warum sie im Technischen Erfinder waren, und da lautet die Antwort: weil Originalität die erste Eigenschaft des schöpferischen Geistes ist, und dieser daher sich genötigt sieht, für das Neue, das er zu sagen hat, für die eigenartige Gestaltung, die seinem persönlichen Wesen entspricht, sich auch neue Werkzeuge zu schaffen.

Gott soll mich davor behüten, dass ich mich auf den steinigen und mit lauter Dornen bewachsenen Boden der Kunstästhetik begebe! Mir ist es nicht um die Aesthetik, sondern einzig um die Kunst zu thun.[2] Was die Hellenen aber schon wussten und was unsere Klassiker stets betonen, nämlich, dass die Poesie die Wurzel jeglicher Kunst sei, daran halte ich fest. Nehme ich nun die soeben geschilderte Auffassung des Begriffes »Kunst« seitens unserer heutigen Kunsthistoriker hinzu, so erhalte ich einen so weiten und unbestimmten Begriff, dass er meinen Bierkrug und Homer's *Ilias* umfasst, und dass sich jeder Taglöhner mit dem Grabstichel als »Künstler« einem Leonardo da Vinci zur Seite stellt. Damit schwindet Kant's »Kunst des Genies« hin. Doch ist die Bedeutung der schöpferischen Kunst, wie ich sie in der Einleitung zu dem ersten Kapitel dieses Buches in Anlehnung an Schiller entwickelt und im weiteren Verlauf jenes Kapitels an den Hellenen veranschaulicht habe (S. 53 fg.) eine zu wichtige Thatsache der Kulturgeschichte, als dass wir sie auf diese Weise preisgeben könnten. In der Trias Weltanschauung, Religion, Kunst — welche drei zusammen die Kultur ausmachen — könnten wir die Kunst am allerwenigsten entbehren. Denn unsere germanische Weltanschauung ist eine trans-

---

[1] *Kritik der Urteilskraft,* § 46.
[2] »Durch alle Theorie der Kunst versperrt man sich den Weg zum wahren Genusse: denn ein schädlicheres Nichts als sie ist nicht erfunden worden« (Goethe).

scendente und unsere Religion eine ideale, und darum bleiben beide
unausgesprochen, unmitteilbar, den meisten Augen unsichtbar, den
meisten Herzen wenig überzeugend, wenn nicht die Kunst mit ihrer
freischöpferischen Gestaltungskraft — d. h. die Kunst des Genies —
vermittelnd dazwischen tritt. Darum hat die christliche Kirche — wie
früher der Götterglaube der Hellenen — stets die Kunst zu Hilfe gerufen, und darum meint Immanuel Kant, nur vermittelst einer »göttlichen Kunst« könne es den Menschen gelingen, die innerlich bewusste
Freiheit dem mechanischen Zwange erfolgreich entgegenzusetzen.
Wegen der Einsicht in diesen Zwang führt unsere Weltanschauung
(rein als Philosophie) zu einer Verneinung; wogegen unsere Kunst
aus dem inneren Erlebnis der Freiheit entstammt und darum ihrem
ganzen Wesen nach Bejahung ist.

Diesen grossen, klaren Begriff der Kunst müssen wir uns also
als ein Heiligstes, Lebendigstes wahren; und wenn Jemand kurzweg
von »Kunst« spricht — nicht von Kunsthandwerk, Kunsttechnik,
Kunsttischlerei u. s. w. — so darf er mit diesem geheiligten Wort
einzig Kunst des Genies bezeichnen wollen.

Sie allein — die echte Kunst — bildet das Gebiet, auf welchem
jene beiden Welten, die wir soeben zu unterscheiden gelernt haben
(S. 936) — die mechanische und die unmechanische — sich derartig
begegnen, dass eine neue, dritte Welt daraus entsteht. Die Kunst
ist diese dritte Welt. Hier bethätigt sich unmittelbar in der Welt
der Erscheinung die Freiheit, die sonst nur eine Idee, eine ewig unsichtbare, innere Erfahrung bleibt. Das Gesetz, das hier herrscht,
ist nicht das mechanische; vielmehr ist es in jeder Beziehung das
Analogon jener »Autonomie«, welche auf sittlichem Gebiete Kant
zu so staunender Bewunderung angeregt hatte (S. 941). Und was der
religiöse Instinkt nur ahnt und in allerhand mythologischen Träumen
sich vorführt (S. 395), das tritt durch die Kunst gewissermassen »in
das Tageslicht des Lebens ein«; denn indem die Kunst aus freier
innerer Notwendigkeit (Genialität) die gegebene unfreie mechanische
Notwendigkeit (die Welt der Erscheinung) umbildet, deckt sie einen
Zusammenhang zwischen den beiden Welten auf, der aus der rein
wissenschaftlichen Beobachtung der Natur sich nie ergeben hätte. Der
Künstler tritt nunmehr in einen Bund mit dem Naturforscher: denn
es findet sich, dass indem er frei gestaltet, er zugleich die Natur »aus-
legt«, d. h. dass er ihr tiefer ins Herz sieht, als der messende und
wägende Beobachter. Auch zum Philosophen gesellt sich der Künstler:

hierdurch erst erhält das logische Skelett einen blühenden Leib und
erfährt es, wozu es eigentlich auf der Welt ist, wofür ich als Beleg
nur auf Schiller und auf Goethe verweisen will, die beide den höchsten
Gipfel ihres Könnens und ihrer Bedeutung für das Geschlecht der
Germanen im innigen Zusammengehen mit Kant erklimmen, dadurch
aber zugleich in ganz anderer Weise als Schelling und Genossen der
Welt zeigen, welche unermessliche Bedeutung dem Denken des grossen
Königsbergers zukommt. [1]

Kunst und
Religion.

Und noch bleibt das Verhältnis zwischen Kunst und Religion
zu nennen. Es ist dies ein so mannigfaches und inniges Verhältnis, dass
es schwer fällt, es analytisch zu zergliedern. In dem Zusammenhang,
der uns augenblicklich beschäftigt, wäre Folgendes zu bemerken.
Religion ist bei allen Indogermanen (wie ich es an vielen Stellen
dieses Buches gezeigt habe) immer schöpferisch in dem künstlerischen
Sinne des Wortes und darum kunstverwandt. Unsere Religion war nie
Geschichte, nie chronistische Erklärung, sondern immer eigene innere
Erfahrung und Deutung dieser Erfahrung, sowie der umgebenden
(und somit auch erfahrenen) Natur durch freie Neugestaltung; andererseits ging unsere gesamte Kunst aus religiösen Mythen hervor. Da
wir aber heute es nicht mehr vermögen, dem naiven Trieb der schöpferischen Mythengestaltung zu folgen, so wird unser Mythus aus dem
Werk der höchsten und tiefsten Besonnenheit hervorzugehen haben.
Der Stoff ist ihm gegeben. Die wahre Quelle aller Religion ist ja heute
nicht eine unbestimmte Ahnung, nicht Naturdeutung, sondern die that-

---

[1]) Da Goethe ohne Zweifel hie und da von Schelling beeinflusst worden ist
und dies zu manchem grundfalschen Urteil geführt hat, muss es betont werden, dass
er dennoch Kant stets weit über alle seine Nachfolger gestellt hat. Zur Zeit als
Fichte und Schelling in hoher Blüte standen und Hegel zu schreiben begann, urteilte
Goethe: ›das Spekulieren über das Übermenschliche, trotz aller Warnungen Kant's,
ist ein vergebliches Abmühen‹ Als Schelling's Lebenswerk schon lange vollendet
vorlag (im Jahre 1817), sagte Goethe zu Victor Cousin, er habe von Neuem begonnen, Kant zu lesen und erfreue sich an der beispiellosen Klarheit dieses Denkens;
auch fügte er hinzu: ›Le système de Kant n'est pas détruit.‹ Sechs Jahre später klagte
Goethe dem Kanzler von Müller, Schelling's ›zweizüngelnde Ausdrücke‹ hätten die
rationelle Theologie ›um ein halbes Jahrhundert zurückgebracht‹. Die Persönlichkeit
Schelling's sowie gewisse Eigenschaften seines Stils und gewisse Richtungen seines
Denkens haben Goethe oft gefesselt; doch konnte ein so klarer Geist niemals in den
Irrtum verfallen, Kant und Schelling als kommensurable Grössen zu betrachten. (Für
die obigen Citate siehe die von Biedermann herausgegebenen Gespräche, I, 207, III,
290, IV, 227.)

sächliche Erfahrung bestimmter menschlicher Gestalten;[1]) mit Buddha und mit Christus ist Religion realistisch geworden (eine Thatsache, welche von den Religionsphilosophen regelmässig übersehen wird und noch nicht ins öffentliche Bewusstsein gedrungen ist). Doch, was diese Männer erfuhren und was wir durch sie erfahren, ist nicht ein mechanisch »Reales«, sondern ein weit Realeres als dies, ein Erlebnis des innersten Wesens. Und zwar ist uns dieser Sachverhalt erst jetzt, erst im Lichte unserer eigenen neuen Weltanschauung, ganz klar geworden; jetzt erst — wo der lückenlose Mechanismus aller Erscheinung unwidersprechlich dargethan ist — vermögen wir es, die Religion auch von der letzten Spur von Materialismus zu säubern. Dadurch wird aber die Kunst immer unentbehrlicher. Denn was eine Gestalt wie Jesus Christus bedeutet, was sie offenbart, lässt sich nicht in Worten aussprechen; es ist ja das Innere, das Zeit- und Raumlose, durch keine rein logische Gedankenkette erschöpfend oder auch nur adäquat Auszudrückende; es handelt sich bei Jesus Christus lediglich um jene »Natur, die einem Willen unterworfen ist« (wie Kant sich ausdrückte, S. 936), nicht um jene, welche den Willen sich unterwirft, d. h. also, es handelt sich um jene Natur, in welcher der Künstler zu Hause ist und von wo aus er allein es versteht, eine Brücke in die Welt der Erscheinung hinüber zu schlagen. Die Kunst des Genies zwingt das Sichtbare dem Unsichtbaren zu dienen.[2]) Nun ist aber an Jesus Christus die leibliche Erscheinung (zu welcher auch das ganze irdische Leben gehört) das Sichtbare und insofern eine gewissermassen nur allegorische Darstellung des unsichtbaren Wesens; doch ist diese Allegorie unentbehrlich, denn die erfahrene Persönlichkeit war es ja — nicht ein Dogma, nicht ein System, beileibe nicht der Gedanke, hier ginge ein hypostasierter Logos in Fleisch und Blut herum — welche den unvergleichlichen Eindruck hervorgebracht und viele Menschen innerlich völlig umgewandelt hatte; mit dem Tode schwand die Persönlichkeit — also das einzige Wirksame — dahin; was bleibt ist Fragment und Schema. Damit das wunderwirkende Beispiel (S. 197) weiter bestehe, damit die christliche Religion nicht ihren Charakter als thatsächliche, wirkliche Erfahrung verliere, muss die

---

[1]) Siehe das ganze Kapitel 3, namentlich S. 195 fg.

[2]) Das ist nicht ästhetische Theorie, sondern das Erlebnis der schaffenden Künstler. So sagt z. B. Eugène Fromentin in seinem exquisiten, doch ganz fachmässigen Buche *Les Maitres d'autrefois* (éd. 7, p. 2): »*L'art de peindre est l'art d'exprimer l'invisible par le visible.*«

Gestalt Christi immer wieder von neuem geboren werden; sonst bleibt eitles Dogmengewebe, und die Persönlichkeit — deren ausserordentliche Wirkung die einzige Quelle dieser Religion war — erstarrt zu einem abstrakten Gedankending. Sobald das Auge sie nicht erblickt, das Ohr sie nicht vernimmt, schwindet sie immer ferner und an Stelle lebendiger und — wie ich vorhin sagte — realistischer Religion, bleibt entweder stupide Idolatrie, oder im Gegenteil ein aristotelisches, aus lauter abstraktem Spinngewebe errichtetes Vernunftgerüst, wie wir das bei Dante sahen, in dessen Credo die einzige sichere Grundlage aller uns Germanen in Wahrheit möglichen Religion — die Erfahrung — vollständig fehlt und der Name Christi konsequenterweise gar nicht einmal genannt wird (vergl. S. 622, 888). Nur eine menschliche Kraft ist fähig, die Religion aus dieser Doppelgefahr — der Idolatrie und des philosophischen Deismus [1]) — zu erretten: das ist die Kunst. Denn die Kunst allein vermag es, die ursprüngliche Gestalt, d. h. die ursprüngliche Erfahrung wieder zu gebären. Ein schlagendes Beispiel von der Art, wie die Kunst des Genies zwischen jenen beiden Klippen hindurchsteuert, haben wir an Leonardo da Vinci (vielleicht der schöpferischeste Geist, der je gelebt); seinen Hass gegen jedes Dogma, seine Verachtung für alle Idolatrie, zugleich seine Gewalt, den wahren Gehalt des Christentums, nämlich die Erscheinung Christi selber, zu gestalten, habe ich im ersten Kapitel hervorgehoben (S. 108); sie bedeuten den Morgen eines neuen Tages. Ähnliches könnte man an jedem Genie der Kunst von ihm bis zu Beethoven zeigen.

Hierzu eine Erläuterung, damit das Verhältnis zwischen Kunst und Religion nicht unklar bleibe.

Ich sagte (S. 777), eine mechanische Weltdeutung vertrage sich einzig mit einer idealen Religion; ich glaube dies im vorigen Abschnitt deutlich und unwiderleglich dargethan zu haben. Was kennzeichnet nun eine ideale Religion? Ihre unbedingte Gegenwärtigkeit. Wir er-

---

[1]) Diese zwei Richtungen treten in konkreterer Gestalt vor die Vorstellung, wenn man sie sich als Jesuitismus und Pietismus (das Korrelat des Deismus) vergegenwärtigt. Jeder hat nämlich in einem scheinbaren Gegensatz eine Ergänzung, in die er leicht umschlägt. Das Korrelat des Jesuitismus ist der Materialismus; wie Paul de Lagarde richtig bemerkt hat: »das Wasser in diesen kommunicierenden Röhren steht stets gleich hoch« (*Deutsche Schr.*, Ausg. 1891, S. 49); alle jesuitische Naturwissenschaft ist ebenso streng dogmatisch materialistisch wie nur die irgend eines Holbach oder de Lamettrie; das Korrelat des abstrakten Deismus ist der Pietismus mit seinem Buchstabenglauben.

kannten es deutlich bei den Mystikern: diese streifen die Zeit wie
ein Gewand von den Gliedern ab; sie wollen weder bei der Schöpfung
verweilen (in welcher die materialistischen Religionen die Gewähr für
Gottes Macht finden), noch bei zukünftiger Belohnung und Strafe,
ihnen ist vielmehr »diese Zeit wie Ewigkeit« (S. 885). Die wissenschaftliche Weltanschauung, die sich aus der geistigen Arbeit der letzten
Jahrhunderte ergab, hat dieser Empfindung klaren, begrifflichen Ausdruck verliehen. Von Anfang an hat die germanische Philosophie
»sich um zwei Angeln gedreht«: 1. die Idealität des Raumes und der
Zeit, 2. die Realität des Freiheitsbegriffes.[1] Dies ist zugleich — wenn
ich mich so ausdrücken darf — die Formel der Kunst. Denn in
ihren Schöpfungen bewährt sich die Freiheit des Willens als ein Reales
und die Zeit — der inneren, unmechanischen Welt gegenüber — als
eine verschwimmende, blosse Idee. Kunst ist ewige Gegenwart. Und
zwar ist sie das in zwei Beziehungen. Erstens bannt sie die Zeit:
was Homer gestaltet, ist so jung heute wie vor 3000 Jahren; wer
vor das Grabmal des Lorenzo de' Medici tritt, fühlt sich in unmittelbarer Gegenwart Michelangelo's; die Kunst des Genies altert nicht.
Ausserdem ist Kunst Gegenwart in dem Sinne, als nur das absolut
Dauerlose wirklich Gegenwart ist. Die Zeit ist teilbar, ins Unendliche
teilbar, ein Blitz ist nur relativ kürzer als ein hundertjähriges Leben,
dieses nur relativ länger als jener; wogegen Gegenwart im Sinne der
Dauerlosigkeit sowohl kürzer als das denkbar kürzeste, wie auch länger
als alle denkbare Ewigkeit ist; dies trifft auf die Kunst zu: ihre Werke
wirken schlechterdings augenblicklich und erwecken zugleich schlechthin die Empfindung der Unvergänglichkeit. Goethe unterscheidet
einmal wahre Kunst von Traum und Schatten, indem er sagt, sie
sei »eine lebendig augenblickliche Offenbarung des Unerforschlichen«.
Auch dieses so viel missbrauchte Wort »Offenbarung« bekommt im
Lichte unserer germanischen Weltanschauung einen durchaus fass-
lichen, aller Überschwänglichkeit baren Sinn: es heisst das Öffnen
des Thores, welches uns (als mechanische Erscheinung) von der zeitlosen Welt der Freiheit trennt. Die Kunst ist Thorhüter. Ein Werk
der Kunst — sagen wir, Michelangelo's *Nacht* — schlägt das Thor

---

[1] Vergl. Kant: *Fortschritte der Metaphysik*, Anhang. Wie man sieht: das
dem Sinnenzeugnis entnommene Reale wird als eine Idee, dagegen die durch innere
Erfahrung gegebene Idee als ein Reales gedeutet. Es ist ganz genau die koperni-
kanische Umdrehung: was man bewegt wähnte, ruht, und was man ruhend wähnte,
bewegt sich.

weit auf; wir treten unmittelbar aus der Umgebung des Zeitlichen
in die Gegenwart des Zeitlosen. Wie dieser Künstler selber trium-
phiert: *dall'arte è vinta la natura!* besiegt ist Natur durch Kunst;
das heisst, genötigt ist das Sichtbare, dem Unsichtbaren Gestalt zu
verleihen, das Notwendige, der Freiheit zu dienen; lebendige Offenbarung des Unerforschlichen beut nunmehr der Stein.

Leicht muss ein Jeder begreifen, welche mächtige Unterstützung
eine auf unmittelbarer Erfahrung beruhende Religion aus einer derartigen Fähigkeit schöpft. Die Kunst vermag es, die einmalige Erfahrung immer von Neuem zu gebären; sie vermag es, in der Persönlichkeit das Überpersönliche, in der vergänglichen Erscheinung das
Unvergängliche zu offenbaren; ein Leonardo schenkt uns die Gestalt,
ein Johann Sebastian Bach die Stimme Jesu Christi, ewig nun gegenwärtig. Ausserdem deckt die Kunst jene »Religion«, die in dem
Einen unnachahmliches, überzeugendes Dasein gefunden hatte, auch
an anderem Orte auf, und eine tiefe Ergriffenheit bemächtigt sich
unser, wenn wir in einem Selbstbildnis Albrecht Dürer's oder Rembrandt's Augen erblicken, die uns in jene selbe Welt hineinführen,
in welcher Jesus Christus »lebte und webte und Dasein fand«, und
deren Schwelle die Worte und die Gedanken nicht überschreiten dürfen.
Etwas hiervon hat jede erhabene Kunst, denn das ja ist es, was sie
erhaben macht. Nicht allein des Menschen Antlitz, sondern alles,
was ein Menschenauge erblickt, was ein Menschengedanke erfasst und
nach dem Gesetz der inneren unmechanischen Freiheit neu gestaltet
hat, öffnet jenes Thor der »augenblicklichen Offenbarung«; denn
jedes Werk der Kunst stellt uns dem schöpferischen Künstler gegenüber, und das heisst dem Walten der selben zugleich transscendenten
und realen Welt, aus der Christus spricht, wenn er sagt, in diesem
Leben liege das Himmelreich wie ein Schatz im Acker vergraben.
Man betrachte eines der vielen Christusbilder Rembrandt's, z. B. das
Hundertguldenblatt, und halte daneben seine *Landschaft mit den drei
Bäumen:* man wird mich verstehen. Und man wird mir Recht
geben, wenn ich sage, Kunst ist zwar nicht Religion — denn ideale
Religion ist ein thatsächlicher Vorgang im innersten Herzen jedes Ein-
zelnen, jene Umkehr und Wiedergeburt, von der Christus sprach —
Kunst versetzt uns aber in die Atmosphäre der Religion, sie vermag
es, die ganze Natur für uns zu verklären, und durch ihre erhabensten
Offenbarungen regt sie unser innerstes Wesen so tief und unmittelbar
an, dass manche Menschen nur durch die Kunst dazu gelangen, zu

wissen, was Religion ist. Dass das Umgekehrte ebenfalls gilt, ist ohne
Weiteres einleuchtend, und man begreift, dass Goethe — dem man
Frömmigkeit im Sinne unserer historischen Kirchen kaum vorwerfen
wird — behaupten konnte: nur religiöse Menschen besässen schöpferische Kraft.[1])

Soviel zur Bestimmung dessen, was wir unter dem Worte »Kunst«
zu verstehen und zu verehren haben, und zur Abwehr einer Schwächung
des Begriffes durch kritiklose Erweiterung. Die theoretische Definition
der Kunst habe ich geglaubt durch den Hinweis auf das, was Kunst
des Genies im allgemeinen Zusammenhang der Kultur leistet, ergänzen
zu sollen; dadurch tritt die Bedeutung des Begriffes in konkreter Lebhaftigkeit vor den Geist. Wie man sieht, Polemik kann uns in kurzer
Zeit weit fördern. Ich wende mich also zum zweiten Punkt: zu der
von unseren Kunsthistorikern beliebten sinnwidrigen B e s c h r ä n k u n g
des Begriffes »Kunst«.

In keiner Kunstgeschichte des heutigen Tages ist von Dichtkunst oder Tonkunst die Rede; erstere gehört jetzt zur Litteratur
(auf Deutsch »Buchstäblerei«), letztere ist eine Sache für sich, weder
Fisch noch Fleisch, deren Technik zu abstrus und mühsam ist, um
ausserhalb des engsten fachmännischen Kreises Interesse und Verständnis zu finden, und deren Wirkung zu unmittelbar physisch und
allgemein ist, als dass sie nicht als Kunst der *misera plebs* und der
oberflächlichen *dilettanti* bei den Gelehrten einer gewissen Geringschätzung anheimfallen sollte. Und doch braucht man nur die Augen
zu einer umfassenden Rundschau aufzumachen, um sofort einzusehen,
dass die Poesie, nicht allein schon an und für sich, wie die Philosophen behaupten, den »obersten Rang« unter allen Künsten einnimmt, sondern die unmittelbare Quelle fast jeglichen künstlerischen
Schaffens und der schöpferische Herd auch derjenigen Kunstwerke ist,
die sich nicht unmittelbar an sie anlehnen. Ausserdem werden wir
aus jeder historischen, wie auch aus jeder kritischen Untersuchung
mit Lessing die Überzeugung gewinnen, dass Poesie und Musik nicht
zwei Künste sind, sondern vielmehr »eine und die selbe Kunst«. Der
tonvermählte Dichter ist es, der uns überhaupt zu »Kunst« erweckt;
er ist es, der uns Auge und Ohr öffnet; bei ihm, mehr als bei
irgend einem anderen Gestalter, herrscht jene gebietende F r e i h e i t,
welche die Natur ihrem Willen unterwirft, und als Freiester aller

Der
tonvermählte
Dichter.

---

[1]) Vergl. das Gespräch mit Riemer vom 26. März 1814.

Künstler ist er unbestritten der Erste. Die gesamte bildende Kunst könnte vernichtet werden und es bliebe die Poesie — der tonvermählte Dichter — unangetastet stehen; ihr Reich wäre nicht um einen Schritt enger, sondern nur hier und dort gestaltenleer. Denn im Grunde genommen drücken wir uns sehr ungenau aus, wenn wir sagen, die Dichtkunst sei »die erste« unter den Künsten: vielmehr ist sie die einzige. Die Poesie ist die allumfassende, welche jeder anderen Leben spendet, so dass, wo diese anderen sich emanzipieren, sie dann selber wieder — so gut es ihnen gelingen will — »dichten« müssen. Man überlege es sich doch: wie wäre die bildende Kunst der Hellenen auch nur denkbar ohne ihre dichtende Kunst? Hat nicht Homer dem Phidias den Meissel geführt? Musste nicht der hellenische Dichter die Gestalten schaffen, ehe der hellenische Bildner sie nachschaffen konnte? Und glaubt man, der griechische Architekt hätte unnachahmlich vollendete Gotteshäuser errichtet, wenn nicht der Dichter ihm so herrliche Göttergestalten vorgezaubert hätte, dass er sich genötigt fühlte, jede Faser seines Wesens dem Erfindungswerk zu widmen, damit er nicht zu weit hinter dem zurückbliebe, was ihm und jedem seiner Zeitgenossen in der Phantasie als ein Göttliches und der Götter Würdiges vorschwebte? Bei uns ist es aber nicht anders. Unsere bildende Kunst knüpfte teils bei der hellenischen, zum noch grösseren Teil aber bei der christlich-religiösen Dichtung an. Ehe sie der Bildner erfassen kann, müssen eben die Gestalten in der Phantasie da sein; der Gott muss geglaubt sein, ehe man ihm Häuser baut. Hier sehen wir die Religion — wie Goethe es will — als Quelle aller Produktivität. Doch muss historische Religion poetische Gestalt gewonnen haben, ehe wir sie bilden und im Bildnis begreifen können: das Evangelium, die Legende, das Gedicht geht voran und bildet den unerlässlichen Kommentar zu jedem *heiligen Abendmahl*, zu jeder *Kreuzigung*, zu jedem *Inferno*. Nun griff allerdings der germanische Künstler, seiner echten, unterscheidenden Eigenart gemäss, und sobald er das Technische in seine Gewalt bekommen hatte, viel tiefer; ihm war mit dem Inder der Zug zur Natur gemeinsam; daher jene doppelte Richtung, die uns in einem Albrecht Dürer so auffällt: h i n a u s, zur peinlich genauen Beobachtung und liebevoll gewissenhaften Wiedergabe jedes Grashalmes, jedes Käferchens, h i n e i n, in die unerforschliche innere Natur, durch das menschliche Bildnis und durch tiefsinnige Allegorien. Hier ist echteste Religion am Werke und — wie ich es vorhin zeigte — deswegen echteste Kunst. Hier spiegelt sich die Geistesrichtung der Mystiker (auf die Natur), die Geistesrichtung der Humanisten (auf die Würde des Menschen), die Geistesrichtung der naturforschenden Philosophen (auf die Unzulänglichkeit der Erscheinung) genau wieder. Ein Jeder trägt eben seinen Stein herbei zur Auferbauung der neuen Welt, und da der einheitliche Geist einer bestimmten Menschenart gebietet, fügt sich alles genau ineinander. Ich bin also weit entfernt zu leugnen, dass unsere bildende Kunst sich ungleich mehr von der Dichtkunst (d. h. von dem thatsächlich in Worten Gedichteten) emanzipiert hat als das bei den Hellenen der Fall war; ich glaube sogar, es lässt sich eine zunehmende Bewegung in diesem Sinne verfolgen, vom 13. Jahrhundert bis zum heutigen Tage. Doch wird man darum nicht verkennen wollen, dass diese Kunst ohne Berücksichtigung des allgemeinen Kulturganges nicht verstanden werden kann, und man wird einsehen müssen, dass überall die allgewaltige, freie Dichtkunst tonangebend voranging und den so vielfach gebundenen Schwestern die Wege ebnete. Ein Franz von Assisi musste die Natur an sein inbrünstiges Herz drücken und ein Gottfried von Strassburg sie begeistert schildern, ehe uns die Augen für sie aufgingen und der Pinsel sie nachzubilden versuchte; ein gewaltiges dichterisches Werk war in allen Gauen Europas vollbracht — von Florenz bis London — ehe das Menschenantlitz vom Maler in seiner Würde erkannt ward und ehe in dessen Werken Persönlichkeit an Stelle von Typus zu treten begann. Ehe vollends ein Rembrandt wirken konnte, musste ein Shakespeare gelebt haben. Bei der Allegorie ist das Verhältnis der bildenden Künste zur Dichtkunst so auffallend, dass es wohl Keinem entgehen kann. Hier will der Bildner selbständig dichten. Ich führte in der Einleitung (S. 4) Worte von Michelangelo an, in denen dieser den Stein und den unbeschriebenen Papierbogen einander gleichstellt, in jeden käme nur das hinein, was er wolle. Er dichtet also — wie mit der Feder, so auch mit Meissel und Pinsel.

> *the kindled marble's bust may wear*
> *More poesy upon its speaking brow*
> *Than aught less than the Homeric page may bear!*
> (Byron, *Prophecy of Dante.*)

Michelangelo's Erschaffung des Lichtes ist seine eigene Erfindung: doch würden wir sie nicht verstehen, wenn sie sich nicht an einen allbekannten Mythus unmittelbar anlehnte. Und seine Figuren: *der Tag* und *die Nacht*, darüber Lorenzo de' Medici, was sind sie, wenn nicht Dichtungen? Es sind doch nicht bloss zwei nackte Figuren und eine bekleidete. Was also ist hinzugekommen? Etwas, was, durch die Macht, das Gemüt unmittelbar zu bewegen, der Tonkunst eben so nahe verschwistert ist, wie es sich andrerseits der Wortkunst durch die Anregung von Gedanken verwandt zeigt. Es ist ein heroischer Versuch, durch die blosse Welt der Erscheinung, ohne Anlehnung an eine bestehende poetische Fabel, also notgedrungen rein allegorisch, zu dichten. Das gewaltige Schaffen des Michelangelo kann überhaupt nur begriffen und beurteilt werden als ein Dichten (genau so wie das von Rembrandt und von Beethoven); und das viele ästhetische Gezänk darüber, sowie über die Grenzen des Ausdruckes in den verschiedenen Künsten lässt sich durch die einfache Einsicht beilegen, dass deutliche Begriffe nur durch die Sprache vermittelt werden können, woraus folgt, dass jedes bildnerische Dichten der begrifflichen Bestimmtheit ermangeln und insofern »musikalisch« wirken muss, um überhaupt zu wirken, andrerseits aber, dass dieses bildnerische Dichten, da es des Tones entbehrt, doch wiederum eine begriffliche Deutung erfordert und insofern »dichterisch« aufgefasst werden muss. Die »Nacht« ist zwar bloss ein einziges Wort, entrollt aber trotzdem, dank der magischen Gewalt der Sprache, ein ganzes dichterisches Programm. Und so sehen wir die bildende Kunst, dort wo sie ihre Selbständigkeit so weit wie nur immer möglich treibt, beide Hände nach dem tonvermählten Dichter ausstrecken: hat sie nicht den Stoff von ihm entlehnt, so muss sie die Seele von ihm empfangen, damit ihr Gebilde lebe.

Es bedarf, glaube ich, keiner weiteren Ausführung, damit Jeder zugebe, eine Geschichte der Kunst mit Umgehung der Dichtkunst sei ein genau ebenso vernünftiges Beginnen wie die berühmt-berüchtigte Aufführung des Hamlet ohne Hamlet. Und doch werde ich gleich zeigen, dass die kühnsten geschichtsphilosophischen Behauptungen namhafter Gelehrter auf dieser Auffassung beruhen. Wenn Rosenkranz und Güldenstern in einer Scene die Bühne nicht betreten, da bleibt sie für unsere Kunsthistoriker leer. Doch, da ich vom »tonvermählten Dichter« sprach, und da des Dichters Zwillingsschwester, Polyhymnia, im selben Anathema inbegriffen und ebenfalls nicht für hoffähig gehalten wird, so muss ich noch über ihre Kunst ein Wort sagen, ehe ich zu den geschichtlichen Wahnbildern übergehe.

Dass bei allen Mitgliedern der indoeuropäischen Gruppe in alter Zeit jede Wortdichtung zugleich Tondichtung war, ist heute allbekannt: die Zeugnisse über Inder, Hellenen, Germanen kann man in allen neueren Geschichtswerken finden. Von besonderem Werte für die Wiedergewinnung eines gesunden Urteils über die hohe kulturelle Bedeutung der Musik waren in unserem Jahrhundert die gelehrten Arbeiten von Fortlage, Westphal, Helmholtz, Ambros u. a. über die Musik bei den Hellenen, aus denen hervorgeht, erstens, dass die Tonkunst von den Griechen mindestens eben so hoch geschätzt wurde wie die Dichtkunst und die bildende Kunst, zweitens, dass Musik und Poesie in der Zeit höchster Blüte griechischer Kultur so eng mit einander verknüpft und verwachsen waren, »dass die Geschichte hellenischer Musik notwendig auch in das Gebiet hellenischer Dichtkunst hinübergreifen muss und umgekehrt«. [1]) Was wir heute als hellenische Poesie bewundern, ist nur ein Torso; denn erst die organisch dazu gehörige Musik »rückte die Pindarische Ode, die Sophokleische Scene in die volle Beleuchtung des hellenischen Tages«. Nach heutigen Begriffen also, welche die Dreiteilung, Litteratur, Musik, Kunst eingebürgert und Alles, was gesungen wird, aus Litteratur und noch strenger aus Kunst verbannt haben, würde die gesamte griechische Poesie zur Musikgeschichte gehören — weder zur Litteratur, noch zur Kunst! Das giebt zu denken. Inzwischen hat die Tonkunst eine ganze grosse Entwickelung durchlaufen (auf die ich in einem anderen Zusammenhang noch zurückkommen werde), wodurch sie wahrlich nicht an Würde und Selbständigkeit verloren hat, sondern im Gegenteil, immer ausdrucksmächtiger und dadurch künstlerischer Gestaltung fähiger geworden ist. Hier liegt nicht bloss Entwickelung vor, wie unsere Musikhistoriker es sich gern zurechtkonstruieren, sondern vornehmlich der Übergang dieser Kunst aus hellenischen Händen in germanische. Der Germane — in allen Zweigen dieser Völkergruppe — ist der musikalischeste Mensch auf Erden; Musik ist seine spezifisch eigene Kunst, diejenige, in welcher er unter allen Menschen der unvergleichliche Meister ist. In den ältesten Zeiten sahen wir die Germanen sogar zu Pferd die Harfe nicht aus der Hand geben und ihre tüchtigsten Könige den Gesangsunterricht persönlich leiten (S. 318); die alten Goten konnten keine andere Bezeichnung für »lesen« erfinden, als *singen*, »da sie keine Art sprachlich gehobener Mitteilung kannten, die nicht gesungen worden wäre«.[2]) Und so greift denn der Germane — sobald er im 13. Jahrhundert zur Selbständigkeit erwacht und den geisttötenden Bann Rom's nur einigermassen abgeschüttelt

---

[1]) Ambros: *Geschichte der Musik*, 2. Aufl., I, 219.
[2]) Lamprecht: *Deutsche Geschichte*, 2. Aufl., I, 174.

hat — sofort zu der nur ihm eigenen Harmonie und Polyphonie, und zwar geht diese Entwickelung von den kerngermanischen Niederlanden (der Heimat Beethoven's) aus und behält während mindestens dreier Jahrhunderte dort, sowie im übrigen Norden, ihren einzigen festen Halt und ihre schöpferische Brutstätte. [1]) Die Italiener sind erst später, und zwar als Schüler der Deutschen, Musiker von Bedeutung geworden; auch Palestrina schliesst sich den Nordländern unmittelbar an. [2]) Und was mit solcher Energie angefasst worden war, gedieh fortan ohne jegliche Unterbrechung. Bereits in Josquin de Près, einem Zeitgenossen Raffael's, erlebte die neue germanische Tonkunst ein vollendetes Genie. Von Josquin an bis zu Beethoven, an der Grenze unseres Jahrhunderts, hat die Entwickelung dieser göttlichen Kunst — von der Shakespeare sagt, sie allein wandle das innerste Wesen des Menschen um — keine Unterbrechung erfahren. Die Musik, von Tausenden und Abertausenden fleissig gepflegt und gefördert, stellte jedem folgenden Genie stets vollkommenere Mittel zur Verfügung: eine reifere Technik, eine verfeinerte Aufnahmefähigkeit. [3]) Und diese spezifisch germanische Kunst wurde seit Jahrhunderten als eine ebenfalls spezifisch christliche Kunst

---

[1]) Die übliche ausschliessliche Betonung der Niederlande ist, wie Ambros gezeigt hat, ein geschichtlicher Irrtum; Franzosen, Deutsche, Engländer haben in grosser Zahl wacker mitgearbeitet; siehe a. a. O. III, 336, sowie den ganzen folgenden Abschnitt und das ganze zweite Buch. Interessant ist es zu erfahren, dass Milton's Vater Tonkünstler war.

[2]) Höchst bemerkenswert ist es, dass Palestrina's Lehrer, der Franzose Goudimel, ein Calvinist war, der in der Bartholomäusnacht getötet wurde; denn da Palestrina sich in Stil und Schreibart seinem Lehrer auf das Genaueste anschloss (Ambros, II, S. 11 des V.), sehen wir, dass jene Reinigung der römischen Kirchenmusik »von lasciven und schlüpfrigen Gesängen« (wie das Tridentiner Concil in seiner 22. Sitzung sich ausdrückt), und ihre Zurückführung zu Würde und Schönheit, im letzten Grunde ein nordisches, germanisch-protestantisches Werk war.

[3]) Ich schreibe absichtlich nicht »Gehör«, denn nach manchen, jedem Musikkundigen bekannten Thatsachen zu urteilen, lässt sich eher auf ein Ab- denn auf eine Zunahme des Gehörs innerhalb der letzten drei Jahrhunderte schliessen; so z. B. aus der Vorliebe unserer Vorfahren für vier-, acht- und womöglich noch reichere vielstimmige Kompositionen, sowie daraus, dass der Dilettant, der zur Laute sang, nicht die Oberstimme vortrug (da dies für gemein galt!), sondern eine Mittelstimme. Man hat aber schon längst festgestellt, dass Schärfe des Gehörs in keinem notwendigen, direkten Verhältnis zur Empfänglichkeit für musikalischen Ausdruck steht; zum grossen Teil ist diese Schärfe lediglich eine Sache der Übung, und man trifft Völker (z. B. die Türken), bei denen die Unterscheidung eines Vierteltons allgemein mit Sicherheit geschieht und die dennoch ohne jegliche musikalische Phantasie und Schöpferkraft sind.

erkannt, häufig kurzweg die »göttliche Kunst«, *la divina musica* genannt, und zwar mit Recht, da es die Eigentümlichkeit dieser Kunst ist, nicht aus sinnlich gegebenen Gestalten aufzubauen, sondern mit gänzlicher Ausserachtlassung dieser, unmittelbar auf das Gemüt zu wirken. Dadurch regt sie den inneren Menschen so mächtig an. Jene tiefe Verwandtschaft zwischen Mechanik und Idealität, auf welche ich öfters hingewiesen habe (siehe namentlich S. 777 und S. 938 fg.) tritt uns hier gleichsam in einem Bilde verkörpert entgegen: die mathematische Kunst *par excellence* und insofern auch die am meisten »mechanische«, ist zugleich die »idealste«, von allem Körperlichen am vollkommensten losgelöste. Hiermit hängt eine Unmittelbarkeit der Wirkung zusammen, d. h. also eine unbedingte Gegenwärtigkeit, welche eine weitere Verwandtschaft mit echter Religion bedingt: und in der That, wollte man durch ein Beispiel fasslich machen, was man unter Religion als E r f a h r u n g meint, so wäre der Hinweis auf musikalische Erfahrungen, das heisst, auf den unmittelbaren, überwältigenden und unauslöschlichen Eindruck, den das Gemüt von erhabener Musik erhält, gewiss die allertrefflichste und vielleicht auch die einzig zulässige Illustration. Es giebt Choräle von Johann Sebastian Bach — und nicht Choräle allein, doch nenne ich diese, um mich an Allbekanntes zu halten — welche im schlichten, buchstäblichen Sinne des Wortes das »Christlichste« sind, was je erklungen war, seitdem die göttliche Stimme am Kreuze verstummte.

Mehr will ich in diesem Zusammenhang nicht vorbringen; es genügt, auf die hohe kulturelle Bedeutung der Tonkunst hingewiesen und an die unvergleichlichen Grossthaten, welche die »Kunst des Genies« gerade auf diesem Gebiete seit fünf Jahrhunderten vollbracht hat, erinnert zu haben. Jeder wird bereit sein, zuzugeben, dass Verallgemeinerungen über das Verhältnis zwischen Kunst und Kultur keinen Wert besitzen können, wenn diese beiden Künste, die Dichtkunst und die Tonkunst, welche — wie Lessing uns belehrte — in Wahrheit eine einzige, allumfassende Kunst ausmachen, von der Betrachtung ausgeschlossen bleiben.

Nunmehr sind wir gewappnet, um der kunsthistorischen Geschichtsphilosophie, wie sie unter uns heute gäng und gäbe ist, entgegenzutreten: ein unerlässliches Beginnen, da diese Geschichtsphilosophie das Verständnis des Werdens unserer germanischen Kultur völlig unmöglich macht und dadurch zugleich das Urteil über die Kunst unseres Jahrhunderts ein geradezu lächerlich schiefes wird.

Kunst und Wissenschaft.

Ein konkretes Beispiel muss gegeben werden, und da wir überall die selbe Nachblüte Hegel'schen Wahnes finden, ist es ziemlich gleichgültig, wohin wir greifen. Ich nehme ein unter Laien weitverbreitetes, vortreffliches Werk zur Hand, die *Einführung in das Studium der neueren Kunstgeschichte* von Professor Alwin Schultz, dem rühmlichst bekannten Prager Gelehrten; es liegt mir in der Ausgabe vom Jahre 1887 vor. Hier lesen wir S. 5: »Hat je zugleich die Kunst und die Wissenschaft im selben Augenblicke *(sic!)* ihre besten Früchte gezeitigt? ist Aristoteles nicht aufgetreten, als die heroische Zeit der griechischen Kunst bereits vorüber war? und welcher Gelehrter *(sic!)* hat zu Leonardo's, zu Michelangelo's, zu Raffael's Zeiten gelebt, dessen Werke denen jener Meister nur annähernd an die Seite gestellt werden könnten? Nein! Kunst und Wissenschaft sind n i e zu gleicher Zeit mit Erfolg von den Völkern gepflegt worden; vielmehr geht die Kunst der Wissenschaft voraus: die Wissenschaft tritt erst recht in Kraft, wenn die glänzende Epoche der Kunst schon der Vergangenheit angehört, und je mehr die Wissenschaft wächst und an Bedeutung gewinnt, desto mehr wird die Kunst in den Hintergrund gedrängt. Auf beiden Gebieten gleichzeitig hat kein Volk je etwas Grosses hervorgebracht. Wir können uns deshalb recht wohl trösten, wenn wir sehen, wie in unserem Jahrhundert, das so hervorragende, die ganze Kultur fördernde Erfolge auf dem Gebiete der Wissenschaften aufzuweisen hat, die Kunst nur minder Bedeutendes zu erreichen vermochte.« In derselben Weise geht es noch ein paar Seiten weiter. Die angeführte Stelle muss man mehrere Male hintereinander aufmerksam durchlesen; man wird immer mehr staunen über eine solche Fülle verkehrter Urteile und namentlich darüber, wie ein gewissenhafter Gelehrter zu Gunsten einer überkommenen, künstlichen, grundfalschen Geschichtskonstruktion, weithin leuchtende, jedem Gebildeten bekannte Thatsachen einfach ignorieren kann. Kein Wunder, wenn wir arme Laien die Geschichte und in Folge dessen auch unsere eigene Zeit nicht mehr verstehen. Wir w o l l e n sie aber verstehen. Schauen wir uns zu diesem Zwecke die soeben angeführte offizielle Geschichtsphilosophie etwas näher und mit kritischem Auge an.

Zunächst frage ich: gesetzt den Fall, es verhielte sich bei den Hellenen, wie Professor Schultz sagt, was würde das für uns beweisen? Dahinter steckt wieder der vermaledeite, abstrakte Menschheitsbegriff. Denn es ist nicht allein von den Griechen die Rede, sondern allgemeine Gesetze werden mit »je« und mit »nie« aufgestellt, als ob man uns alle — Ägypter, Chinesen, Congoneger, Germanen — in einen

Topt werten könnte; wogegen wir auf jedem Gebiet des Lebens sehen, dass selbst unsere nächsten Verwandten — die Hellenen, die Römer, die Indier, die Eranier — jeder einen ganz individuellen Entwickelungsgang durchmacht. Ausserdem stimmt das angeblich beweiskräftige Beispiel keineswegs. Ja! hätten unsere Kunsthistoriker die These durchführen wollen, die ich selber im ersten Kapitel dieses Buches zu skizzieren versucht habe, dass nämlich schöpferische Kunst — die Kunst Homer's — die Grundlage der gesamten hellenischen Kultur abgegeben hat, dass wir durch sie erst »ins Tageslicht des Lebens eingetreten sind«, und dass dies das besondere Kennzeichen der einen einzigen hellenischen Geschichte ist: dann wäre ihre Stellung unanfechtbar, und wir müssten ihnen Dank wissen; doch davon ist keine Rede. Poesie und Musik gehören bei Schultz ebensowenig wie bei irgend einem seiner Kollegen zur Kunst; mit keinem Sterbenswörtchen wird ihrer auch nur gedacht; »das ganze weite Gebiet handwerklicher Produktion« (S. 14) wird als zum Gegenstand gehörig betrachtet, also lediglich die bildende Kunst. Und da ist denn die aufgestellte Behauptung nicht allein gewagt, sondern nachweisbar falsch. Denn, erstens ist die Beschränkung der »heroischen Zeit« der bildenden Kunst auf Phidias kaum mehr als eine bequeme Phrase. Was besitzen wir denn von ihm, um ein derartiges Urteil darauf zu gründen? Erkennt nicht die Forschung von Jahr zu Jahr mehr die Vielseitigkeit und die Bedeutung des Praxiteles[1] und geniesst Apelles nicht den Ruf eines unvergleichlichen Malers? Beide sind Zeitgenossen des Aristoteles. Und ist man wirklich berechtigt, die herrlichen Skulpturen aus Pergamon einem vorgefassten System zuliebe als »Ware zweiter Güte« gering zu schätzen? Pergamon aber wurde 50 Jahre nach dem Tode des Aristoteles erst gegründet. Ich selber bin in diesem Buche gezwungen, immer nur wenige, hervorragende und allbekannte Namen zu nennen; auch habe ich den stärksten Nachdruck auf die Kunst als »Kunst des Genies« gelegt; doch ist es lächerlich, meine ich, wenn man in Fachbüchern einer derartigen Vereinfachung Raum giebt; das Genie gleicht doch nicht einem Orden, den man einem bestimmten einzelnen Menschen auf die Brust hängt, sondern es schlummert, und schlummert nicht bloss, sondern wirkt auch in Hunderten und Tausenden, ehe der Einzelne sich hervorthun kann.

---

[1]) Man lese z. B. die Berichte über die neuerlichen Funde in Mantinea mit den Musenreliefs des Praxiteles.

Wie ich S. 70 hervorhob, Persönlichkeiten können nur in einer Umgebung von Persönlichkeiten sich als solche bemerkbar machen; Kunst
des Genies setzt weitverbreitete künstlerische Genialität voraus; in
schöpferischen Werken der Kunst kommt, wie Richard Wagner bemerkt hat, »eine gemeinsame, in unendlich mannigfache und vielfältige
Individualitäten gegliederte Kraft« zur Erscheinung.[1]) Eine so weitverbreitete Genialität, wie sie die Griechen bis in spätere Zeiten be-
kundeten, eine Genialität, die lange nach Aristoteles den Gigantenfries
und die Laokoongruppe hervorbrachte, kann sich neben der Wissenschaft — namentlich neben der durchaus unheroischen Wissenschaft
jener späten Periode! — recht wohl sehen lassen. Doch will ich
hierauf nicht weiter bestehen, sondern den Standpunkt der Kunsthistoriker vorderhand zu dem meinigen machen und das Zeitalter des
Perikles als den Höhepunkt der Kunst betrachten. Wie könnte ich
mich aber der Erkenntnis verschliessen, dass dann die »heroische Zeit«
der Wissenschaft auf genau den selben Augenblick fällt? Wie man in
diesem Zusammenhang auf Aristoteles kommt, ist nämlich unerfindlich.
Dieser grosse Mann hat auch die Wissenschaft seiner Zeit, wie alles
andere, zusammengefasst, gesichtet, geordnet, schematisiert; doch ist
seine persönliche Wissenschaft nichts weniger als heroisch, eher das
Gegenteil, nämlich ausgesprochen geheimrätlich, um nicht zu sagen
pfäffisch. Dagegen treten schon über ein Jahrhundert vor der Geburt
des Phidias alle hellenischen Denker als fachmännisch gebildete Mathematiker und Astronomen auf, und wirklich »heroisch« wird die Wissenschaft durch den spätestens 80 Jahre vor Phidias geborenen Pythagoras.
Ich verweise auf das S. 84 fg. nur Angedeutete. Wie genial die
Pythagoreische Astronomie war, wie emsig und erfolgreich die Griechen
bis zur alexandrinischen Zeit hinunter, und zwar ohne Unterbrechung,
Mathematik und Astrophysik betrieben, wie abseits Aristoteles von
dieser einzig echt naturwissenschaftlichen Bewegung stand, ist heute
allbekannt: wie kann man es zu Gunsten einer Konstruktion übersehen?
Von Thales, der 100 Jahre vor Phidias Sonnenfinsternisse vorausberechnet, bis zu Aristarch, dem 100 Jahre nach Aristoteles geborenen
Vorläufer des Kopernikus — d. h. so lange griechisches Geistesleben
überhaupt blühte, vom Anfang bis zum Ende — sehen wir die besondere hellenische Anlage für die Wissenschaft des Raumes am
Werke. Abgesehen hiervon haben die Griechen überhaupt in Wissen-

---

[1]) *Eine Mitteilung an meine Freunde* (Ges. Schriften, 1. Ausg., IV., 309).

schaft nur wenig von bleibender Bedeutung geleistet, denn sie waren allzu hastige, schlechte Beobachter; doch ragen zwei Namen hoch empor, so dass sie noch heute jedem Kinde bekannt sind: Hippokrates, der Begründer wissenschaftlicher Medizin, und Demokrit, der weitaus bedeutendste aller hellenischen naturforschenden Denker, der einzige, der heute noch weiterschaffend unter uns lebt; [1]) und beide sind — Zeitgenossen des Phidias!

Die Behauptung, Kunst und Wissenschaft seien nie zugleich mit Erfolg gepflegt worden, erweist sich aber als noch mehr hinfällig, sobald sie unsere aufsteigende germanische Kultur betrifft. »Welcher Gelehrte hat zu Leonardo's, zu Michelangelo's, zu Raffael's Zeiten gelebt, dessen Werke denen jener Meister nur annähernd an die Seite gestellt werden könnten?« Wirklich, so ein armer Kunsthistoriker kann einem leid thun! Gleich beim ersten Namen — Leonardo — ruft man aus: aber, bester Mann, Leonardo selber! Wissenschaftliche Fachleute urteilen über ihn: »Leonardo da Vinci muss als der hervorragendste Vorarbeiter der galileischen Epoche der Entwickelung der induktiven Wissenschaften betrachtet werden.«[2]) Ich hatte oft in diesem Buche Gelegenheit,

---

[1]) Demokrit kann man nur mit Kant vergleichen: die Weltgeschichte weiss von keiner erstaunlicheren Geisteskraft zu melden. Wem das noch unbekannt, der schlage den betreffenden Abschnitt in Zeller's *Philosophie der Griechen* (2. Abt. des 1. Bandes) nach und ergänze das dort Gesagte durch die Darstellung in Lange's *Geschichte des Materialismus*. Demokrit ist der einzige Grieche, den man als echten Vorläufer germanischer Weltanschauung betrachten kann; denn bei ihm — und bei ihm allein — finden wir die rücksichtslos mathematisch-mechanische Deutung der Erscheinungswelt, verbunden mit dem Idealismus der inneren Erfahrung und mit dem resoluten Abwehren jedweden Dogmatismus. Im Gegensatz zu dem albernen »Mittelweg« des Aristoteles lehrt er, die Wahrheit liege in der Tiefe! Eine Erkenntnis der Dinge ihrer wirklichen Beschaffenheit nach sei, sagt er, unmöglich. Seine Ethik ist ebenso bedeutend: die Sittlichkeit liegt für ihn ganz und gar im Willen, nicht im Werke; er deutet auch schon auf Goethe's Ehrfurcht vor sich selbst hin und weist Furcht und Hoffnung als moralische Triebfedern ab.

[2]) Hermann Grothe: *Leonardo da Vinci als Ingenieur und Philosoph*, S. 93. Dass der Verfasser in dieser selben Schrift, in welcher er ausserdem darzuthun versucht hat, die wissenschaftlichen Kenntnisse seien zu Leonardo's Zeiten überhaupt ausgedehnter und präziser als zwei Jahrhunderte später gewesen, dennoch der kunsthistorischen Hegelei das Opfer bringt, zu schreiben: »Stets haben wir die Erscheinung beobachten können, dass eine erhabene Kunstepoche der Blüte der Wissenschaft vorangeht« — ist wirklich ein *non plus ultra*. Nichts ist schwerer zu entwurzeln, wie es scheint, als derartige Phrasen; der selbe Mann, der soeben in einem hervorragenden Falle das Gegenteil bewiesen hat, plappert sie dennoch nach, und entschuldigt die Abweichung von der vermeintlichen Regel mit einem »stets« — worauf

auf Leonardo hinzuweisen, begnüge mich also hier daran zu erinnern,
dass er Mathematiker, Mechaniker, Ingenieur, Astronom, Geolog,
Anatom, Physiolog war. Hat auch die kurze Spanne eines Menschenlebens nicht genügt, damit er hier überall, wie auf dem Gebiete der
Kunst, Unsterbliches leiste, die zahlreichen richtigen Ahnungen des erst
viel später Entdeckten besitzen um so mehr Wert, als sie nicht luftige
Intuitionen sind, sondern das Ergebnis der Beobachtung und einer streng
wissenschaftlichen Denkmethode. Das grosse mittlere Prinzip unserer
gesamten Naturwissenschaft: Mathematik und Experiment, hat er zuerst
klar aufgestellt. »Alles Wissen ist eitel«, sagt er, »welches nicht auf
Erfahrungsthatsachen fusst und Schritt für Schritt bis zum wissenschaftlich angestellten Versuch verfolgt werden kann.«[1]) Ob Professor
Schultz Leonardo einen »Gelehrten« nennen würde, weiss ich allerdings nicht; jedoch zeigt die Geschichte, dass es auch in den Wissenschaften etwas grösseres giebt als Gelehrsamkeit, nämlich Genie; und
Leonardo ist ohne Frage eines der hervorragendsten wissenschaftlichen
Genies aller Zeiten. — Doch sehen wir weiter, ob es nicht einen
ausschliesslich »wissenschaftlichen« Zeitgenossen Michelangelo's und
Raffael's giebt, würdig ihnen »annähernd an die Seite gestellt zu
werden«. Nichts ist schwerer, als für vergangene wissenschaftliche
Grössen anerkennendes Verständnis zu wecken, und wollte ich als
Beispiele von Naturforschern, deren Leben »innerhalb« des Lebens
Michelangelo's fällt, auf Vesalius, den unsterblichen Begründer der
menschlichen Anatomie, auf Servet, den Vorentdecker des Blutumlaufes, auf Konrad Gessner, jenes erstaunlich vielseitige Muster aller
späteren »Naturalisten«, und noch auf Andere hinweisen, so müsste
ich zu jedem Namen einen Kommentar geben, und trotzdem würde
ein ganzes Leben erfolgreicher Arbeit in der dunklen Vorstellung eines
Laien immer noch wenig wiegen im Vergleich zu einem einzigen aus
Anschauung ihm bekannten Kunstwerke. Doch zum Glück brauchen
wir in diesem Falle nicht lange zu suchen, um einen Namen zu
finden, dessen Glanz selbst bis in das unwissenschaftlichste Hirn gedrungen ist. Denn bei aller grossen Verehrung für jene unsterblichen

---

man mit der Frage erwidern möchte, wo er denn überhaupt ausser bei uns Germanen auf eine wahre ›Blüte der Wissenschaft‹ hinweisen könne? Er würde sehr
verlegen um eine Antwort sein. Und bei uns — das könnte er nicht leugnen —
geht die Kunst von Giotto bis Goethe ihren Gang parallel mit der Wissenschaft von
Roger Bacon bis Cuvier.
    [1]) *Libro di pittura*, § 33 (ed. Ludwig).

Künstler werden wir doch zugeben müssen, dass ein Nikolaus Kopernikus einen bedeutenderen, weiter reichenden und mehr bis in die fernste Zukunft bestimmenden Einfluss auf die Kultur der gesamten Menschheit ausgeübt hat, als Michelangelo und Raffael. Georg Christoph Lichtenberg ruft aus, nachdem er die wissenschaftliche und moralische Grösse des Kopernikus dargethan hat: »Wenn dieses kein grosser Mann war, wer in der Welt kann Anspruch auf diesen Namen machen?«[1] Und Kopernikus ist so genau der Zeitgenosse Raffael's und Michelangelo's, dass sein Leben dasjenige Raffael's einschliesst. Raffael ist geboren 1483, gestorben 1520, Kopernikus ist geboren 1473, gestorben 1543. Kopernikus war in Rom berühmt, als man Raffael's Namen dort noch nie gehört hatte, und als der Urbinat 1508 von Julius II. berufen wurde, trug der Astronom seine Theorie des kosmischen Weltsystems schon fertig im Kopfe, wenn er gleich, als echter Naturforscher, noch über 30 Jahre daran arbeitete, ehe er sie veröffentlichte. Kopernikus ist 21 Jahre jünger als Leonardo, 2 Jahre jünger als Albrecht Dürer, 2 Jahre älter als Michelangelo, 4 Jahre älter als Tizian; alle diese Männer standen zwischen 1500 und 1520 auf der Höhe ihres Wirkens. Nicht sie allein aber, auch der bahnbrechende Naturforscher Paracelsus[2] ist nur 10 Jahre jünger als Raffael und beschloss sein ereignisreiches und für die Wissenschaft epochemachendes Leben mehr denn 20 Jahre früher als Michelangelo. — Nun darf man aber nicht übersehen, dass Männer wie Kopernikus und Paracelsus nicht vom Himmel fallen; ist selbst die Kunst des Genies eine Kollektiverscheinung, so ist es die Wissenschaft in viel höherem Grade. Schon der erste Biograph des Kopernikus, Gassendi, wies nach, dass dieser ohne seinen Vorgänger, den unsterblichen Regiomontanus, und Regiomontanus wieder ohne seinen Lehrer Purbach nicht möglich gewesen wäre; und andrerseits erhärtet ein Fachmann, der Astronom Bailly, dass es nur noch einiger technischer Vervollkommnung seiner Werkzeuge bedurfte, damit Regiomontanus die meisten Entdeckungen des Galilei vorweggenommen hätte.[3]

  Kunst und Wissenschaft dürfen überhaupt nicht in der Art zu einander in Parallele gestellt werden wie unsere Kunsthistoriker es

---

  [1]) Siehe dessen *Leben des Kopernikus* in seinen *physikalischen und mathematischen Schriften*, Ausg. 1844, 1. Teil, S. 51.

  [2]) Vergl. S. 861, 888 fg.

  [3]) Beide Angaben entlehnte ich der oben angeführten Lichtenberg'schen Biographie.

thun; denn Kunst — Kunst des Genies — »ist stets am Ziel«, wie
Schopenhauer treffend bemerkt hat; es giebt keinen Fortschritt über
Homer hinaus, über Michelangelo hinaus, über Bach hinaus; wogegen
Wissenschaft ihrem Wesen nach »kumulativ« ist und jeder Forscher
seinem Vorgänger auf den Schultern steht. Der bescheidene Purbach
ebnet die Wege für das Wunderkind Regiomontanus, dieser macht
Kopernikus möglich, auf ihm wieder fussen Kepler und Galilei (geboren im Jahre von Michelangelo's Tode), auf diesen Newton. Nach
welchem Kriterium will man hier die »beste Frucht« bestimmen?
Eine einzige Erwägung wird zeigen, wie wenig die künstliche Bestimmung nach *a priori* Zurechtlegungen zulässig ist. Die grossen
Entdeckungen von Columbus, Vasco da Gama, Magalhães u. s. w. sind
alle schon eine Frucht exakter wissenschaftlicher Arbeit. Toscanelli
(geb. 1397), der Ratgeber des Columbus und vermutliche Urheber
seiner Reise nach Westen, war ein sehr tüchtiger, gelehrter Astronom
und Kosmograph, der die sphärische Gestalt der Erde zu beweisen
unternahm und dessen Karte des Atlantischen Ozeans, die Columbus
auf seiner ersten Reise benutzte, ein Wunderwerk des Wissens und
der Intuition ist. Bei ihm hat der Florentiner Amerigo Vespucci noch
persönlich Unterricht genommen und dadurch die Befähigung gewonnen,
die ersten genauen geographischen Ortsbestimmungen der amerikanischen
Küste aufzunehmen. Doch hätte das nicht genügt. Ohne die bewundernswert genauen astronomischen Ephemeriden des Regiomontanus, die dieser auf Grundlage seiner astronomischen Beobachtungen
und neuen Methoden für die Zeit 1475—1506 vorausberechnet und
gedruckt hatte, wäre überhaupt keine transatlantische Entdeckungs-
reise möglich gewesen; von Columbus an hat sie jeder Entdecker
an Bord gehabt.[1]) Ich dächte, die Entdeckung der Welt, deren
»heroische Zeit« ganz genau mit der höchsten Blüte der bildenden
Künste in Italien zusammenfällt, wäre schon eine »Frucht«, die der
Beachtung eben so wert ist wie eine Madonna des Raffael; die Wissenschaft, die sie vorbereitet und ermöglicht hat, ist der Kunst nicht
nachgehinkt, sondern eher vorangeeilt.

Wollten wir unserem Kunsthistoriker noch weiter Schritt für
Schritt nachgehen, wir würden lange mit ihm zu thun haben; doch
meine ich, jetzt wo wir die Grundlagen seiner ferneren Behauptungen
Wort für Wort als unstichhaltig befunden haben, dürfen wir schon

---

[1]) Für alle diese Angaben siehe Fiske: *The discovery of America.*

Thür und Fenster weit aufwerfen und die dumpfe Stubenluft einer Geschichtsphilosophie, in der uns weder die Vergangenheit deutlich, noch die Gegenwart bedeutsam wird, durch den Sonnenschein der herrlichen Wirklichkeit und die frische Luft des brausenden Werdens verjagen. Ich fasse also die weitere Zurückweisung kurz zusammen.

Etwa 150 Jahre nach Raffael's Tod — Kepler und Galilei waren schon längst, Harvey vor einiger Zeit gestorben, Swammerdam war beschäftigt, ungeahnte Geheimnisse der Anatomie aufzudecken, Newton hatte bereits sein System der Gravitation ausgearbeitet und John Locke unternahm soeben als vierzigjähriger Mann seine wissenschaftliche Analyse des Menschengeistes — da wurde eine Dichtung geschrieben, von der Goethe gesagt hat: »wenn die Poesie ganz von der Welt verloren ginge, so könnte man sie aus diesem Stück wieder herstellen«; das wäre, dächte ich, Kunst des Genies im superlativsten Sinne des Wortes! Der Künstler war Calderon, das Kunstwerk *Der standhafte Prinz.*[1] So überschwengliche Worte aus dem Munde eines so urteilsfähigen und stets gemessen redenden Mannes lassen uns empfinden, dass die schöpferische Kraft der Kunst im 17. Jahrhundert nicht nachgelassen hatte. Wir werden um so weniger daran zweifeln, wenn wir bedenken, dass Newton, der Zeitgenosse Calderon's, sehr gut Rembrandt an der Staffelei hätte sehen können und vielleicht — ich weiss es nicht — gesehen hat, ebenso wie er bei einer Reise durch Deutschland den grossen Thomaskantor hätte eine seiner Passionen aufführen gehört, und ohne Zweifel Händel — der lange vor Newton's Tode nach England übergesiedelt war — gesehen und gekannt hat. Hiermit reichen wir aber bis über die Mitte des 18. Jahrhunderts hinaus; in dem Jahre als Händel starb, stand Gluck auf der Höhe seines Könnens, Mozart war geboren und Goethe hatte, wenn auch noch nicht für die Welt, so doch für seinen früh verstorbenen Bruder Jakob schon viel geschrieben und war soeben, infolge der Anwesenheit der Franzosen in Frankfurt, mit dem Theater vor und hinter den Coulissen vertraut geworden; vor Schluss des selben Jahres erblickte Schiller das Licht der Welt. Schon diese flüchtigen Andeutungen — bei denen ich des blühenden Kunstlebens Englands, von Chaucer bis Shakespeare, und von diesem bis Hogarth und Byron, und der reichen Schöpfungen Frankreichs, von der Erfindung des gotischen Baustils im 12. und 13. Jahrhundert an, bis zu dem grossen Racine

---

[1] *Bf. an Schiller* vom 28. Januar 1804.

gar nicht gedacht habe — genügen zum Beweise, dass in keinem
Jahrhundert, seit unsere neue Welt zu entstehen begann, weder ein
tiefgefühltes Bedürfnis nach Kunst, noch weitverbreitete künstlerische
Genialität, noch auch ihr Emporblühen zu herrlichen Gebilden in
Kunst des Genies gefehlt hat.   Calderon steht, wie wir soeben
sahen, nicht allein da; was Goethe von seinem *Standhaften Prinzen*
sagte, hätte er wohl nicht minder von Shakespeare's *Macbeth* gesagt;
und inzwischen wuchs die reinste aller Künste, die erst dem germanischen Dichter das Werkzeug liefern sollte, dessen er zur vollen
Ausdrucksfähigkeit bedurfte — die Musik — nach und nach zu nie
geahnter Vollkommenheit heran und gebar ein Genie nach dem andern.
Damit erhellt die Nichtigkeit der Behauptung, Kunst und Wissenschaft
schlössen sich gegenseitig aus: eine Behauptung, die teils auf einer
durchaus willkürlichen und verwerflichen Definition des Begriffes
»Kunst« beruht, teils aber auf Unwissenheit bezüglich der geschichtlichen Thatsachen und auf anerzogener Verkehrtheit des Urteils.

Wenn es ein Jahrhundert giebt, welches die Bezeichnung »das
naturwissenschaftliche« verdient, so ist es das sechzehnte; diese Ansicht
Goethe's fanden wir durch das autoritative Gutachten des Justus Liebig
bestätigt (S. 800); das 16. Jahrhundert ist aber das Jahrhundert Raffael's,
Michelangelo's und Tizian's, es erlebte noch Leonardo am Anfang
und Rubens am Schlusse; das Jahrhundert der Naturwissenschaft *par
excellence* war also ebenfalls ein unvergleichliches Jahrhundert der
bildenden Kunst.   Doch sind alle diese Einteilungen als künstlich und
nichtssagend zu verwerfen.[1)]   Es giebt ja gar keine Jahrhunderte ausser
in unserer Einbildung, und es giebt auch gar keine Beziehung zwischen
Kunst und Wissenschaft ausser einer der gegenseitigen indirekten
Förderung.   Es giebt einzig eine grosse, entfesselte, auf allen Gebieten
zugleich emsig thätige Kraft, die Kraft einer bestimmten Rasse. Zwar
wird diese Kraft das eine Mal hier, das andere Mal dort gehemmt

---

[1)] Liebhaber derartiger Spielereien mache ich auf Folgendes aufmerksam: im
Jahre von Michelangelo's Tod (1564) wurde Shakespeare geboren, mit Calderon's
Tod (1681) fällt die Geburt von Bach fast genau zusammen, und die Leben von
Gluck, Mozart und Haydn führen uns bis genau zu dem Schluss des vorigen Säculums;
so könnte man auf das bildende Jahrhundert ein poetisches und auf dieses ein musikalisches
folgen lassen. Es hat auch Menschen gegeben, die von mathematischen, astronomisch-
physikalischen, anatomisch-systematischen und chemischen Jahrhunderten gesprochen
haben — ein Unsinn, für welchen die heutigen Mathematiker, Physiker, Anatomen
u. s. w. sich bestens bedanken werden.

oder gefördert, häufig durch rein äussere, zufällige Begebenheiten, manchmal durch grosse Ideen und durch den Einfluss hervorragender Persönlichkeiten. So erwacht z. B. die italienische Malerei zur Selbständigkeit und Bedeutung unter dem unmittelbaren Einfluss des Franz von Assisi und der von seinem Orden geforderten grossen Kirchen mit Wandgemälden für die Belehrung des unwissenden Volkes; so erlischt nach und nach in Deutschland, in Folge einer fast dreihundertjährigen Epoche von Krieg und Verheerungen und inneren Zerwürfnissen, die Lust und die Fähigkeit zu bildender Kunst, weil diese wie keine andere Reichtum und Ruhe benötigt, um leben zu können; oder wiederum, die Umsegelung der Welt fördert gewaltig die astronomischen Studien (S. 773), während das Aufkommen der Jesuiten die blühende Wissenschaft Italiens gänzlich ausrottet (S. 698). Das alles kann und soll uns der wissenschaftliche Geschichtsforscher — und also auch der Kunsthistoriker — an der Hand konkreter Thatsachen zeigen, nicht aber unser Urteil durch lendenlahme Verallgemeinerungen verblöden.

Und dennoch bedürfen wir der Verallgemeinerungen; ohne sie giebt es kein Wissen, und darum pendeln wir bis zur Ankunft des so sehr ersehnten kulturhistorischen Bichat zwischen falschen Gesamtanschauungen, welche jede einzelne Thatsache in eine unrichtige Perspektive rücken, und richtigen Einzelkenntnissen, welche wir unfähig sind, so zu verbinden, dass daraus ein Wissen, d. h. ein alle Erscheinungen zusammenfassendes Verstehen wird. Doch hoffe ich, die gesamte vorangehende Darstellung, vom ersten Kapitel dieses Buches an, wird uns Material genug geliefert haben, um unseren vorläufigen Notbrückenbau hier vollenden zu können. Die grundlegenden Erkenntnisse liegen jetzt so klar vor Augen und wurden von so vielen Seiten betrachtet, dass ich eine fast aphoristische Kürze nicht zu entschuldigen brauche.

Die Kunst als Ganzes.

Um die Geschichte und damit auch die Bedeutung unserer Kunst in der Zeitenfolge und inmitten der übrigen Lebenserscheinungen zu verstehen, ist das erste und unbedingte Erfordernis, dass wir sie als ein Ganzes betrachten, nicht dieses und jenes herausreissen — etwa gar »das Gebiet der handwerklichen Produktion« — und nun über dieses Bruchstück philosophieren.[1]) Wo immer und wie immer freie schöpfe-

---

[1]) Nebenbei erinnere ich an Goethe's treffende Bemerkung: »die Technik wird zuletzt der Kunst verderblich« (*Sprüche in Prosa*); d. h. also der wahren, schöpferischen Kunst.

rische Neugestaltung des uns durch die Natur gegebenen inneren und
äusseren Stoffes stattfindet, da ist Kunst. Da Kunst Freiheit und
Schöpferkraft voraussetzt, so erfordert sie Persönlichkeit; ein Werk,
welches nicht den Stempel einer besonderen, unterschiedenen Individualität trägt, ist kein Kunstwerk. Persönlichkeiten unterscheiden sich
nun nicht allein der Physiognomie, sondern auch dem Grade nach;
hier (wie auch sonst in der Natur) schlägt bei einem bestimmten Punkt
der Gradunterschied in einen spezifischen Unterschied um, so dass wir
berechtigt sind, mit Kant zu behaupten, das Genie unterscheide sich
spezifisch vom gewöhnlichen Menschen.[1]) Nirgends tritt dies so klar
zu Tage wie in der Kunst, welche in den Werken der authentischen
Genies gewissermassen eine zweite Natur wird, und darum, wie diese,
unvergänglich, unausdenkbar, unerklärlich, unnachahmlich ist. Doch
liegt Verwandtschaft zum Genie in jeder freien, d. h. zur Originalität
befähigten Persönlichkeit; das zeigt sich in dem feinen Verständnis für
Kunst des Genies, in der Begeisterung, die sie erweckt, in der Anregung zu schöpferischen Thaten, die sie gewährt, in ihrem Einfluss
auf das Schaffen von Männern, die nicht Künstler *poprio sensu* sind.
Die Kunst des Genies lebt nicht allein in einer Atmosphäre von vor-,
mit- und nachschaffender künstlerischer Genialität, sondern gerade das
Genie streckt seine Wurzeln aus bis in die entlegensten Gebiete, saugt
Nahrung von überall ein und trägt wiederum Lebenskraft überall
hin. Ich verweise auf Leonardo und auf Goethe. Hier sieht man mit
Augen, wie die künstlerische Anlage, überströmend aus jedem ihr
aufgenötigten engeren Behälter, ihre Zeugungskraft befruchtend über
jedes vom Menschengeist bebaute Feld ergiesst. Bei genauerem Zu-

---

[1]) Vergl. S. 61. Wie viele ästhetische Irrlehren und nutzlose Diskussionen hätte
sich unser Jahrhundert sparen können, wenn es das tiefe Wort Kants's besser erwogen
hätte: »Genie ist die angeborne Gemütsanlage, durch welche die Natur der Kunst
die Regel giebt — — — daher das Genie selbst nicht beschreiben oder wissenschaftlich
anzeigen kann, wie es sein Produkt zu Stande bringt, und daher der Urheber eines
Produktes, welches er seinem Genie verdankt, selbst nicht weiss, wie sich in ihm
die Ideen dazu herbeifinden, auch es nicht in seiner Gewalt hat, dergleichen nach
Belieben oder planmässig auszudenken und anderen in solchen Vorschriften mitzuteilen,
die sie in Stand setzt, gleichmässige Produkte hervorzubringen« (*Kritik der Urteils-*
kraft, § 46. Man vergl. ausserdem § 57, Schluss der ersten Anmerkung). Die
italienische Reise war damals noch nicht im Druck erschienen, sonst hätte Kant sich
auf Goethe's Brief vom 6. September 1787 berufen können: »Die hohen Kunstwerke
sind zugleich als die höchsten Naturwerke von Menschen nach wahren und natürlichen Gesetzen hervorgebracht worden.«

sehen wird man nicht weniger staunen, wie diese Männer aus den verschiedensten, einander fernliegenden Quellen ihren Geist zu berieseln verstehen: Goethe's Nährboden reicht von der vergleichenden Knochenkunde bis zu der philologisch genauen Kritik der hebräischen Thora, Leonardo's von der inneren Anatomie des menschlichen Körpers bis zu der thatsächlichen Ausführung jener grossartigen Kanalbauten, von denen Goethe in seinen alten Tagen träumte. Wird man solchen Männern gerecht, wenn man ihre künstlerische Befähigung nach ihrem Schaffen innerhalb bestimmter Schablonen misst und benamst? Sollen wir es dulden, wenn geistige Pygmäen von ihrem darwinistischen Affenbaum herunterklettern, um sie in die Schranken ihres angeblichen »Kunstfaches« zurückzuweisen? Gewiss nicht. »Nur als Schöpfer kann der Mensch uns ehrwürdig sein«, sagt Schiller.[1] Die Naturbetrachtungen und die philosophischen Gedanken eines Leonardo und eines Goethe sind durch ihren schöpferischen Charaker unbedingt ehrwürdig; sie sind K u n s t. Was hier nun sich sichtbar ereignet, weil wir bei diesen ausserordentlichen Männern das Nehmen und Geben direkt an dem einen Individuum beobachten können, geschieht allerorten durch mehrfache Vermittelung und darum unbemerkt. Alles kann Quelle der künstlerischen Inspiration sein, und andrerseits stehen oft, wo der hastig Lebende es am wenigsten vermutet, Erfolge, die in letzter Instanz auf künstlerische Anregung zurückzuführen sind. Nichts ist empfänglicher als menschliche Schaffenskraft; von überall her nimmt sie Eindrücke auf, und bei ihr bedeutet ein neuer Eindruck einen Zuwachs, nicht allein an Material, sondern auch an schöpferischer Befähigung, weil eben, wie S. 192 und 762 und 806 betont wurde, die Natur allein, nicht der Menschengeist, erfinderisch und genial ist. Es besteht darum ein enger Zusammenhang zwischen Wissen und Kunst, und der grosse Künstler (wir bemerken es von Homer an bis zu Goethe) ist stets ein ungemein wissbegieriger Mensch. Aber die Kunst giebt das Empfangene mit Zinsen zurück; durch tausend oft verborgene Kanäle wirkt sie zurück auf Philosophie, Wissenschaft, Religion, Industrie, Leben, namentlich aber auf die Möglichkeit des Wissens. Wie Goethe sagt: »Die Menschen sind überhaupt der Kunst mehr gewachsen als der Wissenschaft. Jene gehört zur grossen Hälfte ihnen selbst, diese zur grossen Hälfte der Welt an; — so müssen wir uns die Wissenschaft notwendig als Kunst denken, wenn wir von ihr irgend eine Art von Ganzheit erwarten.«[2]

---

[1] *Über Anmut und Würde.*
[2] *Materialien zur Geschichte der Farbenlehre,* 1. Abteilung.

So ist z. B. Kant's *Theorie des Himmels* ein genau eben so künstlerisches Gebilde wie Goethe's *Metamorphose der Pflanzen,* und zwar
nicht bloss nach der positiven Seite hin, als gestaltende Wohlthat,
sondern auch negativ, insofern nämlich, trotz alles mathematischen
Apparates, derartige Zusammenfassungen immer menschliche Gestaltungen — und d. h. M y t h e n — sind.

Stelle ich also als erstes Erfordernis auf, die Kunst müsse als
ein Ganzes betrachtet werden, so will ich damit nichts Geringes gesagt
haben. Kunsthandwerk gehört ganz und gar zur Industrie, d. h. in das
Gebiet der Civilisation; es kann blühen (wie bei den Chinesen), ohne
dass eine Spur von wirklicher Schöpferkraft vorhanden sei; Kunst
dagegen als Kulturelement ist (in den verschiedenen Zweigen der
indoeuropäischen Familie) ein pulsierendes Blutsystem des gesamten
höheren geistigen Lebens. Damit unsere Kunst historisch richtig beurteilt werde, muss darum zunächst die Einheit des Impulses — die
aus den innersten Regungen der Persönlichkeit hervorgeht — begriffen,
sodann das reiche Wechselspiel von Nehmen und Geben bis in die
feinsten Verzweigungen verfolgt werden. Wie ich S. 730 bemerkte:
nur wer ein Ganzes überschaut, ist im Stande, die Unterscheidungen
innerhalb des Ganzen durchzuführen; auch eine wahrhaftige Kunstgeschichte kann nicht aus der Aneinanderreihung der verschiedenen
sogenannten »Kunstarten« aufgebaut werden, vielmehr muss man erst
die Kunst als einheitliches Ganzes ins Auge fassen und sie bis dorthin verfolgen, wo sie mit anderen Lebenserscheinungen zu einem noch
grösseren Ganzen verschmilzt; dann erst wird man befähigt sein, die
Bedeutung ihrer einzelnen Erscheinungen richtig zu beurteilen.

Das wäre das erste allgemeine Prinzip.

Das Primat
der Poesie.

Das zweite Grundprinzip zieht den unentbehrlichen engeren Kreis:
jedes echt künstlerische Schaffen unterliegt dem unbedingten Primat der
Poesie. In der Hauptsache kann ich mich damit begnügen, auf das
S. 955 fg. Gesagte zurückzuverweisen. Weitere Bestätigung wird der
Leser überall finden. So weist z. B. Springer nach, dass die ersten
Regungen echter bildender Schöpfungskraft bei den Germanen (etwa
im 10. Jahrhundert) nicht dort erwachten, wo sie an frühere Muster
b i l d e n d e r Kunst sich anlehnten, sondern dort, wo die Phantasie
durch p o e t i s c h e Schöpfungen — meistens durch die Psalmen und
Legenden — zu freier Gestaltung angeregt war; sofort »offenbart sich
eine merkwürdige p o e t i s c h e Anschauungskraft, sie durchdringt den
Gegenstand und weiss selbst abstrakte Vorstellungen in einen greif-

baren Körper zu hüllen«.[1]) Man sieht, der bildende Künstler wird
produktiv, indem er an Gestalten anknüpft, welche der Dichter vor
die Phantasie hingezaubert hat. Allerdings wirkt auch manche gestalten-
treibende Anregung unmittelbar auf den Bildner, ohne dass sie erst
durch den Griffel des Dichters ihm übermittelt worden wäre; ein hervor-
ragendes Beispiel bietet sich uns dar in dem schon genannten fast
unermesslichen Einfluss des Franz von Assisi; doch darf man nicht
übersehen, dass nicht bloss ein Geschriebenes Poesie ist. Die poetische
Gestaltungskraft schlummert weitverbreitet; »der eigentliche Erfinder
war von jeher nur das Volk; der Einzelne kann nicht erfinden, sondern
sich nur der Erfindung bemächtigen.«[2]) Kaum war diese wunderbare
Persönlichkeit des Franz verschwunden, und schon hatte das Volk sie
zu einer bestimmten Idealgestalt umgedichtet und verklärt; an diese
poetische Gestalt knüpfen Cimabue, Giotto und ihre Nachfolger
an. Damit ist aber die aus diesem Beispiel zu ziehende Lehre noch
nicht erschöpft. Ein Kunsthistoriker, der gerade den Einfluss des
Franz auf die bildende Kunst zum Gegenstand eingehendster Studien
gemacht hat, und diesen Einfluss jedenfalls eher zu überschätzen als zu
unterschätzen geneigt sein muss, Professor Henry Thode, macht doch
darauf aufmerksam, dass dieser Einfluss nur bis zu einem gewissen
Grade gestaltend gewirkt hat; eine derartige religiöse Bewegung regt
die schlummernden Tiefen der Persönlichkeit auf, bietet aber an und
für sich dem Auge wenig Stoff und noch weniger Form; damit die
bildende Kunst Italiens zu voller Kraft erwachsen konnte, musste ein
neuer Impuls gegeben werden und das war das Werk der Dichter.[3])
Dante ist es, der die Italiener gelehrt hat, zu gestalten; im Bunde mit
ihm die gerade im 14. und 15. Jahrhundert wieder aufgefundene
Poesie des Altertums. Man darf natürlich diese Einsicht nicht klein-
lich auffassen; der Miniaturmaler des 10. Jahrhunderts mag sich — um
frei erfinden zu dürfen — Vers für Vers an einen Psalm anschliessen,
später wird ein derartiger Illustrator wenig geschätzt, man verlangt
freiere Erfindung; auf jedem Kunstgebiet erwächst der Künstler zu
immer grösserer Selbständigkeit; das Mass der Selbständigkeit wird
aber durch den Entwickelungsgrad und die Kraft der allumfassenden
Poesie bedingt.

[1]) *Handbuch der Kunstgeschichte* (1895), II, 76.
[2]) Richard Wagner: *Entwürfe, Gedanken, Fragmente* (1885), S. 19.
[3]) *Franz von Assisi und die Anfänge der Kunst der Renaissance in Italien*, 1885,
S. 524 fg.

Hieran reiht sich nun die sehr wichtige Einsicht Lessing's, dass Dichtkunst und Tonkunst eine einzige Kunst sind, dass sie zusammen erst eigentliche Poesie ausmachen. Das ist der springende Punkt für das Verständnis unserer germanischen Kunst — auch der bildenden; wer achtlos daran vorübergeht, wird nie ins Reine kommen. Zu dem vorhin Gesagten (S. 959 fg.) muss ich hier nur einiges Wenige als unentbehrliche Ergänzung hinzufügen.

Die germanische Tonkunst. Wo immer wir bei Indoeuropäern eine entwickelte, schöpferische Dichtkunst antreffen, da finden wir eine entwickelte Tonkunst, und zwar mit jener innig verschmolzen. Von den arischen Indern will ich nur drei Züge erwähnen. Der sagenhafte Erfinder der bei ihnen am meisten gepflegten Kunstgattung, nämlich des Dramas, Bharata, gilt zugleich als Verfasser der Grundlage des musikalischen Unterrichts, denn Musik war in Indien ein integrierender Bestandteil der dramatischen Werke; die lyrischen Dichter pflegten ihren Versen die Melodie beizugeben, wo sie aber das nicht thaten, fügten sie wenigstens hinzu, in welcher T o n a r t jedes Gedicht vorzutragen sei. Diese zwei Züge sind beredt genug, ein dritter veranschaulicht die Entwickelung der Technik. Die in ganz Europa früher übliche Bezeichnung der Skala *do, re, mi* u. s. w. stammt aus Indien, vermittelt durch Eranien. Man sieht, wie innig verwoben Tonkunst und Dichtkunst war, und welche Rolle die Kenntnis der Musik im Leben spielte.[1] Über die Musik der Hellenen brauche ich nichts hinzuzufügen. Herder sagt: »Bei den Griechen waren Poesie und Musik nur ein Werk, eine Blüte des menschlichen Geistes«,[2] und an einer anderen Stelle: »Das griechische Theater war Gesang; dazu war alles eingerichtet; und wer dies nicht vernommen hat, der hat vom griechischen Theater nichts gehört.«[3] Dagegen, wo es keine Dichtkunst gab, wie bei den alten Römern, da fehlte es ebenfalls ganz an Musik. In später Stunde bekamen sie für beides ein Surrogat, und da erwähnt Ambros als besonders bezeichnend den Umstand, dass das Hauptinstrument der römischen Musik die Pfeife war, wogegen bei den Indern seit den ältesten vedischen Zeiten Harfen, Lauten und andere Saiteninstrumente den Grundstock bildeten: hiermit ist eigentlich schon Alles gesagt. Ambros führt aus, die Römer hätten nie mehr von der Musik verlangt, als dass »es sich gut

---

[1] Vergl. Schröder: *Indiens Litteratur und Kultur*, Vorlesung 3 und 50, und Ambros: *Geschichte der Musik*, I. Buch 1.

[2] *Ideen zur Geschichte der Menschheit*, Buch 13, Abschn. 2.

[3] *Nachlese zur Adrastea*, 1.

anhören und das Ohr ergötzen sollte« (etwa der Standpunkt der Mehr-
zahl unserer heutigen Litteraten und Ästhetiker des musikalisch
Schönen!), dagegen sie es niemals vermocht hätten, die hohe geistige
Bedeutung zu begreifen, welche alle Griechen (Künstler und Philo-
sophen) gerade dieser Kunst beimassen. Und so hatten sie als Erste
den traurigen Mut, Oden (d. h. Gesänge) zu schreiben, die nicht zum
Singen bestimmt waren. In der späteren Kaiserzeit erwachte dann für
Musik wie für andere Dinge (S. 183) das Interesse am technischen
Virtuosentum und der ziellose Dilettantismus; das ist das Werk des
eindringenden Völkerchaos. [1]

Diese Thatsachen bedürfen keines Kommentars. Was aber wohl
eines Kommentars bedarf, ist die vorhin flüchtig angedeutete weitere
Thatsache, dass das Vorwiegen der musikalischen Begabung ein
Charakteristikum des germanischen Geistes ist, denn dies bedingt mit
Notwendigkeit eine andere, eigenartige Entwickelung der Poesie und
somit der gesamten Kunst. Der Kontrast mit anderen indoeuropäischen
Rassen wird uns hierüber belehren. Freilich scheinen auch die Inder
musikalisch sehr begabt gewesen zu sein, doch verlor sich bei ihnen
Alles ins Ungeheuerliche, Übermannigfaltige und daher Gestaltlose.
So unterschieden sie z. B. 960 verschiedene Tonarten; damit war
jede Möglichkeit eines technischen Ausbaues zerstört. [2] Die Hellenen

---

[1] Ambros a. a. O., Schluss von Band 1.

[2] Bekanntlich ist man heute geneigt, in den ungarischen Zigeunern einen
früh abgeworfenen Zweig der indischen Arier zu erblicken, und musikalische Fach-
männer haben in der unvergleichlichen und eigenartigen musikalischen Begabung
dieser Leute das Analogon der echten indischen Musik zu finden geglaubt: eine
Scala, die sich in Vierteltönen und manchmal noch kleineren Intervallen bewegt,
daher harmonische Gebilde und Fortschreitungen aufweist, die unsere Tonkunst
nicht kennt; ferner die leidenschaftliche Eindringlichkeit der Melodie, dazu die
unendlich reich verzierte Begleitung, welche jeder Fixierung durch unser Noten-
system Trotz bietet, das alles sind Charakterzüge, welche mit dem, was über indische Musik berichtet wird, genau übereinstimmen und durch welche manches für
uns Unerklärliche in den indischen musikalischen Büchern eine Deutung gewinnt.
Wer jemals sich eine ganze Nacht hindurch von einem echten ungarischen Zigeuner-
orchester hat vorspielen lassen, wird mir schon Recht geben, wenn ich behaupte:
hier — und hier allein — sehen wir die unbedingte musikalische Genialität am
Werke; denn diese Musik, wenn sie sich auch an bekannte Melodien anlehnt, ist
immer Improvisation, immer die Eingebung des Augenblickes; nun ist es aber die
Natur der reinen Musik, nicht monumental, sondern unmittelbare Empfindung zu
sein, und es ist klar, dass eine Musik, welche in dem Moment der Aufführung als
Ausdruck der augenblicklichen Empfindung erfunden wird, ganz anders zu Herzen

sündigten im anderen Extrem: sie besassen eine wissenschaftlich ausgebildete, doch eng einschränkende musikalische Theorie, und ihre
Tonkunst entwickelte sich in so unmittelbarer, untrennbarer Vereinigung mit ihrer Dichtkunst — der Ton gleichsam des Wortes
Leib —, dass sie nie zu irgend einer Selbständigkeit, dadurch aber
auch zu keinem höheren Ausdrucksleben gelangte. Der S p r a c h -
a u s d r u c k bildete durchwegs die Grundlage der hellenischen Musik:
aus ihm, nicht aus reinmusikalischen Erwägungen, erwuchsen sogar
die Tonarten der Griechen; und anstatt, wie wir, das harmonische Gebilde von unten nach oben aufzubauen (was ja nicht Willkür ist, sondern
durch die Thatsachen der Akustik — nämlich durch das Vorhandensein
der mitklingenden Obertöne — begründet wird), baute der Grieche von
oben nach unten. Oben schwebte bei ihm die Melodie der Sprache, und
zwar selbständig, ungebunden durch Rücksichten auf den musikalischen
Aufbau, gewissermassen als ein »gesungenes Sprechen«; an die Sing-
stimme schloss sich nach unten zu, jeder Selbständigkeit bar, die instrumentale Begleitung. Selbst der Laie wird verstehen, dass auf solcher
Grundlage das Gehör nicht ausgebildet werden und die Musik zu
keiner selbständigen Kunst heranwachsen konnte; die Musik blieb unter
solchen Bedingungen mehr ein unentbehrliches künstlerisches E l e m e n t ,
als eine gestaltende Kunst. [1]) Was also bei den Indern durch eine über-
triebene Verfeinerung des Gehörs vereitelt wurde, war bei den Hellenen
in Folge der Zurückdrängung des musikalischen Sinnes zu Gunsten
des sprachlichen Ausdrucks von vornherein ausgeschlossen. Schiller

---

gehen, d. h. also absolut musikalisch wirken muss, als jede gelernte und eingedrillte.
Leider aber enthält eine derartige Leistung keine Elemente, woraus dauernde
Kunstwerke geschmiedet werden könnten (man braucht nur auf jene blöden Paro-
dien ungarischer Musik, welche unter dem Namen »Ungarische Tänze« eine traurig
grosse Popularität geniessen, hinzuweisen); es handelt sich überhaupt hier nicht
um eigentliche Kunst, sondern um etwas, was tiefer liegt, um das Element, aus
welchem Kunst erst entsteigt; es ist nicht die meergeborene Aphrodite, sondern das
Meer selbst.

[1]) Insofern besteht eine Analogie zwischen der indischen und der hellenischen
Musik, wie verschieden sie sonst auch seien; in dem einen Fall ist es Überwucherung
des musikalischen Ausdruckes, in dem anderen Hintanhaltung desselben, der den
Eindruck eines noch ungestalteten Elementaren im Gegensatz zu echter, geformter
Kunst hervorbringt. Um tieferen Einblick in das Wesen der hellenischen Musik zu
gewinnen, empfehle ich namentlich die kleine Schrift von Hausegger: *Die Anfänge
der Harmonie,* 1895; aus diesen 76 Seiten lernt man mehr und Entscheidenderes, als
aus ganzen Bänden.

hat das entscheidende Wort gesprochen: »Musik muss Gestalt werden«: die Möglichkeit hierzu fand sich erst bei den Germanen.

Wie nun der Germane es vollbrachte, aus der Musik eine Kunst — seine Kunst — zu machen, sie zu immer grösserer Selbständigkeit und Ausdrucksfähigkeit auszubilden, darüber muss der Leser sich durch Musikgeschichten belehren lassen. Doch, da wir hier darauf ausgehen, die Kunst als Ganzes zu betrachten, muss ich ihn auf einen grossen Übelstand aufmerksam machen. Da die Musik nämlich ihrem Wesen nach die Kundgebung des Unaussprechlichen ist, lässt sich wenig oder nichts über Musik »sprechen«; eine Musikgeschichte schrumpft darum immer in der Hauptsache zu einer Erörterung über technische Dinge zusammen. Bei den Geschichten der bildenden Künste ist dies viel weniger der Fall; Pläne, Photographien, Facsimiles geben uns eine unmittelbare Anschauung der Gegenstände; ausserdem enthalten die Handbücher der bildenden Künste nur soviel von dem Technischen, als jeder intelligente Mensch sofort verstehen kann, wogegen musikalische Technik besondere Studien erheischt. Ähnlich ungünstig für die Musik fällt der Vergleich aus, wenn man eine Geschichte der Poesie zur Hand nimmt. Da erfährt man kaum, dass es überhaupt eine Technik giebt, ihre Besprechung bleibt auf den engsten Gelehrtenkreis beschränkt; die Geschichte der Poesie lernt man unmittelbar aus den Werken der Poesie selbst kennen. So werden uns denn die verschiedenen Zweige der Kunst in einer durchaus verschiedenen geschichtlichen Perspektive vorgeführt und das erschwert den Gesamtüberblick bedeutend. An uns liegt es also, unsere kunstgeschichtlichen Kenntnisse innerlich wieder zurechtzurücken; wozu die Erwägung nützlich sein wird, dass es gar keine Kunst giebt, bei welcher — im lebendigen Werke — die Technik so vollkommen gleichgültig ist, wie bei der Musik. Musikalische Theorie ist etwas durchaus abstraktes, musikalische Instrumentaltechnik etwas rein mechanisches; beide laufen gewissermassen neben der Kunst her, stehen aber in keinem anderen Verhältnis zu ihr als Perspektivlehre und Pinselführung zum Gemälde. Was die Instrumentaltechnik anbelangt, so besteht sie lediglich aus einer Schulung bestimmter Hand- und Arm-, beziehungsweise Gesichtsmuskeln, oder aus dem zweckmässigen Eindrillen der Stimmbänder; was ausserdem nötig ist — intuitive Auffassung des von einem Anderen Empfundenen und Ausdruck — lässt sich nicht lehren, und das eben ist Musik. Mit der Theorie steht es nicht anders: der genialste Musiker — der ungarische Zigeuner — weiss weder was

62*

eine Note, noch ein Intervall, noch eine Tonart ist, wogegen schon bei den Griechen die tiefsinnigsten Musiktheoretiker ebenso wenig musikalische Begabung besassen, wie der Physiker Helmholtz; es waren nicht Künstler, sondern Mathematiker. [1]) Die Tonkunst ist nämlich (als einzige unter allen Künsten) eine nicht allegorische Kunst, also die reinste, die am vollkommensten »künstlerische« Kunst, diejenige, in welcher der Mensch einem absoluten Schöpfer am nächsten kommt; darum ist auch ihre Wirkung eine unmittelbare: sie wandelt den Zuhörer zu einem »Mitschöpfer« um; bei der Aufnahme musikalischer Eindrücke ist jeder Mensch Genie; daher schwindet das Technische in diesem Falle vollkommen hin, es existiert gewissermassen gar nicht im Augenblick der Aufführung. Folglich hat gerade hier, wo wir am meisten von der Technik erfahren, sie am wenigsten zu bedeuten.[2])

Noch wichtiger für die historische Beurteilung der Kunst als eines Ganzen wird sich folgende Bemerkung erweisen, welche wieder auf Lessing und Herder und ihre Lehre von der Einen Kunst zurückführt: nie hat die Musik es vermocht, sich abseits von der Dichtkunst zu entwickeln. Schon bei den Hellenen fällt es auf, dass diese, trotz ihrer grossen Begabung und ihres theoretischen Hochflugs, es nicht vermochten, die Tonkunst, dort wo sie abseits von der Dichtkunst (z. B. im Tanz) gepflegt wurde, zu emanzipieren und auszubilden. Andrerseits wird man bemerken, dass alle indische Musik, instrumental so reich und vielgestaltig, ausschliesslich als Einrahmung und als vielgestaltige Vertiefung des Ausdruckes um den Gesang herum sich ausbildet. Auch der heutige Zigeuner spielt nie etwas, wobei nicht ein bestimmtes Lied zu Grunde liegt; sagt man ihm, die Melodie gefalle Einem nicht, passe nicht in die heutige Stimmung, er wird eine neue erfinden, oder die bekannte (wie der modernste Musiker seine »Motive«) in etwas seelisch anderes umwandeln; bittet man ihn aber, frei zu phantasieren, so weiss er gar nicht, was das heissen soll: und er hat Recht, denn eine Musik, der nicht eine bestimmte poetische

---

[1]) Daher die von Ambros I, 380 und an anderen Orten erwähnten Spielereien mit erträumten musikalischen Feinheiten, die weder in der Praxis ausführbar gewesen wären, noch auch im Geringsten dazu beitrugen, eine Entwickelung der griechischen Musik anzubahnen. Es hat im Gegenteil die hochentwickelte Musiktheorie die Entwickelung der griechischen Musik geradezu gehemmt.

[2]) Um verständnislosen Missdeutungen vorzubeugen, bemerke ich, dass ich weder das Interesse noch den Wert der Musiktheorie und der Instrumentaltechnik verkenne; beides ist aber nicht Kunst, sondern lediglich Werkzeug der Kunst.

Stimmung zu Grunde liegt, ist ein blosses Gaukeln mit Schwingungsverhältnissen. Geht man nun der Geschichte unserer germanischen
Musik sorgfältig nach, so wird man etwas entdecken, was den meisten
unserer Zeitgenossen gewiss unbekannt und unerwartet ist: dass sie
nämlich sich von Anfang an nur in unmittelbarster Anlehnung an die
Dichtkunst und mit ihr innig verschmolzen entwickelt hat. Nicht
allein war alle alte germanische Poesie zugleich Wort- und Tonkunst,
nicht allein waren später alle Troubadours und Minnesänger genau
eben so sehr Musiker wie Dichter, sondern als vom Beginn des 11. Jahrhunderts an, mit Guido von Arezzo, unsere Musik ihren Siegeslauf zu
technischer Vollendung und nie geahntem Reichtum der Ausdrucksfähigkeit antrat, geschah das durchwegs als Gesang. Die Ausbildung
des Gehörs, die allmähliche Entdeckung der harmonischen Möglichkeiten,
das erstaunliche Kunstgebäude des Kontrapunktes (durch das die Tonkunst sich gleichsam ein eigenes Heim erbaut, in welchem sie als Herrin
schalten kann): das alles haben wir uns nicht abseits erklügelt, wie
die griechischen Theoretiker, auch nicht in einem instrumentalen Rausch
erfunden, wie die Schwärmer für eine angeblich »absolute« Musik sich
einbilden, sondern wir haben es uns »ersungen«. Schon jener Guido
meinte, der Weg der Philosophen sei nicht für ihn, ihn interessiere
nur die Förderung des Kirchengesanges und die Heranbildung der
Sänger. Jahrhunderte lang hat es keine Musik gegeben, die nicht
Gesang und Begleitung des Gesanges gewesen wäre. Und scheint
auch dieser Gesang manchmal recht willkürlich und gewaltsam mit
dem Worte umzugehen, schwindet auch manchmal der Ausdruck zu
Gunsten vielstimmiger kontrapunktischer Kunststücke, es braucht nur
ein wahrhaft grosser Meister zu kommen und sofort erfahren wir,
wozu das alles gut war: nämlich, zur technischen Bewältigung des
Materials zu Gunsten der Ausdrucksfähigkeit. So schreitet unsere Tonkunst von Meister zu Meister weiter: die Technik der Komposition
immer vollkommener, die Sänger und Instrumentisten immer vir-
tuoser, das musikalische Genie infolgedessen immer freier. Schon von
Josquin de Près hiess es unter seinen Zeitgenossen: »Andere haben
thun müssen wie die Noten wollen, aber Josquin ist ein Meister der
Noten, die müssen thun, wie er will.« Und was wollte er? Wer
nicht in der Lage ist, Werke dieses herrlichen Künstlers zu hören,
lese bei Ambros (III, 211 fg.), wie er es verstand, nicht allein die Ge-
samtstimmung jedes poetischen Gebildes, eines *Miserere*, eines *Te Deum*,
einer *Motette*, eines lustigen (manchmal recht frivolen) mehrstimmigen

Liedes u. s. w. festzuhalten, sondern auch »dem Inhalte des Wortes seine volle Bedeutung zu geben«, und das Wort, wo es Not thut, immer wieder vorzubringen, nicht als musikalische Spielerei, sondern um den poetischen Inhalt des Wortes von allen Seiten dem Gefühle vorzuführen. Man kennt das schöne Wort Herder's: »Deutschland wurde durch Gesänge reformiert;«[1]) wir dürfen ebenfalls sagen: die Musik selber wurde durch Gesänge reformiert. Wäre hier der Ort dazu, ich würde mich anheischig machen, zu beweisen, dass auch später, als eine reine Instrumentaltechnik entstanden war, echte, germanische Tonkunst sich von der Dichtkunst nie weiter hinweggewagt hat, »als sich blühend in der Hand lässt die Rose tragen«. Sobald nämlich die Musik ganz selbständig sein will, verliert sie den Lebensnerv; sie vermag es wohl, sich weiter in den einmal gewonnenen Formen zu bewegen, enthält aber selber kein schöpferisches, gestaltendes Prinzip. Darum ruft Herder — jener wahrhaft grosse Ästhetiker — mahnend aus: »Behüte uns die Muse vor einer blossen Poesie des Ohres!« denn eine solche, meint er, führe zu Gestaltlosigkeit und mache die Seele »unbrauchbar und stumpf«.[2]) Noch deutlicher hat der grösste Tondichter unseres Jahrhunderts den Zusammenhang dargelegt: »Die Musik ist in ihrer unendlichsten Steigerung doch immer nur Gefühl; sie tritt im Geleite der sittlichen That, nicht aber als That selbst ein; sie kann Gefühle und Stimmungen neben einander stellen, nicht aber nach Notwendigkeit eine Stimmung aus der anderen entwickeln; — ihr fehlt der moralische Wille.«[3]) Und darum hat es, selbst während jenes Jahrhunderts, das von Haydn's Geburt bis zu Beethoven's Tod reicht und die schönste Blüte reiner Instrumentalmusik züchtete, niemals ein musikalisches Genie gegeben, welches nicht einen grossen Teil, meistens den grössten Teil seines künstlerischen Wirkens der Verlebendigung poetischer Werke gewidmet hätte. Das gilt von allen Komponisten vor Bach, es gilt von Bach selber im eminentesten Masse, von Händel ebenfalls, von Haydn kaum weniger, von Gluck ganz und gar, von Mozart sowohl seinen künstlerischen Thaten als seinen Worten nach, von Beethoven nur insofern scheinbar weniger, als hier die reine Instrumentalmusik einen solchen Grad der

---

[1]) *Kalligone*, 2. Teil, IV. Der Satz scheint ein Citat aus oder nach Leibniz zu sein?

[2]) *Über schöne Litteratur und Kunst*, II, 33.

[3]) Richard Wagner: *Das Kunstwerk der Zukunft*, Gesammelte Schriften, 1. Ausg., III, 112.

Bestimmtheit erreicht hatte, dass sie in tollkühner Verzweiflung es unternahm, selber zu dichten; doch näherte sich Beethoven immer mehr und
mehr der Poesie, sei es durch das Programm, sei es durch Bevorzugung
vokaler Kompositionen. Ich bestreite nicht die Berechtigung der reinen
Instrumentalmusik — eine Unterschiebung, gegen die Lessing sich gleichfalls ausdrücklich verwahrt —, ich bin ihr glühender Bewunderer und
meine, echte Kammermusik (in der Kammer, nicht im Konzertsaal
gepflegt) gehöre zu den segensvollsten Bereicherungen des Seelenlebens;
ich stelle aber fest, dass alle derartige Musik ihre Existenzfähigkeit
von den Errungenschaften des Gesanges ableitet, und dass jede einzelne
Erweiterung und Vermehrung des musikalischen Ausdruckes immer
von derjenigen Musik ausgeht, welche dem »moralischen Willen« des
gestaltenden Poeten unterworfen ist — wir erlebten es ja wieder in
unserem Jahrhundert. Was man nun leicht übersieht, bei der Beurteilung unserer Kunst als eines Ganzen aber keinesfalls übersehen
darf, ist, dass — wie soeben gezeigt — der Dichter auch in den
Werken der sogenannten absoluten Musik überall, wenn auch oft unbemerkt, neben dem Tonkünstler steht. Wäre diese Tonkunst nicht
unter dem Fittig des Poeten herangewachsen, wir wären unfähig, sie
zu verstehen, und auch jetzt kann sie des Poeten nicht entraten, nur
wendet sie sich an den Zuhörer und bittet ihn, dieses Amt zu über-
nehmen, was er aber nur vermag, so lange die Musik sich aus dem
Kreise des aus Analogie Bekannten nicht entfernt. Goethe bezeichnet
es als ein Charakteristikum germanischer Poesie überhaupt, im Gegensatz zur hellenischen:

> Hier fordert man Euch auf zu eigenem Dichten,
> Von Euch verlangt man eine Welt zur Welt

und nirgends trifft das mehr zu, als in unserer reinen Instrumentalmusik.
Eine wirklich, buchstäblich »absolute« Musik wäre eine Monstrosität
sondergleichen; denn sie wäre ein Ausdruck, der nichts ausdrückt.

Eine lebendige Vorstellung unserer gesamten Kunstentwickelung
wird man nie gewinnen, wenn man sich nicht zuerst mit einem
kritischen Verständnis der germanischen Musik wappnet, um sich sodann zu einer Betrachtung der Poesie in ihrem weitesten Umfange zurück-
zuwenden. Jetzt erst wird einem Lessing's Wort: »Poesie und Musik sind
eine und ebendieselbe Kunst« wirklich klar, und im Lichte dieser Erkenntnis hellt sich unsere Kunstgeschichte im weitesten Umfange auf.
Zunächst sticht es in die Augen, dass wir unsere grossen Musiker als

Dichter betrachten müssen, wollen wir ihnen gerecht werden und dadurch unser Verständnis fördern; im Reiche germanischer Poesie nehmen sie eine Ehrenstelle ein; kein Poet der Welt ist grösser als Johann Sebastian Bach. Keine Kunst, ausser der Musik, war im Stande, die christliche Religion künstlerisch zu gestalten, denn sie allein konnte diesen Blick nach innen auffangen und zurückstrahlen (siehe S. 961); wie arm ist in dieser Beziehung ein Dante einem Bach gegenüber! Und zwar geht dann dieser spezifisch christliche Charakter von den Werken, in denen das Evangelium thatsächlich zum Worte kommt, auf andere, rein instrumentale über (ein Beispiel des vorhin genannten analogischen Verfahrens); das *Wohltemperierte Klavier* z. B. gehört in dieser Beziehung zu den erhabensten Werken der Menschheit, und ich könnte dem Leser ein Präludium daraus nennen, in welchem die Worte: Vater, vergieb ihnen, denn sie wissen nicht, was sie thun — oder vielmehr nicht die Worte, doch die göttliche Gemütsverfassung, aus der sie hervorgingen — so deutlichen, ergreifenden Ausdruck gefunden haben, dass jede andere Kunst verzweifeln muss, jemals diese reine Wirkung zu erzielen. Was wir aber hier christlich nennen, ist zugleich das spezifisch germanische, und wir dürfen deswegen in einem gewissen Sinne wohl behaupten, unsere echtesten, grössten Dichter seien unsere grossen Tondichter. Dies gilt namentlich für Deutschland, wo, wie Beethoven so treffend gesagt hat, »Musik National-Bedürfnis ist«.[1]) Sodann aber entdecken wir in unserer Dichtung, auch abseits von der Musik, eine Neigung oder vielmehr einen unwiderstehlichen Trieb zur Entwickelung nach der musikalischen Seite hin, der uns jetzt erst seinen tieferen Sinn enthüllt. Die Einführung des den Alten unbekannten Reimes z. B. ist nichts Zufälliges; sie entstammt einem musikalischen Bedürfnis. Weit bedeutender ist die Thatsache des geradezu grossartigen musikalischen Sinnes, den wir bei unseren Dichtern antreffen. Man lese nur jene wundervollen zwei Seiten, in denen Carlyle zeigt, dass Dante's *Divina Commedia* durch und durch Musik ist: Musik im architektonischen Aufbau der drei Teile, Musik nicht allein im Rhythmus der Worte, sondern, wie er sagt, »im Rhythmus der Gedanken«, Musik in der Glut und Leidenschaft der Empfindungen; »greift nur tief hinein, ihr werdet überall Musik finden«![2]) Unsere Dichter sind alle — je bedeutender, um so

---

[1]) Brief an Hofrat von Mosel (vergl. Nohl: *Briefe Beethoven's,* 1865, S. 159).
[2]) *Hero-Worship,* 3. Vorlesung.

offenbarer — Musiker. Daher ist Shakespeare ein Tonkünstler von unerschöpflichem Reichtum und Calderon in seiner Art nicht minder. Gerade so wie der gelehrte musikalische Philolog Westphal bei Bach und Beethoven die kompliziertesten Rhythmen hellenischen Strophenbaues nachgewiesen hat, ebenso finden wir im spanischen Drama eine Vorliebe für musikalisch verschlungene Linien, bisweilen möchte man fast sagen, für kontrapunktische Kunststücke. Von Petrarca an bis Byron beobachten wir ausserdem eine Neigung der lyrischen Poesie zur immer weiteren Ausbildung des rein musikalischen Elementes, welche gerade durch den gefühlten Mangel an Musik bedingt ist. Über Goethe's lyrische Gedichte hat schon mehr als ein feinfühlender Tonkünstler geurteilt, sie könnten nicht komponiert werden, denn sie seien schon ganz Musik. In der That, wir befanden uns lange Zeit in einer eigentümlichen Lage. Poesie und Musik sind von der Natur zu einer und ebenderselben Kunst bestimmt, und nun waren sie gerade bei der musikalischesten Rasse der Erde geschieden! Zwar wuchs der Tondichter in engster Anlehnung an Poesie immer mächtiger heran, doch verstummte der Gesang des Wortdichters nach und nach, zuletzt war sein Wort nur ein gedrucktes, das man still für sich lesen soll; und so rettete sich der Wortdichter entweder zur Didaktik und zu jenen umständlichen, unmöglichen Schilderungen von Dingen, denen einzig die Musik gerecht werden kann, oder aber er verlegte sein ganzes Bestreben darauf, ohne Musik doch Musik zu machen. Besonders bemerkbar machte sich das Missverhältnis bei der dramatischen Kunst, jenem lebendigen Mittelpunkt aller Poesie. *»Les poètes dramatiques sont les poètes par excellence«*, sagt Montesquieu; [1] doch diese waren des gewaltigsten dramatischen Ausdrucksmittels beraubt und zwar gerade in dem Augenblick, wo es sich zu nie geahnter Macht ausbildete. Herder hat das in ergreifend beredten Worten geschildert: »Ein Grieche, der in unser Trauerspiel träte, an die musikalische Stimmung des seinigen gewöhnt, müsste ein trauriges Spiel in ihm finden. Wie w o r t r e i c h s t u m m, würde er sagen, wie dumpf und tonlos! Bin ich in ein geschmücktes Grab getreten? Ihr schreit und seufzet und poltert! bewegt die Arme, strengt die Gesichtszüge an, raisonniert, deklamieret! Wird denn eure Stimme und Empfindung nie Gesang? Vermisst ihr nie die Stärke dieses dämonischen Ausdruckes? Laden euch eure Sylbenmasse, ladet euer Jambus euch

---

[1] *Lettres persanes,* 137.

nie dann ein zu Accenten der wahren Göttersprache?«[1]) Es
war — und ist noch jetzt — dieser Zustand ein geradezu tragischer.
Nicht etwa, als wäre eine »absolute Dichtkunst«, welche den Musiker
nur »subintelligiert« (wie Lessing sagt), nicht ebenso berechtigt wie
die absolute Musik, ja, noch viel berechtigter als diese; darum handelt
es sich nicht, sondern es handelt sich darum, die Einsicht zu gewinnen,
dass die uns natürliche musikalische Sehnsucht, dass unser Bedürfnis
nach einem Ausdruck, den nur die Musik in ihrer Gewalt hat, auch
jene dichterischen Werke und jene Dichter durchdrang, die abseits
von der Tonkunst standen.   Dort, wo die Tonkunst ihre unvergleichlichste Blüte getrieben hatte, nämlich in Deutschland, musste
dies natürlich am tiefsten empfunden werden.   Mit welcher Schärfe
Lessing die Lücke in der germanischen Poesie bezeichnet, mit welcher
Tiefe Herder das Missverhältnis empfindet, geht aus den angeführten
Stellen deutlich genug hervor.   Noch wertvoller wird aber Manchem
das Zeugnis ihrer grossen schöpferischen Zeitgenossen dünken.
Schiller berichtet von sich: »Eine gewisse musikalische Gemüts-
stimmung geht vorher, und auf diese folgt bei mir erst die poetische
Idee«;[2]) mehrere seiner Werke knüpfen unmittelbar an bestimmte
musikalische Eindrücke an, z. B. die *Jungfrau von Orleans* an die
Aufführung eines Werkes von Gluck.   Das Gefühl, dass »das Drama
zur Musik neige«, beschäftigt den edlen Dichter immerwährend.   In
seinem Brief an Goethe vom 29. Dezember 1797 geht er der Sache
tief auf den Grund: »Um von einem Kunstwerk alles auszuschliessen,
was seiner Gattung fremd ist, muss man notwendig alles darin einschliessen können, was der Gattung gebührt.   Und eben darin
fehlt es jetzt (dem tragischen Dichter). . . . . Das Empfindungs-
vermögen des Zuschauers und Hörers muss einmal ausgefüllt und
in allen Punkten seiner Peripherie berührt werden; der Durchmesser
dieses Vermögens ist das Mass für den Poeten«; und am Schlusse
dieses Briefes setzt er seine Hoffnung auf die Musik und erwartet
von ihr die Ausfüllung dieser im modernen Drama so schmerzhaft
empfundenen Lücke.   Die Musik auf der Bühne kannte er ja nur
als Oper, und so erhoffte er von dieser: »dass aus ihr wie aus den
Chören des alten Bacchusfestes das Trauerspiel in einer edleren Gestalt sich loswickeln werde«.   Bei Goethe müsste man vor allem das

---

[1]) *Früchte aus den sogenannt goldenen Zeiten des 18. Jahrhunderts, 11. Das Drama.*
[2]) *Brief an Goethe* vom 18. März 1796.

Musikalische — ich meine das Musikverwandte und Musikerfüllte — in seinen Werken auf Schritt und Tritt nachweisen, und zwar nicht allein die so sehr häufige Anwendung von Musik in seinen Dramen, mit dem Vermerk »ahnend seltene Gefühle« und mehr dergleichen versehen, sondern es wäre leicht zu zeigen, dass schon die Konzeption seiner Bühnenwerke auf Motive, Grundlagen und Ziele deutet, die zum innerlichsten Gebiete der Musik gehören. Faust ist ganz Musik; nicht bloss weil, wie Beethoven meinte, die Musik den Worten entfliesst, denn dies ist nur von einzelnen Fragmenten wahr, sondern weil fast jede einzelne Situation im vollsten Sinne des Wortes »musikalisch« ersonnen ist, vom Studierzimmer bis zum *Chorus mysticus.* Je älter er wurde, desto höher stellte Goethe die Musik. Betreffs der Beziehungen zwischen Wort- und Tonkunst stimmte er mit Lessing und Herder vollkommen überein und drückte es in seiner unnachahmlichen Weise aus: »Poesie und Musik bedingen sich wechselweise und befreien sich sodann wechselseitig.« Bezüglich des ethischen Wertes der Tonkunst, meint er: »Die W ü r d e der Kunst erscheint bei der Musik vielleicht am eminentesten, weil sie keinen Stoff hat, der abgerechnet werden müsste; sie ist ganz Form und Gehalt und erhöht und veredelt alles, was sie ausdrückt.« Darum wollte er die Musik in den Mittelpunkt aller Erziehung gestellt wissen: »denn von ihr laufen gleichgebahnte Wege nach allen Seiten«.[1])

Hier nun, nachdem Goethe uns belehrt hat, von der Musik aus (und das heisst von tonvermählter Poesie aus) laufen gleichgebahnte Wege nach allen Seiten, hier sind wir auf einem Gipfelpunkt angelangt, von wo aus wir einen weiten Ausblick auf das Werden unserer gesamten Kunst gewinnen. Denn wir erkannten schon früher, dass die Poesie die *alma mater* aller schöpferischen Kunst ist, gleichviel in welcher Gestaltungsform sie sich kundthut; und nun sehen wir, dass unsere germanische Poesie eine durchaus eigene, individuelle Entwickelung durchlaufen hat, welche ohne Analogon in der Geschichte steht. Die unerhört hohe Ausbildung der Musik, d. h. der Kunst des poetischen Ausdruckes, kann nicht ohne Einfluss auch auf unsere bildenden Künste geblieben sein. Denn gerade so wie es das Homerische

Das Musikalische.

---

[1]) Siehe *Wanderjahre,* 2. Buch, Kap. 1, 9. — Weitere Ausführungen über diesen Gegenstand, sowie namentlich über die organischen Beziehungen zwischen Dichtkunst und Tonkunst, findet man in meinem Buch *Richard Wagner,* 1896, S. 20 fg., 186 fg., 200 (Textausg. 1902, S. 28 fg., 271 fg., 295 fg.), sowie in meinem Vortrag über *die Klassiker der Dicht- und Tonkunst* (Bayreuther Blätter, 1897). (Siehe den Nachtrag.)

Wort war, welches den Hellenen lehrte, bestimmte Ansprüche auf
Gestaltung zu erheben und ihre rohen Bildwerke zu Kunstwerken zu
vervollkommnen, ebenso hat der musikalische Ton uns Germanen gelehrt, immer höhere Anforderungen an den Ausdrucksgehalt jeglicher
Kunst zu stellen. In dem nunmehr, wie ich hoffe, ganz klaren, be-
deutungsvollen, nicht phrasenhaften Sinne des Wortes kann man diese
Richtung des Geschmackes und des Schaffens eine musikalische
nennen. Sie hängt organisch mit jener Anlage unseres Wesens zusammen, welche uns auf philosophischem Gebiete zu Idealisten, auf
religiösem zu Nachfolgern Jesu Christi macht, und welche als künstlerische Gestaltung ihren reinsten Ausdruck in der Musik findet. Unsere
Wege sind darum andere als die der Hellenen (worauf ich zurückkommen werde, sobald eine notwendige Ergänzung geschehen ist);
nicht als seien die Hellenen unmusikalisch gewesen, wir wissen das
Gegenteil, ihre Musik war aber äusserst einfach, dürftig und dem
Worte unterthan, unsere dagegen ist vielstimmig, mächtig und nur
allzu geneigt, im Sturme der Leidenschaft jede bleibende Wortes-
gestalt hinwegzufegen. Ich glaube, der Vergleich wäre treffend, wenn
wir von einem Stiche Dürer's oder einem mediceischen Grabmal
Michelangelo's sagten, sie seien »polyphone« Werke im Gegensatz
zur strengen »Homophonie« der Hellenen, welche *nota bene* auch
dort gebietet, wo, wie auf den Friesen, zahlreiche Figuren in heftiger
Bewegung stehen. Um Gefühle wirklich zum Ausdruck zu bringen,
muss nämlich die Musik polyphon werden; denn der Gedanke
ist seinem Wesen nach einfach, das Gefühl dagegen ist so vielfältig, dass es im selben Augenblick das Verschiedenartige, ja das
direkt Widersprechende — wie Hoffnung und Verzweiflung —
bergen kann. Theoretische Grenzlinien ziehen zu wollen, wäre
lächerlich, doch kann man sich über die Verschiedenheit verwandter Anlagen klar werden, wenn man einsehen lernt: wo, wie
beim Hellenen, das Wort allein die Poesie gestaltet, da wird in
den bildenden Künsten durchsichtige, homophone Klarheit bei mehr
kaltem, abstrakt-allegorischem Ausdruck vorherrschen, wo dagegen
die musikalische Forderung nach unmittelbarem inneren Ausdruck
auf die Gestaltung grossen Einfluss gewinnt, da werden polyphone
Entwürfe und verschlungene Linien auftreten, verbunden mit symbolischer, logisch nicht analysierbarer Ausdruckskraft. Nur in dieser
Auffassung gewinnt jene abgedroschene Phrase einer Verwandtschaft
zwischen gotischer Architektur und Musik einen lebendigen, vor-

stellbaren Sinn; wobei man aber dann sofort einsieht, dass die
Architektur des so innig tonverwandten Michelangelo und überhaupt
der Florentiner genau ebenso »musikalisch« ist wie jene. Im Grunde
genommen ist jedoch der Vergleich, trotz Goethe, wenig treffend; man
muss etwas tiefer schauen, um das Musikalische in allen unseren Künsten
am Werke zu erblicken. Einer der feinsten Beurteiler bildender Kunst aus
den letzten Jahren, dazu ein Mann von altklassischer Bildung und Neigung,
Walter Pater, kommt bei der Betrachtung unserer germanischen Kunst
zu dem Schlusse: »Was unsere Künste mit einander verbindet, ist das
Element der Musik. Besitzt auch jede einzelne Kunstart ein besonderes
Lebensprinzip, eine unübertragbare Skala der Empfindungen, eine nur
ihr eigene Art, den künstlerischen Verstand zu affizieren, so kann man
doch von jeder Kunst sagen, dass sie beständig nach jenem Ausdruck
strebt, der das Lebenselement der Musik ausmacht.«[1]

Was wir hier für ein tieferes Verständnis unserer Kunst und
unserer Kunstgeschichte gewonnen haben, würde jedoch durchaus einseitig und daher irreleitend bleiben, wollten wir es dabei bewenden
lassen; darum müssen wir jetzt von diesem einen ragenden Gipfelpunkt auf einen anderen hinüberschreiten. Sagt man, unsere Kunst
strebe nach jenem Ausdruck, der das Lebenselement der Musik ausmacht, so bezeichnet man damit gewissermassen das Innere; die Kunst
hat aber auch ein Äusseres, ja, selbst die Musik wird, wie Carlyle so
treffend bemerkt hat, »ganz verrückt und wie vom Delirium ergriffen,
sobald sie sich ganz und gar von der Realität sinnlich greifbarer, wirklicher Dinge scheidet«.[2] Für die Kunst gilt das selbe, was für den
einzelnen Menschen gilt: man kann wohl in Gedanken ein Inneres
und ein Äusseres unterscheiden, in der Praxis ist es aber undurchführbar; denn wir kennen kein Inneres, das nicht einzig und allein
in einem Äusseren gegeben würde. Ja, von dem Kunstwerk können
wir mit Sicherheit behaupten, es bestehe zunächst lediglich aus einem
Äusseren. Ich erinnere an die S. 55 besprochenen Worte Schiller's:
das Schöne ist zwar »Leben«, sofern es in uns Gefühle, d. h. Thaten
erregt, zunächst ist es jedoch lediglich »Form«, die wir »betrachten«.
Erlebe ich nun bei dem Anblick von Michelangelo's *Nacht* und *Abend-*
dämmerung eine so tief innerliche und zugleich so intensive Erregung,
dass ich sie nur mit dem Eindruck berückender Musik vergleichen
kann, so ist das, wie Schiller sagt, »meine That«; nicht jede Seele

Der
Naturalismus.

---

[1] *The Renaissance, studies in art and poetry*, S. 139.
[2] Aufsatz *The Opera* in den *Miscellaneous Essays*.

hätte so erzittert; mancher Mensch hätte Ebenmass und Aufbau bewundern können, ohne dass ein Schauer des Gefühles ihn wie Ewig-
keitsahnung durchbebt hätte; er hätte eben das Werk nur »betrachtet«.
Gelingt es aber dem Künstler wirklich, durch die Betrachtung Gefühle
zu erregen, durch Form Leben zu spenden, wie hoch müssen wir
da nicht die Bedeutung der Form anschlagen! In einem gewissen
Sinne dürfen wir ohne weiteres sagen: Kunst ist Gestalt. Und nennt
Goethe die Kunst »eine Vermittlerin des Unaussprechlichen«, so fügen
wir als Kommentar hinzu: nur das Gesprochene vermittelt das Unaussprechliche, nur das Geschaute das Unsichtbare. Gerade dieses Gesprochene und dieses sichtbar Gestaltete — nicht das, was unaussprech-
bar und unsichtbar bleibt — macht Kunst aus; nicht der Ausdruck
ist Kunst, sondern das, was den Ausdruck vermittelt. Woraus erhellt,
dass keine Frage in Bezug auf Kunst wichtiger ist, als die nach ihrem
»Äusseren«, d. h. nach dem Prinzip ihrer Gestaltung.

Hier liegt nun die Sache bedeutend einfacher als bei der vorangegangenen Betrachtung; denn jenes »Musikalische« betrifft ein Unaussprechliches, es zielt auf den Zustand des Künstlers (wie Schiller
sagen würde), auf das innerste Wesen seiner Persönlichkeit, und zeigt
an, welche Eigenschaften man besitzen müsse, um sein Werk nicht
allein zu betrachten, sondern auch zu erleben, und über das alles
ist es schwer, sich deutlich mitzuteilen; hier dagegen handelt es sich
um die sichtbare Gestalt. Ich glaube, wir können uns sehr kurz fassen
und dürfen die apodiktische Behauptung aufstellen: echte germanische
Kunst ist naturalistisch; wo sie es nicht ist, ist sie durch äussere
Einflüsse aus ihrem eigenen, geraden, in den Rassenanlagen deutlich
vorgezeichneten Wege hinausgedrängt worden. Wir sahen ja oben
(S. 786), dass unsere Wissenschaft »naturalistisch« ist und sich hierdurch wesentlich von der hellenischen, anthropomorphisch-abstrakten
Wissenschaft unterscheidet. Hier ist der Schluss aus Analogie durchaus statthaft, denn wir schliessen von uns auf uns, und wir haben ja
die selbe Anlage unseres Geistes auf weit von einander abliegenden
Gebieten wiedergefunden. Ich verweise namentlich auf die zweite
Hälfte des Abschnittes über Weltanschauung. Das einmütige Bestreben
unserer grössten Denker ging darauf hinaus, die sichtbare Natur von
allen jenen Schranken und Deutungen zu befreien, mit welchen menschlicher Aberglaube, menschliche Furcht und Hoffnung, menschlich
blinde Logik und Systematomanie sie mehr als mannshoch eingezäunt
hatten. Auf der anderen Seite fanden wir Liebe zur Natur, treues

Beobachten, geduldiges Betragen; wir fanden auch die Erkenntnis, dass einzig die Natur Denken und Träumen, Wissen und Phantasie speist und grosszieht. Wie sollte eine so ausgesprochene Anlage, die sich bei keiner Menschenrasse der Vergangenheit oder Gegenwart wiederfindet, ohne Einfluss auf die Kunst bleiben? Nein, wie sehr auch manche Erscheinung geeignet sein mag, uns irrezuführen: unsere Kunst ist von Hause aus naturalistisch, und wo auch immer wir sie in Vergangenheit oder Gegenwart sich resolut zur Natur wenden sehen, da können wir sicher sein, dass sie den rechten Weg geht.

Dass ich mit dieser Behauptung vielfachen Widerspruch erregen werde, weiss ich; der Abscheu vor dem Naturalismus in der Kunst wird uns schon von unseren Ammen eingeflösst, zugleich die Ehrfurcht vor einem angeblichen Klassizismus; doch werde ich mich nicht verteidigen, und zwar nicht allein, weil mir der Raum dazu fehlt, sondern weil die Thatsachen zu überzeugend für sich sprechen, als dass sie meiner Erläuterung bedürften. Ohne mich also auf Polemik einzulassen, will ich zum Schluss nur noch einige von diesen Thatsachen von dem besonderen Standpunkt dieses Werkes aus beleuchten und ihre Bedeutung für den Zusammenhang des Ganzen zeigen.

Wie zeitig ein herrlich gesunder, kräftiger Naturalismus in der italienischen Bildhauerei Platz griff, prägt sich uns Laien schon durch den einen Umstand ein, dass er — trotzdem gerade in Italien und gerade in diesem Zweige der Kunst die Antike lähmend auf unsere eigene Art wirken musste — bereits zu Beginn des 15. Jahrhunderts in Donatello einen mächtigen, überzeugenden Ausdruck gewann, den keine spätere, künstlich gezüchtete Richtung hat wegwischen können. Wer die Propheten und Könige auf dem Campanile zu Florenz, wer jene unvergessliche Büste des Niccolò da Uzzano gesehen hat, weiss, was unsere Kunst wird können, und dass sie andere Wege zu wandeln hat als die hellenische.[1]) Die Malerei wendet sich (wie ich das schon S. 956 bemerkte) gleich

---

[1]) Hier wie überall in diesem Kapitel bin ich gezwungen, mich auf einzelne, allbekannte Namen zu beschränken, die uns bei der Übersicht unserer Geschichte als Leitsterne dienen können, doch zeigt gerade ein sorgfältigeres Studium der Kunstgeschichte, wie es heute mit so viel Erfolg gepflegt wird, dass kein Genie wie ein Pilz über Nacht hervorschiesst. Jene Macht Donatello's, die gewissermassen wie eine Elementargewalt wirkt, wurzelt in hunderten und tausenden von redlichen Gestaltungsversuchen, die zwei und drei Jahrhunderte zurückreichen und deren Herd — das beachte man wohl — nicht im Süden, sondern im Norden sich befand. Man sehe nur die Prophetenreliefs im Georgenchor des Doms zu Bamberg an: hier ist Geist von Donatello's Geist. Ein

zur Natur, sobald der Germane den orientalisch-römischen Hiera-
tismus abgeschüttelt hat. Nichts ist rührender, als wenn man die
begabten Nordländer — in einer erlogenen Civilisation grossgezogen, von den spärlichen Resten einer grossen, aber fremden Kunst
umgeben und angeregt — nunmehr liebevoll und mühsam, dem
Zuge ihres Herzens folgend, der Natur nachgehen sieht: nichts ist
ihnen zu gross, nichts zu gering; vom Menschenantlitz bis zum
Schneckengehäuse, Alles zeichnen sie getreulich auf, und wahrlich!
trotz aller technischen Gewissenhaftigkeit verstehen sie es, »das
Unaussprechliche zu vermitteln«. [1] Bald war jener grosse Mann
da, dessen Auge so tief in die Natur eindrang und der stets das
Vorbild aller bildenden Künstler hätte bleiben sollen, Leonardo.
»Kein Maler«, sagt ein heutiger Kunsthistoriker, »hatte sich so
vollständig von der antiken Überlieferung frei gemacht — — —
ein einziges Mal erwähnt er in seinen vielen Schriften die
Graeci e Romani und zwar nur in Bezug auf bestimmte Drapie-
rungen.« [2]   In seinem berühmten *Buch von der Malerei* schärft
Leonardo den Malern beständig ein, dass sie Alles nach der

Gelehrter, der diese Skulpturen neuerdings eingehend studiert hat, sagt, man sehe
wie der Künstler »der Natur mit dem Spürsinn des Entdeckers nachgehe«.
Der selbe Kunsthistoriker sucht dann herauszufinden, in welcher Schule der Bamberger
Bildhauer eine so erstaunliche Kraft der individuellen Charakteristik gelernt und geübt
habe, und weist überzeugend nach, dass diese bedeutenden Leistungen deutscher
Künstler aus den ersten Jahren des 13. Jahrhunderts an eine lange Reihe ähnlicher
Versuche ihrer in politischen und gesellschaftlichen Beziehungen glücklicheren, freieren,
reicheren germanischen Brüder im Westen anknüpfen. Diese gestaltende Sehnsucht,
der Natur auf die Spur zu kommen, hatte schon längst einen künstlerischen Mittelpunkt im fränkischen und normannischen Norden (Paris, Reims u. s. w.), einen anderen in jenem unausrottbaren Centrum freier häretischer gotischer Kraft, in Toulouse,
gefunden (vergl. Arthur Weese: *Die Bamberger Domskulpturen*, 1897, S. 33, 59 fg.).
Wie sehr ein gleiches von der Malerei gilt, liegt für den ungelehrtesten Laien auf der
Hand. Die Gebrüder van Eyck, hundert Jahre vor Dürer geboren, sind schon Meister
des verehrungswürdigen, echten Naturalismus, und sie selber sind schon von ihrem
Vater in dieser Schule erzogen; ohne den verhängnisvollen Einfluss Italiens, der immer
wieder und immer wieder, wie jene periodischen Wellen des Stillen Oceans, unseren
ganzen Erwerb an Eigenart wegschwemmte, wäre die Entwickelung unserer echt
germanischen Malerei eine ganz andere gewesen.

[1] Man weiss (siehe S. 790), wie unsere gesamte Naturwissenschaft auf der
selben Grundlage der treuen, unermüdlichen Beobachtung jeder Einzelheit beruht und
kann daraus entnehmen, wie eng verschwistert unsere Wissenschaft und unsere Kunst
sind, beide die Erzeugnisse des selben individuellen Geistes.

[2] E. Muntz: *Raphaël* 1881, p. 138.

Natur malen, niemals sich auf das Gedächtnis verlassen sollen (76);
auch wenn sie nicht an der Staffelei stehen, auf Reisen und beim
Spazierengehen, immer und unaufhörlich ist es Pflicht der Künstler,
die Natur zu studieren; selbst an Flecken in Mauern, an der Asche
eines erloschenen Feuers, am Schlamm und Schmutz sollen sie nicht
achtlos vorübergehen (66); so soll ihr Auge ein »Spiegel« werden,
eine »zweite Natur« (58a). Albrecht Dürer, Leonardo's gleichgrosser
Zeitgenosse, erzählte dem Melanchthon, wie er in seiner Jugend die Gemälde hauptsächlich als Gebilde der Phantasie bewundert und auch
seine eigenen nach dem Grade ihrer Mannigfaltigkeit geschätzt
habe; »als älterer Mann habe er begonnen, die Natur zu beobachten
und deren ursprüngliches Antlitz nachzubilden und habe erkannt, dass diese Einfachheit der Kunst höchste Zierde sei.«[1] Wie
peinlich genau Dürer es mit dieser Naturbeobachtung nahm, ist
bekannt; wer es nicht weiss, sehe sich in der Albertina die Aquarell-
studie eines *jungen Hasen* (Nr. 3073) an, sowie jenes unvergleichliche
Meisterstück der Kleinmalerei, den *Flügel einer Blaurake* (Nr. 4840).[2]
Wie liebevoll Dürer die Pflanzenwelt studierte, ersieht man aus
dem *grossen Rasen* und dem *kleinen Rasen* in der selben Sammlung.
Soll ich Rembrandt noch nennen, damit man einsehen lerne, dass
alle Grössten diesen selben Weg gewiesen haben? zeigen, wie er den
Naturalismus, d. h. die Naturwahrheit, sogar in der Komposition
freierfundener bewegter Bilder so weit getrieben hat, dass bis
heute nur Wenige die Kraft und den Mut besassen, ihm nach-
zuwandeln? Auch hier will ich einen Fachmann anführen; vom
barmherzigen Samariter sagt Seidlitz: »Da ist nichts von patheti-
schem, an den Beschauer sich wendenden Heroentum zu gewahren;
die Teilnehmer der Handlung sind ganz mit sich beschäftigt, ganz
bei der Sache. In Haltung, Miene und Gebärde ist jeder von ihnen
durchaus von dem erfüllt, was ihn innerlich bewegt.«[3] Das bedeutet,
wie man sieht, einen Höhepunkt des Naturalismus: Seelenwahrheit
an Stelle des äusserlich formalen Aufbaues nach angeblichen Gesetzen;
kein Italiener hat je diesen Gipfel erstiegen. Es giebt nämlich wirklich »ewige Gesetze« auch ausserhalb der ästhetischen Handbücher;

---

[1] Citiert nach Janitschek: *Geschichte der deutschen Malerei*, 1890, S. 349.

[2] Dies ist der offizielle Katalogstitel; doch ist der betreffende Vogel, glaube
ich, besser bekannt unter der Bezeichnung Mandelkrähe.

[3] *Rembrandt's Radierungen*, 1894, S. 31. Siehe auch Goethe's kleinen Aufsatz
über das selbe Bild, *Rembrandt der Denker* (Bd. 44 der Ausgabe lezter Hand).

das erste lautet: bleib dir selber treu! (S. 508). Darum steht Rembrandt so hoch für uns Germanen und wird für lange hinaus den Markstein bilden, an dem wir erkennen, ob die bildende Kunst auf unserem echten, rechten Wege weiterschreitet oder in fremde Länder sich verirrt. Wogegen jede klassische Reaktion, wie die am Schlusse des vorigen Jahrhunderts so gewaltthätig ins Werk gesetzte, eine Verirrung ist und heillose Verwirrung schafft.

Der Kampf um die Eigenart. Wer kann, wenn er einerseits auf Goethe's theoretische Lehren bezüglich der bildenden Kunst, andererseits auf Goethe's eigenes Lebenswerk schaut, zweifeln, wo die Wahrheit ist? Nie wurde ein so unhellenisches Werk geschrieben wie *Faust;* müsste hellenische Kunst unser Ideal sein, so bliebe uns nur übrig zu bekennen: Erfindung, Ausführung, Alles ist an dieser Dichtung ein Greuel. Und man gehe nicht achtlos an der fortschreitenden Bewegung innerhalb dieses mächtigen Werkes vorbei: denn — um das berühmte schale Stichwort (nicht ohne die gebührende Verachtung) zu gebrauchen — »olympisch« wäre der erste Teil im Vergleich zum zweiten zu nennen. Faust, Helena, Euphorion — und als Seitenstück, griechischer Klassizismus! Das homerische Gelächter, das uns bei dem Vergleich erfassen muss, ist das einzige »Griechische« an der Sache. Auch der Sümpfe-trockenlegende Held hätte allenfalls den Römern, doch nimmermehr den Hellenen gefallen. Ist unsere Poesie aber — Dante, Shakespeare, Goethe, Josquin, Bach, Beethoven — bis ins Mark der Knochen ungriechisch, was soll es denn heissen, wenn man unserer bildenden Kunst Ideale vorhält und Gesetze vorschreibt, jener uns fremden Poesie entlehnt? Ist nicht die Poesie der gebärende Mutterschoss jeglicher Kunst? Soll unsere bildende Kunst nicht uns selber angehören, sondern ewig als hinkender Bankert ungeliebt und unbeachtet sich hinschleppen? Hier liegt ein verhängnisvoller Irrtum der so vielfach verdienten Humanisten zu Grunde: sie wollten uns aus römisch-kirchlicher Beschränkung befreien und wiesen auf das freie, schöpferische Hellenentum hin; doch bald stand die Altertumswissenschaft da und wir waren aus einem Dogma in das andere gefallen. Welche eigentümliche Beschränktheit dieser verderblichen Lehre eines angeblichen Klassizismus zu Grunde liegt, sieht man an dem Beispiel des grossen Winckelmann, von dem Goethe berichtet, er habe nicht bloss kein Verständnis für die Poesie gehabt, sondern geradezu eine »Abneigung« gegen sie, auch gegen die griechische; selbst Homer und Aeschylus waren ihm lediglich als die unentbehrlichen Kommentatoren zu seinen geliebten Statuen von Wert.[1]) Dass umgekehrt die klassische Philologie meistens eine eigentümliche Unempfänglichkeit für bildende Kunst, wie auch für die Natur erzeugt, hat jeder von uns oft zu beobachten Gelegenheit gehabt. Über Winckelmann's berühmten Zeitgenossen, F. A. Wolf, erfahren wir z. B., dass sein Stumpfsinn der Natur gegenüber und seine absolute Verständnislosigkeit für Werke der Kunst ihn Goethe fast unerträglich machten.[2]) Wir stehen also hier — bei unserem Dogma der klassischen Kunst — vor einem pathologischen Phänomen, und wir müssen uns freuen, wenn der gesunde, herrliche Goethe, der auf der einen Seite der krankhaften klassischen Reaktion Vorschub leistet, auf der anderen unentwegt naturalistische Ratschläge giebt. So warnt er z. B. am 18. September 1823 Eckermann vor phantastischer Dichterei und belehrt ihn: »die Wirklichkeit muss die Veranlassung und den Stoff zu allen Gedichten hergeben; allgemein und poetisch wird ein spezieller Fall eben dadurch, dass ihn der Dichter behandelt... der Wirklichkeit fehlt es nicht an poetischem Interesse.« Die reine Lehre der Donatello und Rembrandt! Und studieren wir nun Goethe's Auffassung genauer — wozu z. B. die *Einleitung in die Propyläen* gute Dienste leisten wird (aus 1798, also gerade an der Grenze unseres Gegenstandes) — so werden wir finden, dass das »Klassische« bei ihm kaum mehr als ein faltiger Überwurf ist. Immer wieder schärft er das Studium der Natur als »vornehmste Forderung« ein, und verlangt nicht etwa das bloss rein künstlerische Studium, sondern exakte naturwissenschaftliche Kenntnisse (Mineralogie, Botanik, Anatomie u. s. w.): das ist entscheidend, denn das ist absolut unhellenisch und durchaus spezifisch germanisch. Und finden wir daselbst das schöne Wort: der Künstler solle »wetteifernd mit der Natur« ein Werk hervorzubringen trachten, »zugleich natürlich und übernatürlich,« so werden wir ohne Zögern in diesem Credo einen direkten Gegensatz zum hellenischen Kunstprinzip entdecken; denn dieses letztere greift weder hinunter bis in die Wurzeltiefen der Natur, noch reicht es hinauf bis in das Übermenschliche.

Diese Gegenüberstellung verdient einen besonderen Absatz.

Wem das tönende Erz ästhetischer Phrasen nicht genügt, wer die Eigenart hellenischer Kunst durch klare Erkenntnis der besonderen, nie wiederkehrenden Individualität des besonderen Menschenstammes

---

[1]) *Winckelmann* (Abschnitt *Poesie*).
[2]) F. W. Riemer: *Mitteilungen über Goethe*, 1841, I, 266.

zu erfassen wünscht, wird gut daran thun, den griechischen Künstler nicht willkürlich aus seiner geistigen Umgebung loszutrennen, sondern immer wieder die griechische Naturwissenschaft und Philosophie zum Vergleich heranzuziehen und sie kritisch zu betrachten. Dann wird er erkennen, dass jenes Mass, welches wir an den Gebilden hellenischer Schöpferkraft bewundern, aus einer angeborenen Beschränkung — nicht Beschränktheit, aber Beschränkung — hervorgeht, nicht etwa als ein besonderes, rein künstlerisches Gesetz, sondern als ein durch die ganze Natur dieser Individualität Bedingtes. Das klare Auge des Hellenen versagt, sobald der Blick über den Kreis des im engeren Sinne des Wortes Menschlichen hinüberirrt. Seine Naturforscher sind nicht treue Beobachter, und sie entdecken trotz der grossen Begabung gar nichts — was zuerst sehr auffällt, jedoch leicht erklärlich ist, da Entdeckung immer nur durch Hingabe an die Natur, niemals durch eigene menschliche Kraft erfolgt (S. 760 fg.).[1] Hier also finden wir eine klare, scharfe Grenze nach unten zu: nur was im Menschen selbst liegt — Mathematik und Logik — konnte sich den Hellenen als echte Wissenschaft erschliessen; hier leisteten sie denn auch Bewundernswertes. Nach oben zu ist die Grenze ebenso sichtbar. Ihre Philosophie verschliesst sich von vornherein gegen alles, was ein Goethe »übernatürlich« nennen würde und was dieser in Faust's Gang zu den Müttern und in dessen Himmelfahrt poetisch dargestellt hat. Auf der einen Seite finden wir den streng logischen Rationalismus des Aristoteles, auf der anderen die pythagoreisch-platonische, poetische Mathematik. Plato's Ideen, wie ich schon früher bemerkt habe (S. 795), sind durchaus real, ja konkret. Der tiefe Blick nach innen, in jene andere, »übernatürliche« Natur — der Blick in das, worüber der Inder als Âtman sann, in das, was jedem ersten besten unserer Mystiker als »das Reich der Gnade« vertraut war, und was Kant das Reich der Freiheit nannte — der blieb den Hellenen durchaus versagt. Dies die scharfe Grenze nach oben. Was bleibt, ist der Mensch, der sinnlich wahrgenommene Mensch, und alles das, was dieser Mensch von seinem ausschliesslich und beschränkt menschlichen Standpunkt aus wahrnimmt. So war jenes Volk beschaffen, welches hellenische Kunst hervor-

---

[1]) So hatte Aristoteles z. B. bemerkt, dass in einem dichten Walde der Sonnenschein runde Lichtflecken wirft; anstatt aber sich durch kindlich einfache Beobachtung zu überzeugen, dass diese Flecken Sonnenbilder und daher rund seien, konstruierte er sofort eine haarsträubend komplizierte, tadellos logische und absurd falsche Theorie, die bis auf Kepler für unanfechtbare Wahrheit galt.

brachte. Dass diese Geistesverfassung eine vortreffliche war für künstlerisches Leben: wer möchte es leugnen, wo die Thatsachen so beredt
sprechen? Doch sehen wir diese hellenische Kunst aus der gesamten
Geistesanlage dieses einen besonderen Menschenstammes hervorwachsen; was soll es nun für einen Sinn haben, wenn man uns, deren
Geistesanlage offenbar weit von jener abweicht, dennoch hellenische
Kunstprinzipien als Norm und Ideal vorhält? Soll denn unsere Kunst um
jeden Preis eine »künstliche« sein, nicht eine organische? eine gemachte,
nicht eine sich selbst machende, das heisst lebende? Sollen wir nicht das
Recht haben, Goethe's Mahnung zu folgen, in der aussermenschlichen
Natur zu fussen, in die übermenschliche Natur hinaufzustreben —
beides den Hellenen verschlossene Gebiete? Sollen wir des selben
Goethe's Wort unbeachtet lassen: »Wir k ö n n e n nicht sehen wie
die Griechen und werden niemals wie sie dichten und bilden?«

Die Geschichte unserer Kunst ist nun zum grossen Teil ein
Kampf: ein Kampf zwischen unserer eigenen, angeborenen Anlage
und der uns aufgezwungenen fremden. Man wird ihm auf Schritt
und Tritt begegnen — von jenem Bamberger Meister an bis zu
Goethe. Bisweilen ist es eine Schule, die eine andere bekämpft;
häufig wird der Kampf in der Brust eines einzelnen Künstlers ausgefochten. Er setzte sich durch unser ganzes Jahrhundert fort.

Doch giebt es noch einen anderen Kampf, und zwar ist dieser *Der*
ein ungeteilt segensvoller, der die Entwickelung unserer Kunst be- *innere Kampf.*
gleitet und gestaltet. Um ihn zu charakterisieren, wird uns Goethe's
vorhin angeführte Wort gute Dienste leisten: unsere Kunstwerke sollten
»natürlich und zugleich übernatürlich« sein. Beides zu treffen — das
Natürliche und das Übernatürliche zugleich — ist nicht Jedermanns
Sache. Auch stellt sich das Problem sehr verschieden je nach der Kunstart. Um uns klar darüber zu werden, können wir jene beiden Ausdrücke,
»natürlich« und »übernatürlich«, die eigentlich beide zu Kunst nicht
recht gut passen, durch naturalistisch und musikalisch wiedergeben.
Der Gegensatz des Natürlichen ist das Künstliche, und da kommen
wir nicht weiter; dagegen ist der Gegensatz des Naturalistischen das
Idealistische, und das hellt gleich Alles auf. Der hellenische Künstler
gestaltet nach der menschlichen I d e e der Dinge, wir verlangen dagegen das Naturgetreue, d. h. dasjenige Gestaltungsprinzip, welches
die selbsteigene Individualität der Dinge erfasst. Was andererseits das
von Goethe erforderte Übernatürliche anbetrifft, so ist darauf zu
bemerken, dass unter allen Künsten einzig die Musik unmittelbar —

d. h. schon ihrem Stoffe nach — übernatürlich ist; das Übernatürliche an den Werken der anderen Künste darf darum (vom künstlerischen Standpunkt aus) als ein musikalisches bezeichnet werden. Diese beiden Richtungen, oder Eigenschaften, oder Instinkte, oder wie man sie nennen will — das Musikalische einerseits, das Naturalistische andrerseits — sind nun, wie meine bisherigen Ausführungen gezeigt haben, die beiden Grundkräfte unseres ganzen künstlerischen Schaffens; sie widersprechen sich nicht, wie oberflächliche Geister zu wähnen pflegen, im Gegenteil, sie ergänzen sich, und gerade aus dem Beisammensein solcher gegensätzlichen und doch in engster Korrelation stehenden Triebe besteht Individualität.[1]) Der Mann, der den einen abgerissenen Mandelkrähenflügel so minutiös malt, als ginge es um sein Seelenheil, ist der selbe, der *Ritter, Tod und Teufel* ersinnt. Doch ist es ohne Weiteres klar, dass aus dieser Beschaffenheit unseres Geistes sich ein reiches inneres Leben widerstreitender oder auch in den verschiedensten Kombinationen sich vereinigender Kräfte ergeben musste. Die musikalische Befähigung trug uns wie auf Engelsschwingen in Regionen hinauf, wohin noch kein menschliches Sehnen jemals hingelangt war. Der Naturalismus war ein Rettungsanker, ohne den unsere Kunst sich bald in Phantasterei, Allegorien, Ideenkryptographie verloren hätte. Man wäre fast geneigt, auf den lebensvollen Antagonismus und die um so reichere Kraft der vereinigten Patrizier und Plebejer in Rom hinzuweisen (siehe S. 126).

Shakespeare und Beethoven.

Diese Betrachtungsweise, die ich hier nicht näher ausführen kann, empfehle ich der Beachtung: sie enthält, glaube ich, die ganze Geschichte unserer echten, lebendigen Kunst.[2]) Nur an zwei Beispielen will ich den soeben genannten Kampf zwischen den beiden Prinzipien der Gestaltung in seinem Wesen und in seinen Folgen exemplifizieren. Wenn der starke naturalistische Trieb unsere Dichtkunst nicht von der Musik losgerissen hätte, hätten wir nie

---

[1]) Vergl. S. 724. So sehen wir z. B. die bildende Kunst der Griechen zwischen dem Typischen und dem Realistischen pendeln, während die unsere das ganze Bereich vom Phantastischen bis zum streng Naturgetreuen durchschweift.

[2]) Das »Wahre« muss sich überall »bewähren«. Und so verweise ich denn zur Bestätigung, dass meine allgemeine, philosophische Auffassung den Ausdruck konkret vorhandener Verhältnisse enthält, mit Vorliebe auf Spezialforschungen. So kommt z. B. Kurt Moriz-Eichborn in seinem vortrefflichen Werk über den *Skulpturencyklus in der Vorhalle des Freiburger Münsters,* 1899 (S. 164 mit den vorangehenden und nachfolgenden Abschnitten) zu dem Schlusse: germanische Kunst wurzele und gipfele in »dem *Naturalismus* und dem *Drama*«; und für das Drama verweist er auf Wagner, also auf Musik.

einen Shakespeare erlebt. Auf hellenischem Boden wäre also eine der höchsten Erscheinungen schöpferischer Kraft ausgeschlossen gewesen. Schiller schreibt an Goethe: »Es ist mir aufgefallen, dass die Charaktere des griechischen Trauerspiels mehr oder weniger idealische Masken und keine eigentlichen Individuen sind, wie ich sie in Shakespeare und auch in Ihren Stücken finde.«[1]) Diese Zusammenstellung von zwei Dichtern, die so weit auseinanderstehen, ist interessant: was Goethe und Shakespeare verbindet, ist Naturtreue. Shakespeare's Kunst ist durchaus naturalistisch, ja, bis zur Roheit — Gott Lob, bis zur Roheit. Wie Leonardo lehrt, auch den »Schmutz« soll der Künstler liebevoll studieren. Darum wurde ein Shakespeare in dem Jahrhundert erlogener Klassizität so schmählich verkannt und konnte ein so grosser Geist wie Friedrich die Tragödien eines Voltaire denen jenes gewaltigen Poeten vorziehen. Dass nun seine Darstellungsart nicht naturgetreu im Sinne des sogenannten »Realismus« ist, wurde neuerdings von etlichen Kritikern übel vermerkt; doch wie Goethe sagt: »Kunst heisst eben darum Kunst, weil sie nicht Natur ist.«[2]) Kunst ist Gestaltung; sie ist Sache des Künstlers und der besondern Kunstart; unbedingte Naturtreue von einem Werke fordern, ist erstens überflüssig, da die Natur selbst das leistet, zweitens ungereimt, da der Mensch nur Menschliches schaffen kann, drittens widersinnig, da der Mensch durch die Kunst die Natur zwingen will, ein »Übernatürliches« zur Darstellung zu bringen. In jedem Kunstwerk wird es also eine eigenmächtige Gestaltung geben;[3]) naturalistisch kann Kunst nur in ihren Zielen, nicht in ihren Mitteln sein; der sogenannte »Realismus« ist eine tiefe Ebbe künstlerischer Potenz; schon Montesquieu sagte von den realistischen Dichtern: »*Ils passent leur vie à chercher la nature, et la manquent toujours.*« Von Shakespeare, dem Poeten, verlangen, seine Helden sollen keine poetische Reden halten, ist gerade so vernünftig, wie wenn Giovanni Strozzi Michelangelo's *Nacht* anruft, der Stein solle aufstehen und reden. Shakespeare selbst hat (im *Wintermärchen*) mit unendlicher Grazie das Gespinst dieser ästhetischen Sophismen zerstört:

> *Yet nature is made better by no mean*
> *But nature makes that mean: so, o'er that art*

---

[1]) 4. April 1797.
[2]) *Wanderjahre*, 2, 9.
[3]) Mit besonders wohlthuender wissenschaftlicher Klarheit dargethan von Taine: *Philosophie de l'Art*, I, ch. 5. Wogegen Seneca's *omnis ars imitatio est naturae* die echt römische Seichtigkeit in allen Fragen der Kunst und der Philosophie zeigt.

Which, you say, adds to nature, is an art
That nature makes — — — this is an art
Which does mend nature, change it rather, but:
The art itself is nature.

Da es das Ziel von Shakespeare's Drama ist, Charaktere zu schildern, so wird der Grad seines Naturalismus an nichts anderem gemessen werden können, als an der naturgetreuen Darstellung von Charakteren. Wer vermeint, die kinematographische Wiedergabe des täglichen Lebens auf der Bühne sei naturalistische K u n s t, steht zu sehr auf dem naivsten Panoptikumsstandpunkt, als dass eine Diskussion mit ihm sich verlohnen könnte.[1]) — Mein zweites Beispiel soll von dem anderen Extrem hergenommen werden. Die Musik hatte sich bei uns, wie man sah, zwar nicht ganz, doch fast von der Dichtkunst geschieden; es schien, als hätte sie sich von der Erde losgelöst. Sie wurde so vorwiegend, ja, fast ausschliesslich Ausdruck, dass es bisweilen den Anschein hatte, als höre sie auf Kunst zu sein, denn wir haben gesehen, Kunst ist nicht Ausdruck, sondern das, was den Ausdruck vermittelt. Und in der That, während Lessing, Herder, Goethe, Schiller in der Musik ein Höchstes verehrt und Beethoven von ihr gesagt hatte, sie sei »der einzige unverkörperte Eingang in eine höhere Welt«, fanden sich bald Leute ein, welche kühn behaupteten und alle Welt belehrten, die Musik drücke gar nichts aus, bedeute gar nichts, sondern sei lediglich eine Art Ornamentik, ein kaleidoskopisches Spiel mit Schwingungsverhältnissen! So rächt es sich, wenn eine Kunst den Boden der Wirklichkeit verlässt. Doch war in Wahrheit etwas ganz Anderes geschehen, als was diese Nusschalgehirne sich für ihre bescheidenen geistigen Bedürfnisse zurecht gelegt hatten. Unsere Ton-

---

[1]) Höchstens kann man einem solchen Manne die Wohlthat erweisen, ihn auf Schiller's lichtvolle Ausführungen über diesen Gegenstand zu verweisen, welche in den Sätzen gipfeln: »Die Natur selbst ist eine Idee des Geistes, die nie in die Sinne fällt. Unter der Decke der Erscheinung liegt sie, aber sie selbst kommt niemals zur Erscheinung Bloss der Kunst des Ideals ist es verliehen, oder vielmehr es ist ihr aufgegeben, diesen Geist des Alls zu ergreifen und in einer körperlichen Form zu binden. Auch sie selbst kann ihn zwar nie vor die Sinne, aber doch durch ihre schaffende Gewalt vor die Einbildungskraft bringen und dadurch w a h r e r s e i n, als alle Wirklichkeit, und realer, als alle Erfahrung. Es ergiebt sich daraus von selbst, dass der Künstler kein einziges Element aus der Wirklichkeit brauchen kann, wie er es findet, dass sein Werk in allen T e i l e n ideell sein muss, wenn es als ein Ganzes Realität haben und mit der Natur übereinstimmen soll«. *(Über den Gebrauch des Chors in der Tragödie.)*

künstler hatten inzwischen durch eine genau halbtausendjährige
Arbeit nach und nach eine immer vollkommenere Beherrschung
ihres Materials erreicht, es immer geschmeidiger und gefügiger,
d. h. also gestaltungsfähiger gemacht (vergl. S. 981), was in Griechenland bei dem engen, untergeordneten Anschluss an das Wort,
ebensowenig jemals hätte gelingen können, wie die Geburt eines
Shakespeare. Dadurch war die Musik immer mehr echte »Kunst«
geworden, da sie in zunehmendem Masse in den Stand gesetzt
worden war, Ausdruck zu vermitteln. Und erst in Folge dieser
Entwickelung ist auch sie — die früher mehr rein formale, wie
ein faltiges Gewand den lebendigen Leib der Dichtung umgebende
Kunst — nunmehr der uns Germanen eigenen, naturalistischen
Gestaltungsrichtung zugänglich geworden. Nichts wirkt so unmittelbar, wie die Musik. Shakespeare konnte nur durch Vermittelung des Verstandes Charaktere malen; gewissermassen durch
doppelten Spiegelreflex; denn zuerst spiegelt sich der Charakter
in Handlungen wieder, die weitläufiger Bestimmung bedürfen, um
verstanden zu werden, und dann spiegeln wir unser Urteil auf den
Charakter zurück. Die Musik dagegen schenkt augenblickliche Verständigung; sie giebt das Widerspruchsvolle der momentanen Stimmung, sie giebt die schnelle Folge der wechselnden Gefühle, die
Erinnerung an längst Vergangenes, die Hoffnung, die Sehnsucht,
die Ahnung, das Unaussprechbare; durch sie erst — und zwar mit
voller Meisterschaft erst durch die an der Schwelle unseres Jahrhunderts in Beethoven kulminierende Entwickelung — ist Seelen-
naturalismus möglich geworden.

Die unserer ganzen Kunstentwickelung zu Grunde liegenden
Faktoren fasse ich der Deutlichkeit wegen noch einmal zusam-
men: auf der einen Seite die Tiefe, Gewalt und Unmittelbarkeit des Ausdruckes (also das musikalische Genie) als unsere
individuellste Kraft, auf der anderen, das grosse Geheimnis unserer
Überlegenheit auf so vielen Gebieten, nämlich die uns angeborene
Neigung, mit Wahrhaftigkeit und Treue der Natur nachzugehen
(Naturalismus); diesen zwei gegensätzlichen, doch in allen höchsten
Schöpfungen wechselseitig sich ergänzenden Trieben und Fähigkeiten gegenüber, die Tradition von einer fremden, vergangenen,
in strenger Beschränkung zu hohei Vollkommenheit gelangten
Kunst, die uns lebhafte Anregung und reiche Belehrung gewährt,
doch zugleich durch die Vorspiegelung eines fremden Ideals immer

Zusammen-
fassung.

wieder in die Irre führt und uns namentlich verleitet, gerade das,
was wir am besten können — das musikalisch Ausdrucksvolle
und das naturalistisch Getreue — zu verschmähen. Wer diesen
Winken folgt, wird, davon bin ich überzeugt, auf jedem Kunst-
gebiete sehr lebendige Vorstellungen und fruchtbare Einsichten gewinnen. Ich möchte nur noch die Warnung hinzufügen, dass
man die Dinge, wo es sich darum handelt, sie zu einem Ganzen
zu verbinden, zwar genau, doch nicht von zu nahe ansehen soll.
Betrachten wir unsere Zeit z. B. als das Ende der Welt, so werden
wir von der so nahen Pracht der grossen Epoche Italiens fast
erdrückt; gelingt es uns dagegen, bis in die weit offenen Arme
einer verschwenderisch spendenden Zukunft zu flüchten, dann wird
uns vielleicht jene wunderbare Blüte bildender Kunst doch nur als
eine Episode in einem viel grösseren Ganzen erscheinen. Schon
die blosse Existenz eines Mannes wie Michelangelo, neben einem
Raffael, weist in zukünftige Zeiten und auf zukünftige Werke.
Die Kunst ist stets am Ziel: dieses Wort Schopenhauer's habe ich
mir schon früher angeeignet und bin darum in diesem Abschnitt
nicht der historischen Entfaltung von Giotto und Dante bis Goethe
und Beethoven nachgegangen, sondern den bleibenden Zügen der
individuellen Menschenart. Einzig die Kenntnis dieser treibenden
und zwingenden Züge ist es, die ein wirkliches Verständnis der
Kunst der Vergangenheit und der Gegenwart ermöglicht. Von
uns Germanen soll noch viel Kunst geschaffen werden, und was
geschaffen wird, dürfen wir nicht an dem Masstab eines fremden
Früheren messen, sondern wir müssen es mittelst einer umfassenden
Kenntnis unserer gesamten Eigenart beurteilen. So nur werden wir
ein Kriterium besitzen, das uns befähigt, mit Liebe und Verständnis
den so weit auseinandergehenden künstlerischen Bestrebungen unseres Jahrhunderts gerecht zu werden, und jenem giftspeienden
Drachen aller Kunstbetrachtung — der geflügelten Phrase — den
Garaus zu machen.

Schlusswort.   Mein Notbrückenbau wäre vollendet. Nichts fanden wir für
unsere germanische Kultur bezeichnender, als das Handinhand-
gehen des Triebes zur Entdeckung und des Triebes zur Gestaltung.
Entgegen den Lehren unserer Historiker behaupten wir, nie hat

Kunst und nie hat Wissenschaft bei uns gerastet; thäten sie es,
so wären wir keine Germanen mehr. Ja, wir sahen, dass sich beide
bei uns gewissermassen bedingen: die Quelle unserer Erfindungsgabe,
aller unserer Genialität, sogar der ganzen Originalität unserer
Civilisation, ist die Natur; doch gaben Philosophen und Naturforscher Goethe Recht, als er sprach: »die würdigste Auslegerin
der Natur ist die Kunst.«[1])

Wie viel wäre gerade hier noch hinzuzufügen! Doch ich
habe nicht allein den Schlusstein zu dem Notbrückenbau dieses
Kapitels schon gelegt, sondern damit zugleich zu diesem ganzen
Buche, welches ich auch — vom Anfang bis zum Ende — nicht
anders als wie einen Notbrückenbau betrachte und betrachtet
wissen will. Ich sagte gleich zu Beginn (siehe die erste Seite des
Vorworts), ich wolle nicht belehren; selbst an den sehr wenigen
Stellen, wo ich über mehr Kenntnisse verfügte als der durchschnittlich gebildete Mensch, der nicht in dem betreffenden Fache
besonders bewandert ist, war ich bestrebt, dieses Wissen sich nicht
hervordrängen zu lassen; denn mein Ziel war nicht, neue Thatsachen vorzubringen, sondern Allbekanntes zu gestalten, ich meine
in der Art zu gestalten, dass es vor dem Bewusstsein ein lebendiges Ganzes bilde. Was Schiller von der Schönheit sagt — sie
sei zugleich unser Zustand und unsere That — gestattet eine Anwendung auf das Wissen. Zunächst ist Wissen etwas rein Gegen-
ständliches, es bildet keinen Bestandteil der wissenden Person;
wird aber dieses Wissen »gestaltet«, so tritt es in das Bewusstsein
als dessen lebendiger Bestandteil ein und ist nunmehr »ein Zustand unseres Subjektes«. Dieses Wissen kann ich jetzt von allen
Seiten betrachten, es gewissermassen um- und umwenden. Das ist
schon viel gewonnen, sehr viel. Doch es kommt noch mehr. Ein
Wissen, das ein Zustand meines Ich geworden ist, betrachte ich
nicht bloss, ich fühle es; es ist ein Teil meines Lebens: »mit
einem Wort, es ist zugleich mein Zustand und meine That«.
Wissen zu That umwandeln! die Vergangenheit so zusammenfassen, nicht dass man mit hohler, erborgter Gelehrsamkeit über
längst verscharrte Dinge prunke, sondern, dass das Wissen von
dem Vergangenen eine lebendige, bestimmende Kraft der Gegenwart werde! ein Wissen, so tief ins Bewusstsein eingedrungen,

---

[1]) *Maximen und Reflexionen.*

dass es auch unbewusst das Urteil bestimme! Gewiss ein hohes,
erstrebenswertes Ziel. Und zwar um so erstrebenswerter, je un-
übersichtlicher alles Wissen durch die zunehmende Anhäufung des
Gewussten wird. »Um sich aus der grenzenlosen Vielfachheit
wieder ins Einfache zu retten, muss man sich immer die Frage
vorlegen: wie würde sich Plato benommen haben«? — so belehrt
uns unser grösster Germane, Goethe. Doch möchte man bei
diesem Spruche schier verzweifeln, denn wer wagt es, zu antworten: so hätte ein heutiger, germanischer Plato die Sache angefasst, um sie wieder ins Einfache (und das heisst ins Lebens-
fähige) zu retten?

Dass es mir in diesem Buche gelungen sei, die Grundlagen
unseres Jahrhunderts nach diesem Grundsatz zu gestalten, wäre
ich der Letzte zu behaupten. Zwischen der Inangriffnahme und der
Vollendung eines derartigen Unternehmens leiden zu viele Absichten und Hoffnungen an den engen, schroffen Grenzen des
eigenen Vermögens Schiffbruch, als dass man nicht mit Demut
den Schlusstrich ziehen sollte. Was daran gelungen sein mag,
verdanke ich jenen Grössten unseres Stammes, auf die ich die
Augen unwandelbar gerichtet hielt.

NACHTRÄGE

———

Zu S. 9. — Von einem Rezensenten wurde mir übel vermerkt, ich hätte hier Prof. Henry Thode's Aufsatz über *Die Renaissance*, dem ich offenbar meinen Gedankengang verdanke, nicht erwähnt. Nun ist der betreffende Aufsatz Juli 1899 (in den »Bayreuther Blättern«) erschienen; die allgemeine Einleitung zu den *Grundlagen* ist aber im Sommer 1896 geschrieben, Ende August 1898 gedruckt und am 1. März 1899 im Buchhandel gewesen.

———

Zu S. 15. — Das Erwachen des Germanen zu freier Lebensbethätigung im 13. Jahrhundert lässt sich noch vielfach belegen. Von besonderem Interesse schienen mir folgende zwei Thatsachen.

Hyrtl teilt mit (*Das Arabische und Hebräische in der Anatomie*, 1879, S. XI), dass gegen Schluss des 13. Jahrhunderts die erste Secierung einer menschlichen Leiche nach einer Unterbrechung von eintausendsechshundert Jahren stattfand, und zwar von dem Norditaliener Mondino de' Luzzi ausgeführt.

Cantor (*Vorlesungen über Geschichte der Mathematik*, 2. Aufl., II, 3) sagt, im 13. Jahrhundert habe »ein neuer Zeitabschnitt in der Geschichte der mathematischen Wissenschaft« begonnen. Dies war namentlich das Werk des Leonardo von Pisa, der als Erster die indischen (fälschlich arabisch genannten) Zahlzeichen bei uns einführte, und des Jordanus Saxo, aus dem Geschlecht der Grafen von Eberstein, der uns mit der Buchstabenrechnung bekannt machte.

———

Zu S. 28. — Selbst in der allerkürzesten Aufzählung der genialsten Naturforscher des Jahrhunderts hätten Louis Agassiz, Michael Faraday und Julius Robert Mayer nicht unerwähnt bleiben dürfen.

———

Zu S. 57—59. — Man versäume nicht, das schöne Buch von Maurice Maeterlinck: *La vie des abeilles*, 1901, zu lesen. Auch dieser neueste unter den Beobachtern der Bienen weist auf Huber hin als auf den genialsten und zuverlässigsten aller bisherigen Forscher (S. 9).

Auf dem Zoologenkongress zu Berlin, am 13. August 1901, hielt der bekannte Psychiater und Ameisenforscher Forel einen Vortrag, in welchem er auf Grund seiner neuesten Arbeiten (seine Beobachtungen reichen jetzt über einen Zeitraum von dreissig Jahren!) den Ameisen den Besitz des Gedächtnisses, der Fähigkeit, verschiedene Sinneseindrücke im Hirn zu verknüpfen, und des Handelns mit Überlegung bestimmt zuschrieb. — (Dass es Ameisen giebt, die genau ebenso »überlegt« weben wie der Mensch, nämlich mit Gespinstfäden, die sie nicht selber erzeugen, kann man in Carl Chun's *Aus den Tiefen des Weltmeeres*, 1900, S. 117 fg., belegt finden.)

Schon Montaigne bemerkt in seiner *Apologie de Raimond Sebond: Tout ce qui nous semble étrange, nous le condamnons, de même ce que nous n'entendons pas; comme il nous advient au jugement que nous faisons des bêtes. Elles ont plusieurs conditions qui se rapportent aux nôtres; de celles-là, par comparaison, nous pouvons tirer quelque conjecture: mais ce qu'elles ont en particulier, que savons-nous que c'est?*

Zu S. 66. — Wie viel älter der Gebrauch der Schrift in dem Gebiete hellenischer und vorhellenischer Kultur ist, als man bis vor kurzem voraussetzen zu müssen glaubte, wird täglich augenscheinlicher. So hat man z. B. jetzt in dem (sogenannten) Palast des Minos auf Kreta, dessen jüngste Teile nachweislich nicht später als 1550 Jahre vor Christo entstanden sind, ganze Bibliotheken und Archive gefunden. Die Schrift ist noch nicht entziffert worden, doch fällt den Gelehrten ihr »freies, europäisches Aussehen« auf, im Gegensatz zu allen asiatischen und ägyptischen Schriftzeichen. (Siehe A. J. Evans in *The Annual of the British School at Athens*, Nr. VI, *Session* 1899 — 1900, S. 57. Man vergleiche auch S. 18 und 29 und die Tafeln 1 und 2.) Der Gebrauch der Schrift war also üblich, schon lange ehe die Achäer überhaupt bis in den Peloponnes eingedrungen waren.

Zu S. 77, Anm. 2. — Besonders interessant ist es zu beobachten, wie in der Zoologie, in der man am Anfang des 19. Jahrhunderts sehr vereinfachen zu dürfen geglaubt hatte und wo man unter dem Einfluss Darwin's bestrebt gewesen war, alle Tiergestalten wenn irgend

möglich auf einen einzigen Stamm zurückzuführen, jetzt, bei fortschreitender Zunahme der Kenntnisse, eine immer grössere Komplikation
des ursprünglichen Typenschemas entdeckt wird. Cuvier glaubte mit
vier »allgemeinen Bauplänen« auszukommen. Bald aber war man
gezwungen, sieben verschiedene, auf einander nicht zurückführbare
Typen anzuerkennen und vor etwa dreissig Jahren fand Carl Claus,
dass neun Typen das Minimum sei. Dieses Minimum genügt aber
nicht. Sobald man nicht einzig die menschliche Bequemlichkeit und
die Bedürfnisse des Anfängers ins Auge fasst (wofür Richard Hertwig's
bekanntes und sonst vortreffliches Lehrbuch ein klassisches Beispiel
bietet), sobald man die strukturellen Unterschiede, ohne Bezug auf
Formenreichtum und dergleichen gegen einander abwägt, kommt
man bei den heutigen genaueren anatomischen Kenntnissen mit weniger
als sechzehn verschiedenen, einander typisch gleichwertigen Gruppen
nicht aus. (Siehe namentlich das meisterhafte *Lehrbuch der Zoologie*
von Fleischmann, 1898.) — Zugleich haben sich die Anschauungen
in Bezug auf manche grundlegende zoologische Thatsachen durch
genaueres Wissen völlig verändert. So galt es z. B. vor zwanzig
Jahren, als ich bei Karl Vogt Zoologie hörte, für ausgemacht, dass
die Würmer in unmittelbarer genetischer Beziehung zu den Wirbel-
tieren stünden; selbst so kritisch selbständige Darwinisten wie Vogt
hielten diese Thatsache für ausgemacht und wussten gar viel Herrliches über den Wurm zu erzählen, der es bis zum Menschen gebracht habe. Inzwischen haben viel genauere und umfassendere Untersuchungen über die Entwickelung der Tiere im Ei zu der Erkenntnis
geführt, dass es innerhalb der »Gewebetiere« (alle Tiere, heisst das,
die nicht aus einfachen, trennbaren Zellen bestehen), zwei grosse
Gruppen giebt, deren Entwickelung vom Augenblick der Eibefruchtung
an nach einem grundverschiedenen Plane vor sich geht, so dass jede
wahre — nicht bloss äusserlich scheinbare — Verwandtschaft zwischen
ihnen ausgeschlossen ist, sowohl die von den Evolutionisten voraus-
gesetzte genetische, wie auch die rein architektonische. Und siehe
da: die Würmer gehören zu der einen Gruppe (die ihren Höhepunkt
in den Insekten findet) und die Wirbeltiere gehören zu der anderen
und dürfen nur mehr von Tintenfischen und Seeigeln abstammen!
(Vergl. namentlich Karl Camillo Schneider: *Grundzüge der tierischen
Organisation* in den Preussischen Jahrbüchern 1900, Julinummer, S. 73 fg.)
    Solche Thatsachen dienen als Belege und als Bestätigungen des
S. 77 Behaupteten, und es ist durchaus notwendig, dass der Laie, der

stets gewohnt ist, in der Wissenschaft seines Tages einen Gipfel zu vermuten, sie als ein Übergangsstadium zwischen einer vergangenen und einer zukünftigen Theorie erkennen lerne.

Zu S. 78. — Wilson's Buch ist inzwischen (1900) in zweiter, vermehrter Auflage erschienen. Der citierte Satz steht S. 434 unverändert. Das ganze letzte Kapitel, *Theories of Inheritance and Development,* ist allen Denen zu empfehlen, die statt Phrasen eine wirkliche Einsicht in den augenblicklichen Zustand wissenschaftlicher Erkenntnis in Bezug auf die Grundthatsachen der tierischen Gestalt besitzen wollen. Sie werden ein Chaos finden. Wie der Verfasser (S. 434) sagt: »Die ungeheure Grösse des Problems der Entwickelung, gleichviel ob ontogenetisch oder phylogenetisch, ist unterschätzt worden.« Jetzt sieht man ein, dass jedes neuentdeckte Phänomen nicht Aufklärung und Vereinfachung, sondern neue Verwirrung bringt und neue Probleme, so dass ein bekannter Embryolog (siehe Vorwort) vor kurzem ausrief: »Jedes Tierei scheint sein eigenes Gesetz in sich zu tragen!« Rabl kommt in seinen Untersuchungen *Über den Bau und die Entwickelung der Linse* (1900) zu ähnlichen Ergebnissen; er findet, dass jede Tierart ihre spezifischen Sinnesorgane besitzt, deren Unterschiede schon in der Eizelle bedingt sind. So wird denn durch die Fortschritte der wahren Wissenschaft — und im Gegensatz zu dem Nonsens über Kraft und Stoff, mit dem Generationen von leichtgläubigen Laien verblödet worden sind — unsere Auffassung des Lebens eine immer »lebendigere«, und der Tag ist wohl nicht mehr fern, wo man einsehen wird, dass es vernünftiger wäre, das Unbelebte vom Standpunkt des Lebendigen aus, als umgekehrt, deuten zu wollen.

Zu S. 80. — Dass die hellenischen Denker unmöglich von Semiten beeinflusst sein konnten, hat schon Immanuel Kant eingesehen, der, als Hasse eine darauf hinzielende Bemerkung machte, ungeduldig abwehrte: »Phönizier und Hebräer sind keine Philosophen!« *(Letzte Äusserungen Kant's,* S. 24.)

Zu S. 87. — Meine Behauptung, die römische Kirche habe im Jahre 1822 »die Erlaubnis erteilt, an das heliocentrische System zu glauben«, beruht, wie es scheint, auf Irrtum. Ein namhafter katholischer Gelehrter hat bei Gelegenheit einer Besprechung von Hertling's

Das Prinzip des Katholizismus und die Wissenschaft in der Beilage zur
Münchener Allgemeinen Zeitung dargethan, dass seit 1822 die Kirche
zwar das Werk des Kopernikus aus dem Index gestrichen und den
Druck von Büchern, welche die Bewegung der Erde lehren, gestattet
hat, dass aber die Bullen, in denen verboten wird, an die Bewegung
der Erde zu glauben, niemals aufgehoben oder irgendwie in ihrer
Geltung eingeschränkt worden sind. Nach römischer Lehre darf also
ein Gläubiger von dem heliocentrischen System Kenntnis nehmen,
er darf aber nicht daran glauben. (4. Aufl. — Mein Gedächtnis hatte
mich irregeführt; der betreffende Aufsatz befindet sich in der *Deutschen
Litteraturzeitung*, 1900, Nr. 1. Er ist von Franz Xaver Kraus.)

Zu S. 147—148. — Zum Verständnis des Charakters Caracalla's
und seiner Beweggründe, empfehle ich die kleine Schrift von Prof.
Dr. Rudolf Leonhard: *Roms Vergangenheit und Deutschlands Recht*, 1889,
S. 93—99. Er zeigt auf wenigen Seiten, wie dieser Syrer, »ein Spröss-
ling der karthagischen Menschenschlächter und der Landsleute jener
Baalspriester, welche ihre Feinde in Feueröfen zu werfen pflegten«
(die Juden thaten desgleichen, siehe *2 Samuel*, 12, 31), die Vernichtung
Roms und die Vernichtung der noch lebenden Reste hellenischer
Bildung als sein Lebensziel erfasst hatte, zugleich die Überflutung der
europäischen Kulturwelt mit dem pseudosemitischen Auswurf seiner
Heimat. Das alles geschah planmässig, tückisch, und unter dem Deck-
mantel der Phrasen von Weltbürgertum und Menschheitsreligion. So
gelang es, Rom in einem einzigen Tag auf ewig zu vernichten; so
wurde das ahnungslose Alexandrien, der Mittelpunkt von Kunst und
Wissenschaft, ein Opfer der rassenlosen, heimatlosen, alle Grenzen
niederreissenden Bestialität.

Vergessen wir nie — nie einen Tag — dass der Geist Caracalla's unter uns weilt und auf die Gelegenheit lauert! Anstatt die
blöden und lügenhaften Menschheitsphrasen nachzuplappern, die schon
vor achtzehnhundert Jahren in den semitischen »Salons« Roms Mode
waren, thäten wir besser daran, uns mit Goethe zu sagen:

> Du musst steigen oder sinken,
> Du musst herrschen und gewinnen,
> Oder dienen und verlieren,
> Leiden oder triumphieren,
> Amboss oder Hammer sein.

Zu S. 160 und 174. — Bezüglich der vorwiegend semitischen und syrischen Rassenangehörigkeit der späteren, von uns übertrieben bewunderten Kodifizierer und Einbalsamierer des römischen Rechts, vergl. die soeben genannte Festschrift Leonhard's, S. 91 ff.

Zu S. 200. — Hier und überall bitte ich, statt »Himmelreich« Reich Gottes zu lesen. Der Ausdruck *Uranos* oder »Reich der Himmel« kommt nur bei Matthäus vor und ist sicher nicht die richtige Übersetzung irgend eines von Christus gebrauchten Ausdrucks. Die anderen Evangelisten sagen: das Reich Gottes. (Vergl. meine Ausgabe der *Worte Christi,* S. 260, und für die nähere Ausführung H. H. Wendt's *Lehre Jesu,* 1886, S. 48 und 58.)

Zu S. 216. — Die Evangelien selbst bezeugen die unüberbrückbare Trennung zwischen Galiläern und Juden. Namentlich bei Johannes wird immer von »den Juden« wie von etwas Fremdem gesprochen, und die Juden ihrerseits (7,52) erklären: »aus Galiläa stehet kein Prophet auf«.

Zu S. 267 fg. — Man muss wohl bemerken, dass wenn auch Ujfalvi an dem genannten Orte sagt: *le terme d'aryen est de pure convention,* er das nur in einem gewissen, bedingten Sinne meint. Er hat seitdem selber nicht aufgehört, die Stammesgeschichte der Arier zu studieren und hat seine Ansichten infolgedessen so weit modificiert, dass er jetzt behauptet, die Eranier und die Inder seien *deux branches d'une même grande famille* und er spricht von den *vestiges de la nation encore indivise des Indo-Iraniens* (siehe *L'Anthropologie,* 1900, S. 24 fg.) und erwartet noch heute, im Hindukusch lebendige Reste der *Aryens les plus purs* aufzufinden (ebenda, S. 224).

Es ist überhaupt bemerkenswert, dass die gelehrten Ethnologen und Anthropologen immer weniger den Ausdruck »Arier« entbehren können, immer mehr ihm einen konkreten Inhalt beilegen; man beachte z. B. das Werk von Lapouge *L'Aryen, son rôle social,* 1899. Auch Historiker können des Begriffes Arier ebenfalls nicht entraten. Und doch wird Unsereiner, wenn er noch so vorsichtigen und streng beschränkten Gebrauch dieser Vorstellung macht, von akademischen Skribenten und namenlosen Zeitungsreferenten verhöhnt! Möge der Leser der Wissenschaft mehr trauen als den offiziellen Verflachern und Nivellierern und als den berufsmässigen antiarischen Konfusionsmachern. Denn würde auch bewiesen, dass es in der Vergangenheit nie eine arische Rasse gegeben hat, so wollen wir, dass es in der Zukunft eine geben soll.

Zu S. 276. — Die Goten, die später in hellen Scharen zum Mohammedanismus übertraten, dessen edelste und fanatischeste Verfechter sie wurden, sollen früher in grossen Zahlen das Judentum angenommen haben, und ein gelehrter Fachmann der Wiener Universität versichert mir, die moralische und intellektuelle, sowie auch die physische Überlegenheit der sog. »spanischen und portugiesischen Juden« sei eher aus diesem reichlichen Zufluss echt germanischen Blutes zu erklären, als aus jener Züchtung, die ich einzig hervorgehoben habe und deren Bedeutung er übrigens auch nicht unterschätzt wissen wollte.

Zu S. 277—288. — Zu meinem lebhaften Bedauern habe ich erst jetzt (1901) Dr. Albert Reibmayr's *Inzucht und Vermischung beim Menschen* (Leipzig und Wien, bei Deuticke, 1897) kennen gelernt. Das vortreffliche Werk, erschienen im selben Augenblick, als ich mein Kapitel über das Völkerchaos schrieb, empfehle ich allen Lesern der *Grundlagen* als eine unentbehrliche Ergänzung zu manchem bei mir nur skizzierten Gedankengang.

Zu S. 287. — Nach Albrecht Wirth: *Volkstum und Weltmacht in der Geschichte*, 1901, S. 159, kommt den Chilenen noch das zu gute, dass ihre Indianer — die Araukaner — einer besonders edlen Rasse entstammen, so dass die Spanier, die sich mit ihnen mischen, an Zähigkeit und Kriegsmut gewinnen.

Zu S. 289. — Professor August Forel, der bekannte Psychiater, hat in den Vereinigten Staaten und auf den Westindischen Inseln interessante Studien über den Sieg gemacht, den geistig niedrige Rassen über höherstehende durch ihre grössere Zeugungskraft davontragen. »Ist das Gehirn des Negers schwächer als das der Weissen, so sind seine Fortpflanzungskraft und das Überwiegen seiner Eigenschaften bei den Nachkommen um so mehr denjenigen der Weissen überlegen. Immer strenger sondert sich (darum) die weisse Rasse, nicht nur in sexueller, sondern in allen Beziehungen, von ihnen ab, weil sie endlich erkannt hat, dass die Mischung ihr Untergang ist.« Forel zeigt

64*

an zahlreichen Beispielen, wie unmöglich es dem Neger ist, unsere Civilisation mehr als hauttief zu assimilieren und wie er überall »der totalsten
urafrikanischen Wildheit anheimfällt«, sobald er sich selbst überlassen
bleibt. Und Forel, der als Naturforscher in dem Dogma der einen,
überall gleichen »Menschheit« auferzogen ist, kommt zu dem Schlusse:
»Zu ihrem eigenen Wohl sogar müssen die Schwarzen als das, was
sie sind, als eine durchaus untergeordnete, minderwertige, in sich
selbst kulturunfähige Menschenunterart behandelt werden. Das muss
einmal deutlich und ohne Scheu erklärt werden.« (Man siehe den
Reisebericht in Harden's *Zukunft* vom 17. Februar 1900.) — Über
diese Frage der Rassenmischungen und des beständigen Sieges der
niedriger stehenden Rasse über die höher stehende, vergleiche man
auch die an Thatsachen und Einsichten gleich reiche Arbeit Ferdinand
Hueppe's: *Über die modernen Kolonisationsbestrebungen und die Anpassungs-
möglichkeit der Europäer an die Tropen* (Berliner klinische Wochen-
schrift, 1901). In Australien z. B. findet in aller Stille, aber mit grosser
Schnelligkeit, eine Auslese statt, durch welche der hochgewachsene
blonde Germane — so stark vertreten im englischen Blute — verschwindet, wogegen das beigemengte Element des *Homo alpinus* die
Oberhand gewinnt.

———

Zu S. 297 (und 319). — Ein holländischer Gelehrter macht mich
darauf aufmerksam, dass die Grenze des römischen Reiches von dem
sogenannten »Alten Rhein« gebildet wurde, der nicht bei Rotterdam
in die See mündet, sondern über Utrecht nach Leyden fliesst. Meine
Behauptung aber in Bezug auf das genaue Zusammentreffen der
früheren Grenze der chaotischen Rassenbastardierung mit der heutigen
Grenze der römischen Kirche stimme nur um so auffallender; denn
sobald man den Oude Rijn überschreite, und zwar trotzdem er bloss
einen schmalen Kanal bildet, werde das Verhältnis der Protestanten
zu den Katholiken wie 2 : 1, um dann weiter nach Norden einer fast
ganz protestantischen Bevölkerung zu weichen; wogegen im Süden,
in den Provinzen Nordbrabant und Limburg, die Bevölkerung überwiegend katholisch sei, mit der bemerkenswerten Ausnahme von
Zeeland, dessen Inselgebiet niemals vom Imperium einverleibt wurde
und darum eine rein germanische Bevölkerung bewahrte, die ihre
Rasse in dem Heldenkampf gegen Spanien bewährte und heute noch
in ihrer antirömischen Gesinnung bezeugt.

———

Zu S. 308. — Eine ergreifende Schilderung des Gemütszustandes aller tiefer Beanlagten im Völkerchaos giebt Ambrosius, wenn er in seiner Rede auf den Tod des Kaisers Theodosius ausruft: »Wie Schiffbrüchige sind wir, die eine wilde Brandung ans Ufer geworfen hat.«

Zu S. 328. — Die Wiener Zeitungen vom 30. und 31. Juli 1901 berichten über eine Rede, die der Wiener Rabbiner, Herr Dr. Leopold Kahn, in einem Saale der orthodoxen jüdischen Schule in Pressburg über den Zionismus hielt. In dieser Rede machte Dr. Kahn folgendes Geständnis: »Der Jude wird sich nie assimilieren können; er wird niemals die Sitten und Gebräuche anderer Völker annehmen. Der Jude bleibt Jude unter allen Umständen. Jede Assimilation ist nur eine rein äusserliche.« Beherzigenswerte Worte! Eigentümlich und — von einem ganz anderen Standpunkt aus — ebenso bemerkenswert sind Worte, die wir in einem autobiographischen Fragment des Botanikers Ferdinand Cohn finden. Cohn, der im Gegensatz zu Kahn die Assimilation predigt, meint, der Jude sei befähigt, »wenn auch nicht Germane, so doch Deutscher zu werden«. (Ferdinand Cohn, *Blätter der Erinnerung*, 1901, S. 13.) Ich glaube kaum, dass der Begriff »Deutscher« sich so völlig von dem Begriff »Germane« scheiden lässt. Es bliebe nicht viel mehr als eine geographische Geburtsortsbestimmung.

Zu S. 358. — Zu meiner Behauptung bez. der Armenier schreibt Albrecht Wirth (*Volkstum und Weltmacht in der Geschichte*, S. 25): »Mir scheint, dass Chamberlain zu weit geht, wenn er den Armeniern bloss $1/10$ arischen Blutes zuerkennen will; dies trifft bei den Städtern zu, deren Söhne zu uns nach Europa kommen, dagegen sind die ländlichen Armenier, wenigstens die ich in den Alpen des nördlichen Kurdistans gesehen habe, häufig braunblond und blauäugig und von den arischen Kurden kaum zu unterscheiden.«

Zu S. 359 fg. — Bezüglich des Namens Hethiter bemerke ich noch ausdrücklich, obwohl der Text deutlich genug ist, um jedem Missverständnis vorzubeugen, dass er für mich das selbe ist, wie für einen Mathematiker das X in einer zweifellos richtig aufgestellten, jedoch noch nicht zahlenmässig gelösten Rechnung. — Eine neueste Zusammenfassung unserer heutigen Kenntnisse über die Hethiter findet der Leser in Winckler's *Die Völker Vorderasiens,* 1900, S. 18 fg.

Zu S. 373—374. — Gewisse jüdische Rezensenten der *Grundlagen* haben mit besonderer Lebhaftigkeit gegen diese Ausführungen — die jüdische Auffassung von »Sünde« betreffend — Einspruch erhoben. Doch spricht es nicht zu ihren Gunsten, dass sie, um mich zu diskreditieren, meine Quellen — die anerkannt ersten Autoritäten unserer Zeit — völlig verschweigen, und dadurch ihren Lesern die Sache so hinstellen, als handelte es sich um die Privatmeinung eines eingestandenermassen ungelehrten Menschen. In Wahrheit handelt es sich um eine völlig sichere, unbestreitbare, wissenschaftlich nachweisbare Thatsache.

Zur Ergänzung der Ausführungen im Text mögen noch folgende zwei Citate dienen:

»Im Hebräischen bedeutet Gut und Böse zunächst nur h e i l s a m und s c h ä d l i c h; auf Tugend und Sünde werden die Ausdrücke nur übertragen, sofern deren Wirkung frommt oder schadet« (Wellhausen: *Prolegomena zur Geschichte Israels,* 4. Ausg., S. 307).

»Bei den Juden . . . . besteht keine innere Verbindung zwischen dem Guten und dem Gute; das Thun der Hände und das Trachten des Herzens fällt auseinander« (Wellhausen: *Israelitische und jüdische Geschichte,* 3. Ausg., S. 380).

Zu S. 381. — Bezüglich des europäischen, nicht semitischen Ursprungs unserer Schriftzeichen, vergl. den Nachtrag zu S. 66.

Zu S. 397. — Ein hervorragender jüngerer Semitist teilte mir vor kurzem mit, dass die neuere Forschung täglich mehr den rein fetischistischen, götzenanbeterischen Charaker aller ursprünglichen semitischen Religionsformen aufdecke. Nur durch Anregungen von aussen und durch Blutmischungen (wie bei den Juden) habe sich eine Erhebung zu höheren Auffassungen bewirken lassen.

Zu S. 408. — Da meine Behauptungen in Bezug auf Pânini und die indische Philologie von ignoranten Rezensenten (siehe z. B. die *Grenzboten,* 1900, Nr. 14, S. 23) in Frage gestellt worden sind, gebe ich noch zwei Citate.

Theodor Benfey — dessen Recht, über diese Frage ein entscheidendes Urteil abzugeben, nur von Unwissenden geleugnet werden kann — schreibt in dem im Text genannten Werk, S. 35—36: »In Bezug auf Sprachwissenschaft sind es die Inder, welche schon im grauesten Altertum sie nicht etwa anbahnten, sondern eine Hauptstütze derselben — die wissenschaftliche Behandlung einer Einzelsprache — bis zu einer Vollendung führten, die das Staunen und die Bewunderung aller deren erregt, welche genauer damit bekannt sind, die selbst jetzt noch nicht allein unübertroffen, sondern selbst noch unerreicht dasteht, die in vielen Beziehungen als Muster für ähnliche Thätigkeiten betrachtet werden darf, die durch ihre Methode und Resultate vorzugsweise, ja fast allein es möglich machte, dass die moderne Sprachwissenschaft mit dem Erfolg, den man ihr allgemein zuerkennt, ihre Aufgabe aufnehmen und ihrem Ziele entgegenzuführen vermochte.«

Und Georg von der Gabelentz sagt in seinem monumentalen Werke *Die Sprachwissenschaft*, 2. Aufl. 1901, S. 22: »Pânini's Wunderwerk ist die einzige wahrhaft vollständige Grammatik, die eine Sprache aufzuweisen hat.«

Zu S. 427 fg. — Wie tief der Einfluss Babyloniens auf die Juden gewirkt hat, wie sehr sie auch hier lediglich Verarbeiter der Gedanken Anderer waren, wird täglich klarer. Hugo Winckler schreibt (*Die politische Entwickelung Babyloniens und Assyriens*, 1900, S. 17—18):

»Bereits vermögen wir aus den assyrischen Inschriften zu erkennen, dass einige Aussprüche der Propheten auf ähnliche Reden und Paroleausgaben anspielen, die vom Hofe der Assyrierkönige ausgegangen waren. Selbstverständlich hat nicht nur Israel »Sprecher« (Propheten) erzeugt, sondern der ganze Orient hat auf diese Weise zum Volke sprechen müssen.

Mittelbare Zeugnisse solcher politischer Lehren, welche in der Hauptsache auf die Weltauffassung des babylonischen Priestertums zurückgehen, liegen in der vom Christentum so begünstigten Apokalypsenlitteratur vor, welche für uns mit der Prophetie Daniels beginnt. Immer mehr wird auch klar, dass die theokratische Entwickelung, welche Juda nimmt, mit Bestrebungen in Babylonien und im ganzen assyrischen Reiche Hand in Hand gegangen ist. Die Verfassungsordnungen unter Hiskia und Josia fallen zusammen mit entsprechenden Erscheinungen in Assyrien und Babylonien, und seine Durchbildung im Sinne der Theokratie hat das Judentum ja im Exil, in

Babylonien, im Verkehre und unter dem Einfluss babylonischer Wissenschaft und Lehren erhalten.«

***

Zu S. 457. — Sehr schön hat Albrecht Wirth in seinem, in
diesen Nachträgen mehrfach genannten Buch *Volkstum und Weltmacht
in der Geschichte* das Verhältnis zwischen Rasse und Ideen nachgewiesen.
Damit hängt seine bemerkenswerte These zusammen, dass Civilisation
als äusseres Gewand Jedem angehängt werden könne, Kultur dagegen
ohne Blutmischung völlig unübertragbar bleibe.

***

Zu S. 485. — Die demoralisierende Wirkung des jüdischen Blutes
auf die gotische Rasse scheine ich nicht hoch genug angeschlagen
zu haben. Sayce sagt in seinen *Races of the Old Testament* (2. Aufl.,
S. 74): »Im spanischen Adel giebt es wenige Familien, die nicht mit
jüdischem Blut infiziert sind.« Und Prof. Dr. Paul Barth schreibt bei
Gelegenheit einer Kritik dieser *Grundlagen* in der *Vierteljahrsschrift
für wissenschaftliche Philosophie,* Jahrgang 1901, S. 75: »Noch mehr
als er es thut, hätte Chamberlain auf die Wirkung des semitischen
Blutes, die sich bei den Spaniern offenbart, hinweisen können. Durch
den semitischen Zusatz sind die Spanier fanatisch geworden, haben
sie jeden Begriff ins äusserste Extrem ausgebildet, so dass er seinen
vernünftigen Sinn verliert: die religiöse Hingebung bis zum »Kadaver-
gehorsam« gegen die Befehle des Oberen, die Höflichkeit bis zur
peinlichen, ceremoniellen Etiquette, die Ehre zur wahnwitzigsten Empfindlichkeit, den Stolz zu lächerlicher Grandezza, so dass s p a n i s c h
bei uns im Volksgebrauch fast gleichbedeutend mit u n v e r n ü n f t i g
geworden ist.«

***

Zu S. 494. — Inzwischen hat J. Deniker eine neue Einteilung
aller europäischen Menschen in sechs Haupt- und vier Nebenrassen
vorgeschlagen. So wechselt das Bild von Jahr zu Jahr!

***

Zu S. 498. — Herr Anatole Leroy-Beaulieu — der es mir ausserdem nicht verzeihen kann, dass ich ihn in der ersten Auflage mit
seinem bedeutenden Bruder Paul, dem Nationalökonomen, verwechselt
hatte — legt gegen die hier erzählte Anekdote Verwahrung ein; sie
sei nicht von ihm. Eigentlich brauchte ich von seiner Berichtigung
keine Notiz zu nehmen. Denn er wendet sich ausschliesslich an die
Juden, durch Vermittlung eines ihrer Hauptorgane, welches ebenso-

wenig wie die übrige jüdische Tagespresse von meinen *Grundlagen*
Notiz genommen hatte, und ausserdem begeht er in seiner Berichtigung
eine wissentliche und absichtliche Irreleitung, indem er die Anmerkung
unterdrückt, in welcher ich ausdrücklich erklärte, es sei mir nicht
gelungen, die Anekdote in dem Buche zu finden, und nun mich pathe-
tisch auffordert, ihm die Seite des Buches zu nennen, auf dem sie
stünde. Doch im Interesse der Genauigkeit stelle ich also fest, dass
die von mir auf S. 498 erzählte Thatsache nicht Herrn Leroy-Beaulieu
und seine Familie betrifft, und ich bedaure, dass mein Gedächtnis-
fehler einem redlichen Manne Ärgernis verursacht hat.

Eigentümlich ist folgendes Zusammentreffen, für dessen buchstäbliche Genauigkeit einer der besten Namen unter Frankreichs
jüngeren Schriftstellern haftet. Als ich Leroy-Beaulieu's Brief an die
»Frankfurter Zeitung« erhielt (Oktober 1900), war ich in Paris. Ich
ging sofort zu dem betreffenden Herrn, der seit Jahren ständiger Mit-
arbeiter der *Revue des Deux Mondes* und weit und breit für sein
phänomenales Gedächtnis bekannt ist. Ich erzählte ihm die Anekdote
und fragte ihn, ob er sie kenne. »Ja gewiss«, antwortete er, »ich
erinnere mich, sie gelesen zu haben.« Und wo? fragte ich. »Bei
uns, in der Revue des Deux Mondes«, war die sofortige Antwort.
Wissen Sie noch, wer sie erzählt hat? fuhr ich fort. Nach einigem
Besinnen erwiderte er: »Leroy-Beaulieu«. Dass die Anekdote gedruckt
ist, unterliegt also keinem Zweifel, und es muss irgend eine merkwürdig zwingende Gedankenassociation auf Leroy-Beaulieu führen.
Vielleicht gelingt es, bis zur nächsten Auflage die wirkliche Quelle
aufzufinden.

Für die auf S. 498 erwähnte Thatsache ist diese Angelegenheit
übrigens völlig belanglos. Denn ich habe seitdem erfahren, dass die
Gabe, den Rassenjuden sofort instinktiv zu erkennen, bei kleinen
Kindern sehr verbreitet ist, namentlich bei Mädchen. Mündlich und
schriftlich habe ich Zeugnisse dafür aus den verschiedensten Teilen
Deutschlands und Europas erhalten. Es handelt sich also gar nicht
um eine vereinzelte Thatsache, die erst belegt und erwiesen werden
müsste, sondern ein Jeder kann sich in seiner Umgebung von ihr
überzeugen. Interessant ist, dass es die kleinsten Kinder sind, solche,
denen der Begriff »Jude« noch völlig fremd ist, bei denen die Rassen-
antipathie sich am sichersten und heftigsten kundthut; später stumpft
sich der Instinkt ab.

Zu S. 518—519. — Immanuel Kant bewunderte die eiserne Konsequenz der römischen Kirche und betrachtete das Verbot des Bibellesens als »den Schlusstein der römischen Kirche« (Hasse: *Letzte Äusserungen Kant's*, 1804, S. 29). Zugleich pflegte er sich über die Protestanten lustig zu machen, »welche sagen: forschet in der Schrift selbst, aber ihr müsst nichts anderes darin finden, als was wir darin finden« (Reicke: *Lose Blätter aus Kant's Nachlass* II, 34). — Interessant in Bezug auf die Verschärfung, welche die neue Indexkonstitution eingeführt hat, ist die Thatsache, dass hinfürder nicht bloss Bücher, welche theologische Fragen berühren, bischöflich approbiert sein müssen, sondern nach § 42 und 43 auch solche, welche von Naturwissenschaft und Kunst handeln, von keinem gläubigen Katholiken *absque praevia Ordinariorum venia* veröffentlicht werden dürfen.

Zu S. 527. — Vielleicht hätte ich hier mit grösserem Nachdruck darauf hinweisen sollen, dass von Beginn an die Wirksamkeit der Jesuiten sich hauptsächlich als eine antireformatorische bethätigt hat. So wussten z. B. zwei der unmittelbaren Schüler und Genossen des Ignatius, Salmeron und Lainez, auf dem Conzil von Trient die ausschlaggebenden Stellen zu erobern, der eine als Eröffner jeder Debatte, der andere als der das Schlusswort sprechende Redner. Kein Wunder, dass »die Freiheit eines Christenmenschen«, über die Luther so herrliche Worte geschrieben hatte, auf diesem Conzil ein für alle Mal geknebelt wurde! Die grosse katholische Kirche betrat schon die Bahn, die sie nach und nach zu einer jesuitischen Sekte herabwürdigen sollte.

Zu S. 599. — Unsere ganze Vorstellung der Hölle und der Höllenqualen ist, wie man jetzt weiss, aus der altägyptischen Religion übernommen. Dante's *Inferno* ist auf uralten ägyptischen Denkmälern genau abgebildet. Interessanter noch ist die Thatsache, dass auch die Vorstellung der *opera supererogationis*, des Gnadenschatzes, durch welchen Seelen aus dem Fegefeuer (auch ein ägyptisches Erbe!) erlöst werden können, ebenfalls uraltes ägyptisches Gut ist. Die Totenmessen und die Gebete für Verstorbene, die heute eine so grosse Rolle in der römischen Kirche spielen, bestanden in buchstäblich der selben Form etliche Jahrtausende vor Christus. Auch auf den Grabsteinen las man wie heute: »O ihr Lebenden auf Erden, wenn ihr an diesem Grabe vorbeigeht, sprecht ein andächtiges Gebet für die Seele des Verstorbenen N. N.« (Vergl. Prof. Leo Reinisch: *Ursprung und Entwicke-lungsgeschichte des Ägyptischen Priestertums.*)

Zu S. 605—606. Der bekannte Kirchenhistoriker Prof. Gustav Krüger hat in einer sympathischen Kritik der *Grundlagen* mir einen Vorwurf daraus gemacht, dass ich Nestorius »edel« genannt habe; es sei ein haarsträubendes Beispiel meiner »nicht selten positiv unrichtigen Urteile«; er schreibt das Wort »edel« zwischen Anführungsstrichen und setzt ein (!) dahinter. Der Laie muss glauben, ich hätte einen ungeheuren »Patzer« gemacht; ich selber war ganz erschrocken. Doch als ich in den Geschichtswerken nachschlug, gewann ich, wie früher, den Eindruck, dass dieser gewaltsame, undiplomatische Sanguiniker und Choleriker ein wirklich edler Mann war, ein Mann, der für seine Überzeugung alles opferte, und dessen Überzeugungen sehr gesunde waren. Und als ich vor einigen Wochen anderer Dinge wegen in Harnack's *Dogmengeschichte im Abriss* blätterte, entdeckte ich, dass dieser grosse Theologe — dessen Autorität Prof. Krüger nicht in Frage stellen wird — ähnlich urteilt wie ich. Er spricht (§ 41, S. 198) von Nestorius als von einem »eitlen, polternden, aber nicht unedlen Bischof«; das heisst also, er legt — wenn auch in gemässigter negativer Form — Nachdruck auf den Adel seiner Gesinnung, und das will zu jener Zeit und unter derartigen Kirchenhirten etwas sagen. Sollte wirklich der Unterschied zwischen »nicht unedel« und »edel« ein so gewaltiger sein, dass das eine Prädikat höchste Weisheit bedeutet, während das andere geeignet ist, einen Verfasser lächerlich zu machen?

Bei dieser Gelegenheit möchte ich eine allgemeine Bemerkung anknüpfen.

Es ist natürlich nicht schwer nachzuweisen, dass ein ungelehrter Mann ungelehrt ist; gerade die Fachgelehrten haben mir aus meinem Unwissen keinen Vorwurf gemacht. Doch haben mich einige — namentlich Historiker, Theologen und Juristen — in Aufsätzen oder brieflichen Zuschriften auf eine Reihe von »Irrtümern« aufmerksam gemacht, und ich muss mich entschuldigen, dass es mir mit den meisten dieser Berichtigungen so gegangen ist wie mit Prof. Krüger's Nestorius; ich habe sie dankend ablehnen müssen. Meine Urteile, sowie meine ganze Auffassung können natürlich Schritt für Schritt bestritten werden; doch könnte ich nachweisen, dass ich keine thatsächliche Behauptung leichtfertig gewagt habe und dass ich auch an allen jenen Stellen, wo ich — um mein Buch nicht zu einem monströsen Anmerkungsarsenal anzuschwellen — keinen gelehrten Gewährsmann genannt habe, mich doch an anerkannte wissenschaftliche Autoritäten anschliesse.

Zu S. 629. — Dass die Päpste thatsächlich den römischen Kaiserstuhl bestiegen und ihm ihre Machtansprüche verdanken, bezeugt neuerdings ein römisch-katholischer Kirchenhistoriker. Professor Franz Xaver Kraus schreibt in der *Wissenschaftlichen Beilage zur Münchener Allgemeinen Zeitung* vom 1. Februar 1900, Nr. 26, S. 5: »Bald nachdem die Cäsaren aus den Palästen des Palatin gewichen, setzten sich die Päpste in demselben fest, um so in den Augen des Volkes u n bemerkt an die Stelle der Imperatoren zu rücken.«

Zu S. 633. — Da die Behauptung, der Papst habe »in seinem Syllabus der gesamten europäischen Kultur den Krieg erklärt« auf Widerspruch gestossen ist, erinnere ich an den Wortlaut des § 80 des genannten Dokumentes: *Si quis dixit: Romanus Pontifex potest ac debet cum progressu, cum liberalismo et cum recenti civilitate sese reconciliare et componere; anathemo sit.* Was übersetzt werden kann: »Die Versöhnung des Papstes mit der Kultur unserer Tage ist weder möglich noch wünschenswert« (Döllinger).

Zu S. 647. — Wer den Versuch einer grundsätzlichen Widerlegung meiner in diesem Kapitel und an anderen Orten des Buches geäusserten Ansichten über Wesen und Geschichte der römischen Kirche kennen lernen will, dem empfehle ich Professor Dr. Albert Ehrhard's »Kritische Würdigung« dieser *Grundlagen*, ursprünglich in der Zeitschrift *Kultur* erschienen, und jetzt als Heft 14 der von der Leo-Gesellschaft herausgegebenen *Vorträge und Abhandlungen* (1901, bei Mayer & Co., Wien) im Buchhandel zu haben.

Zu S. 742. — M. von Brandt, ein zuverlässiger Kenner, schreibt in seinen *Zeitfragen*, 1900, S. 163—164: Die angeblichen Erfindungen der Chinesen aus grauer Vorzeit — Porzellan, Schiesspulver, Kompass — »sind erst spät vom Ausland nach China gebracht worden«.

Übrigens wird es aus den Arbeiten Ujfalvi's immer klarer, dass Rassen, die wir (mit den Anthropologen) als »arische« bezeichnen müssen, früher durch ganz Asien sich erstreckten und bis tief hinein ins chinesische Reich ihre Sitze hatten. Die Saken (ein ursprünglich arischer Stamm) sind erst anderthalb Jahrhunderte vor Christus aus

China vertrieben worden. (Man vergleiche *Mémoire sur les Huns blancs* von Ujfalvi in der Zeitschrift *L'Anthropologie,* Jahrgang 1898, S. 259 ff. und 384 ff., sowie einen Aufsatz von Alfred C. Haddon im *Nature* vom 24 Januar 1901 und den daran sich schliessenden Aufsatz des Sinologen Thomas W. Kingsmill über *Gothic vestiges in Central-Asia* in der selben Zeitschrift vom 25. April 1901.)

Zu S. 771. — In den *Jahresberichten der Geschichtswissenschaft* (XXII, 97) bemerkt Helmolt als Ergänzung zu der Anmerkung auf dieser Seite der *Grundlagen:* »Seit 638 erlaubte ein kaiserlich chinesisches Gesetz den Nestorianern, Mission zu treiben; eine Inschrift vom Jahre 781 erwähnt den nestorianischen Patriarchen Chanan-Ischu und berichtet, dass seit dem Beginne christlicher Predigt in China 70 Missionare dorthin gezogen seien; südlich vom Balkaschsee sind mehr als 3000 Grabsteine nestorianischer Christen gefunden worden.«

Zu S. 807. — Bezüglich der immer weiter gähnenden Kluft, welche das Lebende vom Unbelebten scheidet, verweise ich auf den Nachtrag zu S. 78. Diese Einsicht bricht sich unter Männern der Wissenschaft immer mehr Bahn. Hans Driesch, der bekannte erfolgreiche zoologische Experimentator, weist in seiner Schrift *Die Biologie als selbständige Grundwissenschaft* die Absurdität nach »jener Ansicht, welche im L e b e n ein Problem sieht, welches nicht nur mechanistisch, sondern sogar physikalisch-chemisch, d. h. in unsere Physik-Chemie prinzipiell auflösbar sei« Und er fügt hinzu: »Phrasen sind immer eine bequemere Handhabe als Denken.« Diese Meinung wird heute gewiss von der Mehrzahl der philosophisch gebildeten, selbständig denkenden Naturforscher geteilt; Belege liessen sich in beliebiger Menge beibringen.

Zu S. 847. — Über Luther's befreiende That, welche der ganzen Welt, auch den stockkatholischen Staaten zugute gekommen ist, sagt Treitschke (*Politik* I, 333): »Seit Martin Luther's grosser befreienden That ist mit der alten Lehre (der Überlegenheit der Kirche über den Staat) ganz und für immer nicht bloss in den evangelischen Ländern gebrochen worden. Man wird es einem Spanier allerdings nicht begreiflich machen, dass Spanien Martin Luther die Selbständigkeit seiner Krone verdankt. Luther sprach den grossen Gedanken aus, dass der Staat an sich eine sittliche Ordnung sei, ohne dass er der Kirche seinen schützenden Arm zu leihen brauche; hierin liegt sein grösstes politisches Verdienst.«

Zu S. 879. — Goethe's Abscheu vor den Vorstellungen der Hölle und des Teufels ist bekannt. Besonders schönen und gemessenen Ausdruck findet er in den *Bekenntnissen einer schönen Seele*. »Nicht einen Augenblick ist mir eine Furcht vor der Hölle angekommen, ja die Idee eines bösen Geistes und eines Straf- und Quälortes nach dem Tode konnte keineswegs in dem Kreise meiner Idéen Platz finden u. s. w.«

Dieses Zeugnis ist von hohem Werte.

Zu S. 924. — Was eine historische Schöpfung anbetrifft, so hat Kant seine Meinung mit aller wünschenswerten Deutlichkeit ausgesprochen. »Eine Schöpfung kann als Begebenheit unter den Erscheinungen nicht zugelassen werden, indem ihre Möglichkeit allein schon die Einheit der Erfahrung aufheben würde« *(Kritik der reinen Vernunft,* zweite Analogie der Erfahrung).

Zu S. 938. — Die Anmerkung 3 auf dieser Seite, welche Ratschläge über Kant-Litteratur giebt, ist, wie ich erfahre, vielfach beachtet worden, und meine eigene Erfahrung ist durch die Erfahrung Anderer jetzt reicher. Die Briefe Reinhold's finden die meisten heutigen Leser allzutrocken und grossväterlich; die Preisschrift des Professor Lasswitz hat den einen Nachteil, von einem Mathematiker geschrieben zu sein, was manchen abschreckt. Das Richtige ist wohl doch, erst den Menschen kennen und lieben zu lernen, was durch die Schilderungen seiner Zeitgenossen Wasianski *(Immanuel Kant in seinen letzten Lebensjahren,* Königsberg 1804), Jachmann *(Immanuel Kant, geschildert in Briefen an einen Freund,* Königsberg 1804) und Borowski *(Darstellung des Lebens und Charakters Immanuel Kant's,* Königsberg 1804) am sichersten und schnellsten gelingt. Wasianski's kleines Buch ist tief ergreifend; Borowski ist namentlich deswegen interessant, weil seine biographische Skizze Kant vorgelegen hat und von ihm durchgesehen und annotiert worden ist. Jachmann hat neun Jahre lang Kant's Vorträge gehört. Mir ist kein neueres Buch bekannt, das für die lebendige Kenntnis des Mannes auch nur entfernt Ähnliches leistet wie diese alten; sie sind unersetzlich und sollten neu gedruckt werden. — Um sich hineinzuleben in Kant's Gedanken-

welt, und zwar auf Grundlage eines umfassenden geschichtlichen
Überblicks, ist vielleicht kein Buch geeigneter als das (S. 860 ge-
nannte) geistvolle Werk Friedrich Albert Lange's: *Geschichte des
Materialismus.* Viel empfohlen wird Friedrich Paulsen's *Immanuel
Kant, sein Leben und seine Lehre,* das im Jahre 1899 in 3. Auflage
erschien. Es gehört dieses Buch zu Frommann's »Klassikern der
Philosophie« und erstrebt also eine edle Popularität; der Name des
Verfassers genügt als Bürgschaft für eine gründliche und bemerkenswerte
Leistung; doch ist Paulsen's Darstellung von Kant's Philosophie
(namentlich seiner Kritik) nur mit sehr vielen »Salzkörnchen« zu geniessen, nicht allein wegen ihres polemischen Charakters, sondern
namentlich weil sie eine bestimmte Tendenz verfolgt, die über Kant
hinaus weisen will. Ich glaube, der Anfänger wird die Darstellung
in Windelband's *Geschichte der neueren Philosophie*, 2. Aufl. 1899,
zweiter Band, S. 1—173, ansprechender finden und daraus mehr
positiven Gewinn davontragen. Für solche, die Kant's Denken ernst-
licher ergründen wollen und sich nicht fähig fühlen, es ohne führende
Hand zu thun, möchte ich namentlich die Schriften des Professor
August Stadler empfehlen: als Begleitschrift zu den *Prolegomena* und
der *Kritik der reinen Vernunft* sein Buch *Die Grundsätze der reinen
Erkenntnistheorie in der Kantischen Philosophie,* 1876; bei dem Studium der
Metaphysischen Anfangsgründe der Naturwissenschaft sein Buch *Kant's
Theorie der Materie,* 1883; und als Auslegung der *Kritik der Urteilskraft* sein Buch *Kant's Teleologie und ihre erkenntnistheoretische Bedeutung,*
1874 (letzteres noch etwas unreif). — Für Naturforscher und alle
solche, die gern von der Naturwissenschaft aus an philosophische
Probleme herantreten, weil sie hier festen Boden unter den Füssen
fühlen, hat des Ophthalmologen August Classen's Buch *Über den
Einfluss Kant's auf die Theorie der Sinneswahrnehmung und die Sicherheit ihrer Ergebnisse,* 1886, dauernden Wert. — Schliesslich will ich
bemerken, dass eine vortreffliche, handliche, billige und mit Register
versehene Ausgabe der *Kritik der reinen Vernunft*, von Karl Vorländer
besorgt, kürzlich bei Otto Hendel erschienen ist, welche neben der
grösseren und in Bezug auf diplomatische Genauigkeit einzig massgebenden von Benno Erdmann (5. Auflage 1900) warm zu empfehlen
ist. (4. Aufl. — Die Biographieen von Borowski, Jachmann und
Wasianski sind inzwischen von Alfons Hoffmann neu verlegt worden, 1902.)

Zu S. 987. — Über Goethe's häufig noch verkanntes Verhältnis zur Musik wäre noch viel hinzuzufügen. Namentlich müsste man auf viele Gedichte hinweisen, wie auf das an Marie Szymanowska, wo er so herrliche Worte für »den Götterwert der Töne« gefunden hat. An seinen Freund Zelter schreibt er (24. August 1823) über »die ungeheure Gewalt«, welche Musik auf ihn ausübe, und sagt, »sie falte ihn auseinander, wie man eine geballte Faust freundlich flach lässt«. Dass Goethe sich auch eingehend und erfolgreich mit der Theorie der Tonkunst abgab, ist uns aus seinen Tagebüchern bekannt, sowie aus den interessanten *Tabellen zur Tonlehre*, die zuerst in dem Briefwechsel mit Zelter IV, 221 fg., jetzt in der Weimarer Ausgabe, 2. Abteilung, Buch 11, S. 285 fg. veröffentlicht wurden.

REGISTER

65*

66*